Die Reichsgerichtspraxis im deutschen Rechtsleben

Festgabe der juristischen Fakultäten zum 50jährigen Bestehen des Reichsgerichts

(1. Oktober 1929)

in 6 Bänden

unter Mitwirkung der Professoren

Gerhard Anschütz, Heidelberg / Ernst Heymann, Berlin
Theodor Kipp, Berlin / Wilhelm Kisch, München / Alfred Schultze, Leipzig / Heinrich Siber, Leipzig

herausgegeben von

Otto Schreiber
weiland Professor in Königsberg i. Pr.

Sechster Band

Zivilprozeßrecht

Berlin und Leipzig 1929

Walter de Gruyter & Co.

vormals G. J. Göschen'sche Verlagshandlung — J. Guttentag, Verlagsbuchhandlung — Georg Reimer — Karl J. Trübner — Veit & Comp.

Nachdruck 1983

Roßberg'sche Buchdruckerei
in Leipzig

Vorwort

Viele Jahrhunderte hat den Deutschen ein wirksames oberstes Gericht gefehlt. Das Königsgericht verfiel im Mittelalter mehr und mehr; dann haben Reichskammergericht und Reichshofrat trotz ihrer Bedeutung keine ausreichende Stoßkraft üben können, und mit dem Zusammenbruch des Römischen Reichs Deutscher Nation sanken sie dahin. Ungleich glücklicher entwickelte sich in Frankreich durch Jahrhunderte die Judikatur seiner Parlamente, an die sich im 19. Jahrhundert die große Praxis des Kassationshofes anschließen konnte, und ebenso in England die Entscheidungskette des Königsgerichts, fortlaufend seit der normannischen Eroberung bis auf den heutigen Tag. In Deutschland dagegen wurde erst durch die Gründung des Reichsoberhandelsgerichts 1870, und mit vollem Akkorde erst durch die Entstehung des Reichsgerichts vor nunmehr einem halben Jahrhundert die alte nationale Sehnsucht nach Vereinheitlichung der höchsten Gerichtsbarkeit erfüllt. Seither aber hat sich eine großartige Rechtsprechung überraschend schnell immer voller und weiter entfaltet, und sie gibt der Judikatur der anderen Völker gewiß nichts nach.

Die deutsche Rechtswissenschaft blickt mit hoher Freude und mit tiefer Dankbarkeit auf die leuchtende Wirksamkeit des Reichsgerichts und seines handelsrechtlichen Vorgängers. Ist doch diese Judikatur, auch wo sie den Widerspruch herausfordert, ein sprudelnder Lebensquell geworden, aus dem die Rechtslehre immer aufs neue zu schöpfen vermochte. Der uralte Reichtum deutschen Rechtslebens gedeiht hier in ungetrübter Jugendfrische, und aus der inneren Kraft der Tatbestände wie aus ihrer sachkundigen Beurteilung wuchern in üppiger Fülle die Rechtsgedanken hervor.

Aber die deutsche Rechtswissenschaft hat an der Reichsgerichtspraxis auch ihren eigenen Anteil. Jahrhundertelang war die Lehre des römischen und deutschen Rechts das einzige feste Band, welches die Rechtseinheit Deutschlands einigermaßen sicherte. Seit den Anfängen der deutschen Universitäten haben ihre Rechtslehrer in ununterbrochener Arbeit die juristischen Grundlagen für die Tätigkeit der Territorialgerichte und für die allmählich anwachsende Landesgesetzgebung geboten. Auf ihrer eindringenden wissenschaftlichen Gedankenwelt konnte auch das neugegründete Reichsgericht vor fünfzig Jahren sein Werk aufbauen. Die deutsche Rechtswissenschaft hat seither emsig fortgearbeitet, in inniger Wechselwirkung mit den deutschen Gerichten: Rechtsprechung und Wissenschaft müssen eine Einheit bleiben, einen inneren Gegensatz zwischen brauchbarer Theorie und brauchbarer Praxis kann es nicht geben. An den wissenschaftlichen Bestrebungen haben in steigendem Maße die weitesten Kreise der Juristenschaft, wie Richter, Staatsanwälte, Rechtsanwälte, Verwaltungsbeamte, und vor allem die Mitglieder des Reichsgerichts selbst teilgenommen. Aber wie keine Wissenschaft ohne tiefgehenden Unterricht und ohne streng methodische Erziehung der jungen Juristen möglich ist, so haben die deutschen Rechtsfakultäten dauernd im Mittelpunkte der Forschung gestanden, und sie dürfen deshalb dem Reichsgericht ihre herzlichen und bewundernden Glückwünsche als Wortführer der gesamten deutschen Rechtswissenschaft darbringen.

Der Gedanke dieser Festschrift, zuerst gefaßt von dem am 24. Januar 1929 allzufrüh heimgegangenen Professor Dr. Otto Schreiber, Königsberg i. Pr., und von ihm mit opferfreudiger Unterstützung der Verlagsbuchhandlung durch mehrere Jahre kraftvoll gefördert, hat in den Kreisen der deutschen Rechtslehrer bereitwillige Aufnahme gefunden. Nach dem Tode Otto Schreibers hat Herr Dr. Alexander Elster die schwierige Schriftleitung zu Ende geführt. Wir bringen die Gabe in der festen Hoffnung dar, daß das deutsche Reichsgericht noch in langer Folgezeit seine Rechtsprechung schöpferisch fortsetzen möge: als unabhängiger Hüter der Heiligkeit des Rechts, als verständnisvoller Förderer deutscher Geisteskultur und deutscher Wirtschaft, als untrennbarer Freund der deutschen Rechtswissenschaft, als Fels in gärender Zeit, zu Ehre und Ruhm des deutschen Vaterlandes.

Gerhard Anschütz, Ernst Heymann, Theodor Kipp,
Wilhelm Kisch, Alfred Schultze, Heinrich Siber.

Sechster Band

Zivilprozeßrecht

Inhaltsverzeichnis

Inhaltsverzeichnis der übrigen Bände

Ein Namen- und Sachregister
für alle sechs Bände befindet sich am Schlusse
jedes Bandes.

Imperium des Richters

von Professor Dr. Albrecht Mendelssohn Bartholdy, LL. D., Hamburg

Mit der Zeitdauer des obersten Gerichtes im Reiche läßt sich die Lebensdauer oder gar die Arbeitsspanne eines Menschen so wenig in Vergleich stellen wie sein Wirken mit dem Machtbereiche der Gerichtsbarkeit, die von unseren höchsten Richtern geübt wird; wir wünschen jene Dauer vielhundertjährig und die Gerichtsbarkeit immer fester in Herz und Verstand von Millionen Volksgenossen gegründet. Aber am Tage der Halbjahrhundertfeier des Reichsgerichtes mag es wohl dem Einzelnen erlaubt sein, daran zu denken, daß er von diesen fünf Jahrzehnten drei selbst in juristischer Arbeit miterlebt hat. Diese Arbeit ist in meinem Fall überwiegend dem ausländischen Recht im Vergleiche mit dem deutschen Rechte zugewandt, naturgemäß sehr weitschweifend und wohl auch zerfahren gewesen; aber in einer Beziehung verband sie sich doch auch wieder fast von selbst: sie suchte von den verschiedensten Seiten her dem Wesen der richterlichen Gewalt, der Gerichtsbarkeit in ihrer sichtbaren Anwendung auf den einzelnen Rechtsstreit beizukommen.

War in einer ersten Arbeit Gelegenheit, am Interpleader-Verfahren zu untersuchen, ob dem Gerichte zu erschöpfender Kognition eines Falles auch die Machtbefugnis zum Hereinziehen Dritter in den Prozeß zu geben oder ihre Beteiligung ihnen selbst, im Wege der Intervention, freizustellen sei[1]), und bot eine größere Studie über das Wesen der Rechtskraft dann den Anlaß, festzustellen, wie sich bindende Kraft des einzelnen Urteiles für Gerichte und Parteien und präjudizielle Wirkung der Entscheidungen im allgemeinen zueinander verhalten — beides als Ausfluß der Gerichtsbarkeit gesehen[2]) —, so konnte dann in der Zeit, in der von kühnen Reformern eine Erneuerung des deutschen Gerichtswesens von Grund auf verlangt und mancherorts die Stellung des englischen „Richterkönigs" als die an und für sich seinem Amt im Staate zukommende Stellung bezeichnet wurde, der Versuch unternommen werden, an dem freilich willkürlichen Ausschnitt eines Jahres zu zeigen, wie sich die richterliche Gewalt dort im einzelnen äußert[3]). Auch wenn da nicht alles Gold war, was glänzte, schien doch ein Schluß aus dem Beobachteten sich zwingend zu ergeben: daß mit Nutzen die starke, unmittelbare Einwirkung auf das Werden der Gesetze, die dem englischen Richtertume zugestanden ist[4]), auch den deutschen Richtern gewährt werden könnte, um ihrer eigenen inneren Haltung zum Rechte wie um der Gesetzgebung willen. „Daß bei Rechtsgesetzen," schrieben wir im Prozeßreformhefte der Rheinischen Zeitschrift 1910, „zumal aber bei Verfahrensgesetzen, die Richter ebenso wie die Anwälte in ihren Organisationen, ebenso wie die großen Gruppen der Rechtsuchenden (Kaufmannschaften, industrielle Vereinigungen, Fiskus und Gemeinden), ebenso wie eine etwa vorhandene Gesamt-

---

[1]) Beiträge zur Auslegung des § 72 ZPO. (1897); dazu SeuffBl. 73, 6ff. (1908) und RheinZ. 4, 6ff. (1911).

[2]) Grenzen der Rechtskraft (1900).

[3]) Das Imperium des Richters, ein Versuch kasuistischer Darstellung nach dem englischen Rechtsleben im Jahre 1906/07 (1908) und Justizreform, JahrbÖffR. 1907 S. 157ff.

[4]) Englisches Richtertum im Court of Criminal Appeal 1908/09 (1909).

vertretung des Juristenstandes das Wort in der Beratung bekommen, ist eine Forderung der einfachen Vernunft; ihr wird aber nicht Rechnung getragen, wenn ein oder der andere Richter zur Ausarbeitung des Entwurfes in eine Kommission berufen wird[5]), oder wenn Geheimakten gebildet werden, in denen die Präsidenten der hohen Gerichtshöfe und einige älteste Räte dem Ministerium ihre Beobachtungen über Mißstände in der Praxis und über die Lebhaftigkeit von Reformwünschen unter den Mitgliedern ihrer Gerichte vertraulich mitteilen. Vielmehr ist zu verlangen, daß sich diese Teilnahme an der Beratung in die öffentliche und ordentliche Form gutachtlicher Äußerungen kleidet, die von einem repräsentativen Rate der Richter ausgehen[6])." Nicht zu verkennen war dabei, daß mit dem Einfluß auf die Gesetzgebung — mit dem Sitze der höchsten Richter in einer ersten Kammer etwa[7]) — die Gefahr der Politisierung des Richterstandes oder wenigstens des Anscheines solcher Politisierung verbunden ist; wie ernstlich diese Gefahr zu fürchten ist, konnte vor dem Krieg in England und zuletzt auch in Elsaß-Lothringen die Übertragung der Mandatsprüfung an die Gerichte[8]), konnte dann während des Krieges die, mit wenigen Ausnahmen, sich geradezu militärisch in den Dienst der Kriegführung gegen den „Feind" stellende Rechtsprechung der englischen Richter, insbesondere im Admiralitätsgerichte, zeigen[9]); dem Reichsgerichte selbst wurde die härteste politische Belastung in den Prozessen gegen die „Kriegsbeschuldigten" auferlegt[10]). So wäre noch manches einzelne zu erwähnen: die Befreiung des Strafrichters von der drückenden Enge des Strafrahmens, ja die Gewährung des Niederschlagungsrechtes in leichten Fällen an ihn[11]); die Behauptung der Gerichtsbarkeit gegenüber dem Auslande[12]), oder die Einführung der Rechtsmittelerlaubnis für den Zivilprozeß[13]). Indessen soll ja diese rückblickende Übersicht nur am einzelnen Fall eines wissenschaftlich Arbeitenden in diesen Jahrzehnten zeigen, wie sehr das Problem der richterlichen Gewalt auf den verschiedensten Gebieten des Rechtes im Ausland und Inlande sich immer wieder als Kernfrage erweist und wie judicium, fast noch mehr als jus und justitia, sich auch heute als fundamentum imperii darstellt.

Im folgenden soll nun versucht werden, zu den früheren Tatbestandssammlungen der angeführten Arbeiten, besonders zum „Imperium des Richters", eine Nachlese aus neuerer Zeit zu geben, und zwar zu den vier Fragen: der rich-

[5]) Selbst durch das Vertrauen des Reichsjustizministeriums in eine solche Kommission als Akademikermitglied berufen und dort mit Richtermitgliedern zusammen arbeitend, darf ich wohl ausdrücklich sagen, daß ich das damals zur Kritik an solcher Kommissionsbildung Ausgesprochene noch jetzt für richtig halte. Die Mitgliedschaft dieser Art läßt sich nur so rechtfertigen — und so wird sie, soviel ich sehe, auch in dieser Zivilprozeßkommission aufgefaßt —, daß jedes Mitglied mit seinem eigenen Berufsstand über die Fragen der Reform in möglichst enger Fühlung bleibt und dann in der Kommission den Sprecher der Erfahrungen und Wünsche des ganzen Standes zu machen sucht. Aber das ist nur unter besonders günstigen äußeren Bedingungen für den Einzelnen möglich; es wäre schwerfälliger, aber sachlich richtiger, wenn Anwälte, Rechtslehrer, Richter sich in ihren Gesamtheiten selbst zur Reform äußerten.

[6]) RheinZ. 2, 450 (1910). Man dachte sich damals bei der Forderung, es sollte ein solcher „Rat" geschaffen werden, nicht so viel Böses wie heutzutage.

[7]) Reform des Oberhauses, JahrbÖffR. 3, 139ff. (1909); Zivilrechtspflege, Handb. d. Politik (2. Aufl. 1914) III, 338.

[8]) Richter und Parlament, ArchÖffR. 29, 283ff. (1912).

[9]) Der Kriegsbegriff des englischen Rechtes. Erläuterungen zum Fall Panariellos (1915); RheinZ. 8, 180ff.; Koloniale Rundschau 1916 S. 65ff. und 529ff.; RheinZ. 9, 339ff.; ZVölkR. 10, 282ff.; DJZ. 20, 661ff.; DStrafrZ. 3, 355ff.; HansRZ. 1918 S. 170ff. und 562ff.; dazu für die Nachkriegszeit Wirtschaftsdienst 7, 3 und 19; 10, 1016; HansRZ. 4, 210ff.

[10]) DJZ. 26, 441ff.

[11]) Gerichtssaal 71, 358ff.

[12]) BlVerglR. 6, 88ff., 112ff.; DRichtZ. 2, 414ff., 458ff.

[13]) RheinZ. 14, 234f.

terlichen Rechtsmittelerlaubnis, der Kritik des Richters am geltenden Rechte, der politischen Kritik am Gerichtsurteil und schließlich der Präjudizienpraxis im allgemeinen.

1. Die richterliche Rechtsmittelerlaubnis

Einem vergleichenden Überblick der heute geltenden Rechtsmittelsysteme scheint zu der alten Scheidung des Gegensatzes von Revision, Kassation und Oberberufung eine neue von mindestens gleicher Bedeutung hinzuzutreten: soll das Rechtsmittel, gleichviel ob es der beschwerten Partei allein oder dem Gerichtsunterworfenen als quivis ex populo oder schließlich dem öffentlichen Anwalt als Vertreter der Gesamtheit dieser Gerichtsangehörigen zugebilligt wird, als ein naturrechtlich begründetes Recht dieser Partei aufgefaßt werden oder als eine zur Wahrung der Rechtsordnung, um der Justiz willen, getroffene Einrichtung, die nur eben, wie so viele andere prozessuale Einrichtungen, nicht von selbst in Tätigkeit träte, sondern von den Parteien (oder von Justizorganen in Wahrnehmung der Parteiinteressen) in Gebrauch genommen würde?

Mit der ersten Auffassung verträgt sich nicht, daß die Rechtsmittel oder auch nur eines von ihnen an die Erlaubnis des judex a quo oder des judex ad quem gebunden werden. Gerade gegen die Meinung der Gerichte soll ja bei dieser Auffassung die Rechtsschutz suchende Partei den Anspruch auf Gehör ihrer Klagen gegen das Urteil, ihrer Urteilsschelte, haben. Man könnte bei oberflächlicher Betrachtung annehmen wollen, daß diese Auffassung demokratisch im guten und weiten Sinne des Wortes wäre; indessen belehrt uns die Rechtsvergleichung eines anderen. Da wo in der Staatsverwaltung zentralisiert wird, also in dem der Sache nach autokratischen Staatswesen, ist die Meinung, es müsse dem vor den Gerichten unterlegenen Staatsbürger noch ein weiteres Mittel — schließlich etwa das Gesuch an den Cäsar oder Diktator — zustehen, viel verbreiteter als in denjenigen Staatswesen, die als mit einer starken Lokalverwaltung arbeitend wahrhaft demokratisch genannt werden können. Die skandinavischen Prozeßrechte haben die richterliche Rechtsmittelerlaubnis mit Erfolg in ihre Gerichtsordnungen eingearbeitet, mit manchen Variationen, da einmal eine richterliche Vorprüfung der Aussichten des geplanten Rechtsmittels vorgenommen und bei ihrem negativen Ausfall das Rechtsmittel a limine zurückgewiesen wird, ein anderes Mal die Oberberufung von einem eigens dazu bestellten Ausschusse des höchsten Gerichtshofes (Kjæremaals utvalg in Norwegen, ähnlich in Dänemark) vorläufig überprüft und nach dem Ermessen dieses Ausschusses beim Vorliegen einer allgemeinen, über das Parteiinteresse hinausgehenden Bedeutung des Falles und seiner Rechtsfragen zugelassen oder beim Fehlen dieses Allgemeininteresses ohne Sachentscheidung verweigert wird, oder schließlich sogar ein drittes Mal dem Justizminister die Befugnis gegeben wird, die der Regel nach nicht zulässige Oberberufung oder Revision in einem besonders zweifelhaften Fall auf Gesuch der Partei hin für zulässig zu erklären[14]). Und auch das englische Recht hält an der Auffassung fest, die das Rechtsmittel als eine Einrichtung der Justiz mehr denn als ein Parteirecht ansieht und deshalb nichts Sinnwidriges darin findet, daß die Gerichte endgültig auf Grund des Einzeltatbestandes die Zulässigkeit der Revision, der zweiten Berufung, der Beschwerde bejahen oder verneinen.

Ein an sich seinem Tatbestande nach sehr unbedeutend scheinender Fall aus der englischen Praxis des Winters 1925/26 illustriert das sehr gut. Es handelt

[14]) Näheres in meiner Übersicht über Rechtsmittelwesen im schweizerischen und skandinavischen Prozeßrechte. RheinZ. 14, 234ff.

sich bei Buckle v. Holmes[15]) (High Court, King's Bench Division, 5. Dez. 1925; Court of Appeal, 10. Dez. 1925, 3. und 4. März 1926) um nichts Gewaltigeres als um eine Katze des Beklagten, die unbestrittenermaßen einige Tauben des Klägers auf dessen Grundstück erjagt und gefressen hatte, worauf ihr Besitzer sie ohne Widerrede getötet, sich aber geweigert hatte, für die getöteten Tauben Ersatz zu leisten. Der Kläger hatte Tauben- und Hühnerzucht, und die Verbände, denen er angehörte, sahen den Fall als einen für ihren Anteil an der Volkswirtschaft grundsätzlich wichtigen an, um so mehr das nationale Interesse betonend, als es sich nicht nur um von Menschen statt von Katzen zu verzehrende Tauben oder gar nur um Ziervögel, sondern um Flugtauben handelte; und als das Grafschaftsgericht von Leeds die Klage abgewiesen hatte, weil zum ersten die Neigung zum Umherstreifen ein markanter Wesenszug der Katzen und die allgemeine Übung die sei, sie frei laufen zu lassen, sodaß nicht dem Eigentümer der Katze ihre Einsperrung, sondern dem Eigentümer der Tauben ihre Sicherung gegen Katzen- und sonstige Raubtiergefahr obliege, zweitens aber im Falle einer andere Tiere angreifenden Katze für jeden Einzelfall „scienter" bewiesen werden müsse, damit der Eigentümer der Katze für den von ihm durch sein Tier angerichteten Schaden hafte, kam es sofort zur Berufung, die vom Grafschaftsgericht an die King's Bench-Abteilung im High Court geht. Hier lehnt ein Divisional Court (zwei Richter) die Berufung ab: die Gründe des Unterrichters seien zutreffend; das englische Recht scheide die zahmen Tiere — domitae oder mansuetae naturae, wie Vieh, Pferde, Schafe, Geflügel, Schweine, Hunde und Katzen — von den wilden Geschöpfen — ferae naturae —, und der Eigentümer des mit dem menschlichen Dasein gesellig verbundenen zahmen Tieres habe für Schaden, den es anrichtet, nicht zu haften, es sei denn, daß ihm eben Böswilligkeit, hier bestehend in der Kenntnis von der besonderen, über den Charakter der betreffenden Tiergattung hinausgehenden Bösartigkeit des Tieres, nachgewiesen würde. Eine Unterscheidung zwischen Hunden und Katzen zu ziehen, lehnt der Divisional Court ab. Gewiß kann ein Hundebesitzer nicht, ohne sich strafbar zu machen, seinen Hund zum Wildern in ein fremdes Gehölz hetzen und ein Katzenbesitzer seine Katze nicht dazu abrichten, ihm Tauben vom Nachbargrundstück zu apportieren. Aber abgesehen von solchen Tatbeständen, die unter die scienter-Haftung fallen, und bei denen zugleich das Tier etwas nicht seinem eigenen Triebe Entsprechendes, sondern von Menschen Erlerntes tut, haftet der Eigentümer nicht; er ist nicht verpflichtet, seinen Hund an der Kette zu halten, und vollends nicht eine Katze, bei der das Umherstreifen in der Nachbarschaft, das Klettern auf Bäumen und Dächern zur natürlichen Betätigung gehört. Vollends lehnt es der Court of Appeal ab, bei Katzen die Eigenschaft als wildes Tier im Verhältnis zu Vögeln anzunehmen, während sie zu den Menschen sich als Haustiere verhielten. Das hieße, zu den überlieferten Gruppen der Tierwelt im Rechte eine dritte, neue hinzufügen, und dafür sei es, nach einigen tausend Jahren des im Recht anerkannten Zusammenlebens von Mensch und Tier — „at this date", wie der eine Richter sagte — doch zu spät.

Gegen das mündlich verkündete Urteil wollte der Anwalt des Klägers sofort Berufung einlegen, und zwar zunächst an eine volle Richterbank des Court of Appeal selbst, aber mit der Aussicht darauf, daß die Sache in letzter Instanz an das Oberhausgericht gelangte[16]); er erbat dazu die nötige Erlaubnis des judex a quo. Sie wurde ihm verweigert: der Fall sei zu gering im Werte — ein Streitgegen-

[15]) 42 TLR. 147, 369; 95 LJ., KB. 158, 547.

[16]) Odgers, Pleading and Practice (8th Ed. 1918) S. 346; Indermaur, Manual of the Practice of the Supreme Court (10th Ed. 1919) S. 538; Stephen, Commentaries (18th Ed. 1925) III, 514; Appellate Jurisdiction Act 1876 (39 u. 40 Vict. c. 59), s. 3. Vgl. auch The Marpessa (1907) A. C. 241.

stand von acht Pfund — und die Kosten für den Beklagten, der schon in zwei Instanzen den Prozeß mit Erfolg durchgefochten hat, würden zu unverhältnismäßig hoch werden. Gelegentlich, bemerkt der Richter, sei auch in solchen Fällen die Erlaubnis doch unter der Voraussetzung gegeben worden, daß der Berufungskläger sich verpflichtete, die Kosten beider Parteien selbst im Falle seines endlichen Obsiegens zu tragen. Der Anwalt des Klägers erklärte dann auch, dazu sei er bereit, da ihn die National Homing Union, der große Taubenzüchter-Verband, instruiert habe, dem nur am Präjudiz, nicht am Ausgange des einzelnen Falles mit seiner Kostenfolge, gelegen sei. Aber der Richter lehnt auch dies ab und verweist den Kläger mit seinem Gesuch um leave to appeal an den judex ad quem.

Dieser, der Court of Appeal in der vollen Besetzung von drei Richtern, war zunächst ebenfalls abgeneigt, die Erlaubnis zu erteilen; gebe es 80000 Taubenbesitzer in dem hinter der Klage stehenden Verband — mit ihrem berechtigten Stolz auf die Kriegsleistungen ihrer Flugtauben, denen kein ähnliches Katzenverdienst zur Seite steht —, so wisse man, meinte der eine Richter, auch, daß die Tauben dieser 80000 Besitzer die Saaten anderer Leute fräßen. Aber schließlich drang der Anwalt des Klägers doch mit der Behauptung durch, daß es sich hier um eine neue, durch kein Präjudiz erledigte Rechtsfrage „of general importance" handle — nämlich darum, ob im Falle einer beim Nachbar jagenden Katze der Beweis des scienter zur Haftbarmachung des Eigentümers nötig sei, und erhielt die Erlaubnis zur Oberberufung, gegen die Verpflichtung, die Kosten beider Parteien zu tragen.

In dem Urteil des Court of Appeal, das die Oberberufung, wiederum einstimmig, zurückwies, sagte der führende Richter, Lord Justice Bankes, ausdrücklich, die Erlaubnis sei gegeben worden, obgleich die Aussichtslosigkeit der Berufung den Richtern feststand; gegeben worden allein um der vom Kläger so hartnäckig verfochtenen allgemeinen Bedeutung der Rechtsfrage willen, die hier das sonst von den englischen Gerichten vielfach zitierte „minima non curat praetor" zurücktreten läßt und dem Kläger alle Instanzen auch in einer Sache eröffnet, in der es nach dem heutigen Stande der Gerichtsverfassung in Frankreich und Deutschland nicht einmal die Anrufung gegen das erste amtsgerichtliche oder friedensrichterliche Urteil gäbe, so gering ist ihr Streitwert. Dabei kam es offenbar dem Court of Appeal darauf an, die Urteile der zwei ersten Instanzen noch zu verbreitern und besser zu fundieren; in einer klaren Darlegung über den Werdegang des heutigen Rechtes spricht Lord Justice Bankes aus, daß die Haftung des Tierhalters nicht nur auf den normal-gefährlichen Charakter des Tieres oder im besonderen Falle auf die (in Buckle v. Holmes nicht behauptete) Kenntnis von der „dangerous propensity "des Tieres gegründet werden könne, sondern auch — was im bisherigen Prozeßverlaufe nicht beachtet worden war — auf seine Duldung des „trespass" auf fremdem Grund durch seine Tiere. Hier ist nun aber für Hunde, insbesondere seit Cox v. Burbidge (13 C. B. N. S. 440[17])), das englische Recht zu einer klaren Ausnahme von der Haftungsregel gelangt, die für andere Haustiere, insbesondere für Vieh und Pferde, gilt, wenn sie auf fremdem Grund und Boden Schaden angerichtet haben: bei Hunden tritt diese Haftung nicht ein, einerseits weil sie umherstreifen können, ohne schon durch dieses Herumlaufen Schaden anzurichten (was für Katzen noch mehr gilt), und andererseits, weil man sie in eingesperrtem oder an die Kette gelegtem Zustand auf die Dauer überhaupt nicht halten kann (was ebenfalls bei Katzen in noch höherem Maße gilt).

---

[17]) 134 Revised Rep. 586 (Common Bench, 14. Jan. 1863).

So ist hier der bemerkenswerte Eigensinn, mit dem ein großer Verband den Einzelfall zu einem nationalen Präjudiz hinaufgetrieben hat, gegen den Rechtsmittelkläger ausgeschlagen, und für künftige Fälle ist nicht nur aus dem Grunde der Gefährlichkeit des Katzengeschlechtes, sondern auch aus dem Grunde der Besitzstörung eine Klage gegen den Eigentümer der jagenden Katze unmöglich — bis zu dem Augenblicke, wo ihm zur Kenntnis gebracht wird, daß dieses sein Tier gefährliche Gewohnheiten zeigt; dann allerdings gilt die Regel, daß wessen Hund einmal mit seinem Wissen einen Menschen gebissen hat, beim zweiten Biß dieses Hundes als malae fidei gilt[18]).

2. Der Richter und die öffentliche Meinung

Seit Dicey's klassischen Vorlesungen über das Verhältnis zwischen Law und Public Opinion in England erschienen sind[19]), hat sich die Welt und England als einer ihrer geistigen Mittelpunkte gründlich genug in allem, was zum öffentlichen Wesen gehört, umwandeln lassen müssen. Zeigt seine Darstellung die gewaltige geistige Bewegung, die vom alten Toryismus von 1832 zum Benthamschen Utilitarismus, dann aber wieder darüber hinaus und teilweise auch zurück zum Staatssozialismus führte, so hat sich inzwischen aufs furchtbarste das bewährt, was er über die Gefahren der nationalistischen Gefühlsweise für eine „gute Regierung" — wie kann man good government ins Deutsche übersetzen? — auf S. 462ff. seiner Schrift sagt. Aber nicht nur dieser Nationalismus, der sich gegen einen äußeren Feind oder gegen eine andersnationale Minderheit im eigenen Staate wendet, sondern auch eine seinen Methoden und Gesinnungsäußerungen nachgebildete Verschärfung und Verbitterung der inneren Parteigegensätze hat sich als unerfreuliches Zeichen der neuen Zeit gezeigt. Was früher als kritische Haltung der öffentlichen Meinung zu Gesetz und Richterspruch auftrat, war sicherlich in der Form, vielfach aber auch im Inhalte ganz unvergleichbar den Angriffen, die heute gegen den guten Glauben, die Integrität, die vaterländische Gesinnung und überhaupt den sittlichen Charakter eines auf der politischen Gegenseite stehenden einzelnen Bürgers oder Beamten oder Verbandes gerichtet werden.

Auch heute gilt, hoffen wir, in den Grundzügen noch, was Dicey so voll Zutrauen zur staatlichen Eignung des Menschen über die Kraft der öffentlichen Meinung gesagt hat, gilt das von ihm zitierte Wort aus Hume's Essays, nach dem diese Meinung als Geistiges doch noch stärkere Gewalt beanspruchen kann und auch wirklich ausübt als das materielle Interesse: „Though men be much governed by interest, yet even interest itself, and all human affairs, are entirely governed by opinion"; gilt auch der Glaube daran, daß „die Utopie von heute die Wirklichkeit von morgen" ist, die leidenschaftliche Sehnsucht eines geistig konzentrierten Menschen also sich, freilich erst für eine von ihm nicht mehr erlebte Zeit, so durchzusetzen vermag, daß sie über alle Trägheit des Herzens und alle Dumpfheit der Interessen hinweg das Leben selbst umgestaltet.

---

[18]) In Glanville v. Sutton and Co. Ltd., High Court, K. B. D., 24. Nov. 1927 ist eigentümlicherweise Buckle v. Holmes nicht zitiert worden, obgleich der führende Richter, Lord Justice Scrutton, in dem Taubenfalle zu den Richtern gehört hatte, die die Erlaubnis zur Berufung gaben. Es handelte sich in dem neuen Fall um ein Pferd, das früher andere Pferde, dann aber einen Menschen gebissen hatte, um die Frage, ob der Eigentümer, durch jene frühere Bissigkeit gewarnt, die Gefährlichkeit des Tieres gekannt habe und deshalb für den zweiten Schaden hafte. Das verneint der Erstrichter im Londoner Stadtgericht und die K. B. D. als Berufungsgericht, während die Geschworenen im Stadtgericht es bejaht hatten; der Anspruch wird abgewiesen, weil sich aus der Neigung des Pferdes, andere Pferde zu beißen, noch keineswegs seine Neigung ergebe, Menschen zu beißen. Oberberufung scheint in diesem Falle nicht eingelegt zu sein.

[19]) Lectures on the Relations between Law and Public Opinion in England during the 19th Century (1905). Im folgenden nach der Auflage von 1924 zitiert.

Aber alles, was Dicey als besondere Vorzüge der überliefert englischen Art der Meinungsbildung rühmt, ist freilich heute gefährdet, wo nicht schon vernichtet: die langsame, nach Art der Reife eines Samenkorns im gesunden Dunkel des Bodens, ohne den Kampf um politische Führer, Propheten oder Demagogen sich vollziehende Bildung der öffentlichen Meinung; ihr Werden in einem kleineren Kreis, in dem sie schon vor dem ersten Hinaustreten in die öffentliche Diskussion gründlich erwogen wird; und daraus resultierend ihr anfängliches, bis zum Alter einiger Abhärtung gegen das Leben vorhaltendes Geschütztsein gegen Interesseneinflüsse und Berechnungen der „Brauchbarkeit" einer Idee — alles dies ist durch die heutige Form des Nachrichtendienstes, der Presse, in Frage gestellt. Man kann wohl sagen, daß durch diesen Lautsprechermechanismus selbst die eindringlichsten Menschenstimmen unhörbar oder doch unverstehbar gemacht worden sind; das begleitende Knattern und Pfeifen des Apparates, der tausendfache Widerhall, das Dazwischenfunken anderer Sendestationen ist zu stark geworden, als daß man die einzelne „Meinung", die doch einmal dagewesen sein und sich behauptet haben muß, ehe aus ihr eine öffentliche Meinung wird, noch recht aufnehmen könnte.

Die Richter versuchen auch heute in England noch manchmal ihre Meinung an den Mann zu bringen. Ein Zufall hat am 16. November 1927 gleich zwei Grafschaftsrichter in Großlondon, Judge Crawford im Wood Green Court und Judge Cluer in Whitechapel, ihre Ansicht über die Leichtigkeit der heutigen Jugend im Geldausgeben äußern lassen. In einem Falle war das durch die Klage einer Putzmacherin gegen den Vater einer Arbeiterin wegen gelieferter Waren verursacht, da auf der Rechnung Kosten wie $4/11^3/_4$ sh. für ein Paar Handschuhe und 9s 11d für ein Paar seidener Strümpfe standen; im anderen Falle wollte der Gesuchsteller aus einem gerichtlich verwalteten Treuhandvermögen, einem Unfallentschädigungskapital, 100 Pfund zum Ankauf einer Wohnungseinrichtung zugebilligt haben. Die Anmerkungen des einen Richters darüber, daß ein Arbeitermädchen nicht so herausgeputzt zum Tanz zu gehen brauche, und des anderen Richters darüber, daß in seiner Jugendzeit kein vernünftiger Mensch so viel Geld an seine Möbel gehängt habe, wenn er heiraten wollte, erzeugten ein wahres Wutgeheul der Presse, in dem sich die „Daily News" unter Veröffentlichung eines Bildes des unsozialen Grafschaftsrichters besonders hervortaten. Man mußte, wenn die Sache überhaupt irgendeine Wirkung tat, mit Schrecken wahrnehmen, daß es die völlig entgegengesetzte im Vergleich zur Absicht des Richters war. Denn besonders im ersten Falle hatte dieser gar nicht die verschwenderische, über ihren Stand gekleidete Beklagte und ihren mitbeklagten Vater, sondern die Klägerin hart angelassen, weil sie dieser eben offenbar nach seiner Ansicht zu tüchtigerer Gewandung qualifizierten Beklagten ihre Tandwaren zu wirtschaftlich unvernünftigem Preis verkauft habe, und hat demgemäß von der verlangten Summe von 13 Pfund nur 6 Pfund zuerkannt, obgleich die Bestellung und die Lieferung unbestritten waren. In einem Leitartikel der „Daily News" aber wurde nun — unter bösartigen Anspielungen auf das zu hohe Gehalt der Richter — dem englischen Volk gerühmt, welch herrlicher Fortschritt es sei, daß die jungen Leute aller Stände sich so sauber und schmuck kleideten und nicht mehr an ihrer Ärmlichkeit oder Reichlichkeit von außen zu unterscheiden seien: es fehlte nicht viel, so vergaß der Artikelschreiber in seiner Begeisterung über die seidenen Strümpfe zu 9 sh. für Miss Yeo, of Scotland Greensroad, Ponder's End, in ihrer Beweiskraft für den allgemeinen Wohlstand der englischen Bevölkerung ganz, daß in einer anderen Spalte seines Blattes die Regierung bezichtigt wurde, sie lasse hilflos die Millionen englischer Arbeitsloser ins Elend fallen und die größte Industrie des Landes zugrunde gehen.

Indessen führt doch auch heute noch gelegentlich das ernstliche Wort eines Richters in der Urteilsbegründung, sei es daß er sich darüber beklagt, wie ein ungerechtes Gesetz ihn binde, sei es daß er sich geradezu diesem Gesetz entzieht, zu einem raschen Eingreifen des Gesetzgebers und zur Abstellung des Mißstandes. So war es vor kurzem noch mit dem Sklavereifall im Protektorat von Sierra Leone. Sierra Leone ist halb Kolonie, halb Protektorat; in der Kolonie ist die Sklaverei abgeschafft; im Protektorat bestand sie, kraft alter, durch eine Reihe von englischen Verordnungen anerkannter und geregelter Übung in der Weise fort, daß zwar alle seit 1926[20]) in das Protektoratsgebiet kommenden und alle seitdem dort geborenen Personen frei sind, und alle zur Zeit dort noch von früher her in Sklaverei stehenden Personen beim Tod ihres Herrn frei werden, dieser Herr auch keinerlei Rechtsschutzanspruch in Ansehung eines solchen Sklaven haben sollte, daß aber, ein natürliches Korrelat zum Fortbestehen der Sklaverei, er die ihm entlaufenen Sklaven verfolgen und wieder einfangen darf und sich dabei nur der Handlungen enthalten muß, die ihm strafrechtlich verboten sind: auch der Sklave kann wie der Freie Gegenstand des Totschlages, der Vergewaltigung, der Körperverletzung, nur eben nicht der Freiheitsberaubung sein.

Nun waren in Sierra Leone zwei Sklaven entlaufen, von ihrem Herrn wieder ergriffen und unbestrittenermaßen ohne Anwendung übermäßiger Gewalt und ohne eigentliche Körperverletzung an die Arbeitsstelle zurückgebracht worden. Die Anklagebehörde des Protektorats hatte daraufhin gegen die Eigentümer Anklage wegen conspiracy — sie waren gemeinschaftlich vorgegangen — und assault an den Sklaven erhoben und beim Bezirksrichter auch ihre Verurteilung erzielt. Sie appellierten an den höchsten Gerichtshof der Kolonie, der am 1. Juli 1927 durch Mehrheitsurteil die Verurteilung aufhob.

Der Richter, der das Mehrheitsurteil begründete, betonte wiederholt, wie schwer es ihm geworden sei, nach dem Gesetze so zu entscheiden, wie er es tue. Aber der Rechtszustand sei nun einmal nach den Verordnungen der, daß die früheren Rechte eines Sklavenhalters gegenüber seinen Sklaven fortbeständen, soweit sie nicht ausdrücklich, sei es im besonderen oder durch eine Generalklausel, aufgehoben seien. Wie stehe es nun mit dem Rechte zur Wiederergreifung des entlaufenen Sklaven? Sei es ausdrücklich und speziell aufgehoben? Nein, denn es falle nicht unter die gerichtliche Geltendmachung von Rechten in Ansehung des Sklaven, die ausdrücklich für ausgeschlossen erklärt ist; es ist Selbsthilfe, nicht Rechtsschutzanspruch, der sich an die Staatsgewalt selbst wendet und ihr die in der Tat unerträgliche Mitwirkung bei der Rückführung der Sklaven in die Gewalt des Herrn zumutete. Ist dann das Recht der Wiederergreifung durch eine Generalklausel des englischen Protektoratsrechtes abgeschafft? Auch das nicht, denn die Bestimmung des § 5 der maßgebenden Verordnung von 1901 in der Fassung von 1926, wonach außer Kraft gesetzt wird, was von einheimischem Rechte dem englischen Rechte zuwider (repugnant to the law of England) ist, bezieht sich nur auf Stammesgebräuche, nicht aber auf ein so allgemeines Institut wie die Sklaverei, die ja auch in derselben Verordnung beschränkt in Geltung gehalten wird, und vollends nicht auf ein mit der Sklavenhaltung so unerläßlich nach der Natur der Dinge verbundenes Recht wie das der Selbsthilfe im Wiedereinfangen der Sklaven. § 8 der Verordnung verbietet zudem die Anwendung von Gewalt ausdrücklich nur, wo sie „unlawfully" erfolgt; unlawful ist, nach der Begriffsbestimmung von Stephen in

[20]) Letzte Fassung der Protectorate Ordinances von 1896 und 1901, insbesondere s. 6 der letzteren Verordnung, in Verbindung mit der Protectorate Courts Jurisdiction Ordinance von 1924.

Regina v. Clarence 22 Q. B. D. 23[21]), was „forbidden by some definite law" ist. Das trifft hier nicht zu; kein Gesetz verbietet die Wiederergreifung; sie ist Rechtsausübung; sie kann nicht strafbar sein.

Der dissentierende Richter aber hat leidenschaftlich dagegen plädiert, daß solches wirklich in einem britischen Protektorate Rechtens sein könnte. Jener § 5 der Verordnung spricht nicht nur von der Unvereinbarkeit einheimischer Rechtsgebräuche mit besonderen Bestimmungen des englischen Rechtes, sondern von einer Rechtssitte „repugnant to natural justice, equity and good conscience". Das trifft das Wiedereinbringen eines tatsächlich frei gewordenen Sklaven. Daß die Verordnung die Sklaverei selbst anerkannt hat, nötigt nicht zu der Annahme, daß sie auch die Selbsthilfe zur Wiederergreifung des Sklaven billigt. Denn „two wrongs do not make a right. The Legislature may have neglected its duty. They may have for many years allowed a wrong to exist. If a wrong has been done by the Legislature, it is not for a Court of Justice to do another wrong and say because the Legislature has allowed slavery to exist justice will also blind its eyes and approve assault. This Court must approach the matter with its mind untrammelled and its conscience unblunted by any act of the Legislature recognizing slavery"[22]).

Das formale Recht war bei der Mehrheit der Richter, die Gerechtigkeit aber war bei dem dissentierenden Richter, bei dem Distriktsrichter, bei dem Staatsanwalt, der die Anklage erhob, und bei dem Geist des englischen Muster-Gouverneurs Sir Frederick Lugard[23]), auf dessen Kolonialwerk sich alle diese gegen die Sklaverei als Zwangseinrichtung vorgehenden Juristen stützten. Auch der Erfolg war mit ihnen. Das englische Kolonialamt wies, unter dem Antriebe der öffentlichen Meinung, den Gouverneur in Sierra Leone an, im Sinne des Minderheitsurteils Abhilfe zu schaffen; er berief eine außerordentliche Sitzung des Provinzialrates ein, und die Sklaverei wurde vollends, auch im Protektorate, abgeschafft.

3. Das Präjudiziensystem

Aus der sehr umfangreichen Literatur der neueren Zeit zu der Frage der rechtsbildenden Kraft des Richterspruches im englischen und amerikanischen Rechte[24]) hebt sich durch die Lebhaftigkeit der Darstellung der Aufsatz von C. K. Allen über Precedent and Logic in Law Quarterly Review XLI (1925), 329 ff. heraus. Allen bekämpft die Vorstellung von der Bedeutung des Präjudizes als rechtsschaffenden, ja selbst als rechtsfortbildenden Mittels, die zur Zeit noch vorherrscht. Er weist auf die Fälle hin, in denen nicht der Richterspruch, sondern das Werk eines Rechtsgelehrten bestimmend für das Gesetz geworden ist, wobei er auch den von Dicey a. a. O. S. 365 Anm. 1 erwähnten Einfluß Savignys — auf dem Weg über Westlake — auf das englische internationale Privatrecht hätte zitieren können. Er sieht die wirkliche Quelle des Rechtes im überall neu und gut wirkenden gesunden Menschenverstand der Richter mehr

---

[21]) 58 L. J., Mag. C. auf S. 18.

[22]) Bericht in „Times" vom 27. Aug. 1927.

[23]) The Dual Mandate S. 368, vgl. Europäische Gespräche II, 316 ff.

[24]) Hieraus als besonders auch für den deutschen Leser wichtig zu erwähnen F. R. Coudert, Certainty and Justice, Studies of the Conflict between Precedent and Progress in the Development of the Law (New York 1913); B. N. Cardozo, The Nature of the Judicial Process, Newhaven 1925, eines der meist beachteten Bücher der heutigen amerikanischen Jurisprudenz; Laski, Judicial Review of Social Policy in England, a Study of Roberts v. Hopwood et al. (Poplar-Fall) in Harvard Law Review 39 (1925/26) S. 832 ff. Ferner die Neuauflagen von Salmond, Jurisprudence (7. Aufl. 1924) S. 187 ff.; Beal, Cardinal Rules of Legal Interpretation (3. Aufl. 1924) S. 6 ff.; Vinogradoff, Common-Sense in Law (4. Aufl. 1925) S. 167 ff.

als in ihrem Glauben an die Autorität früherer Richter, die schließlich auch nur diesen common sense und dieses Billigkeitsgefühl hatten. Er macht sich auch ein wenig darüber lustig, daß man immer von der „bindenden" Kraft des Präjudizes spreche, da doch altbekannt sei, daß ein Richter, dem ein Präjudiz für seinen Fall nicht paßt, diesen Fall sehr wohl vom Falle des präjudiziellen Urteils werde zu „unterscheiden" wissen. Und er meint schließlich, gewiß nicht ganz mit Unrecht, daß man bei den Richtern mehr eine Neigung zum Beharren beim Alten als radikale Neuerungssucht zu gewärtigen habe, und ihnen also eher das Loskommen von alten Urteilen, die unter anderen Lebensverhältnissen gesprochen wurden, leicht machen als erschweren sollte. Es sei ja zudem auch oft reine Zufallssache, ob eine Rechtsfrage überhaupt vor die hohen Gerichte komme, zumal bei der Kostspieligkeit der englischen Prozeßführung; so scheint Allen der Ansicht zuzuneigen, daß der von ihm beobachtete Rückgang des Einflusses der Präjudizien sein Gutes habe.

Indessen sieht sich diese Frage doch für den Juristen, der kontinentale Übung mit der englischen vergleicht, ganz anders an. Nicht nur daß bei uns die Klagen über die Gesetzmacherei und über die mangelhafte Gesetzgebungstechnik doch bei weitem all das übertönen, was man in England über die Vielheit und Unübersichtlichkeit der Präzedenzfälle zu sagen hat; auch das Präjudiziensystem selbst sieht sich vom Kontinent aus anders an. Wenn bei uns, was ja alltäglich geworden ist, ein Gericht sich auf frühere Entscheidungen stützt, so ist die Regel, daß es „die Rechtsprechung des Reichsgerichtes", wenn möglich sogar die „ständige Rechtsprechung" anruft, statt eines bestimmten Falles mit seiner Entscheidung; in England aber wird nur die Einzelentscheidung beachtet. Das ist aber nur eine äußere Begleiterscheinung des inneren Unterschiedes, daß bei uns dem später entscheidenden Gerichte regelmäßig die Rechtsgründe der Vorentscheidung, nicht diese Entscheidung selbst, wichtig sind[25]), während in England die Bindung an das Präjudiz nicht Gleichheit der Rechtsauffassung oder der Auslegung der Gesetze, sondern Gleichheit der Rechtsanwendung bei im wesentlichen gleichem Tatbestand herbeiführen soll. Was an der kontinentalen Praxis zu bekämpfen ist, das ist das Herbeiziehen — oft ist es wirklich ein An-den-Haaren-Herbeiziehen — von Vorentscheidungen, die dem Richter die Möglichkeit geben, ohne eigene Verantwortung zum Schluß zu kommen. Aus dieser Art heraus erscheint uns dann die englische Praxis des distinguishing als durchaus gesund.

Als ein Beispiel für Befolgung wie für Ablehnung von Präjudizien aus neuester Zeit sei hier Musmann v. Engelke (Court of Appeal 23. Juni 1927, 43 T. L. R. 685) angeführt. In einem Prozeß wegen Mietzinszahlung gegen einen Angestellten der Deutschen Botschaft in London hatte dieser sich auf die Exemtion von der englischen Gerichtsbarkeit berufen, vermöge deren er sich nicht einzulassen, insbesondere im vorbereitenden Verfahren nicht ins Kreuzverhör nehmen zu lassen brauche. Eine Verfügung des Richters in camera hatte diesen Einwand zurückgewiesen, weil der Beklagte seine Zugehörigkeit zum Kreise der diplomatischen Personen nicht nachgewiesen habe. Auf die Berufung gegen diese Anordnung hin bestätigte die Mehrheit der Richter den erstinstanzlichen Beschluß, gegen die Meinung des Master of the Rolls, der ein sehr interessantes dissenting judgment abgab. Dabei ist die Hauptfrage, in die auch die Präjudizien hereinspielen, die, ob und inwieweit eine Auskunft des englischen Auswärtigen Amtes die englischen Gerichte binde. Diese Auskunft war hier vom Generalanwalt er-

[25]) Ähnlich gegenüber der juristischen Doktrin. Bei uns ist die Berufung auf eine angeblich „herrschende Meinung" üblich, die ganz unpersönlich ist; in England ist es der Respekt vor der „Autorität" eines einzelnen großen Juristen, der den Richter veranlaßt, der Theorie zu folgen.

teilt worden, der, vom Foreign Office instruiert, erklärt hatte, der Beklagte werde in einem Verzeichnis des Botschaftspersonals mitaufgeführt und gelte dem Foreign Office als exterritorial. Ähnliche Auskünfte über den status von fremden Souveränen, Staatsoberhäuptern, Angehörigen diplomatischer Missionen oder neuerdings Handelsvertretungen waren von den Gerichten als authentische Feststellungen hingenommen worden, wie auch vor allem die Prüfung der Frage, ob eine bestimmte ausländische Regierung für einen in England de facto oder de jure anerkannten Staat spricht, ausschließlich der englischen Regierung überlassen bleibt — das hat sich in der sehr interessanten Reihe von englischen Prozessen in Sachen der Sowjetunion jeweils so gezeigt. Die Mehrheit der Richter wich von dieser Praxis im Falle Musmann v. Engelke ab, obgleich zu der eidesstattlichen Versicherung des Beklagten über seine Zugehörigkeit zur Botschaft (und zwar in der Chiffrierabteilung) eine gehörig beglaubigte Erklärung des deutschen Geschäftsträgers und endlich eben die Mitteilung des Foreign Office, unterzeichnet von einem Unterstaatssekretär, gekommen war, wonach der Beklagte auf der amtlichen Liste der diplomatischen Personen als Konsulatssekretär im Stabe des deutschen Botschafters verzeichnet ist.

Der Kläger will durch das Kreuzverhör über die eidesstattliche Aussage des Beklagten ermitteln, ob er in Wirklichkeit, wenn man aus seiner Tätigkeit auf sein Amt schließt, konsularischer oder diplomatischer Beamter ist; sein Anwalt erklärt, er sei durchaus willens, von der Klage abzustehen, sobald er sich durch das Kreuzverhör von letzterem überzeugt habe. Einstweilen aber bezweifle er es im Hinblick auf die Bezeichnung als Konsulatssekretär, und behaupte, es sei eine Tatfrage, ob die Arbeit des Beklagten auf diesem oder jenem Gebiete liege; deshalb sei die Auskunft des Foreign Office oder vielmehr das Verzeichnis des Foreign Office für das Gericht nicht bindend.

Sowohl der Appellationsgerichtspräsident als die beiden Richter der Mehrheit haben sich auf eine Reihe von Präjudizien gestützt, teils um sie für ihre Ansicht anzuführen, teils um aus ihnen, distinguendo, ein argumentum e contrario zu gewinnen: ein Präjudiz ist ja durchaus nicht nur positiv, sondern ebensogut negativ brauchbar, indem es die Eigentümlichkeit des jetzigen besonderen Falles erkennen hilft. Eine Reihe von Äußerungen in der Begründung des Mehrheitsbeschlusses durch Lord Justice Scrutton läßt deutlich erkennen, daß er sich über die Sache selbst ein recht festes Vorurteil zugunsten der englischen Partei und gegen den deutschen Beklagten, ja gegen die deutsche Botschaft selbst gebildet hatte[26]); aber auch wenn man das als Passivposten in die Richtigkeitsrechnung des Urteils einstellt, bleibt noch genug Beachtenswertes übrig.

In beiden Noten ist als Hauptpräjudiz Duff Development Co. v. Government of Kelantan zitiert[27]). In diesem Falle war der status eines fremden Souveräns oder Halbsouveräns, des Sultans von Kelantan, zu beurteilen, da

[26]) Er spricht davon, daß der Beklagte grob leichtfertig zuerst eine unrichtige eidesstattliche Versicherung gegeben und sie erst, nachdem das Foreign Office anderes gemeldet hatte, berichtigt habe; daß der deutsche Geschäftsträger jene unrichtige Aussage eidesstattlich bekräftigt, sein Affidavit aber zurückgezogen habe, nachdem ihm angesagt worden war, daß er darüber ins Kreuzverhör genommen werden könne; daß es solche und solche Botschaften gebe — Botschaften, denen man trauen könne, aber auch andere (wobei ein deutlicher Hieb gegen Rußland fällt) — und schließlich, daß es ein unleidlicher Zustand sei, wenn Fremde nach England kämen, hier mit Engländern Verträge schlössen und sie dann unter dem Vorwand der Immunität brächen — alles durchaus schiefe und irrelevante Aufführungen, die einem Höchstrichter schlecht anstehen.

[27]) [1924] A. C. 797; 40 TLR. 566; Urteil des Oberhausgerichtes vom 10. April 1924. Vgl. A. Mendelssohn Bartholdy, Landerschließungsverträge mit britischen Sultanaten, Wirtschaftsdienst 1924 S. 729ff.

von ihm das Fehlen oder Vorhandensein der Jurisdiction abhing; Kläger war, wie im gegenwärtigen Fall, ein englischer Kontrahent des Beklagten. Das Auswärtige Amt erklärte, der Sultan sei Souverän; das Gericht bekannte sich als durch diese Auskunft gebunden und wies die Klage endgültig ab. Vielleicht wäre es noch genauer, zu sagen, das Gericht habe sich halb als gebunden, halb als voll befriedigt erklärt; die Richter des Oberhauses haben nämlich aus verschiedenen Gründen zum selben Ergebnis gestimmt; die eine von Lord Finlay abgegebene Meinung, weil die Erklärung des Auswärtigen Amtes namens der Krone überhaupt keine Beweisaussage, sondern eine königliche Deklaration in einer Angelegenheit der Prärogative der Krone sei; die andere, von Lord Sumner geführte Ansicht, weil das Gericht immer den besten möglichen Beweis suchen müsse, dieser beste Beweis aber durch den sachverständigsten Zeugen, nämlich das über seine eigene völkerrechtliche Auffassung und Praxis aussagende Auswärtige Amt, gegeben werde[28]).

Im Fall Musmann v. Engelke hat sich nun bei der Bewertung des Duff v. Kelantan-Urteils herausgestellt, daß die verschiedenen Begründungen dieses letzteren Urteils, von denen eben die Rede war, auch zu verschiedener Präjudizgeltung führen, je nachdem man die eine oder andere für überwiegend hält; es zeigt sich mit anderen Worten, daß solche Doppelbegründung der Präjudizgeltung schädlich ist. Der Master of the Rolls ist der Ansicht von Lord Finlay gefolgt[29]). Für ihn ist die Erklärung, die im Engelke-Fall durch den Attorney-General für das Foreign Office abgegeben wurde, eine konstitutive, nicht nur deklaratorische; sie beweist nicht, sondern sie macht den Beweis überflüssig und unzulässig. Das geht darauf zurück, daß der Staat nicht zweierlei Rede im Munde führen, oder genauer gesagt, nicht auf eine Art (durch seine Regierung) handeln und auf die entgegengesetzte Art (durch seine Gerichte) reden kann. Die Gerichte dürfen einem fremden Souverän und seinem Botschafter die comitas nicht versagen, die ihr eigener Souverän ihm im diplomatischen Verkehr, auf Gegenseitigkeit, gewährt; sie straften sonst diesen ihren eigenen Souverän Lügen.

Dagegen ist für Lord Justice Scrutton und seinen Mitvotanten an dem Duff v. Kelantan-Urteil offenbar nicht die Finlay-Dunedinsche, sondern die Sumnersche Begründung allein wesentlich. So kommen sie dazu, das Präjudiz für unanwendbar zu erklären: das Auswärtige Amt wisse nämlich aus eigener Erfahrung, mit wem es als Souverän verkehrt und wen es als Botschafter beim englischen Souverän empfängt, nicht aber wisse es auf diese Art, ob die einzelnen auf einer fremden Botschaft oder Gesandtschaft beschäftigten Personen dort diplomatische oder konsularische Funktionen ausübten. In jenen Beziehungen sei also die Auskunft des Amtes „best evidence", in dieser Beziehung aber nicht. Vielmehr müsse hier über diese Auskunft hinweg die gewöhn-

[28]) Die beiden entscheidenden Sätze lauten: „Such information is not in the nature of evidence: it is a statement by the sovereign of this country through one of his ministers upon a matter which is peculiarly within his cognizance" (Lord Finlay], und: „. . . a foreign ruler, whom the Crown recognizes as a sovereign, is such a sovereign for the purposes of an English court of law, and the best evidence of such recognition is the statement duly made with regard to it in His Majesty's name" (Lord Sumner). Wie Lord Finlay besonders auch Lord Dunedin.

[29]) Allerdings hat er auch die Ansicht von Lord Sumner herangezogen und ausgeführt, daß die Aussage des Attorney-General auf Grund der Instruktion des Auswärtigen Amtes die bestmögliche evidence in bezug auf die Frage sei, ob ein Ausländer in England als diplomatische Person im Sinne der Prozeßimmunität zu gelten habe. Aber dieser Teil der Ausführungen des Appellationsgerichtspräsidenten ist nicht überzeugend. Gibt man einmal zu, daß es sich hier um gewöhnliche Beweisführung in Zivilsachen handelt, so läßt sich die Befugnis des Gerichtes zu weiterer Aufklärung des Sachverhaltes auch nach einer durchaus zuverlässigen Aussage des sachverständigsten Zeugen nicht wohl bezweifeln.

liche gerichtliche Prüfung des Beweisergebnisses, also zunächst das Kreuzverhör gegenüber der eidesstattlichen Parteiaussage, eintreten. Wirklich muß diese Auffassung im eigentlichen Sinne über die Auskunft des Auswärtigen Amtes hinweggehen, als ob sie gar nicht vorläge. Lord Justice Scrutton ist vor dieser Konsequenz nicht zurückgescheut. Hätte das Gericht selbst — wie im Kelantan-Fall und auch sonst öfters — die Auskunft des Auswärtigen Amtes erbeten, so wäre es unmöglich, diese Auskunft dann einfach zu übergehen und an ihrer Stelle anderen, sie möglicherweise widerlegenden Beweis zu suchen. Aber im Engelke-Fall hat nicht das Gericht um Auskunft gebeten, sondern der deutsche Botschafter hatte, nach den unliebsamen Vorgängen bei der Vorbereitung des Falles, das Auswärtige Amt um Schutz der diplomatischen Immunität des Beklagten ersucht, und das Auswärtige Amt hatte daraufhin den Attorney-General ersucht, zu intervenieren. Das ist ja im Grunde die beste Bestätigung für die Ansicht des Master of the Rolls: das Auswärtige Amt ist völkerrechtlich verpflichtet, die Immunität zu gewähren, und sucht sich davor zu schützen, daß ihm der Vorwurf gemacht werden könnte, diese Gewähr sei eine unsichere, im Ernstfalle nicht standhaltende, da die englischen Gerichte sie nicht achteten. Aber Lord Justice Scrutton argumentiert umgekehrt: er sagt, es handle sich hier nicht um Völkerrechtspraxis und comitas nationum, sondern um Beweisermittlung im englischen Rechtsstreit, und da sei die Intervention der Regierung, die nicht erbeten war, unbeachtlich, „wo nicht unzulässig".

Erklärt sich die verschiedene Bewertung des Kelantan-Präjudizes dergestalt aus seiner zwiespältigen Begründung und aus der Verschiedenheit der Tatbestände (Souverän dort — Botschaftsfunktionär hier), so fehlt allerdings im Mehrheitsurteil des Court of Appeal jede Erklärung dafür, daß die übrigen Präzedenzfälle, die der Präsident in seinem Minderheitsvotum zitiert, außer acht gelassen und übergangen werden. Parkinson v. Potter[30]) ist ein tatbeständlich durchaus gleicher Fall; Macartney v. Garbutt[31]) und Fenton Textile Association Ltd. v. Krassin[32]) treffen die Frage der verbindlichen Auskunft über den diplomatischen status einer Person; vor allem aber ist die Entscheidung des Court of Appeal selbst in The Gagara[33]) ein durchschlagendes Präjudiz dafür, daß das Auswärtige Amt durch den Attorney-General mit bindender Wirkung so intervenieren kann, wie es im Fall Musmann

---

[30]) 16 Q. B. D. 152; 2 T. L. R. 184; Urteil der Queen's Bench vom 14. Dez. 1885: ein gehörig beglaubigter Attaché genießt dieselbe Immunität wie der Botschafter und sein Personal, insbesondere Befreiung von der Haussteuer für seine Privatwohnung. Der Beweis für die diplomatische Eigenschaft des Beklagten scheint hier in der Gerichtsverhandlung selbst geführt worden zu sein; eine Auskunft des Auswärtigen Amtes wird nicht erwähnt. Das Urteil stützt sich weithin auf völkerrechtliche Autoritäten auch des Kontinentes: Calvo, Bluntschli, Heffter.

[31]) 24 Q. B. D. 368; 6 T. L. R. 214; Entscheidung der Queen's Bench Division vom 24. Febr. 1890. Hier ist der Beklagte, der seine Exemtion behauptet, englischer Staatsangehöriger, aber im Dienst einer fremden Botschaft. Auch hier scheint keine Auskunft des Auswärtigen Amtes erfolgt zu sein; streitig war im wesentlichen die Frage, ob auch ein Engländer in England die diplomatische Exterritorialität genießen könne.

[32]) 38 T. L. R. 259; Court of Appeal vom 16. Dez. 1921. Krassin war damals nur Handelsdelegierter der Sowjetunion in England; die diplomatische Immunität wurde ihm nicht zuerkannt. Hier lautete die Auskunft des Auswärtigen Amtes dahin, daß Krassin auf der Liste der diplomatischen Personen nicht geführt werde, da die Sowjetunion nur de facto, nicht de jure anerkannt sei. Das wird vom Gericht als bindende Auskunft angenommen.

[33]) [1919] P. 95; 35 T. L. R. 259; Court of Appeal vom 14. Febr. 1919. Das Gericht hatte hier in der erstinstanzlichen Verhandlung das Auswärtige Amt um Auskunft ersucht; darauf war der Attorney-General unter Instruktion erschienen. Seine Auskunft darüber, daß die esthnische Regierung — damals de facto Regierung — Prisenjurisdiktion ausüben könne, wird als bindend angenommen; der Court of Appeal bestätigt, daß das Gericht erster Instanz darin richtig verfahren war.

v. Engelke geschehen ist; hier wird auch das Hauptargument ausgesprochen, mit dem der Appellationsgerichtspäsident sein Votum zu begründen suchte: „There would be a divergence of action as between the Courts of this country and the statements that have been made by the Government of the country as to the attitude which the country was prepared to take."

Das Mehrheitsurteil des Court of Appeal hat, indem es diese Präjudizien überging, das getan, wovor sie warnten: es hat die Divergenz zwischen den Gerichten Englands und den amtlichen Zusicherungen der englischen Regierung offenkundig gemacht.

Nachschrift. Das Oberhaus-Gericht hat am 18. Juli 1928 durch einstimmige Entscheidung den Beschluß des Court of Appeal im Fall Musmann v. Engelke, ganz im Sinne der vorstehenden Ausführungen, aufgehoben und die Auskunft des Foreign Office für bindend erklärt. A. M. B.

Abgeschlossen: März 1928.

Das Reichsgericht und der Parteibegriff

von Professor Dr. Wilhelm Kisch, München

Über den Parteibegriff ist bekanntlich in Schrifttum und Rechtsprechung eine völlige Einigung noch nicht erzielt. Den Gegenstand des Zweifels und der wissenschaftlichen Kontroverse bilden namentlich die Fälle, in denen jemand in relativ selbständiger Stellung Rechte oder Interessen geltend macht, welche nicht (oder nicht ausschließlich) ihm selbst zustehen, vielmehr einen bestimmten Dritten oder auch die Öffentlichkeit angehen. Hier wird vornehmlich darüber gestritten, ob der Prozeßführer selbst die Parteistellung einnimmt oder ob er bloß Vertreter eines anderen Subjektes ist, wobei wiederum die Bestimmung dieses Subjektes mancherlei Schwierigkeiten bieten kann[1]).

I.

Zur Gewinnung eines Standpunktes empfiehlt es sich, zuerst das Streitgebiet genauer zu umgrenzen.

1. In einer Reihe von Fällen ist es unzweifelhaft und auch kaum ernstlich bestritten, daß der Prozeßführer (nicht Vertreter, sondern) selbst Partei ist. Diese Fälle lassen sich wiederum verschieden gruppieren, je nachdem die Partei ein eigenes Recht oder Interesse geltend macht, oder je nachdem dies nicht vorausgesetzt ist.

a) Der klarste Tatbestand ist der, daß jemand unzweifelhaft ein eigenes Recht geltend macht. So verhält es sich offensichtlich, wenn der Schenkgeber gegen den Beschenkten auf Vollziehung einer Auflage klagt (§ 525 BGB.). Daß er ein eigenes Recht auf diese Vollziehung hat, steht außer Zweifel, wenn auch dieselbe unmittelbar nicht ihm, sondern einem Dritten oder der Öffentlichkeit zustatten kommt.

Nicht anders liegt es, wenn bei dem sogenannten echten oder berechtigenden Vertrage (im Gegensatze zum unechten oder bloß ermächtigenden Vertrage) zugunsten Dritter der begünstigte Dritte gegen den Versprechenden auf Erfüllung klagt, wie dies wiederum bei der Schenkung unter Auflage zutrifft. Ein anderes Beispiel dieser Art bringt § 435 HGB., gemäß welchem nach Ankunft des Frachtgutes am Orte der Ablieferung der Empfänger berechtigt ist, die durch

---

[1]) Die folgenden Ausführungen haben nichts zu tun mit dem Problem der Identität der Partei, also mit der Frage, welches vielleicht unrichtig gekennzeichnete physische oder juristische Individuum im besonderen Falle geklagt hatte oder verklagt ist. Hierüber vornehmlich das scharfsinnige Werk von Hein, Identität der Partei; vgl. auch Kisch, Parteiänderung im Zivilprozeß S. 520ff. Wenn Stein-Jonas Vorbemerkung zu § 50 III mir nach dem Vorgange von Hein die Meinung zuschreibt, daß es bei der Klage lediglich auf den wirklichen inneren Willen der Partei und nicht auf die objektiv erkennbare Erklärung ankomme, so verkennt er die Bedeutung meiner Ausführungen. Daß der innere Parteiwille entscheide, habe ich nur für den Fall objektiv zweifelhafter oder unrichtiger Bezeichnung in dem Sinne vertreten, daß durch Auslegung die Bedeutung dieser Parteibezeichnung zu ermitteln sei. Damit ist wohl kaum etwas anderes behauptet, als was Jonas selbst a. a. O. mit den Worten kundgibt: „Daß die erkennbar gemeinte (!) Person tatsächlich ungenau oder unrichtig bezeichnet ist, ist für die Erlangung der Parteistellung ohne Bedeutung."

den Frachtvertrag begründeten Rechte im eigenen Namen gegen den Frachtführer geltend zu machen, ohne Unterschied, ob er hierbei im eigenen oder fremden Interesse handelt.

Um ein eigenes Recht kann es sich auch handeln, wenn die streitige Rechtsbeziehung nicht gerade zwischen dem Prozeßführer und dem Gegner, sondern zwischen ihm und einem Dritten bestehen soll. Wenn A und B miteinander einen Feststellungsprozeß um die Frage führen, welchem von ihnen eine bestimmte Forderung gegen X zustehe, so sind selbstverständlich beide Parteien, obgleich die streitige Forderung nicht zwischen ihnen begründet ist. Jeder beansprucht für seine Person das im Streit befangene, wenn auch gegen einen Dritten gerichtete Privatrecht.

Für den Fall der Erbunwürdigkeit bestimmt § 2341 BGB.: „Anfechtungsberechtigt ist jeder, dem der Wegfall des Erbunwürdigen, sei es auch nur bei dem Wegfalle eines anderen, zustatten kommt." Hiernach kann nicht bloß der nächste, sondern auch der entferntere Erbanwärter die Erbunwürdigkeitsklage erheben, selbst wenn im Falle ihres Erfolges nicht er selbst, sondern ein näherer Anwärter den Nachlaß erhält. Auch hier kann an dem Klagerechte des Anfechtungsberechtigten ebensowenig ein Zweifel obwalten wie an seiner Parteieigenschaft. Er ist ebensowenig Vertreter des späteren Erben wie etwa der Schenker, welcher auf Vollzug der zugunsten eines Dritten gemachten Auflage klagt, den letzteren im Prozesse vertritt.

Ein eigenes Recht steht ferner in Frage, wenn Kläger durch gültige Zession eine Forderung erworben hat, die er nach außen eigenen Namens geltend machen soll, aber kraft interner Abmachung mit dem Zedenten für dessen Rechnung und auf dessen Gefahr. Dabei macht es keinen Unterschied, ob die beigetriebene Summe an den Zedenten abgeführt oder ob sie dazu verwendet werden soll, ein eigenes Guthaben des neuen an den alten Gläubiger zu decken. Daß der Zessionar in dem von ihm geführten Prozesse gegen den Drittschuldner Partei (nicht bloß Vertreter des Zedenten) ist, unterliegt keinem Zweifel.

b) Eine Gruppe für sich bilden die Fälle, in denen jemand ein fremdes Privatrechtsverhältnis kraft eigenen Interesses und im eigenen Namen zum Gegenstand eines Prozesses macht. Bei einzelnen dieser Fälle ist es übrigens zweifelhaft, ob nicht die Sache so liegt, daß der Prozeßführer in Wirklichkeit nicht ein fremdes Recht kraft eigenen Interesses, sondern vielmehr ein eigenes Recht geltend macht, als welches man je nach Lage des Falles entweder ein wirkliches Gläubigerrecht oder ein Verwaltungs- und Verfügungsrecht eigener Art oder auch nur ein reines Prozeßführungsrecht mit Bezug auf das fremde Rechtsverhältnis (so etwa im Falle der ZPO. § 632) anzusehen hätte. Hervorzuheben wären etwa folgende Tatbestände.

Bei dem sogenannten verdeckten Prokuraindossament wird ein wirkliches (Voll- oder Blanko-) Indossament mit der Maßgabe vollzogen, daß der Indossatar den Wechsel zwar im Auftrage und für Rechnung des Indossanten, aber im eigenen Namen soll geltend machen, also auch gerichtlich einklagen können. Hier mag man zweifeln, ob der Indossatar mit Wirkung nach außen Wechselgläubiger geworden ist, oder ob er nur ein Verfügungsrecht und eine Legitimation in Ansehung der beim Indossanten verbleibenden Wechselforderung erwirbt; prozeßrechtlich nimmt er jedenfalls die Stellung der Partei ein, wobei es gleichgültig erscheint, ob ihm materielle Einreden aus der Person des Indossanten entgegengehalten werden dürfen oder nicht, und ob er an der Einziehung des Wechsels auch seinerseits ein eigenes Interesse hat, etwa um für eine eigene Forderung gegen den Indossanten Deckung zu erlangen, oder ob dies nicht zutrifft[2]).

Hierher gehört auch der Ehemann, welcher kraft seiner Verwaltungsbefugnis ein Recht des eingebrachten Gutes seiner Ehefrau oder des Gesamtgutes gerichtlich geltend macht. Daß er hierbei „eigenen Namens" auftritt, ergibt sich schon aus dem Wortlaut des Gesetzes[3]). Demgemäß wird die Parteieigenschaft des Ehemannes nicht nur in der Wissenschaft, sondern auch in der Rechtsprechung einmütig anerkannt[4]), wobei in diesem Zusammenhange die Streitfrage dahingestellt bleiben mag, ob er mit dem Rechte der Ehefrau oder des Gesamtgutes auch ein eigenes Verwaltungsrecht privatrechtlicher Natur oder aber nur ein eigenes Interesse geltend macht. Ebenso ist Partei die Ehefrau, wenn sie ausnahmsweise eigenen Namens ein Recht des Gesamtgutes gerichtlich geltend macht[5]).

Wenn ferner der Pfändungsgläubiger die ihm zur Einziehung überwiesene Forderung des Vollstreckungsschuldners gegen den Drittschuldner einklagt, so ist er selbst Partei, nicht Vertreter des Vollstreckungsschuldners[6]), wie sich

---

[2]) Literatur hierzu: Durchholz, GruchotsBeitr. 47, 533; Gunz (nicht wie bei Staub-Stranz, 11. Aufl., Gacy), Vollgiro zu Inkassozwecken (1903); Holz, GruchotsBeitr. 50, 310; Jäger, Z.f.Zivilproz. 40, 128; de Jonge, Das stille Prokuraindossament (1888); Schmidt, GruchotsBeitr. 57, 241; Schöninger, ArchZivPrax. 96, 192; Wulff, Vollindossament zu Inkassozwecken (auch HGZ. 17, 301); Zander, Legitimationsübertragung, JW. 1913 S. 471. — Die Entscheidungen des Reichsgerichtes, welche sich mit diesem Institut befassen, betreffen größtenteils die Frage, ob und in welchem Umfange der Beklagte dem Inkassoindossatar Einreden aus der Person des Indossanten entgegenhalten kann; dies ist eine rein privatrechtliche Frage. Immerhin lassen die Entscheidungen erkennen, daß sie den Indossatar als Partei ansehen; so etwa RG. 1. ZS. 26. Febr. 1881 (Samml. 4, 100 Nr. 27); RG. 1. ZS. 17. Okt. 1888 (Samml. 23, 124); RG. 1. ZS. 3. März 1894 (Samml. 32, 125 Nr. 32); RG. 1. ZS. 16. Sept. 1896 (GruchotsBeitr. 41, 1067 Nr. 100); RG. 3. ZS. 13. Okt. 1896 (JW. 1896 S. 640 Nr. 19); RG. 1. ZS. 11. Mai 1898 (JW. 1898 S. 438 Nr. 15); RG. 1 ZS. 26. Juli 1898 (JW. 1898 S. 538 Nr. 1). — In dem Urteile 1. ZS. vom 14. Nov. 1883 (Samml. 11, 5 ff., insb. S. 9) wird der Indossatar ausdrücklich als „Wechselgläubiger und im eigenen Namen klagende Prozeßpartei" bezeichnet. — Seine Parteieigenschaft wird auch vorausgesetzt in dem Urteile 1. ZS. 23. Nov. 1895 (Samml. 36, 53 Nr. 14), da hier die Frage untersucht und bejaht wird, ob das den Indossatar abweisende Urteil Rechtskraft gegen den Indossaten bewirkt. — Ebenso in dem Urteile 1. ZS. 10. Dez. 1898 (Samm. 43, 40 Nr. 7), in welchem der Gegenfall behandelt wird, daß die rechtskräftige Abweisung des Indossanten auch dem Insossatar entgegengehalten werden kann. — Schon früher hatte das ROHG. 1. Sen. Urteil vom 6. Juni 1874 (Samml. 10, 156 Nr. 31) aus der Parteistellung des Indossatars abgeleitet, daß die Rechte aus dem ihm gegenüber ergangenen Urteile nicht ohne weiteres in der Person des Indossanten erwachsen, sondern diesem erst abgetreten werden müssen.

[3]) Vgl. § 1380 BGB.: „Der Ehemann kann ein zum eingebrachten Gute gehörendes Recht im eigenen Namen geltend machen." — Ferner § 1443: „Der Mann ist insbesondere berechtigt . . ., Rechtsstreitigkeiten, die sich auf das Gesamtgut beziehen, im eigenen Namen zu führen." Vgl. auch § 1519 Abs. 2, §§ 1525, 1549, 1550 Abs. 2.

[4]) Vgl. etwa Urteil RG. 6. ZS. 19. Dez. 1907 (Samml. 67, 262 insb. 266 Nr. 67); „. . . da der Mann aus eigenem Recht und nicht als Vertreter der Frau den Prozeß führt." — Ebenso schon früher für die württembergische Errungenschaftsgemeinschaft RG. 4. ZS. 1. Juni 1896 (JW. 1896 S. 371 Nr. 8) und für die westfälische allgemeine Gütergemeinschaft RG. 5. ZS. 16. Febr. 1898 (JW. 1898 S. 197 Nr. 2).

[5]) Vgl. § 1449 BGB. Nach § 1450 steht es der Ehefrau bei Behinderung des Mannes in dringenden Fällen frei, ein Recht des Gesamtgutes im eigenen Namen oder im Namen des Mannes gerichtlich geltend zu machen.

[6]) Vgl. §§ 835 ff. ZPO. Deshalb ist der Ausdruck procurator in rem suam (Vertreter im eigenen Interesse) nicht unbedenklich, wie ihn z. B. RG. Samml. 18, 399 verwendet. Trotzdem betrachtet das Reichsgericht zutreffenderweise den Einziehungsgläubiger als Partei; vgl. etwa RG. 3. ZS. 1. Mai 1894 (JW. 1894 S. 322 Nr. 37): „Deshalb ist jedoch nicht der erstere (gemeint ist der Vollstreckungsschuldner) als Prozeßpartei anzusehen, sondern der letztere (gemeint ist der Vollstreckungsgläubiger), welcher aus eigenem Rechte kraft der Überweisung und im eigenen Interesse die überwiesene Forderung geltend macht. — Die von Stein-Jonas Vorbem. zu § 50 Anm. 6 angeführte Entscheidung RG. 2. ZS. 24. Juni 1890 (Samml. 27, 345 Nr. 88) betrifft den Fall, daß ein Gläubiger A, zu dessen Gunsten die Forderung seines Schuldners B gegen einen Dritten X zwar gepfändet, aber noch nicht überwiesen wurde, gegen X auf Feststellung dieser Forderung klagt. Daß A, der diese Klage eigenen Namens erhebt, Partei ist, versteht sich von selbst und wird vom Reichsgerichte gar nicht untersucht, vielmehr nur geprüft, ob er für solche Feststellungsklage legitimiert sei.

schon daraus ergibt, daß er diesem den Streit zu verkünden hat (§ 841), was undenkbar wäre, wenn der Vollstreckungsschuldner schon ohnehin die durch den Gläubiger vertretene Partei des Rechtsstreites wäre. Auch hier kann außer Betracht bleiben, ob der Einziehungsgläubiger durch seine Klage das eigene auf der Pfändung und Überweisung beruhende Recht oder nur kraft eigenen rechtlich geschützten Interesses die gepfändete und überwiesene Forderung des Vollstreckungsschuldners als eine fremde geltend macht; für die prozessuale Frage der Parteistellung ist dies unerheblich.

Erst recht ist Partei, wer kraft eines Pfandrechtes oder Nießbrauches an einer fremden Forderung gegen den Schuldner dieser Forderung einklagt. Hier dürfte bei richtiger Konstruktion des Vorganges anzunehmen sein, daß der Kläger eine eigene, aus der fremden Forderung abgeleitete, derselben parallel laufende Forderung gegen den Drittschuldner geltend macht[7]). Aber auch bei anderer Auffassung von der privatrechtlichen Natur des Forderungspfandrechtes und Forderungsnießbrauches kann an der Parteistellung des Klägers kein Zweifel sein.

c) In anderen Fällen steht fest, daß der Prozeßführer nicht ein Recht an einem fremden Rechte hat, daß er aber an der Gestaltung des letzteren ein bestimmtes Interesse hat, zu dessen Wahrnehmung ihm eine gesetzliche Klagelegitimation verliehen ist. Hierher gehören etwa folgende Tatbestände.

Die Ehenichtigkeitsklage kann im Falle der Bigamie von dem angeblichen früheren Ehegatten erhoben werden. Auch sonst kann ein Dritter diese Klage anhängig machen, wenn für ihn von der Gültigkeit der Ehe eine Verpflichtung oder von der Nichtigkeit der Ehe eine Berechtigung abhängt (§ 632 ZPO.). Hier ist klar, daß der Kläger an dem den Prozeßgegenstand bildenden Rechtsverhältnisse, nämlich an der Ehe der beiden Beklagten, seinerseits nicht beteiligt ist. Ebenso klar aber ist, daß er die Parteistellung mit allen ihren Folgen bekleidet.

Wenn ferner im Konkurse die Forderung eines Anmelders durch einen anderen bestritten wird, so ist die positive oder negative Feststellung des Konkursteilnahmerechtes gegen den Bestreitenden oder durch ihn herbeizuführen. An dem den Gegenstand des Streites bildenden Konkursteilnahmerechte ist der Opponent selbst nicht beteiligt; aber im Hinblick auf sein eigenes Interesse an der Fernhaltung unbegründeter konkurrierender Forderungen ist ihm die Prozeßlegitimation gewährt (§ 146 KO.).

d) Schließlich kennt auch das moderne Recht in einigen Fällen ein der römischen Popularklage ähnliches Institut, wobei die Legitimation teils jedem Angehörigen eines bestimmten Interessentenkreises, teils jedem Dritten ohne Rücksicht auf den Nachweis eines eigenen Interesses verliehen ist.

Hierher gehört die Unterlassungsklage des § 13 Wettbewerbsgesetzes, welche vom Konkurrenten des Beklagten wie auch von Verbänden zur Förderung gewerblicher Interessen erhoben werden kann. Der Kläger hat hier, mag er eine physische oder juristische Person sein, unzweifelhaft die Stellung der Partei.

Ein weiterer Fall begegnet uns im Gebrauchsmusterrecht und im Warenzeichenrecht. Nach § 6 GebrMG. hat, wenn ein Gebrauchsmuster nicht hätte eingetragen werden dürfen, „jedermann gegen den Eingetragenen Anspruch auf Löschung des Gebrauchsmusters". Und zwar kann hier, wie allgemein anerkannt ist, der Kläger jedem beliebigen Kreise angehören. Und seine Legitimation ist unabhängig von einem persönlichen Interesse an der Löschung des Gebrauchsmusters. Ebenso verhält es sich bei dem Antrage auf Löschung eines Warenzeichens in den Fällen des § 9 Ziff. 2 u. 3 des Warenzeichengesetzes.

---

[7]) Vgl. Kisch in Recht und Wirtschaft der Versicherung 1919 S. 1ff.

Dieser Antrag kann von jedem Dritten, mag er Interessent sein oder nicht, im Wege der Klage gegen den Eingetragenen oder dessen Erben bei den ordentlichen Gerichten gestellt werden. Daß der Antragsteller in der Parteirolle steht, ist unbestritten und unbestreitbar[8]).

2. Den Gegensatz zu den bisher betrachteten Fällen bilden solche, in denen die Vertretereigenschaft des Prozeßführers nicht bestritten wird oder doch mit Grund nicht bestritten werden kann.

a) Die klarsten Tatbestände sind diejenigen der gesetzlichen Vertretung. Daß der Vater oder die Mutter, wenn sie kraft der elterlichen Gewalt für das Kind prozessieren, der Vormund, wenn er für den Mündel, das Organ der juristischen Person, wenn es für diese einen Rechtsstreit führt, nicht selbst Parteien sind, sondern ihrer gesetzlichen Stellung entsprechend als Vertreter handeln, versteht sich von selbst.

b) Gleiches muß auch für den Pfleger gelten, mag er für bekannte oder unbekannte, für objektiv bestimmte oder unbestimmte, für vereinzelte oder für zahlreiche Interessenten im Rechtsstreit auftreten. Das bedeutet, daß auch der Pfleger nicht Partei, sondern Parteivertreter ist. Dies wird so gut wie einstimmig auch für den Nachlaßpfleger angenommen, und zwar selbst von den Gelehrten und Gerichten, welche für den Nachlaßverwalter eine andere Auffassung verteidigen.

So hat namentlich das Reichsgericht den Nachlaßpfleger als gesetzlichen Vertreter der, wenn auch noch unbekannten oder ungewissen Erben bezeichnet und daher diesen als den wirklichen Parteien für den von dem Pfleger geführten Prozeß das Armenrecht verliehen[9]).

Allerdings ergeben sich gewisse Zweifel bei dem Pfleger für einen nasciturus (§ 1912 BGB.), bei demjenigen für ein Sammelvermögen (§ 1914) und bei demjenigen für das aufgegebene, aber noch nicht angeeignete Grundstück (§ 58 ZPO.). Diese Fälle sollen später unter V. gesondert betrachtet werden.

Als Vertreter (im Gegensatze zum Inhaber der Parteistellung) ist auch der Güterpfleger anzusehen, der im Strafverfahren gegen einen Abwesenden im Fall der Vermögensbeschlagnahme gegen den Angeschuldigten auf Mitteilung der Strafbehörde hin durch die Vormundschaftsbehörde zu bestellen ist (§ 292 StPO.).

Gleiches gilt für den Vertreter, welcher bei einer Hypothek oder einem Pfandrechte zugunsten der Forderungen aus Schuldverschreibungen für die jeweiligen Gläubiger bestellt wird (§§ 1189, 1270 BGB.). Wenn dieser als solcher einen Prozeß führt, namentlich die Hypothek oder das Pfandrecht gegen den Belasteten geltend macht, so kann kein Zweifel sein, daß er selbst nicht Partei ist, sondern die Hypothekengläubiger oder Pfandberechtigten als die eigentlichen Parteien des Prozesses vertritt. Dies ergibt sich nicht nur aus seiner technischen Bezeichnung als Vertreter, sondern auch aus dem gesetzlichen Wortlaute (§ 1189), gemäß welchem er die Befugnis hat, die Gläubiger „bei der Geltendmachung der Hypothek zu vertreten[10])".

---

[8]) Dagegen gehört nicht hierher der von Stein-Jonas Vorbem. zu § 50, Anm. 9 erwähnte Fall der Nichtigkeitsklage gegen ein Patent. Denn diese wird bekanntlich nicht im ordentlichen Rechtswege, sondern beim Patentamt im Verwaltungsstreitverfahren erhoben.

[9]) Vgl. RG. 6. ZS. Beschl. 25. Jan. 1902 (Samml. 50, 394 Nr. 97): „Dem Nachlaßpfleger kommt auch nicht eine Parteistellung kraft seines Amtes zu. Er ist vielmehr gesetzlicher Vertreter der Erben, und zwar Vertreter der Person der Erben, deren Interessen zu wahren seine alleinige Aufgabe ist."

[10]) Allerdings ist, worauf Stein-Jonas a. a. O. Anm. 32 hinweist, gelegentlich die Rede von einer „gegen den Vertreter erlassenen gerichtlichen Entscheidung" (§§ 43, 44 GBO., für das Schiffspfandrecht § 112 Abs. 2 FGG). Allein diese etwas ungenaue Wendung bedeutet natürlich nur so viel als eine „auf Grund der Prozeßführung des Vertreters erlassene ungünstige Entscheidung".

Jeder Zweifel ist ferner ausgeschlossen bezüglich des durch die Inhaber von Schuldverschreibungen zur Wahrnehmung ihrer gemeinsamen Interessen gewählten „Vertreters[11])". Denn es heißt von ihm ausdrücklich: „Führt der Vertreter für die Gesamtheit der Gläubiger einen Rechtsstreit, so hat er in diesem die Stellung eines gesetzlichen Vertreters."

c) Vertreter und nicht Partei ist auch der echte Prokuraindossatar, das ist derjenige, auf den ein Wechsel mit der Bemerkung „zur Einkassierung", „in Prokura" oder mit einer anderen die Bevollmächtigung ausdrückenden Formel indossiert wurde. Nach Art. 17 WO. wird ein solcher Indossatar zwar nicht Eigentümer des Wechsels, wohl aber „ermächtigt zur Einziehung sowie zur Einklagung der nichtgezahlten Wechselschuld". Nach richtiger und fast unbestrittener Ansicht hat man den Prokuraindossatar, wenn er die Wechselklage erhebt, als Vertreter des Indossanten anzusehen, wie schon aus dem vom Gesetze gebrauchten Worte „Bevollmächtigung" unzweideutig hervorgeht. Partei des Prozesses mit allen daran hängenden Folgen ist der Indossant[12]).

3. Nach Ausscheidung der unzweifelhaften Fälle der Parteistellung einerseits, der Vertreterstellung andererseits, läßt sich das Streitfeld nunmehr genau abstecken. Die wichtigsten Streitfälle sind folgende:

a) Einmal diejenigen, in denen für die vom Pfleger wahrzunehmenden Interessen ein zu vertretendes Subjekt nicht oder nicht mit Sicherheit erfindlich wäre. So könnte man gegen die Vertreterstellung des Pflegers für die Leibesfrucht geltend machen, daß der nasciturus noch der Rechtsfähigkeit, also auch der Parteifähigkeit ermangele (§ 1 BGB.). Bei dem Pfleger für ein Sammelvermögen liegt die Schwierigkeit darin, daß die Frage, wem dieses Vermögen gehört, zu großen Zweifeln Anlaß gibt. Endlich ist es bei dem für ein herrenloses Grundstück bestellten Vertreter, „welchem bis zur Eintragung eines neuen Eigentümers die Wahrnehmung der sich aus dem Eigentum ergebenden Rechte und Pflichten im Rechtsstreit obliegt" (§ 58 ZPO.), nicht leicht, die von ihm zu vertretende Partei zu bestimmen.

b) Zweifel hat auch der Fall veranlaßt, daß die Klage des Bodmereigläubigers zwecks Befriedigung aus den verbodmeten Gegenständen, ebenso die entsprechende Klage wegen der Bergungs- und Hilfskosten und endlich die Pfandklage eines Schiffsgläubigers gegen den Schiffer gerichtet werden kann[13]).

c) Eine weitere Gruppe streitiger Fälle wird dadurch gekennzeichnet, daß dem an sich geschäftsfähigen Inhaber einer bestimmten Vermögensmasse im Interesse gewisser Dritter die Verwaltung (meistens auch die Verfügung entzogen und einem unbeteiligten Dritten übertragen wird, der auch die auf die Masse bezüglichen Rechtsstreitigkeiten zu führen hat. Hier stellt sich die Alternative dahin, ob der Verwalter des fremden Vermögens selbst Partei oder Vertreter einer irgendwie zu bestimmenden Partei ist. In diesem Zusammenhange sind vor allem zu nennen der Konkursverwalter, der Nachlaßverwalter, der Zwangsverwalter und der Testamentsvollstrecker. Weiter ist zu erwähnen der im Industriebelastungsgesetz vor-

---

[11]) Vgl. Ges. v. 4. Dez. 1899, § 14 Abs. 4.

[12]) Deshalb hat er im gegenwärtigen Rechtsstreit die Parteieide zu leisten; so mit Recht ROHG. 2. Sen. 16. Mai 1877 (Samml. 22, 174 Nr. 40) mit weiteren wertvollen Nachweisen aus Schrifttum und Rechtsprechung. — Vgl. weiter Cosack, Handelsrecht, 8. Aufl. 230; Staub-Stranz, Komm. z. WO., 11. Aufl., Art. 17 Anm. 3; Rosenberg, Stellvertr. im Prozesse S. 644. Die entgegengesetzte Auffassung von Stein-Jonas Vorbem. zu § 50 Anm. 11 unter Berufung auf Wienstein, Gruchots Beitr. 46, 250 steht in offensichtlichem Widerspruche zu Wortlaut und Sinn des Gesetzes.

[13]) Vgl. §§ 696, 751, 761 HGB.; für die Bergungs- und Hilfskosten im Binnenschiffahrtsverkehr vgl. § 97 BinnenSchG.

gesehene Treuhänder der Gläubiger[14]), endlich der Treuhänder, der bei Versicherungsunternehmungen ernannt wird, um gewisse mit der Aufwertung der Versicherungsforderungen zusammenhängende Funktionen zu erfüllen[15]).

d) Schließlich sind zu erwähnen die Fälle, in denen eine öffentliche Behörde als solche, d. h. in Wahrnehmung öffentlicher Aufgaben, Parteitätigkeiten im Zivilprozeß ausübt, ohne daß unzweideutig klarsteht, daß sie hierbei lediglich als Organ (gesetzlicher Vertreter) eines bestimmten öffentlich-rechtlichen Subjektes auftritt. In Frage kommt etwa der Staatsanwalt, soweit er im Zivilprozesse mitwirkt, also in Ehe-, Kindschafts-, Entmündigungs- und Aufgebotssachen[16]). Weiter die Behörde, die auf Vollziehung einer im öffentlichen Interesse liegenden Auflage klagt (§ 525 Abs. 2, § 2194 Satz 2 BGB.). Dann die höhere Verwaltungsbehörde, welche vor Einführung des Verwaltungsstreitverfahrens in allen Ländern unter bestimmten Voraussetzungen die Klage auf Auflösung einer Gesellschaft mit beschränkter Haftung zu erheben hatte (§ 62 Abs. 2 Satz 2 GmbHG.). Endlich der Reichswirtschaftsminister oder die Landesregierung, wenn beim ordentlichen Gerichte gegen eine Privatnotenbank auf Einziehung des Notenrechtes geklagt wird[17]).

II.

Will man der Lösung des Problems näherkommen, so erscheint es methodisch richtig, sich zunächst Rechenschaft über die Punkte abzulegen, in denen sich die Parteieigenschaft praktisch äußert. Wir nennen diese Punkte im folgenden (mit einem vielleicht nicht ganz korrekten, aber kurzen und bequemen Ausdruck) die Parteifunktionen. Dieselben sind hier zusammenzustellen, wobei es sich vielfach als nützlich oder nötig erweisen wird, die gesetzgeberischen Gründe aufzudecken, aus denen jene Funktionen gerade mit der Person der Partei verbunden sind.

1. Daß die Partei in dem Rubrum der Klage und des Urteils angegeben werden muß, ist ein Punkt von verhältnismäßig geringer Wichtigkeit. Wenn nämlich die gemeinte Sachlage aus dem ganzen Zusammenhange der Klage oder des Urteiles oder auch aus der unvollkommenen Fassung des Rubrums hervorgeht („Klage des X als Konkursverwalters des Kaufmanns Y" oder „Klage des Kaufmanns Y in Konkurs, vertreten durch den Konkursverwalter X"), so ist bei unrichtiger Formulierung der Klage dem Gericht, bei unrichtiger Formulierung des Urteiles dem höheren Gerichte unbenommen, die Fassung von sich aus zu berichtigen.

2. Gewisse Beziehungen müssen, um erheblich zu sein, in der Person der Partei gegeben sein.

a) So bestimmt sich die Zuständigkeit des Gerichtes vielfach nach einer persönlichen oder örtlichen Beziehung der Partei, so z. B. nach dem Wohnsitze, dem Aufenthaltsorte, dem letzten Wohnsitze, dem Orte des längeren Aufenthaltes (§ 20 ZPO.), der Vereinsangehörigkeit, dem Vermögensbesitze. Die Gründe sind verschieden. Teils ist maßgebend der Gesichtspunkt, daß an dem bestimmten Orte die Klärung der Verhältnisse leichter sein wird, teils der Gedanke, daß dem Kläger die Verfolgung des Beklagten vor einem deutschen Gerichte überhaupt (Gericht des Vermögens, Gericht des letzten deutschen Wohn-

[14]) Vgl. Ges. v. 30. Okt. 1924, § 51.
[15]) Vgl. Aufwertungsges. v. 16. Juli 1925, § 61; DurchführungsVO. dazu v. 29. Nov. 1925, Art. 97 ff.
[16]) Vgl. §§ 632, 646, 666, 675, 679, 686, 974 ZPO.
[17]) Vgl. Ges. v. 30. Aug. 1924, § 24. Hier ist allerdings zu beobachten, daß es sich wohl eher um ein in die Form des Zivilprozesses gekleidetes Verwaltungsstreitverfahren handelt.

sitzes) oder doch vor einem dem Kläger bequemen Gerichte (Gericht der Vereinsangehörigkeit) ermöglicht werden soll, teils und hauptsächlich aber die Rücksicht auf den Beklagten, der nicht vor ein beliebiges ihm fremdes, sondern vor ein ihm nahestehendes Gericht gezogen werden soll.

b) Ein Richter kann vom Amte kraft Gesetzes ausgeschlossen oder er kann wegen Befangenheit ablehnbar sein infolge bestimmter persönlicher Beziehungen zur Partei, z. B. Ehe, Verwandtschaft, Schwägerschaft. Dies beruht darauf, daß durch solche Beziehungen seine Unparteilichkeit in Frage gestellt sein kann. Entsprechendes gilt für die Ablehnung eines Sachverständigen wegen Befangenheit.

c) Auf ähnlicher Erwägung beruht es, daß ein Zeuge bei bestimmter (namentlich verwandtschaftlicher) Beziehung zur Partei unvereidigt zu vernehmen ist.

d) Bei ebensolcher Beziehung kann der Zeuge seine Aussage verweigern. Dies beruht auf dem Gesichtspunkte, daß ein solches nahes Verhältnis zur Partei einen Konflikt zwischen den Gefühlen und Wünschen des Zeugen einerseits, seiner Wahrheitspflicht andererseits auslösen kann, der ihm erspart bleiben soll.

3. Gewisse Eigenschaften müssen, um die vorgesehene Prozeßwirkung zu äußern, in der Person der Partei gegeben sein, so namentlich die Parteifähigkeit, die Prozeßfähigkeit und die Sachlegitimation. Von diesen Punkten sind die beiden letzteren für unsere gegenwärtige Untersuchung kaum von praktischer Bedeutung; die Prozeßfähigkeit um deswillen, weil es keinem Zweifel unterliegt, daß sie beim Prozeßführer vorliegen muß (mag man diesen als Partei oder als Vertreter ansehen) und weil ihr Vorliegen bei dem als Partei etwa in Betracht kommenden Dritten, der ja im Prozesse nicht handelnd auftritt, nicht vorausgesetzt zu werden braucht. Die Sachlegitimation um deswillen, weil die Befugnis des Prozeßführers zur Tätigkeit unzweideutig feststeht. Was aber die Parteifähigkeit betrifft, so müßte, wenn nicht der Prozeßführer, der als Mensch immer parteifähig ist, als die Partei angesehen wird, ein anderes rechtsfähiges Gebilde für die Parteirolle ausfindig gemacht werden.

Als erhebliche Eigenschaften der Partei sind noch zu nennen die Staatsangehörigkeit im Hinblick auf die Pflicht des Ausländers zur Stellung einer Sicherheit für die Prozeßkosten sowie die Mittellosigkeit als Voraussetzung für die Verleihung des Armenrechtes.

4. Gewisse Ereignisse müssen, um bestimmte Wirkungen auszulösen, in der Person der Partei sich ereignen, so z. B. Tod, Konkurs, Verlust der Prozeßfähigkeit. Der Grund liegt darin, daß dem neuen Interessenten Gelegenheit geboten werden muß, sich über die Fortführung des Prozesses und deren genauere Modalitäten schlüssig zu werden.

5. Besonders wichtig ist, daß die Prozeßtätigkeit auf die Partei bezogen werden muß, um überhaupt oder in bestimmter Weise eine Reaktion des Gerichtes zu veranlassen. Dies hängt mit der allgemeinen Aufgabe des Zivilprozesses zusammen. Derjenige, für oder gegen den der Rechtsschutz gewährt wird, ist es auch, auf den regelmäßig die Tätigkeit bezogen sein muß, die zu jenem Rechtsschutze führt. Man drückt dies wohl (mit einem an sich nicht vielsagenden Ausdruck) in der Weise aus, daß die Prozeßtätigkeit im Namen der Partei vorgenommen wird, oder, umgekehrt betrachtet, daß Partei derjenige ist, in dessen Namen jene Tätigkeit ausgeübt wird. Auch dieser Punkt ist für unser Problem nicht so bedeutsam, wie es zunächst den Anschein haben könnte. Denn in den hier streitigen Fällen steht einerseits außer Zweifel, wer die Parteitätigkeit vornimmt oder durch einen Bevollmächtigten vornehmen

läßt (so z. B. im Konkurse der Verwalter); mag er Partei oder Vertreter sein, in jedem Falle muß auf seine Tätigkeit das Gericht wie auf diejenige einer Partei reagieren. Andererseits ist nicht zweifelhaft, daß diese Tätigkeit auf dem Umwege über den staatlichen Gerichtsbarkeitsakt auf eine fremde Rechtssphäre einwirkt (z. B. im Konkurse auf das Vermögen des Gemeinschuldners), wobei wiederum — in der hier betrachteten Beziehung — gleichgültig ist, ob man das Subjekt jener Rechtssphäre als Partei ansieht oder nicht.

Dagegen wird der Gesichtspunkt der parteibezogenen Tätigkeit erheblich rücksichtlich der Handlungen, die nur durch die Partei überhaupt oder doch mit bestimmtem Inhalte vorgenommen werden können. Dies ist wichtig für den Parteieid. Zwar steht hier fest, daß der Prozeßführer in jedem Falle, mag er Partei oder gesetzlicher Vertreter sein, über eigene Handlungen und Wahrnehmungen schwören kann. Dagegen über solche des Dritten könnte er nur als dessen Vertreter schwören, als Selbstpartei dagegen nicht, es sei denn, daß man ihn als Rechtsnachfolger des Dritten ansehen könnte. Was dagegen den Dritten betrifft, so könnte dieser, falls der Prozeßführer Partei wäre, den Eid nicht leisten, während er in dem Falle einer Vertreterstellung des Prozeßführers wenigstens unter gewissen Voraussetzungen schwören könnte (§ 473 Abs. 2 ZPO.).

Weiterhin muß auf der Beklagtenseite feststehen, ob der Prozeßführer Partei ist, um die Frage beantworten zu können, ob und mit Bezug auf welches Vermögen er eine Widerklage erheben kann.

6. Umgekehrt gibt es gewisse Tätigkeiten, die nicht von der Partei ausgehen können oder, anders ausgedrückt, prozessuale Stellungen, die mit derjenigen der Partei unvereinbar sind.

a) So zunächst die Stellung des Zeugen. Dies wird zwar allgemein, und zwar mit Recht, angenommen. Die Begründung freilich ist nicht so ganz einfach. Sie folgt nicht schon daraus, daß man in eigener Sache kein unbefangenes Zeugnis ablegen könne. Denn es gibt unzweifelhafte Zeugen, die am Prozeßergebnis unmittelbar beteiligt sind, nämlich diejenigen, die deshalb unvereidigt zu vernehmen sind, weil sie am Obsieg einer Partei ein rechtliches Interesse haben (§ 393 Ziff. 4 ZPO.). Dagegen dürfte sich die Unvereinbarkeit der Zeugen- und Parteieigenschaften daraus ergeben, daß die Verwendung der Parteiaussagen zu Beweiszwecken generell nur in der Form des Parteieides möglich ist, während die zeugeneidliche Parteivernehmung als allgemeines Institut unserem Gesetze unbekannt ist[18]). Daraus folgt, daß die Partei (aber auch der gesetzliche Vertreter) nicht Zeuge sein kann, während ein Dritter, selbst wenn er am Prozeßausgange interessiert ist, als tauglicher Zeuge erscheint. Die weitere Folge ist, daß in unseren problematischen Fällen der Prozeßführer in jedem Falle (mag er nun als Selbstpartei oder als Vertreter anzusehen sein), zeugnisunfähig ist, daß aber der Dritte, in dessen Rechtssphäre jene Prozeßführung eingreift, wenigstens unter der Voraussetzung Zeuge sein kann, daß man den Prozeßführer als Partei anzusehen hat.

[18]) Hierbei muß, wohlgemerkt, auf die generelle Regelung des Parteieides einerseits, der Zeugenvernehmung andererseits abgestellt werden. Nicht entscheidet die Zulassung oder Nichtzulassung zur Eidesleistung im konkreten Einzelfalle. Die Partei ist um deswillen nicht tauglicher Zeuge, weil sie allgemein die Parteieide zu leisten hat; und Gleiches gilt vom gesetzlichen Vertreter. Darauf, wer im besonderen Falle zum Parteieide zugelassen wird, kommt es nicht an. Wenn z. B. bei Prozeßunfähigkeit der Partei der Eid ausnahmsweise nicht ihrem gesetzlichen Vertreter, sondern ihr selbst auferlegt wird (§ 473 Abs. 2 ZPO.), dann ist es nicht so, daß sie erst hierdurch die Zeugnisfähigkeit verlöre und auch nicht so, daß sie der gesetzliche Vertreter für den besonderen Fall erwerben würde. In dieser Verwechselung zwischen der konkreten und der generellen Betrachtungsweise liegt m. E. der Fehler der entgegengesetzten Anschauung von R. Schmidt, Lehrbuch S. 499ff., Stein-Jonas in der Vorbem. zu § 373 I.

Aus der gleichen Erwägung heraus ist die Partei auch als Sachverständiger in ihrem eigenen Rechtsstreite untauglich.

b) Wer in einem Prozesse Partei ist, kann grundsätzlich in demselben nicht zugleich Nebenintervenient sein. Dies folgt daraus, daß die Partei (die am Obsieg in ihrem Rechtsstreite natürlich regelmäßig interessiert ist), schon als solche den Obsieg betreiben kann und dazu nicht der Stellung eines Nebenintervenienten bedarf. So wird denn auch durch das Gesetz der Nebenintervenient als ein „Dritter" bezeichnet (Überschrift vor § 64 ZPO). Ferner wird in § 66 ZPO. vorausgesetzt, daß der Rechtsstreit, in welchen der Nebenintervenient eintritt, „zwischen anderen" anhängig sei. Auch wird der Dritte in deutlichen Gegensatz zur Hauptpartei gestellt. Es wird von einem späteren Rechtsstreit zwischen ihm und der Hauptpartei (§ 68), von einem Zwischenstreite zwischen den Parteien und dem Dritten gesprochen (§ 71).

c) Endlich ist die Stellung der Partei grundsätzlich unvereinbar mit derjenigen einer Gegenpartei. Wer Kläger ist, kann nicht Beklagter desselben Prozesses sein, und umgekehrt; es gibt, wenigstens als Regel, keinen Rechtsstreit mit sich selbst. Dies folgt aus der ganzen Anlage unseres Prozesses als einer Institution zur Entscheidung privater Konflikte, die als solche regelmäßig zwei gegenüberstehende Subjekte voraussetzen.

7. Sehr bedeutsam ist ferner die Tatsache, daß die Wirkungen des Prozeßvorganges, namentlich des ihn abschließenden Urteiles, in der Person der Partei eintreten. Das zeigt sich vornehmlich in drei Beziehungen.

a) Solange eine Partei im Streite befangen ist, kann ein zweiter Prozeß über den gleichen Gegenstand nicht stattfinden, ohne daß durch sie oder gegen sie die Einrede der Rechtshängigkeit erhoben werden könnte. Wenn also in einem besonderen Falle der Prozeßführer Parteivertreter ist, so kann während schwebenden Rechtsstreites das von ihm vertretene dritte Rechtssubjekt nicht wegen der gleichen Sache klagen oder verklagt werden. Dies liegt darin begründet, daß der Staat für oder gegen dasselbe Rechtssubjekt seinen Rechtsschutz bezüglich der gleichen Angelegenheit nicht zweimal gleichzeitig zur Verfügung stellt, teils um sich und dem Prozeßgegner die erneute Belastung zu ersparen, teils zur Vermeidung unnötigen Aufwandes an Zeit, Geld und Kosten, teils aber auch zur Verhinderung der in getrennten Prozessen möglichen widersprechenden Entscheidungen.

b) Die Urteilswirkung, die man Rechtskraft nennt, erwächst für die Partei, nicht für den Vertreter. Die dem Prozeßführer gegenüber ergehende Entscheidung muß also, wenn er lediglich Vertreter ist, notwendig in der Person des vertretenen Dritten Rechtskraft äußern, es sei denn, daß für den besonderen Fall ein ausdrücklicher Rechtssatz diese Regel ausschaltet oder einschränkt. Ist dagegen der Prozeßführer selbst als Partei anzusehen, so tritt die Rechtskraft zunächst nur für ihn ein, und es bedarf einer besonderen Ausnahmevorschrift, um sie auf einen anderen auszudehnen.

c) Auch die zweite große Urteilswirkung, die Vollstreckungskraft, tritt grundsätzlich nur zugunsten oder zu Lasten der Partei ein. Normalerweise muß also das Urteil, wenn der Prozeßführer Partei ist, für und gegen ihn vollstreckbar sein; um die Vollstreckungskraft gegenüber einem Dritten eintreten zu lassen, bedürfte es einer Ausnahmevorschrift. Für den Fall dagegen, daß der Prozeßführer nur Vertreter ist, versteht es sich in Ermangelung positiv angeordneter Abweichungen von selbst, daß eine Vollstreckung nur zugunsten und zu Lasten der von ihm vertretenen Partei, nicht auch des Prozeßführers selbst Platz greifen kann.

8. Zu den Prozeßwirkungen, welche die Partei als solche treffen, gehört auch

die Kostenlast. Sie beruht auf dem Gesichtspunkte, daß derjenige, zu dessen Gunsten oder Lasten der staatliche Rechtsschutz angerufen wird, die daraus erwachsenden Kosten zu tragen hat. Man kann insoweit von der Prozeßgefahr (dem Prozeßrisiko in diesem Sinne) sprechen. Nicht die Prozeßtätigkeit als solche, sondern der durch sie ausgelöste Rechtsschutz schafft die Beziehung, an welche sich die Kostenpflicht anknüpft. Sie verbindet sich demgemäß mit demjenigen Vermögen, auf welches der Rechtsschutz aktiv oder passiv bezogen wird. Daher muß grundsätzlich feststehen, ob der Prozeßführer Partei ist oder bloßer Vertreter, um zu ermitteln, ob für ihn oder einen Dritten die prozessuale Kostenpflicht erwächst.

Demgemäß ist auch die Sicherheitsleistung für die Prozeßkosten durch den (ausländischen) Kläger und an den Beklagten, nicht durch oder an dessen Vertreter zu bewirken.

Und auch das Armenrecht wird nicht dem Prozeßführer als solchem (insbesondere nicht, wenn er bloß Vertreter ist), sondern der Partei als solcher verliehen.

III.

Angesichts der soeben dargelegten zahlreichen Prozeßfunktionen hat die genaue Feststellung der Partei für den Einzelfall in der Regel eine erhebliche praktische Tragweite. Aber gerade für die hier streitigen Fälle darf diese Bedeutung nicht überschätzt werden. In mancher Beziehung nämlich läßt sich mit Hilfe der grundsätzlich freien Auslegung ein zweckmäßiges, der Natur der Sache entsprechendes Ergebnis ganz unabhängig davon gewinnen, ob der Prozeßführer als Partei oder als Vertreter angesehen wird. Dies soll, ohne daß auch nur entfernt Vollständigkeit angestrebt würde, an einigen Punkten aufgezeigt werden.

1. Schon früher wurde dargelegt, daß der Parteiangabe im Rubrum der Klage oder des Urteils angesichts der Möglichkeit jederzeitiger Verbesserung der Fassung durch Partei und Gericht keine besondere Wichtigkeit beizulegen ist.

2. Was die persönlichen Beziehungen der Partei betrifft, so ließe es sich beispielsweise bei freier Auslegung durchaus rechtfertigen, in einzelnen Beziehungen die Person des Prozeßführers entscheiden zu lassen, selbst wenn dieser nicht als Partei anzusehen wäre.

So schon in Ansehung der Zuständigkeit. Soll z. B. eine Klage gegen den Pfleger eines Sammelvermögens als solchen erhoben werden, so wäre es wohl nicht zu kühn, an dessen Wohnsitz (statt an demjenigen der zahlreichen Interessenten) einen allgemeinen Gerichtsstand auch dann zu geben, wenn man ihn nicht als Partei, sondern als Vertreter ansieht.

Die nahe Beziehung des Richters zum Prozeßführer schließt ihn nicht nur aus, wenn man den letzteren als Partei, sondern auch, wenn man ihn als gesetzlichen Vertreter ansieht. Denn nach allgemeiner und zutreffender Ansicht darf in dieser Hinsicht trotz des engeren Wortlautes des § 41 ZPO. der gesetzliche Vertreter der Partei gleichgestellt werden. Umgekehrt muß die Beziehung des Richters zum interessierten Dritten (z. B. zum Gemeinschuldner) den Ausschluß rechtfertigen, auch wenn man nicht diesen Dritten, sondern den Prozeßführer (etwa den Konkursverwalter) als Partei betrachtet.

Nicht anders verhält es sich bezüglich der Ablehnung eines Sachverständigen, des Zeugnisverweigerungsrechtes, der unvereidigten Vernehmung eines Zeugen wegen naher Beziehung zur Partei. In allen diesen Punkten genügt die entsprechende Beziehung zum Prozeßführer, auch wenn man diesen nicht als Partei, sondern als gesetzlichen Vertreter ansieht, und dasselbe läßt sich annehmen für die Beziehung zum Dritten (etwa dem Gemeinschuldner), auch wenn dieser Dritte nicht als Partei zu gelten hätte. Denn der Verdacht subjektiver Befangenheit oder der Interessenkonflikt ist hier offensichtlich der gleiche wie im Verhältnis zu dem (als Partei unterstellten) Prozeßführer.

3. Daß vom Standpunkte der wichtigsten Parteieigenschaften her (Parteifähigkeit, Prozeßfähigkeit, Sachlegitimation) für unser Problem keine besonderen Schwierigkeiten erwachsen, wurde schon oben dargelegt.

Dies gilt auch für die Staatsangehörigkeit als Voraussetzung der Kostensicherheitspflicht und für die Mittellosigkeit als Bedingung des Armenrechtes. Der Konkursverwalter etwa, der in Ansehung einer Masse den Prozeß führt, würde auch bei Annahme seiner Parteieigenschaft als Ausländer keine Kostensicherheit zu leisten brauchen, und er würde auch bei persönlicher Mittellosigkeit kein Armenrecht erhalten, weil er eben nicht aus seinem Vermögen die Kosten zu tragen oder zu ersetzen hat. Und Entsprechendes würde für den Gemeinschuldner (dessen Parteieigenschaft vorausgesetzt) bei ausländischer Staatsangehörigkeit oder bei Mittellosigkeit aus dem Grunde zu gelten haben, weil er nur mit der Masse, nicht mit seinem persönlichen Vermögen haftbar ist.

4. Bezüglich der in der Person der Partei sich ereignenden Unterbrechungs- und Aussetzungsgründe seien nur zwei Punkte herausgehoben. Wie steht es, wenn der Prozeßführer kraft Amtes (z. B. der Testamentsvollstrecker oder Konkursverwalter) wechselt? Hier erscheint es nach dem ganzen Zweck und Grundgedanken der Unterbrechungsvorschriften angemessen, daß der Rechtsstreit unterbrochen werde. Sieht man den Prozeßführer als gesetzlichen Vertreter an, so ergibt sich die Unterbrechung ohne weiteres aus § 241 ZPO. Aber auch, wenn man ihn als Partei kraft Amtes auffaßt, kann man genau zu demselben Ergebnis mit Hilfe entsprechender Anwendung der eben genannten Vorschrift gelangen[19]).

Weiter: was geschieht mit der vom Konkursverwalter für einen die Masse betreffenden Prozeß erteilten Vollmacht, wenn nach Konkursbeendigung der Rechtsstreit durch den bisherigen Gemeinschuldner fortgeführt wird? Daß hierdurch die Vollmacht nicht berührt wird, erscheint angemessen. Betrachtet man den Gemeinschuldner auch schon während des Konkurses als Partei, so ergibt sich die Fortdauer der Vollmacht von selbst. Aber auch wenn man die Parteirolle dem Konkursverwalter zuweist, läßt sich das gleiche Ergebnis unschwer durch eine analoge Anwendung des § 86 gewinnen, nach welchem eine Änderung in der Prozeßfähigkeit oder in der gesetzlichen Vertretung der Partei auf die Vollmacht keinen Einfluß ausübt[20]).

---

[19]) Dies hat denn auch das Reichsgericht für den Testamentsvollstrecker unbedenklich angenommen in der interessanten Entscheidung 3. ZS. 22. April 1913 (JW. 1913 S. 877 Nr. 20). Der Testamentsvollstrecker sei zwar selbst Partei. „Aber auch für den Prozeß ist zu beachten, daß der Testamentsvollstrecker nur formell, nicht materiell Partei ist, und es sind aus diesem Grunde auch nicht immer die für die Parteien geltenden Grundsätze, sondern vielfach und insbesondere dann, wenn die materiellen Wirkungen entscheiden, die Vorschriften über die gesetzlichen Vertreter sinngemäß anzuwenden. Daraus folgt zunächst in entsprechender Anwendung des § 241 ZPO., daß mit dem Wechsel in der Person des Testamentsvollstreckers eine Unterbrechung des Verfahrens eintritt."

[20]) So denn auch ausdrücklich das Reichsgericht 6. ZS. 13. April 1908 (Warn J. 1, 363) und 2. ZS. 3. Mai 1910 (Samml. 73, 312 Nr. 82): „Diese Vorschrift (gemeint ist § 86 ZPO.) ist nämlich, namentlich was die darin vorkommenden Ausdrücke „Prozeßfähigkeit" und „gesetzliche Vertretung" betrifft, keineswegs im engsten Sinne auszulegen. Vielmehr ist sie ihrem offenbaren Zwecke nach, bei Veränderungen in der Person oder in der Vertretung einer Prozeßpartei ein durch die Umstände nicht gerechtfertigtes Erlöschen einer bereits erteilten Prozeßvollmacht zu verhindern, auch auf den vorliegenden Fall zu beziehen ... Jedenfalls erscheint hiernach die analoge Anwendung des § 86 auf diesen Fall als gerechtfertigt."

5. Der Gesichtspunkt, daß die Prozeßtätigkeit, um bestimmte Reaktionen durch das Gericht auszulösen, auf die Partei bezogen werden muß, macht nach unseren früheren Ausführungen im allgemeinen keine Schwierigkeiten. Nur bezüglich des Parteieides bestehen gewisse, früher dargelegte Verschiedenheiten. Aus dem Satze ferner, daß nur die beklagte Partei Widerklage erheben kann, ergeben sich Schwierigkeiten um deswillen nicht, weil der auf der Beklagtenseite handelnde Prozeßführer, soweit seine Legitimation reicht, aber andererseits doch nur im Rahmen derselben, Widerklagen selbständig anhängig machen kann, mag er nun als Partei oder als Parteivertreter anzusehen sein.

6. Wir wenden uns nunmehr den mit der Parteieigenschaft grundsätzlich unvereinbaren Stellungen zu.

a) Wie früher dargelegt, sind nach geltendem Recht als Regel die Eigenschaft der Partei oder des gesetzlichen Vertreters einerseits, des Zeugen andererseits miteinander unvereinbar. Dieses wird indessen weder durch logische noch durch praktische Gründe schlechterdings und ausnahmslos gefordert. Schon für das geltende Recht wird von angesehenen Gelehrten die Ansicht vertreten, daß die Partei in eigener Sache und daß ebenso der gesetzliche Vertreter Zeugnis ablegen könne, sofern nicht die betreffende Person zum Parteieide zugelassen würde. Bei dieser Stellungnahme würde die Frage, ob ein bestimmter Prozeßführer selbst oder ein Dritter die Partei des gegebenen Prozesses sei, für die Beurteilung der Zeugnisfähigkeit offensichtlich ihre praktische Bedeutung verlieren. Bei dieser Auffassung würde z. B. der Gemeinschuldner, auch wenn man ihn als Partei ansehen würde, im Prozesse des Konkursverwalters durchaus als Zeuge vernommen werden können. Vollends würde die Frage nach der Partei- oder Vertreterstellung gleichgültig werden, wenn unsere Zivilprozeßordnung, wie vielfach empfohlen, das Institut der zeugeneidlichen Parteivernehmung einführen würde. Aber selbst auf dem Boden des heute geltenden Rechtes würde sich die Zeugnisfähigkeit der Partei in eigener Sache unter der doppelten Voraussetzung verteidigen lassen, daß einmal die Prozeßführung ihr entzogen und in die Hand eines von ihr unabhängigen Organes gelegt ist, und daß zum anderen das Ergebnis des Prozesses, insbesondere die Rechtskraft des Urteiles, nicht das Gesamtvermögen der Partei, sondern nur das ihrer Verfügung und Verwaltung entzogene Vermögen beträfe. Bei dieser, wie zugegeben werden muß, freien Auffassung könnte etwa der Gemeinschuldner, selbst bei Unterstellung seiner Parteieigenschaft, in Prozessen des Konkursverwalters als Zeuge vernommen werden. Dem stünden auch gesetzespolitisch keine größeren Einwände im Wege als der zweifellos zulässigen Zeugenvernehmung einer Ehefrau in Prozessen ihres Mannes über eingebrachtes Gut. Daß in jenem Vergleichsfalle die Frau nicht Partei, in dem Konkursfalle dagegen der Gemeinschuldner es wäre, würde gesetzespolitisch und vom Standpunkte der Interessenlage aus kaum einen Unterschied begründen. Bei solcher Stellungsnahme wäre es hinsichtlich der Zeugnisfähigkeit nicht sehr erheblich, ob man den Prozeßführer als Partei oder als Vertreter eines bestimmten Dritten ansehen will.

b) Auch was die Nebenintervention betrifft, ist die Fixierung der Parteirolle vielfach nur von geringem Belange. Selbst dann nämlich, wenn man den Prozeßführer, etwa den Konkursverwalter, als Partei zu betrachten hätte, wird vielfach die Nebenintervention des dritten Interessenten (etwa des Gemeinschuldners) um deswillen ausgeschlossen sein, weil die Übertragung der Prozeßführung auf eine bestimmtes Organ gerade den Zweck hat, die Einwirkung des Dritten (hier des Gemeinschuldners) auf den Rechtsstreit auszuschließen, weil also diese Einwirkung auch nicht auf dem Umweg über die Nebenintervention ermöglicht werden soll[21]) Sollte es aber Fälle geben, in denen für die Intervention einer Partei in ihrem eigenen Prozeß ein rechtliches Interesse bestünde (und vielleicht ließen sich solche Fälle bei der Prozeßführung des Testamentsvollstreckers denken), so kann man für diese besonderen Fälle bei freier Auffassung die Zulässigkeit des Beitrittes rechtfertigen.

c) Die größte Schwierigkeit bereitet der Gesichtspunkt, daß, wer Partei ist, grundsätzlich nicht sein eigener Prozeßgegner sein könne. Daraus glaubt man folgern zu müssen, daß in den Fällen gesetzlicher Verwaltung (Konkursverwaltung, Nachlaßverwaltung, Zwangsverwaltung, Testamentsvollstreckung), der Eigentümer der verwalteten Vermögensmasse wenigstens in den Prozessen nicht vertretene Partei sein könne, in denen der Verwalter ihm selbst gegenüberstehe, so z. B. wenn der Konkursverwalter mit dem Gemeinschuldner über die Zugehörigkeit eines bestimmten Gegenstandes zur Konkursmasse oder zum freien Vermögen prozessiere, wenn er den Gemeinschuldner zum Offenbarungseide zwingen wolle, und was dergleichen Fälle mehr sind[22]).

Indessen braucht selbst hierin ein durchschlagender Grund gegen die Parteieigenschaft des Masseninhabers nicht gefunden zu werden. Das sog. Zweiparteienprinzip bildet zwar im Zivilprozesse die Regel, ist aber kein Axiom und beruht nicht auf logischer und praktischer Notwendigkeit. Es läßt sich mit dem Prozeßbegriffe recht wohl vereinbaren, daß ein bestimmter Rechtszweifel innerhalb der Sphäre eines und desselben Subjektes in den Formen der ordentlichen streitigen Gerichtsbarkeit zur Entscheidung gebracht wird, wenn daran ein besonderes rechtliches Interesse nicht bloß für dieses Subjekt, sondern auch für Dritte besteht. So namentlich dann, wenn aus dem Gesamtvermögen des Subjektes ein bestimmter Komplex zu relativer Selbständigkeit ausgeschieden und der Verwaltung, Verfügung und Prozeßführung eines unabhängigen Organes überlassen wird. Hier ist es durchaus denkbar, daß Streitigkeiten über die Abgrenzung zwischen dem freien und dem gebundenen Vermögen in einem Prozesse zwischen dem selbständigen Verwalter des letzteren und dem Masseeigentümer, dem zwar beide Komplexe rechtlich gehören, der aber nur hinsichtlich des freien Komplexes Prozeßführer sein kann, zur gerichtlichen Klärung gebracht werden, ohne daß es nötig wäre, den Verwalter zur Prozeßpartei zu stempeln. Vielmehr läßt sich vorstellen, daß ein und dasselbe Subjekt beide Parteirollen innehat, jedesmal aber in einer anderen rechtlichen Eigenschaft, das eine Mal als Eigentümer und selbständiger Prozeßführer hinsichtlich des freien, das andere Mal als nicht prozeßführender Eigentümer hinsichtlich des gebundenen Vermögens. Die Identität der Partei in beiden Rollen hat insolange keine praktischen Bedenken, als durch Einschiebung eines gegenüberstehenden Prozeßführers, der die Interessen der einen Masse selbständig wahrzunehmen hat, die Einwirkung des Eigentümers auf jene Interessen im Prozeß ausgeschaltet wird.

In dieser Weise gestaltet sich etwa die Interessenlage im Verhältnisse zwischen

---

[21]) Daß aus der Verneinung der Parteieigenschaft des Gemeinschuldners nicht notwendig seine Befugnis zur Nebenintervention gefolgert werden darf, bestätigt auch ein Beschluß des Reichsgerichtes 2. ZS. 16. Sept. 1891 (Samml. 28, 422 Nr. 102 = JW. 1891 S. 465 Nr. 3 = SeuffA. 47 Nr. 257). Der Gemeinschuldner könne nicht hindern, daß die Forderung eines anmeldenden Gläubigers mit Wirkung gegen die Konkursmasse festgestellt werde. Wohl habe er ein Interesse daran, daß nicht die Masse mit unbegründeten Forderungen belastet werde; dies sei jedoch kein rechtliches, sondern ein bloß tatsächliches Interesse. Sein rechtliches Interesse gehe darauf, daß nicht auf Grund der konkursmäßigen Feststellung in sein späteres freies Vermögen vollstreckt werden könne. Dieses Interesse aber könne er nur durch Widerspruch im Feststellungstermine wahrnehmen, allenfalls vielleicht durch einen besonderen Prozeß zwischen ihm und dem Gläubiger, keineswegs aber durch Beteiligung als Nebenintervenient im Prozesse des Konkursverwalters.

[22]) Vgl. hierzu namentlich die grundlegende Entscheidung des RG 5. ZS. 30. März 1892 (Samml. 29, 29 Nr. 10= SeuffA. 48 Nr. 77 = JW. 1892 S. 271 Nr. 9)

Gemeinschuldner und Konkursverwalter, zwischen dem Erben und dem Testamentsvollstrecker. Parallelen sind unserem Recht auch sonst nicht fremd. So ist z. B., wenigstens zum Teil, ein ähnlicher Fall dann denkbar, wenn ein Gesellschafter des Bürgerlichen Gesetzbuches mit den Inhabern des Gesellschaftsvermögens (zu denen er selbst gehört) um die Frage prozessiert, ob ein bestimmter Gegenstand sein Alleineigentum oder aber Bestandteil des Gesellschaftsvermögens ist. Wenn ferner bezüglich einer das Kind betreffenden Vermögensangelegenheit der Vater mit einem eingesetzten besonderen Pfleger einen Rechtsstreit führt, so ist auf beiden Seiten das Kind Partei, das eine Mal vertreten durch den Vater, das andere Mal durch den Pfleger[23]). In solchen Fällen wird der regelmäßig auf den Kampf zweier Parteien zugeschnittene Zivilprozeß ausnahmsweise dazu dienstbar gemacht, rechtliche Zweifel innerhalb einer und derselben Rechtssphäre bindend zu lösen.

Entschließt man sich aber dazu, für bestimmte Fälle von dem regelmäßigen Erfordernis der zwei Parteien abzusehen, so erleichtert man damit ohne weiteres auch die Erklärung anderer Zweifelsfälle, namentlich des vielumstrittenen § 58 ZPO. Über diese Fälle unten V. 1.

7. In Ansehung der hauptsächlichen Prozeßwirkungen sei folgendes bemerkt.

a) Daß die Einrede der Rechtshängigkeit Platz greift, wenn während schwebenden Rechtsstreites durch oder gegen den Prozeßführer wegen des gleichen Gegenstandes ein neuer Rechtsstreit anhängig gemacht wird, gilt in jedem Falle, mag er als Partei oder als Vertreter zu betrachten sein. Wird freilich der zweite Prozeß durch oder gegen den interessierten Dritten anhängig gemacht, so läßt sich die Einrede am leichtesten rechtfertigen, wenn man diesen als Partei des ersten Rechtsstreites ansieht. Betrachtet man ihn dagegen als Nichtpartei, so wäre es schwieriger, das an sich wünschenswerte Ergebnis einer Vermeidung des Doppelprozesses mit Hilfe der Einrede der Rechtshängigkeit zu gewinnen. Immerhin ließe sich selbst hier diese Einrede bei freier Auslegung vielleicht durch eine entsprechende Anwendung der einschlagenden Rechtsnormen begründen. Übrigens wird die Verdoppelung des Prozesses vielfach schon auf einem anderen Wege vermieden werden, sei es dadurch, daß dem dritten Interessenten für den zweiten Rechtsstreit die Sachlegitimation oder doch (in gewissen Fällen der Pflegschaft) die Prozeßfähigkeit fehlt, sei es auch mit Hilfe der Vorschriften über die Aussetzung des Prozesses im Hinblick auf ein präjudizielles anderweitiges Verfahren.

b) Betrachten wir nun die Bedeutung der Parteistellung für die Rechtskraft, so ist klar, daß bei einem späteren Prozesse gleichen Gegenstandes mit dem früheren Prozeßführer in gleicher Eigenschaft diese Einrede Platz greift, und zwar unabhängig davon, ob dieser als Partei oder als Vertreter erscheint. Wie aber, wenn der zweite Prozeß durch oder gegen den Drittinteressenten selbst geführt wird? Ob dieser alsdann von der Rechtskraft ergriffen wird oder nicht, scheint zunächst davon abzuhängen, ob er im ersten Prozesse Partei war oder nicht. Denn es entspricht zum mindesten der normalen Gestaltung, daß sich die Rechtskraft auf die Partei und nur auf sie bezieht.

Indessen braucht dieser Punkt nicht ausschlaggebend zu sein. Denn einerseits gibt es bekanntlich Fälle, in denen die Rechtskraft auf einen Dritten erstreckt wird. Solche Erweiterung erfordert allerdings in der Regel eine ausdrückliche Rechtsnorm, kann aber auch nach Lage der Fälle ohne solche völlig

[23]) Es kann in diesem Zusammenhange dahingestellt bleiben, ob ein Streit dieser Art im Wege der freiwilligen oder der streitigen Gerichtsbarkeit zu entscheiden ist, jedenfalls wäre das letztere durchaus denkbar, in welchem Falle die dargelegte Parteikonstellation unzweifelhaft gegeben wäre.

unzweifelhaft sein. Wer den Konkursverwalter als Partei ansieht, muß doch anerkennen, daß die zwischen ihm und einem Dritten etwa über das Eigentum einer bestimmten Sache der Masse gefällte rechtskräftige Entscheidung den Gemeinschuldner bindet. Und andererseits folgt aus der Parteieigenschaft eines bestimmten Subjektes nicht mit absoluter Notwendigkeit, daß diesem gegenüber die Rechtskraft in jeder Beziehung Platz greifen muß. Vielmehr ist durchaus denkbar, daß die Entscheidung, die gegen oder durch einen Vertreter erwirkt wird, die Partei nur mit Bezug auf eine bestimmte, der Verwaltung dieses Vertreters überlassene Vermögensmasse, nicht auch in Bezug auf ihr übriges Vermögen ergreift. Daraus etwa, daß man den Gemeinschuldner in Rechtsstreitigkeiten des Konkursverwalters mit einem Anmelder über dessen Konkursteilnahmerecht als (gesetzlich vertretene) Partei ansieht, folgt nicht notwendig, daß die für den Konkurs ergangene Feststellung den Gemeinschuldner auch für sein freies Vermögen und für die Zeit nach dem Konkurs binde[24]). Es läßt sich vielmehr auch im Verhältnisse zur wirklichen Partei eine relative Wirkung der Rechtskraft vorstellen. Hiernach ist die Alternative „Partei oder Vertreter" nicht schlechthin entscheidend für eine angemessene Regelung der subjektiven Rechtskraftwirkung.

Freilich ist die Verbindung der Rechtskraft mit der Partei das Normale, Selbstverständliche. Man ist daher leicht geneigt, in der von einer Gesetzesbestimmung ausdrücklich angeordneten Erstreckung der Rechtskraft auf einen anderen als den Prozeßführer einen Beweis dafür zu erblicken, daß dieser und nicht jener Dritte die Partei sei[25]). Diese Beweisführung scheint mir nicht schlüssig. Die gemeinten Vorschriften können sehr wohl den Sinn und Zweck haben, etwaige Zweifel über die Tragweite der Rechtskraft zu klären, wie sie angesichts der denkbaren Relativität der Rechtskraft auftauchen können; sie haben mehr deklarative als konstitutive Natur.

c) Von der Vollstreckungskraft gilt im wesentlichen dasselbe wie von der Rechtskraft, als deren regelmäßiges Korrelat sie erscheint. Wenn auch grundsätzlich die Vollstreckung in der Person der Partei und nicht des Vertreters Platz greift, so ist doch ein Doppeltes zu beachten. Der Umstand einerseits, daß ein gegenüber dem Prozeßführer ergangenes Urteil für oder gegen einen Dritten vollstreckbar ist, läßt sich mit der Parteieigenschaft des Prozeßführers sehr

---

[24]) Nach geltendem Rechte wirkt bekanntlich die konkursmäßige Feststellung einer angemeldeten Forderung gegenüber dem Gemeinschuldner persönlich dann nicht, wenn er im Prüfungstermine diese Forderung bestritten hatte. Dieser Umstand wird vom Reichsgericht in der oben Anm. 22 angeführten Entscheidung 29, 29 gegen die Parteistellung des Gemeinschuldners ins Feld geführt. Hiergegen richten sich die Ausführungen des Textes.

[25]) Nach § 326 ZPO. wirkt das Urteil, welches zwischen einem Testamentsvollstrecker und einem Dritten über ein der Verwaltung des ersteren unterliegendes Recht ergeht, für und gegen den Erben. Und das gleiche gilt von einem Urteile, welches zwischen dem Testamentsvollstrecker und einem Dritten über einen gegen den Nachlaß gerichteten Anspruch ergeht, wenn der Testamentsvollstrekker zur Führung des Rechtsstreites berechtigt ist. Dies soll beweisen, daß der Testamentsvollstrekker Partei, der Erbe ein Dritter sei. Allein der erste Satz würde, auch wenn er nicht im Gesetz stünde, ebensogut gelten, wie er für den Fall der Prozeßführung des Konkursverwalters über einen Gegenstand der Masse trotz Fehlens einer ausdrücklichen Vorschrift angenommen wird. Und der zweite Satz besagt nichts anderes, als daß die Wirkung eines gegenüber dem Testamentsvollstrecker ergangenen Urteils für den Erben nicht weiter reicht als die Legitimation des Prozeßführers. Er ist ebenso überflüssig, wie es eine (in der Tat fehlende) Konkursvorschrift des Inhaltes wäre, daß ein Rechtsstreit, den der Konkursverwalter über freies Vermögen des Gemeinschuldners führt, diesen nicht bindet. — Aus ähnlichen Gründen kann die Vorschrift in §§ 696, 751, 761 HGB., wonach das gegen den Schiffer ergangene Urteil auch gegenüber dem Reeder wirksam ist, nicht als entscheidendes Argument dafür angesehen werden, daß der Schiffer und nicht der Reeder Partei sei. Anders dagegen Pappenheim, Handb. d. Seerechtes 2, 235 und die von ihm Anm. 5 dortselbst angeführten zahlreichen Schriftsteller.

wohl vereinbaren; denn es gibt auch Vollstreckung zugunsten oder Lasten eines Dritten. Andererseits sind Fälle möglich, in denen das gegenüber dem Vertreter ergangene Urteil gegenüber der wirklichen Partei nicht im vollen Umfange vollstreckbar ist; es gibt auch eine auf eine bestimmte Vermögensmasse der Partei beschränkte Vollstreckbarkeit.

8. Die Kostenlast endlich trifft zwar regelmäßig die Partei, nicht einen bloßen Vertreter. Trotzdem ließe es sich unter gewissen Umständen rechtfertigen, den Prozeßführer als Partei anzusehen, ohne ihn darum für kostenpflichtig zu erklären, namentlich dann, wenn er nicht eigene Interessen, sondern solche eines anderen Subjektes (etwa des Gemeinschuldners im Konkursfalle, des Erben im Falle der Nachlaßverwaltung oder Testamentsvollstreckung) oder eines ungewissen oder unsicheren Subjektes (so im Falle des § 58 ZPO.) oder endlich solche der Öffentlichkeit vertritt (so beim Staatsanwalt und anderen öffentlichen Behörden). Die Begründung wäre dann die, daß in solchen Fällen der Divergenz zwischen dem Prozeßführer und dem Interessenten die Gefahr der Kostenlast denjenigen zu treffen habe, dessen Vermögen unmittelbar aktiv oder passiv von dem Rechtsschutze getroffen wird.

IV.

Obgleich nun nach unseren bisherigen Darlegungen die richtige Bestimmung der Partei zur Gewinnung angemessener Ergebnisse nicht schlechthin unumgänglich ist, so besteht doch ein unleugbares systematisches und praktisches Bedürfnis, über die Frage, wer in einem Rechtsstreite Partei ist, Klarheit zu gewinnen. Unsere Prozeßordnung setzt unzweifelhaft den Begriff der Partei voraus. Sie verknüpft mit der Parteistellung eine Reihe von Rechtsfolgen, so daß mangels entgegenstehender besonderer Gründe die Ermittelung der wirklichen Partei auch die Anwendbarkeit jener Rechtsfolgen auf sie ohne weiteres nach sich zieht. Methodisch lassen sich nun zur Bestimmung der Partei zwei verschiedene Wege einschlagen.

Der eine, den man (wenn auch vielleicht nicht ganz genau) als den deduktiven bezeichnen könnte, verfährt so, daß er nicht von den einzelnen Parteifunktionen ausgeht, vielmehr den Parteibegriff nach allgemeinen, von jenen Funktionen unabhängigen, ihnen sozusagen vorausgedachten und übergeordneten Kriterien bestimmt. Auf Grund des so gewonnenen Parteibegriffes wird dann erst, gewissermaßen als Folgerung aus diesem, die Frage beantwortet, ob nun eine bestimmte, in ihrer Anwendbarkeit zunächst problematische Parteifunktion zur Geltung kommt. Es soll z. B. die Frage beantwortet werden, ob in dem von B geführten Prozeß A Zeuge sein darf; zu diesem Zwecke wird etwa untersucht, ob B den Rechtsstreit „in eigenem Namen" oder „im Namen des A" führt, und im ersten Falle die Zeugnisfähigkeit des A bejaht, im zweiten Falle verneint.

Diese Methode mag vielfach zu richtigen Ergebnissen führen. Aber sie leidet, wie mir scheint, an dem grundsätzlichen Mangel, daß es bisher nicht gelungen ist und daß es auch schwerlich gelingen wird, ein für den Parteibegriff schlechterdings entscheidendes Kriterium oder eine Mehrheit von solchen aufzufinden. Im Normalfall erscheint allerdings der Kläger als das Subjekt, welches durch eigene Prozeßführung oder durch die des Vertreters für ein (regelmäßig) eigenes Recht kraft eigenen Interesses und eigenen Prozeßführungsrechtes den Rechtsschutz derart begehrt, daß dessen Wirkungen unmittelbar in seiner Person eintreten. Mit dieser Formel mag man für die Regelfälle auskommen. Gerade bei den problematischen Fällen aber versagt sie, und zwar um deswillen, weil fast jedes der in ihr vereinigten Kriterien in irgendeinem Einzelfalle fehlen kann, ohne daß darum die Parteieigenschaft berührt zu werden braucht. Dies läßt sich an einer Reihe von Merkmalen aufzeigen.

1. Natürlich kommt es nicht darauf an, wer die Prozeßtätigkeit vornimmt. Sonst wäre eine Scheidung zwischen Partei und Vertreter überhaupt ausgeschlossen. Der Vormund führt den Prozeß, ohne Partei zu sein; und das gleiche gilt von dem Nebenintervenienten, während z. B. das unmündige Kind in dem von dem Vater für es geführten Prozesse trotz eigener Untätigkeit unzweifelhaft Partei ist.

Auch das ist nicht entscheidend, ob der im Prozesse Handelnde größere oder geringere Selbständigkeit besitzt. Mancher gesetzliche Vertreter genießt bei seiner Prozeßführung kaum geringere Selbständigkeit als eine wirkliche Partei, während umgekehrt die Partei der selbständigen prozessualen Handlungsfähigkeit ermangeln kann.

2. Des weiteren ist die Frage, ob jemand Partei ist, unabhängig davon, ob er als die richtige Partei anzusprechen ist, d. h. ob er die Sachlegitimation (das Prozeßführungsrecht) besitzt. Wer eine bestimmte Forderung als eigene einklagt, ist Partei, auch wenn sich herausstellt, daß er weder die Forderung selbst noch auch das Recht hat, sie eigenen Namens gerichtlich geltend zu machen. Kläger ist, wer durch Vornahme des Klageaktes sich diese Eigenschaft tatsächlich verleiht, nicht ist es, wer diese Stellung mit Erfolg bekleiden könnte. Wenn eine Klage, um materiell begründet zu sein, von A und B gemeinsam erhoben werden müßte, wenn sie aber tatsächlich nur von A anhängig gemacht wird, so ist dieser allein Kläger, wenn auch ein solcher ohne Sachlegitimation, während B es nicht ist, obgleich er (in Verbindung mit A) diese Legitimation besäße[26]).

---

[26]) Insbesondere hat mit der Parteibestimmung als solcher nichts zu tun die bekannte Streitfrage, ob es möglich ist, einer Person die Sachlegitimation (das Prozeßführungsrecht) in eigenem Namen zu übertragen, ohne ihr zugleich das den Gegenstand des Prozesses bildende materielle Recht zu verschaffen. Das Reichsgericht hat diese Frage bekanntlich in einer Reihe von Entscheidungen bejaht. So mit Bezug auf Forderungen im allgemeinen RG. 7. ZS. 4. Febr. 1916 (JW. 1916 S. 959 Nr. 3). Ferner für den Fall des Treuhandliquidators RG. 5. ZS. 25. Nov. 1916 (Samml. 89, 131 Nr. 29): „In der Rechtsprechung des Reichsgerichtes ist eine Ermächtigung zur Geltendmachung eines Rechtes des Ermächtigenden durch den Ermächtigten im eigenen Namen und Interesse auf eigene Gefahr und Kosten als zulässig anerkannt." Die Frage ist natürlich von besonderer Bedeutung mit Bezug auf Rechte, die als solche nicht übertragen werden können, bezüglich deren aber wenigstens die Klagebefugnis einem anderen verschafft werden soll. Daß dies möglich sei, wird angenommen für den Feststellungsanspruch durch RG. 5. ZS. 27. April 1910 (Samml. 73, 306f. Nr. 80); ferner für unpfändbare Rechte durch RG. 6. ZS. 18. Nov. 1918 (Samml. 94, 173 Nr. 38); vor allem aber für den Grundbuchberichtigungsanspruch (kann etwa der Verkäufer eines Grundstückes, auf welchem zu Unrecht eine Last eingetragen steht, nach der Eigentumsübertragung den Berichtigungsanspruch des Käufers, kann umgekehrt der Käufer vor Eigentumsübertragung den Berichtigungsanspruch des Verkäufers in eigenem Namen geltend machen?); vgl. RG. 5. ZS. 8. April 1891 (GruchotsBeitr. 35, 1011f. Nr. 83); RG. 5. ZS. 7. Febr. 1903 (Samml. 53, 408 Nr. 102), ein Urteil, welches übrigens nicht ganz frei von Widerspruch scheint; von dem Verkäufer eines Grundstückes, welcher nach Eigentumserwerb des Käufers noch den Berichtigungsanspruch gegen den zu Unrecht eingetragenen Inhaber einer Berechtigung eingeklagt hat, wird nämlich ausgeführt: „Dagegen kann der Kläger den Berichtigungsanspruch durchführen, wenn er dazu von dem Eigentümer des Pfandgrundstückes ermächtigt ist, da er dann nicht Rechte, die ihm zustehen, als eigene geltend macht, sondern lediglich als Vertreter des Eigentümers dessen Rechte verfolgt." (Wie soll aber mit seiner Vertretereigenschaft die Parteistellung vereinbar sein?) — In gleichem Sinne RG. 7. ZS. 13. Dez. 1904 (Samml. 59, 289, insb. 294f. Nr. 81); RG. 5. ZS. 10. Okt. 1906 (Samml. 64, 165, insb. 169 Nr. 40). — Man kann gegen diese Praxis, wie mir scheint, sehr beachtliche Bedenken geltend machen. Die Sachlegitimation (Klagebefugnis) ist eine Funktion des Rechtes selbst, die von ihm in Einzelfällen und aus besonderen Gründen allenfalls getrennt werden kann (so z. B. nach § 1380 BGB., § 265 ZPO.), aber nicht durch die Willkür der Beteiligten. An der Frage nämlich, wer ein bestimmtes Recht in den Prozeß einführen kann, sind nicht nur dieser Prozeßführer und der Drittinhaber des materiellen Rechtes, sondern auch andere

Daß die beiden Fragen „Wer ist Partei?" und „Wer ist legitimiert?" voneinander zu sondern sind, wird zuweilen in der Wissenschaft und in der Rechtsprechung übersehen. Man ist vielfach geneigt, die Stellung als Partei von der Legitimation abhängig zu machen. Dies ist methodisch unrichtig, jedenfalls für alle die Fälle, in denen der in der Klagerolle Auftretende sich oder seinem Gegner unzweideutig die Parteieigenschaft zuschreibt (was allerdings nicht schon aus den gebrauchten, vielfach ungeschickten sprachlichen Wendungen entnommen werden darf). Wenn dagegen die Interessenlage, kraft deren jemand im Prozesse hinsichtlich der fremden Interessen handelnd auftritt, offenliegt und wenn es dem Willen des in der Klagerolle Auftretenden entspricht, denjenigen als Kläger betrachtet und behandelt zu wissen, dem diese Eigenschaft nach objektivem Rechte zukommt (so z. B., wenn der Konkursverwalter als solcher einen die Masse betreffenden Rechtsstreit führt), so muß allerdings die Partei genau bestimmt werden. Und hierbei kann die Frage bedeutsam werden, wem das materielle Recht eine eigene (nicht vertretende) Klagelegitimation zuweist.

3. Als Parteikriterium könnte man die behauptete Innehabung der abzuurteilenden privatrechtlichen Berechtigung oder Verpflichtung ansehen. Allein auch dies wäre unzutreffend. Es gibt unstreitig Fälle, in denen jemand ein fremdes Recht gerichtlich geltend macht und geltend machen darf, ohne darum die Parteieigenschaft zu verlieren. So der Ehemann, der nach

---

beteiligt, namentlich der Gegner, der ein Interesse daran hat, grundsätzlich nur mit dem Inhaber des Rechtes und nicht mit irgendeinem anderen prozessieren zu müssen. Die Auseinanderreißung von materiellem Recht und Klagebefugnis paßt auch nicht recht in den ganzen Aufbau des Prozesses hinein. Sie zwingt den Beklagten, sich mit einem neuen Gegner einzulassen, ohne ihm die Gewähr zu geben, daß er vor Angriffen des ursprünglichen Rechtsgegners, der ja noch Inhaber des materiellen Rechtes ist, für die Zukunft geschützt zu sein. Wie steht es namentlich mit der Rechtskraft? Ihre Erstreckung auf den ermächtigenden Rechtsinhaber, welche das Reichsgericht für den besonderen Fall des versteckten Prokuraindossaments einmal vertreten hat (RG. 1. ZS. 23. Nov. 1895, Samml. 36, 53 Nr. 14), unterliegt beträchtlichen Zweifeln. Das Reichsgericht meint, es würde arglistig sein, wenn der Ermächtigende im späteren Prozesse mit dem Gegner die Rechtskraft des gegenüber dem Ermächtigten ergangenen Urteiles nicht gegen sich gelten lassen wollte. Das kann doch nichts anderes bedeuten, als daß ihm gegenüber die Einrede der Rechtskraft Platz greifen solle. Allein solche gewillkürte Erweiterung der Rechtskraft ist unserem positiven Rechte, wenigstens als allgemeines Institut, nicht bekannt; die Ausnahme des § 1400 BGB. bestätigt die Regel. Wohl kann vertraglich ausgemacht werden, daß jemand die Entscheidung in einem zwischen anderen ergangenen Prozeß als für sich maßgebend gelten lassen will (derartige Fälle kommen in der Haftpflichtversicherung vielfach vor); aber das ist natürlich keine erweiterte Rechtskraft im eigentlichen Sinne dieses Begriffes, sondern eine rein privatrechtliche Gestaltung (vgl. darüber Kisch, LeipzZ. 1915 S. 1501). Zudem würde sie einen Vertrag zwischen dem Ermächtigenden und dem Gegner voraussetzen; durch rein interne Abmachung zwischen dem Ermächtigenden und dem Ermächtigten kann eine Erstreckung der Urteilskraft mit externer Wirkung, also namentlich im Verhältnisse zum früheren Prozeßgegner, nicht herbeigeführt werden. Wie steht es ferner mit der Rechtshängigkeit, wenn noch während schwebenden Prozesses des Ermächtigten nunmehr auch der Ermächtigende den Gegner verklagt? Wie mit dem Zeugeneid und Parteieid? — Die praktischen Interessen, denen das Reichsgericht durch die gewillkürte Prozeßstandschaft entgegenkommen will, lassen sich vielfach auf anderem Wege ausreichend befriedigen, etwa durch fiduziarische Abreden oder durch bedingte Übereignungen (die freilich nur bei beweglichen Gegenständen möglich sind) oder bedingte Zessionen oder auch durch Vollmachterteilung verbunden mit internen Vereinbarungen über die Prozeßkostenlast u. dgl. m. So hat sich denn auch eine Reihe von Schriftstellern gegen die Auffassung des Reichsgerichtes erklärt. — Übrigens hat gelegentlich das Reichsgericht selbst (5. ZS. 5. Jan. 1918, Samml. 91, 391 Nr. 100) seinen Standpunkt dahin eingeschränkt, daß die gewillkürte Prozeßstandschaft nur dann zugelassen werden könne, wenn der Ermächtigte ein besonderes Rechtsschutzbedürfnis, ein eigenes Interesse an der Geltendmachung des beim andern verbleibenden materiellen Rechtes in eigenem Namen habe; es handelt sich hier darum, daß A unter Zurückbehaltung seines Pfandrechtes an einer Grundschuld dem B die Ermächtigung zu dessen gerichtlicher Einklagung im eigenen Namen erteilt hatte. — Ferner wurde durch RG. 2. ZS. 13. Okt. 1905 (JW. 1905 S. 718 Nr. 8) entschieden, daß nicht eine Forderung mit der Maßgabe zediert werden könne, daß der Zedent die Legitimation zu ihrer Einklagung eigenen Namens behalten solle, dies nicht einmal mit Zustimmung des Gegners. — (Vgl. auch JW. 1908 S. 479 Nr. 4.)

§ 1380 BGB. ein Recht des eingebrachten Gutes seiner Frau, der gütergemeinschaftliche Ehegatte, der ein Recht des Gesamtgutes, der Gläubiger, der die ihm zur Einziehung überwiesene Forderung seines Schuldners gegen einen Dritten einklagt.

4. Ebenso unerheblich ist es, ob der im Prozeß Auftretende ein eigenes oder fremdes Interesse wahrnimmt[27]). Wer eine fremde Forderung in fremdem Namen einklagt, ist nicht Partei, auch wenn er kraft interner Abmachung mit dem Vertretenen das Beigetriebene für sich behalten darf, wenn er also im eigenen Interesse prozessiert. Umgekehrt kann jemand als Partei einen eigenen Rechtsstreit im fremden Interesse führen. So ist Partei der Zessionar, der als solcher die Forderung eigenen Namens einklagt, auch wenn er verpflichtet ist, die Urteilssumme dem Zedenten herauszugeben, wenn er also den Rechtsstreit in fremdem Interesse führt[28]). Partei ist der Kommissionär, der in eigenem

---

[27]) Daß jemand, ohne Partei zu sein, am Ergebnisse des Rechtsstreites unmittelbar interessiert sein kann, beweist u. a. auch § 393 Ziff. 4 ZPO. über die unvereidigte Vernehmung eines so interessierten Zeugen.

[28]) Daß dieser sogenannte Inkassozessionar Partei ist, kann nicht ernstlich bezweifelt werden. Dies zeigt sich u. a. darin, daß bei erfolgloser Klage die Prozeßkosten ihm aufzuerlegen sind, und nicht von dem Zedenten (dem eigentlichen Interessenten des Prozesses) beigetrieben werden können. Dies ist auch die Meinung des RG. 7. ZS. 22. Okt. 1909 (Samml. 72, 97 Nr. 20) selbst für den Fall, daß die Zession nur zu dem Zweck erfolgt, um das Prozeßkostenrisiko auf den zahlungsunfähigen Zessionar abzuwälzen. — Fraglich könnte nur sein, ob dem Zessionar die Sachlegitimation zusteht. Dies ist grundsätzlich zu bejahen; vgl. 3. ZS. 17. Sept. 1889 (Samml. 24, 161 Nr. 30). Dem entspricht es andererseits, daß der Zedent ein Dritter ist, weshalb er als Zeuge vernommen werden kann, allerdings als ein am Ausgange des Rechtsstreites beteiligter Zeuge im Sinne des § 393 Ziff. 4 ZPO. Dies ist jetzt durch das Gesetz außer Zweifel gestellt, wurde übrigens auch schon für das frühere Recht angenommen durch RG. 6. ZS. 8. Juni 1899 (Samml. 44, 374 Nr. 95). Dagegen könnte die Sachlegitimation des „Zessionars" fehlen, wenn die Abtretung nichtig wäre, etwa wegen Verstoßes gegen die gute Sitten oder wegen Simulation oder weil trotz des Ausdruckes „Zession" (Abtretung) in Wirklichkeit nur eine Einziehungsvollmacht erteilt sein sollte. Daß ein reines Inkassomandat die Zession noch nicht zu einem Scheingeschäfte stempelt, daß insbesondere der Schuldner sich bei ordnungsmäßiger Zession nicht auf das bloße Vorliegen einer Inkassovollmacht berufen kann, hat für das frühere Recht entschieden RG. 1. ZS. 30. Okt. 1889 (Samml. 25, 207 Nr. 43) sowie RG. 3. ZS. 4. Mai 1897 (Samml. 39, 166, Nr. 41). Für das geltende Recht hat allerdings RG. 1. ZS. 9. Febr. 1903 (Samml. 53, 416 Nr. 104) ausgesprochen, daß der Zessionar dem Schuldner gegenüber durch die Berufung auf die Zession arglistig handle, wenn dieselbe nur zum Zwecke der Einziehung erteilt sei und wenn der Auftrag noch vor der Klageerhebung gegenüber dem Zessionar und dem Schuldner widerrufen sei. In der Begründung findet sich folgende (vielleicht nicht ganz unbedenkliche) Wendung: „Nach dieser Abrede blieb die zedierte Forderung materiell dem A; unter der Form der Zession wurde dem B Vollmacht und Auftrag gegen Entgelt zur Einziehung der Forderung erteilt. Das Gläubigerrecht wurde dem Kläger (B) übertragen, um ihn dem Schuldner der zedierten Forderung gegenüber als Gläubiger zu legitimieren, ohne daß die Forderung in sein Vermögen überging." Es wäre wohl richtiger (und würde zum gleichen Ziele führen), wenn man einfach die Zession als durch die Fortdauer des internen Auftrages bedingt ansehen würde. — Hat die Zession nur den Zweck, die Zeugenvernehmung des Zedenten zu ermöglichen, so mag darin unter besonderen Umständen ein Verstoß gegen die guten Sitten zu finden sein (was allerdings ausdrücklich verneint wird durch RG. 1. ZS. 8. März 1909, Gruchots Beitr. 53, 911, außer für den Fall, daß ein falsches Zeugnis beabsichtigt sein sollte). Jedenfalls liegt hier nicht Scheingeschäft vor, da die Wirkung des Geschäftes gewollt ist, so mit Recht RG. 16. März 1906 (JW. 1906 S. 329 Nr. 2). Andererseits kann hier nicht die Zession als eine nur teilweise wirksame in dem Sinne angesehen werden, daß sie nur den Zedenten zum tauglichen Zeugen machen, im übrigen aber die Wirkungen der Zession nicht äußern solle. Dies gilt nach heutigem Recht ebenso, wie es für das französische Recht angenommen wird von RG. 2. März 1900 (JW. 1900 S. 309 Nr. 1). — Auch bei der sogenannten gesetzlichen Zession hängt die Legitimation des (angeblichen) Rechtsnachfolgers von der Wirksamkeit des Übertragungsaktes ab; ist also z. B. die Übertragung eines Handelsunternehmens etwa wegen Verstoßes gegen die guten Sitten unwirksam, so ist der „Erwerber" zur gerichtlichen Geltendmachung der Rechte aus dem Unternehmen gegen Dritte nicht legitimiert; vgl. RG. 1 ZS. 30. Okt. 1907 (Samml. 66, 415. insb. 418 Nr. 100). — Alle die vorausgehenden Probleme haben es, wie nochmals zu betonen ist, nur mit der Sachlegitimation einer unzweifelhaften Partei, nicht dagegen mit der Frage zu tun, wer im besonderen Falle tatsächlich Partei ist.

Namen, aber für Rechnung des Kommittenten den Rechtsstreit mit einem Dritten als seinem Geschäftsgegner führt. Partei ist der auf Vollziehung einer Auflage klagende Schenker, auch wenn er an derselben kein eigenes Interesse mehr hat. Ebenso der entferntere Erbanwärter, der eine Erbunwürdigkeitsklage erhebt; derjenige, der auf Löschung eines Gebrauchsmusters oder eines Warenzeichens klagt.

5. Die Lösung zweifelhafter Fälle wird meist auch dadurch nicht gefördert, daß man den Prozeßführer dann und nur dann als Partei ansieht, wenn er in eigenem Namen, nicht im Namen eines Dritten auftritt. Diese sehr beliebte Formulierung mag nützlich sein, wenn sie vom Gesetze selbst verwendet wird; heißt es dort z. B., daß jemand in eigenem Namen fremde Rechte geltend mache (so etwa §§ 1380, 1450 BGB.; § 435 HGB.; § 76 VVG.), dann ist damit seine Parteieigenschaft außer Zweifel gestellt. Überall sonst führt die Wendung nicht weiter, weil sie nur eine Umschreibung des Problems ist, ob der Prozeßführer Partei ist, in welchem Fall er eben in eigenem Namen, oder ob er Vertreter ist, in welchem Fall er in fremdem Namen handelt.

6. Es geht auch nicht an, einen Prozeßführer nur dann, wenn er seine Legitimation von dem Prozeßbeteiligten ableitet, als Vertreter, sonst dagegen als Partei anzusprechen, wie dies gelegentlich für den Konkursverwalter, den Testamentsvollstrecker und andere gesetzliche Verwalter geschieht. Denn einerseits ist z. B. der Inkassozessionar, obgleich er seine Legitimation auf den Willen des Zedenten gründet, zweifellos Partei, während etwa der Vater oder die Mutter als Träger der elterlichen Gewalt sowie der Vormund bei ihrer Prozeßführung für den Gewaltunterworfenen ebenso zweifellos (gesetzliche) Vertreter sind.

7. Zuweilen wird darauf abgestellt, ob der Dritte, dessen Interessen durch den Prozeßführer wahrgenommen werden, prozeßfähig ist oder nicht. Im ersten Falle sei der Prozeßführer Vertreter, im zweiten Falle nicht[29]. Auch dieses Kriterium muß versagen. Der Ehemann, welcher nach § 1380 ein Recht des eingebrachten Gutes seiner Frau einklagt, ist auch dann Partei, wenn die Ehefrau im besonderen Falle (etwa wegen Entmündigung) der Prozeßfähigkeit ermangelt. Umgekehrt ist der Pfleger Vertreter, obgleich sein Pflegling als solcher keine Beschränkung seiner Geschäftsfähigkeit erleidet[30]. Und die Ehefrau, welche gemäß § 1450 BGB. einen das Gesamtgut betreffenden Rechtsstreit nicht in eigenem Namen, sondern (was ihr freisteht) im Namen des Ehemannes führt, ist in dem Prozesse Vertreterin, obgleich der durch Krankheit oder Abwesenheit verhinderte Ehemann vollkommen prozeßfähig bleibt.

8. Auch mit der Definition der Partei als desjenigen, für oder gegen welchen der Rechtsschutz begehrt wird, dürfte nicht sehr viel gewonnen sein. Soll damit mehr als eine allgemeine Umschreibung des Problems gegeben werden, die als solche den Einzelfall nicht lösen kann, so kann nur gemeint sein, daß Partei derjenige sei, in dessen Person die Wirkungen des Prozesses, namentlich diejenigen des Urteiles, eintreten. Allein in den zweifelhaften Fällen muß vielfach gerade erst feststehen, wer Partei ist, um beurteilen zu können, welche Person von bestimmten Prozeßwirkungen betroffen wird. Zudem ist die Formel nicht einmal schlechterdings zutreffend, weil gewisse Wirkungen des Rechtsschutzes, und zwar gerade die wichtigsten, nämlich Rechtskraft und Vollstreckungskraft des Urteiles, in manchen Fällen auch einen Dritten treffen

[29] Auf dieses Argument wird in Ansehung des Konkursverwalters Wert gelegt durch die oben Anm. 22 angeführte Entscheidung RG. 29, 29.

[30] Daß er nach § 53 ZPO. für den vom Pfleger geführten Prozeß als prozeßunfähig „gilt", ist lediglich eine Fiktion, die an den Tatsachen nichts ändert.

können, der unzweifelhaft nicht Partei ist. Der Ehemann im Falle des § 1380 BGB. prozessiert ohne Zweifel, wenn auch in eigenem Namen, so doch mit Wirkung für die Ehefrau, ebenso unter Umständen der Vorerbe mit Wirkung für den Nacherben, obgleich dort die Frau, hier der Nacherbe sicherlich nicht Parteien sind.

Nach alledem wird es kaum möglich sein, für den Parteibegriff ein schlechthin maßgebendes Kriterium ausfindig zu machen, mit Hilfe dessen sich zweifelhafte Fälle einwandfrei und sicher lösen lassen.

V.

Demgegenüber scheint mir eine andere Methode, die man die induktive nennen kann, den Vorzug zu verdienen. Sie besteht im wesentlichen darin, daß, statt von der Parteistellung auf die Parteifunktionen, umgekehrt von den letzteren auf die Parteistellung geschlossen wird. Genauer gesagt: bei jedem zweifelhaften Falle wird untersucht, welche einzelnen Parteifunktionen mit Bestimmtheit auf den Prozeßführer Anwendung finden, sei es nach ausdrücklicher Gesetzesvorschrift, sei es nach der Natur der Sache, insbesondere nach dem gesetzgeberischen Zwecke, der für die Verknüpfung dieser Funktion mit der Person der Partei maßgebend ist. Je zahlreicher nun die unzweifelhaft anwendbaren Parteifunktionen sind, um so mehr spricht für die Annahme der Parteistellung, und um so wahrscheinlicher ist es, daß auch die problematische Funktion, die den Anlaß der Untersuchung bildet, ebenfalls für den Prozeßführer Platz zu greifen hat.

Freilich sind hierbei die Prozeßfunktionen nicht nur zu zählen, sondern auch zu wägen. Denn sie haben keineswegs alle das gleiche Gewicht. Die Frage z. B., ob in der Person des Prozeßführers die Hauptwirkungen des Urteiles, etwa die Rechtskraft und die Vollstreckbarkeit, Platz greifen, hat größere Bedeutung als die Frage nach einer Funktion, die auch in der Person des gesetzlichen Vertreters wirkt, etwa die Frage, ob der Prozeßführer durch gewisse Beziehungen zum Richter diesen von der Mitwirkung ausschließt. Bei unmittelbarer Einwirkung des Urteils auf das fremde Vermögen kann mindestens angenommen werden, daß die Vermutung zugunsten der Parteieigenschaft des Inhabers dieses Vermögens spricht. Jedenfalls ist niemals durch isolierte Betrachtung der einen oder anderen Parteifunktion, sondern nur durch ihren Zusammenhalt ein einigermaßen sicheres Ergebnis zu gewinnen.

Und auch hier handelt es sich nur um Annäherungswerte. Das heißt, selbst wenn auf Grund einer Anzahl sicher anwendbarer Parteifunktionen die Eigenschaft als Partei erschlossen wird, läßt sich daraus noch nicht immer mit voller Gewißheit folgern, daß gerade die im besonderen Falle streitige Parteifunktion ebenfalls in der Person des Prozeßführers Anwendung findet. Vielmehr bleibt auch dann zu untersuchen, ob nicht aus besonderen Gründen, insbesondere nach den Zwecken der einschlagenden Vorschrift und nach der ganzen Interessenlage, ausnahmsweise trotz feststehender Parteieigenschaft diese bestimmte Einzelfunktion außer Geltung zu bleiben habe.

Zur Veranschaulichung dieser Methode mögen folgende (bei weitem nicht erschöpfende) Anwendungen dienen.

1. Die oben als zweifelhaft erwähnten Fälle der Pflegschaft dürften dahin zu entscheiden sein, daß der Pfleger nicht Partei, sondern Parteivertreter ist, was übrigens schon durch die Tatsache nahegelegt wird, daß es sich in allen übrigen, bei weitem die Regel bildenden Fällen der Pflegschaft unzweifelhaft und unbestritten ebenso verhält.

a) So zunächst bei dem Pfleger für eine Leibesfrucht (§ 1912 BGB.).

Es dürfte nicht zu bestreiten sein, daß die Person des Nasciturus maßgebend ist für die Verleihung des Armenrechtes, für die etwaige Pflicht zur Kostensicherheit, für die auf persönlichen Beziehungen beruhende Ausschließung des Richters, Ablehnung des Sachverständigen, Weigerung oder uneidliche Vernehmung des Zeugen, für die Kostenlast, für die Rechtskraft und die Vollstreckbarkeit des Urteiles. Daher ist nicht der Pfleger, sondern der Nasciturus als Partei anzusehen. Daß nach § 1 BGB. die Rechtsfähigkeit erst mit der Vollendung der Geburt beginnt, hindert keineswegs, dem Nasciturus für den schon vor seiner Geburt erforderlichen Prozeß die Parteifähigkeit zuzubilligen, da auch sonst die beiden Eigenschaften nicht immer zusammenfallen (man denke an die offene Handelsgesellschaft oder an den rechtsfähigen Verein).

Wenn freilich der Erwartete nicht lebend zur Welt kommt, so stellt sich heraus, daß eine Partei in Wirklichkeit nicht bestanden hat. Aber auch hier ist der Pfleger nicht als Partei anzusehen und zu behandeln. Vielmehr ist hier die Erscheinung eines Kraft Gesetzes auflösend bedingten Prozesses anzunehmen.

b) Ein Anderes gilt für den Pfleger eines aufgegebenen, noch nicht angeeigneten Grundstückes (§ 58 ZPO.): „Soll ein Recht an einem Grundstücke, das von dem bisherigen Eigentümer nach § 928 des Bürgerlichen Gesetzbuches aufgegeben und von dem Aneignungsberechtigten noch nicht erworben worden ist, im Wege der Klage geltend gemacht werden, so hat der Vorsitzende des Prozeßgerichtes auf Antrag einen Vertreter zu bestellen, welchem bis zur Eintragung eines neuen Eigentümers die Wahrnehmung der sich aus dem Eigentum ergebenden Rechte und Verpflichtungen im Rechtsstreit obliegt."

Hier ist Partei der demnächstige Eigentümer, nicht dagegen der Pfleger. Entscheidend hierfür ist weniger die Tatsache, daß der Pfleger vom Gesetze ausdrücklich als „Vertreter" bezeichnet wird, als vielmehr der Umstand, daß im Falle der Aneignung die Wirkungen der Prozeßführung des Pflegers in der Person des Eigentümers eintreten, so z. B. die durch die bisherigen Handlungen des Pflegers erzeugte Prozeßlage, nach ergangenem Urteile die Rechtskraft und Vollstreckbarkeit, die Kostenlast usw. Ebenso sicher ist, daß diese Wirkungen (etwa die Kostenlast) nicht für den Pfleger eintreten. Daß dieser allerdings die Parteieide schwört, daß er nicht Zeuge sein kann, daß seine persönlichen Beziehungen zum Richter, zum Sachverständigen, zum Zeugen bestimmte Folgen auslösen, ist nach dem früher Gesagten mit seiner Eigenschaft als gesetzlicher Vertreter durchaus vereinbar.

Schwierigkeiten bereitet nur der Fall, daß es zu einer Aneignung des Grundstückes nicht kommt. Hier hilft nur die Erwägung, daß in unserem Zivilprozesse die Mehrheit der Parteien zwar die Regel bildet, aber nicht durch das Wesen des Prozesses unumgänglich erfordert wird. Sollte es nicht möglich sein, in dem betrachteten Falle von einer beklagten Partei überhaupt abzusehen und sich damit zu bescheiden, daß hier der Pfleger, ohne einerseits selbst Partei zu sein, ohne andererseits ein (hier fehlendes) Rechtssubjekt zu vertreten, bestimmte Obliegenheiten eines solchen wahrnimmt und bestimmte Prozeßtätigkeiten durchführt, wie dies sonst Sache einer Partei oder eines Parteivertreters ist? Der Prozeßpfleger vertritt hier bestimmte Interessen, nicht ein bestimmtes Rechtssubjekt. Die einzige Partei eines solchen Prozesses ist der Kläger. Und das ihm gewährte Urteil ergeht nicht gegenüber jemandem, sondern gegenüber etwas, nicht gegenüber dem Eigentümer (den es nicht gibt), sondern gegenüber dem Grundstücke. So gewinnt man ein Gegenstück zu dem früher (III 6c) behandelten Sondergebilde des Prozesses mit sich selbst, nämlich einen Prozeß mit niemand.

c) Auch der Pfleger für ein Sammelvermögen (§ 1914 BGB.) ist als Vertreter, nicht als Partei anzusehen. Eine genaue Analyse würde hier ohne Schwierigkeit ergeben, daß die Funktionen, die der Partei eigentümlich sind (d. h. diejenigen, die grundsätzlich nicht auch beim gesetzlichen Vertreter vorkommen), in seiner Person nicht Platz greifen.

2. Auch der Schiffer des Seerechtes und Binnenschiffahrtsrechtes, gegen welchen gewisse Pfandklagen erhoben werden können[31]), wird je nachdem als Vertreter des Reeders, des Schiffseigners oder der Ladungsinteressenten anzusprechen sein, nicht als Partei des Prozesses[32]). Dies ergibt sich nicht nur daraus, daß außerhalb des Prozesses, namentlich im privatrechtlichen Verkehr der Schiffer, was allgemein anerkannt wird, nicht eigenen Namens, sondern als Vertreter der verschiedenen Interessenten handelt, sondern weiter auch daraus, daß die meisten Prozeßfunktionen nicht in seiner Person, sondern in derjenigen der genannten Dritten eintreten. Dies gilt auch für die Rechtskraft. Daß letztere durch ausdrückliche Gesetzesbestimmung auf den Reeder übertragen wird, braucht keineswegs als Argument gegen dessen Parteieigenschaft angesehen zu werden; s. oben III 7b.

3. Besonders bestritten ist bekanntlich die Stellung der selbständigen Verwalter fremder Vermögensmassen.

a) Der Konkursverwalter wird von namhaften Gelehrten, vor allem vom Reichsgericht in ständiger Rechtsprechung, als Partei kraft Amtes bezeichnet[33]). Zieht man aber nach der oben vorgeschlagenen Methode die einzelnen Prozeßfunktionen in Betracht, so ergibt sich folgendes.

Daß der Konkursverwalter durch seine Prozeßtätigkeit eine Reaktion des Gerichtes auslöst, daß seine Beziehung zum Richter oder Sachverständigen einen Ausschluß oder eine Ablehnung, seine Beziehung zum Zeugen dessen Weigerungsrecht und unbeeidigte Vernehmung begründet, daß er Parteieide leistet[34]), dies alles läßt sich mit der Stellung eines gesetzlichen Vertreters ebensogut vereinbaren wie mit derjenigen der Partei. Fest steht jedenfalls, daß eine ganze Reihe wichtiger Parteifunktionen nicht in seiner Person eintreten. Seine Mittellosigkeit begründet kein Armenrecht, seine Eigenschaft als Ausländer be-

---

[31]) Vgl. die Zitate oben Anm. 13.

[32]) Die herrschende Ansicht ist die entgegengesetzte. Vgl. oben Anm. 25 a. E. Ebenso wird der entgegengesetzte Standpunkt vertreten durch RG. 1. ZS. 31. Dez. 1902 (JW. 1903 S. 103 Nr. 22), während in dem Urteile 1. ZS. 3. Febr. 1904 (Samml. 56, 391, insb. 395 Nr. 96) für das Verfahren vor dem Strandungsamt wegen Berge- und Hilfslohnes der Schiffer ausdrücklich als Vertreter der Ladungsinteressenten bezeichnet wird.

[33]) Übrigens werden zuweilen (so z. B. bei Stein-Jonas, Vorbem. zu § 50 Anm. 26) in diesem Zusammenhang Entscheidungen angeführt, die sich über die prozessuale Stellung des Konkursverwalters nicht äußern. In RG. 1. ZS. 20. April 1895 (Samml. 35, 28f. Nr. 9) ist nur seine privatrechtliche Stellung berührt; ebenso in RG. 3. ZS. 15. Nov. 1912 (Samml. 80, 416 Nr. 92), betreffend entsprechende Anwendung des § 177 BGB; nicht minder RG. 3. ZS. 10. Juli 1903 (Samml. 55, 265 Nr. 66), betreffend die Zuständigkeit des Gewerbegerichtes. Auch in dem Urteile RG. 3. ZS. 4. Juni 1920 (Samml. 99, 136 Nr. 39) ist nur eine Frage der Sachlegitimation behandelt. Und das Urteil 7. ZS. 4. Nov. 1919 (Samml. 97, 107 Nr. 28), welches — mit Recht — den Konkursverwalter für befugt erklärt, Klagen gegen Dritte wegen Beeinträchtigung der Masse zu erheben, bemerkt ausdrücklich, daß es hierfür gleichgültig sei, ob man ihn als gesetzlichen Vertreter oder als Partei ansehe. Ebenso wird in dem Urteile 6. ZS. 5. Okt. 1899 (Samml. 45, 324f. Nr. 83), betreffend die Frage, ob Konkursverwalter auf den Einspruch gegen ein während unterbrochenen Verfahrens gegenüber dem Gemeinschuldner erlassenes Versäumnisurteil verzichten kann, S. 330 ausdrücklich bemerkt, es sei hierbei nicht entscheidend, ob der Konkursverwalter als Prozeßpartei anzusehen sei.

[34]) Er kann auch über Handlungen und Wahrnehmungen des Gemeinschuldners schwören. Dies ergibt sich, wenn man ihn als gesetzlichen Vertreter betrachtet, ohne weiteres aus § 473 Abs. 1 ZPO. Das Reichsgericht muß dieses an sich wünschenswerte Ergebnis in etwas gekünstelter Weise damit begründen, daß der Konkursverwalter Rechtsnachfolger des Gemeinschuldners sei; vgl. RG. 7. ZS. 4. Nov. 1902 (Samml. 53, 8f. Nr. 3).

gründet keine Pflicht zur Sicherheit für die Prozeßkosten. Er trägt nicht die Kostenlast. Von einer Bedeutung des Urteiles für sein Vermögen, namentlich von einer Vollstreckungskraft zu seinen Gunsten oder Lasten ist keine Rede. Auch wird der Wechsel oder Fortfall des Konkursverwalters wie derjenige eines gesetzlichen Vertreters behandelt, namentlich was die erteilte Prozeßvollmacht betrifft[35]).

Dagegen greifen die meisten und wichtigsten Parteifunktionen in der Person des Gemeinschuldners ein. Bei naher persönlicher Beziehung zu diesem ist der Richter ausgeschlossen, der Sachverständige ablehnbar, der Zeuge weigerungsberechtigt und unvereidigt zu vernehmen. Die Kostenlast trifft die Masse, also sein Vermögen. Die Vollstreckung erfolgt wiederum zugunsten oder Lasten der Masse, d. h. seines Vermögens. Die Rechtskraft wirkt für oder gegen ihn, sofern die Masse in Betracht kommt; ist z. B. in einem Prozesse zwischen dem Konkursverwalter und einem Dritten festgestellt, daß eine bestimmte Sache nicht zur Masse, sondern zum Vermögen des Dritten gehört, so kann nicht die Eigentumsfrage in einem späteren Prozesse zwischen dem Gemeinschuldner und dem Dritten abweichend entschieden werden. Erst recht könnte er nicht während schwebenden Prozesses des Konkursverwalters seinerseits diese Frage im Klagewege dem Gericht unterbreiten, ohne daß ihm die Einrede der Rechtshängigkeit entgegenstünde (schon ganz abgesehen von dem Mangel des Prozeßführungsrechtes). Nach Konkursbeendigung führt er die gegenüber dem Verwalter schwebenden Rechtsstreitigkeiten ohne weiteres fort, und zwar nicht nach den Regeln des Parteiwechsels, sondern wie in dem Falle, daß die gesetzliche Vertretung wegen Entbehrlichkeit wegfällt, z. B. diejenige des Vormundes bei eintretender Volljährigkeit des Mündels[36]).

Hiernach treten die wesentlichsten Wirkungen des Prozeßvorganges in der Person des Gemeinschuldners ein. Dies ist freilich für die Parteieigenschaft an sich noch kein zwingender Beweis[37]), begründet aber immerhin eine starke Vermutung. Gewiß kann der von A als zweifelloser Partei geführte Prozeß, namentlich das darin ergehende rechtskräftige Urteil, einen Dritten ergreifen, ohne diesen zur Partei zu machen, so bei dem Rechtsstreite, den der Ehemann gemäß § 1380 BGB. in eigenem Namen, aber mit Wirkung für die Ehefrau führt. Allein die Situation ist im Konkurse eine völlig andere. Der Ehemann hat am Frauenvermögen ein eigenes Recht, jedenfalls ein eigenes Interesse, der Konkursverwalter dagegen an der Masse nicht. Für den Ehemann ist durch § 1380 BGB. ausdrücklich festgestellt, daß er in eigenem Namen klagt, daß er also Partei ist; für den Konkursverwalter fehlt es an einer solchen Vorschrift. Bei dem Ehemanne treten alle Wirkungen der Parteistellung ein, beim Konkursverwalter nur solche, die auch mit der Stellung des gesetzlichen Vertreters vereinbar sind.

Auch die sonstigen Gründe, welche für die Parteistellung des Konkursverwalters vorgebracht werden, lassen sich unschwer aus dem Wege räumen. Daß der Konkursverwalter in Ausübung einer öffentlich-rechtlichen Verpflichtung handelt, wäre mit seiner Vertretereigenschaft ebenso vereinbar wie etwa beim Vormund oder Pfleger. Und Entsprechendes gilt von der Tatsache, daß er seine

---

[35]) Dies nimmt sogar das Reichsgericht an in dem Urteile 2. ZS. 3. Mai 1910 (Samml. 73, 312 Nr. 82), allerdings nur unter entsprechender Anwendung des § 86 ZPO. Vom Standpunkte der Parteistellung des Gemeinschuldners aus würde sich diese Folgerung unmittelbar aus dem Gesetz ergeben.

[36]) Daß nach Konkursbeendigung der Gemeinschuldner die schwebenden Anfechtungsprozesse in Ansehung der Prozeßkosten fortzuführen hat, wird dargelegt durch RG. 7. ZS. 21. Okt. 1902 (Samml. 52, 331 Nr. 87).

[37]) Das kann dem grundlegenden Urteile RG. 29, 29 durchaus zugegeben werden.

Legitimation nicht aus dem Willen des Gemeinschuldners, sondern aus einem öffentlich-rechtlichen Bestellungsakte des Staates ableitet. Es besteht überhaupt kein logischer Zwang, die Innehabung eines Amtes und die Stellung als gesetzlicher Vertreter zueinander in Gegensatz zu bringen, wie ja auch schlagend durch die Fälle bewiesen wird, daß der Staat in seinen Zivilprozessen regelmäßig durch öffentliche Beamte als seine Organe gesetzlich vertreten wird. Daß die Verfügung und Verwaltung, in deren Ausübung er handelt, dem Gemeinschuldner entzogen sei, ist nicht so sicher; man kann auch sagen (und sich hierfür sogar auf den Wortlaut der Konkursordnung berufen), daß ihm bloß die Ausübung dieser Funktion entzogen und auf den Konkursverwalter übertragen ist. Aber davon abgesehen, ist das Prozeßführungsrecht normalerweise ein Ausfluß desjenigen materiellen Rechtes, das den Gegenstand der Entscheidung bilden soll; und dieses Recht verbleibt unzweifelhaft dem Gemeinschuldner. Daß derselbe die Prozeßfähigkeit behält, schlägt auch nicht durch; man braucht nicht geschäftsunfähig zu sein, um gesetzlich vertreten zu werden (s. oben IV 7). Wenn ferner geltend gemacht wird, daß die dem Konkursverwalter gegenüber erfolgende Feststellung des Konkursteilnahmerechtes eines Anmelders nicht ohne weiteres gegenüber dem Gemeinschuldner Rechtskraft wirkt, so ist demgegenüber auf unsere frühere Darlegung zu verweisen, nach welcher auch gegenüber einer wirklichen Partei die Rechtskraft nicht in jeder Richtung Platz greifen muß, vielmehr auf eine bestimmte Vermögensmasse beschränkt sein kann (oben III 7b). Sogar bei der Klage des Konkursverwalters auf Anfechtung vorkonkurslicher Rechtshandlungen des Gemeinschuldners besteht kein Hindernis, den letzteren als Partei anzusehen, wenn man sich darüber klar wird, daß die Anfechtungsbefugnis Bestandteil der Konkursmasse ist, als solche dem Gemeinschuldner zusteht, wenn er auch hinsichtlich des freien Vermögens an die von ihm vorgenommenen Rechtshandlungen gebunden bleibt.

Ob das praktische Bedürfnis, auch im Prozesse eines Konkursverwalters die Zeugenaussage des Gemeinschuldners verwerten zu können, ein besonders starkes ist, kann dahingestellt bleiben. Auch wenn man ihn als Partei ansieht, kann das Gericht sein persönliches Erscheinen anordnen und seine allerdings unvereidigten Aussagen frei würdigen. Dem Bedürfnisse nach eidlicher Bekräftigung seiner Aussagen wird übrigens, sobald das Institut der zeugeneidlichen Parteivernehmung, wie beabsichtigt, geltendes Recht geworden ist, auch bei unserer Konstruktion Genüge geschehen. Einstweilen bietet immerhin einen gewissen Ersatz die Möglichkeit, dem Gemeinschuldner hinsichtlich seiner eigenen Handlungen und Wahrnehmungen entsprechend § 473 Abs. 2 ZPO. den Parteieid aufzuerlegen.

Was endlich die Nebenintervention des Gemeinschuldners in dem Rechtsstreite des Konkursverwalters betrifft, so ist dieselbe, wie früher gezeigt, nicht schon damit als möglich erwiesen, daß man den Konkursverwalter als Partei betrachtet (oben III 6b).

Sogar die Tatsache, daß es Rechtsstreitigkeiten zwischen dem Gemeinschuldner und dem Konkursverwalter geben kann, bereitet keine unüberwindlichen Schwierigkeiten. Es wurde oben zu zeigen versucht, daß die Regel von den zwei Parteien des Rechtsstreites Ausnahmen verträgt, und daß der Zivilprozeß auch dazu dienen kann, Rechtsbeziehungen zwischen zwei getrennten Vermögensmassen einer und derselben Partei maßgebend festzustellen.

b) Auch den Nachlaßverwalter hat das Reichsgericht als Partei kraft Amtes bezeichnet[38]). Und auch hier scheinen mir die besseren Gründe dafür zu

[38]) Vgl. außer den Entscheidungen der folgenden Anmerkung etwa RG. 6. ZS. 10. Juli 1905 (Samml. 61, 221 Nr. 52).

sprechen, daß er als gesetzlicher Vertreter des Erben mit Bezug auf den Nachlaß angesehen wird. Die Begründung ist im wesentlichen die gleiche wie hinsichtlich des Konkursverwalters. Namentlich zeigt eine Betrachtung der Parteifunktionen, daß die meisten derselben nicht in der Person des Nachlaßverwalters, sondern in derjenigen des Erben eintreten. Daß dem Nachlaßverwalter für den von ihm zu führenden Prozeß kein Armenrecht zu verleihen sei[39]), läßt sich auch bei Unterstellung seiner Parteieigenschaft leicht damit begründen, daß die Kosten der Nachlaßverwaltung, also auch der mit ihr verbundenen Prozesse, den Nachlaß als solchen beschweren, und daß der (auch mittellose) Erbe mit seinem persönlichen Vermögen an diesen Kosten nicht beteiligt ist, daher auch des Armenrechtes nicht bedarf. Zugunsten der bloßen Vertreterstellung des Nachlaßverwalters läßt sich auch anführen, daß er vom Gesetz als ein Pfleger bezeichnet wird (BGB. § 1975), und daß der Nachlaßpfleger allgemein, auch vom Reichsgerichte selbst, als Vertreter des Erben angesehen wird[40]).

Als Vertreter des Erben mit Bezug auf den Nachlaß dürfte auch der Testamentsvollstrecker angesehen werden können. Das Reichsgericht vertritt, übrigens im Einklange mit zahlreichen und namhaften Schriftstellern, den entgegengesetzten Standpunkt und betrachtet auch den Testamentsvollstrecker als Partei kraft Amtes[41]). Bei genauerem Zusehen zeigt sich aber, daß die meisten Parteifunktionen in der Person des Erben und nicht in derjenigen des Testamentsvollstreckers Platz greifen. Daß die Maßregeln des Testamentsvollstreckers vielfach gegen den Willen des Erben, sogar durch einen Rechtsstreit mit diesem durchgeführt werden, ist hier ebensowenig durchschlagend wie beim Nachlaß- oder Konkursverwalter. Und Gleiches gilt von der Tatsache, daß die Rechtskraft und die Vollstreckungskraft des gegenüber dem Testamentsvollstrecker ergangenen Urteiles durch das Gesetz ausdrücklich auf den Erben erstreckt werden (§§ 327, 728 II ZPO.), was nach der Gegenansicht nicht erforderlich sein würde, wenn der Erbe als Partei anzusprechen wäre; siehe hierzu oben III 7b.

Die praktischen Ergebnisse, zu denen das Reichsgericht auf Grund seiner Auffassung gelangt, lassen sich auch mit unserer Ansicht vereinbaren. Daß (auch bei Mittellosigkeit des Erben) für den Prozeß des Testamentsvollstreckers kein Armenrecht gewährt wird[42]), rechtfertigt sich in ähnlicher Weise wie beim Nachlaßverwalter. Daß ein gegenüber dem Erben ergangener Schiedsspruch nicht gegenüber dem Testamentsvollstrecker für vollstreckbar erklärt werden kann[43]), hängt damit zusammen, daß § 748 ZPO. zur Vollstreckung in den

---

[39]) Gerade diese Frage hat dem Reichsgericht mehrfach Anlaß gegeben, die Stellung des Nachlaßverwalters zu untersuchen; vgl. RG. 6. ZS. 7. März 1901 (JW. 1901 S. 248 Nr. 1), namentlich aber RG. 7. ZS. Beschl. v. 12. März 1907 (Samml. 65, 287 Nr. 69).

[40]) Die Unterschiede, die zwischen dem Pfleger des § 1960 und dem in § 1975 als Pfleger bezeichneten Nachlaßverwalter bestehen (die Pflegschaft dient dem Erben, die Verwaltung in erster Linie den Gläubigern, jene entzieht dem Erben nicht die Verwaltung und Verfügung, diese wohl), die das RG. 65, 287f. mit Recht betont, dürften die dort gezogenen Folgerungen nicht rechtfertigen.

[41]) Die von Stein-Jonas, Vorbem. zu § 50 Anm. 25 erwähnten Entscheidungen betreffen zum Teile nicht die prozessuale, sondern die privatrechtliche Stellung des Testamentsvollstreckers. So das Urteil RG. 7. ZS. 13. Dez. 1904 (Samml. 59, 361 Nr. 99); 5. ZS. Beschl. v. 28. Juni 1905 (Samml. 61, 139 Nr. 34); 7. ZS. 4. April 1911 (Samml. 76, 125 Nr. 32). Endlich hat das Urteil RG. 4. ZS. 12. Nov. 1908 (JW. 1909 S. 52 Nr. 18) nicht mit der Frage der Partei, sondern damit zu tun, ob der Testamentsvollstrecker für den Prozeß über die Erbeneigenschaft sachlich legitimiert sei, was (mit Recht) verneint wird.

[42]) Vgl. RG. 2. ZS. Beschl. v. 7. Febr. 1918 (Samml. 81, 292 Nr. 67). Wie wenig mit dem Armenrechte zu beweisen ist, ergibt sich schon daraus, daß das Reichsgericht (natürlich durchaus zutreffend) das Armenrecht auch bei Mittellosigkeit des Testamentsvollstreckers versagen würde, obgleich es diesen als Partei ansieht.

[43]) Vgl. RG. 7. ZS. 22. Jan. 1904 (Samml. 56, 327 Nr. 81).

Nachlaß einen gegen den Testamentsvollstrecker ergangenen Titel für erforderlich erklärt; diese Vorschrift kann keineswegs als Beweis dafür angesehen werden, daß in dem vom Testamentsvollstrecker geführten Prozesse dieser selbst und nicht der Erbe Partei sei. Bezüglich der Frage, ob in dem Rechtsstreite des Testamentsvollstreckers der Erbe als Zeuge vernommen werden könne[44]), ist Ähnliches zu sagen wie für den Prozeß des Konkursverwalters. Und daß bei Wechsel des Testamentsvollstreckers der Prozeß unterbrochen wird, ergibt sich nach unserer Auffassung unmittelbar aus § 241 ZPO., während das Reichsgericht dieses ohne Zweifel wünschenswerte Ergebnis erst mit Hilfe von Analogien aus der genannten Vorschrift gewinnen muß[45]).

d) Aus ähnlichen Gründen wird der Zwangsverwalter nicht als Partei, sondern als Parteivertreter anzusehen sein[46]).

4. In den Fällen endlich, in denen eine öffentliche Behörde im Zivilprozesse Parteitätigkeiten vornimmt, dürfte nicht sie selbst Partei sein, sondern in dieser (wie auch in außerprozessualer) Beziehung handelt sie als Organ, d. h. in der Stellung eines gesetzlichen Vertreters für das öffentliche Subjekt, in dessen Dienst sie steht. Dies gilt für den Staatsanwalt in Ehe-, Kindschafts- und Entmündigungssachen; für die öffentliche Behörde, die auf Vollziehung einer Auflage klagt; für die Behörde, welche auf Auflösung einer Gesellschaft mit beschränkter Haftung, für den Reichswirtschaftsminister, welcher auf Entziehung des Privatnotenrechtes vor den ordentlichen Gerichten Klage erhebt. Eine genaue Betrachtung der einzelnen Parteifunktionen würde ergeben, daß dieselben (soweit sie nicht auch auf den gesetzlichen Vertreter anwendbar sind) in der Person des prozessierenden öffentlichen Beamten nicht eintreten. Und daß sich der Staat, die Gemeinde oder das sonstige Subjekt des öffentlichen Rechtes, vertreten durch das zuständige Organ, in einem Zivilprozesse vor den ordentlichen Gerichten als Partei beteiligt, ist eine Erscheinung, die auch sonst nichts Ungewöhnliches hat[47]).

* * *

Zum Schlusse sei noch eine kurze Bemerkung allgemeiner Natur gestattet. In unseren vorausgehenden Ausführungen, welche natürlich weder geeignet noch bestimmt sind, eine erschöpfende Behandlung des Problems der Parteistellung zu bieten, sind mehrfach Anschauungen vertreten, die von denen des Reichsgerichtes abweichen. In methodischer Beziehung aber dürfte im großen und ganzen doch Übereinstimmung bestehen. Überschauen wir nämlich die hier einschlagende Rechtsprechung des Reichsgerichtes in ihrer Gesamtheit, so muß

---

[44]) Vgl. RG. 6. ZS. 22. Sept. 1901 (JW. 1901 S. 760 Nr. 23).

[45]) Vgl. RG. 3. ZS. 22. April 1913 (JW. 1913 S. 877 Nr. 20).

[46]) Die Entscheidungen des Reichsgerichtes, welche Stein-Jonas, Vorbem. zu § 50 Anm. 27 für dessen entgegengesetzte Meinung anführt, haben ausnahmslos mit der Parteistellung des Zwangsverwalters im Prozesse nichts zu tun. Die Urteile RG. 5. ZS. 10. Jan. 1903 (Samm. 53, 263 Nr. 67), RG. 5. ZS. 15. Okt. 1904 (Samml. 59, 88 Nr. 26), RG. 5. ZS. 22. Jan. 1908 (Samml. 68, 10 Nr. 3) nehmen zu der Frage überhaupt nicht Stellung. — Das Urteil RG. 1. ZS. 22. Mai 1889 (Samml. 24 302 Nr. 61) betrifft die Stellung des Zwangsverwalters im Privatrecht und verneint hier allerdings seine Vertretereigenschaft. — Schließlich beziehen sich die Urteile RG. 5. ZS. 2. Nov. 1912 (Samml. 80, 311 Nr. 71), RG. 5. ZS. 1918 (Samml. 92, 18 Nr. 4), RG. 5. ZS. 9. Juni 1920 (Samml. 99, 199 Nr. 57) nicht auf die Parteistellung, sondern auf die Sachlegitimation des Zwangsverwalters.

[47]) Allerdings hat das RG. in einem Bd. 18, 407 der Sammlung in der Anm. wiedergegebenen Urteile des 1. ZS. vom 30. Juni 1887 nebenbei bemerkt, daß der Staatsanwalt, welcher gemäß § 632 ZPO. eine Klage auf Nichtigkeit der Ehe erhebt, die Stellung der Partei einnimmt. Aber die dort zu entscheidende Frage, welcher Beamte der Staatsanwaltschaft zur Vornahme der Prozeßtätigkeit berufen sei, ist völlig unabhängig davon, ob man den Staatsanwalt als Partei oder als Vertreter ansieht. Und das gleiche gilt für seine Mitwirkung im Entmündigungsverfahren; hierüber RG. 4. ZS. 16. Mai 1887 (Samml. 18, 405f. Nr. 94).

trotz aller Meinungsverschiedenheiten im übrigen festgestellt werden, daß die Methode dieses höchsten Gerichtes sich mit fortschreitender Entwicklung immer mehr der hier empfohlenen induktiven Methode nähert. Es liegt in der Natur der Sache, daß für ein Gericht der Anlaß zur Beschäftigung mit dem Parteibegriff immer durch irgendeine bestimmte praktische Einzelfrage oder, in unserer Terminologie ausgedrückt, durch eine bestimmte einzelne Parteifunktion geboten wird. Während nun in den ersten Jahrzehnten seiner Wirksamkeit das Reichsgericht noch eher geneigt war, die etwa streitige Anwendbarkeit einer bestimmten Parteifunktion von dem Zutreffen eines mehr oder minder theoretisch konstruierten Parteibegriffes abhängig zu machen, entnimmt es in der späteren Periode seiner Rechtsprechung je länger, je mehr die Lösung dem gesetzgeberischen Grund und Zweck eben der in Frage stehenden Einzelfunktion. Damit ist gesagt, daß seine Lösungen im Einzelfalle immer mehr unabhängig werden von der grundsätzlichen Bestimmung des Parteibegriffes. Immer häufiger begegnet uns in seiner Rechtsprechung die Feststellung, daß es für die Anwendbarkeit einer einzelnen Parteifunktion an sich gleichgültig sei, ob man in den problematischen Fällen den Prozeßführer als Selbstpartei oder als bloßen Vertreter anzusehen habe. Daß diese von doktrinärer Einseitigkeit sich frei haltende Methode geeignet ist, praktisch befriedigende Ergebnisse zu erzielen, liegt auf der Hand. Und kein Kundiger wird bestreiten wollen, daß auch in der Lehre von der Partei die Rechtsprechung unseres höchsten Gerichtes eine beträchtliche Förderung gebracht hat. Auch in dieser Abhandlung konnten wir, wenn auch nicht überall der Begründung, so doch — was letztlich entscheidend ist — den praktischen Ergebnissen der reichsgerichtlichen Rechtsprechung in den meisten Fällen zustimmen. So bestätigt sich wiederum an dem erörterten Problem, was ich in dem Vorworte meines Werkes über die „Parteiänderung im Zivilprozesse" zu bemerken Anlaß nahm:

„Es gilt zwar bei einzelnen Gelehrten als subaltern, der Rechtsprechung des Reichsgerichtes nachzugehen oder ihr gar beizustimmen, dagegen als vornehm, sie zu ignorieren oder geringzuschätzen. Dieser Standpunkt ist zwar sehr bequem; denn es ist in der Tat eine mühsame Arbeit, das vielfach verstreut liegende Material zusammenzutragen, durchzuarbeiten und zustimmend oder ablehnend zu würdigen. Er ist aber ebenso unbegründet wie unbescheiden. Wenn die Elite unseres Richterstandes, im Vollbesitze gründlicher theoretischer Schulung und zugleich ausgerüstet mit der Erfahrung langjähriger Amtstätigkeit, auf Grund sorgfältiger gemeinschaftlicher Beratung eine bestimmte Rechtsansicht ausspricht, so hat sie einen begründeten Anspruch darauf, daß ihre Meinung mit Aufmerksamkeit und Achtung behandelt werde. Und wie wenig ihr gegenüber gerade auf dem Gebiete des Zivilprozesses Überhebung am Platze ist, beweist der Umstand, daß der größte und vielfach auch beste Teil unserer Kommentarliteratur, wie keinem Unbefangenen entgehen kann, nichts anderes als die reife Frucht der Rechtsprechung unserer höheren Gerichte darstellt."

Abgeschlossen: März 1928.

Beglaubigung von Unterschriften und Handzeichen

von Professor Dr. Friedrich Oetker, Würzburg

§ 1. Vorbemerkungen

I. Die Beglaubigung von Unterschriften und Handzeichen ist eine Form der Tatsachen-, nicht der Rechtsgeschäftsbeurkundung. Zahlreiche weitere Beurkundungen, deren die streitige, die freiwillige Gerichtsbarkeit bedarf, treffen in dieser Eigenschaft mit der Beglaubigung zusammen: die Zustellungsurkunde, das Protokoll des Gerichtsvollziehers über eine Vollstreckungshandlung, der Wechselprotest usw.

In der Beglaubigung äußert sich nicht eine Entscheidungs-, sondern Urkundsgewalt. Aber unerläßlich ist die Prüfung des Urkundsorgans, ob das Wahrgenommene beglaubigungsfähig ist. Gegen Ablehnung der Beglaubigung aus diesem Grunde kann ein Rechtsmittel zustehen. Es entscheiden dann maßgebend die zur Nachprüfung berufenen Stellen, aber auch die Ablehnung seitens des Urkundsorgans entspricht dem Begriffe der Entscheidung. Die Beglaubigung selbst ist Rechtshandlung, nicht beschwerdefähige Verfügung.

Von den drei wesentlichen gerichtsbarkeitlichen Funktionen: Wahrnehmung, Beurkundung, Entscheidung, prägen die beiden ersten der Beglaubigung ihren Stempel auf. Die Entscheidung tritt zurück. Ganz im Einklange mit dem Charakter aller freiwilligen Gerichtsbarkeit, die nicht Tatbestandsnormierung bezweckt, sondern das Setzen rechtserheblichen Tatbestandes, zur Erfüllung dieser Aufgabe aber öfters einer entscheidenden Tätigkeit bedarf.

Die Unterschrift im eigentlichen Sinne, das Handzeichen setzen eine unterschriebene, signierte Erklärung voraus. Eine „Blankounterschrift", die ohne eine von ihr gedeckte Erklärung geblieben ist, wird nur fälschlich, wenn auch herkömmlich, so genannt; sie ist bloße Namenszeichnung, bei der auf Seite des Urkundsorgans die nichterfüllte Erwartung bestand, sie werde durch hinzutretende Erklärung zur Unterschrift ergänzt werden. Es erhellt, daß der Beurkundende die ihm vorliegende, einer Erklärung noch entbehrende Namenszeichnung jedenfalls nur als solche beglaubigen darf, nicht als Unterschrift, zu der sie vielleicht später wird, die sie aber zur Zeit der Beglaubigung nicht ist. Wie könnte etwas nicht Wahrnehmbares, weil erst in der Zukunft — möglicherweise — Eintretendes als wahrgenommen beurkundet werden?

Zu den Gegenständen der Beglaubigung gehören auch die zwecks gerichtlicher Aufbewahrung einzureichenden Firmen- und Namenszeichnungen. Aber es ist klar, daß sie mangels einer gezeichneten Erklärung nicht „Unterschriften" sind, obwohl sie, auch in den Gesetzen (§ 53 Abs. 2 HGB. usw.), der Kürze halber so genannt werden.

Die Beglaubigung ist nicht für Unterschriften zu Erklärungen, Mitteilungen ohne jede rechtliche Beziehung bestimmt. Das Urkundsorgan verfährt korrekt, wenn es im Bewußtsein der Unerheblichkeit der zugehörigen Erklärung die Beglaubigung versagt. Dazu ist es auch dann veranlaßt, wenn ihm das Gesetz die Kenntnisnahme vom Inhalte der Erklärung nicht gestattet, die Sachlage aber, insbesondere Angabe des Beglaubigungssuchers, die Unerheblichkeit ergibt.

Immerhin ist vom Boden dieser Rechtslage aus die Ermächtigung zur Beglaubigung nicht durch das Erfordern rechtsgeschäftlicher Erklärung beschränkt, und der Beglaubigungsvermerk hat ungeachtet dieses Mangels zweifellos den Charakter einer öffentlichen Urkunde. In der Unterzeichnung einer rechtsunerheblichen Erklärung kann trotz hinzutretender Unterschriftsbeglaubigung eine rechtserhebliche Tatsache nicht gefunden werden. So lehrt diese mit dem preußischen Recht, Art. 60 PrFGG., gegebene Gestaltung des Beglaubigungsinstituts, daß in Form von Beglaubigungsvermerken öffentliche Urkunden vorkommen, denen der rechtserhebliche Inhalt fehlt, und daß die Erwähnung der Rechtserheblichkeit nur bei den Privat-, nicht auch den öffentlichen Urkunden im § 267 StGB. nicht, wie Binding in seiner Darstellung der Urkundenverbrechen, Lehrbuch des besonderen Teiles II 1, 206 Anm. 1 unter 3 und 221 meint, auf bloßes Versehen des Gesetzgebers zurückführt[1]).

Wenn hingegen das Urkundsorgan gesetzlich verpflichtet ist, vom Inhalte der Erklärung Kenntnis zu nehmen und im Falle verweigerter Einsichtsgestattung die Beglaubigung zu versagen, so soll durch diese Prüfungspflicht die Beglaubigung rechtsunerheblicher Erklärungen (und solcher strafgesetzwidrigen Inhaltes, vgl. unter V.) ferngehalten werden. So entsteht die Frage, ob die dennoch trotz Unerheblichkeit des Inhaltes erfolgte Beglaubigung noch durch Beglaubigungsvollmacht gedeckt wäre. Verneinung unterstellt, verlöre der Beglaubigungsvermerk den Charakter öffentlicher Urkunde. Für die Annahme, daß nur der Urkundsauftrag, nicht die Urkundsvollmacht an die Erheblichkeit des Erklärungsinhaltes geknüpft sei, ließe sich geltend machen, daß die Relevanzfrage sich zuweilen einer zuverlässigen Feststellung durch das Urkundsorgan entziehe, im Zweifel die Beglaubigung erfolgen werde und es doch bedenklich sei, im Widerspruche mit der vom Beglaubigenden bekundeten Anschauung dem Beglaubigungsvermerke wegen fehlender Erheblichkeit den Charakter einer öffentlichen Urkunde abzusprechen. Allein ausschlaggebend ist doch die Erwägung, daß die Rechtserheblichkeit des Inhaltes an sich Begriffsmerkmal jeder Urkunde, der öffentlichen und der privaten, ist und die Übertragung des Urkundencharakters auf rechtsunerhebliche Erklärungen als Anomalie einer bestimmten positivrechtlichen Grundlage bedarf, wie sie mit dem Verbote der Kenntnisnahme von der Erklärung in der Tat gegeben ist. Eine Prüfungspflicht des Beglaubigenden hingegen läßt erkennen, daß der Gesetzgeber an dem Erfordernisse der Rechtserheblichkeit festhält und in deren Ermangelung den Beglaubigungsvermerk als öffentliche Urkunde nicht gelten läßt.

Zweifellos zu eng wäre die Beschränkung der Beglaubigung auf die Zeichnung rechtsgeschäftlicher Erklärungen. Weshalb sollten vom Gesetze Dispositivurkunden vorausgesetzt, Zeugnisurkunden ausgeschlossen sein? Die schriftliche Bezeugung einer Tatsache, einer Wahrnehmung, die der Urheber der Erklärung gemacht hat usw., kann vollen Beweiswert haben im Rechtsverkehr, im Prozeß. Schließt doch auch die Strafprozeßordnung die Verlesung einer solchen Urkunde nur aus, wenn sie zu dem Zwecke geschehen sollte, um den Beweis der Wahrnehmung durch die Verlesung, anstatt durch die Vernehmung der Person zu liefern (§ 250), und diese Vernehmung kann unmöglich

[1]) Im Hinblick auf die Beglaubigungsvermerke erheben sich vom Boden des preußischen usw. Rechtes aus Bedenken gegen die volle Gleichstellung der öffentlichen und der Privaturkunden in § 203 der Reichstagsvorlage zum StGB., indem so die Urkundendefinition des § 9 Ziff. 9 (Schrift errichtet, um ein Recht oder Rechtsverhältnis zu begründen, zu ändern oder aufzuheben oder eine Tatsache von rechtlicher Bedeutung zu beweisen) auch für die Fälschung von öffentlichen Urkunden schlechthin Geltung haben würde.

geworden sein. Die Beglaubigung der Unterschrift muß für jedes rechtserhebliche Schriftstück erreichbar sein. Die Verwendbarkeit wird durch den liquiden Beweis eigenhändiger Unterzeichnung wesentlich erhöht. Hiernach beruht es auf unzulässiger Verallgemeinerung, wenn dem Urkundsbeamten schlechthin zur Pflicht gemacht wird, die Geschäftsfähigkeit des Beglaubigungssuchers zu prüfen. Der Zeugnisurkunde eines Minderjährigen z. B. wird nicht dadurch die Bedeutung genommen, daß rechtsgeschäftliche Erklärungen dieser Person (von Ausnahmefällen abgesehen) unwirksam sein würden.

Weil es nicht rechtsgeschäftlicher Erklärung bedarf, folgt insbesondere, daß die Beglaubigung der unterschriftlichen Anerkennung des X, die Unterschrift unter einem Schriftstücke sei die des Y, zulässig ist. Aber es liegt darin nicht die Beglaubigung der Unterschrift des Y.

II. Dem wissenschaftlichen Bedürfnis und den Anforderungen des Rechtslebens wird nicht genügt durch bloße Darstellung des Beglaubigungsherganges an der Hand der gesetzlichen Bestimmungen und der Erläuterung, die sie in der Literatur und der Rechtsprechung erfahren haben. Nur die juristische Konstruktion führt zum vollen Verständnisse des Beglaubigungsinstituts, wie auch die Beurkundung von Rechtsgeschäften nur auf diesem Weg in ihrem Wesen erfaßt wird. Das Beglaubigungsverfahren vollzieht sich nicht anders als das Beurkundungsverfahren auf der Grundlage eines Rechtsverhältnisses. Darüber kann die einfachere Gestaltung des äußeren Herganges bei der Beglaubigung nicht hinwegtäuschen. Der Beglaubigungsvermerk als spezifische Form öffentlicher Beurkundung setzt Beglaubigungsvollmacht des Urkundsorgans voraus. Fehlt es daran, so könnte dem Vermerke nur die Bedeutung einer Privaturkunde verbleiben. Daß auch in diesem Verhältnisse Vollmacht und Auftrag sich nicht decken, leuchtet ein. Eine Anwendung hat sich im Hinblick auf die Beglaubigung der Unterschrift zu rechtsunerheblichen Erklärungen bereits ergeben. Aufs klarste illustriert den Gegensatz die wahrheitswidrige Beglaubigung. Hat der Urkundsbeamte die Unterschrift beglaubigt, obwohl er wußte, daß sie nicht vom Beglaubigungssucher herrührte, so ist diese Falschbeurkundung doch gewiß öffentliche Beurkundung, und die Bestrafung des Beamten nach § 348 StGB. tritt gerade deshalb ein, weil er seine Vollmacht mißbraucht, vorsätzlich widerrechtlich eine öffentliche Urkunde unwahren Inhaltes gefertigt hat.

III. Für die öffentliche Beglaubigung einer Unterschrift sind nach § 167 Abs. 2 FGG. außer den Notaren die Amtsgerichte zuständig. Darin liegt nähere reichsrechtliche Bestimmung der im Bürgerlichen Gesetzbuche und anderen Reichsgesetzen erforderten öffentlichen Beglaubigung, §§ 77, 1155, 1491, 1706 BGB., §§ 12, 29, 53 Abs. 2, § 108 Abs. 2 HGB. usw. Indessen kann das Landesrecht die Zuständigkeit noch anderer Behörden und Beamten aussprechen und die Zuständigkeit der Amtsgerichte dafür ausschließen, § 191 Abs. 1 und 2 FGG., womit zu verbinden § 129 Abs. 1 BGB.: „Ist durch Gesetz für eine Erklärung öffentliche Beglaubigung vorgeschrieben, so muß die Erklärung schriftlich abgefaßt und die Unterschrift des Erklärenden von der zuständigen Behörde oder einem zuständigen Beamten oder Notar beglaubigt werden." Die Befugnis des Landesrechtes, noch weitere Behörden usw. für zuständig zu erklären und die amtsgerichtliche Zuständigkeit auszuschließen, bezieht sich nicht auf die Fälle, in denen reichsgesetzlich nicht öffentliche, sondern speziell „gerichtliche oder notarielle Beglaubigung" gefordert wird; so § 222 Abs. 4 HGB., § 2 Abs. 2 GmbHG. usw. An diese Alternative bleibt das Landesrecht gebunden.

Die öffentliche Beglaubigung eines Handzeichens geschieht gemäß § 126 BGB. gerichtlich oder notariell. Erstreckung der Zuständigkeit kraft Landesrechtes auf andere Behörden usw. ist insofern[2]) nicht vorgesehen, wohl kann die Zuständigkeit der Gerichte — Amtsgerichte — durch das Landesrecht ausgeschlossen werden, § 191 Abs. 2 FGG. Dieser Vorbehalt ergreift aber nicht mit die Fälle, in denen andere Reichsgesetze, Art. 94, 98 WO. usw., nicht „öffentliche", sondern gerichtliche oder notarielle Beglaubigung eines Handzeichens erfordern[3]).

Für die gerichtliche Beglaubigung eines Handzeichens werden im § 167 Abs. 1 FGG. die Amtsgerichte für zuständig erklärt, d. h. soweit nach Reichsrecht gerichtliche Zuständigkeit besteht, ist sie den Amtsgerichten zugewiesen. Sehr wohl aber kann landesrechtlich die Zuständigkeit lediglich der Notare bestimmt sein, § 191 Abs. 2 FGG.

In Bayern sind unter Ausschluß der Gerichte (Amtsgerichte) die Notare für die öffentliche Beglaubigung von Unterschriften und Handzeichen zuständig, Art. 15 AG. zum GVG. vom 23. Februar 1879 in der Fassung des AG. zum BGB. vom 9. Juni 1899 Art. 167, NotG. v. 9. Juni 1899 Art. 1, 35.

Unter denselben Zuständigkeitsregeln, wie die gesetzlich erforderte, steht die freiwillig gewählte Beglaubigung.

Die örtliche Zuständigkeit zur Beglaubigung ist für den Urkundsbeamten im Amtsbezirk immer gegeben, ohne Rücksicht auf Wohnsitz usw. des Beglaubigungssuchers. Bindung des Beamten an bestimmte Kompetenztatsachen vertrüge sich nicht mit dem Bedürfnisse des Rechtsverkehres.

Der Richter darf die ihm zufallenden Amtshandlungen, Wahrnehmung (von der eigenhändigen Vollziehung der Unterschrift usw., ihrer Anerkennung gegenüber dem Beurkundenden) und Beglaubigung außerhalb seines Amtsbezirkes nur bei Gefahr im Verzug oder mit Zustimmung des Amtsgerichtes des Ortes vornehmen, § 166 GVG., § 2 FGG. Außerhalb des Amtsbezirkes geschehene Wahrnehmung aber bleibt, wenn die Beglaubigung am Amtssitze geschehen ist, unerkennbar, da im Beglaubigungsvermerke nur Ort und Zeit der Beglaubigung, nicht auch der Wahrnehmung angegeben werden, § 183 FGG., und es würde auch der Beweis dieser Tatsache die Urkunde nicht entkräften, wozu vielmehr nur der Beweis der Unechtheit der Unterschrift dienlich wäre. Zudem ist Gefahr im Verzug instruktionelles Erfordernis, die Handlung gültig, auch wenn es daran gefehlt hat.

Wurde vom Richter auch die Grenze des Landes überschritten, so gilt zwar an sich das gleiche, es kommt jedoch weiter darauf an, ob in dem Staate der Vornahme gerichtliche Erledigung der Angelegenheit zulässig gewesen wäre oder mit reichsrechtlicher Ermächtigung ausgeschlossen ist (vgl. die angeführten bayerischen Bestimmungen). Denn § 166 GVG. setzt, indem die Amtshandlung außerhalb des Sprengels gestattet wird, voraus, daß das Amtsgericht des Ortes zu wirksamer Zustimmung in der Lage gewesen wäre, und das trifft nicht zu, wenn diesem Gerichte die eigene Erledigung untersagt ist. Die Anwendung auf Amtshandlungen eines preußischen usw. Amtsrichters in Bayern usw. ergibt sich von selbst.

Die Annahme Schlegelbergers, Bem. 6 zu § 183 FGG., daß nach preußischem Rechte, Art. 39 PrFGG., die Beglaubigung durch den Richter ungültig sei, wenn die Unterschrift außerhalb des deutschen Landes, das dem Beglaubigungsbeamten das Amt verliehen habe, vollzogen oder anerkannt sei, wird

---

[2]) Von Art. VI § 2 EntlGes. vom 11. März 1921 (Ermächtigung der Landesjustizverwaltungen, die Gerichtsschreiber mit der selbstständigen Erledigung von Geschäften der freiwilligen Gerichtsbarkeit an Stelle der Richter zu beauftragen) wird abgesehen.

[3]) Vgl. Schlegelberger § 167 Bem. 9.

durch § 2 FGG., wonach für das gerichtliche Verfahren § 166 GVG. Geltung hat, widerlegt. Denn danach begründet Überschreitung auch der Landesgrenze innerhalb Deutschlands nicht Ungültigkeit (abgesehen von dem Falle, daß nach dem Rechte des Landes, in dem gehandelt wurde, gerichtliche Beglaubigung unzulässig gewesen wäre). An diesem reichsrechtlichen Prinzip kann das Landesrecht nichts ändern. Zudem läßt Art. 39 PrFGG. eine solche Änderungstendenz auch nicht ersehen. Endlich ist zu betonen, daß nicht der Wahrnehmungs-, sondern der Beglaubigungsort entscheidet.

Auf Beglaubigungen durch Notare leidet § 166 GVG. nicht Anwendung. Es gilt vielmehr das in § 166 durchbrochene Prinzip, daß die Amtsgewalt auf den Amtsbezirk lokalisiert ist, soweit nicht das Landesrecht gegenteilig bestimmt, wie das für Preußen, FGG. Art. 39, und für Bayern, NotG. Art. 6 Abs. 5, zutrifft. Beglaubigung in einem anderen Staat aber ist immer ungültig, da eine einheitliche deutsche Notariatsverfassung, die eine solche Überschreitung gestatten könnte, nicht besteht.

Auch in dieser Beziehung aber kommt es nur auf die Vornahme der Beglaubigung an. Der Nachweis, daß die Wahrnehmung in einem anderen Bezirk oder gar einem anderen Lande gemacht worden wäre, ließe die Gültigkeit des Beglaubigungsvermerkes unberührt. Das Gesetz läßt, indem es die Beglaubigung einfach als Echtheitszeugnis gestaltet, von Angabe des Wahrnehmungsortes usw. absieht, deutlich erkennen, daß es für die Gültigkeit der Beurkundung nur auf den Beglaubigungsort Gewicht legt.

Die Beglaubigungsvermerke eines jeden deutschen Amtsrichters oder Notars, bewirkt in den Grenzen der sachlichen Zuständigkeit, innerhalb des örtlichen Bereiches der Amtsgewalt (wenn auch unter Verletzung bezüglicher instruktioneller Vorschrift) und in Wahrung der zwingenden Formvorschriften des Gesetzes, haben im ganzen Reiche die Kraft öffentlicher Urkunden.

IV. Als materielle Voraussetzung für die gerichtliche und die notarielle Beglaubigung einer Unterschrift, eines Handzeichens erfordert § 183 Abs. 1 FGG., daß die Unterschrift, das Handzeichen in Gegenwart des Richters, des Notars vollzogen oder anerkannt wurde. Ob ein Verstoß hiergegen die Beglaubigungsvollmacht aufhebt, die Ungültigkeit der Beglaubigung ergibt, wird zu prüfen sein (unten § 3B I 2).

Für den Beglaubigungsvermerk gelten die zwingenden Formvorschriften des § 183 Abs. 2.

Die Bestimmungen des § 183 werden nicht durch die §§ 168 bis 182 (über gerichtliche und notarielle Beurkundung von Rechtsgeschäften), vielmehr für richterliche Beglaubigung durch die allgemeinen Vorschriften von FGG., für notarielle Beurkundungen durch das Landesrecht ergänzt; vgl. für Bayern NotG. Art. 35, für Preußen FGG. Art. 60, 84.

Mit Geltung der allgemeinen Normen von FGG. im Hinblick auf richterliche Beglaubigungen ist auch die Zuständigkeit des Reichsgerichtes für weitere Beschwerden im Rahmen des § 28 FGG. gegeben.

Die Beglaubigung ist mitverstanden, wenn in § 200 FGG. ergänzende Bestimmungen des Landesrechtes über „die Errichtung gerichtlicher oder notarieller Urkunden" zugelassen werden. „Ein Verstoß gegen eine solche Vorschrift ist, unbeschadet der Vorschriften über die Folgen des Mangels der sachlichen Zuständigkeit, ohne Einfluß auf die Gültigkeit der Beurkundung", § 200 Abs. 2.

V. Die Beglaubigung ist jedenfalls dann abzulehnen, wenn das Beglaubigungsorgan erkennt, daß der Inhalt der zu der Unterschrift gehörigen Erklärung strafgesetzwidrig ist. So ausdrücklich BayNotG. Art. 16 (auf den weiteren

Inhalt dieser Bestimmung, Pflicht zur Verweigerung der Amtstätigkeit bei „offenbar nichtigem Geschäft", ist später einzugehen[4]).

Für die Beglaubigung der Unterschrift usw. unter einer gegen die Strafgesetze verstoßenden Erklärung fehlt die Vollmacht, nicht nur der Auftrag. Das Gesetz erteilt nicht den Urkundsorganen die Ermächtigung, an einer Straftat mitzuwirken, die Amtsgewalt in deren Dienst zu stellen, einerlei ob die Anteilnahme auch ihrerseits strafgesetzwidrig wäre (unter dem Gesichtspunkte der Beihilfe usw.) oder nicht[5]). Man denke an Beglaubigung der Unterschrift unter einem hochverräterischen, landesverräterischen, erpresserischen usw. Schriftstücke, das dem Aussteller zur Begehung eines Verbrechens dient. Die Vollmacht wird nicht dadurch hergestellt, daß der Urkundsbeamte den verbrecherischen Inhalt, den verbrecherischen Zweck nicht erkannt hat, nicht erkennen konnte (wegen Verbotes der Kenntnisnahme, Art. 60 PrFGG. usw.; es ist übrigens wohl möglich, daß der Urkundsbeamte den Inhalt gekannt hat, obwohl er die Urkunde nicht gelesen hatte). Der Beglaubigungsvermerk verliert in solchen Fällen stets den Charakter der öffentlichen Urkunde und bleibt nur als Privaturkunde wirksam. Ganz anders liegt es, wenn das Beglaubigungsorgan von der ihm erteilten Vollmacht verbrecherischen Gebrauch gemacht, Falschbeurkundung begangen hat. Dann fällt ihm ein Amtsverbrechen, § 348 StGB., zur Last. Das Gesetz kann nicht die Vollmacht auf inhaltlich richtige oder doch nicht bewußt unrichtige Beurkundung beschränken, da hiermit der Kredit der öffentlichen Urkunden aufgehoben, dem Urkundsbeamten das öffentliche Vertrauen entzogen wäre.

Wird vom Richter die Beglaubigung versagt wegen Annahme strafgesetzwidrigen Inhaltes der Erklärung, so ist dagegen, wie in sonstigen Fällen der Beurkundungsablehnung, Beschwerde nach §§ 19ff. FGG. zulässig.

Gegenüber einer Weigerung durch den Notar entscheidet in Bayern auf Antrag unanfechtbar das Landgericht, NotG. Art 17. Preußen kennt hier nur Aufsichtsbeschwerde.

Wird die Ablehnung gerichtsseitig reprobiert, so ist das Urkundsorgan zur Vornahme der Beglaubigung verpflichtet, denn es schuldet der entscheidenden Stelle gerichtsverfassungsmäßigen Gehorsam. Die gleiche Verbindlichkeit trifft den preußischen Notar im Verhältnisse zur Aufsichtsbehörde; die Aufsichtsbeschwerde hat in dieser Anwendung die Funktion einer Rechtsbeschwerde.

Aber die Vollmacht wird nicht durch den Beschwerdeentscheid ersetzt. Trotz Vollmachtsmangel Gehorsamspflicht! Gegen strafrechtliche, disziplinäre Bestrafung ist der gehorchende Beamte unbedingt gedeckt. Doch hat der Beglaubigungsvermerk in Wahrheit nur die Bedeutung einer Privaturkunde, mag auch der Anschein öffentlicher Urkunde bestehen und formell nicht zu widerlegen sein, indem die Gesetze einen Weg, auf dem eine autoritative Feststellung der Ungültigkeit der „öffentlichen" Urkunde erwirkt werden könnte, nicht vorgesehen haben.

Sehr mit Recht verpflichtet Art. 35 BayNotGes. (im Gegensatz zu Art. 60 PrFGG.) vor der Beglaubigung der Unterschrift zur Kenntnisnahme vom Inhalte des Schriftstückes. Denn anderenfalls besteht die Gefahr, daß der Urkundsbeamte in gutem Glauben seine Hand leiht zu strafgesetzwidrigem Tun oder doch zu einem nichtigen Geschäfte. Die Begründung zu Art. 35 weist auch zutreffend darauf hin, daß bei dem Mangel einer Prüfungspflicht Überleitung strafgesetzwidriger Geschäfte vom Wege der Beurkundung auf den der Beglaubigung zu besorgen sei.

---

[4]) Vgl. unten § 3 A V.

[5]) Vgl. RG. ZS. 87, 232ff (insbesondere S. 234: Der Notar kann nicht für verbunden erachtet werden, eine Urkunde öffentlich zu beglaubigen, obwohl er aus deren Inhalt weiß, daß sie eine Straftat ist oder einer Straftat dient).

§ 2. Beglaubigungssucher und Beglaubigungsorgan

I. Das Beglaubigungsrechtsverhältnis besteht zwischen der Person, deren Unterschrift, Handzeichen beglaubigt werden soll, und dem Beglaubigungsorgan, Richter oder Notar. Ein Zusammenfallen dieser beiden Subjekte ließe das Rechtsverhältnis nicht zur Entstehung kommen. Es bestände dann nicht ein Beglaubigungsverfahren im Rechtssinne und dennoch erfolgter Beglaubigungsvermerk wäre mangels Vollmacht absolut ungültig. Der den Rechtspflegeakt Begehrende, der Rechtsuchende kann ihn nicht selbst vornehmen. Insofern hat das Prinzip „nemo judex in propria causa" schlechthin Geltung, mag eine Entscheidung im Prozeß oder ein gestaltender Akt der freiwilligen Gerichtsbarkeit, insbesondere die Beurkundung eines Rechtsgeschäftes oder die Beglaubigung einer Unterschrift usw., angestrebt werden. Dem „judex" entspricht in der freiwilligen Gerichtsbarkeit das Rechtspflegeorgan, mag es Richter, Notar Standesbeamter usw. sein. Der Standesbeamte kann nicht als solcher bei Eingehung der eigenen Ehe mitwirken; darüber läßt schon der Wortlaut des § 1317 BGB.: Die Ehe wird dadurch geschlossen, daß die Verlobten „vor einem Standesbeamten" die entsprechenden Erklärungen abgeben, nicht den mindesten Zweifel. Der Standesbeamte hat nicht die Vollmacht, die von ihm selbst geschlossene Ehe in das Heiratsregister einzutragen. Der Richter kann nicht das eigene Rechtsgeschäft wirksam beurkunden, nicht sich selbst eine Ausfertigung im Sinne des Gesetzes erteilen. Nicht anders ist es bei notarieller Beurkundung. Auch der Beglaubigungsvermerk ist eine Beurkundung, geknüpft an das Vorhandensein von Urkundsgewalt, die dem Beglaubigungssucher selbst nicht zusteht. Die Ungültigkeit einer vom Beurkundungssucher selbst bewirkten rechtsgeschäftlichen Beurkundung ergibt sich auch aus positiver Gesetzesbestimmung, §§ 168 Satz 2, 170 Ziff. 1 FGG. Aber sie würde auch ohnedies bestehen, und die gleiche Rechtslage trifft trotz Fehlens einer solchen gesetzlichen Vorschrift auf die Beglaubigung durch den Beglaubigungssucher selbst zu. Die Annahme des Gegenteils würde auf völliger Verkennung des Beglaubigungsrechtsverhältnisses und der Beglaubigungsvollmacht beruhen.

Der Beglaubigungssucher wird nicht „Beteiligter" genannt, aber er ist es in demselben Sinne wie der Urkundsucher: als unentbehrliches Subjekt des Beurkundungsvorganges neben dem Urkundenden. Vielfach wird er der einzige Beteiligte sein, doch kann neben ihm ein Vertretener, Bedachter in Betracht kommen.

Für die Beurkundung von Rechtsgeschäften legt das Gesetz einen formellen Beteiligtenbegriff zugrunde, § 168 S. 2: Beteiligter im Sinne der §§ 169—182 ist derjenige, dessen Erklärung beurkundet werden soll. Aber es gibt auch bei diesem Verfahren materielle Beteiligte, wie alsbald erhellt, wenn man vertretungsweise Abgabe der zu beurkundenden Erklärung annimmt[6]). Das Gesetz

[6]) Materiell Beteiligte sind in der nichtstreitigen Gerichtsbarkeit diejenigen Personen, die in ihren Rechten, Rechtsgütern oder Pflichten durch den tatbestandsgestaltenden Rechtspflegeakt unmittelbar berührt werden („unmittelbar" in dem Sinne, wie die §§ 2080, 2081 BGB. das Wort gebrauchen). Formell Beteiligte sind diejenigen Personen, die als Träger (vielleicht durch andere vertreten) oder mit Wirkung für die Träger dieser Rechte, Rechtsgüter oder Pflichten an dem tatbestandsgestaltenden Verfahren teilnehmen (nach eigener Entschließung oder nach Bestimmung des Rechtspflegeorgans oder infolge begriffsnotwendiger Verknüpfung der Rechtsbeziehungen).

Analogien bieten der formelle Parteibegriff des Prozeßrechtes in seinem Gegensatze zu den aktiven und passiven Subjekten des geltendgemachten Anspruches und die Scheidung der Konkurs- und der konkurrierenden Gläubiger.

Nicht zutreffend wäre, den formell Beteiligten, die selbst die Rechts- usw. Träger sind, allgemein und nur die „Vertreter" usw. der Rechts- usw. Träger gleichzusetzen. Denn einerseits ist die Erstreckung des formellen Beteiligtenbegriffes auf die „Vertreter" eine Eigentümlichkeit des Beurkunhebt in den §§ 170, 171 aus dem Kreise der materiellen Beteiligten den Vertretenen und den Bedachten heraus und erklärt deren Mitwirkung als Richter, Notar für schlechthin unzulässig, so daß im Falle der Zuwiderhandlung das Instrument nicht die Bedeutung einer öffentlichen Urkunde haben würde. Die weiteren Ausschließungsgründe für Richter und Notar, Ehegatteneigenschaft, Verwandtschaft usw., sind sowohl auf den formellen Beteiligten als den materiellen in Gestalt des Vertretenen und Bedachten bezogen, §§ 170 Z. 2—4, 171 Z. 2. Wären diese besonderen kategorischen Ausschließungsgründe nicht aufgestellt worden, so hätte sich in Anwendung der §§ 6, 7 FGG. instruktionelle Behinderung wegen materieller Beteiligung oder wegen einer der hier genannten Beziehungen zu einem materiell Beteiligten ergeben, während an Identität des Richters mit dem Urkundsucher trotz Nichterwähnung im Gesetze gültige Beurkundung doch hätte scheitern müssen.

Das Recht der Beglaubigung nach § 183 hat nicht, wie es § 168 für die Beurkundung vorsieht, einen gesetzlich besonders bestimmten Beteiligungsbegriff, und es sind Ausschließungsgründe nicht genannt. Ob und mit welcher Wirkung für Richter Ausschließungen anzunehmen sind, bestimmt sich nach den allgemeinen Vorschriften von FGG. Betreffs der Notare entscheidet das Landesrecht.

Der Beglaubigungssucher ist aktiver „Beteiligter", für einen Dritten kann eine passive Beteiligung vorliegen.

In diesem Sinne beteiligt sind der Vertretene, d. h. die Person, in deren gesetzlicher oder gewillkürter Vertretung die Erklärung mit zu beglaubigender Unterschrift abgegeben wird, und der Bedachte, zu dessen Gunsten in der Erklärung eine Verfügung getroffen wird. Beide sind beteiligt im Sinne des § 6 FGG. Die Unterschrifts- usw. Beglaubigung schafft der Erklärung einen erhöhten Beweiswert und hängt mit dieser insofern untrennbar zusammen, als eben nicht eine bloße Namenszeichnung, sondern die Unterschrift unter dieser Erklärung beglaubigt wird. Die Beglaubigung läßt sich nicht in dem Sinn isolieren, daß man in ihr eine von der Erklärung völlig getrennte Bezeugung erblickt und eine Beteiligung an der Beglaubigung als solcher im Gegensatze zur Erklärung als solcher konstruiert. Denn Erklärung und Beglaubigung werden zu einem unscheidbaren Ganzen, zur Erklärung in öffentlich beglaubigter Form. Auf eine solche Erklärung bezieht sich nunmehr die Vertretung, durch solche Erklärung ist nunmehr zugunsten eines anderen verfügt. An der Beglaubigung ist materiell be-

---

dungsrechtes, und andererseits kennt auch die freiwillige Gerichtsbarkeit eine der Prozeßstandschaft entsprechende Verfahrensstandschaft (eines Konkursverwalters z. B.).

Unter den formell Beteiligten bilden eine besondere Gruppe die parteiähnlich am Verfahren Beteiligten (Antrag eines Ehegatten, die Zustimmung des anderen zu einem Rechtsgeschäft zu ersetzen usw.; ferner §§ 146 Abs. 1, 164 Abs. 3 FGG.).

Der formell Beteiligte wird sehr häufig zugleich materieller Beteiligter sein, so der Beurkundungs-, Beglaubigungssucher, sofern er nicht als „Vertreter" (genauer mit Wirkung für den Rechts- usw. Träger) handelt. Neben dem Beurkundungs-, Beglaubigungssucher können andere, materiell Beteiligte stehen („Vertretene", „Bedachte", §§ 170 Ziff. 1, 171 Ziff. 1 FGG. usw.) oder er ist zugleich der einzige derart Beteiligte.

Das Gesetz nennt in § 168 Satz 2 den formell Beteiligten, mag er zugleich materiell beteiligt sein oder nicht, den „Beteiligten" schlechthin; insofern kennt die Rechtsgeschäftsbeurkundung nur formell Beteiligte. Der Beglaubigungssucher, der auch formell Beteiligter ist, wird im Gesetz nicht „Beteiligter" genannt, und so erklärt sich, daß man für die Beglaubigung den materiellen Beteiligtenbegriff des § 6 entscheiden läßt, die formelle Beteiligteneigenschaft des Beglaubigungssuchers dabei nicht zum Ausdruck bringt.

Auf die verschiedenen Ausprägungen der Begriffe des formell, materiell Beteiligten in der Literatur kann nicht eingegangen werden. Verdienstlich Unger, ZZP. 34, 281 ff., Lent, Grundriß der freiwilligen Gerichtsbarkeit S. 26 ff. und besonders Nothdurft, Begriff des Beteiligten in der freiwill. Gerichtsbarkeit, Würzburger Abhandlungen zum deutschen und ausländischen Prozeßrechte, Heft 15.

teiligt, wer an der Erklärung in öffentlich beglaubigter Form beteiligt ist. Wenn der Notar gewußt hat, daß sein Gläubiger ihm in der Erklärung eine Schuld erließ, und er dessen Unterschrift beglaubigt hat, so ist er wissentlich als Beteiligter amtlich tätig geworden. Hat er es nicht gewußt, so bleibt doch objektiv das Beteiligtsein bestehen.

II. Das Beglaubigungsorgan wird nicht, wie in den §§ 170ff., der „Mitwirkende" genannt.

Zuziehung von Urkundspersonen im engeren Sinne (Gerichtsschreiber, Zeugen, zweiter Notar) ist im Gesetze niemals vorgeschrieben. Der Beglaubigende ist stets Träger der vollen Urkundsgewalt. Auf welchem Weg er sich die Überzeugung verschafft, daß ein Stummer, Sprachfremder usw. die Beglaubigung wünscht, die Unterschrift anerkennt usw., bleibt ihm überlassen. Eine Nachprüfung, ob diese Annahme gehörig fundiert war, findet nicht statt. Es ist aber selbstverständlich nicht ausgeschlossen, daß das Beglaubigungsersuchen und eine Unterschriftsanerkennung dem Beglaubigenden durch einen Dolmetscher vermittelt wird. Bei Verhandlung mit Sprachfremden usw. wird es vielfach einen anderen zuverlässigen Weg der Verständigung gar nicht geben.

Auch die Beglaubigung der Unterschrift eines Blinden erachtet das Gesetz einer weiteren formellen Garantie nicht für bedürftig. Es verläßt sich darauf, daß das Urkundungsorgan nur beglaubigen wird, wenn es die Überzeugung erlangt hat, daß die Unterschrift unter das Schriftstück gesetzt worden ist, für das sie bestimmt war. Auch zur Beglaubigung auf Grund Anerkennung der schon vollzogenen Unterschrift durch den Blinden genügt dessen Erklärung gegenüber dem Urkundsbeamten[7]). Die Möglichkeit, daß der Blinde veranlaßt worden wäre, ein Schriftstück zu unterzeichnen, das er sehend nicht vollzogen hätte, und sich dann die Unterschrift beglaubigen zu lassen, besteht freilich. Aber welchen Schutz böte dagegen die Zuziehung einer Kontrollperson?

Zuziehung eines Dolmetschers durch den Richter bemißt sich nicht nach §§ 178—180 FGG., es entscheiden vielmehr die §§ 185, 186 GVG. in Verbindung mit § 9 FGG.: für einen Tauben, Stummen wird das Bedürfnis gegeben sein, wenn nicht schriftliche Verständigung erfolgt, für einen Fremdsprachigen, wenn nicht der Richter dieser Sprache mächtig ist; die Auswahl des Dolmetschers geschieht durch den Beglaubigenden, die Beeidigung des Dolmetschers für einen Fremdsprachigen ist verzichtbar, § 9 FGG.

Immer steht die Heranziehung eines Dolmetschers zu pflichtmäßigem Ermessen, bedingt nie die Urkundsgewalt, ist nicht gesetzliche Vorschrift, hat lediglich informatorische Bedeutung. Daraus folgt insbesondere, daß die Gültigkeit der Beglaubigung nicht berührt wird durch Zuziehung eines nicht beeidigten Dolmetschers, obwohl (§ 9 FGG.) der Beteiligte auf die Beeidigung nicht verzichtet hatte.

Man möchte geneigt sein, in analoger Anwendung des § 179 die Gültigkeit der Beglaubigung zwar unabhängig zu stellen von der Zuziehung eines Dolmetschers, obwohl aller Anlaß dazu bestanden hätte, aber für den Fall der Zuziehung die Beeidigung insofern für unerläßlich zu erachten, als sie es nach den allgemeinen Verfahrensgrundsätzen von FGG., § 9 mit GVG. §§ 185ff., insbesondere § 189, sein würde. Dagegen spricht aber entscheidend, daß der Beglaubigungsvermerk, wie immer der Richter zu der Feststellung gelangt ist, daß diese Person die Beglaubigung ihrer Unterschrift unter dieser Erklärung erwirken wollte, lediglich das Echtheitszeugnis zu enthalten braucht. Insbesondere bedarf es irgendwel-

---

[7]) A. A. Jastrow, Deutsch-preußisches Notariatsrecht, Bem. 3d zu § 183. Zutreffend Franz, Notariat nach Reichsrecht S. 273.

cher Erwähnung der Dolmetscherzuziehung im Beglaubigungsvermerke nicht. Wäre bedingt, für den Fall der Dolmetscherzuziehung, die Beobachtung der bezüglichen Vorschriften, insbesondere die Beeidigung, Gültigkeitserfordernis, so hätte das Gesetz entsprechende Konstatierung im Beglaubigungsvermerke vorschreiben müssen (ähnlich dem § 179, wenn auch in vereinfachter Form). Das geltende Beglaubigungsrecht leidet eben in dieser und in anderen Beziehungen an bedenklicher Formlosigkeit.

Zuziehung eines Zeugen bei Beglaubigung eines Handzeichens ist nicht vorgesehen. Das Beglaubigungsverlangen setzt in diesem Falle nicht eine Erklärung des Beglaubigungssuchers, nicht schreiben zu können, voraus, wie nach § 177 FGG., und die offenbare Unrichtigkeit einer solchen Erklärung wäre nicht Grund, die Beglaubigung zu verweigern. Auch der durchaus Schreibfähige kann zum Handzeichen greifen und es sich beglaubigen lassen.

III. Ausschließungsgründe für Beglaubigende und Dolmetscher

1. Es entscheidet für den Richter an sich die allgemeine Vorschrift des § 6 FGG. Soweit aber hiernach eine Ausschließung von der Beglaubigung in weiterem Maße sich ergeben würde als nach den §§ 170, 171, ist die Norm des § 6 entsprechend einzuschränken, denn es kann unmöglich die bloße Unterschriftsbeglaubigung gegenüber der Beurkundung eines Rechtsgeschäftes an erschwerte Voraussetzungen geknüpft sein. Das Mitwirkungsrecht ist im Verhältnisse zur Beurkundung von Rechtsgeschäften weder eingeschränkt noch ausgedehnt. Es besteht lediglich ein formeller Unterschied insofern, als in den §§ 170, 171 der Vertretene und der Bedachte zum Beteiligten, der hier formell verstanden ist und mit dem Urkundsucher sich deckt, in Gegensatz treten, für die Beglaubigung hingegen Beglaubigungssucher, Vertretener und Bedachter gleichmäßig „Beteiligte" sind, indem ein formeller Beteiligtenbegriff hier im Gesetze nicht ausgeschieden ist. Der Kreis der Ausgeschlossenen aber umfaßt nach den §§ 170, 171 auch den Vertretenen und den Bedachten, während sie bei der Beglaubigung als „Beteiligte" ausgeschlossen sind. Das Ergebnis ist also Konkordanz.

Näher: Ausgeschlossen ist der Beteiligte, als solcher auch der Vertretene und der Bedachte[8]), nicht der Mitberechtigte, Mitverpflichtete des § 6 Ziff. 1, nicht der zur Vertretung bestellte oder Befugte des § 6 Ziff. 4 (wer die Erklärung mit zu beglaubigender Unterschrift für einen anderen abgibt, ist selbst Beteiligter); ausgeschlossen sind die in Ziff. 2 und 3 des § 6 genannten Angehörigen eines Beteiligten; somit decken sich, da Beteiligter auch der Vertretene und der Bedachte ist, Ziff. 2 und 3 des § 6 mit § 170 Ziff. 2, 3, 4, § 171 Ziff. 2.

Es ist nicht angängig, unter der „Sache", für die eine Ausschließung in Betracht kommt, nur die Beglaubigung, nicht die durch die zu beglaubigende Unterschrift gedeckte Erklärung zu verstehen[9]). Als „Beteiligter" bliebe sonst nur der Beglaubigungssucher übrig, und es würde dann für die Unterschriftsbeglaubigung genau so wie für die Rechtsgeschäftsbeurkundung der formelle Beteiligtenbegriff des § 168 gelten. Der Gegensatz aber zwischen der positiven Bestimmung des Beteiligten in § 168 Satz 2 und dem Schweigen des § 183 darf nicht verwischt werden. Daran zeigt sich klar, daß bei der Unterschriftsbeglaubigung die allgemeine Bestimmung des § 6 zur Anwendung kommt, der Beteiligtenbegriff also materiell zu beurteilen ist. Unter diesem Gesichtspunkte sind der

---

[8]) A. A. Schlegelberger zu § 183 Bem. 2 und die hier Genannten. Zutreffend Rausnitz, DNotV. 8, 167ff.; Josef, ZBlFG. 11, 595ff.

[9]) A. A. Lent, Grundriß der freiwilligen Gerichtsbarkeit. § 29 IV 3.

Vertretene und der Bedachte ausgeschlossen, während die §§ 170 Ziff. 4, 171 Ziff. 1 sie neben den formell Beteiligten des § 168 Satz 2 besonders nennen mußten. Es wäre auch durchaus unangemessen, wenn das Urkundsorgan seine Beglaubigungsmacht in den Dienst einer ihm selbst geltenden Zuwendung usw. stellen könnte. Auch ohne die Erklärung gelesen zu haben, kann der Beglaubigende deren Inhalt genau gekannt haben, und das bayrische usw. Recht macht ihm diese Kenntnisnahme mit Recht sogar zur Pflicht.

Die Ausschließungsgründe haben aber anders als nach den §§ 170ff. nur instruktionelle Bedeutung. Die Handlung des Ausgeschlossenen ist wirksam, § 7 FGG.

Die Ausschließung des Vertretenen, Bedachten usw. mag, soweit dem Urkundsbeamten die Einsichtnahme von der Erklärung versagt ist, wie in Preußen, FGG. Art. 60, öfters unbeachtet bleiben. Aber de jure besteht sie, und es kann sehr wohl der Urkundsbeamte von dem Inhalte der Erklärung auf andere Weise, z. B. durch eigene Mitteilung des Beglaubigungssuchers, Kenntnis erlangt haben.

Betreffs der Notare kann das Landesrecht Bestimmung treffen. Nach preußischem Rechte finden die §§ 6, 7 FGG. entsprechende Anwendung, PrFGG. Art. 84. Es sind somit die für Richter bestehenden Ausschließungsgründe in demselben Sinne, wie sie bei der Beglaubigung durch den Richter gelten (Wegfall solcher Bestimmungen — Ausschluß des Mitberechtigten, Mitverpflichteten usw. —, die auf die Beurkundung von Rechtsgeschäften nicht übernommen sind) und ohne daß eine Zuwiderhandlung Unwirksamkeit der Beglaubigung zur Folge hätte, auf die Notare erstreckt. Das Landesrecht wäre auch außerstande, die Einhaltung der Mitwirkungsverbote kategorisch vorzuschreiben; da der Richter kraft Reichsrechtes nur instruktionell ausgeschlossen ist, so ergibt sich in sinngemäßer Anwendung dieses durch die geringere Bedeutung bloßer Beglaubigung gegenüber der Rechtsgeschäftsbeurkundung motivierten Grundsatzes die gleiche Bindung für die Landesgesetze. Es würde auch jeder stichhaltige Grund fehlen, in dieser Beziehung den Notar anders als den Richter zu behandeln. Eine Beglaubigung durch den Notar in Fällen, wo der Richter von der Beurkundung nicht ausgeschlossen wäre (wegen des Verhältnisses der Mitberechtigung, Mitverpflichtung usw.), hat hiernach an sich auch nicht dienstrechtliche Verantwortlichkeit des Notars zur Folge, es müßte denn ausdrücklich so bestimmt sein, eine Anordnung, die dem Landesrechte freisteht (§ 200 FGG.).

Das BayNotGes. Art. 15 bestimmt nicht nur die entsprechende Anwendung des § 6 FGG. auf den beglaubigenden Notar, läßt vielmehr diesen Paragraph in wörtlicher Wiedergabe entscheiden. Darin liegt Gleichstellung der Ausschließungsgründe, die nur aus § 6 sich ergeben, mit denen der §§ 170, 171 FGG. Aber die Ausschließung hat nur instruktionelle Bedeutung.

Von einem bloßen — instruktionell wirksamen — Ausschließungsgrund ist aber wohl zu scheiden die Identität des Beglaubigungssuchers und des Beglaubigenden. Sie ergibt absolute Nichtigkeit der Beglaubigung.

II. Für einen vom Richter etwa zugezogenen Dolmetscher gilt nicht § 180, sondern § 9 FGG. Hiernach sind die Gründe, die einen Urkundszeugen ausschließen, § 180, als solche nicht anwendbar. Es entscheiden die Ausschließungsgründe des § 6 mit den gleichen Beschränkungen, unter denen sie den Richter treffen (vgl. I), § 9 Schlußsatz. Außer Betracht bleiben die Ausschließungen nach den §§ 172, 173. Mitwirkung eines hiernach ausgeschlossenen Dolmetschers begründet aber nicht Nichtigkeit des Aktes. Die Rechtsbeständigkeit der Beglaubigung kann nicht leiden unter der Verletzung einer bloßen, wenn auch im Gesetz enthaltenen Instruktion. Dazu kommt die gleiche Erwägung, die bei unterlassener Beeidigung des Dolmetschers den Ausschlag gab, die Entbehrlichkeit jeder Erwähnung der Verdolmetschung im Beglaubigungsvermerke.

Die Dolmetscherzuziehung durch den Notar kann landesrechtlich geregelt werden. PrFGG. Art 84 wendet den § 9 FGG. an. Jedenfalls können die landesrechtlichen Mitwirkungsverbote nur instruktionelle Bedeutung haben. Der gleiche Analogieschluß schlägt durch, wie er für den ausgeschlossenen Notar dargelegt wurde.

§ 3. Der Beglaubigungsakt

Die Beglaubigung besteht in der Errichtung einer öffentlichen Urkunde über eine Tatsache: daß eine Unterschrift, ein Handzeichen von einer bestimmten Person herrührt. Diese Beurkundung darf nur erfolgen, wenn die Unterschrift, das Handzeichen in Gegenwart des Beglaubigenden vollzogen oder anerkannt wurde, § 183 Abs. 1 FGG. Hiernach zerfällt die Beglaubigungshandlung in eine vom Beglaubigenden gemachte Wahrnehmung und die daran sich anschließende Beurkundung.

A. Der Gegenstand der Beglaubigung

Die Wahrnehmung bezieht sich auf eine Tatsache, die entweder ist ein Tun (Unterschreiben usw.) oder ein bloßes Erklären (Anerkennen usw.) des Beglaubigungssuchers. Dieser Tatsache geht voran die Beglaubigungsbitte, das ausdrückliche oder stillschweigende Ansuchen an den Beglaubigenden, die Wahrnehmung zu machen und die Beglaubigung anzuschließen.

Die Anerkennung einer Unterschrift ist Äquivalent eigenhändiger Vollziehung in Gegenwart des Beglaubigungsorgans und kann daher nur persönlich, nicht durch einen Vertreter, nicht schriftlich erfolgen.

I. Die Vollmacht, eine Unterschrift zu beglaubigen, setzt voraus, daß die zu beglaubigenden Schriftzeichen ihrer Beschaffenheit nach eine Unterschrift sein können. Das trifft nicht zu, wenn das Signum als solches unleserlich ist. In einer solchen Zeichnung könnte nur ein Handzeichen gefunden werden (wenn diese Deutung und Behandlung dem Willen des Zeichnenden entsprach, vgl. dazu unten 6, 7). Unleserlichkeit einzelner Buchstaben steht abgekürzter Unterschrift gleich.

1. Die zu beglaubigende Unterschrift muß den Charakter einer Namenszeichnung haben. Die Beglaubigung dient dem Bedürfnisse des Rechtsverkehrs, die Authentizität von Namenszeichnungen unter rechtserheblichen Erklärungen sichergestellt zu sehen oder in einer solchen Zeichnung ein zuverlässiges Unterschriftsmuster zu haben. Daß der Allgemeinbegriff der Urkunde nicht die Unterzeichnung überhaupt oder mit dem Namen des Ausstellers (nicht einer Titulatur usw.) erfordert, ist gewiß. Aber die Namenszeichnung ist in weitem Maße — durch das Herkommen und vielfach durch gesetzliche Vorschrift oder nach Vereinbarung der Beteiligten — geboten. An diesen Rechtsbrauch und diese Rechtslage knüpft das Beglaubigungsinstitut an. Daraus folgt die Beglaubigungsfähigkeit nur des vom Beglaubigungssucher geschriebenen Namens. Kollektive Unterschriften, wie etwa „Verein für freiwillige Armenpflege in X", entziehen sich der Beglaubigung, während die Unterschriften der Vertreter einer juristischen Person natürlich beglaubigt werden können.

Abkürzungen in der Unterschrift schaden nicht, wenn Namenszeichnung erkennbar bleibt[10]). Der Anfangsbuchstabe eines Namens hingegen ist nicht Name, sondern eben nur Buchstabe. Über eine Unvollständigkeit der Namens-

[10]) Vgl. Oetker, Zur Urkundenlehre im Strafrecht (Festschrift für Binding 1, 116).

zeichnung (Weglassen des Vornamens, eines Adelsprädikates usw.) hilft der Beglaubigungsvermerk insoweit hinweg, als er die genaue Bezeichnung des Namensträgers enthält. Eine Ergänzung, die auch in Betracht kommt, wenn der gleiche Name auf mehrere, viele Personen zutrifft. Die Vollmacht ist nicht dahin zu begrenzen, daß die Namensunterschrift für sich allein einen bestimmten Unterzeichner erkennbar machen müsse. Fürstliche Personen, Bischöfe können der Sitte gemäß[11]) mit dem Vornamen allein unterzeichnen. Dagegen kann nicht ein Buchstabe als Namen des Beglaubigungssuchers gelten, weil dieser im Beglaubigungsvermerk genannt sei. Denn die Vollmacht geht auf Beglaubigung der Namensunterschrift.

Eine völlig unleserliche „Unterschrift" ergibt nicht eine Namenszeichnung und ist daher nicht beglaubigungsfähig. Wenn jemand sich angewöhnt hat, mit einem bloßen Schnörkel zu unterzeichnen, so mag er immerhin darin seinen Namen sehen, aber er kann nicht verlangen, daß es auch andere tun sollen, daß insbesondere ein Urkundsbeamter ihm Namenszeichnung beglaubigt. Unleserlichkeit einzelner Buchstaben schadet nicht, wenn trotzdem der Name erkennbar geblieben ist.

Der Name, den ein Schriftsteller, Künstler als solcher sich beilegt, ist immerhin ein Name. Erhellen aus dem Beglaubigungsvermerk die Personalien des Beglaubigungssuchers und ist bezeugt, daß dieser mit dem von ihm gewählten Schriftsteller- usw. Namen gezeichnet habe, so ist das Pseudonym als Unterschrift der im Vermerke genannten Person beglaubigt.

Gewiß wird es vielfach — je nach dem Zwecke des unterzeichneten Schriftstückes — im Interesse des Beglaubigungssuchers liegen, mit seinem vollen bürgerlichen Namen (Vor- und Zunamen, bei einer Ehefrau auch Mädchennamen), nach Befinden unter Hinzufügung des Schriftsteller- usw. Namens, zu zeichnen, da die Beglaubigung einer solchen Unterschrift leicht größeren Kredit finden wird, indem nicht nur der Urkundsbeamte die Vollziehung durch den Beglaubigungssucher bestätigt, sondern dieser auch selbst mit dem ihm rechtlich zukommenden Namen sich zu der Erklärung bekennt. Der Urkundsbeamte mag veranlaßt sein, ihn darauf hinzuweisen. Aber ein Grund zur Versagung der Beglaubigung liegt in der Wahl des anderen Namens nicht; die rechtliche Wirksamkeit steht außer Zweifel.

2. Damit der Urkundsbeamte Schriftzeichen als Namenszeichnung beglaubigen kann, müssen sie ihm nach der Lesenskunde, die mit der allgemeinen Bildung gegeben ist, als solche erkennbar sein. Es genügt nicht, wenn er nur nach besonderer Sachkunde zu dieser Feststellung in der Lage ist. Sonach sind deutsche, lateinische Lettern zu fordern, hebräische, russische usw. auszuschließen. Wie der Urkundsbeamte als Träger des öffentlichen Glaubens diese Bezeugung selbst, nicht auf die Autorität eines Sachverständigen hin zu treffen hat, so darf er in dieser Hinsicht auch nicht seinerseits zugleich als Sachverständiger fungieren. Auch aus der Tatsache, daß die Gerichtssprache die deutsche ist, § 184 GVG., vorbehaltlich der Verdolmetschung von Gedankenäußerungen in den gesetzlich bestimmten Fällen, rechtfertigt sich die entsprechende Beschränkung der Beglaubigungsfähigkeit. Wer seinen Namen in deutschen, lateinischen Lettern nicht zu schreiben vermag und Beglaubigung wünscht, ist auf den Gebrauch eines Handzeichens hingewiesen.

Das erstere Argument, die Unverwendbarkeit besonderer Sachkunde, trifft auch auf stenographische Unterschriften zu. Daß er die Stenographie beherrsche, kann vom Urkundsbeamten nicht verlangt, also auch diese Kenntnis nicht bei

[11]) Ein öffentlich-rechtliches Vorrecht im Sinne des Art. 109 RV. steht nicht in Frage.

ihm vorausgesetzt werden. Die publica fides vermittelt sich auch in dieser Beziehung nicht durch besondere Sachkunde oder sachverständige Unterstützung. Es kommt hinzu, daß stenographische Unterschrift stets des eigentümlichen Duktus ermangelt, der eine Namenszeichnung als Werk des Zeichnenden erkennen ließe.

Man wird daher die Vollmacht nur zu beziehen haben auf Beglaubigung solcher Schriftzeichen als Unterschrift, die als Namenszeichnung in deutscher Schriftsprache (auch mit dem Gebrauch lateinischer Lettern gegeben) erkennbar sind.

Beim Gebrauche hebräischer, stenographischer usw. Schriftzeichen besteht nicht die Gewähr, daß der Beteiligte seinen Namen unterschrieben hat. Er hätte sich nur Schriftzüge beglaubigen lassen unter der Behauptung, sie stellten seinen Namen dar. Die Beglaubigung dient dem Zwecke, die Authentizität einer Namenszeichnung zu erweisen. Daher verbietet sich die Verwendung von Schriftzeichen, die ihrer Natur nach ungeeignet sind, im Rechtsverkehr als Ausdruck einer individuellen Schreibweise zu gelten. Mag dem Erfordernisse der Schriftform auch durch stenographische Unterschrift genügt sein (wie Enneccerus, Bürgerliches Recht § 146 I 2 annimmt), beglaubigungsfähig ist sie nicht. Wer seiner Erklärung die Wirksamkeit einer öffentlich beglaubigten Urkunde verschaffen will, muß bei seiner Unterschrift auf den Gebrauch der Stenographie verzichten.

3. Die Beglaubigung will den Beweis dafür herstellen, daß eine bestimmte Person unterschrieben habe. Den Beglaubigungsanspruch hat nur, wer in Gegenwart des Urkundsbeamten unterschrieben oder sich vor ihm zu der vollzogenen Unterschrift bekannt hat. Beglaubigungsfähig ist allein eine in diesem Sinne eigenhändige Unterschrift. Einer Unterstützung des Schreibenden, deren dieser wegen Schreibkrampfes usw. benötigte (Führen der Hand usw.), steht nichts entgegen. Wohl der Fertigung der Unterschrift durch einen anderen[12]). Es kann an den Gegensatz von Beihilfe und Täterschaft erinnert werden. Die Anwesenheit des Urkundsbeamten ist die Gewähr dafür, daß bloße Unterstützung vorlag, der Beglaubigungssucher unter Beihilfe geschrieben hat und hat schreiben wollen.

Das zu beglaubigende Unter-„Schreiben" hat hier, wie bei der Unterschrift unter einer gerichtlichen, notariellen Rechtsgeschäftsurkunde, den engeren Sinn der Namensschreibung, so daß die Anbringung eines Namensstempels usw., ein gedruckter, durch Schreibmaschine hergestellter Name, nicht genügen würde. Die eigenhändige ist die mit eigener Hand geschriebene Unterschrift[13]. Die Verkehrsanschauung mißt dem Unterschreiben einer Erklärung größeres Gewicht bei, als wenn der Aussteller nur seinen Namensstempel daruntersetzte. Das Urkundenrecht sieht daher das Erfordernis der „Unterzeichnung" nur ausnahmsweise durch eine im Wege der mechanischen Vervielfältigung hergestellte Namensunterschrift als erfüllt an (§ 793 BGB.) und verlangt durchaus der Regel nach zur Wahrung der gesetzlich (oder nach Vereinbarung der Beteiligten) geforderten Schriftform die unterschriftliche Vollziehung. Ein Bedürfnis, die Unterstempelung durch einen Urkundsbeamten beglaubigen zu lassen, ist nicht abzusehen.

4. Die zu beglaubigende eigenhändige Namensunterschrift braucht nicht in der Schreibung des eigenen Namens zu bestehen. Kraft Vertretungsbefugnis kann eine Erklärung unter dem Namen eines anderen mit Wirkung für diesen

[12]) Vgl. dazu RG. 1. ZS. Entsch. 58, 387ff.
[13]) Vgl. dazu RG. 1. ZS. Entsch. 74, 339ff.

ausgestellt werden, und das Urkundenrecht erwiese sich als lückenhaft, wenn nicht die Beglaubigung auch einer solchen Namenszeichnung als Akt des Beglaubigungssuchers erreichbar wäre. Die Beglaubigung ist dann dementsprechend zu gestalten. Das Vertretungsverhältnis zu prüfen, zu bestätigen, ist nicht Sache des Urkundsbeamten. Die Beglaubigung enthält nicht eine Anerkennung des Vertretungsrechtes. Kennt jedoch der Urkundsbeamte das Fehlen dieser Berechtigung, etwa nach eigener Erklärung des Beglaubigungssuchers, so hat er die Beglaubigung zu versagen, da mangels der Vollmacht die Urkunde falsch wäre und zu einer falschen urkundlichen Erklärung das Beglaubigungsorgan niemals und in keiner Weise mitwirken darf.

Notwendig aber ist diese Art der Unterzeichnung des Vertreters nicht. Die in § 126 BGB. erforderte „Eigenhändigkeit der Namensunterschrift" ist dahin zu verstehen, daß der Vertreter selbst zu unterzeichnen hat, aber sowohl mit dem eigenen Namen, wobei die Vertretereigenschaft nicht ausgedrückt zu sein braucht, als mit dem Namen des Vertretenen unterzeichnen kann[14]). In der Unterzeichnung mit eigenem Namen liegt die Behauptung einer Vollmacht, den anderen unmittelbar verpflichten, berechtigen zu können. Fehlt die Vollmacht, so ist doch die Urkunde nicht falsch, entbehrt vielmehr — abgesehen von nachträglicher Genehmigung, §§ 177ff. BGB. — lediglich der zivilistischen Wirksamkeit für den anderen.

Bei der Beurkundung eines Rechtsgeschäfts hingegen bedarf es immer der Unterzeichnung des Protokolls mit dem Namen des Erklärenden, auch wenn er die Erklärung für einen anderen abgibt.

5. Die Beglaubigungsvollmacht hat der Urkundsbeamte nur auf Grund einer Beglaubigungsbitte der Person, die vor ihm die Unterschrift vollzieht oder anerkennt. Diese Bitte muß ausdrücklich oder durch schlüssige Handlung gestellt worden sein. Der Urkundsbeamte ist nicht ermächtigt, lediglich deshalb zu beglaubigen, weil die Unterschrift in seiner Gegenwart vollzogen usw. wurde. Vielmehr versteht das Gesetz unter dem Vollziehen, Anerkennen ein qualifiziertes, zwecks Erwirkens der Beglaubigung, also unter diesem Ansuchen geschehenes Handeln, Erklären. Die Beglaubigung bezeugt, daß das Vollziehen usw. diese Bedeutung hatte, Beglaubigungsbitte damit verbunden war. Es darf nicht beirren, daß formell einfach die Echtheit der Unterschrift bezeugt wird. Denn es ist damit der Bestand der gesetzlichen Alternative, Vollziehung — Anerkennung usw. im Sinne qualifizierten Handelns, Erklärens, folglich auch der Beglaubigungsbitte bescheinigt. Der Urkundsbeamte machte sich der Falschbeurkundung schuldig nicht nur, wenn die alternative Voraussetzung an sich, sondern auch, wenn ihre Qualifikation, die Beglaubigungsbitte, gefehlt hätte. Eigenmächtige, nicht nachgesuchte Beglaubigung begründete unter allen Umständen den objektiven Tatbestand des § 348 StGB. (und entsprechend des § 132 der Reichstagsvorlage zum Strafgesetzbuch). Mangels des Beglaubigungsgesuches besteht nicht ein Beglaubigungsrechtsverhältnis. Dennoch erfolgte Beglaubigung bescheinigt fälschlich das Rechtsverhältnis und die Vollmacht. Es ginge gewiß zu weit, den Bestand einer rechtserheblichen Tatsache als beurkundet und gegebenenfalls als falsch beurkundet zu erachten, nur weil das Beurkundete oder die Beurkundung auf ihr Vorhandensein schließen läßt. Wenn aber die Beglaubigung nach ihrem gesetzlichen Sinn ein solches Tatsachenzeugnis einschließt, so ist es mit ihrer Vornahme auch abgegeben und durch den Beglaubigungsvermerk mitbeurkundet.

Bei der Beurkundung von Rechtsgeschäften erledigt sich die Frage fehlender

---

[14]) Über die Streitfrage Oetker, Zur Urkundenlehre des Strafrechts S. 122, 123.

Beglaubigungsbitte durch die Erwägung, daß in der Genehmigung, Vollziehung des Protokolls durch den Beteiligten stets das Beurkundungsverlangen liegt, sollte es auch zuvor, bei Fertigung der rechtsgeschäftlichen Erklärung, noch gefehlt haben[15b]), und daß ohne Genehmigung, Vollziehung die öffentliche Beurkundung nicht zustande käme. Die Beurkundungsbitte bedingt also zweifellos die Beurkundungsvollmacht.

Hat der Urkundsbeamte auf Beglaubigungsbitte hin wahrheitswidrig die Echtheit der Unterschrift bezeugt, so liegt darin der Mißbrauch einer ihm verliehenen Vollmacht. Wenn er ohne Beglaubigungsbitte die Echtheit usw. wahrheitswidrig oder wahrheitsgemäß bezeugt, so fehlt dafür die Vollmacht. Aber es besteht der Schein einer solchen. Der Beamte täuscht ihn vor und usurpiert so die Vollmacht. Es versteht sich, daß er durch diese Anmaßung die Vollmacht nicht wirklich erlangt. Nicht nur Vollmachtsmißbrauch, sondern auch die Erzeugung des Scheines einer Vollmacht — durch Beglaubigung ohne Beglaubigungsbitte — ergibt Strafbarkeit nach § 348 StGB. Würde der Beamte selbst die Karten aufdecken, die Echtheit der Unterschrift des X ausdrücklich „ohne dessen Ansuchen" oder „auf Bitte des Bruders, der Frau des X" hin bezeugen, so wäre der Schein der Vollmacht von ihm selbst widerlegt; es entstände nicht eine Beglaubigungsurkunde gemäß § 183 FGG. und auch nicht Strafbarkeit im Falle wissentlich unrichtiger Bezeugung, da der Beamte selbst dargelegt hätte, daß er im gegebenen Falle die Befugnis zur Aufnahme einer öffentlichen Urkunde nicht besaß.

Ein Zweifelsgrund gegen die Annahme mangelnder Vollmacht infolge fehlender Beglaubigungsbitte möchte darin gefunden werden, daß Gegenbeweis gegen den Beglaubigungsvermerk nur durch den Nachweis der Unechtheit der Unterschrift, nicht das Fehlen der Beglaubigungsbitte, geführt werden kann, wie dann auch der Beweis mangelnder Vollziehung, Anerkennung vor dem Urkundsorgane nicht zur Widerlegung der Beglaubigung ausreichen würde. Doch ist der Widerspruch nur scheinbar. Bei Bestimmung der Beweiskraft für den Rechtsverkehr muß sich das Gesetz an das Echtheitszeugnis als solches halten, fragt nicht nach den Voraussetzungen seiner Erteilung und normiert auf dieser Grundlage den Gegenbeweis. Die Verläßlichkeit beglaubigter Unterschrift wäre gemindert, die Rechtssicherheit litte Abbruch, wenn der Nachweis des Fehlens der die Beglaubigung bedingenden Tatsachen zugelassen würde. Es wird insofern präsumiert, daß der Beglaubigung die Vollmacht zur Seite stand. Anders in einem Disziplinar- oder Strafverfahren gegen den Urkundsbeamten. Dieser könnte nicht Träger des öffentlichen Glaubens sein, wenn ein Einschreiten gegen ihn aus dem Grunde vollmachtloser, durch Vollziehung, Anerkennung vor ihm, Beglaubigungsbitte nicht legitimierter Beglaubigung an gesetzlicher Beweisbeschränkung scheiterte, seine pflichtmäßige Amtsführung nicht auch durch das Disziplinar- und Strafgesetz sichergestellt wäre.

6. Als Handzeichen kann jedes von dem Urheber der Erklärung herrührende, unter sie an Stelle einer dem Gesetze, § 183 FGG., entsprechenden Unterschrift gesetzte schriftliche Zeichen dienen. Üblich sind zumeist drei Kreuze.

Den Gegensatz bildet die erkennbare Namenszeichnung in deutscher Schrift (mit deutschen oder lateinischen Buchstaben); in ihr kann, mag sie den Aussteller (im Zusammenhalte mit seiner Bezeichnung im Beglaubigungsvermerke) genügend individualisieren oder nicht, niemals ein Handzeichen erblickt werden[16]). „Schulze" ist nicht Handzeichen; daß dieser Name auf viele Tausende

---

[15b]) Vgl. dazu Oetker, RheinZ. 13, 194 (der genehmigende Beteiligte wiederholt immer die Urkundsbitte).

[16]) Nicht zutreffend Schlegelberger zu § 183 Bem. 11: jede Unterschrift komme auch als Handzeichen in Betracht.

von Personen paßt, steht nicht entgegen. Während ein Handzeichen nichts für seinen Urheber Charakteristisches ist, kann es die Namenszeichnung sein und wird es vielfach auch sein. Abzulehnen ist der Schluß, eine Unterschrift, die nichts Eigentümliches habe und die im gegebenen Falle unvollständig sei, den Aussteller der Erklärung nicht individualisiere, sei als Handzeichen zu erachten.

Ein mit hebräischen usw. Buchstaben geschriebener Name ist niemals Unterschrift im Sinne des § 183, kann aber als Handzeichen usw. in Betracht kommen.

Der Gebrauch eines Handzeichens steht keineswegs nur Schreibunkundigen oder doch im gegebenen Falle (durch Schreibkrampf usw.) an Namenszeichnung Behinderten frei, so daß durch den Beweis der Schreibfähigkeit das Zeichen entkräftet würde. Jeder kann, welchen Grund er immer dafür haben mag, mit Handzeichen signieren.

Aber wegen der Charakterlosigkeit einer solchen Zeichnung, die ihren Urheber maskiert, steht sie nur in gehöriger Beglaubigung einer Unterschrift gleich. Gesetzlich für ein Rechtsgeschäft erforderliche Form ist bei Verwendung eines Handzeichens nur gewahrt, wenn dieses gerichtlich oder notariell beglaubigt ist, § 126 BGB., vgl. auch Art. 94 WO.

Eine Willenserklärung kann kraft bestehenden Vertretungsrechtes von einem anderen mit eigenen Namen oder dem Namen des Vertretenen unterzeichnet werden. Ein bloßes Handzeichen könnte solchem Zwecke nicht dienen, da nicht erkennbar wäre, von wem es herrührte, wessen Name es vertreten sollte. Wohl genügt das beglaubigte Handzeichen des Vertreters. Ein beglaubigtes Signum des Vertretenen bleibt außer Betracht, denn der Urkundsbeamte könnte nie beglaubigen, daß X das Handzeichen des Y unter die Erklärung gesetzt hätte, da Handzeichen nicht wie Namen eine persönliche Beziehung haben.

Auch bei schriftlichen Erklärungen nicht rechtsgeschäftlicher Art kann ein nichtbeglaubigtes Handzeichen nicht die Unterschrift ersetzen, da es weder den Fertiger noch den Namen, den es vertreten soll, erkennen läßt. Aber wenn Unterzeichnung der Erklärung nicht gesetzlich geboten ist, es vielmehr darauf ankommt, daß aus der Erklärung ihr Urheber erhellt, so ist nichtbeglaubigte Unterkreuzung ein unschädliches Superfluum. Wie ein schriftlicher, nichtunterzeichneter Strafantrag, der aber den Antragsteller klar erkennen läßt[17]), genügt, so kann nicht verlangt werden, daß ein überflüssigerweise daruntergesetztes Handzeichen beglaubigt sei[18]).

7. Die Beglaubigungsvollmacht ist niemals in dem Sinne alternativ, daß der Urkundsbeamte das Geschriebene als Unterschrift oder Handzeichen beglaubigen könnte[19]). Der Beglaubigende prüft, ob das Signum Unterschrift im Sinne des Gesetzes oder Handzeichen ist. Die Beglaubigung erkennbarer Unterschrift als bloßes Handzeichen wäre unwirksam. Eine unterstempelte Unterschrift ist weder als Unterschrift (mangels der Eigenhändigkeit), noch als Handzeichen beglaubigungsfähig. Für die Beglaubigung eines bloßen Handzeichens als Unterschrift würde die Vollmacht fehlen. Schriftzeichen, die eine erkennbare Unterschrift nicht ergeben, können als Handzeichen in Betracht kommen.

Die Beglaubigung als Unterschrift oder Handzeichen setzt neben der Beschaffenheit des Signums die entsprechende Beglaubigungsbitte voraus. Diese

[17]) Der Strafantrag lautet z. B.: Ich, der Kaufmann Ludwig Liebig in X, usw., beantrage die Bestrafung usw. Vgl. auch Oetker, Zur Urkundenlehre im Strafrecht S. 111 ff.

[18]) v. Kries, Lehrbuch des Strafprozesses S. 469, läßt mit Recht genügen, daß aus dem Strafantrage hervorgehe, von wem er herrührt. A. A. John, Kommentar 2, 311 (Unterschrift sei nötig). Die Rechtsprechung des RG. bei Löwe-Rosenberg Bem. 9a zu Buch 1 StPO. Wenn John für den Fall der Unterkreuzung weiter fordert, daß ersichtlich sei, von wem das Handzeichen herrühre, so ist die Anonymität eines solchen Zeichens nicht bedacht.

[19]) Gegenteilig Jastrow, Deutsch-preußisches Notariatsrecht, zu § 183 Bem. 18.

kann alternativ nur insofern sein, als der Urkundsbeamte ersucht wird, das Signum als das eine oder andere zu beglaubigen, je nachdem es ihm als dieses oder jenes erkennbar ist. Nur in seltenen Ausnahmefällen wird die Beglaubigungsbitte in dieser Gestalt an das Urkundsorgan herantreten. Dagegen ist durch das Begehren der Unterschriftsbeglaubigung als solcher nicht die Bezeugung als Handzeichen, obwohl dieser Charakter dem Signum eignete, legitimiert, denn es fehlte an dem entsprechenden Ansuchen und die Beglaubigung wäre eigenmächtig, nicht vollmachtsgemäß. Der Urkundsbeamte hätte sich vielmehr zuvor der Zustimmung des Beglaubigungssuchers zu versichern. Wenn dieser es vermag, wird er es aber vorziehen, zumal bei Blankosignierung, nunmehr vor dem Urkundsbeamten eine erkennbare Namenszeichnung zu fertigen.

II. Die Unterschrift gemäß § 183 kann doppelten Charakter haben: Zeichnung einer Firma, Namensunterschrift zwecks gerichtlicher Aufbewahrung, §§ 12, 29, 53 Abs. 2, 108 Abs. 2, 195 Abs. 4 HGB., § 28 Abs. 2 GenG.; Unterschrift unter einer rechtserheblichen, zumeist rechtsgeschäftlichen Erklärung.

1. Die Zeichnung im erstern Sinn ist im Grunde nicht „Unterschrift", da nicht eine Erklärung durch sie unterschrieben wird, sondern ist ein für die Feststellung der Echtheit künftiger Unterschriften erhebliches Beweiszeichen, ein authentisches Unterschriftsmuster[20]). Das Gesetz aber nennt diese Zeichnung selbst „Unterschrift", insbesondere spricht das Handelsgesetzbuch in den §§ 53 Abs. 2, 108 Abs. 2, 195 Abs. 4 von der „Namensunterschrift". Auch im § 183 FGG. ist sie unter der „Unterschrift" mitverstanden.

Der gerichtlichen oder notariellen Beglaubigung steht, wenn die Pflicht zur Zeichnung im Wege des § 128 FGG. erfüllt wird, das vom Gerichtsschreiber des Registergerichts errichtete Protokoll gleich.

Die Anwendbarkeit des § 183 auf diese Zeichnungen ist freilich bestritten. Insbesondere will Schlegelberger zu § 183 Bem. 5 sie ausschließen und läßt für das Verfahren bei der Beglaubigung das Landesrecht entscheiden. Es ist aber durchaus unwahrscheinlich, daß die verfahrensrechtliche Ausgestaltung des reichsrechtlich geordneten Institutes der Zeichnung dem Landesrecht überlassen sein sollte, zumal FGG. § 128 selbst eine einschlägige Bestimmung bringt. Für eine solche partikuläre Rechtsverschiedenheit fehlte jeder innere Grund[21]). Schlegelberger beruft sich auf RGZ. 54, 168ff. Allein in dieser Entscheidung wird keineswegs § 183 überhaupt ausgeschlossen, vielmehr nur die Alternative Vollziehung oder Anerkennung der Unterschrift betreffs der handelsrechtlichen Zeichnungen im ersteren Sinn entschieden, vgl. S. 172. Also eine einschränkende Auslegung des § 183 nach dem Zwecke dieser Zeichnungen, dauernd als Unterlagen für die Prüfung der Echtheit von Unterschriften zu dienen. Es wird gegenüber der Beglaubigung eigentlicher Unterschriften eine erhöhte Sicherheit der Authentizität gefordert und daher die bloße Anerkennung vor dem Urkundsbeamten als nicht ausreichend erachtet. Dem ist zuzustimmen[22]). Im übrigen kommen durchweg die Bestimmungen des § 183 zur Anwendung. Nur genügt eben nicht, daß der Notar schlechthin die Zeichnung (die „Unterschrift"), er hat vielmehr die eigenhändige Vollziehung zu beglaubigen.

2. Namenszeichnungen hingegen, die durch Hinzufügung einer Erklärung zu Unterschriften erst werden sollen, gehören nicht zu den „Unterschriften" des § 183[23]). Es ist im Grunde Falschbeurkundung, wenn das Beglaubigungsorgan eine Namenszeichnung, die bestimmt ist, künftig zur Unterschrift zu

[20]) Oetker, Zur Urkundenlehre des Strafrechtes S. 19.
[21]) Vgl. auch Franz, Deutsches Notarjat S. 279.
[22]) Vgl. auch Kaufmann, ZBlFG. 4, 467ff.
[23]) Literaturnachweis bei Schlegelberger § 183 Bem. 9.

werden, schon jetzt als solche beglaubigt. Tatsachen, die in Zukunft etwa eintreten werden, dürfen nicht als gegenwärtige Vorgänge beurkundet werden[24]. Beglaubigung bloßer Namenszeichnung als solcher ist nicht unzulässig, aber es verwandelt dann die Hinzufügung einer Erklärung die Zeichnung keineswegs in eine beglaubigte „Unterschrift". Vgl. BayNotGeschO. vom 24. Dez. 1899 § 215, vom 30. Okt. 1913 § 241: „Wird von einem Notar eine Bestätigung darüber verlangt, daß jemand seinen Namen oder sein Handzeichen auf ein sonst unbeschriebenes Blatt gesetzt hat, so kann eine solche Bestätigung zwar erteilt werden, sie soll aber zur Verhinderung einer Verwechslung mit der Unterschriftsbeglaubigung ersehen lassen, daß eine Schrift, welcher der Name oder das Handzeichen als Unterschrift oder Unterzeichnung gedient hätte, bei der Bestätigung nicht vorhanden war."

Kann eine von Urkundsbeamten zu beglaubigende bloße Namenszeichnung nach ihrer Beschaffenheit die Bedeutung 1 oder 2 (Unterschriftsmuster, Blankounterschrift) haben (der Beglaubigungssucher ist Kaufmann usw.), und der Beglaubigungszweck ist nicht angegeben, so muß der Urkundsbeamter den Beteiligten danach befragen, da eine Beglaubigung im Sinne von 2 für die andere mögliche Bestimmung unverwertbar wäre usw.

a) Wurde eine Namensschrift, der erst nachträglich die Erklärung hinzugefügt wurde — „Blanko-Unterschrift" — wie eine wirkliche Unterschrift beglaubigt, so hat kraft Usurpation, solange nicht der Anschein einer Unterschriftsbeglaubigung zerstört ist, der Beglaubigungsvermerk die Beweiskraft des § 418 ZPO.; es gilt als feststehend, daß dem Urkundsbeamten nicht eine bloße Namenszeichnung, sondern die Unterschrift unter einer Erklärung zum Zwecke der Beglaubigung vorlag. Der Beglaubigungsvermerk hat als öffentliche Urkunde die publica fides für sich. Nicht nur im Prozesse, sondern auch im Verfahren der freiwilligen Gerichtsbarkeit. Es wäre ja auch ein unbegreiflicher Widerspruch und im Interesse der Rechtssicherheit schlechthin unerträglich, wenn in der freiwilligen Gerichtsbarkeit, die in einem ihrer wichtigsten Zweige die Herstellung öffentlicher Urkunden bezweckt, die publica fides versagen sollte, die Beweiskraft solcher Urkunden zum freien Ermessen des Richters stände. Durchaus unschlüssig in dieser Hinsicht ist, daß in § 15 FGG. die Vorschriften der Zivilprozeßordnung über den Urkundenbeweis nicht für entsprechend anwendbar erklärt worden sind. Daraus folgt nur der Wegfall der die Führung des Gegenbeweises gegen öffentliche Urkunden regelnden Bestimmungen der Zivilprozeßordnung.

Der Gegenbeweis ist dem Prozeßrichter von der beweispflichtigen Partei zu führen. Der Richter der freiwilligen Gerichtsbarkeit erbringt ihn gegebenenfalls sich selbst. Er prüft, ob nach der Sachlage gegen die Beweiskraft der Urkunde Bedenken bestehen und welches Gewicht ihnen beizulegen ist, wobei nach Ermessen auch Offizialermittlungen in Betracht kommen. Die Bedeutung dieser Momente unterliegt der freien Beweiswürdigung. Fehlt es an ausreichenden Gegenindizien, so bewendet es bei der publica fides und der mit ihr gegebenen Rechtsvermutung[25]. Ein bloßer Zweifel reicht nicht aus, die Beweiskraft aufzuheben. Die Gegenbeweislast ruht im Zivilprozesse auf der Partei, in der freiwilligen Gerichtsbarkeit, soweit nicht ausnahmsweise eine Nachweispflicht des Beteiligten aufgestellt ist, auf dem Richter. Ähnlich im Strafverfahren die Unterscheidung zwischen Schuldvermutungen mit formeller Gegenbeweispflicht des Beschuldigten und solchen, deren Widerlegung durch das officium judicis

---

[24] Das übersieht Schlegelberger a. a. O.

[25] Unzutreffend, jedenfalls inkorrekt Rausnitz zu § 12 FGG. Bem. 25: Die Präsumtionen widersprechen dem Offizialprinzip.

sich vermittelt (§ 259 StGB.: „Sachen, von denen der Beschuldigte den Umständen nach annehmen mußte, daß sie mittels strafbarer Handlung erlangt waren"; auch in § 20 Abs. 2 PreßG.: „wenn nicht durch besondere Umstände die Annahme der Täterschaft ausgeschlossen wird", steckt — nicht als alleiniger Inhalt — eine Vermutung der letzteren Art).

Im Zivilprozeß ist mit dem Beweise der Unrichtigkeit der im Beglaubigungsvermerke bezeugten Tatsache — unterschriftlicher Charakter der Namenszeichnung — durch die Partei die gleiche Rechtslage hergestellt, wie wenn das Beglaubigungsorgan die Namenszeichnung nur als solche, nicht als Unterschrift beglaubigt hätte Der Richter der freiwilligen Gerichtsbarkeit zieht den nämlichen Schluß, wenn nach hinreichenden Gegenindizien, vielleicht auch auf Grund einer Beweiserhebung von Amts wegen, die Bezeugung den ihr an sich zukommenden Kredit für ihn verloren hat.

Die Rechtsvermutung des § 440 Abs. 2 ZPO., daß der über der „Unterschrift" stehende Kontext „echt" sei, wird aber auch durch die Echtheit einer bloßen, nicht nur der unterschriftlichen Namenszeichnung begründet[26]), und diese Tatsache ist durch den Beglaubigungsvermerk bewiesen. Freilich besteht — im Prozeß und in der freiwilligen Gerichtsbarkeit — die Möglichkeit einer Widerlegung des Vermerkes auch in dem Sinne, daß er selbst in blanco, nicht im Gefolge einer zu beglaubigenden Namenszeichnung auf das Schriftstück gesetzt wurde, doch erübrigt sich hier die Erörterung dieser Eventualität[27]).

Echtheit des Kontextes bedeutet, wenn für ihre Annahme die Echtheit der Namenszeichnung die Grundlage ist, eine unterschriebene Erklärung also dem Beurkundungsbeamten nicht vorlag, die Rechtmäßigkeit der nachgefolgten Blankettausfüllung. Geschieht diese unberechtigt, ohne den Willen oder in Widerspruch mit den Anordnungen dessen, der in blanco gezeichnet hat, so entsteht eine falsche Urkunde, § 269 StGB.

Steht die Rechtmäßigkeit der Ausfüllung für den Richter fest, so genügt die so entstandene, im voraus durch den Beglaubigungsvermerk ergänzte Erklärung dem Erfordernisse öffentlicher Beglaubigung, § 129 BGB.; in diesem freieren Sinne ist „Unterschrift" wie in § 125, so in § 129 Satz 1 zu verstehen.

Der Prozeßrichter bleibt an die gesetzliche Vermutung der Echtheit des Kontextes so lange gebunden, als nicht die Unrichtigkeit der Blankettausfüllung gegenbeweislich dargetan ist. Der Richter der freiwilligen Gerichtsbarkeit begnügt sich mit der an die Echtheit der Namenszeichnung anknüpfenden Rechtsvermutung des § 440 Abs. 2 ZPO., wenn nicht Bedenken gegen die Rechtmäßigkeit der Blankettausfüllung sich ergeben. Solchem Zweifel gegenüber ist an sich Offizialprüfung der Echtheitsfrage geboten. Legt aber das Gesetz den Beteiligten die Nachweispflicht auf, wie in den §§ 87 Abs. 2, 99, 107 Abs. 1, 154 FGG., so fällt diese Obliegenheit des Richters fort, wenn es auch nicht unzulässig ist, daß er die Beweiserbringung zu befördern sucht[28]). Besonderes gilt für den Grundbuchrichter: indem § 29 GBO. den Nachweis der Eintragsbewilligung

---

[26]) Vgl. RG. 6. ZS. Entsch. 64, 406ff., auch 5. ZS. 27, 269ff. Vgl. ferner 6. ZS. 57, 66ff.

[27]) In dem Rechtsfalle RG. 3. ZS. 86, 102ff. hatte der Notar eine Namenszeichnung auf einem unausgefüllten Vordruck zu einer Hypothekabtretung in der Weise „beglaubigt", daß er unter den gleichfalls unausgefüllten Beglaubigungsvordruck seinen Namen setzte, und dieses Papier dem Beglaubigungssucher ausgehändigt mit der Wirkung, daß dieser den Beglaubigungsvermerk falsch ausfüllte, indem er ihn noch auf eine weitere von ihm nachgemachte Unterschrift mitbezog, die sich bei Vorlage des Schriftstückes an den Notar noch nicht darauf befunden hatte. Durch das pflichtwidrige Verhalten des Notars war so der Anschein erzeugt worden, daß er eine in Wahrheit bei Vornahme der „Beglaubigung" gar nicht vorhandene Namenszeichnung unterschriftlichen Charakters beglaubigt habe.

[28]) Übereinstimmend Schlegelberger § 12 Bem. 4.

usw. durch öffentlich beglaubigte usw. Urkunde erfordert, ist der Richter, der weiß, daß die ihm vorgelegte Urkunde durch Ausfüllung eines Blankettes nach vorgängiger Beglaubigung der Namenszeichnung hergestellt wurde, zur Ablehnung des Eintrages auf dieser Grundlage ermächtigt, da durch eine so entstandene Urkunde die Richtigkeit des Grundbucheintrages nicht in gleichem Maße garantiert ist, wie es bei Unterschriftsbeglaubigung zutrifft[29]). Eine Verschiebung der materiellen Rechtslage durch den öffentlichen Glauben des Grundbuches wird sicherer verhütet, wenn die Unterschrift, nicht nur die Namenszeichnung beglaubigt war. Immerhin hätte ein Grundbuchrichter, der bei Kenntnis des Sachverhaltes den Eintrag vollzogen hatte, nicht eine gesetzliche Eintragungsvorschrift verletzt. Die Annahme des Gegenteils würde zu dem unerträglichen Ergebnis führen, daß, sofern nicht bei der Beglaubigung im Sinne der BayNotGeschO. § 241 verfahren wird, der Beglaubigungsvermerk also klarstellt, ob bei der Bestätigung eine Schrift, welcher der Name als Unterschrift dienen sollte, vorlag oder nicht, der Grundbuchrichter sich stets zu vergewissern hätte (Nachweispflicht des Beteiligten), daß nicht Blankounterschrift vorläge. Hingegen versteht sich, daß der Eintrag immer zu versagen ist, wenn Bedenken gegen die Rechtmäßigkeit der Blankettausfüllung bestanden und nicht gehoben worden sind.

b) Nachträgliche Änderung der unterschriebenen, dem Urkundsorgan zur Beglaubigung vorgelegten Erklärung läßt den Beglaubigungsvermerk formell unberührt, aber es wird ihm dadurch die Beziehung gegeben auf eine Erklärung in anderer als der ursprünglichen Gestalt. Vom Standpunkte solcher Landesrechte aus, die dem Beglaubigungsbeamten die Kenntnisnahme vom Inhalte der Erklärung versagen, es hätte denn der Beteiligte zugestimmt, Art. 60 Abs. 1 PrFGG., scheint die Änderung dem Beglaubigungsvermerk gegenüber nur dann erheblich zu sein, wenn der Beamte mit Einwilligung des Beglaubigungssuchers Kenntnis genommen hatte. Denn andernfalls ist, so möchte man meinen, der Inhalt des Schriftstückes für ihn belanglos. Es würde sich dann in der Frage späterer Abänderung eine partikuläre Rechtsverschiedenheit ergeben, jenachdem Prüfungspflicht bestand, wie nach BayNotGes. Art. 35, oder nicht. Es leuchtet ein, daß, wenn der Beglaubigende von der Erklärung pflichtmäßig Kenntnis genommen hatte, der Beglaubigungssucher nicht berechtigt ist, dem Beglaubigungsvermerk demnächst ohne die Legalisierung der Änderung seitens des Beglaubigenden ein anderes Prüfungsobjekt zu substituieren. Gleichzustellen wäre der Fall, daß der Beglaubigende zur Prüfung mit Einwilligung des Beteiligten nur befugt war und sie vorgenommen hatte.

Allein der Wille des Urkundsorgans ging doch dahin, die Unterschrift unter der ihm vorgelegten Erklärung zu beglaubigen. Eine Beglaubigungsbitte unter dem Vorbehalte, die Erklärung noch zu ändern, wäre abzuweisen. Bei solcher Willensmeinung mag Beglaubigung einer Blankounterschrift nachgesucht werden. Freilich wird sich, zumal wenn eine Prüfungspflicht des Urkundsbeamten nicht bestand, nachträgliche Änderung der Erklärung nicht immer feststellen lassen. Aber daraus folgt nicht ihre Zulässigkeit. Gerade auch an der Eventualität späterer Abänderung zeigt sich das Bedenkliche der preußischen, dem Urkundsorgan die Prüfung versagenden Rechtsgestaltung. In der Literatur wird sehr zu Unrecht die Änderung in ihrer Bedeutung für die Beglaubigung gleichgestellt mit der Ausfüllung eines Blanketts nach Beglaubigung der Blankounterschrift[30]).

[29]) Zum Teil abweichend Schlegelberger § 183 Anm. 9 am Ende.

[30]) So bei Franz, Deutsches Notariat S. 271; bei Schlegelberger zu § 183 Bem. 10.

Durch spätere eigenmächtige Änderung wird der Schein erregt, der Beglaubigungswille habe der Unterschrift unter dieser Erklärung gegolten, und es wird somit für den geänderten Inhalt öffentliche Beglaubigung usurpiert. Ein Beglaubigungsgesuch lag für die Änderung nicht vor, und ohne dieses fehlt das Beglaubigungsrechtsverhältnis. Der Beglaubigungsvermerk erhält ohne Schuld des Urkundsbeamten (wenn nicht etwa dieser selbst die nachträgliche Änderung vorgenommen hat: dann wäre er in Schuld) den Charakter einer öffentlichen Urkunde unwahren Inhaltes. Es ist nun in ihm eine Tatsache bezeugt, die sich so nicht zugetragen hat, denn die Beglaubigung richtete sich materiell auf die Unterschrift unter anders lautender Erklärung[31]).

Die nachträgliche Änderung braucht nicht einen äußeren Mangel der Urkunde im Sinne des § 419 ZPO. zu ergeben. Sie kann in ganz unauffälliger Weise geschehen sein. Andererseits ist wohl möglich, daß sich Durchstreichungen, Einschaltungen auf dem Schriftstücke bereits befanden, ehe der Urkundsbeamte die Unterschrift beglaubigte. Die Frage, welche Bedeutung solche Mängel für den Prozeßrichter, den Richter der freiwilligen Gerichtsbarkeit haben, ist also an sich ganz unabhängig von der hier interessierenden Prüfung, inwiefern der Beglaubigungsvermerk durch nachträgliche Änderung, mag § 419 ZPO. darauf zutreffen oder nicht, berührt wird[32]). Doch insofern besteht ein tatsächlicher Zusammenhang, als es bei Einschaltungen usw. in dem Schriftstücke der äußere Eindruck wahrscheinlich macht, daß sie erst nach der Beglaubigung bewirkt wurden, und somit der Richter Anlaß hat, der Rechtmäßigkeit der Änderung im Hinblick auf den Beglaubigungsvermerk zu mißtrauen. Er ist daher nicht in der Lage, die Erklärung, so wie sie lautet, ohne weiteres als öffentlich beglaubigt gelten zu lassen. Die Partei, die im Prozesse das Schriftstück als öffentlich beglaubigte Erklärung verwenden will, muß die Bedenken des Richters zu entkräften suchen. Der Richter der freiwilligen Gerichtsbarkeit bemüht sich, von Amts wegen das Nötige zu ermitteln usw. Bleibt dem Prozeßrichter, dem Richter der freiwilligen Gerichtsbarkeit die Sachlage zweifelhaft, so gilt für ihn die Urkunde in ihrer jetzigen Gestalt nicht als öffentlich beglaubigt. Erst recht natürlich dann nicht, wenn nachträgliche Änderung feststeht, mag auch äußerer Mangel der Erklärung nicht anhaften. Wie im gleichen Falle jede andere öffentliche Urkunde, ist auch ein Beglaubigungsvermerk entkräftet, dessen Unwahrheit dem Richter als erwiesen gilt.

Inkorrekt bleibt die spätere Änderung der Erklärung, auch wenn der Urkundsbeamte ihr zugestimmt hatte, einerlei in welcher Form, schriftlich, mündlich, durch schlüssige Handlung, dies geschehen war. Diese Tatsache ist unter dem Gesichtspunkte des Urkundenrechts irrelevant[33]); sie kann nicht die gleiche Wirkung haben, wie wenn der Beglaubigungsvermerk auf die Erklärung in ihrer jetzigen Gestalt sich bezogen hätte. Der richtige Weg ist vielmehr, wenn nicht eine Wiederholung des Beglaubigungsaktes im ganzen vorgezogen wird, eine berichtigende Erklärung des Beglaubigungssuchers unter dem Beglaubigungsvermerk, für die er erneut seine Unterschrift sich beglaubigen läßt.

Auch der Urkundsbeamte würde die Sachlage verkennen, wenn er mit Zustimmung des Beglaubigungssuchers dessen Erklärung später änderte. Eine legale Änderung ist immer nur auf dem angegebenen Weg erreichbar.

Der Defekt kann seine Bedeutung für den Richter auch nicht dadurch ver-

---

[31]) Übereinstimmend hiermit die Rechtsprechung des Kammergerichts, Jahrbuch 22 A, 125 ff., 29 A, 116 ff.

[32]) Gleichstellung beider Fragen bei Franz, Deutsches Notariat S. 272; Schlegelberger zu § 183 Bem,. 10 usw.

[33]) A. A. Josef, DNotZ. 3, 551 ff.

lieren, daß nachträglich ihm gegenüber der Urkundsbeamte oder der Beteiligte die Änderung genehmigt. Solche Formlosigkeiten kennt das Urkundenrecht nicht.

Nachträgliche Änderung durch den Beglaubigungssucher ist auch geeignet, den Strafrichter zu interessieren. Daß jener nicht strafbar sein kann, wenn er den Beglaubigungsvermerk beseitigt und ohne ihn von der geänderten Urkunde Gebrauch macht, ist freilich selbstverständlich. Denn der Vermerk steht zu seiner Verfügung. Bezieht sich aber der Gebrauch auf den Beglaubigungsvermerk mit, so kommt, die sonstigen Voraussetzungen dieses Gesetzes unterstellt, § 267 StGB. (nach der Reichstagsvorlage § 203) in Betracht. Der Beglaubigungssucher hat den Beglaubigungsvermerk, indem er ihn zum Beweise verwendete, bestehen lassen und damit vorsätzlich bewirkt, daß die Beziehung der Beglaubigung auf die Unterschrift unter bestimmter Erklärung nun anders beurkundet ist, als es dem wirklichen Sachverhalt entspricht, daß für die geänderte Erklärung der Schein öffentlicher Beglaubigung entsteht. An sich ist nach § 267 weiter Rechtserheblichkeit der Änderung im Hinblick auf die unterschriebene Erklärung zu fordern. Eigenartig aber ist die Rechtslage, sofern das Landesrecht eine Prüfungspflicht des Urkundsbeamten nicht gelten läßt, der Beglaubigungsvermerk also trotz Rechtsunerheblichkeit der Erklärung die Bedeutung öffentlicher Urkunde hat. Die Beglaubigung gilt dann unter allen Umständen als rechtserhebliche Tatsache, und es kann Unerheblichkeit einer Änderung des Erklärungsinhaltes so wenig als die Unerheblichkeit der ursprünglichen Erklärung gegen die Anwendung des § 267 ins Feld geführt werden. Öffentliche Urkunden unter Freigabe der Falschbeurkundung wären ein Unding. Wieder erhellt, wie unentbehrlich die Prüfungspflicht und damit die Beschränkung der Urkundsgewalt auf rechtserhebliche Erklärungen ist.

Die Änderung kann auch darin bestehen, daß dem Schriftstücke später eine Anlage in der Form beigefügt wird, daß sie als Bestandteil der unterzeichneten, zur Beglaubigung vorgelegten Erklärung erscheint.

Vermag sich der Beglaubigungssucher für seine Änderung auf die Zustimmung des Urkundsbeamten zu berufen, so ändert das nichts am objektiven Tatbestande des § 267. Die „Verfälschung" wird dadurch nicht aufgehoben, denn es bleibt nach wie vor unwahr, daß der Urkundsbeamte am 1. April 1927 zu X usw. die Unterschrift unter dem Schriftstücke, wie es jetzt lautet, beglaubigt habe. Aber der Glaube an die Wirksamkeit der Einwilligung des Beurkundenden würde den dolus ausschließen.

Die Verbesserung bloßer Schreib-, Rechnungs-, Fassungsfehler und ähnlicher Unrichtigkeiten in der Erklärung hingegen bleibt unter allen Umständen frei[34]).

War eine Blankounterschrift beglaubigt, so versteht sich, daß die später hinzugefügte Erklärung von ihrem Urheber auch wieder geändert werden kann, ohne daß der Beglaubigungsvermerk dadurch beeinflußt würde. Ebenso liegt es, wenn im Texte Stellen zwecks späterer Ausfüllung freigeblieben waren. Die Beglaubigung galt dann insofern einer Blankounterschrift, so daß in gleichem Maß auch Änderung der vorgenommenen Ergänzung freisteht[35]).

c) Soweit eine Namenszeichnung die Bedeutung einer abgekürzten Urkunde hat, vom Gesetz oder nach feststehendem Rechtsbrauche als rechtsgeschäftliche Erklärung anerkannt wird, steht sie unter den Regeln der Unterschriftsbeglaubigung; die implizierte Erklärung macht die Zeichnung zur Unterschrift[36];

[34]) In diesem Sinne hat das RGZ. 60, 397 eine unbeglaubigte Änderung für unwesentlich gehalten.
[35]) Abweichend KGJ. 35, 227 ff.
[36]) Franz, Deutsches Notariat 270, verwechselt diesen Fall mit der Beglaubigung einer Blankounterschrift.

vgl. Art. 12, 21 WO.: „Ein Indossament ist gültig, wenn der Indossant auch nur seinen Namen auf die Rückseite des Wechsels schreibt"; „es gilt für eine unbeschränkte Annahme, wenn der Bezogene ohne weiteren Beisatz seinen Namen auf die Vorderseite des Wechsels schreibt".

III. Die zu beglaubigende Unterschrift kann Firmenzeichnung sein. In einer solchen — allein oder in Verbindung mit Namenszeichnung — besteht das Unterschriftsmuster der §§ 29, 53 Abs. 2, 108 Abs. 2 HGB. In weitestem Maße dient Firmenzeichnung als Unterschrift unter einer rechtsgeschäftlichen Erklärung (§ 17 HGB.).

Der Beglaubigungsvermerk ergibt die individuelle Person, die gezeichnet hat. Für ihre Individualisierung gelten die allgemeinen Grundsätze (unter III).

Der Beglaubigende tritt nicht in eine Prüfung der Berechtigung zur Firmenzeichnung ein. Der Beglaubigungsvermerk enthält nicht ein Zeugnis darüber. Ist dem Beglaubigenden die Nichtberechtigung bekannt oder die Berechtigung zweifelhaft[37]), so hat er folgendermaßen zu verfahren:

1. Bloße Firmenzeichnung ist dennoch zu beglaubigen, aber unter Erwähnung des Nichtrechtes nach Überzeugung des Beglaubigenden oder des bei ihm bestehenden Zweifels. Die Fertigung eines Unterschriftsmusters, während ein Recht zur Abgabe solcher Unterschrift nicht besteht, ist weder strafgesetzwidrig noch nichtig, ein Grund zur Versagung der Beglaubigung also nicht gegeben; der Beglaubigungssucher kann nicht abhängig sein von den Annahmen des Beglaubigungsorgans über das Recht der Firmenführung. Andererseits enthielte es einen Verstoß wider die Amtspflicht, würde der Beglaubigende seine Überzeugung fehlender Berechtigung, seinen Zweifel am Recht unterdrücken; er leistete damit zu besorgendem Mißbrauche der Firmenführung Vorschub.

2. Unterschriftliche Firmenzeichnung ist bei bloßem Zweifel unter dessen Erwähnung zu beglaubigen. Dagegen steht bekannte Nichtberechtigung der Beglaubigung schlechthin entgegen. Die widerrechtlich mit fremder Firma unterschriebene Erklärung ist falsche Urkunde (jedenfalls objektiv, bei mala fides auch subjektiv): es wird der Schein erregt, als ob die Urkunde von einer zur Führung der Firma berechtigten Person herrühre; vgl. RG, 4. StS., RGSt. 33, 397. Für eine falsche Urkunde besteht nicht ein Anspruch auf Unterschriftsbeglaubigung. Die Verwendbarkeit des Schriftstückes unter dem Anschein echter Urkunde würde Personen gegenüber, die von dem Nichtrechte des Ausstellers nichts wissen, durch den Beglaubigungsvermerk noch wesentlich befördert. Wie dürfte dazu das Beglaubigungsorgan die Hand bieten? Es ist Amtspflicht des Richters, des Notars, alles zu unterlassen, was einer falschen Urkunde Beachtung im Rechtsleben verschaffen kann. Ist der Aussteller in mala fide, so liegt in der Verfertigung, „rechtswidrige Absicht" unterstellt, die in solchem Falle kaum jemals fehlen wird, das erste Stück des zweiaktigen Urkundenverbrechens nach §§ 267ff. StGB. (§ 203 RTVorl. läßt die Fälschung in der Absicht, daß von der Urkunde im Rechtsverkehr zum Beweis eines Rechtes, Rechtsverhältnisses oder einer Tatsache Gebrauch gemacht werde, genügen). Und immer ist mit der falschen Urkunde die Gefahr verknüpft, daß im Rechtsverkehr zuwider dem Rechtswillen das Falsche für wahr genommen wird. Unter keinen Umständen darf sich an einen solchen Tatbestand eine Amtshandlung anschließen, die als Stütze der Illegalität wirken würde. Auch sicherer Analogieschluß aus dem Verbote der Beurkundung strafgesetzwidriger Rechtsgeschäfte durch den Richter oder Notar, BayNotG. Art. 16; PrFGG. Art. 40 Abs. 2 — in Bayern schon durch den allgemeinen Wortlaut des Art. 16

[37]) Unzureichend die Kommentare.

auf die Beglaubigung von Unterschriften erstreckt —, führt zu dem Ergebnisse, daß der Notar die Unterschrift unter einer falschen Urkunde nicht beglaubigen darf. Auch nicht unter Erwähnung des Nichtrechtes zur Firmenführung. Das wäre insofern protestatio facto contraria, als das Bewußtsein des fehlenden Rechtes zur Unterlassung der Beglaubigung verpflichtet hätte. Und jedenfalls ist mit der Beglaubigung geschehen, was die Amtspflicht verbot, und die Möglichkeit gegeben, daß die mit dem Beglaubigungsvermerke versehene falsche Urkunde Schaden anrichtet.

3. Gegen Ablehnung der Beglaubigung mag der Beglaubigungssucher zu dem zulässigen Rechtsbehelfe greifen (Beschwerde gegenüber dem Richter, Anruf des Landgerichts oder Aufsichtsbeschwerde gegenüber dem Notare). Auf Erfolg aber hat er nicht zu rechnen.

IV. Soweit nicht das Landesrecht gegenteilig bestimmt, ist das Beglaubigungsorgan befugt, von dem Inhalte der Erklärung Kenntnis zu nehmen, deren Unterzeichnung es beglaubigen soll. Denn die Urkundsgewalt steht bestimmungsgemäß nur im Hinblick auf rechtserhebliche Erklärungen zur Verfügung. Auch dient diese Kenntnisnahme zugleich der Feststellung, wer als Vertretener, Bedachter zu erachten ist. Endlich bringt die Pflicht des Urkundsbeamten, sich der Unterschriftsbeglaubigung zu einer strafgesetzwidrigen Erklärung zu enthalten, die Prüfung des Inhaltes mit sich.

Es ist daher zu beanstanden, daß das PrFGG. Art. 60 Abs. 1 die Kenntnisnahme nur mit Zustimmung der Beteiligten zuläßt, so daß im Falle der Versagung die Beglaubigung unbesehen geschehen muß. Dabei ist neben der Rechtsunerheblichkeit auch die mögliche Strafgesetzwidrigkeit des Inhaltes außer acht geblieben! Denkbar auch, daß ein Zweifel, ob der Wille des Beteiligten wirklich auf Unterzeichnung dieser Erklärung geht, nur durch Kenntnisnahme vom Inhalte zu beheben ist.

Immerhin besteht auch nach preußischem Rechte die Beglaubigungspflicht nicht, wenn nach der Sachlage die Rechtsunerheblichkeit der Erklärung zweifellos ist; es darf nur nicht die Relevanzfrage durch Einsichtnahme in die Erklärung wider Willen des Beteiligten geprüft werden.

Das BayNotG. Art. 35 hingegen verpflichtet zur Kentnisnahme in jedem Falle. Weigern die Beteiligten die Einsichtsgestattung, so hat der Notar die Beglaubigung abzulehnen, § 235 Abs. 1 Satz 2 BayNotGeschO. Sollte schon nach der Angabe des Beteiligten der rechtsunerhebliche Inhalt der Erklärung nicht zu bezweifeln sein, so bedarf der Notar zur Ablehnung nicht erst der Einsichtnahme. Von der Erfüllung der so bestimmten Prüfungspflicht ist jedoch nicht die Urkundsvollmacht, sondern nur der Urkundsauftrag abhängig. Es entsteht öffentliche Urkunde, wenn der Notar ohne Kenntnisnahme beglaubigt hat, die Erklärung aber rechtserheblich in der Tat ist. Der Notar wird sich von der Einsichtnahme dann entbinden können, wenn an rechtserheblichem Inhalte der Erklärung verständigerweise nicht zu zweifeln ist, z. B. ein dem Notar bekannter Rechtsanwalt das von ihm in eigener Angelegenheit oder kraft Vollmacht zu vollziehende oder bereits vollzogene Schriftstück als Abtretungserklärung, Verzichtserklärung usw. bezeichnet hat. Mit der Möglichkeit, daß diese Angabe falsch sein, das Schriftstück einen anderen und zwar rechtsunerheblichen Inhalt haben sollte, ist doch kaum ernstlich zu rechnen.

Ist das Schriftstück in einer fremden, dem Notar nicht geläufigen Sprache, in einer Geheimsprache (verständlich vielleicht nur für Aussteller und Destinatär, RG. 3. StS., RGSt. 17, 354) oder in einer dem Notar nicht bekannten Kurzschrift usw. abgefaßt, so steht es bei ihm, auf welche Weise er sich die nötige Kenntnis verschafft, § 235 Abs. 2 BayNotGeschO. Gelingt ihm das nicht, so bleibt nur übrig, daß er im Beglaubigungsvermerke diese Tatsache konstatiert[38]), womit er die Verantwortlichkeit für einen etwaigen objektiven Verstoß gegen die Pflichten des Art. 16 (Verweigerung der Amtstätigkeit bei Geschäften, die gegen ein Strafgesetz verstoßen, offenbar nichtig sind usw.) ablehnt. Versagung der Beglaubigung könnte dem Beglaubigungssucher, der vielleicht außerstande ist, zumal bei Gefahr im Verzuge, eine dem Notar verständliche Form der Erklärung zu wählen, oder die absolute Geheimhaltung des Inhaltes für geboten erachtet und doch der Beglaubigung bedarf, in schlimme Lage bringen. An der Zulässigkeit des Gebrauches einer fremden usw. Sprache in der Erklärung ist nicht zu zweifeln, denn der Beglaubigungsvermerk als solcher bleibt dadurch unberührt.

V. Die Unterschriftsbeglaubigung soll rechtserheblichen, nicht nur rechtsgeschäftlichen Erklärungen größeren Kredit verschaffen, indem die Echtheit der beglaubigten Unterschrift kraft gesetzlicher Vermutung feststeht.

Die rechtsgeschäftliche Erklärung setzt, um wirksam zu sein, Geschäftsfähigkeit nach Maßgabe des bürgerlichen Rechtes voraus. Die nur rechtserhebliche Erklärung keineswegs. In einem Strafverfahren z. B. könnte, wie die mündliche, so auch die schriftliche Äußerung eines sechsjährigen Kindes von Belang sein. Es ist nicht abzusehen, weshalb nicht der Notar, Richter die Unterschrift eines solchen Kindes unter einer inhaltlich für einen Zivil-, Strafprozeß usw. erheblichen Erklärung beglaubigen dürfte, wenn er die Überzeugung erlangt hat, daß die Unterschrift sich auf die voranstehende Erklärung beziehen soll und der gesetzliche Vertreter die Beglaubigung erbeten hat. Mag eine solche Beglaubigung auch nur in seltenen Ausnahmefällen (periculum in mora!) in Betracht kommen, immerhin ist festzuhalten, daß für rechtlich wirksames Unterschreiben rechtserheblicher Erklärung nur die allgemeine Handlungsfähigkeit, Zurechnungsfähigkeit als solche, nicht vinkuliert durch die Altersgrenzen, an die im Bürgerlichen Gesetzbuch, Strafgesetzbuch die Geschäftsfähigkeit, Deliktsfähigkeit geknüpft ist, entscheidet. Demnach hat das Urkundsorgan nicht den Maßstab des § 104 BGB., sondern der Zurechnungsfähigkeit an der Hand des Einzelfalles anzulegen. Für die Beglaubigungsbitte aber als verfahrensrechtlichen Antrag ist Geschäftsfähigkeit oder gesetzliche Vertretung zu verlangen.

Die Beglaubigung der Unterschrift unter rechtsgeschäftlicher Erklärung ist nach Art. 16 BayNotG. abzulehnen, wenn dem Geschäft offenbare Nichtigkeit anhaftet. Ein Anwendungsfall ist zweifellose Geschäftsunfähigkeit des Beglaubigungssuchers. Im Unterschreiben rechtsgeschäftlicher Erklärung liegt ein Stück rechtsgeschäftlichen Handelns. Das gleiche Ablehnungsrecht muß auch in Preußen gelten, obwohl eine ausdrückliche Bestimmung fehlt. Art. 40 Abs. 2 PrFGG. (Versagung der Amtshandlung bei offenbarer Ungültigkeit des Geschäftes) bezieht sich nur auf die Beurkundung von Rechtsgeschäften. Aber eine Rechtspflicht der Mitwirkung bei zweifellos nichtigem Geschäft kann auch für bloße Beglaubigung nicht begründet sein.

Das Urkundsorgan braucht sich nicht, ehe es beglaubigt, in jedem Falle, auch wenn keine Bedenken obwalten, der bestehenden Geschäftsfähigkeit noch besonders zu vergewissern. Aber pflichtwidrig wäre Beglaubigung ohne Angabe des bei dem Beglaubigenden bestehenden, durch Erkundigung usw. nicht gehobenen Zweifels an der Geschäftsfähigkeit. Ein solcher Zweifel ist im Beglaubigungsvermerk festzustellen, so ausdrücklich Art. 60 Abs. 3 PrFGG., Art. 28 Abs. 1 mit Art. 35 BayNotG.

---

[38]) Vgl. Kaisenberg-Dennler, Kommentar zum Bay. Not-G. Art. 35 Anm. 3.

Das bayerische Recht sorgt besser als das preußische dafür, daß der Mangel der Geschäftsfähigkeit oder eines in dieser Hinsicht bestehenden Zweifels den Urkundsorganen zum Bewußtsein kommt. Denn der bayerische Notar hat von dem Inhalte der Erklärung Kenntnis zu nehmen, während dem preußischen Urkundsbeamten die Einsichtnahme nur mit Genehmigung des Beglaubigungssuchers gestattet ist.

Für die Geschäftsfähigkeit, unbeschränkte, beschränkte, entscheiden selbstverständlich die bürgerlich-rechtlichen Vorschriften.

Rechtserheblich kann sehr wohl auch das ungültige Rechtsgeschäft sein, insbesondere ein wegen fehlender Geschäftsfähigkeit unwirksames Geschäft. Geschäftsunfähigkeit des Beglaubigungssuchers im Hinblick auf die rechtsgeschäftliche Erklärung entzieht dem Beglaubigungsvermerke den Urkundencharakter jedenfalls dann nicht, wenn Rechtserheblichkeit der Erklärung restiert. Ist auch diese zu verneinen, so würde nach preußischem, nicht nach bayerischem Rechte die dennoch geschehene Beglaubigung öffentliche Urkunde bleiben (vgl. dazu oben § 1 I).

Dieser Rechtslage entspricht, daß die Beglaubigung, obwohl ihr für rechtsgeschäftliche Erklärung fehlende Geschäftsfähigkeit entgegensteht, auch in diesem Fall erteilt werden darf, wenn die Erklärung trotzdem rechtserheblich ist und der Beglaubigungssucher es wünscht, doch muß dann die Form erkennen lassen (durch Verneinung der Geschäftsfähigkeit), daß die Beglaubigung nicht r e c h t s g e s c h ä f t l i c h e r Erklärung gilt.

Die Anerkennung schon vollzogener Unterschrift (eines Handzeichens) vor dem Beglaubigungsorgan ist nicht für sich Rechtsgeschäft, das als solches nach den §§ 107, 114 usw. BGB. zu beurteilen wäre. Sie entspricht der Vollziehung vor dem Urkundsbeamten und erfordert als tatsächliche Erklärung, vergleichbar etwa dem Geständnis im Strafprozeß, zu ihrer Wirksamkeit nur die Handlungsfähigkeit des Anerkennenden. Sofern aber durch die Anerkennung der Beglaubigungsvermerk zu einer rechtsgeschäftlichen Erklärung erwirkt werden soll, setzt sie in demselben Sinne, wie die Abgabe der Unterschrift, Geschäftsfähigkeit voraus, denn ihr Ziel ist Herstellung des Rechtsgeschäftes in qualifizierter Form.

B. Der Beglaubigungsvermerk

I. Der Beglaubigungsvermerk ist öffentliche Urkunde im Anschluß an eine Erklärung, die bestimmungsgemäß Privaturkunde ist, rechtsgeschäftlichen oder doch rechtserheblichen Charakter hat. In der Beglaubigung der Unterschrift liegt Mitwirkung zum Zustandekommen der Erklärung in der angestrebten qualifizierten Gestalt. Dagegen ergibt bei Beurkundung eines Rechtsgeschäftes die Unterschrift des Beteiligten unter dem Protokolle zunächst nur eine Privaturkunde über das Anerkenntnis des Protokolls, erst mit der Vollziehung durch den Urkundsbeamten wandelt sich, die Wahrung der bindenden gesetzlichen Beurkundungsvorschriften vorausgesetzt, die Privaturkunde in öffentlich beurkundete rechtsgeschäftliche Erklärung. Unterbleibt die Vollziehung durch den Urkundsbeamten, aus welchem Grund immer, so restiert lediglich das Protokollanerkenntnis, nicht privaturkundliche rechtsgeschäftliche Erklärung. Nur die Abgabe der Genehmigungserklärung steht nach der Beweisregel des § 416 ZPO. fest, nicht auch die rechtsgeschäftliche Erklärung, denn das Vorbringen gegenüber dem Urkundsbeamten über das beabsichtigte Rechtsgeschäft sollte nur in der Gestalt einer von diesem zu fertigenden, durch Vollziehung des Protokolles sich perfizierenden öffentlichen Urkunde rechtsgeschäftliche Erklärung werden. Einer Privaturkunde hingegen, die dem Urkundsbeamten zwecks Beglaubigung der Unterschrift vorgelegt wird, kann der Charakter rechtsgeschäftlicher Erklärung nicht dadurch verlorengehen, daß die Beglaubigung abgelehnt wird. Es ist nur dem Aussteller in solchem Falle unbenommen, dem Schriftstück die urkundliche Wirksamkeit zu versagen, indem er es vernichtet usw., es unterläßt, sich der Niederschrift in Bezeugungsabsicht zu entäußern. Mit dem letzteren Akte perfiziert sich die Urkunde. Dabei wird die Scheidung zwischen empfangsbedürftigen und nicht empfangsbedürftigen Willenserklärungen erheblich: im ersteren Falle Perfektion, sobald die Urkunde mit dem Willen des Erklärenden an die Person gelangt ist, für die sie jener bestimmt hat (§§ 130ff. BGB., „Empfangstheorie"[39]), während bei Willenserklärungen der zweiten Art die Frage der Perfektion („Entäußerung") immer nur nach den Umständen beurteilt werden kann[40]).

Ein der Vorlesung, Genehmigung, der Unterzeichnung durch die Beteiligten nicht bedürftiges Protokoll — des Zivil-, Strafprozesses — ist perfekt mit der Abgabe zu den Akten, nicht bereits mit dem formellen Abschlusse durch Unterzeichnung seitens der Protokollbeamten, die es im Einvernehmen miteinander wieder vernichten und durch ein anderes ersetzen können. Dagegen tritt bereits mit der Fertigung Perfektion ein, wenn Vorlesung, Genehmigung im Protokolle zu bezeugen war. Die perfekt gewordene Protokollurkunde muß von jedem, von den „Beteiligten" usw., dem Fertiger in ihrer Integrität respektiert werden (vorbehaltlich zugelassener Berichtigungen), bei Meidung der Bestrafung aus § 274 Ziff. 1 StGB. — § 209 RTVorl. — (gegen Beteiligte, Dritte), aus § 348 Abs. 2 StGB. — § 132 Abs. 2 RTVorl. — (gegen die Protokollbeamten). Ein gerichtliches, notarielles Rechtsgeschäftsprotokoll bedarf stets der Vorlesung, Genehmigung, Unterzeichnung, also hier Perfektion immer mit dem formellen Abschlusse.

Eine ganz andere Rechtslage besteht mit der bloßen Unterschriftsbeglaubigung unter einer Privaturkunde. Diese verbleibt auch nach Hinzutreten des Beglaubigungsvermerkes zur Disposition des Beglaubigungssuchers. Er kann die Gesamturkunde, er kann den Beglaubigungsvermerk vernichten, ohne sich strafbar zu machen. Ist aber durch Entäußerung in Bezeugungsabsicht die Urkunde perfekt geworden, so darf auch der Aussteller sie nicht mehr vernichten, nicht beschädigen, denn sie gehört ihm nicht mehr ausschließlich, § 274 Ziff. 1 StGB. Das RG., 4. StS., RGSt. 37, 83ff. hat mit Recht entschieden, daß die bloße Niederschrift eines Schuldscheines durch den Schuldner, solange dieser das Schriftstück noch in Händen behalten, es nicht dem Gläubiger bereits ausgehändigt habe, noch nicht „Ausstellung" im Sinne des § 952 BGB. sei und daher eine jetzt noch vom Schuldner bewirkte Abänderung nicht Urkundenfälschung ergebe; entsprechend würde Vernichtung durch den Schuldner nicht Strafbarkeit aus § 274 Ziff. 1 StGB. begründen können.

Der Urkundsbeamte seinerseits entäußert sich des Beglaubigungsvermerkes

[39]) Wohlbemerkt: unter den Voraussetzungen des Textes perfiziert sich die Urkunde gemäß der Empfangstheorie. Wird dagegen unterstellt, daß der Notar eine empfangsbedürftige Willenserklärung protokolliert hat, ohne daß der Destinatär zugegen war, die Empfangnahme der Erklärung durch ihn mitbeurkundet werden konnte, so ist die Urkunde mit dem Protokollabschlusse perfekt, während das Wirksamwerden der Willenserklärung noch aussteht.

[40]) Von der Urkundenperfektion ist wohl zu unterscheiden das perfekte Gebrauchmachen von der Urkunde. Die Literatur über die Urkundenfälschung leidet an der Verwechslung dieser Vollendungspunkte. Sie können zusammenfallen, so meist bei falschen, verfälschten Urkunden über empfangsbedürftige Willenserklärungen. Aber oft genug gehen beide Momente auseinander. In dem Deponieren eines verfälschten Testaments bei Gericht liegt die Entäußerung, aber noch nicht ein Gebrauchmachen zum Zwecke der Täuschung, denn die Täuschungsabsicht richtet sich nicht gegen das verwahrende Gericht, sondern gegen den künftigen Erben, Testamentsvollstrecker usw., und ihm ist nicht bereits jetzt, im Momente der Hinterlegung, die Urkunde zugänglich gemacht.

durch Übergabe der Urkunde mit ihm an den Aussteller. Vernichtet er nachher — ohne Zustimmung des Ausstellers — den Beglaubigungsvermerk, so zerstört er widerrechtlich diese durch Entäußerung perfekt gewordene, nunmehr dem Aussteller der Privaturkunde gehörige öffentliche Urkunde. Er macht sich strafbar gemäß § 274 Ziff. 1 StGB. — § 209 RTVorl. —, nicht aus § 348 Abs. 2 — § 132 Abs. 2 RTVorl. —, denn die von ihm an den Berechtigten weggegebene öffentliche Urkunde ist ihm weder amtlich anvertraut noch zugänglich. Gegen die Strafbarkeit eines Dritten wegen Urkundenvernichtung, § 274 Ziff. 1, der die Gesamturkunde oder nur den Beglaubigungsvermerk nach Behändigung des Instrumentes an den Beglaubigungssucher seitens des Beglaubigungsbeamten und bevor jener sich der Urkunde entäußert, sie perfiziert hätte, zerstören usw. würde, ließe sich prima facie einwenden, mangels Perfektion habe eine „Urkunde" in Wahrheit noch nicht vorgelegen, es sei also nur die Strafe der Sachbeschädigung erwirkt. Allein da das Schriftstück jederzeit zur Urkunde perfiziert werden konnte und der Eigentümer das Recht dazu hatte, so ist in gebotener ausdehnender Auslegung in dem Objekte der Zerstörung eine „Urkunde" zu erblicken.

1. Die Beglaubigung geschieht nicht durch Errichtung eines förmlichen Protokolls, das vorzulesen, zu genehmigen wäre, sondern durch bloße Registratur[41]), durch einen unter die Unterschrift zu setzenden Vermerk, § 183 Abs. 2.

2. Die Beglaubigung darf nur erfolgen, wenn die Unterschrift (das Handzeichen) vor dem Beglaubigungsorgan vollzogen oder anerkannt wurde, § 183 Abs. 1. Sonach liegt in der Beglaubigung alternativ die Bezeugung der einen oder anderen Tatsache. Formell aber wird nicht ein Zeugnis dieses Inhaltes abgegeben, sondern direkt die Echtheit der Unterschrift bezeugt.

Nach § 440 Abs. 2 ZPO. hat Beglaubigung eines Handzeichens die gleiche Wirkung wie feststehende Echtheit einer Namensunterschrift. Beglaubigung einer Unterschrift aber wirkt nicht geringer als Beglaubigung eines Handzeichens, sie ist wie diese Echtheitszeugnis.

Richtiger wäre gewesen, die Beglaubigung als Zeugnis der Unterzeichnung oder Anerkennung vor dem Beglaubigungsorgan zu gestalten. Dann hätte der Beglaubigungsvermerk gemäß §§ 418, 415 ZPO. vollen Beweis der so bezeugten Tatsache begründet; in der prozessualen Wirkung des § 440 Abs. 2 würde dieses Zeugnis der feststehenden Echtheit der Unterschrift gleichgestanden haben. Da nun nach § 183 FGG. die Echtheit der Unterschrift auch dann bezeugt wird, wenn sie nur vor dem Beglaubigungsorgan anerkannt worden ist, so besteht insofern die gleiche Rechtslage wie nach § 418 Abs. 3 ZPO.: die Beweiskraft des Zeugnisses ist von der eigenen Wahrnehmung des Beglaubigenden unabhängig. Also neben den landesgesetzlichen Fällen einer solchen Unabhängigkeit, auf die § 418 Abs. 3 allein Bezug nimmt, eine entsprechende, mit § 183 FGG. gegebene reichsrechtliche Bildung.

Unzweifelhaft liefert der Augenschein, daß X die Unterschrift vollzogen hat, einen stärkeren Beweis als seine Behauptung, es getan zu haben. Die Differenz sollte, um eine klare Rechtslage zu schaffen, namentlich auch im Hinblick auf ein etwaiges Strafverfahren gegen den Beglaubigungssucher, im Beglaubigungsvermerk zutage treten. Hat Y sich dem Urkundsbeamten gegenüber mit Erfolg für X ausgegeben, die Erklärung widerrechtlich mit X unterschrieben oder diese schon von ihm vollzogene Unterschrift anerkannt und daraufhin die Beglaubigung der Unterschrift als von X herrührend erwirkt, so ist nicht nur die Urkunde falsch, sondern Y weiter der sog. intellektuellen Urkundenfälschung

[41]) Über den Unterschied von Protokoll und Registratur Oetker, Arch. f. Strafrecht 49, 214 Anm. 63.

nach § 271 StGB. — § 29 mit § 132 RTVorl. — schuldig. Die Überführung des Y ist aber erleichtert, wenn schon der Beglaubigungsvermerk über die Art der Verübung Aufschluß gibt. Der Notar, als Zeuge vernommen, wird sich vielfach nicht mehr erinnern können, ob die Unterschrift vor ihm vollzogen oder anerkannt wurde.

Als Zeugnis nicht sowohl der Unterzeichnung oder Anerkennung vor dem Beglaubigenden, sondern direkt der Echtheit der Unterschrift wird die Beglaubigung nicht entkräftet durch den Beweis, daß es an jenen Tatsachen gefehlt habe, sondern nur durch den Beweis der objektiven Unrichtigkeit des Beurkundeten, der Unechtheit der Unterschrift[42]). Aber hat sich feststellen lassen, daß der Beglaubigungssucher die Unterschrift nicht vor dem Urkundsbeamten vollzogen hat, und daß ihre Anerkennung wahrheitswidrig war, so steht natürlich die Unechtheit fest. Der Beglaubigende kannte oder glaubte zu kennen die Unterschrift des X und hat sie pflichtwidrig beglaubigt, obwohl sie nicht in seiner Gegenwart vollzogen oder anerkannt worden war. Gegenbeweis in letzterer Hinsicht genügt nicht.

Das Gesetz verläßt sich darauf, daß solche Pflichtwidrigkeit nicht vorkommen wird, und schließt aus der Alternative Unterzeichnung — Anerkennung vor dem Beglaubigenden auf die Echtheit der Unterschrift, obwohl die Anerkennung falsch gewesen sein kann.

Hiernach ist nicht die Beglaubigungsvollmacht, sondern nur der Beglaubigungsauftrag von Vollziehung, Anerkennung der Unterschrift vor dem Urkundsbeamten abhängig.

Der Beglaubigende aber macht sich, selbst wenn die Unterschrift echt und diese Echtheit ihm bekannt ist, der Falschbeurkundung schuldig durch Beglaubigung ohne die Voraussetzung des § 183 Abs. 1. Materiell, wenn auch nicht dem Wortlaute nach, ist von ihm die gesetzliche Alternative bezeugt. Für die Beglaubigung von Unterschriften nach Landesrecht (§ 191 Abs. 1 FGG.: Zuständigkeit weiterer Behörden usw. neben den Amtsgerichten und Notaren) wird zuweilen die Angabe, daß die Vollziehung oder Anerkennung in Gegenwart des beglaubigenden Beamten erfolgt ist, ausdrücklich gefordert, so z. B. in Art. 115 Abs. 3 preuß. FGG. Also hier zweifellos bei Falschbeurkundung Strafbarkeit nach § 348 StGB. Aber es ist nicht anders im Falle der nicht ausdrücklichen Bezeugung gemäß § 183 Abs. 1 FGG. Beurkundet ist auch eine solche Tatsache, deren Wahrnehmung nach dem Gesetze die unerläßliche Voraussetzung ist für das in der Urkunde direkt enthaltene Tatsachenzeugnis. Die Bestrafung ist nur bedingt durch die Widerlegung der stillschweigenden, nicht auch der ausdrücklichen Bezeugung.

Eine abweichende Fassung des Beglaubigungsvermerks wird notwendig, wenn der Beglaubigungssucher A die Erklärung mit B unterschrieben hat, mag er dazu berechtigt gewesen sein oder nicht. Hier kann nicht einfach die Echtheit der Namensunterschrift des A oder aber des B bezeugt werden, denn im ersteren Falle wäre die Bezeugung in sich widersprechend, in letzterem dem Gesetze zuwider der Beglaubigungssucher nicht bezeichnet. Die Bescheinigung kann nur dahin lauten, daß A vor dem Urkundsorgan mit B unterschrieben oder die bereits vollzogene Unterschrift „B" als von ihm, dem A, herrührend anerkannt habe. Die Alternative findet also notwendig ihre Lösung. Die Unterschrift „B" ist hier immer nur in dem Sinn als echt bezeugt, daß sie von A herrühre. Ist bei so gefaßtem Echtheitszeugnisse die Vollziehung der Unterschrift durch A wider-

---

[42]) A. A. Jastrow, Deutsch-preußisches Notar-Recht § 183 Bem. 4. Richtig Franz, Deutsches Notariat S. 275.

legt, so bleibt an sich denkbar, daß sie doch in dem hier fraglichen Sinn echt ist, indem dieser sie schon zuvor geschrieben und vor dem Urkundsbeamten anerkannt hatte, oder umgekehrt. Praktische Bedeutung wird eine solche Eventualität kaum je haben, immerhin lehrt sie, daß auch eine so beschränkte Beglaubigung die Bedeutung eines vollen Echtheitszeugnisses hat.

Wurde ohne eine solche Nötigung zur Beschränkung auf das eine oder andere Alternativglied (Verschiedenheit des unterschriebenen Namens und des Namens des Beglaubigungssuchers) nicht einfach die Echtheit, sondern nur die Vollziehung oder aber die Anerkennung beglaubigt, so steckt auch darin ein volles — widerlegbares — Echtheitszeugnis, da jedes Glied der Alternative begriffsnotwendig das andere ausschließt.

3. Dem Beglaubigenden bleibt überlassen, auf welche Weise er die Überzeugung gewinnt, daß eine vor ihm zu vollziehende Unterschrift (Handzeichen) sich auf die voranstehende Erklärung beziehen soll; daß eine vollzogene Unterschrift anerkannt wird, und zwar in Beziehung auf die Erklärung, unter der sie sich befindet. Verständigung mit dem Beteiligten durch einen Dolmetscher ist immer zulässig und mag zuweilen unentbehrlich sein.

Eine Offizialprüfung dahin, ob die Vollziehung der Unterschrift, die Abgabe des Anerkenntnisses auf dem freien Willen des Beteiligten beruht, nicht durch Zwang, Täuschung usw. hervorgerufen ist, findet nicht statt.

Die Anerkennung einer Unterschrift ist Äquivalent eigenhändiger Vollziehung in Gegenwart des Beglaubigungsorganes und kann daher nur persönlich, nicht durch einen Vertreter, nicht schriftlich erfolgen. Bei Zulassung eines solchen Modus wäre die Echtheit der Unterschrift in minderem Maße garantiert.

II. Da die Bezeichnung des Beteiligten im Beglaubigungsvermerk ein Identitätszeugnis des Beglaubigenden enthält, so muß dieser, um entsprechend beglaubigen zu können, die Überzeugung der Identität haben oder gewonnen haben. Eine Offizialermittelung stellt er nicht an, liquide von den Beteiligten angebotene Identitätsbeweise aber hat er entgegenzunehmen und zu prüfen, wobei volle Sorgfalt geboten ist[43]). Bleibt ihm die Identität zweifelhaft, und es wird die Beglaubigung doch verlangt, so hat diese unter ausdrücklicher Konstatierung der nicht feststehenden Identität zu erfolgen. Da nach § 176 Abs. 3 bei nicht erbrachter Identität sogar die Aufnahme einer rechtsgeschäftlichen Erklärung verlangt werden kann, so muß erst recht das Begehren bloßer Unterschriftsbeglaubigung zulässig sein. So ausdrücklich Art. 35 BayNotG. (Anwendbarkeit des § 176 Abs. 3 hier ausgesprochen)[44]). Es ist dann für den Fall der Identität die Unterschrift als von derjenigen Person herrührend beglaubigt, die zu sein der Beglaubigungssucher behauptet hatte, die Identität als möglicherweise vorhanden bezeugt. In der Beglaubigung einer Unterschrift stecken zwei Elemente. Es wird vom Urkundsbeamten bezeugt, daß X vor ihm eine Unterschrift vollzogen oder anerkannt habe, und daß X identisch sei mit der Person, für die er sich ausgegeben habe. Durch die Bezugnahme auf § 176 Abs. 3 S. 2 FGG. erklärt Art. 35 BayNotG. einen auf den ersten Teil der Vollbeglaubigung beschränkten Beglaubigungsvermerk für zulässig. Das Reichsgesetz § 183 FGG. erwähnt solche Teilbeglaubigungen nicht, aber ein Widerspruch zum Reichsrecht entstände doch nur[45]), wenn für sie die Bedeutung einer Voll-

---

[43]) Vgl. dazu RGZ. 106, 125ff. (Haftbarmachung des Notars wegen unzureichender Identitätsprüfung).

[44]) Gegenteilig Rausnitz zu § 183 Bem. 6b; Dorner Bem. 4b; RGZ. 81, 158; Schlegelberger zu § 183 Bem. 13.

[45]) Mit Recht verneint Schmitt, BayZ. 10, 34ff., den öfters behaupteten Widerstreit, aber er geht darin zu weit, daß er solchen Vermerken den Beglaubigungscharakter überhaupt abspricht.

beglaubigung nach § 183 in Anspruch genommen würde, wovon natürlich nicht die Rede ist. Der Beteiligte kann an Teilbeglaubigung ein Interesse haben: er vermag nicht alsbald die Identität zu erweisen, hat aber Grund, ungesäumt die Bezeugung der Unterschriftsabgabe zu erwirken.

Steht hingegen die Nichtidentität für den Beglaubigenden zweifellos fest, so ist die Beglaubigung abzulehnen. Es wäre Falschbeurkundung, wenn der Urkundsbeamte sein Wissen von der Nichtidentität unterdrückte und die Unterschrift für den Fall der Identität beglaubigte. Er hätte dann eine Tatsache, deren Nichtexistenz ihm bekannt war, die Identität des Beglaubigungssuchers mit der Person, für die er sich ausgab, als möglicherweise gegeben bezeugt, also eine Urkunde unwahren Inhaltes entstehen lassen[46]). Es fiele ihm unbedingtes, nicht nur bedingtes Verbrechen gegen § 348 StGB. — § 132 RTVorl. — zur Last; seine Strafbarkeit wäre nicht davon abhängig, daß im Rechtsverkehre die Identität fälschlich als feststehend angenommen würde, eine Eventualität, die sich ja auch jeder Vorausberechnung entzöge, da es durchaus ungewiß wäre, ob eine solche Täuschung gelingen würde. Der Einwand liegt nahe, die Bezeugung gehe ja nur dahin, es habe eine Person Beglaubigung gesucht, „die sich X nannte", und das sei doch wirklich geschehen. Der Urkundsbeamte darf aber die Abgabe der Unterschrift durch den Beglaubigungssucher, der sich für X ausgibt, nicht beglaubigen, wenn er weiß, daß dieser X nicht ist. Sonach liegt, da die Beglaubigung für eine Person, die als X auftritt, nach dem Gesetze die Beglaubigung für eine Person ist, deren Identität mit X der Urkundsbeamte für möglich erachtet, in der entsprechenden Beglaubigung die Behauptung dieser im gegebenen Falle unwahren Tatsache mit dem Bewußtsein der Unwahrheit.

Der Beglaubigungssucher seinerseits hätte, das Bewußtsein, daß der Urkundsbeamte seine Nichtidentität mit der vorgegebenen Person kannte, bei ihm vorausgesetzt, Bestrafung als Anstifter, nicht nur aus § 271 StGB. verwirkt[47]); durch sein auf die unwahre Identitätsbehauptung gestütztes Ansuchen wäre der

---

Sie sind eben Teilbeglaubigungen, durch die sub conditione der Identität die Echtheit der Unterschrift als erwiesen gilt.

Der Notar läßt sich auf eine solche Bescheinigung nur ein, wenn der Beteiligte sie verlangt, vgl. auch Kaisenberg-Dennler, Kommentar zum NotG. S. 112, mit anderen Worten, wenn nach Belehrung über die Sachlage die Beglaubigungsbitte festgehalten und damit auf die beschränkte Beglaubigung bezogen wird.

[46]) Ich möchte annehmen, daß Binding diesen Standpunkt teilt, obwohl die Ausführung in seinem Lehrbuch des speziellen Teils II 1, 283 Zweifel erregen könnte.

[47]) A. A. (im Gegensatz zur herrschenden Meinung) Olshausen zu § 271 Bem. 3, Frank das. Bem. I, Ebermayer das. Bem. 3) Binding, Lehrbuch usw. II 1, 291: auf den Anstifter des Urkundsbeamten, der nicht selbst ein solcher sei, finde nicht § 348, sondern nur § 271 Anwendung. Vielmehr liegt Gesetzeskonkurrenz zwischen beiden Strafbestimmungen vor, und es entscheidet die schwerere Strafe des § 348. Das Gesetz erachtet die Anstiftung des Beamten für höher strafwürdig als die Erwirkung der Beglaubigung durch einen gutgläubigen Beamten, weil die Verleitung zu einem Amtsverbrechen hinzutritt. Liegt aber auf seiten des Anstifters der Qualifikationsgrund des § 272 vor, so ist er der schwereren Strafe dieses Paragraphen verfallen.

Die Ausstellung der Unwahrheitsurkunde als Grunddelikt für §§ 271 und 348, Bindings Ausgangspunkt, ist eine vom Gesetz nicht vollzogene Abstraktion, und man gelangt, wenn man dennoch diesen Maßstab bei der Gesetzeshandhabung anlegt, nicht zu einer der Schuld des anstiftenden Nichtbeamten entsprechenden Bestrafung.

De lege ferenda freilich sollte der Nichtbeamte, der den irrenden Urkundsbeamten zur Anfertigung der inhaltlich falschen Urkunde mißbraucht hat, ebenso bestraft werden wie ein Urkundsbeamter im Falle vorsätzlicher Falschbeurkundung, denn jener hat vorsätzlich die Falschbeurkundung bewirkt.

Die Reichstagsvorlage straft den Nichtamtsträger, den Anstiftungsbegriff unnatürlich erweiternd, aus § 29 mit § 132, was im Ergebnis zu billigen ist. Mysteriös aber die in § 204 abgesehen von den Fällen der Anstiftung zu unrichtiger Beurkundung beibehaltene Strafbestimmung gegen mittelbare unrichtige Beurkundung, denn nach der Fassung der Anstiftung in den §§ 29, 31 fällt darunter auch die mittelbare Falschbeurkundung.

Urkundsbeamte zu vorsätzlich falscher Beurkundung — zur Bezeugung zwar nicht gegebener, aber des Minus, möglicherweise vorhandener Identität — bestimmt worden. In widerrechtlicher Zeichnung rechtsgeschäftlicher Erklärung mit dem Namen dessen, von dem sie dem Anschein nach herrührt — ein Tatbestand, der natürlich dann nicht vorliegt, wenn der Zeichnende das Recht hatte, mit dem Namen des anderen zu unterschreiben — ,läge weiter der erste Akt einer Urkundenfälschung gemäß § 267 StGB, und die Beglaubigung für den Fall der Identität trotz bekannter Nichtidentität käme als Beihilfe in Betracht. Es wäre dann Idealkonkurrenz gegeben: für den Anstifter zwischen Bewirkung einer Falschbeurkundung und Urkundenfälschung, für den Beamten zwischen Falschbeurkundung und (entsprechenden Vorsatz unterstellt) Beihilfe zur Urkundenfälschung.

Das Identitätszeugnis bedarf nach § 183 nicht der Begründung. Bei Beglaubigung ohne Identitätsfeststellung sind substantiierende Angaben in § 183 nicht gefordert. Abweichend in beiden Beziehungen Art. 35 BayNotG. und § 233 NotGeschO. (Begründung nur dann entbehrlich, wenn der Notar den Beteiligten von früher her kennt): instruktionelle Vorschriften, § 200 Abs. 2 FGG.

III. Es ist immer wünschenswert, daß die Angabe der Personalien im Beglaubigungsvermerke für sich allein den Beglaubigungssucher ausreichend individualisiert. Diese Daten so genau anzuführen, daß sie schlechterdings nur auf den Gemeinten, nicht noch auf einen Anderen paßten, ist freilich vielfach unmöglich; auch würde ein solches Beginnen zu aufhältlichen Befragungen und Feststellungen, zu unnützen Weitläufigkeiten und zu schleppender Bezeichnungsweise führen. Es genügt immer ein solches Maß von Individualisierung, daß nach verständiger Würdigung der Verhältnisse die Identität erhellt. „Kaufmann Müller in X", einem Dorfe, einem Flecken, kann bereits hinreichen. Wenn X eine Großstadt ist, wäre die Bezeichnung völlig nichtssagend. Also Hinzufügung der Vornamen, der Art des Geschäftsbetriebes, der Straße, der Hausnummer usw. Andererseits ist Namensangabe keineswegs immer geboten, der „Regierungspräsident in Z" z. B. regelmäßig eine genügend bestimmte Person.

1. Da die Unterschrift des Beteiligten vorangegangen ist und der Beglaubigungsvermerk immer auf sie Bezug nimmt, so braucht die Individualisierung, soweit sie durch diesen Hinweis bereits gegeben ist, nicht in der Bezeichnung des Beglaubigungssuchers wiederholt zu werden[48]), obwohl sich dies immer empfiehlt. Hat z. B. der Beglaubigungssucher unterschrieben als „Schneidermeister Friedrich August Müller in X, Frankfurter Str. 15", so bedarf es im Beglaubigungsvermerke nicht der Angabe von Hausnummer, Vornamen usw. Die Unterschrift kann genauer sein als die Bezeichnung und umgekehrt.

Bei der Beurkundung eines Rechtsgeschäfts hingegen folgt die Unterschrift des Beteiligten seiner Bezeichnung im Protokolle nach, daher muß hier die Bezeichnung für sich individualisieren, denn sie enthält nicht einen Hinweis auf die nachfolgende Unterschrift. Wäre z. B. im Protokoll als Beteiligter lediglich der „Kaufmann Müller in Berlin" genannt, während die Unterschrift lautete: „Großkaufmann Friedrich August Müller in Berlin-Wilmersdorf, Kaiserallee 40" so stände nur fest, daß eine Person, die sich „Kaufmann Müller usw." nannte, mit „Großkaufmann Müller usw." unterschrieben hätte, aber nicht, daß der Großkaufmann Müller usw. der Beteiligte und das Protokoll von ihm unterschrieben war. Dagegen steckt in der protokollarischen Feststellung, daß der Beteiligte unterschrieben habe, eine Bezugnahme auf seine Bezeichnung im Protokolle, es braucht also die Unterschrift nicht ebenso vollständig zu sein als die

[48]) Vgl. auch Josef, ZBlFG. 11, 595.

Protokollangabe. In der Rechtsprechung und in den Kommentaren sind in diesen Beziehungen vielfache Meinungsverschiedenheiten hervorgetreten, die sich durch scharfe Erfassung des begrifflichen Verhältnisses zwischen der Bezeichnung des Beteiligten im Protokoll und der Unterschrift des Beteiligten erledigen.

2. Ein Minus oder Plus an Individualisierungsmerkmalen in der Unterschrift des Beglaubigungssuchers gegenüber seiner Bezeichnung im Beglaubigungsvermerke bleibt immer dann unschädlich, wenn diese Abweichungen die Identität unberührt lassen. Diese ist eben im Zusammenhalt beider Charakterisierungen zu prüfen. Führt aber die Vergleichung zu einem beachtlichen Identitätszweifel, so ist die Beglaubigung wertlos. Enthält z. B. die Unterschrift mehrere Vornamen, während der Beglaubigunsgvermerk nur einen davon anführt, so kann dadurch in Frage gestellt sein, ob der als „August Müller" bezeichnete Beglaubigungssucher identisch ist mit dem „Friedrich August Müller" der Unterschrift. Die Umstände des Falles müssen entscheiden. Decken sich die weiter angegebenen Personalien (Beruf, Wohnort, Straße, Hausnummer usw.) in allen Punkten, so wird nicht ernstlich damit zu rechnen sein, daß verschiedene Personen in Betracht kommen könnten. Im Zweifel aber hat der Richter, dem ein solches Instrument zur Beurteilung vorliegt, die N i c h t identität anzunehmen. Denn die Sicherheit des Rechtsverkehres erfordert die Exaktheit der Beurkundungen.

Stehen gar die Bezeichnungen formell im Widerspruch zueinander, ist z. B. der Schriftsteller, Künstler X im Beglaubigungsvermerke lediglich mit seinem bürgerlichen Namen „Schulze" genannt, während der Schriftsteller- usw. Name „Bertram" unterschrieben ist, so darf die Identität nicht angenommen werden. Noch mancher andere Schulze könnte unter dem Namen Bertram schreiben, und das ist doch zugleich auch ein bürgerlicher Name. Dabei ist unterstellt, daß der Beglaubigungsvermerk die übliche Fassung hat: Die vorstehende Namensunterschrift des pp. Schulze wird hiermit beglaubigt. Der Annahme eines Identitätszeugnisses im Hinblick auf den Beglaubigungssucher und den Fertiger der Unterschrift steht hier die unerklärt gebliebene Verschiedenheit der Namen entgegen. Es ist nur beglaubigt die Identität des Beglaubigungssuchers mit Schulze, nicht auch seine Identität mit der Person, die „Bertram" unterschrieben hat. Der Beglaubigungsvermerk entspricht in diesem Falle nicht der Mußvorschrift des § 183 FGG.: er enthält nicht die Bezeichnung desjenigen, „welcher die Unterschrift vollzogen hat", denn darunter versteht das Gesetz nicht einen beliebigen Beglaubigungssucher, der sich eine beliebige Unterschrift hätte beglaubigen lassen, sondern die Person, auf deren Ansuchen die eigenhändig von ihr vollzogene Unterschrift beglaubigt worden ist. Eine Bescheinigung des Urkundsbeamten dahin, Schulze habe die Urkunde mit Bertram unterschrieben, wozu er ja vielleicht berechtigt gewesen wäre — wenn Bertram sein Schriftstellername war oder ein anderer Bertram ihn zur Zeichnung mit seiner Unterschrift ermächtigt hatte — liegt eben nicht vor.

Würde hingegen der Vermerk lauten: „Es wird hiermit beglaubigt, daß der Kaufmann Wilhelm Schulze usw. die vorstehende Unterschrift" (Bertram) „vollzogen hat", so wäre dem Gesetze entsprechend die Identität des Beglaubigungssuchers mit der Person, die unterschrieben hat, bescheinigt. Aber es muß in solchen Fällen auch die Unterschrift individualisiert, d. h. geeignet sein, eine bestimmte Person erkennbar zu machen. Lauten die Bezeichnung und die Unterschrift auf den gleichen Namen — Schulze usw. —, und es sind die Personalien des Beglaubigungssuchers ausreichend angegeben, während nur mit dem Zunamen unterschrieben ist, so teilt sich die erstere Individualisierung der Unterschrift mit, denn es ist ja bescheinigt, daß dieser Schulze unterschrieben habe, wie andererseits eine individualisierte Unterschrift über minder vollständige

Bezeichnung des Beteiligten im Beglaubigungsvermerke, der eine Bezugnahme auf die Unterschrift enthält, hinweghilft, sofern nicht die Vergleichung von Vermerk und Unterschrift einen Identitätszweifel oder gar einen offenen Widerspruch ergibt. Das Gesetz verlangt seinem Sinne nach neben der Individualisierung des Beglaubigungssuchers immer auch eine individualisierte Unterschrift. Denn die Beglaubigung einer Unterschrift, die auf die allerverschiedensten, vielleicht auf viele Tausende von Personen (als Träger des Namens Schulze, Müller usw.) bezogen werden könnte, wäre für den Rechtsverkehr völlig wertlos, und somit in sich nichtig. Es ist daher in rationeller Auslegung des Gesetzes die beachtliche Beglaubigungsbitte auf eine individualisierte Unterschrift zu beziehen, das Erfordernis der Bezeichnung des Beglaubigungssuchers dahin zu verstehen, daß beide, der Beglaubigungssucher und die in der Unterschrift gemeinte Person, individualisiert sein müssen. Sie können dieselbe, sie können verschiedene Personen sein; im letzteren Fall aber ist eine aus sich heraus genügend individualisierende Unterschrift unerläßlich, da eine Ergänzung aus dem Beglaubigungsvermerke versagen würde.

3. Ob der Beglaubigungssucher berechtigt ist, mit dem Namen eines anderen zu unterzeichnen, hat der Urkundsbeamte nicht zu prüfen; er stellt darüber keine Bescheinigung aus. Weiß er aber, daß diese Berechtigung fehlt, so hat er die Beglaubigung zu versagen, da er sonst die Verwertbarkeit einer falschen Urkunde erleichtern würde.

Führt jemand mehrere Namen, neben dem bürgerlichen einen Schriftsteller- usw. Namen, und er unterzeichnet mit dem letzteren, so darf der Beglaubigungsvermerk nicht lediglich den bürgerlichen Namen anführen, da sonst die Identität zweifelhaft bliebe, denn der Beglaubigungssucher wollte ja seine, nicht eine von ihm für einen anderen abgegebene Unterschrift beglaubigt wissen.

Stehen Beglaubigungsvermerk und Unterschrift im Widerspruche (indem z. B. die vorstehende Namensunterschrift des Schulze usw. beglaubigt wurde, die Urkunde aber mit Müller unterschrieben ist, usw.), so ist die Unterschrift n i c h t beglaubigt. Das schließt aber nicht aus, das unterschriebene Schriftstück als Urkunde zu erachten in Anwendung der allgemeinen Grundsätze des Urkundenrechtes; es kann darin dem Erfordernis eines dem Destinatär erkennbaren Ausstellers genügt sein.

Im Falle der F i r m e n zeichnung muß die Bezeichnung des Beglaubigungssuchers den bürgerlichen Namen des Unterzeichnenden enthalten. Es genügt nicht, wenn der Beglaubigungsvermerk vom „Firmeninhaber" als solchen spricht, möchte auch die Firma zur Zeit nur einen Inhaber haben. Der Besitz des Firmenrechtes ist nicht eine für den Rechtsverkehr ausreichende Individualisierung der physischen Person, vielmehr muß aus der Urkunde des Beglaubigungsorganes erkennbar s e i n, w e r das Firmenrecht (oder doch die Berechtigung, vertretungsweise für eine Firma zu unterschreiben) sich beigelegt und die Beglaubigung erwirkt hat. Erhellt diese Person nicht aus dem Vermerke für sich, ist nur Bezug genommen auf ein dem Urkundsbeamten (wirklich oder vermeintlich) bekanntes Firmenrecht, so fehlt es an gesetzentsprechender Individualisierung des Beglaubigungssuchers. Diese Charakterisierung liefert keinerlei Gewähr, daß diejenigen, die es angeht, die mit der beglaubigten Urkunde in rechtliche Berührung kommen, daraus den Beglaubigungssucher erkennen könnten.

Wiederholt aber sei betont, daß eine absolute, schlechthin nur auf eine Person passende Individualisierung öfters nicht möglich und daß nicht lediglich deshalb die Bezeichnung als unzureichend zu erachten ist.

IV. Der Beglaubigende braucht den Beglaubigungsvermerk nicht selbst zu schreiben, nur zu unterschreiben. Der Richter kann sich zur Niederschrift des Gerichtsschreibers usw., der Notar seines Schreibers bedienen.

Auch die Unterschrift des Beglaubigenden muß diesen genügend individualisieren. Unerläßlich ist immer der Zuname (Hinzufügung des Vornamens usw. geboten, wenn an demselben Amtsgerichte mehrere Richter „Schulze" usw. amtieren sollten). „Amtsgericht in X", „Notariat in Y" wäre nur Angabe der Amtsstelle, nicht Unterschrift ihres Inhabers; „Amtsrichter in X", „Notar in Y" würde auch nur auf das Amt, nicht den Beamten hinweisen. Ist die Amtsstelle genannt, so erübrigt sich, dem Namen des Beamten noch den Amtscharakter hinzuzufügen.

Eigenhändigkeit der Unterzeichnung ist als selbstverständlich erachtet und daher nicht besonders erwähnt. Daß Unterschrift durch Stempel nicht hinreicht, ergibt sich schon daraus, daß neben der Unterschrift in § 183 Stempel (oder Siegel) verlangt wird. Auch stenographische Unterschrift, Gebrauch anderer als deutscher, lateinischer Buchstaben wäre zweifellos unzulässig.

Der Beglaubigungsvermerk gehört — selbstverständlich — unter die zu beglaubigende Unterschrift. Ein Zwischenvermerk schadet nicht, wenn er nicht einen Zweifel ergibt über die Beziehung des Beglaubigungsvermerkes auf die Unterschrift.

V. Ort und Tag der Ausstellung sind anzuführen[49]). Sie brauchen sich nicht mit Ort und Tag der Wahrnehmung des Urkundsbeamten von Vollziehung, Anerkennung der Unterschrift zu decken. Diese Daten werden nicht angegeben. Unitas actus also nicht erforderlich.

Unrichtige Angabe von Zeit und Ort steht nicht der Nichtangabe gleich. Bezüglicher Nachweis beseitigt insofern die Beweiskraft des Beglaubigungsvermerkes, entzieht ihm aber nicht den Charakter der öffentlichen Urkunde. Den Formerfordernissen der Beglaubigung ist genügt[50]).

Nicht Vorlesung, Genehmigung des Vermerkes. Der Anwesenheit des Beglaubigungssuchers beim Niederschreiben, Unterschreiben des Vermerkes bedarf es nicht.

Der Beglaubigungssucher muß aber zur Zeit der Beglaubigung noch gelebt haben[51]). Die Beglaubigungsbitte gilt als fortdauernd bis zu ihrer Erledigung nur unter der Voraussetzung, daß ein Gesuchsteller noch vorhanden ist, auf den die Bitte bezogen werden kann, der sie aufrechtzuerhalten oder zurückzunehmen in der Lage wäre[52]). Erfolgte die Beglaubigung erst nach seinem Tode, so war sie nicht mehr „gewollt", da es an einem Willensträger fehlte. Die Beglaubigungsbitte geschieht unter Lebenden, sie ist in keinem Sinne nach Art einer Willenserklärung von Todes wegen zu behandeln.

War die Beglaubigung ohne rechtliche Nötigung nachgesucht, so wird sie freilich, obwohl post mortem erfolgt, tatsächlich doch die beabsichtigte Wirkung äußern, den Kredit der unterschriebenen Erklärung erhöhen, zumal die Tatsache des früheren Ablebens unbekannt bleiben mag. Beruhte sie aber auf Rechtsvorschrift (§§ 1155, 1491, 1706 usw. BGB.), so ist darauf zu rechnen, daß ein Beteiligter, der an der Unwirksamkeit der Erklärung ein Interesse hat, sich auf die Verspätung beruft, vielleicht auch tritt richterliche Offizialprüfung ein.

---

[49]) Vgl. dazu Oetker, RheinZ. 13, 175ff.

[50]) Auf die Streitfrage, ob unrichtige Datierung usw. im Falle rechtsgeschäftlicher Beurkundung, insbesondere bei einer Testamentserrichtung, Nichtigkeit des Instrumentes zur Folge hat, ist nicht einzugehen; vgl. dazu Schlegelberger § 176 Bem. 13; Cahn, LeipzZ. 19, 919ff. Es kommen hierfür Erwägungen mit in Betracht, die auf den Beglaubigungsvermerk, zumal dieser nicht vorgelesen wird, nicht passen.

[51]) Entsprechendes gilt bei Beurkundung eines Rechtsgeschäfts für die Beteiligten im Hinblick auf die Unterzeichnung des Protokolls durch den Urkundsbeamten usw.; Oetker, RheinZ. 13, 201.

[52]) A. A. Schlegelberger zu § 183 Bem. 14 a. E.; Cohn, DNotZ. 17, 249ff.

Ein positiv-rechtliches Argument läßt sich dem § 1491 BGB. entnehmen. Verzicht des anteilberechtigten Abkömmlings auf seinen Anteil am Gesamtgut geschieht durch Erklärung in öffentlich beglaubigter Form usw. und hat nach Abs. 4 die gleichen Wirkungen, wie wenn der Verzichtende zur Zeit des Verzichtes ohne Hinterlassung von Abkömmlingen gestorben wäre: unter dem Verzicht des Abs. 4 ist zweifellos nicht die noch unbeglaubigte, sondern die durch den Beglaubigungsvermerk ergänzte Erklärung verstanden, unbegreiflich aber wäre, wenn an einen Beglaubigungsvermerk post mortem sich die Fiktion anknüpfte, der einstige Beglaubigungssucher sei jetzt erst gestorben, habe also nach seinem Tode noch fortgelebt.

Die Beglaubigungsbitte kann auch dann nicht als perpetuiert gelten, wenn der Beglaubigungssucher vor der Beglaubigung in Geisteskrankheit verfallen ist. Denn der Beglaubigungswille eines Geisteskranken ist unwirksam. Anders, wenn der Beglaubigungssucher vorübergehend in Unzurechnungsfähigkeit verfallen war. Es entscheidet der abstrakte Begriff der Zurechnungsfähigkeit.

VI. Ein Verstoß gegen die kategorischen Beglaubigungserfordernisse des Gesetzes, § 183 Abs. 2, nimmt dem Vermerke die Kraft der öffentlichen Urkunde. Während die gerichtliche, notarielle Rechtsgeschäftsurkunde ein Ganzes ist, in seiner Rechtswirksamkeit an das Vorhandensein der allgemeinen konstitutiven Urkundselemente (Charakterisierung der Verhandlung nach Ort, Zeit, Präsenz, Vorlesung, Genehmigung, Unterzeichnung durch den Urkundsucher usw.) geknüpft, so daß ein wesentlicher Fehler insofern auf die Beurkundung in allen Teilen einwirkt[53]), dem Instrumente die Bedeutung einer öffentlichen Urkunde entzieht, bemißt sich die Wirksamkeit der unterschriebenen Erklärung gegenüber dem Beglaubigungsvermerke nach eigenem Gesetz. Durch Mängel der Beglaubigung kann das Schriftstück die Eigenschaft öffentlich beglaubigter Erklärung verlieren, seine Bedeutung im übrigen — ob es als Privaturkunde wirksam ist oder nicht — bleibt unberührt.

Eine fehlerhafte Beglaubigung, die öffentliche Urkunde nicht ist, büßt deshalb keineswegs jede Kraft ein. Wenn der Notar ohne Angabe des Ortes, des Tages der Ausstellung oder ohne Beifügung des Stempels oder Siegels die „vorstehende Unterschrift des X beglaubigt", so ist das gewiß ein urkundliches, wenn auch nur privaturkundliches Zeugnis. Eine wissentlich unwahre Beglaubigung dieser Art — der Notar wußte, daß die Unterschrift nicht von X herrührte — würde freilich nicht Strafbarkeit wegen Falschbeurkundung begründen, da § 348 StGB. eine öffentliche Urkunde erfordert. Ein nicht unbedenkliches Ergebnis! Denn im Verkehr mag leicht eine solche Beglaubigung als genügend gelten (wenn etwa nur die Ortsangabe fehlt). So könnte im Zusammenwirken von Beglaubigungssucher und Notar straflos eine Lugurkunde gefertigt werden. Die vorsätzliche Falschbeurkundung durch einen Urkundsbeamten unter Einsetzung dieser seiner Eigenschaft und innerhalb seiner Zuständigkeit, also unter Verletzung seiner Amtspflicht, sollte unter allen Umständen strafbar sein[54]). Die Entwürfe zum Strafgesetzbuch, auch die Reichstagsvorlage, bringen nicht Abhilfe.

Nicht eine Lugurkunde, sondern eine falsche Urkunde wäre eine Beglaubigung, die ein Urkundsbeamter unter dem Namen, Siegel usw. eines anderen Urkundsbeamten ausgestellt hätte.

Abgeschlossen: März 1928.

---

[53]) Anders, wenn gegen eine Vorschrift verstoßen wurde, die nur ein relativ selbständiges, ein trennbares Stück der Beurkundung betraf (nur eine in der rechtsgeschäftlichen Erklärung mitenthaltene Verfügung zugunsten einer bestimmten Person, nur einen Beteiligten, für den ein Schreibzeuge hätte zugezogen werden müssen usw.).

[54]) Ein Fall aus der Rechtsprechung des RG., in dem der Mangel der Strafbarkeit recht fühlbar geworden ist: Entsch. 29, 67ff.

Das Reichsgericht und die Grundbegriffe der Zwangsvollstreckung

von Professor Dr. Paul Oertmann, Göttingen

I.

Die Reichszivilprozeßgebung traf die deutsche Wissenschaft und Rechtsprechung in bezug auf die grundsätzlichen Probleme des Vollstreckungsrechtes ziemlich unvorbereitet. War das Interesse für dieses Rechtsgebiet trotz seiner Wichtigkeit und Schwierigkeit im ganzen nie besonders stark gewesen, so zwang die Ausdehnung der Verhandlungsmaxime auf den der Rechtsdurchsetzung gewidmeten Teil des Verfahrens, die Einrichtung des Gerichtsvollziehers als wichtigsten Vollstreckungsorgans nach Art des französischen huissier, beide zum Umlernen, zu einer grundsätzlichen Neueinstellung. Daß diese den an gemein- und landrechtliche Gedanken Gewöhnten nicht leicht fiel, bisweilen geradezu mißlang, zeigt besonders deutlich das Lehrbuch des sonst so verdienstvollen Planck, der den Gerichtsvollzieher nur als untergeordnetes Hilfsorgan die amtliche Vollstreckungsgewalt des Gerichtes ausüben läßt (1, 233; 2, 604 fg.), ja sogar die Tätigkeit des Vollstreckungsgerichtes wesentlich nur in einer dem Prozeßgerichte zu leistenden Rechtshilfe erblickt, also von jeder auch nur halbwegs befriedigenden Einsicht in die relative Selbständigkeit des Vollstreckungsverhältnisses so weit wie nur möglich entfernt ist.

Blieben somit Planck und seine Gesinnungsgenossen in dem alten Geleise des früheren Prozesses stecken, so lag umgekehrt doch auch das andere Extrem mindestens gleichnahe: die grundstürzende Bedeutung der Normierungen des Reichsvollstreckungsrechtes zu überschätzen und den wertvollsten Gewinn der bisherigen Rechtsentwicklung auf unserem Gebiet, die Anerkennung eines restlos staatlichen, öffentlich-rechtlichen Vollstreckungswesens, zugunsten einer mehr oder minder starken Hineinziehung privatrechtlicher Gesichtspunkte, vielleicht sogar einer dem Gläubiger selbst grundsätzlich zustehenden und nur in der Ausübung den Staatsorganen zugewiesenen Vollstreckungsgewalt, zurückzubilden. Diese Gefahr war um so größer, als die Entstehungsgeschichte der Prozeßordnung und vor allem ihr Wortlaut, der bekanntlich an zahlreichen Stellen auf das Verhältnis von Gläubiger und Gerichtsvollzieher das Wort „Auftrag" anwendete, übrigens selbst heute trotz aller Novellen noch anwendet, sich mit einem gewissen Schein dafür ins Gefecht führen ließ.

Diese bei Inkrafttreten der Zivilprozeßordnung gegebenen historischen und, wenn man will, psychologischen Grundlagen muß man sich vor Augen halten, wenn man die anfängliche und sich hernach wandelnde Einstellung des höchsten Gerichtshofes zu den Hauptproblemen des geltenden Vollstreckungsrechtes innerlich verstehen und vorurteilslos würdigen will.

Es waren zunächst zwei verschiedene Zivilsenate, der III. und IV., die als Träger der nach dem Obigen naheliegenden extremen Auffassungen von der Eigenart des Vollstreckungsverhältnisses auf den Plan traten. Und zwar war es überall die im Vordergrunde des praktischen Interesses stehende Frage nach der Haftung des Gerichtsvollziehers, zu der es Stellung zu nehmen galt.

Der ZS. III tat das im Erkenntnis vom 5. Juni 1883, RGZ. 9, 361 ff. Nr. 106. Hier tritt, anscheinend zuerst, die später so lange festgehaltene Auffassung von der Doppelstellung des Gerichtsvollziehers bestimmend hervor. Wesentlich aus dem Wortlaut des Gesetzes, besonders des damaligen § 674 und der Motive S. 411, gewinnt der Senat den Ausgangspunkt, „daß der Gerichtsvollzieher Beauftragter des Gläubigers ist" (S. 362). Allerdings ist der Gerichtsvollzieher gleichzeitig Beamter; aber diese Eigenschaft „ist für sein Verhältnis zum Gläubiger nicht maßgebend" (S. 364 oben). Sie ist von Belang nur für das Außenverhältnis, dem Schuldner gegenüber. Zwar läßt das Erkenntnis die Wirksamkeit der vom Gerichtsvollzieher vorgenommenen Vollstreckungshandlungen, z. B. der Empfangnahme von Zahlungen, die Entstehung des Pfandrechtes für den Gläubiger auf dem Auftrag beruhen (S. 363 oben und mitte). Aber andererseits ist der Gerichtsvollzieher doch kein unbeschränkter Vertreter des Gläubigers:

„Der vom Beklagten zu seinem Schutz angerufene Rechtsgrundsatz, daß die Kenntnis des Bevollmächtigten dem Auftraggeber schadet, würde nur dann auf den Gerichtsvollzieher Anwendung finden, wenn ihm eine besondere Vollmacht erteilt wäre, was hier nicht geschehen ist."

Wie mir scheint, waren diese Gedankengänge nicht frei von Widersprüchen. Zunächst ist es im Sinn der heutigen Wissenschaft, auch schon für die Zeit von 1883, klar, daß sich aus dem Auftrag als einem nur für die Innenbeziehung der beiden Beteiligten maßgebenden schuldrechtlichen Verhältnis eine Außenwirkung der Gerichtsvollzieherhandlung für und gegen den Gläubiger nicht nachweisen ließ. Um eine solche hervorzurufen, hätte es neben dem Auftrag einer Vertretungsmacht bedurft. Diese konnte beruhen entweder, als Vollmacht, auf dem Willen des Gläubigers, oder aber, als gesetzliche Vertretungsmacht, auf dem Willen des Gesetzes. Jenes scheint der Senat selbst nicht anzunehmen, indem er die Erteilung einer „besonderen Vollmacht" in Abrede stellt. Beruht aber die Wirksamkeit gewisser Vollstreckungsmaßnahmen des Gerichtsvollziehers auf gesetzlicher Anordnung — so in den damaligen §§ 675, 709, 716, 720 —, dann hat es doch keinen rechten Sinn, ihn diese Handlungen gerade als „Beauftragten" vornehmen zu lassen. Zwar die Verantwortlichkeit des Gerichtsvollziehers bestimmt sich nach Auftragsregeln, aber nicht die Wirksamkeit seiner Handlungen; sie ist vom Gesetz an seine Amtsstellung geknüpft, und der „Auftrag" hat im Außenverhältnisse nur die Bedeutung eines Tatbestandes, der vorliegen muß, um die ihrerseits ganz oder doch wesentlich nach öffentlichrechtlichen Gesichtspunkten geregelte und abgegrenzte Amtsgewalt in Aktivität treten zu lassen. So ist es dem Erkenntnis nicht gelungen, die von ihm angenommene Doppelstellung des Gerichtsvollziehers befriedigend durchzuführen; privatrechtliche Anklänge spielen bei ihm auch in die Betrachtung des Außenverhältnisses hinein.

Ganz anders das Erkenntnis des ZS. IV vom 17. Nov. 1883, RGZ. 10, 233 ff. Nr. 63. Allerdings glaubte auch er noch an das „nebenbei bestehende zivilrechtliche Auftragsverhältnis zwischen dem Gläubiger und dem Gerichtsvollzieher" (S. 234). Aber es hat, wenn überhaupt, für den ZS. IV nur dekorative Bedeutung. Ein Gerichtsvollzieher, „wie ihn die Zivilprozeßordnung bestellt", entlehnt seine Machtbefugnis vom Staate, „übt einen Teil des öffentlichen Imperiums, die der obrigkeitlichen Gewalt, aus" und tritt daher auch dem Gläubiger als Staatsbeamter gegenüber. Allerdings ist der „Auftrag" nötig, damit die Amtsbefugnis des Gerichtsvollziehers in Aktivität treten kann; allerdings wirkt das amtliche Verhalten desselben unmittelbar in privatrechtlicher Weise für die Partei. Aber das sind nur „zivilrechtliche Konsequenzen aus dem der Prozeßordnung zugrunde liegenden Prinzipe des Prozeßbetriebes durch die Partei, heben aber nicht auf und berühren nicht die Eigenschaft und die Stellung, welche der Gerichtsvollzieher als Träger eines öffentlichen und Staatsamtes einnimmt". Dann kann aber auch die Haftungsfrage nicht von der öffentlich-rechtlichen Stellung des Gerichtsvollziehers losgelöst werden, bestimmt sich nach den besonderen Grundsätzen der Beamtenhaftung. Der privatrechtliche Auftrag hat hiermit im Sinne dieser Entscheidung nur noch Bedeutung für die Entstehung des Innenverhältnisses zwischen Gläubiger und Gerichtsvollzieher, während Durchführung und Rechtswirkungen sich ganz nach öffentlich-rechtlichen Gesichtspunkten entwickeln. War die obige Entscheidung des ZS. III wesentlich privatrechtlich eingestellt, mit nur einem kleinen Einschuß öffentlich-rechtlicher Würze, so ist beim ZS. IV gerade das Gegenteil der Fall.

Der ZS. IV hatte sich durch die ihm offenbar erst später zur Kenntnis gelangte Gegnerschaft des ZS. III nicht umstimmen lassen. Er sah sich aber durch die geltenden gesetzlichen Vorschriften verhindert, das durch Urteil auszusprechen und verwies daher gemäß § 137 GVG. die Sache vor die Vereinigten Zivilsenate. Von diesen erging daraufhin der Beschluß vom 10. Juni 1886, RGZ. 16, 396ff. Nr. 99, der dann für mehr als ein Menschenalter die Rechtsprechung, weniger freilich die Wissenschaft, des deutschen Vollstreckungsrechtes maßgebend beeinflußt hat.

Die Entscheidung hielt fast durchaus fest an der privatrechtlichen Auffassung des ZS. III, ohne in der Begründung nennenswert über das bereits von ihm Gesagte hinauszukommen. Als maßgebend erschien auch der Plenarentscheidung im Grunde einfach das Wort „Auftrag"; sie folgerte daraus, die Zivilprozeßordnung habe das Rechtsverhältnis des Gerichtsvollziehers zum Gläubiger „nach den Grundsätzen des Mandates gesetzlich geregelt" (S. 400). Allerdings sind die Gerichtsvollzieher zugleich Beamte; das ihnen „notwendige und verliehene Imperium kommt bei der von ihnen vorzunehmenden Zwangsvollstreckung dem Schuldner, gegen welchen dieselbe vollzogen wird, sowie dritten Personen gegenüber zur Geltung; dem ihn mit der Zwangsvollstreckung beauftragenden Gläubiger gegenüber kann dagegen von einer Zwangsgewalt, welche der Gerichtsvollzieher im Namen des Staates zu üben hätte, nicht die Rede sein, ihm gegenüber kommt von der doppelten Eigenschaft, mit welcher der Gerichtsvollzieher bei Ausübung seiner Dienstgeschäfte bekleidet ist, die des Beauftragten als maßgebend in Betracht" (S. 409).

Auch die Plenarentscheidung begnügt sich im Grunde nicht mit dieser vielleicht angreifbaren, aber doch wenigstens folgerichtigen Scheidung des Innen- und Außenverhältnisses, läßt vielmehr den Gesichtspunkt des Auftrages, ähnlich wie ich es oben gegenüber dem ZS. III gezeigt habe, auch in die Betrachtung des Außenverhältnisses hinübergleiten. Allerdings verwerfen auch die Vereinigten Zivilsenate (s. S. 406) die Annahme einer unbeschränkten Vertreterstellung des Gerichtsvollziehers zum Gläubiger. „In der Zivilprozeßordnung ist bestimmt, in welchem Umfange der Gerichtsvollzieher durch den Auftrag der Partei zu deren Vertretung legitimiert wird, darüber hinaus hat er eine Vertretungsbefugnis kraft des Gesetzes nicht." Hier wird also deutlicher als im Erkenntnis des ZS. III die Vertretungsmacht auf das Gesetz statt auf den Willen des zu Vertretenden aufgebaut; dieser ist nur für die Entstehung des internen Vertragsverhältnisses, nicht auch für die des daran angeknüpften externen Vertretungsverhältnisses maßgebend. Entsteht nun aber das letztere aus dem Gesetz, so hatte dieses doch offenbar die volle Freiheit, als maßgebendes Anknüpfungsmoment entweder einen privatrechtlichen Auftrag oder aber einen öffentlich-rechtlichen bloßen Antrag des Gläubigers an den Gerichtsvollzieher zu verwenden. Und es ist keineswegs zwingend, wenn die Plenarentscheidung in bezug auf die den Vollstreckungshandlungen des Gerichtsvollziehers für den Gläubiger beigelegten zivilrechtlichen Wirkungen sagt (S. 407/408): „Diese Wirkungen konnten den Handlungen des Gerichtsvollziehers nur dann beigelegt werden, wenn man den Gerichtsvollzieher als den Mandatar des Gläubigers ansieht, nicht wenn der Gerichtsvollzieher lediglich auf Veranlassung des Gläubigers die ihm als Vollstreckungsbeamten anvertraute Amtsgewalt geltend macht." Indes kommt es im Sinne des Beschlusses auf diese Überspannung der vertraglichen Auffassung offenbar weniger an; das Entscheidende war vielmehr schon, daß er das Innenverhältnis zwischen Gerichtsvollzieher und Gläubiger allein, nicht nur in der ersten Entstehung, sondern auch in der Weiterentwicklung, durchaus nach Vertragsgrundsätzen beurteilte und daher jenen diesem gegenüber bei Verschulden nach den Regeln des Vertragsrechtes, also, je nach dem damals maßgebenden Landesrechte, primär und wegen jeder Fahrlässigkeit haftbar werden ließ.

Der Ansicht des Plenums mußte nunmehr natürlich auch der ZS. IV sich beugen. Er legte sie bei der alsbaldigen Entscheidung der Sache Rep. IV 232/85, die den Anlaß zur Anrufung des Plenums gebildet hatte, zugrunde, Erkenntnis vom 10. Jan. 1887, RGZ. 17, 332 Nr. 80. Aber das doch offensichtlich mit einem gewissen Widerstreben und einer fortbestehenden grundsätzlichen Hinneigung zu seinem früheren Standpunkte. „Der Umstand, daß das Verhältnis des Klägers zu dem Beklagten nach den privatrechtlichen Grundsätzen des Vollmachtsauftrages zu beurteilen ist, schließt nicht aus, daß die Tätigkeit des Beklagten, durch welche er sich bei der Ausführung dieses Auftrages des Klägers demselben nach den Grundsätzen vom Auftrage verantwortlich machte, eine durch den Auftrag veranlaßte Amtshandlung war" (S. 333). Dafür werden eine ganze Anzahl von Gesichtspunkten aufgeführt, die sich wenigstens teilweise auf das Innenverhältnis beziehen; insbesondere der, „daß der Gerichtsvollzieher verpflichtet ist, die ihm erteilten Aufträge nach den gesetzlichen Vorschriften auszuführen".

So ist mit dem Erkenntnis RGZ. 17 Nr. 80 die verschiedene Ausprägung dargelegt oder doch angedeutet worden, die bei grundsätzlicher Annahme der Auftragstheorie möglich bleibt: man kann von ihr aus

a) entweder das Innenverhältnis zwischen Gerichtsvollzieher und Gläubiger ausschließend nach Vertragsrecht beurteilen, so daß die vielberufene „Doppelstellung" des Gerichtsvollziehers rein in dem Gegensatze zwischen Außen- und Innenverhältnis aufgeht,

b) oder aber jene Doppelstellung in die Beurteilung des Innenverhältnisses selbst hineintragen, dieses seinerseits sowohl nach den Regeln des Vertrags- wie daneben des Amtsrechtes beurteilt werden lassen.

Jenes war offenbar der Standpunkt des ZS. III und des Plenums, dieses nach wie vor derjenige des ZS. IV. Zwar für die Haftungsfrage brauchte und konnte — angesichts der Plenarentscheidung — diese sekundäre Verschiedenheit der Grundauffassung nicht mehr ausschlaggebend sein: war der Gerichtsvollzieher dem Gläubiger gegenüber auch vertraglich gebunden, so mußte er ihm schon deshalb entsprechend vertraglich haftbar sein, konnte sich auf die Haftungsabmilderung aus seiner daneben etwa vorhandenen amtlichen Tätigkeit nicht berufen. Aber in anderen Beziehungen blieb jene Verschiedenheit möglicherweise bedeutsam. So vor allem wegen der Zuständigkeit und der Revision: stand der Gerichtsvollzieher dem Gläubiger auch als Beamter gegenüber, so kam für die Ansprüche gegen ihn eine ausschließliche landgerichtliche Zuständigkeit nach § 70 Abs. 3 GVG., in Frage, und dann wäre weiterhin nach § 547 Ziff. 2 ZPO. im Prozeß eine Revision ohne Rücksicht auf den Streitwert am Platze gewesen. Auf dieser Erwägung beruht in der Tat das Erkenntnis des ZS. IV in RGZ. 17 Nr. 80; s. dazu Hellwig, Lehrbuch 2, § 184 Anm. 70 und 72; Seuffert, Kommentar zu § 166 Ziff. 4 (dieser ein Anhänger der Doppelstellung des Gerichtsvollziehers auch im Innenverhältnis, jener ein solcher der reinen Amtstheorie).

War so ein Übergreifen der publizistischen Auffassung auch in der Betrachtung des Innenverhältnisses trotz der Plenarentscheidung möglich geblieben, so hätte es andererseits für die Verfechter der gegnerischen Grundanschauung nicht ganz ferngelegen, umgekehrt privatrechtliche Gesichtspunkte, insbesondere den Vertretungsgedanken, für das Verständnis und die Erstreckung der Außenwirksamkeit der Gerichtsvollzieherhandlungen dem Gläubiger gegenüber zu verwerten. Ansätze dazu fanden wir in RGZ. 9 und 16. Aber das Reichsgericht hat sie, sehr mit Recht, nicht weiter verfolgt und den Vertretungsgedanken auf die Fälle beschränkt, wo das Tun des Gerichtsvollziehers nach gesetzlicher Sondervorschrift unmittelbar privatrechtliche Wirkungen für und gegen den Gläubiger mit sich bringt. Allerdings bedeutete auch dies im Grunde schon einen unzulässigen logischen Sprung. Denn es steht jedenfalls in der modernen Wssenschaft unumstößlich fest, daß aus der Unmittelbarkeit der Wirkungen, die das Tun des einen für die Rechtsstellung eines anderen mit sich bringt, keineswegs auf eine bestimmte Ursache dieser Wirkungen zurückgeschlossen werden darf. So wirkt das Verhalten des Konkursverwalters unmittelbar gegenüber Gemeinschuldner und Konkursgläubigern. Und doch hat gerade das Reichsgericht in ständiger, überzeugender Rechtsprechung (seit RGZ. 29 Nr. 10) die Auffassung von einer Vertreterstellung des Verwalters vollauf verworfen. Die Verfügung über fremde Sachen mit Einwilligung des Eigentümers, § 185 BGB., der Vertrag auf Leistung an Dritte, §§ 328ff. BGB., wären in ihrer Verschiedenheit vom Vertretergeschäft gar nicht zu verstehen, wenn die Unmittelbarkeit der Einwirkung auf den fremden Rechtskreis nur auf Vertreterstellung beruhen könnte.

Aber, was wichtiger ist: das Reichsgericht hat jedenfalls einer Ausweitung der Vertretereigenschaft beim vollstreckenden Gerichtsvollzieher stets widerstrebt. Es hat es vor allem mit Recht abgelehnt, eine Kenntnis des Gerichtsvollziehers von gewissen Umständen beim Vollstreckungsakt ohne weiteres dem Gläubiger zur Last zu schreiben, so z. B., abgesehen von obigem Erkenntnis RGZ. 9 Nr. 106, ZS. III vom 5. April 1887, SeuffA. 42, 425 Nr. 298, vom 4. Mai 1917, RGZ. 90, 193ff. Nr. 49 (SeuffA. 73 Nr. 88), ZS. VII vom 12. Mai 1914, JW. 14, 863 Nr. 3; vgl. die Angaben aus Wissenschaft und sonstiger Rechtsprechung bei Hellwig-Oertmann, System II § 270 Anm. 15. Insbesondere soll danach die Kenntnis des Gerichtsvollziehers von der Benachteiligungsabsicht oder der Zahlungseinstellung des Schuldners (Gemeinschuldners) dem Vollstreckungsgläubiger grundsätzlich nicht schaden.

Die geschilderte Stellung des Reichsgerichtes zum Problem der Gerichtsvollziehertätigkeit ist auf lange Zeit hinaus wesentlich unverändert geblieben. Der ZS. IV hielt im Erkenntnis vom 19. Dez. 1887, RGZ. 20, 389 Nr. 89, ohne ausführliche Begründung an der Ansicht von der Doppelstellung des Gerichtsvollziehers, wie er sie verstand — also „doppelte Rechtsstellung gegenüber derjenigen Partei, für welche er handelt" — fest, während das ältere Erkenntnis vom 9. Mai 1887 (RGZ. 18, 390 Nr. 87) ohne weitere Begründung einfach unter Bezugnahme auf den Plenarbeschluß in RGZ. 16 die vertragliche Haftung des Gerichtsvollziehers gegenüber dem Gläubiger wiederholt hatte. Daß der Senat im Erkenntnis vom 19. Nov. 1893 (RGZ. 32, 373ff. Nr. 94), seiner Ansicht von der Doppelstellung des Gerichtsvollziehers selbst widersprochen hat, ist Hellwig, a. a. O., Anm. 72, kaum zuzugeben: der Senat stellt, übrigens seine eigenen früheren Entscheidungen anziehend, fest, es sei „nicht angegeben, wie mit der Behauptung, daß der Beklagte den Wechsel der Aufforderung ungeachtet nicht herausgegeben, der Vorwurf begründet werden soll, daß der Beklagte seine amtlichen Befugnisse überschritten oder daß er pflichtwidrig Amtshandlungen unterlassen habe. Der Anspruch auf Herausgabe des Wechsels ist vielmehr auf das Auftragsverhältnis gegründet. Es fehlt daher ein gesetzlicher Grund der Zuständigkeit des Landgerichtes."

Einerlei ob dieser Standpunkt für den zu entscheidenden Fall begründet war — der Senat denkt jedenfalls nicht daran, die früher von ihm angenommene Auffassung von der Doppelstellung des Gerichtsvollziehers dem Gläubiger gegenüber damit grundsätzlich zu verlassen.

Diese mehr vermittelnde Ansicht des VS. IV fand demnächst in dem ausführlichen Erkenntnis des ZS. VI vom 29. Okt. 1903, RGZ. 56, 85ff. Nr. 22, einen Bundesgenossen. Hier heißt es unter Bezugnahme auf die Entscheidungen 16 und 17 (S. 89):

„Daraus, daß der Gerichtsvollzieher im Zwangsvollstreckungsverfahren eine Zwangsgewalt nur gegen den Schuldner und dritte Personen, nicht aber dem ihm beauftragenden Gläubiger gegenüber ausübt, folgt nicht, daß der Gerichtsvollzieher dem auftraggebenden Gläubiger gegenüber sich nur in einem Vertragsverhältnisse, also einem lediglich privatrechtlichen Verhältnisse, befindet und dem Gläubiger gegenüber die dem ihm übertragenen Imperium entsprechende Handlung den Charakter einer dem zugewiesenen Ressort angehörigen Amtshandlung verliert."

Diese Auffassung stehe auch mit dem Plenarentschlusse, trotz einzelner mißverständlicher Wendungen darin, in Wahrheit nicht in Widerspruch.

Ob diese Vermutung richtig war, kann hier dahingestellt bleiben; jedenfalls wird im Erkenntnis von 1903 die auch öffentlich-rechtliche Bedeutung der Gerichtsvollzieherhandlung stärker als in einer der sonstigen nach dem Plenarentschluß ergangenen Entscheidungen hervorgekehrt. Bedeutsam sind für die im Grunde geänderte Auffassung besonders die Sätze S. 89 oben:

„Die Ausübung eines Hoheitsrechtes besteht nun nicht notwendig in der Ausübung eines staatlichen Zwangsrechtes. Ausübung eines Hoheitsrechtes kann auch in einem Akte des staatlichen Schutzes, der staatlichen Fürsorge liegen. Derselbe Akt, der den Willen des einen der vom Staate gesetzten Ordnung und damit der Anordnung oder dem Befehle des zur Ausführung bestellten Beamten unterwirft, kann für den, der die Gewalt des Staates anruft, oder für die Allgemeinheit ein Akt des Schutzes oder der Fürsorge sein." Eine Betätigung der öffentlichen Gewalt liege somit „auch vor, wenn auch die konkrete Handlung oder Unterlassung nicht unmittelbar auf die Ausübung eines Zwanges gerichtet ist".

Mit diesem Gedankengange, wohl dem grundsätzlich bedeutsamsten, den wir in der Rechtsprechung des Reichsgerichtes vor der neueren Plenarentscheidung von 1913 (s. unten) finden, ist die privatrechtliche Auffassung soweit unterhöhlt, daß die im Urteile von 1903 enthaltene ausdrückliche Anerkennung einer Vertragshaftung des Gerichtsvollziehers sich fast nur noch wie eine notgedrungene Konzession an die damals nun einmal noch in Kraft befindliche Plenarentscheidung von 1886 ausnimmt. Dieser wurde der Boden überhaupt mehr und mehr entzogen: äußerlich dadurch, daß im Bürgerlichen Gesetzbuch bekanntlich das Wort „Auftrag" nur noch auf die unentgeltliche

Geschäftsbesorgung beschränkt ist, so daß von einer maßgebenden technischen Bedeutung des in der Zivilprozeßordnung gebrauchten Wortes „Auftrag" für das Verhältnis zwischen Gerichtsvollzieher und Gläubiger nicht mehr die Rede sein konnte, der Plenarbeschluß von 1886 somit seinen bisher stärksten Trumpf eingebüßt hatte; innerlich dadurch, daß die ganz überwiegende Strömung in der modernen Prozeßrechtswissenschaft sich immer stärker einer rein öffentlich-rechtlichen Auffassung zuzuwenden begonnen hatte, nicht als letzter in der bei ihm üblichen eindrucksvollen Weise Konrad Hellwig, Lehrbuch 2 § 84 IV.

Nach alledem war die Zeit allmählich erfüllt für eine erneute Stellungnahme des reichsgerichtlichen Plenums. Und diese fiel denn auch unter dem 2. Juni 1913, RGZ. 82, 85ff. Nr. 21, dem Zuge der Entwickelung entsprechend, durchaus im Geiste der allein beifallswerten publizistischen Theorie. Die neue Plenarentscheidung ist mit ihren zehn Druckseiten schon äußerlich ungewöhnlich umfassend, und vollends inhaltlich stellt sie so ziemlich das Bedeutsamste dar, was der höchste Gerichtshof auf dem Gebiete des Zivilprozeß-, jedenfalls des Vollstreckungsrechtes geschaffen hat; ausgezeichnet gleichmäßig durch gründliche, umsichtige Auslegung der geltenden Vorschriften wie durch gedankliche Vertiefung und rechtspolitisches Feingefühl. Wer sich dem Reichsgericht als Jubilar zu seinem Ehrentage naht, darf selbstverständlich diese Plenarentscheidung so wenig wie nur irgendeine andere unerwähnt lassen.

Die Bedeutung der Entscheidung beschränkt sich keineswegs auf die darin allein unmittelbar beantwortete und bejahte Frage, ob der Gerichtsvollzieher dem Gläubiger wegen Verschuldens bei Ausübung der Vollstreckungstätigkeit nur nach den Regeln der Beamtenhaftung, jetzt § 839 BGB., also bei bloßer Fahrlässigkeit nur subsidiär, verantwortlich sei. Diese Frage, gewiß bedeutsam an sich, hätte es allein nicht gerechtfertigt, dem Erkenntnis in einem Beitrage zur Festschrift die zentrale Stellung einzuräumen. Von viel grundsätzlicherer Bedeutung sind die Ausführungen auf S. 86 über das allgemeine Wesen der modernen Vollstreckung:

„In der Zwangsvollstreckung betätigt sich die staatliche Zwangsgewalt durch die eigenen Organe des Staates. Ob die Zwangsvollstreckung den Gerichten oder den Gerichtsvollziehern zugewiesen ist, und wie auch die landesrechtliche Regelung des Gerichtsvollzieherwesens gestellt sein mag, stets erfolgt sie zwar nicht von Amt wegen, sondern auf Antrag und im Interesse der Partei, aber als Ausübung staatlicher Zwangsgewalt, kraft der der Behörde oder dem Einzelbeamten vom Staate verliehenen Gewalt. Der Antrag oder der Auftrag der Partei ist nicht die Quelle der Zwangsbefugnis, sondern nur der äußere Anlaß, der die Betätigung der Amtsgewalt auslöst. Deshalb gehört die Tätigkeit der Organe der Zwangsvollstreckung, der Gerichtsvollzieher nicht minder wie die der Gerichte, dem öffentlichen Recht an, und zwar in ihrer Gesamtheit. Das öffentliche Recht beherrscht deshalb auch das Verhältnis des Gerichtsvollziehers zu dem Gläubiger, der ihn mit der Zwangsvollstreckung beauftragt. Auch in der Fürsorge für den einzelnen, auch darin, daß der Zwang gegen den Schuldner ausgeübt wird zugunsten des Gläubigers, betätigt sich die Staatsgewalt. Auf öffentlichem Rechte beruht es, daß der Gerichtsvollzieher, wenn er zur Erledigung des ihm erteilten Auftrages zuständig ist, diesen übernehmen und ausführen muß. Die Beziehungen zwischen Gläubiger und Gerichtsvollzieher können nicht losgelöst werden von dem Gegenstande, den sie betreffen. Es geht daher nicht an, diese Beziehungen allein oder auch nur vorwiegend dem bürgerlichen Vertragsrechte zu unterstellen."

Die sonstigen Ausführungen des Urteiles, beachtenswert und meist durchschlagend an sich, stehen an grundsätzlicher Bedeutung hinter dieser hier wörtlich mitgeteilten Stelle zurück. Sie bedürfen daher im Sinne meines Aufsatzes nicht der weiteren Wiedergabe. Ebensowenig ist an dieser Stelle eine allgemeine Begründung der publizistischen Theorie des Vollstreckungsrechtes am Platze[1]) oder eine Auseinandersetzung mit den noch immer nicht ausgestorbenen, wennschon stark in die Defensive gedrängten Verfechtern der zivilrechtlichen und gemischten Auffassungen. Denn nicht vom Wesen der Vollstreckung, sondern nur von der Bedeutung des Reichsgerichtes für die Erfassung dieses Wesens soll mein Beitrag handeln.

Aus der späteren Zeit sind grundsätzliche Erörterungen des Reichsgerichtes zu dieser Grundfrage nicht hervorgetreten oder mir doch nicht bekanntgeworden[2]). Es scheint, daß die grundsätzliche Frage durch die Plenarentscheidung von 1913 für die deutsche Rechtsprechung auf absehbare Zeiten erledigt ist.

II.

Die Frage nach der Stellung des Gerichtsvollziehers ist im System des Vollstreckungsrechtes nicht die erste, vielleicht auch nicht die wichtigste. Aber sie bot für die Rechtsprechung am meisten den Anlaß zur Stellungnahme und mußte daher auch in diesem Beitrage mit besonderer Ausführlichkeit erörtert werden. Zu den anderen grundsätzlichen Problemen des Vollstreckungsrechtes hat das Reichsgericht sich weit seltener und kürzer geäußert. Immerhin ist seine Einstellung dazu mit einiger Sicherheit zu ermitteln.

1. Das gilt zunächst von der Erfassung des Vollstreckungsverhältnisses als eines dreieckigen Verhältnisses zwischen Gläubiger und Staat einer-, Staat und Schuldner andererseits. Die noch immer auftauchende Lehre von einer grundsätzlich eigenen, durch den Gerichtsvollzieher ausgeübten Vollstreckungsgewalt des Gläubigers findet in der Rechtsprechung des Reichsgerichtes nicht die mindeste Stütze; im Gegenteil beruhen sämtliche zu I besprochenen Erkenntnisse, im Grunde selbst das in gewissen Gedankengängen (s. oben) nicht unmißverständliche in RGZ. 9 Nr. 106, auf dem Leitgedanken einer staatlichen Vollstreckungsgewalt. Nichts ist dafür bezeichnender, als der in den Erkenntnissen wiederholt und nicht ohne Nachdruck verwendete Ausdruck von dem durch den Gerichtsvollzieher ausgeübten „öffentlichen Imperium"[3]).

Ob das Reichsgericht als Anhänger der mit der von Wach begründeten Theorie vom Rechtsschutzanspruch nahe verwandten Annahme eines eigentümlichen publizistischen Vollstreckungsanspruches anzusehen sei, ist damit natürlich nicht gesagt. Es hatte zu dieser grundsätzlich wichtigen, aber für die unmittelbare praktische Rechtsanwendung minder vordringlichen Frage sich zu äußern auch kaum Anlaß. Wichtiger war für das Rechtsleben die andere Frage nach den Voraussetzungen des Vollstreckungsrechtes. Zwar daß dessen eigentlicher Erzeuger der vollstreckbare Titel sei, stand von jeher außer Zweifel. Ist aber der Bestand des zwangsweise durchzuführenden materiellen Anspruches daneben ein weiteres Erfordernis? Die innere, teleologische Verwandtschaft zwischen Vollstreckungsrecht und Anspruch konnte natürlich von niemandem bestritten werden; es fragte sich aber, ob dieser Zusammenhang

---

[1]) Ich habe sie meinerseits in meiner Vollendung von Hellwigs System 2, §§ 270/71 (1919) zu geben versucht und nehme auf das dort Gesagte Bezug.

[2]) Eine Vertreterstellung des Gerichtsvollziehers gegenüber dem Gläubiger wird ständig verworfen, s. besonders auch ZS. III vom 4. Mai 1917, RGZ. 90, 194 Nr. 49, ZS. VII vom 5. April 1921, RGZ. 102, 79 Nr. 21.

[3]) S. z. B. RGZ. 10, 234; 16, 409 (hier in dem übrigens vertragsrechtlich eingestellten Plenarbeschluß). — Die zu Eingang erwähnte Lehre Plancks von der bloßen Gehilfenstellung des Gerichtsvollziehers gegenüber dem Vollstreckungsgerichte wird vom Reichsgericht also offenbar durchaus gemißbilligt.

ein unmittelbarer sei, oder ob das Vollstreckungsrecht in seinem formalen, wenn man will, vorläufigen Bestande vom Anspruche losgelöst, ihm gegenüber abstrakt vorzustellen sei. Das ist wieder eines der grundsätzlichsten Probleme des Vollstreckungsrechtes.

Das Reichsgericht hat zu dieser Frage mehrfach, zwar in aller Kürze, aber doch im Grunde mit befriedigender Klarheit und zutreffendem Ergebnisse, Stellung genommen. Es betont auf der einen Seite (ZS. V vom 28. Febr. 1891, SeuffA. 46, 476 Nr. 295) die unbedingte Notwendigkeit eines dazu geeigneten Vollstrekkungstitels" für das Vollstreckungsrecht. Es leugnet auf der anderen Seite (ZS. II vom 24. Nov. 1896, RGZ. 38, 402 Nr. 105) die Annahme, daß der Schuldner oder ein dritter Einwendungen, „welche den durch das Urteil festgestellten Anspruch betreffen", anders als im Wege der Klage nach § 686 ZPO. — jetzt § 767 — bei dem Prozeßgericht erster Instanz geltend machen könne. Und es verwirft an anderer Stelle (ZS. I vom 10. Okt. 1903, SeuffA. 59, 78 Nr. 43) die damals — und auch leider heute noch — beliebte Auffassung dieses Rechtsmittels, der Vollstreckungsgegenklage, als eines solchen auf Feststellung vom Nichtmehrbestehen des klägerischen Anspruches:

„Die Vollstreckungsgegenklage aus § 767 ist ein anderes Gebilde. Sie bezweckt den richterlichen Ausspruch, daß die Zwangsvollstreckung aus dem Urteil unzulässig sei, und diese Richtung auf die Unzulässigkeit der Zwangsvollstreckung, gegenwärtiger oder künftiger, ist ihr wesentlich. Der Anspruch, der mit einer Klage auf Feststellung des materiellen Rechtsverhältnisses geltend gemacht wird, ist damit nicht identisch. Für die Vollstreckungsgegenklage ist die negative Feststellung des materiellen Anspruches weder erforderlich noch genügend."

Allerdings ist das Erkenntnis geneigt, dem früheren Schuldner daneben auch noch eine „materielle Feststellungsklage aus § 256" zuzugestehen. Aber dies nicht zu dem Zweck, um damit gleichfalls der Vollstreckung entgegenzutreten[4]). Vielmehr wird, „soweit es sich um die Abwehr von Zwangsvollstreckungshandlungen aus dem früheren Urteile handelt, die Klage aus § 767 der richtige Weg gewesen sein. Aber daneben ist es nicht zu bestreiten, daß ein Urteil, welches das Fortbestehen des Anspruches der Beklagten direkt verneint, dem Kläger zu den verschiedensten Schutzzwecken besser dient als das auf die Vollstrekkungsklage ergehende Urteil, in welchem die Normierung der materiellen Schuld nur ein Element der Begründung bildet[5])". Für diese Feststellungsklage bleibt besonders nach einer „mit Erfolg durchgeführten Zwangsvollstreckung" Bedürfnis, weil fortan der Weg der Vollstreckungsgegenklage nicht mehr gangbar ist.

Es mag sein, daß das Erkenntnis in der Klarheit der Formulierung noch nicht der Weisheit letzten Schluß darstellt. Mißverständlich scheint mir besonders der Passus, der Richter spreche im Urteil über die Vollstreckungsgegenklage aus, daß die Vollstreckung unzulässig sei, während nach der richtigeren Ansicht[6]) es sich dabei um ein Gestaltungsurteil handelt, das die Beseitigung der Vollstreckungsfähigkeit des alten Urteils — nicht seiner Existenz! — zum Ziel, nicht nur Grundlage hat. Und zwar um deswillen, weil dem Vollstreckungsrecht mit dem Wegfalle des Anspruches die sachliche Berechtigung, die materielle causa entzogen ist, ohne daß es darum seine formelle Existenz eingebüßt hat.

Aber in der Sache vertritt das Urteil offenbar die richtige Ansicht: das Vollstreckungsrecht ist vom materiellen Anspruche formell unabhängig, lediglich von dem publizistischen Vollstreckungstitel abhängig. So ist denn auch in

---

[4]) Mißverständlich früher ZS. V vom 27. Febr. 1889, SeuffA. 44, 376 Nr. 236.

[5]) Von mir gesperrt gedruckt.

[6]) S. näher meine Untersuchung im ArchZivPrax. 107, 199f.

dieser weiteren Hauptfrage die Loslösung des Vollstreckungsrechtes von der ihm Luft und Licht raubenden Umklammerung durch eine einseitig privatrechtlich eingestellte Anschauung vollzogen.

Ist damit der Vollstreckungstitel als der einzig maßgebende „Erreger" der Vollstreckbarkeit aufzuweisen, so erhebt sich als weiteres Grundproblem des Vollstreckungsrechtes die Frage, wie es denn kommen könne, daß der von diesem Recht Gebrauch machende Vollstreckungsgläubiger dem Schuldner in gewissen Fällen schadensersatzpflichtig werde. Das trifft bekanntlich in den beiden Fällen der Vollstreckung aus einem vorläufig vollstreckbaren Urteil, § 717^2 ZPO. und aus einem Arrestbefehl oder einer einstweiligen Verfügung, § 945, zu. Beide Fälle sind erst Neuerungen der Novelle von 1898, während die ursprüngliche Prozeßordnung für die einstweilige Verfügung nur das minder weitgehende Hilfsmittel aus dem damaligen § 655^2 besaß und über die Ersatzpflicht beim Arrest überhaupt schwieg. Freilich fehlte es auch damals nicht an Stimmen, die einer Ersatzpflicht des Gläubigers günstig waren. Aber sie hatten nicht recht durchdringen können, und jedenfalls das Reichsgericht hatte sich durchweg ablehnend verhalten, so daß ihm Anlaß und Möglichkeit fehlten, sich über den Rechtsgrund der Ersatzpflicht zu verbreiten.

Um so mehr war dieser Anlaß gegenüber den neuen §§ 717^2, 945 gegeben. Und zahlreich sind die Urteile, die sich darauf beziehen. Besonders der ZS. IV hatte öfters Anlaß, sich mit der Frage nach der Verjährungsdauer des Ersatzanspruches daraus zu befassen. Er erblickt in diesem ständig einen solchen aus unerlaubter Handlung und wendet darauf die dreijährige Verjährung aus § 852 BGB. an[7]).

In der Sache nicht abweichend, aber etwas zurückhaltender war die Stellungnahme des ZS. IV vom 6. Juni 1904, RGZ. 58, 241 Nr. 61 („rechtloser Eingriff in die Rechtssphäre des Gegners) und des ZS. VII vom 26. Jan. 1912, RGZ. 78, 207 Nr. 44 (ein „sich als ungerechtfertigt erweisendes, also gegenständlich rechtswidriges Vorgehen" des Vollstreckungsgläubigers). Übrigens spricht auch ZS. IV in RGZ. 74 Nr. 69 von einem „zwar erlaubten, aber den Gegner immer gefährdenden Vorgehen", eine Formel, die zur Annahme einer noch so frei aufgefaßten „unerlaubten" Handlung schwerlich recht paßt.

M. E. ist die ganze Grundauffassung des Reichsgerichtes, die sich auch in der Wissenschaft sehr häufig findet[8]), durchaus zu verwerfen. Keinesfalls hat das Reichsgericht sie auch nur halbwegs befriedigend begründet. Der im Grunde einzige ernsthafte Versuch, bei Warneyer 13, 312, die Befugnis des Gläubigers „habe ihre eigentliche Quelle darin, daß das mit vorläufiger Vollstreckbarkeit zuerkannte Recht des Gläubigers auch wirklich besteht. Unterliegt das Urteil der Aufhebung durch ein höheres Gericht, so zeigt sich, daß das Recht eben nicht besteht", ist durchaus nicht beweiskräftig. Beruhte die Ersatzpflicht wirklich auf dem Fehlen des materiellen Anspruches, so müßte sie sinngemäß auch in den Fällen der Vollstreckungsgegenklage angeordnet sein, wenigstens dann, wenn die Vollstreckung daraus erst nach Wegfall des materiellen Anspruchs oder ohne Rücksicht auf dessen urteilsmäßige Feststellung (§ 797^4 ZPO.) begonnen (vgl. § 769) und den Schuldner bereits geschädigt hat — davon ist aber nach geltendem Rechte keine Rede. Sie könnte andererseits in den Fällen des § 717^2 sinngemäß nicht eintreten, wenn das vorläufig vollstreckbare Urteil

---

[7]) S. die Erkenntnisse vom 8. Nov. 1910, RGZ. 74, 249 Nr. 69; vom 3. Dez. 1910, Warneyer 11, 89 Nr. 82; vom 25. Jan. 1913, Warneyer 13, 311 Nr. 265; vom 12. Febr. 1923, RGZ. 106, 289 Nr. 78; vom 31. Jan. 1927, JW. 1927 S. 1153 Z. 19 (Anmerkung von Oertmann dazu JW. 1927 S. 1367).

[8]) S. die Angaben bei Hellwig-Oertmann, System 2 §§ 282 Z. 8, 353 Z. 1.

nur auf Grund von Umständen aufgehoben wird, die erst nach Vornahme der Vollstreckung eingetreten waren — zu dieser, rechtspolitisch vielleicht begründeten Einschränkung[9]) sind wir aber bei dem nicht unterscheidenden Wortlaute des § 717[2] nicht berechtigt. Wichtiger noch erscheinen die grundsätzlichen Erwägungen: wenn wirklich das Vollstreckungsrecht nur vom Titel abhängt, das Vorhandensein des materiellen Anspruches allein seinen sachlichen Rechtfertigungsgrund abgibt, so kann dessen Fehlen zwar sehr wohl einen Bereicherungsanspruch begründen, aber nicht eine auch nur „gegenständliche" Rechtswidrigkeit des Vollstreckungsaktes. Ich kann mir die Ansicht des Reichsgerichtes nur als einen Rückfall in die, sonst glücklich überwundene, privatrechtlich orientierte Auffassung vom Wesen der Vollstreckbarkeit vorstellen, von dem ich wohl hoffen darf, daß es ihn alsbald als störenden Anachronismus erkennen und als zu der sonst durchgeführten publizistischen Betrachtungsweise nicht mehr passend ausmerzen werde.

Selbstverständlich bin ich darum kein Gegner der geschilderten Ersatzhaftung. Ich stimme vielmehr vollauf mit dem überein, was das Reichsgericht, RGZ. 58, 291 zit., zunächst mit Bezug auf den Arrestfall, zu ihren Gunsten ausgeführt hat:

„Der Arrest ist ein gefährlicher, in die Privatrechtssphäre des Betroffenen tief einschneidender Rechtsbehelf, über den in einem summarischen Verfahren, auf bloße Glaubhaftmachung der Voraussetzungen hin, verfügt und entschieden wird."

Daß derjenige, der solche gefährliche Maßnahmen in rücksichtsloser Verfolgung des Eigeninteresses durchführt, das Risiko ihrer objektiven Rechtfertigung zu tragen hat, ist m. E. ein elementarer Satz gesunder Rechtspolitik. Aber die dogmatische Begründung dafür ist weniger im Gebiet des materiellen als in dem des Prozeßrechtes selbst zu finden: sie liegt in der Zerbrechlichkeit des Vollstreckungstitels, der bei vorläufiger Vollstreckbarkeit und Arrest von vornherein nur als vorläufiger oder hypothetischer verliehen ist. Wer sich eines solchen ihm nur unter Vorbehalt verliehenen Titels bedient, tut das sinngemäß auf eigene Gefahr[10]).

Einer Anwendung der kurzen Verjährung auf den Ersatzanspruch will ich damit nicht ohne weiteres entgegentreten. Sie ließe sich, wie mir scheint, ungezwungen auf Grund der Analogie oder sogar mittels sog. argumentum a fortiori aus § 852 BGB. ableiten: wenn sogar die Ersatzpflicht aus unerlaubter Schadenszufügung vom Gesetzgeber mit gutem Grund einer verkürzten Verjährung unterworfen wird, so will er es da, wo er sogar eine erlaubte, aber riskante Rechtsausübung einer entsprechenden Rechtsfolge unterwirft, schwerlich anders, strenger gehalten wissen. Doch ist das eine Sonderfrage, die nicht mehr zu dem Thema meines Beitrages gehört.

III.

Zu den Grundproblemen des Vollstreckungsrechtes gehört auch die Frage nach der Rechtswirksamkeit eines Vollstreckungszugriffes auf Gegenstände, die einem fremden Vermögenskreise angehören. Daß das materiell-rechtlich unstatthaft sei, kann keinem Zweifel unterliegen. Denn Haftungsgegenstand ist nur das Vermögen des Vollstreckungsschuldners, und so kann es für eine wesentlich privatrechtliche Einstellung keinem Zweifel unterliegen, daß eine Abirrung des Vollstreckungsaktes auf Vermögensstücke Dritter unwirksam sein müßte. Die diesem Dritten zum Schutze seines bedrohten Rechtes

[9]) Dafür Stein-Jonas zu § 717, II, 2 mit weiteren Angaben für und wider.

[10]) S. Näheres bei Hellwig-Oertmann 2, §§ 276, 282 Z. 8, 353 Z. 1.

von der Zivilprozeßordnung, jetzt § 771, gewährte Widerspruchsklage ist danach einfach Entfaltung des Privatrechtes, also in der Mehrzahl der Fälle sachlich ein gewöhnlicher Eigentums- oder Eigentumsfreiheitsanspruch.

Von dieser privatrechtlichen Auffassung ist denn auch das Reichsgericht ursprünglich ausgegangen. So sagt ZS. V im Erkenntnis vom 17. Okt. 1888, RGZ. 22, 270 Nr. 54, das Pfändungspfandrecht „unterliege in betreff seiner Voraussetzungen und Wirkungen den allgemeinen Vorschriften über Pfandrechte"; insbesondere sei darauf die (landrechtliche) Bestimmung anwendbar, wonach die Sache bei der Bestellung zum Vermögen des Schuldners gehören muß. Ebenso ZS. III vom 30. Mai 1890, RGZ. 26, 104 Nr. 21; ZS. V vom 15. Dez. 1878, RGZ. 40, 290 Nr. 79. Mangels solcher Zugehörigkeit ist die Pfändung danach überhaupt nicht „wirksam", ist eine „nur formal" bestehende.

Aber auch in dieser Frage zeigt sich ein allmähliches Zurückweichen der rein privatrechtlichen Auffassung vor einer spezifisch prozeßrechtlichen, wonach die Gültigkeit der Pfändung nur von den formalen Erfordernissen eines schuldnerischen Gewahrsams am Pfändungsgegenstande (§ 808 ZPO.), nicht von dem materiellen seines Eigentums daran abhängt. Die Nichtzugehörigkeit des Pfandstückes zum haftenden Vermögen ist allerdings ein erheblicher Mangel, der mittels der Klage aus § 771 zur Aufhebung der Pfändung führt. Aber diese Aufhebung ist nur Ziel, nicht eine Nichtigkeit der Pfändung Grund der Klage; inzwischen hat auch die Pfändung fremder Sachen mindestens prozeßrechtliche Wirksamkeit im Sinne einer sog. Pfandverstrickung; vielleicht sogar, freilich minder sicher, selbst privatrechtlich im Sinne der einstweiligen Entstehung eines Pfandrechtes[11]).

Zu einer wirklich folgerichtigen und zweifellosen Anerkennung dieser prozeßrechtlichen Auffassung vom Wesen der Widerspruchsklage ist das Reichsgericht freilich bis auf den heutigen Tag nicht gelangt. Aber schon zeigen sich entschiedene Ansätze an solche richtige Auffassung. So wenn ZS. IV vom 21. Sept. 1905, SeuffA. 61, 253 Nr. 143, das Wesen und Ziel der Widerspruchsklage dahin gehen läßt,

> „daß auf den im Wege der Klage zur Geltung zu bringenden Widerspruch eines Dritten die in Betracht kommende Zwangsvollstreckung durch Urteil für unzulässig erklärt wird",

während von einem dem Vollstreckungsgläubiger aufzulegenden Auftrage dabei nicht die Rede sei. Damit ist doch das Urteil offenbar als Gestaltungs-, nicht als Leistungsurteil erfaßt. Vielleicht noch deutlicher tritt, trotz einzelner mißverständlicher Anmerkungen auf S. 432 oben, die gleiche Ansicht im Erkenntnisse des ZS. VI vom 7. Nov. 1905, RGZ. 61, 431 Nr. 102, zutage. Hier heißt es, es handle sich bei der Klage aus § 771 um die Zulässigkeit der Vollstreckung. „Ihr Gegenstand ist die Beseitigung der Pfändung; der Pfändungsgläubiger soll nicht sowohl die Sache als Besitzer dem Eigentümer zurückgeben wie sein äußerlich bestehendes Pfandrecht ... aufgeben." Ausführlich handelt über den Unterschied der Widerspruchs- von der Eigentumsklage ZS. III vom 3. Nov. 1908, RGZ. 70, 27 Nr. 7. Es stehe bei jener kein Eigentumsstreit in Frage,

> „sondern der Interventionskläger verlangt den Ausspruch der Unzulässigkeit der Zwangsvollstreckung, weil die gepfändeten Sachen nicht zum Vermögen des Schuldners gehören, wie durch das die Intervention stützende Recht bewiesen werden soll".

Das „als ein die Veräußerung hinderndes geltend gemachte Recht ist nur ein Entscheidungsgrund, nicht der Gegenstand des Anspruches". Dieser Gegen-

[11]) S. darüber Hellwig-Oertmann a. a. O. § 317.

stand sei, nur die Unzulässigkeit der Vollstreckung, in dem Sinne, daß zwischen den Parteien entschieden werde, „ob die betriebene Zwangsvollstreckung eine materiell berechtigte ist".

Wichtiger wohl als dieses etwas lahme Bekenntnis zur prozeßrechtlichen Auffassung ist die sachliche Stellungnahme. Es hat von jeher als Prüfstein für die Angehörigkeit zur einen oder anderen Grundanschauung über die Widerspruchsklage gegolten, ob man sie nur dem Träger eines dinglichen oder auch dem eines — auf Rückerstattung gerichteten — schuldrechtlichen Anspruches zubilligt; ob, mit anderen Worten, das Rechtsmittel auf der positiven Zugehörigkeit des Pfändungsgegenstandes zum eigenen Vermögen des Klägers oder auf der negativen Nichtzugehörigkeit zum Vermögen des Vollstreckungsschuldners beruht. Denn ein Bekenntnis zur zweiten Alternative läßt sich durch keine juristische Kunst aus den Mitteln des geltenden Privatrechtes ableiten, so verzweifelte Mühe man sich auch gelegentlich damit gegeben hat. Und das Reichsgericht hat, wie nunmehr die neueste, mir vorliegende Entscheidung des ZS. V vom 21. März 1927, RGZ. 116, 364 Nr. 71; JW. 1927, 1639, bezeugt, jedenfalls seit längerer Zeit „als ausreichende Grundlage der Widerspruchsklage auch schuldrechtliche Herausgabeansprüche anerkannt". Es hat damit der privatrechtlichen Auffassung auch in bezug auf diese weitere Grundfrage der Vollstreckung im Grunde bereits Valet gesagt.

Auf die sonstigen zahlreichen von der reichsgerichtlichen Rechtsprechung berührten Einzelfragen der Widerspruchsklage ist hier wiederum nicht einzugehen.

Schlußbemerkung

Man möchte aus meinen Ausführungen den Eindruck entnehmen, als ob das Reichsgericht sich um die Erfassung der Grundfragen des Vollstreckungsrechtes weniger Verdienst erworben habe als bei so zahlreichen anderen Rechtsproblemen. Und daran ist auch zweifellos so viel richtig, daß es hier weniger als Bahnbrecher denn als Vermittler und Durchführer anderweit aufgestellter Ideen gewirkt hat. Und das konnte auch nicht wohl anders sein. Einmal kommen Fragen des Vollstreckungsrechtes aus naheliegenden Gründen verhältnismäßig selten vor das Forum der Leipziger Richter. Zum anderen sind gerade die grundsätzlich wichtigen allgemeinen Rechtsfragen im ganzen nicht sonderlich geeignet, durch Mehrheitsbeschlüsse eines sieben- oder jetzt fünfköpfigen Kollegiums, also das Mittel einer Kompromißlösung, entscheidend gefördert zu werden; für solche Lösung sind Einzelfragen oder große rechtspolitische Gegensätze, wie z. B. beim Aufwertungsproblem, ungleich geeigneter.

Aber wir dürfen doch auch in bezug auf das Thema meines Beitrages nicht ungerecht sein gegen das viele Wertvolle und Förderliche, was der höchste Gerichtshof hier unter Mitwirkung seiner sämtlichen Zivilsenate geleistet hat: nicht hin und her gewürfelte Zufallsergebnisse sind es, über die ich berichten konnte, sondern ein ständiges Gewinnen neuer Gesichtspunkte, ein sozusagen organisches Hinauswachsen der Anschauung aus der einseitigen Enge privatrechtlicher Betrachtungsweise zu jener Selbständigkeit prozeßrechtlicher Problemstellung, wie sie uns die großen Meister moderner Prozeßwissenschaft, Adolf Wach und Konrad Hellwig vor allen, bahnbrechend gelehrt haben. Und daß diese Selbständigkeit prozeßrechtlichen Denkens auf dem Gebiete der Vollstreckung den heute wohl unbestrittenen Sieg errungen hat, das verdanken wir zum vielleicht wesentlichsten Teile der gewaltigen Autorität unseres wohlbewährten und hochverehrten Reichsgerichtes.

Abgeschlossen: Anfang März 1928.

Die Revisibilität der Auslegung von Willenserklärungen

Mit Beiträgen zur Methodik der Rechts- und Tatfrage

von Professor Dr. Alfred Manigk, Marburg a. L.

Inhalt

I.

Das Reichsgericht ist vom Beginne seiner Rechtsprechung an bis zur Gegenwart dem Vorwurf ausgesetzt gewesen, in dieser bedeutsamen, die Mehrzahl der Rechtsstreitigkeiten berührenden Frage der Ziviljustiz einen prinzipiell begründeten und einheitlichen Standpunkt nicht gewonnen zu haben. Indessen fehlt auch den vielen kritischen Stimmen durchaus die Einheitlichkeit. Man kann heute weniger von einer herrschenden wissenschaftlichen Meinung über jene Frage sprechen, als von einer allgemeinen Toleranz, die die Auslegungsrechtsprechung des Reichsgerichtes um so lieber hinnimmt, als der hohe sachliche Wert der Entscheidungen dieses Gerichtes dadurch auch jener Rechtsprechung zugute kommt. Allerdings wird ihr von mancher Seite auch in neuester Zeit noch lebhaft widersprochen. Neuere Untersuchungen zur Behandlung „der anscheinend aussichtslosen Streitfrage" gelangen sogar zu dem Satze: „Sollen wir da nicht lieber auf dem hier eingeschlagenen Wege das Heil versuchen und bei der demnächstigen Generalreform des Prozeßrechtes dem Reichsgerichte die Auslegung der Geschäfte in aller Form entziehen[1]?"

Als vor 25 Jahren aus praktischem Gesichtswinkel Boyens die Methodik der Rechtsprechung einer Untersuchung unterzog, stellte er fest, daß der 1. Senat, der eigentliche Hüter der allem Formalismus abgeneigten Tradition des Reichsoberhandelsgerichtes, sich bald für die selbständige Auslegung von rechtsgeschäftlichen Erklärungen entschieden habe, während im Gegensatze dazu der 2. Senat die Auslegung von Willenserklärungen als tatsächliche Feststellung des Geschäftswillens und daher als irrevisibel erachte. Die anderen Senate hätten eine vermittelnde Stellung eingenommen[2].

Besonders nachdrücklich war um die Wende des Jahrhunderts die Kritik O. Fischers anläßlich der Abänderung der Zivilprozeßordnung und des Gesetzentwurfes zur Erhöhung der Revisionssumme[3]. Dieser Autor erblickte damals einen Hauptgrund der Überlastung des Reichsgerichtes darin, daß einzelne Senate gewohnheitsmäßig die gesetzlichen Schranken der Revision überschritten und in das im Interesse der Revision verschlossene Gebiet der tatsächlichen Feststellung übergriffen. Dieser früher auch von anderen Juristen geteilten Ansicht[4] stellten nicht wenige die entgegengesetzte Auffassung gegenüber, daß es des höchsten Gerichtshofes unwürdig wäre, wenn diese bedeutsame Frage der Beurteilung streitiger Tatbestände seiner Kognition prinzipiell entzogen sein sollte. Einer der frühesten und entschlossensten Vorkämpfer für die Einbeziehung der Auslegung in die Beurteilung durch die Revisionsinstanz war deren eigenes Mitglied A. Bolze in einer viel beachteten Abhandlung aus dem Jahre 1890[5]. Seitdem ist diese Auffassung immer wieder und immer entschlossener vertreten worden, besonders von Friedrich Stein[6], Danz[7], Boyens[8], Gaupp-Stein[9], aber auch schon Gaupp[10], in neuester Zeit von Titze[11], Franz Leonhard[12], jüngst von J. Goldschmidt[12a], Kann[12b] u. a. Und doch wird andererseits bis heute wieder gelehrt, daß die Auslegung der Willenserklärungen im allgemeinen Ermittlung des Parteiwillens, also eine tatsächliche Feststellung sei und die Revision sie nur unter besonderen Bedingungen nachprüfen dürfe. So K. Friedrichs[13], Crome[14],

---

[1] Oertmann, Rechtsordnung und Verkehrssitte S. 476ff., 492, 508 (1914).

[2] Boyens im Sonderheft des SächsArch., zum 25jährigen Bestehen des höchsten deutschen Gerichtshofes, S. 173ff. (1904).

[3] O. Fischer, JheringsJ. 38 S. 265f., 331 (1898). Dann in JW. 1904 S. 307ff., 316ff.

[4] Auch Stahl, ArchZivPrax. 67 94ff. (1884); Rocholl, ZZP. 19, 346; Petersen, DJZ. 1899 S. 281ff. bestritten die Revisibilität der Auslegungen.

[5] ZZP. 14, 415ff.

[6] Das private Wissen des Richters S. 104ff., 131f. (1893). S. auch JW. 1922 S. 1489. Jetzt Stein-Juncker, Grundriß der ZPO. S. 328 (1924).

[7] Auslegung der Rechtsgeschäfte § 19.

[8] A. a. O. S. 182ff., 190.

[9] Komm. ZPO. § 549 III 2d.

[10] 1. Aufl. II S. 549, 565f.

[11] Mißverständnis S. 104.

[12] ArchZivPrax. 120 S. 17ff., 149 (1922).

[12a] Prozeß als Rechtslage S. 409 (1925). Zivilprozeßrecht (1929) S. 164.

[12b] Komment. ZPO. II (3. Aufl.) S. 106f.

[13] Der Allg. Teil des Rechtes S. 142 bei 14 (1927).

[14] System des bürg. R. I § 91 S. 408 u. Note 6.

Rudolf Leonhard[15]), Oertmann[16]), Freudenthal-Sauerländer[17]), Sydow-Busch[18]), Seuffert[18a]), Wildhagen[18b]).

Die Unsicherheit der Grundlagen der Kritik ist um so bemerkenswerter, als es durchaus nicht an methodischen Untersuchungen des Auslegungsvorganges und der verschiedenartigen Funktionen, die zu dem Gesamtkomplex der Auslegung gehören, gefehlt hat. Allen voran steht die ausgezeichnete Abhandlung von Adolf Wach, Die Tat- und Rechtsfrage bei der Revision im Zivilprozesse[19]). Auch schon früher war eine wertvolle Analyse des Urteilsvorganges vom strafrechtlichen Standpunkte vorgenommen worden von Schaper, Grundzüge der Beweistheorie[20]). Auch die Materialien der Reichsjustizgesetze[21]) gaben dem damaligen § 512 ZPO. das Leitmotiv auf den Weg: „Rechtsverletzung müsse im weitesten Sinne interpretiert werden, so daß jeder Irrtum bei Subsumtion der Tatsachen unter das Gesetz selbst dann, wenn das freie richterliche Ermessen zur Geltung komme, wie z. B. bei Beurteilung der Frage, ob dolus, culpa, bona fides vorhanden sei, als eine Gesetzesverletzung zu betrachten sei, auf welche die Revision gegründet werden könne; ausgeschlossen sei nur die rein tatsächliche Würdigung, welche nicht durch Verletzung der Rechtsnorm gewonnen sei." — Vereinzelte Entscheidungen des Reichsgerichtes bemühen sich sogar selbst um methodische Grundlegung. Siehe besonders unten II Entsch. 9.

Die späteren Untersuchungen deckten andererseits erst die ganze Problematik der von unserer Sonderfrage nicht zu trennenden allgemeinen Fragen hinsichtlich des Wesens der Revision, der Grenzen der Rechts- und Tatfrage, der Subsumtion, der tatsächlichen Feststellung, des Werturteils und der Erfahrungssätze auf. Aber es erwuchs der Zivilistik aus den diesen Fragen auf dem Gebiete des Strafprozesses nachgehenden Untersuchungen wertvolles Material und bedeutsame Mitarbeit[22]).

---

[15]) Irrtum (2. Aufl.) I (1907) S. 195 Anm. 1: „Der Sinn einer Erklärung ist eine Tatsache, die der Außenwelt angehört ... Ihre Feststellung sollte m. E. ein Vorrecht des unteren Gerichtes sein ..."

[16]) Grundriß des deutschen Zivilprozeßrechtes § 106 bei 1c (1927) und Rechtsordnung und Verkehrssitte S. 502, 515 (1914).

[17]) Komm. § 549 bei 1c; § 561 bei 6. Dagegen vgl. 7.

[18]) Komm. ZPO. § 550 bei 2. Vgl. ferner eingehende Literaturangabe in der oben Anm. 16 angegebenen Monographie Oertmanns.

[18a]) Komm. ZPO. § 549 Nr. V (1911).

[18b]) Bürgerl. Rechtsstreit S. 99.

[19]) JW. 1881 S. 73ff. Derselbe schon KrVJSchr. 15, 88.

[20]) GoltdArch. 14, 180ff. (1866).

[21]) Hahn, Materialien I S. 736. Siehe auch Stein, Das private Wissen S. 6ff.

[22]) Ohne daß in der vorliegenden raumbegrenzten Abhandlung auf dieses Schrifttum näher eingegangen werden kann, sei aus jüngster Zeit auf die tiefdringende Schrift von H. Mannheim, Beiträge zur Lehre von der Revision (Abhandl. a. der Berlin. Jurist. Fakultät 1925 Heft 3) hingewiesen. Dieser Autor hebt S. 6 hervor, daß die Strafsenate des Reichsgerichtes die Revision, die hier doch in besonderem Maße der materiellen Gerechtigkeit zu dienen habe, viel mehr eingeengt hätten als die Zivilsenate. Stenglein nannte GerS. 46, 1 die Frage nach dem Prinzip der Revision eine der dunkelsten im deutschen Strafprozesse. Graf zu Dohna, Das Strafverfahren S. 216 (1913), bezeichnete die Trennung der Tat- und der Rechtsfrage als unüberwindlich, ja er erklärt sie JW. 1922 S. 1011 für eine Fiktion. Dagegen hebt Mezger, Beilageheft zu ArchZivPrax. 117, 134 zutreffend hervor, daß, wenn tatsächlich eine scharfe Trennung von Tatsachenfeststellung und -bewertung auch oft undurchführbar sei, sie doch als grundsätzliche Forderung bestehen bleiben müsse. Kann, ZPO. 2, 143 betont, § 561 zwinge zu einer sorgfältigen Scheidung zwischen Tat- und Rechtsfrage. — Man wird auch im Strafprozeßrechte m. E. nicht verkennen dürfen, daß die Frage nicht allgemein erkenntnistheoretisch zu stellen ist, sondern einer Antwort in dem exakten Sinne bedarf, wie das Gesetz Tatsachen von der rechtlichen Bewertung getrennt wissen will. S. ferner dazu Mannheim a. a. O. S. 33ff., der hier überzeugend die Lehre der Undurchführbarkeit bekämpft. Methodisch richtig insbesondere S. 42 u. 50.

Es ist nicht anzunehmen, daß das Reichsgericht seine zahlreichen Auslegungsentscheidungen in freirechtlichen Anwandlungen und im bewußten Gegensatze zu den die Revision zwingend normierenden und begrenzenden §§ 549ff. ZPO. getroffen hätte. Wenn das Reichsgericht nach der methodisch so bedenklichen Entscheidung des 3. Senates vom 27. Juni 1922[23]) auch vereinzelt selbst von prozessualen Vorschriften des Gesetzes abwich, so waren solche Urteile doch aus der Wirtschafts- und Justiznot der damaligen Zeit erklärliche konkrete Maßnahmen und hatten glücklicherweise niemals allgemeinere methodische Bedeutung. Der zum Prinzip erhobene Freirechtsstandpunkt, gemäß dem der Richter von der Rechtsnorm abweichen dürfe, würde auch die durch § 565 Abs. 2 ZPO. normierte Verbindlichkeit der rechtlichen Beurteilungen des Reichsgerichtes in concreto in Frage stellen und jedes legale Fundament des Reichsgerichtes selbst erschüttern können, das sich gerade in wirtschaftlich chaotischen Zeitläuften zu bewähren hat.

Das Reichsgericht nahm Auslegungsentscheidungen schon vor, als von bewußt freirechtlichen Methoden noch nicht die Rede war, und als es daher auch nicht vereinzelt der Verführung gewisser Formeln der Freirechts- und Interessenjurisprudenz anheimfallen konnte. Das Reichsgericht hat Auslegungsentscheidungen offenbar immer in Gemäßheit der §§ 549ff. ZPO. und in der Auffassung getroffen, daß die Auslegung zu einer Angelegenheit der Rechtsanwendung im Sinne von § 550 ZPO. werden könne, mit anderen Worten, daß die Auslegung von Willenserklärungen eine Rechtsfrage sei. Zahlreiche, auch der Gegenwart angehörende Entscheidungen des Reichsgerichtes vertreten dagegen den Standpunkt, daß sie Tatfrage und der Revisionsrichter daher an das Auslegungsergebnis des Berufungsrichters gebunden sei. Dieser Zwiespalt des Rechtsstandpunktes in einer derart prinzipiellen Frage muß überwunden werden.

Die Frage ist nur durch Auslegung der §§ 549ff. ZPO. zu beantworten. Sie ist vorwiegend Rechtsfrage und darf nicht etwa nur unter dem Gesichtspunkt irgendeiner Zweckmäßigkeit, zumal dem der Entlastung des Reichsgerichtes beurteilt werden[24]). Gehört die Auslegung zur pflichtgemäßen Aufgabe des Reichsgerichtes, so hat es sie zu erfüllen, ohne Rücksicht auf Schwierigkeiten, die sich aus einer Mehrbelastung für die Justizverwaltung ergeben. Ebensowenig dürfte etwa die neuerdings auffallende Tatsache, daß das Reichsgericht mit Ehescheidungsrevisionen in wachsendem Maße in Anspruch genommen wird, die Bejahung der Frage berühren, ob das Reichsgericht die Beurteilung des Eintrittes tiefer Zerrüttung der Ehe im Sinne von § 1568 BGB. nachzuprüfen habe[24a]).

Die Unsicherheit der Behandlung der Auslegung von Willenserklärungen in der deutschen Justiz wirkt auch weiter auf die Behandlung derselben Frage in der Verwaltungsgerichtsbarkeit. Die Entscheidungen des Reichsfinanzhofes zumal lassen diese Einwirkungen erkennen[24b]).

[23]) JW. 1922 S. 1514. Dazu Stein, ebenda S. 1489. Vgl. meine Artikel Interessenjurisprudenz S. 312 bei 5 und Formalismus und Freirechtsschule S. 488 Ziff. 11 im Handwörterb. d. Rechtswiss. Jüngst Eb. Schmidt, ZStW. 49, 370ff.

[24]) Diesem Gesichtspunkte mißt dagegen auch Oertmann, Rechtsordnung und Verkehrssitte S. 508, erhebliche Bedeutung zu.

[24a]) Die soeben ergangene Verordnung v. 8. Febr. 1929 betr. Heraufsetzung der Revisionssumme auf 6000 M. und das „Weitere Gesetz zur Entlastung des Reichsgerichts" v. 8. Febr. 1929 suchen die Entlastung des obersten Gerichtshofes auf richtigen Wegen zu fördern.

[24b]) Vgl. etwa Urt. v. 16. Febr. 1927 des Reichsfinanzhofes in DJZ. 1927 Sp. 1042, wo entsprechend der Praxis des Reichsgerichtes die Auslegung eines Vertrages in der Rechtsbeschwerdeinstanz nur dann als nachprüfbar angesehen wird, wenn es sich um „typische" Verträge handelt. Dazu unten S. 158f., 195.

II.

Ehe wir in die sachliche Erörterung eintreten, ist die Zusammenstellung eines möglichst umfassenden Materials aus den Entscheidungen der einzelnen Senate des Reichsgerichtes erforderlich, und zwar aus älterer und neuerer Zeit. Diese Zusammenstellung macht einerseits nicht nur den bemerkten Mangel der Einheitlichkeit, sondern auch die Unsicherheit der Behandlung alsbald deutlich und dient andererseits der sich anschließenden Untersuchung als unerläßliche Grundlage[25]).

Aus älterer Zeit

1. RG. I 12, 26: Nun hat zwar die Revisionsbeklagte geltend gemacht, der Berufungsrichter habe den Inhalt der zwischen den Parteien getroffenen Übereinkunft dahin festgestellt, daß bei nicht rechtzeitiger Zahlung auch nur einer Rate die Konventionalstrafe in Höhe des ganzen Vorschusses geleistet werden solle, diese Feststellung aber sei für den Revisionsrichter maßgebend. Allein der Berufungsrichter hat in dieser Beziehung nicht etwa eine aus den konkreten Verhältnissen des Falles entnommene tatsächliche Feststellung der Willensrichtung der Kontrahenten gegeben, vielmehr gelangt er auf Grund der Worte des Verpflichtungsscheines durch Rechtsausführungen über die rechtliche Natur der Nachschußforderung ... zu dem Resultate, die Beklagte sei schuldig, als Konventionalstrafe den ganzen Betrag ... zu zahlen. Eine solche Deduktion ist für den Revisionsrichter nicht bindend ... Der Berufungsrichter aber hat darin gefehlt, daß er die rechtliche Bedeutung der zwischen den Parteien durch Ausstellung und Annahme des Verpflichtungsscheines getroffene Übereinkunft verkannt ... hat ... Hierin ist ein Revisionsgrund enthalten. Die Sache selbst aber ist zur Entscheidung reif; denn da neben den Urkunden, auf welche der Anspruch der Klägerin sich stützt, keinerlei Momente, welche für die Erkenntnis des Vertragswillens von Bedeutung wären, geltend gemacht sind, ... so liegt das gesamte Material ... vor. Darüber aber, daß der Revisionsrichter in solchen Fällen zur Interpretation einer Urkunde berechtigt ist, ist auf die in RG. 3 Nr. 125 S. 425 abgedruckte Entscheidung zu verweisen.

2. Bolze I 1, 445 Nr. 2058: Es ist den Revisionsklägern ... nicht gelungen, darzulegen, daß die Auslegung, welche das Berufungsgericht dem ... Briefe des Konkursverwalters unter Berücksichtigung seines Inhaltes und der Umstände, unter welchen er geschrieben worden, gegeben hat, gegen materielle Rechtssätze verstoße oder wegen Verletzung einer Prozeßvorschrift im Sinne von § 513[7] ZPO. anfechtbar sei. Diese Auslegung muß daher gemäß § 524 ZPO. der Entscheidung des Reichsgerichtes zugrunde gelegt werden.

3. Bolze I 1, 160 Nr. 741: B. hat Holz auf dem Stamme gekauft und dasselbe an Kläger weiterverkauft. Unter Berücksichtigung des Inhaltes der Vertragsurkunde und der vorausgegangenen Verhandlungen nimmt der Berufungsrichter an, B. habe nicht etwa die ... Ansprüche zediert, sondern seinerseits das Holz verkauft. Diese nicht auf Verkennung des gesetzlichen Begriffes des Kaufes (ALR. I 11 § 1) oder der Zession (§ 376) beruhende Feststellung ist für das Revisionsgericht bindend.

4. Bolze I 1, 158 Nr. 738: Die nur aus dem Inhalte des Reverses entnommene Auslegung des Berufungsrichters ... ist rechtsirrtümlich. Sie widerspricht dem

---

[25]) Die folgenden wörtlichen Auszüge aus den Entscheidungen des Reichsgerichtes sind mit laufender Ziffer versehen, unter der sie weiter unten zitiert werden. Der urteilende Senat ist in römischer Ziffer angegeben. RG. I 14, 117 bedeutet Auszug aus einer Entscheidung des 1. Zivilsenats, Band 14 der amtlichen Sammlung. Andere Sammlungen sind besonders angegeben.

ausgesprochenen Zwecke des Geschäftes „zur Sicherheit für das Darlehen". Berufungsurteil wird aufgehoben.

5. RG. I 1, 8f.: Hiernach steht fest, daß T. sich bei Abschluß des Vertrages sowie auch bei der diesem Abschlusse vorhergehenden Anfrage als Handlungsbevollmächtigter des Beklagten geriert hat (Art. 49 HGB.) ... Beklagter kann sich schlechterdings nicht darauf berufen, daß er das Verfahren Ts. nicht gekannt ... habe. Ließ er es zu, daß F. sich als Handlungsbevollmächtigter gerierte, so ist darin in Ermangelung besonderer Umstände eine stillschweigende Bestellung desselben zum Handlungsbevollmächtigten zu finden.

6. RG. I 2, 125. Die abweichenden Entscheidungsgründe des angefochtenen Urteils können nicht als eine tatsächliche Feststellung des Vertragswillens der Parteien, welche einer Nachprüfung des Revisionsrichters nach § 524 ZPO. nicht unterliegen würden, aufgefaßt werden; die Gründe lassen nicht ersehen, daß der Berufungsrichter sich bemüht, den der fraglichen Bestimmung zugrunde liegenden Parteiwillen zu erforschen und festzustellen. Der Berufungsrichter hat sich gar nicht darüber ausgesprochen, was nach seiner Meinung die Parteien mit den Worten „für alle an dem betreffenden Brande beteiligten Versicherungen" haben ausdrücken wollen; es ist auch bei den klaren unzweideutigen Worten gar nicht anzunehmen, daß er der Ansicht gewesen, die Parteien hätten damit etwas anderes, als was vorstehend ausgeführt worden, ausdrücken wollen ... Es genügt, daß der Parteiwille einen erkennbaren Ausdruck gefunden hat, und das ist im vorliegenden Falle in der möglichst unzweideutigen Weise geschehen ... Der Vertragswille liegt nach der Ansicht des erkennenden Gerichtshofes klar und unzweideutig vor, und es ist demselben die richterliche Anerkennung nicht zu versagen ...

7. RG. I 3, 23: Im angefochtenen Urteil wird der Inhalt und Umfang des von den Parteien eingegangenen Versicherungsvertrages lediglich aus dem Wortlaute der Police entnommen und diese Interpretation nur auf dasjenige gestützt, was sich dem Berufungsrichter zufolge der angestellten Interpretation des Haftpflichtgesetzes im Verhältnisse zwischen dem aus diesem Gesetze Berechtigten und Verpflichteten als Begriff des Schadenersatzes ergeben hatte. Dagegen fehlt es einmal an jeder Untersuchung darüber, ob dieser Wortlaut dem wirklichen Vertragswillen der Parteien entspricht; und doch ist eine solche Untersuchung insbesondere bei Verträgen, welche wie der Versicherungsvertrag in eminentem Sinne auf der bona fides beruhen, durchaus notwendig ... Ist nun aber hiernach die Revision als begründet zu erachten, so kann weiter aus dem vom Berufungsrichter festgestellten Sachverhältnisse der Rechtsstreit selbst entschieden werden ...

8. RG. I 3, 109: In tatsächlicher Hinsicht ist nur festgestellt, daß der Vertrag auf dem Korrespondenzwege durch die in Abschrift vorgelegten Briefe der Parteien abgeschlossen worden ist. Ob die hierin enthaltenen Willenserklärungen derselben einen Kaufvertrag, ein Kommissionsgeschäft oder ein sonstiges Rechtsgeschäft darstellen, ist ein der Revision unterliegendes Urteil, welches in einer Anwendung der Rechtsnormen über die begrifflichen Merkmale der in Frage stehenden Rechtsgeschäfte auf die festgestellten Willenserklärungen besteht.

9. RG. I 3, 427 (vom 12. Jan. 1881): Nach den Bestimmungen der jetzt geltenden Zivilprozeßgesetze muß vielmehr der Revisionsangriff durchgreifen, wenn 1. die Urkundenauslegung des Berufungsgerichtes nicht eine auf faktischen Erwägungen beruhende, rein tatsächliche Feststellung enthält, sondern durch juristische Reflexionen beherrscht wird, welche zur Nichtanwendung oder unrichtigen Anwendung einer (in den durch die §§ 511, 512 ZPO. gekenn-

zeichneten, . . . oder in den unter Ziff. 2 des § 6 EGZPO. berührten objektiven Rechtsquellen, sei es ausdrücklich ausgesprochenen, sei es durch deren Geist gebotenen) Rechtsnorm geführt hat; 2. das angegriffene Urteil selbst nicht im Sinne des § 526 ZPO. aus anderen Gründen sich als richtig darstellt.

Nirgendwie wird eine sichere Grundlage für den Schluß auf die Tätigung einer rein tatsächlichen Feststellung seitens des Berufungsgerichtes dadurch gegeben, daß dieses Gericht zu der Annahme der Bedeutung der als Prozeßstoff vorliegenden Urkunde durch Reflexionen über die in derselben gebrauchten Ausdrücke und ihre Gliederung gelangt ist. Es kann vielmehr auch dann (bei genauer Analyse des angegriffenen Berufungsurteils) sich ergeben, daß (obwohl solches, etwa wegen kurzer Gründefassung, nicht auf den ersten Anblick in das Auge sprang) doch seitens des Berufungsgerichtes in Wirklichkeit bei der Auslegung ein Schluß getätigt ist, in welchem zwei Momente sich verknüpfen, nämlich

1. die Fixierung eines Obersatzes, bestehend in einer dahingehenden Rechtsnorm, daß Willenserklärungen, welche so getätigt seien wie die vorliegend beurkundeten, ein Rechtsgeschäft oder einen Rechtsakt von bestimmter juristischer Individualität bzw. ein besonderes Moment eines solchen Rechtsgeschäftes oder Rechtsaktes von bestimmter Rechtsnatur und Wirkung konstituierten;

2. das (durch Subsumtion der einzelnen zu interpretierenden Urkunde unter jenen Obersatz gewonnene) Ergebnis, daß in dem Urkundsinhalte alle wesentlichen Merkmale des in dem Obersatze normierten objektiv-rechtlichen Tatbestandes reell enthalten seien.

In einem solchen Falle ist die nur auf einer solchen Operation beruhende Entscheidung in der begründeten Weise hinfällig, wenn der von dem Berufungsgericht angenommene Obersatz dem Geiste derjenigen objektiven Rechtsquellen widerspricht, deren Verletzung einen Revisionsgrund herstellt.

Besonders häufig werden Fälle der gekennzeichneten Art in das Dasein treten bei Rechtsstreitigkeiten, in denen es, wie in dem vorliegenden Prozesse, auf die Bedeutung allgemeiner Bedingungen ankommt, welche von Gesellschaften, deren Zweck das kontinuierliche Eingehen einer Gattung von Rechtsgeschäften ist, im voraus für alle diese Geschäfte abgefaßt und, an sich bestimmt, gewissen objektiv-rechtlichen Tatbeständen zu entsprechen.

Die Anwendung der entwickelten Grundsätze wird an und für sich noch nicht dadurch ausgeschlossen, daß das Berufungsgericht (bei seiner Reflexion zum Zwecke der Feststellung des Sinnes der auszulegenden Urkunde) Gesichtspunkte heranzieht, welche aus vermeintlicher Kenntnis der Wissenschaften, der Geschichte oder der Lebensverhältnisse entnommen sind; denn solche Mittel der Belebung und Vertiefung des Nachdenkens dienen auch zum richtigen Erfassen des Wesens von Rechtsnormen. Ja, es ist nicht unbedingt ausgeschlossen, daß jene Grundsätze Platz greifen, wenn bei der Feststellung der Urkundsbedeutung auf festgestellte tatsächliche Ergebnisse einer Beweisaufnahme oder des prozessualen Parteiverhaltens gerücksichtigt ist. Auch diese können, obwohl sie für sich richtig bzw. für sich von dem Reichsgericht nicht nachprüfbar sein mögen, zur Feststellung des bei der Auslegung verwerteten unrichtigen objektiv-rechtlichen Obersatzes geführt haben, zum Beispiel, wenn mündliche rechtsgeschäftliche Erklärungen, welche sich mit den urkundlich fixierten als Verkörperung eines Rechtsgeschäftes zusammengliedern, in dieser Verknüpfung (untrennbar mit der Urkunde) als die wesentlichen Merkmale des objektiv-rechtlichen Tatbestandes eines bestimmten Rechtsgeschäftes enthaltend, erachtet sind.

Diese Grundsätze liegen bereits ersichtlich der von dem 3. Zivilsenat des Reichsgerichtes gefällten Entscheidung (RG. 1 Nr. 123 S. 340) zugrunde.

Es wird sodann auf das ... Urteil[25a]) des 1. ZS. v. 5. Jan. 1880 Bezug genommen und darauf hingewiesen, daß in den dort zitierten Entscheidungen des Reichs-Oberhandelsgerichtes gerade die gewiegte Kenntnis des Lebensverhältnisses dafür verwertet ist, „um den Schluß zu ziehen, daß in den getätigten urkundlichen Erklärungen die objektiv rechtlichen Merkmale des Käufers und nicht der Einkaufskommission vorlägen".

... In der erwähnten Entscheidung des Reichsgerichtes ist nach Feststellung des richtigen Obersatzes (bei der sonst vorhandenen Spruchreife des Falles) eine Endentscheidung gefällt. Es folgt aber (aus den entwickelten Prinzipien und den §§ 524, 526, 528 Nr. 1 ZPO.), daß, wenn ein Fall der gekennzeichneten Art nicht zur Endentscheidung spruchreif ist und deswegen an das Berufungsgericht zurückverwiesen wird, letzteres durch den vom Reichsgericht festgestellten Obersatz gebunden wird.

In dem vorliegenden Streitfalle steht in Frage ... die Auslegung einer Urkunde über ein Handelsgeschäft, welches, als solches, den rechtsgesetzlichen Prinzipien des Handelsgesetzbuches unterliegt. Es ist daher, um die erkannte Aufhebung des ... Berufungsurteils ... zu rechtfertigen, nur nötig klarzulegen, daß das angegriffene Urteil auf einer juristischen Operation der oben gekennzeichneten Art beruht; daß diese Operation zu einer unrichtigen Auslegung der klagefundamentalen Police vermöge der Feststellung eines nach dem Geiste des Handelsgesetzbuches unrichtigen Obersatzes geführt hat ...

In den weiteren Entscheidungsgründen ist dann ausgeführt, daß die gekennzeichneten Voraussetzungen vorliegen.

10. RG. I 12, 19: Diese Schlußfolgerung ist eine rechtsirrtümliche. Um eine Willenserklärung zu interpretieren, darf man nicht davon ausgehen, was der Erklärende zu der Zeit, als er die Erklärung abgab, hätte wissen müssen, sondern davon, was er damals tatsächlich gewußt oder nicht gewußt hat ... Der Verstoß gegen diese Interpretationsregel führt zur Aufhebung des Urteiles, welches, wie auch der Berufungsrichter wiederholt hervorhebt, nur auf der Auffassung des Inhaltes der Postkarte als Garantieübernahme beruht.

11. RG. I 14, 117: Ganz hinfällig ist nämlich die Einwendung der Beklagten, daß es sich bei der Ermittlung der Bedeutung der Konnossementsklausel: „freight and all other conditions as per charterparty" um eine tatsächliche Feststellung handle, welche als solche der Nachprüfung des Reichsgerichtes entzogen sei.

12. Bolze II 1, 153 Nr. 724: Der der römischen Rechtslehre über Vermächtnisse entnommene Satz: „Wenn die Worte klar sind, findet andere Ermittlung des Willens nicht statt", gilt weder nach römischem (l. 219 D. de V. S.) noch nach französischem Rechte (Code 1156), für die Vertragsauslegung, bei welcher die Absicht der Vertragschließenden zu ermitteln, am wenigsten nach Handelsrecht (§ 274 HGB.). Das Berufungsurteil würde aufzuheben sein, wenn es auf jenem Satze beruhte.

13. Bolze II 1, 160 Nr. 743: Berufungsurteil Dresden: Nach den Grundsätzen über Auslegung von Verzichten würde weder die Erklärung des Einverständnisses des Gläubigers des Verkäufers ... noch die Annahme einer Geldzahlung ... als Verzicht auf das Anfechtungsrecht aufzufassen sein ... Revisionsurteil: Tatsächlich, Verletzung revisibler Rechtsnormen nicht ersichtlich.

[25a]) Zitiert oben Nr. 8.

14. Bolze II 1, 167 Nr. 764: Das Berufungsgericht hat den § 6 der Statuten... dahin ausgelegt, daß dieselben nach der bei der Abfassung obwaltenden Absicht auf Ansprüche der Art ... keine Anwendung finden ... Diese einer Nachprüfung nicht unterliegende Auslegung lasse einen Rechtsirrtum nicht erkennen.

15. Bolze II 2, 177 Nr. 740: Die Auslegung von Urkunden, soweit es sich nur um Vermittlung des Vertragswillens handelt, ist Sache rein tatsächlicher Feststellung.

16. RG. II 1, 21: Der Appellationsrichter nahm an, daß aus der vorbehaltlichen Annahme der vom Kläger zu spät gelieferten Maschine auf einen Verzicht des Beklagten bezüglich des ihm durch Verspätung der Lieferung erwachsenen Schadenersatzanspruches nicht geschlossen werden könne. Die wegen Verletzung des Rechtsgrundsatzes:

daß in der vorbehaltlosen Annahme des Kaufgegenstandes von seiten des Käufers eine Billigung der Lieferung, so wie sie erfolgt ist, mithin ein Verzicht auf Entschädigungsansprüche wegen verspäteter oder nicht gehöriger Erfüllung zu finden sei,

erhobene Nichtigkeitsbeschwerde wurde zurückgewiesen aus folgenden Gründen:

Ein solcher Rechtssatz besteht, was die hier allein in Betracht kommende Verspätung der Erfüllung betrifft, weder nach Handelsrecht noch nach gemeinem Rechte ...

17. RG. III SeuffA. 42, 137 Nr. 95: Allein der Berufungsrichter hebt vorliegend gerade hervor, daß aus dem passiven Verhalten des Schuldners gegenüber der Mitteilung von Rechnungsabschlüssen des Gläubigers, selbst wenn jener Kaufmann sei, „unter Umständen auf die Anerkennung der Richtigkeit des Inhaltes des Kontokorrents nach freier Würdigung des Sachverhaltes geschlossen werden könne", und dieser Rechtssatz ist weder ... noch ... für rechtsirrtümlich zu erachten.

18. RG. III 1, 340: Die Erwägung des Berufungsgerichtes sodann, daß die vertragsmäßige Intention der Kontrahenten dahin gegangen sei, der Beschluß der Majorität der Familienratsmitglieder solle verbindende Kraft in sich tragen, ist eine tatsächliche Feststellung, hergeleitet teils aus dem Wortlaute der Urkunde..., teils aus den Umständen des Falles bzw. dem Gesamtinhalte der Verhandlungen und unterliegt als solche nicht der Nachprüfung in der Revisionsinstanz. Die Behauptung, daß bei dem Abschluß und der Auslegung von Verträgen nur der ausgesprochene Wille der Beteiligten rechtlich erheblich sei, ist in den Gesetzen nicht begründet ... Dagegen ist die weitere Rüge gerechtfertigt, daß das Berufungsgericht die rechtliche Bedeutung der Abrede über die Einstellung der zugesagten Unterstützungsgelder verkannt habe, sofern es annehme, daß die Fortgewährung der letzteren der Willkür der Verpflichteten überlassen worden sei ... Mit Unrecht behauptet hiernach der Anwalt der Beklagten, daß das Berufungsurteil von der tatsächlichen Erwägung ausgehe, es sei das Abgehen vom Vertrage in die Willkür der Verpflichteten gestellt worden. Eine tatsächliche Feststellung dahin, daß nach dem aus den Umständen erkennbaren Willen der Beteiligten die fragliche Stipulation in dem ihr von dem Beklagten untergelegten Sinne zu interpretieren sei, enthält in der hier in Betracht kommenden Beziehung das Berufungsurteil nicht; dasselbe folgert nur aus dem Wortlaute der Urkunde, daß der streitige Vorbehalt jenen Inhalt habe. An diese Rechtsauffassung ist aber das Reichsgericht nicht gebunden ... und gerade dieser Zusatz ist es, der im Zweifel

dahin auszulegen ist, daß die Verpflichteten nach billigem Ermessen zu verfahren haben.

19. RG. III SeuffA. 42, 135 Nr. 92: Soweit ein Hotel mit größerem Betriebe in Frage ist und nicht besondere Verhältnisse vorliegen, wird für den Verkäufer wie für den Erwerber nach der Natur der Sache immer der Ruf und der Name des Etablissements für den geforderten und bewilligten Preis ein so erheblicher Faktor sein, daß Verkauf und Erwerb des Grundstückes mit seinem Namen so lange als gewollt anzusehen ist, als sich nicht aus besonderen kontraktlichen Bestimmungen oder den Umständen des Falles eine entgegengesetzte Willensmeinung ergibt.

20. Bolze III 2, 177 Nr. 741: Lassen besondere Umstände den Sinn zweifelhaft erscheinen, welchen die Parteien mit gewissen Ausdrücken verbunden haben, so ist eine Beweisführung über die weiteren Absichten derselben zulässig, wenn erhebliche Tatsachen behauptet werden, welche nicht schon aus dem Inhalte der Vertragsurkunde entnommen werden. Soweit ist auch Eideszuschiebung zulässig, aber nicht schlechthin über die Absicht bei dem Vertragsschlusse.

21. Boyens a. a. O. S. 181 Anm. 30 — III. Senat: Es sei richtig, daß die Urkunde zunächst nach ihrem Wortlaut und dem gewöhnlichen Sinn der gebrauchten Ausdrücke auszulegen sei. Aber wenn die mündliche Besprechung ergebe, daß das vertragsmäßige Verbot auch das Verbot, für die eigenen Hotelgäste von fremder Seite Speisen und Getränke zu beziehen, befassen sollte, so sei dies bei der Auslegung zu berücksichtigen. Denn wenn die Parteien darüber, in welchem Sinne eine bestimmte Vorschrift des schriftlichen Vertrages zu verstehen sei, mündlich eine Vereinbarung getroffen hätten, so sei diese für die Auslegung des letzteren bindend, vorausgesetzt nur, daß der gewählte Ausdruck des Vertrages überhaupt noch diesen weiteren Sinn haben könne, was nicht zu beanstanden sei. Demgemäß wurde das Berufungsgericht angewiesen, den Beweis zu erheben.

22. RG. III 8, 190: Da, wie das Reichsgericht in einem früher entschiedenen Rechtsstreite N. wider N. (S. 140 dess. Bd.) ausgesprochen und des näheren ausgeführt hat, für die Frage, ob einem Rechtsgeschäft unter Lebenden oder von Todes wegen eine Bedingung oder eine Befristung beigefügt worden, der Wille des Disponenten entscheidend ist, und da das Berufungsgericht, ohne einen Rechtsirrtum erkennen zu lassen, aus den besonderen Verhältnissen des konkreten Falles den Willen und die Absicht der Testatoren dahin festgestellt hat, daß sie den Todestag der Fiduziare als eigentliche Bedingung für das den Fideikommissaren zugedachte Vermächtnis haben festsetzen wollen, so hat auch die Revisionsinstanz die eben gedachte Feststellung zur Grundlage ihrer Entscheidung zu nehmen.

23. RG. III JW. 1896 S. 38 Nr. 39: „Wenn nun das Berufungsurteil diese Grundsätze auf den vorliegenden Fall anwendet und von der Feststellung ausgeht, daß durch die Versicherungsbedingungen die Berufung auf Exkulpation nicht ausgeschlossen ist, so ist in dieser Feststellung angesichts des Wortlautes der §§ 10, 14 der Versicherungsbedingungen kein Rechtsirrtum in bezug auf die Auslegung der Vertragsurkunden zu erblicken.

24. Bolze III 1, 155 Nr. 730: Der Wortlaut der Urkunde bezeugt nur die Abtretung der Hypothek . . . Allein der Berufungsrichter folgert aus dem Gesamtinhalte der Zessionsurkunde, daß auch diese letztere Forderung mit abgetreten sei . . . und es ergibt sich diese Auslegung als eine tatsächliche, der Nachprüfung in der Revisionsinstanz entzogene.

24a. Boyens a. a. O. S. 180 III. Senat 6. Mai 1904: . . . Somit komme es lediglich auf Auslegung des Abkommens an, und diese sei für die Revisionsinstanz bindend.

25. Bolze IV 1, 162 Nr. 746: Der Berufungsrichter hat auf dem Wege der Auslegung den Inhalt des Vertrages dahin festgestellt, daß die Unterwerfung unter das Gutachten der beiden Sachverständigen unter der selbstverständlichen Voraussetzung erfolgt, daß das arbitrium nach Recht und Billigkeit abgegeben werde und auf richtiger tatsächlicher Grundlage beruhe. Daran ist der Revisionsrichter gebunden.

26. RG. IV 13, 266: Nun stellt aber der Berufungsrichter ohne erhebliche Rechtsverletzung durch Auslegung des Vertrages vom 11. April 1878 fest, daß die Kontrahenten neben der Preisbestimmung für Mobilien und Immobilien mit dem Ausdruck: „auf die Konzessionsvaluta 33000 *M*“ eine besondere Vergütung für die Konzessionsentsagung haben festsetzen wollen. Dies ist nach § 524 ZPO. (heute § 561) maßgebend für die Entscheidung des Reichsgerichtes, und daraus folgt nach dem Obigen, daß der streitige Stempelanspruch des Beklagten an sich nicht begründet ist.

27. Bolze V 1, 160 Nr. 742: „Tatsächlich und deshalb unanfechtbar ist die einschränkende Auslegung eines allgemeinen Verzichtes auf alle Ansprüche an den Beklagten.“

28. Bolze V 2, 176 Nr. 737: Die Meinung des Berufungsrichters geht offenbar dahin, daß nach dem im Rezeß zum Ausdruck gebrachten Vertragswillen ... fortdauern sollten ... Die Richtigkeit dieser Auslegung unterliegt der Nachprüfung nicht.

29. Bolze V 23, 167 Nr. 327: ... Revision zurückgewiesen, da die Auslegung des Berufungsrichters möglich ist.

30. Bolze V 1, 153 Nr. 721: Das Gesetz ist nicht verletzt, wenn die Auslegungsregel ALR. I 19 § 15 als subsidiär nicht zur Anwendung gebracht wird, weil der Richter aus dem Zusammenhange der Vertragsbestimmung und der Sachlage entnimmt, die Eigentumseinschränkung habe eine weitergehende Bedeutung.

31. Bolze V 1, 153 Nr. 723: Die landrechtlichen Auslegungsregeln sind nur maßgebend, wenn die Zweifel über die eigentliche Willensmeinung der Kontrahenten nicht zu lösen sind. Nach der freien Beweiswürdigung kann der Richter auch bei der Auslegung sein freies Ermessen walten lassen.

32. Bolze V 1, 153 Nr. 722: ALR. I 4 § 65 gibt eine Auslegungsregel, um den Willen der Vertragschließenden zu erforschen (der Sinn soll nach der gewöhnlichen Bedeutung der Worte verstanden werden). Dadurch wird nicht ausgeschlossen, den Vertragswillen in anderer Weise zu ermitteln. Das Gewollte ist der Vertragsinhalt, wenn in den Worten des Vertrages noch ein Ausdruck jenes Gewollten gefunden werden kann.

33. RG. VI JW. 1896 Nr. 56: Der § 65 I, 4 ALR. bestimmt nur, daß der Sinn jeder ausdrücklichen Willenserklärung nach der gewöhnlichen Bedeutung der Worte und Zeichen verstanden werden müsse, schließt aber nicht aus, daß, wenn ein anderer Wille der Kontrahenten zu ermitteln ist, dieser der Vertragsauslegung zugrunde gelegt werde. Das Berufungsgericht nimmt nun an, daß wenn der Beklagte es übernahm, die Genehmigung der städtischen Behörde zum Stehenbleiben der Halle zu beantragen, er sich damit auch zu demjenigen habe verpflichten wollen, was zur Erwirkung der Genehmigung erforderlich sei.

34. RG. VI JW. 1896 S. 252 Nr. 37: Die Ansicht stützt das Berufungsgericht

wesentlich auf die Bedeutung des Wortes „Blenden", welches mehr als das bloße Verdunkeln, nämlich ein gänzliches Absperren des Lichtes . . . bezeichne. Diese Ansicht soll rechtsirrig sein . . . Allein einmal wird die Irrigkeit der bemängelten Auffassung durch die von der Revisionsklägerin mitgeteilten Äußerungen von Autoritäten auf dem Gebiete der Sprachkunde nicht bestätigt. Sodann aber handelt es sich wesentlich um Auslegung der Vertragsurkunde. Daß hierbei das Berufungsgericht gegen allgemeine Auslegungsregeln gefehlt hätte, ist nicht ersichtlich. Es hält sich an den Wortsinn, und seiner Auslegung steht sogar der Grundsatz zur Seite, daß im Zweifel die geringere Belastung der Verpflichtung anzunehmen ist (l. 9, 34 D. 50, 17).

35. RG. VI JW. 1896 S. 359 Nr. 27: Gelangte die Vorinstanz auf Grund der von ihr in Übereinstimmung mit dem Landgerichte gewürdigten Umstände zu der Überzeugung, daß hierauf der Wille der Parteien beim Vertragsschlusse gerichtet gewesen sei, so konnte es gegenüber der Vorschrift in Art. 278 HGB. auf etwaige partikularrechtliche Auslegungsregeln überhaupt nicht mehr ankommen.

36. RG. VII 52, 25: Der Berufungsrichter stellt unter Berücksichtigung der Entstehungsgeschichte der Urkunde, insbesondere des ursprünglichen Entwurfes, fest, daß . . . nur in dem angegebenen Sinne aufgefaßt werden könne. Gegenüber dieser für die Revisionsinstanz maßgebenden Feststellung kommt die mündliche Vereinbarung . . . nicht, wie die Revision will, als Auslegungsmittel des letzteren in Betracht. Was die Parteien schriftlich vereinbart haben, ist klar und zweifelsfrei . . . So spricht die durch die Erfahrungen des Verkehrs gebilligte Vermutung zunächst dafür, daß die Parteien schließlich über das einig geworden sind, was Bestandteil der Urkunde geworden ist.

37. RG. VII 55, 410: Die Auslegung der Policebedingungen, welche dem Bereiche der Würdigung des Tatsächlichen angehört, läßt eine Gesetzesverletzung nicht erkennen, ist auch mit dem Wortlaute derselben nicht unvereinbar.

Aus neuerer Zeit

38. RG. I 65, 88: Daß dabei der Ausdruck „Anfechtung" gebraucht wird, ist nicht erforderlich; es genügt, wenn sich aus der Erklärung der Wille des Erklärenden ergibt, daß das Rechtsgeschäft unwirksam sein solle (RG. 48, 221). Es genügt der erkennbare Wille, das Geschäft nicht bestehen lassen zu wollen . . . Daher muß es als rechtsirrig bezeichnet werden, wenn das Oberlandesgericht den Brief des Beklagten und die ihm berichtete mündliche Erklärung als eine dem § 143 Abs. 1 genügende Anfechtungserklärung nicht gelten lassen will. Dies nötigt zur Aufhebung des angefochtenen Urteils und zur Zurückverweisung, damit festgestellt wird, ob die schriftliche oder doch die mündliche Erklärung innerhalb der Jahresfrist des § 124 erfolgt ist, und damit gegebenenfalls näher auf die tatsächlichen Unterlagen der Anfechtung eingegangen wird.

38a. RG. I 65, 189: Darin liegt aber ein Verkennen des Wesens jenes Vertrages und der Bedeutung der späteren Rechtshandlungen . . . Wann und welche Beträge sie ziehen wollte, hing innerhalb der gezogenen Maximalgrenze lediglich von ihrem Willen ab . . . Die Kreditnehmerin hatte den Willen, das Verhältnis fortzusetzen durch Ziehung neuer Tratten, die Beklagte denselben Willen durch Nichtausübung des Kündigungsrechtes zu erklären . . . Ist hiernach davon auszugehen, daß beide Teile nach Eintritt des Vermögensverfalles der Kreditnehmerin in voller Kenntnis der Sachlage den Prolongationswillen erklärt haben . . .

39. RG. I 82, 195: In ihrem ersten Angriffe bemüht sich die Beklagte, darzulegen, daß ihre Depesche ... Teil der Vertragserklärungen geworden sei. Dies widerspricht aber dem vom Oberlandesgerichte festgestellten Tatbestande. ... Wenn die Revision weiter ausführt: „B. hatte einen von dem Auftrag und seinem Inhalte verschiedenen Willen nicht", so entspricht auch dies nicht der Feststellung des Oberlandesgerichtes, welche dahin geht, daß B. über den Inhalt der Vertragserklärung ... keinesfalls im Zweifel war und die fraglichen Frachtsätze bewußtermaßen infolge der falschen Auslegung des Telegrammes bewilligte. Sein Glaube, hiermit im Sinne des Auftrages zu handeln, und sein Wille, nur diesen Auftrag auszuführen, ist mit dem Entschluß, eine solche Vertragserklärung abzugeben, durchaus vereinbar.

39a. RG. I 112, 357: Diesen Ausführungen gegenüber ist der von der Revision erhobene Einwand, daß für die Rechtsbeziehungen der Parteien nicht ungeäußerte Gedanken, sondern nur die abgegebenen Erklärungen in Frage kommen, nicht durchschlagend. Denn ersichtlich hat das Berufungsgericht entscheidendes Gewicht nur auf solche Umstände gelegt, welche auch für die Beklagte erkennbar waren ... Solche besonderen Umstände konnte das Berufungsgericht hier ohne Rechtsirrtum darin erblicken, daß die Preisgabe des Vorbehaltes seitens der Klägerin nur unter einem starken Zwange erfolgte in einer Weise, die auch der Beklagten zeigte, daß die Klägerin ihren grundsätzlichen Rechtsstandpunkt aufrechterhielt und auf die den Vorbehalt betreffenden Rechte nicht verzichten wollte ... Andererseits ist es Tatfrage, ob der Zweifelnde mit der Leistung einen Verzicht auf den Erstattungsanspruch erklärt hat. Die Feststellungen des Berufungsgerichtes ergeben, daß ein solcher Verzicht auf seiten der Klägerin oder ihres Vertreters nicht vorliegt. Somit ist für die von der Revision vertretene Annahme kein Raum, daß die Klägerin durch ihre Zahlung unter Fallenlassen des Vorbehaltes zum Ausdruck gebracht habe, sie wolle ... den gezahlten Betrag nicht zurückfordern.

40. RG. I 112, 363: Diese Auslegung entspricht dem Wortlaute des Vertrages und steht mit den festgestellten Umständen in Einklang. Sie paßt insbesondere zu der auf freier, in der Revisionsinstanz nicht nachprüfbarer Beweiswürdigung beruhenden Annahme des Oberlandesgerichtes, daß es den Patenterwerbern nicht nur auf die Sicherung ... ankam, ... sondern daß sie ... fernhalten wollten.

41. RG. I 115, 286: Das Oberlandesgericht hat festgestellt, daß Gegenstand des Kaufvertrages, dessen Wandlung der Kläger verlangt, zwei echte Gemälde von Ostade und ein echtes Gemälde von David Teniers gewesen sind, und hat das Ergebnis der Beweisaufnahme dahin gewürdigt, daß über die Unechtheit der drei Gemälde kein ernstlicher Streit unter Kunstsachverständigen bestehen könne ... Gleichwohl konnte das Berufungsgericht ohne Rechtsirrtum aus den gesamten Umständen entnehmen, daß beide Parteien den Vertrag nur dann abschließen wollten, wenn es sich mit der im Kunsthandel immer nur möglichen annähernden Gewißheit um echte Bilder der beiden Künstler handelte ... Ihr Fehlen (nämlich das einer schriftlichen Expertise über die Echtheit) steht aber nicht, wie die Revision es auslegen möchte, der Ablehnung jeder Haftung für die Echtheit gleich ... Es ist auch nicht zu verkennen, daß der Kauf eines alten Bildes sehr häufig in bezug auf Echtheit einen spekulativen Charakter tragen wird. Dem steht aber im vorliegenden Falle der vom Vorderrichter ausdrücklich festgestellte Wille der Parteien entgegen.

42. RG. I 117, 175: Die Darlegungen des Berufungsgerichtes lassen jedoch eine Verkennung von Rechts- oder Erfahrungssätzen nicht ersehen ... Die Beurteilung des Zeitpunktes, in dem die Lage sich entsprechend gestaltet hat,

ist im wesentlichen Gegenstand tatsächlichen Ermessens. Eine Verkennung von Rechtsregeln läßt sich bei seiner Beurteilung durch das Berufungsgericht jedenfalls nicht feststellen.

43. RG. I 116, 159f.: Der Berufungsrichter hat die der Ausstellung der Chartepartie vorausgegangenen Verhandlungen zur Auslegung ihres Inhaltes herangezogen ... Allen diesen Erwägungen des Berufungsgerichtes ist beizutreten ... Diese Auslegung der Klausel ist jedoch nach ihrem Wortlaute nicht möglich. Irgendwelche Anhaltspunkte dafür, daß das Wort „about" sich nur auf den 20. Dezember, nicht aber auch auf den 24. Dezember beziehe, ergeben sich aus ihrer Fassung nicht ... Unter diesen Umständen durfte die Beklagte nach dem Grundsatze von Treu und Glauben im Verkehr der Ansicht sein, daß es sich insoweit nicht um eine ... Änderung des Vertragsinhaltes, sondern um eine versehentlich nicht genau erfolgte Fassung des Vertragstextes handle. Sie konnte sich darauf verlassen, daß Treu und Glauben es der Gegenseite zur Pflicht machten, eine derart bedeutsame Änderung des Vertragsinhaltes nicht auf diese versteckte Art dem Vertrag einzuverleiben, sondern in einwandfrei erkennbarer Weise zum Ausdruck zu bringen. Nicht entgegen steht dieser Auffassung eine etwaige Verkehrssitte, wonach für den Vertragsinhalt allein der Inhalt der Chartepartie ohne Rücksicht auf Vereinbarungen in Vorverhandlungen maßgebend ist. Eine solche Verkehrssitte würde die Heranziehung der Vorverhandlungen zur Feststellung des von den Parteien tatsächlich gewollten Inhaltes der Chartepartie gemäß § 157 BGB. nicht ausschließen.

44. RG. I 116, 316f.: Ein Verzicht auf ein erwachsenes Recht ist nicht zu vermuten, sondern nur dann anzunehmen, wenn besondere Umstände auf einen Verzichtswillen schließen lassen. Das angefochtene Urteil hat das Vorliegen solcher Umstände ohne Rechtsirrtum verneint. Seine Ausführungen ... stehen weder mit der allgemeinen Erfahrung noch mit anerkannten Rechtsgrundsätzen in Widerspruch (zu vgl. RG. 110, 127 ...) ... Insbesondere ist darauf hingewiesen worden, daß die Notwendigkeit endgültiger und glatter Abwicklung des kaufmännischen Verkehrs es in vielen Fällen ausgeschlossen erscheinen lassen müsse, ein einzelnes Geschäft, auf dessen Erledigung der Schuldner sich wirtschaftlich eingestellt habe, wieder aufzurollen ... Die Erheblichkeit der hier hervorgehobenen Gesichtspunkte für die Frage der nachträglichen Aufwertungsmöglichkeit für Verbindlichkeiten, die durch Papiermarkzahlungen getilgt sind, ist außer Zweifel ... Daß das Berufungsgericht diese Rechtsgrundsätze verkannt hätte, ist nicht ersichtlich.

45. RG. I 118, 285f.: Dies könnte nach dem sehr weit gefaßten Wortlaute so verstanden werden, daß der Wille dahin gegangen sei, alle damaligen und künftigen Urheberrechte, gleichviel welcher Art, sollten auf F. übertragen werden ... Das angefochtene Urteil lehnt aber nach Zweck, Inhalt und Umständen des Vertrages eine solche Deutung ab. Und der Revision ist nicht zuzugeben, daß die Ausführungen darüber unklar oder lückenhaft seien oder sonstwie gegen Auslegungsregeln verstießen ... Fraglich ist vor allem, ob hier gerade das von der Revision betonte Wort „verkaufen" besondere Folgerungen auf den Umfang des veräußerten Rechtes nahelegt. Für die Ermittelung des Parteiwillens verdient der sachliche Vertragsinhalt, den das Berufungsgericht eingehend behandelt, den Vorrang (§ 133 BGB.) ... Diese Darlegung, in der sich erfahrungsmäßige Würdigung tatsächlicher Umstände mit der Rechtsanwendung verbindet, enthält keinen Verstoß gegen Auslegungsregeln ... Die Parteien erstrebten keine Übertragung des Verfilmungsrechtes, obwohl sie sich der Möglichkeit solcher Übertragung bewußt waren. Darin liegt aber eine aus der Würdigung von Tatsachen geschöpfte Überzeugung des Berufungsgerichtes

(§ 286 ZPO.), die zur Zeit mit der Revision nicht angegriffen werden kann ... Darauf gibt jedoch bereits der Tatrichter kraft seiner Würdigung der wesentlichen Umstände die Antwort, daß der Wille nicht auf Mitübertragung des Verfilmungsrechtes gerichtet gewesen sei. Gegen Auslegungsregeln verstößt das Urteil auch in diesem Falle nicht. Es läßt sich auch nicht einwenden, die Ausdrucksweise des Vertrages von „allen gegenwärtig und künftig fließenden Rechten" ermangle bei solcher Auslegung des dem Parteiwillen genügenden Inhaltes.

46. RG. I 118, 290f.: Hierbei verkennt das angefochtene Urteil nicht, daß ein Vertrag wie der vorliegende nicht schlechthin nach den Regeln des Kaufes beurteilt werden kann, weil er von eigener Art und tatsächlich wie rechtlich gemischtem ... Inhalt ist. Verträge über den Vertrieb von Filmen sind nach ihrem Zweck und Wesen in der Regel den Lizenzverträgen verwandt ... In dieser Darlegung des Berufungsgerichtes ist kein Rechtsirrtum zu erkennen. Größtenteils beruht sie auf tatsächlicher Würdigung der Verhältnisse des Filmwesens und gewissen daraus gezogenen erfahrungsmäßigen Folgerungen (§ 286 ZPO.) ... Bei solcher Auslegung würde der im Vertrage niedergelegte, vom Berufungsgericht unter Hinweis auf die Entwicklung des Lichtspielwesens ermittelte Parteiwillen nicht genügend beachtet.

47. RG. I 119, 419: Die Darlegungen des Berufungsrichters enthalten keinen Rechtsirrtum. Er nimmt an, § 9 des Kaufvertrages habe sich nach dem Willen der Parteien auf den auf Kartoffeln bezüglichen Teil des Saatanbauvertrages beziehen sollen. Diese Annahme beruht auf Würdigung des Beweisergebnisses und des Vorbringens der Parteien und steht nicht im Widerspruche mit Auslegungsgrundsätzen ... Die Beklagte beruft sich also darauf, daß der Übernahmevertrag wegen Fehlens übereinstimmender Willenserklärungen der Beteiligten überhaupt nicht zustande gekommen sei ... Beide Einwendungen sind ... nicht berechtigt ... Beide Erklärungen sind unzweideutig und übereinstimmend und können nur dahin verstanden werden, daß die tatsächlich bestehenden Verpflichtungen des Verkäufers übernommen werden sollten. Damit entfällt die Grundlage für Annahme eines versteckten Einigungsmangels ... Die Begleitumstände des Übereinkommens nötigen hier zu keiner Einschränkung des Vertragsinhaltes.

47a. RG. I SeuffA. 82, 265 (Urt. v. 23. Mai 1928): Entscheidend dafür, ob eine stillschweigende Vollmachterteilung an einen Vertreter angenommen werden kann, ist das Verhalten des Vertretenen. Durfte nach diesem der Dritte nach Treu und Glauben davon ausgehen, der Vertretene sei mit der Vertretung einverstanden, so muß der Vertretene die Handlungen des Vertreters gegen sich gelten lassen. Der Dritte darf bei Beurteilung des Verhaltens des Vertretenen voraussetzen, daß auf dessen Seite die gebotene Sorgfalt in der Behandlung geschäftlicher Angelegenheiten aufgewandt werde ... Maßgebend ist dabei das Verhalten des Vertretenen, wie es sich dem Dritten nach seiner Kenntnis der Sachlage unter der Annahme darstellt, daß auf der Gegenseite mit pflichtmäßiger Sorgfalt verfahren werde ... Zu einer Beanstandung dieser Stellungnahme besteht kein Anlaß ... Eine stillschweigende Wiedererteilung der Vollmacht ist daher vom Berufungsgerichte mit Recht verneint worden.

48. RG. I SeuffA. 82, 260 (Urt. v. 2. Juni 1928): Aus der ... Beweisaufnahme und dem überreichten Urkundenmaterial entnimmt das Berufungsgericht, daß Schuldnerin ... die Beklagte sei ... Nicht ernst gemeint gewesen und aus diesem Grunde nichtig sei ... die Veräußerung der ... Vorräte ... Nach der ganzen Sachlage sei ohne weiteres davon auszugehen, daß nach der Absicht der Vertragschließenden die Beklagte selber als wirtschaftliche Über-

nehmerin des Geschäftes auch Schuldnerin ... habe sein sollen ... Diese Begründung läßt keinen Verstoß gegen Rechtsregeln erkennen. Es handelt sich einmal darum, ob die Beklagte Schuldnerin ... ist, und weiter um die Frage, ob der Bestand dieser Verpflichtung ... gefährdet wird. Die erste Frage liegt wesentlich auf Tatsachengebiet. (Wird dargelegt.)

49. RG. II 65, 359: Enthält jene im Auslande vollzogene Begebung des Wechsels nach Auffassung und Willen der Beteiligten zugleich eine stillschweigend vereinbarte Übertragung der zugrunde liegenden, nach deutschem Rechte zu beurteilenden Kaufpreisforderung, so liegt der nach dem Rechte des Bürgerlichen Gesetzbuches verlangte Übertragungsvertrag vor ... Die zuletzt dargelegten rechtlichen Grundsätze hat das Berufungsgericht verkannt ... Das festgestellte Sachverhältnis reicht indes zu, in der Sache dahin zu erkennen, daß die Kaufpreisforderung ... übergegangen war ... Die den gedachten Begebungsvertrag begleitenden Umstände, wie sie vom Berufungsgerichte gewürdigt sind ... bestätigen ... das Vorliegen eines solchen Übertragungswillens.

49a. RG. II 81, 3: Hierbei hat das Berufungsgericht nicht beachtet, daß der Sohn als Vertreter im Willen auch dann tätig sein konnte, wenn er über den Inhalt der abzugebenden Willenserklärung nicht unterrichtet war. Es genügt, wenn er bei der Unterzeichnung wußte, daß es sich überhaupt um eine rechtsgeschäftliche Erklärung handelte, die er namens seines Vaters abgeben wollte. Diese Voraussetzung ist aber nach den tatsächlichen Feststellungen des Berufungsgerichtes als vorhanden anzusehen ... Hierbei war auch daraus kein Bedenken zu entnehmen, daß das Berufungsgericht schließlich ausdrücklich ausspricht, es liege auf der Hand, daß es dem Sohne des Klägers nicht in den Sinn gekommen sei, irgendeine Willenserklärung abzugeben. Nach dem Zusammenhange mit dem sonst Ausgeführten enthält diese Bemerkung nicht sowohl eine das Revisionsgericht bindende tatsächliche Feststellung, als vielmehr eine auf rechtlichem Gebiete liegende und darum nachzuprüfende Schlußfolgerung. Das Reichsgericht war auch in der Lage, sofort selbst in der Sache zu erkennen.

50. RG. II 88, 372: Das letzte ist eine reine Frage der Auslegung (worauf aufgehoben und an das Berufungsgericht zurückverwiesen wird). Bei der abermaligen Prüfung wird zu berücksichtigen sein, daß die Beklagte ihrer Behauptung nach dem Kläger ausdrücklich Kops neuer Ernte ... angeboten hat, und daß der Kauf durch Annahme des billigeren Angebotes zustande gekommen sein soll. Es ist dann nach den Grundsätzen der §§ 133, 157 BGB. zu beurteilen, ob die Parteien einen Kauf über Kops neuer Ernte haben abschließen wollen, und ob in dem maßgeblichen Schlußbriefe, mit Rücksicht auf die im Garnhandel übliche Ausdrucksweise, über die die Handelskammer von Chemnitz sich ausspricht, sowie mit Rücksicht auf die Gesamtheit der Umstände, unter denen der Schlußbrief verfaßt ist, ein erkennbarer Ausdruck dieses Willens zu finden ist.

51. RG. II 83, 186: Es fragt sich, ob nicht das Oberlandesgericht, indem es die brieflichen Erklärungen allein auf den Zeitpunkt der Fälligkeit der Schuld bezieht..., in ängstlicher Weise am Wortlaute haftet und die §§ 133, 157 BGB., 346 HGB. verletzt ... Wollte man einer bejahenden Antwort regelmäßig nur tatsächliche, d. h. rechtlich in keiner Weise bindende Bedeutung beilegen, so würde man den Anschauungen des Lebens nicht gerecht werden ... In der Regel weiß und will der Schuldner, wenn er die abgetretene Forderung und nicht etwa nur die Abtretung als solche anerkennt, daß er an seinem Worte

festgehalten werden kann. Dieser Erfahrungstatsache trugen frühere Landesrechte in weitem Umfange Rechnung . . . Aber auch ohne ausdrückliche Bestimmung kann aus der Natur der Sache heraus wenigstens so viel gefolgert werden, daß eine Willenserklärung beabsichtigt ist.

52. RG. II 83, 296: Es handelt sich um die Auslegung von Urkunden, die für den Verkehr bestimmt sind und als Wertpapiere von Hand zu Hand gehen sollen. Da hierbei die Besonderheiten des Einzelfalles keine Rolle spielen, vielmehr der maßgebende Sinn der Worte nur aus der Urkunde selbst geschöpft werden kann, muß das Reichsgericht einen freieren Standpunkt einnehmen, als ihm im allgemeinen gegenüber Vertragsauslegungen zukommt (vgl. auch das Urteil des 7. Zivilsenates RG. 81, 117 — s. unten Nr. 104). Danach aber kann nicht zweifelhaft sein, daß die vom Berufungsrichter vertretene Auslegung verfehlt ist . . . Die Auslegung des Berufungsgerichtes muß an ihrer Unbestimmtheit und Unklarheit scheitern . . . Selbst wenn sich daher in den Genußscheinen keinerlei Hinweis auf den Fall der Kapitalerhöhung finden würde, müßten die Scheine doch mit Rücksicht auf die Verkehrssitte dahin ausgelegt werden, daß die Erhöhung der Gesellschaft frei gehalten werden sollte (vgl. § 157 BGB., § 346 HGB.) . . . Die Voraussetzung trifft aber nicht einmal zu . . . Sein (des Klägers) Versuch aber, durch Auslegung an der Bestimmung vorbeizukommen, ist mißglückt.

53. RG. II 83, 321: Die Auslegung des Berufungsrichters kann Bedenken erregen . . . Das Reichsgericht würde sich auch an die Auslegung des Berufungsgerichtes nicht etwa aus dem Gesichtspunkte gebunden erachten, daß es sich um eine Frage tatsächlicher Beurteilung handle. Denn was in dieser Beziehung das Reichsgericht in RG. 81, 117 (s. unten Nr. 104) für Versicherungsbedingungen ausgesprochen hat, und was von dem jetzt erkennenden Senat in der Sache . . . (oben Nr. 52) für die Auslegung von Genußscheinen angenommen ist, gilt in nicht geringerem Maße auch für die Satzung einer Aktiengesellschaft. Auch hier handelt es sich nicht bloß um individuelle Rechtsbeziehungen; auf Grund der Satzung vollzieht sich vielmehr der Erwerb der Aktien im Verkehr, der Erwerber muß sich auf ihre einheitliche Auslegung verlassen können und das Reichsgericht darf nicht an etwa widersprechende Auslegungen verschiedener Berufungsgerichte gebunden sein.

54. RG. II 83, 422f.: Muß hiernach dem Oberlandesgericht auch zugegeben werden, daß seine Annahme . . . nicht gegen die Denkgesetze verstößt, so kann doch davon, daß die . . . Aktien . . . mit diesem Anspruch ausgestattet worden wären, keine Rede sein. Ein solcher Vorgang würde allen Erfahrungen des Lebens widersprechen . . . Es ist auch im höchsten Maße unwahrscheinlich, daß . . . die Mehrheit der Aktionäre . . . an ein Vorrecht gegenüber künftigen Aktien, wie es das Oberlandesgericht will, gedacht haben sollte . . . Indes mag dem sein, wie es will: Die angebliche Willensmeinung der Beteiligten hat ihren rechtserheblichen Ausdruck nicht gefunden.

55. RG. II 110, 250: Von einer bedingten Bewilligung des Risikozuschlages kann demnach keine Rede sein. Es wird damit in die Vereinbarung ein Gedanke hineingetragen, der mit dem wirklich erklärten Willen nicht im Einklange steht.

56. RG. II 111, 318: Allerdings enthält auch der Abs. 2 des § 244 BGB. nur dispositives Recht, und daher konnten die Parteien . . . andere Bestimmungen über die Art der Umrechnung treffen. Daß keine derartige Vereinbarung getroffen worden und auch sonst aus dem Willen der Vertragschließenden nichts für die Übernahme des Repartierungsrisikos durch die Beklagte zu entnehmen ist, hat das Berufungsgericht ausdrücklich festgestellt . . . Am Schlusse (von RG. 101, 312) wird noch hervorgehoben, daß solche Gestaltungen dem Tat-

richter Anlaß gäben zu einer besonders sorgfältigen Prüfung der Frage, ob nicht im einzelnen Falle nach dem Willen der Parteien ein anderer Zeitpunkt als derjenige der tatsächlichen Zahlung der Umrechnung zugrunde zu legen sei. Das Berufungsgericht hat . . . eine Prüfung nach dieser Richtung vorgenommen und die Frage verneint. Eine Verletzung des § 242 BGB. tritt dabei nicht zutage.

57. RG. II 112, 86: Bei Prüfung der Frage, was der in den Wechseln bei der Angabe der zu zahlenden Geldsumme gebrauchte Ausdruck „Mark" bedeutet, geht das Berufungsgericht zutreffend davon aus, daß zwar Wechsel ebenfalls der Auslegung zugänglich seien, und daß die Auslegung auch bei ihnen unter Berücksichtigung der Grundsätze von Treu und Glauben und unter Beachtung der Verkehrssitte zu erfolgen habe, daß es aber dabei nach der rechtlichen Natur der Wechselverbindlichkeit nicht auf den Parteiwillen, sondern nur darauf ankommen könne, wie ein außerhalb stehender Dritter die Urkunde verstehen müßte . . . vielmehr seien die 35000 *M* der Wechsel für jeden außerhalb Stehenden als Goldmark zu erkennen . . . Dem steht entgegen, daß es sich hier nicht um währungstechnische Fragen, sondern nur darum handelt, in welchem Sinne ein gebrauchter Ausdruck zu verstehen ist.

58. RG. II 112, 259f.: Die Beklagte kann sich, um die Möglichkeit einer stillschweigenden Einigung auf die fraglichen Kauf- und Lieferungsbedingungen auszuschließen, auch nicht darauf berufen, daß es für sie ganz unbestimmt gewesen sei, ob die Bedingungen . . . maßgebend sein sollten. Die Beklagte mußte als dem Regelfall entsprechend davon ausgehen, daß . . . Nach alledem ist anzunehmen, daß die allgemeinen Kauf- und Lieferungsbedingungen des Ostelbischen Syndikats, obgleich von ihnen beim Vertragsschlusse nicht die Rede war, doch nach Treu und Glauben auf Grund stillschweigender Vereinbarung als Bestandteil des Vertrages der Parteien zu gelten haben, und daß es Sache der Beklagten war, falls sie die Bedingungen im einzelnen nicht kannte, sich danach zu erkundigen.

59. RG. II 112, 276: Der Revision ist einzuräumen, daß diese Beurteilung nicht schon dadurch der Nachprüfung entzogen ist, daß das Berufungsgericht sagt, die Verpflichtungen seien als gesellschaft(srecht ?)liche gewollt, und daß es an anderer Stelle bemerkt, der Abschluß schuldrechtlicher . . . Darlehnsverträge . . . sei hier nicht gewollt. Es handelt sich hierbei in Wahrheit nicht um eine tatsächliche Feststellung, die über den Parteiwillen getroffen ist, sondern um die rechtlichen Folgerungen, die aus dem von den Parteien Gewollten zu ziehen sind.

60. RG. II 116, 252: Bei der Annahme einer stillschweigenden Bevollmächtigung (gemäß § 54 HGB.), die darin liegen soll, daß der Beklagte . . . eine mißbräuchliche Betätigung der Sparkassenbeamten bei Wechselunterschriften geduldet habe, geht der Berufungsrichter davon aus, daß die Sparkasse Kaufmannseigenschaft haben möge . . . Jede Bank weiß oder muß wenigstens bei Anwendung der erforderlichen Sorgfalt wissen, daß die Sparkassen der kommunalen Körperschaften Satzungen besitzen, worin die Vertretungsbefugnisse ihrer Organe genau geregelt sind. Wie jeder . . . sich vorher vergewissern muß, ob die vertragschließenden oder zeichnenden Personen auch wirklich die berufenen Vertreter der Aktiengesellschaft sind, so gilt die gleiche Prüfungspflicht für die Beamten im Verkehr mit Sparkassen . . . Hiernach kann sich die Klägerin nicht auf stillschweigende Vollmachterteilung berufen. Es braucht daher nicht erörtert zu werden, inwiefern die Sparkassenbeamten außerhalb der . . . Vollmacht unter Duldung des Beklagten . . . unbefugt gehandelt haben, und ob daraus . . . auf die Erteilung einer allgemeinen Wechselvollmacht geschlossen werden könnte.

61. RG. II 117, 165f.: Es kommt daher, wie der erkennende Senat in seinem Urteil... JW. 1927 S. 1249 Nr. 5 ausgesprochen hat, für die Frage nach der stillschweigenden Vollmachtserteilung nicht sowohl darauf an, ob der Vertretene die rechtsgeschäftliche Tätigkeit des Vertreters gekannt und geduldet hat, als vielmehr darauf, wie das Verhalten des Vertretenen gegenüber den Handlungen des Vertreters von den mit diesen abschließenden dritten Personen aufgefaßt werden mußte, d. h. ob es von ihnen nach Treu und Glauben dahin gedeutet werden durfte, daß dem Vertretenen bei Anwendung der im Verkehr erforderlichen Sorgfalt das Verhalten des Vertreters nicht habe verborgen bleiben können und daß es daher von ihm geduldet werde. Gegen diese Grundsätze hat das Kammergericht ... nicht verstoßen ... Denn der Verkehr durfte sich darauf verlassen, daß die Vornahme solcher Girierungen durch einen Unbefugten einer sorgsamen Geschäftsleitung während eines Zeitraumes von zwei Jahren nicht wohl entgehen konnte ... Die Entscheidung des Rechtsstreites bleibt daher von der Frage abhängig, ob in der Duldung der Wechselgirierungen durch Dr. G. die stillschweigende Ermächtigung zur Eingehung von Wechselverbindlichkeiten überhaupt, also auch zur Ausstellung von Akzepten, zu erblicken ist. Diese Frage muß aber bejaht werden ... Wenn der Geschäftsherr es duldet, daß ein Angestellter längere Zeit hindurch für die Firma Wechsel giriert, so gibt er damit nach außen unzweideutig und ohne Einschränkung kund, daß der Angestellte berufen sei, im Wechselverkehr der Firma für diese verbindlich zu zeichnen ... Den hierdurch erweckten äußeren Anschein der Vollmacht auf die Girierung von Wechseln zu beschränken und Akzepte auszuschließen, verbietet die Sicherheit im Rechtsverkehr. Denn der Allgemeinheit kann nicht eine Unterscheidung dahin zugemutet werden, daß ... Wer daher als Geschäftsherr einen Angestellten stillschweigend ermächtigt, Wechselverbindlichkeiten für ihn einzugehen, indem er wissentlich oder infolge von Fahrlässigkeit duldet, daß der Angestellte für die Firma giriert, ... kann auch nicht geltend machen, daß das Akzept von dieser stillschweigenden Vollmacht ausgenommen werden müsse.

62. RG. II 117, 213: Ebenso ist ihm (dem Berufungsgerichte) darin beizupflichten, daß auch das spätere Verhalten des Klägers keinen Verzicht im Rechtssinn ergibt ... Auf einen solchen Willen des Klägers könnte vielmehr nur geschlossen werden, wenn außerdem ein besonderer Grund erkennbar wäre, der ihn zu diesem Entgegenkommen gegenüber dem Beklagten veranlaßte. Daran fehlte es aber ... Die Beträge, um die es sich handelt, waren so bedeutungsvoll für die Beteiligten ..., daß die Beklagten kaum erwarten konnten, er (Kläger) werde von einem etwaigen Nachforderungsrechte keinen Gebrauch machen. Je weniger sie aber Anlaß zu dieser Erwartung hatten, um so mehr mußten sie darauf gefaßt bleiben, daß sie noch in Anspruch genommen würden.

62a. RG. II 119, 94: Diese Auslegung des Vertrages ... ist nach der Sachlage unmöglich ... Die Vertragschließenden sind vielmehr weiter gegangen und haben ... ein Schuldverhältnis errichtet, das die alte Schuld aus Kauf vollständig beseitigte ... Entscheidend hierfür ist nicht sowohl die äußere Form ..., in der die Beklagte die Schuldscheine anfertigen ließ ..., als vielmehr der Inhalt der Bedingungen ... Nicht minder kennzeichnend für die Bedeutung des Darlehnsverhältnisses ist die Bestimmung ... Diese Regelung ist schlechterdings unvereinbar mit der Annahme, daß die Schuldscheine (Schuldverschreibungen) nur erfüllungshalber hingegeben werden sollten.

63. RG. II 119, 123. Mit Grund bekämpft die Revision die Annahme des Berufungsrichters, daß der Gebrauch der Wendung „für Sie oder Ihre Order"- den Schluß auf einen übereinstimmenden Vertragswillen des erwähnten In'

halts gestatte oder gar notwendig mache. Es handelt sich hierbei nicht, wie die Klägerin meint, um eine im wesentlichen dem Gebiete des Tatsächlichen angehörende und deshalb der Nachprüfung durch den Revisionsrichter entzogene Feststellung einer bestimmten Übung, sondern um die Rechtsfrage, ob sich die Auffassung des Berufungsrichters mit dem deckt, was nach der Erfahrung im kaufmännischen Verkehr unter einer Erklärung wie der von der Beklagten abgegebenen verstanden wird ... Dieser Ausgangspunkt widerspricht aber der täglichen Erfahrung. Es ist nicht richtig, daß gerade der Kaufmann bei seinen rechtsgeschäftlichen Erklärungen ... jede an sich rechtlich überflüssige, Bekanntes wiederholende Wendung durchweg vermeide ... Zu den Wendungen, die im kaufmännischen Verkehr ... als Betonung der bloßen Abtretungsmöglichkeit gebraucht werden, gehört erfahrungsgemäß der Ausdruck „an Order".

64. RG. II 119, 344f.: Dies schließt aber nicht aus, daß das Verhältnis nach dem wahren Willen der Generalversammlung ein ganz anderes war. Die Beschlüsse sind der freien Auslegung durch das Revisionsgericht zugänglich. Auch hier gilt es, den wahren Willen der Generalversammlung zu erforschen und ihm zur Anerkennung zu verhelfen, soweit kein gesetzliches Hindernis im Wege steht. Dafür bieten Anlaß, Grund und Zweck der Beschlüsse wichtige Anhaltspunkte ... Wären diese Beschlüsse je anders gemeint gewesen, so hätten sie mit ihrer für einen Teil der Genossen unerträglichen ... Belastung die Grenzen des Mehrheitsgrundsatzes überschritten ...

64a. RG. II 3. Juli 1928 HöchstRRspr. 1928 Nr. 1970: Von einer Schuldumwandlung in dem Sinne, daß auf die ursprüngliche Forderung nicht mehr zurückgegriffen werden ... sollte, kann nur dann die Rede sein, wenn die Beteiligten darüber einverstanden waren, es solle der Anspruch ... völlig losgelöst und ihm eine neue rechtliche Grundlage gegeben werden. Für die Annahme eines dahin gehenden Vertragswillens ist aber eine Vereinbarung gemäß § 607 Abs. 2 BGB. ... für sich allein nicht als ausreichend anzusehen. Ebenso ist der wirtschaftliche Zweck und die Fassung des neuen Abkommens nicht entscheidend, vielmehr ist allein maßgebend, ob der Anspruch unter völliger Beseitigung des alten Schuldverhältnisses auf eine neue rechtliche Grundlage gestellt ist ... Aber bei Prüfung der Frage, ob bei Abschluß einer Vereinbarung, daß der Schuldbetrag künftig darlehnsweise geschuldet werden solle, der Wille der Parteien darüber hinaus einen so weitgehenden Inhalt gehabt habe, ... ist wegen der angegebenen weitgehenden Folgen große Vorsicht geboten.

65. RG. III 81, 43: Nach dem Inhalte des Vertrages ist die Zahlung ... nur an die Ehefrau D. vereinbart. Daß überhaupt und jemals ein Anspruch des Ehemannes auf diese Zahlungen entstehen sollte, dafür gewährt die Fassung des Vertrages keinen Anhalt. Der Zweck aber, den die Beteiligten mit dem Vertrage verfolgten, führt zwingend zu der Annahme, daß sie den Vertrag auch so und nicht anders gewollt haben, wie sie ihn vereinbart haben ...

66. RG. III 81, 62. Aus den Urteilsgründen könnte in dieser Hinsicht nur der Satz in Betracht kommen, der Kläger habe vor dem Vertragsschlusse gewußt, daß der Vertrag nur dann Wirksamkeit erlange, wenn der Vermieter E. den Kläger als Untermieter zulassen würde. Dieser Satz enthält aber nur einen auf dem dargelegten Rechtsirrtum beruhenden Schluß aus den tatsächlichen Feststellungen ... Nur diese tatsächlichen Feststellungen sind für das Reichsgericht bindend, und sie ergeben keinen bedingten Vertragsschluß. Der Beklagte hat auch in dieser Hinsicht keine weitergehenden tatsächlichen Behaup-

tungen aufgestellt, sondern nur ausgeführt, aus dem Festgestellten ergebe sich, daß der Untermietvertrag unter jener Bedingung geschlossen sei.

67. RG. III 90, 254: Im vorliegenden Falle spricht nichts dafür, daß die Bankfirma und der Kläger vereinbart haben, es solle die Rechnungslegung über die Rückkäufe an die Stelle der ursprünglich gewollten effektiven Leistung, der Lieferung der Papiere, treten. Die Erklärung des Klägers ... „Ich erkläre mich mit Ihren Maßnahmen einverstanden" enthält dem Wortsinne nach lediglich das Bekenntnis, daß die Geschäftsmaßnahmen der Bank ... genehmigt würden ... Es muß dem Berufungsrichter überlassen bleiben, das Tatsachenmaterial nochmals unter dem gekennzeichneten rechtlichen Gesichtspunkte zu würdigen.

68. RG. III 90, 321: Die Auslegung beruht auf einer dem § 286 ZPO. entsprechenden Würdigung des Sachverhaltes und läßt einen Rechtsirrtum, insbesondere eine Verletzung von Auslegungsgrundsätzen nicht erkennen ... Die vom Beklagten vertretene freie Widerruflichkeit würde der Bestimmung des Abs. 2 jede rechtliche Bedeutung nehmen ... Seinem Ermessen war es überlassen, eine Vergütung zu bewilligen, nicht aber, die bewilligte Vergütung ... nachträglich wieder zu entziehen oder herabzusetzen.

69. RG. III 90, 331: Weiterhin bedarf das Pachtverhältnis selbst einer Prüfung dahin, ob sich nicht aus dessen Gesamtumständen ein auch gegen den Verpächter wirksames Kündigungsrecht der Erben ergebe ... Da das Berufungsgericht bisher den Sachverhalt nach den besprochenen, für die Entscheidung erheblichen Richtungen noch keiner Erörterung unterzogen hat, so war das angefochtene Urteil aufzuheben und die Sache ... zurückzuverweisen.

70. RG. III 90, 417: Ob die Vertragschließenden die eine oder die andere Art dieser Verpflichtungen ... gewollt haben, kann nicht aus der Wahl der gebrauchten Ausdrücke allein entnommen werden ... Die Entscheidung kann vielmehr nur unter Berücksichtigung der Lage des Falles in ihrer Gesamtheit getroffen werden. Im Zweifel aber, wenn die Prüfung des Falles nicht bestimmt ergibt, daß die Vertragschließenden die Begründung einer selbständigen ... Verpflichtung — RG. 64, 318 — gewollt haben, kann in der Verpflichtung, für die Schuld eines anderen aufzukommen, ... nur die Übernahme einer Bürgschaft erblickt werden.

71. RG. III 110, 300: Ob ein wichtiger Grund im Sinne des § 626 BGB. vorliege, ist im wesentlichen Tatfrage. In der Revisionsinstanz ist nur nachzuprüfen, ob in abstracto ein bestimmtes Handeln, eine bestimmte Eigenschaft oder ein bestimmtes Ereignis einen wichtigen Grund zur Auflösung eines Dienstverhältnisses bilden kann (RG. 78, 22). Und das ist für den Fall der Verheiratung einer weiblichen Angestellten ohne weiteres zu bejahen.

72. RG. III 115, 214: Endlich war auch dem Angriffe keine Folge zu geben, den die Revision gegen die Auslegung der zur Klagebegründung dienenden Vertragsnormen erhebt. Sogenannte typische Vertragsklauseln, deren Sinn und Tragweite das Reichsgericht frei und unbehindert durch die tatrichterliche Deutung feststellen könnte, liegen nicht vor. Die Abreden in den Pachtverträgen ... regeln die Frage verschieden. Die Auffassung des Berufungsgerichtes kann daher nur darauf geprüft werden, ob sie vor den Auslegungsgrundsätzen des BGB. (§§ 133, 157) standhält. Ein Verstoß hiergegen ist nicht erkennbar.

72a. RG. III HöchstRRspr. 1928 Nr. 1876: Hier kann ... ein Verzichtswille erst dann angenommen werden, wenn für solches Entgegenkommen des Gläubigers ein besonderer Grund erkennbar ist ... Die Feststellung eines Verzichtsvertrages entbehrt der genügenden Rechtsgrundlage, weil sie getroffen worden ist ohne Beachtung des besonderen Charakters des Anspruches, dessen Aufwertung streitig ist.

72b. RG. III HöchstRRspr. 1929 Nr. 186: Zum Rechtsgeschäft gehört eine auf Erzeugung von Rechtswirkungen gerichtete Absicht der Beteiligten. Fehlt sie, so liegt insoweit überhaupt keine rechtsgeschäftliche Erklärung vor. An ihr mangelt es besonders dann, wenn sich die Parteien bei Vertragsschluß der Nichtigkeit einer vertraglichen Bestimmung bewußt gewesen sind ... Dieses Bewußtsein schließt notwendig den Willen aus, mit der Bestimmung Rechtsfolgen hervorzurufen.

73. RG. IV 110, 306: Das Gesetz gebe für einzelne Fälle solcher Änderungen Auslegungsregeln (§§ 2067—2071, 2169 III, 2172 II, 2173 BGB.). In den durch diese Regeln gewiesenen Richtungen sei auch in anderen Fällen sachlicher oder persönlicher Veränderung durch Auslegung zu ermitteln, was nach der Willensrichtung des Erblassers ... als von ihm gewollt anzusehen sei, sofern er vorausschauend das spätere Ereignis bedacht haben würde ... Das Berufungsgericht hat daher mit Recht untersucht, ob vom Standpunkte des Fideikommißbesitzers, wie er sich aus dem Inhalte der Stiftungsurkunde im ganzen und aus allen auch außerhalb der Erklärung liegenden, aber für den damaligen Willen des Erklärenden schlüssigen Tatsachen ergibt, anzunehmen ist, daß ... die Bedingung ... habe gelten sollen. Das Berufungsgericht hat diese Frage auf Grund einer eingehenden, mit der Revision nicht angreifbaren Sachwürdigung verneint ...

73a. RG. IV 106, 122: Das Reichsgericht hat in feststehender Rechtsprechung angenommen, daß in Fällen, in denen eine Vertragsauslegung, abweichend von der Regel, sich nicht in der tatsächlichen Feststellung des in der Richtung auf ein bestimmtes einzelnes Rechtsverhältnis von den Beteiligten gefaßten und mittels der Vertragserklärungen kundgegebenen Willens erschöpft, sondern die Bedeutung einer über den Kreis der Vertragschließenden hinaus Geltung beanspruchenden allgemeinen Norm betrifft ... dem Revisionsgericht die freie Nachprüfung der Richtigkeit der Auslegung des Berufungsrichters zusteht (RG. 81, 117; 83, 322; 86, 284 u. öfter). So liegt die Sache bei dem württembergischen Landesarztvertrag.

74. RG. IV 112, 214: Zu demselben Ergebnisse führt aber auch die richtige Auffassung des Vertragswillens der Parteien ... Es ist nicht ersichtlich, weshalb hier eine Ausnahme geboten sein sollte von der Regel, daß Willenserklärungen auch aus den Umständen entnommen werden dürfen ... Gerade die von der Beklagten vertretene Auslegung entspricht aber der in Fällen dieser Art regelmäßig bestehenden Absicht der Beteiligten ... Der zu beurteilende Sachverhalt liegt vollständig und unbestritten vor; einer Zurückverweisung zu weiteren tatsächlichen Feststellungen bedurfte es daher nicht.

75. RG. IV 116, 323: Vielmehr ist gemäß § 133 BGB. auf dem Wege freier Willenserforschung, der durch Auslegungsregeln weder nach der einen noch nach der anderen Richtung Schranken gesetzt oder Richtlinien gegeben sind, darüber zu entscheiden, ob und inwieweit mit der einzelnen Verfügung gegenseitige Bindung oder freie Widerruflichkeit beabsichtigt gewesen ist. Bei Zuwendungen eines Erblassers an einen Dritten kommt das Interesse, auch das bloß moralische, das der andere Vertragsteil an der Verfügung hat, als Auslegungsbehelf in Betracht ... Unter diesem Gesichtspunkte hat das Berufungsgericht den Fall nicht geprüft ... Die Entscheidung über die erörterte Auslegungsfrage ist dem Tatrichter zu überlassen.

76. RG. IV 117, 4: Ob sich infolge der Nichtübernahme der Bürgschaft durch

den Gesellschafter J. die Ausgleichspflicht der übrigen Bürgen erhöht hat, ist eine reine Rechtsfrage, da Vereinbarungen hierüber nicht behauptet worden sind.

77. RG. IV 118, 373: Der Berufungsrichter glaubt sie mit der Erwägung lösen zu können, die Regelung der Zahlungsfrage habe eine den Parteien ... nicht zum Bewußtsein gekommene Lücke enthalten, und diese sei in ergänzender Auslegung der Willenserklärungen dahin auszufüllen, daß ... Diesen Erwägungen kann nicht gefolgt werden ... Es blieb nicht etwa offen, wie die Zahlung zu erfolgen habe. Denn das war durch die Urkunde lückenlos geregelt. Vielmehr sah sich der Gläubiger nur in seinem Vertrauen zur deutschen Währung getäuscht. Die Erwägungen des Berufungsgerichtes können zudem auch deshalb nicht unter dem Gesichtspunkte der ergänzenden Vertragsauslegung gebilligt werden, weil sie mit dem vom Berufungsgerichte festgestellten Vertragsinhalt im Widerspruch stehen ... Der Wille der Beteiligten, sich ihm (dem deutschen Rechte) zu unterwerfen, folgt aus der Tatsache, daß die deutsche Währung gewählt worden ist und daß Zahlstellen innerhalb des Deutschen Reiches vorgesehen sind.

78. RG. IV 117, 105: Die Auslegung der vom Aero-Lloyd-Konzern aufgestellten allgemeinen Beförderungsbedingungen, durch deren Annahme auch dieser Haftungsausschluß zustande gekommen sein soll, unterliegt der Nachprüfung des Reichsgerichtes (KommRGR. § 133 Anm. 2 Abs. 2). Soweit diese Bedingungen dem Fluggast einen Verzicht auf gesetzliche Entschädigungsansprüche zumuten, ist keine ausdehnende Auslegung zulässig, und das Erfordernis der Deutlichkeit bedarf hier besonderer Beachtung. Im übrigen kommt für die Auslegung nur der erklärte Vertragswille in Betracht, und der Unternehmer muß die von ihm angebotenen Beförderungsbedingungen so gegen sich gelten lassen, wie sie der Fluggast nach Treu und Glauben und nach der allgemeinen Auffassung des Verkehrs verstehen durfte. Der Wortlaut der Bedingung kann für sich allein um so weniger entscheiden, wenn er wie hier eine doppelte Deutung zuläßt ... Nach Treu und Glauben im Verkehr durfte er erwarten, daß ihm eine solche Zumutung in sinnfälliger, nicht mißzuverstehender Weise zur Kenntnis gebracht werde. Das ist hier nicht geschehen ... Dagegen wäre es für den Konzern ein leichtes gewesen, den von der Beklagten behaupteten Sinn der Bedingung mit wenig Worten deutlicher auszudrücken.

78a. RG. IV JW. 1928 S. 2519 Nr. 6. Das Berufungsgericht würdigt diesen Sachverhalt dahin. Der Ehemann St. habe bei der Auflassungsverhandlung seinen Einigungswillen durch keine für die Beklagte vernehmbare Äußerung erklärt. Da die Beklagte ihn nicht gesehen habe, so habe er sich auch nicht etwa durch Gebärden verständlich machen können ... Die Unterlassung eines Widerspruches aber könne der in § 925 BGB. geforderten Abgabe einer Willenserklärung nicht gleichgestellt werden. Diese Würdigung ist in ihrem tatsächlichen Teile für das Reichsgericht bindend. Der rechtliche Schlußsatz ist nicht zu beanstanden ... Hier aber ist nach der Feststellung des Berufungsgerichtes auf seiten des Ehemannes St. in Anwesenheit der Beklagten, nämlich solange er vor der offenen Tür ihres Schlafzimmers stand, höchstens das geschehen, daß er sie keinen Widerspruch hat vernehmen lassen. Diese bloße Unterlassung genügt ... nicht ...

79. RG. IV HöchstRRspr. 1928 Nr. 1878: Liegt eine geschlossene Reihe von aufeinanderfolgenden Eigentümern vor, welche sämtlich die persönliche Schuld übernommen haben, so kann die gegenüber einem von ihnen erklärte Genehmigung regelmäßig nur dahin verstanden werden, daß damit auch

die voraufgehenden Schuldübernahmen genehmigt werden sollen ... Als Genehmigung kann auch die Anmeldung des Anspruches im Aufwertungsverfahren und die Erhebung der Klage in Betracht kommen, sofern daraus unzweideutig der Wille des Gläubigers hervorgeht, den befreienden Eintritt des neuen Schuldners anzuerkennen.

79a. RG. V 81, 136: Wenn man dennoch Verträge, bei denen der Veräußerer die Entschließung beliebig ändern könne, für rechtlich zulässig ansehe, so werde man wenigstens einräumen müssen, daß diese Absicht den Parteien nicht unterstellt werden könne, daß die Auslegung vielmehr im Zweifel eine bedingte Verpflichtung des Veräußerers annehmen müsse ... Denn hier liegt nach den den Bietungsbedingungen zutreffend entnommenen Feststellungen des Berufungsgerichtes eine völlig einseitige Gebundenheit des Beklagten vor, ohne daß eine Verpflichtung der Klägerin zur Übertragung des Eigentums begründet werden sollte. Dies kann nur dahin verstanden werden, daß die Klägerin, selbst wenn sie sich zum Verkauf entschließen sollte, auch dann nicht gebunden sein will, nunmehr an den Beklagten zu verkaufen, während dieser verpflichtet ist, das Grundstück von der Klägerin zu erwerben, falls diese es verlangt ... Es ist daher kein Raum für die Auslegung im Sinne einer bedingten Verpflichtung des Veräußerers; es handelt sich um ein bloßes Wollen der Klägerin.

79b. RG. V 105, 419: Handelt es sich sonach ... um die Auslegung der Willenserklärung einer Partei, deren Richtigkeit an sich in der Revisionsinstanz nicht nachgeprüft werden kann, so ist doch diese Auslegung insoweit nachprüfbar, als sie sich auf einen vom Berufungsrichter angenommenen „allgemeinen Sprachgebrauch" gründet. Der Satz, daß ein solcher allgemeiner Sprachgebrauch bestehe, stellt sich als ein „allgemeiner Erfahrungssatz" dar ... Derartige Sätze ... sind vom Reichsgericht wiederholt nicht als Feststellung von Tatsachen, sondern als Anwendung von Normen, die für die Beurteilung von Tatsachen dienen, in diesem Sinne als „Rechtsnormen" bezeichnet und nachgeprüft worden, vgl. RG. 99, 71 ..., während es freilich in anderen Entscheidungen (so JW. 1914 S. 485 Nr. 26) eine Nachprüfung abgelehnt hat mit der Begründung, ein Verstoß gegen Erfahrungstatsachen sei keine im Rechtszuge der Revision beachtliche Gesetzesverletzung. Der erkennende Senat schließt sich der Ansicht an, daß das Revisionsgericht nicht gehindert ist, die Richtigkeit eines vom Berufungsrichter aufgestellten allgemeinen Erfahrungssatzes nachzuprüfen ...

80. RG. V 110, 392. (Die Revision) übersieht dabei aber, daß es sich bei der Konversion nicht um die Auslegung eines wirklich vorhandenen Parteiwillens, sondern um die Ermittelung eines hypothetischen Willens ... handelt ... In dieser Hinsicht hat aber der Berufungsrichter die obenerwähnte Feststellung getroffen, und diese Feststellung ist mangels Rechtsirrtums im gegenwärtigen Rechtszuge maßgebend.

81. RG. V 112, 262f.: Das Landgericht ... hat als bewiesen angesehen, daß nach dem Willen der Firma ... die Streitstücke mit den übrigen ... Parzellen ... übereignet werden sollten ... (Es) bleiben Zweifel nach der Richtung übrig, ob das Berufungsgericht die Rechtslage nicht verkannt hat, indem es den Vortrag des Klägers, ohne ihn auszulegen, einem falschen rechtlichen Tatbestand untergeordnet hat ... Kann ein solcher Wille der Parteien, auf beiderseitigem Einverständnisse beruhend, festgestellt werden, dann wird nicht angenommen werden können, daß es den Vorverhandlungen an jedweder rechtlichen Bedeutung gefehlt habe ... Die Abrede, die in ihren Einzelheiten und ihrem Wortlaute nach nicht feststeht, da nur ihr Erfolg, die Einigung, vor-

getragen wird, hätte zwar nicht die Verpflichtung rechtswirksam begründen können, dem Kläger das Eigentum . . . zu verschaffen.

82. RG. V 115, 95: Darüber abschließend zu befinden, ist indessen das Reichsgericht nicht in der Lage, weil tatsächliche Vertragsauslegung in Frage steht und aus dem angefochtenen Erkenntnis nicht entnommen werden kann, ob das Berufungsgericht die streitige Vereinbarung ebenso beurteilt hätte, wenn es, wie erforderlich, davon ausgegangen wäre, daß es sich nicht um eine rechtsgrundsätzlich vorläufige und mittels Gestaltungsurteils fortzubildende Regelung, sondern um die den Vorschriften der §§ 133, 157 BGB. unterliegende Nachprüfung handelt, ob die Parteien eine vorläufige oder eine endgültige Festsetzung der Entgelte vorgenommen haben. Deshalb mußte die angefochtene Entscheidung aufgehoben und . . . zurückverwiesen werden . . . Wenn die bisher nicht festgestellten Begleitumstände der Vereinbarung von 1923 in Verbindung mit dem Inhalt aller Verträge eine Auslegung im Sinne der ersteren Möglichkeit rechtfertigen, so hätte das zur Folge, daß zwar nicht auf Grund einer rechtsgestaltenden Fortentwicklung, wohl aber auf Grund einer dem ursprünglichen Vertragswillen gerecht werdenden Interessenabwägung . . . die Entgelte neu festgesetzt werden.

83. RG. V 116, 66: Denn nach den vom Berufungsgerichte gebilligten, für das Reichsgericht bindenden Feststellungen des Landgerichtes ist eine solche Absicht der Vertragschließenden nicht zur Ausführung gelangt; nach ihrem Willen ist vielmehr, wie das Berufungsgericht weiter annimmt, der Charakter der Forderung als einer Kaufgeldforderung aufrechterhalten worden. Wenn das Berufungsgericht für diese Annahme insbesondere auch den Wortlaut der Urkunde heranzieht . . . so kann darin ein Rechtsirrtum nicht erblickt werden.

84. RG. V 119, 435: Wenn auch die Beklagten nicht behauptet haben, daß L. für sie ausdrücklich die Verpflichtung eingegangen sei, sie würden über die. . . Einzahlungen nur durch Verrechnung auf Hypothek verfügen, so mußte doch geprüft werden, ob sich nicht eine solche Verpflichtung stillschweigend aus der Besprechung ergab . . .

85. RG. VI 65, 340: Für den Inhalt der Verpflichtung ist aber maßgebend, wie H. unter den gegebenen Verhältnissen und nach Treu und Glauben die Erklärungen des N. auffassen mußte . . . so kommt es darauf an, ob sich diese Tragweite des von N. erteilten Geheimhaltungsgebotes aus der Sachlage dergestalt von selbst ergab, daß sie für H. ohne weiteres erkennbar sein mußte. Das ist zu verneinen. . . . Hinzu kommt noch folgendes. Nach der allgemeinen Erfahrung sind Betriebsunternehmer, wenn sie ihre Angestellten . . . zur Enthaltung von späteren Konkurrenzunternehmungen verpflichten wollen, darauf bedacht, . . . sich auch urkundliche Beweismittel dafür zu verschaffen.

86. RG. VI 82, 384: Zwar ist es dem Reichsgerichte versagt, selbst an die Auslegung der Bürgschaftsurkunde heranzutreten und zu prüfen, ob nicht der Standpunkt der Klägerin der richtige ist, wonach . . ., so würde es sich doch nach der gegebenen Sachlage insoweit um eine tatsächliche Feststellung handeln, die von dem Reichsgerichte nicht getroffen werden kann.

87. RG. VI 110, 216: Aber Treu und Glauben und Arglist sind Rechtsbegriffe, ihre Anwendung auf den gegebenen Sachverhalt unterliegt der Nachprüfung des Reichsgerichtes.

88. RG. VI 110, 101: Ändert sich der Geldwert, so wird durch die Zahlung der gleichbleibenden Rente das nicht mehr erfüllt, was die Parteien gewollt haben. An diesen vom Senat . . . ausgesprochenen und seitdem wiederholt bestätigten Rechtsgrundsätzen . . . ist festzuhalten.

89. RG. VI 111, 278: Die Revision wendet sich gegen die Auslegung, welche der § 17 der Allgemeinen Bedingungen des Vertrages beim Berufungsrichter gefunden hat. Dabei sieht sie in diesen Bedingungen, die von den Regierungen allgemein den Jagdgenossenschaften zur Benutzung empfohlen worden seien, sog. typische Bedingungen, deren freie Nachprüfung sich das Reichsgericht in ständiger Rechtsprechung vorbehalten habe. Typisch sind Allgemeine Bedingungen, die in verschiedenen Oberlandesgerichtsbezirken den Verträgen zugrunde gelegt werden, über deren Sinn und Tragweite also auch verschiedene Oberlandesgerichte zu entscheiden haben. Hier erfordert es der Gedanke der Rechtseinheit, daß die Bedingungen nicht von dem einen Oberlandesgericht anders ausgelegt werden als von einem zweiten oder dritten; hier ist das Reichsgericht als oberste Instanz zur maßgebenden Auslegung berufen . . . Im übrigen ist aber auch die Auffassung, die der Berufungsrichter von der streitigen Vorschrift der Allgemeinen Bedingungen gewonnen hat, offenbar unrichtig und mit dem völlig eindeutigen Wortlaute der Vorschrift nicht vereinbar, so daß dem Berufungsrichter schon wegen Verstoßes gegen maßgebende Auslegungsregeln entgegengetreten werden müßte.

90. RG. VI 112, 58: Das Berufungsgericht seinerseits hat sich nicht mit der Feststellung begnügt, daß eine ausdrückliche Erklärung nicht abgegeben worden ist, es untersucht vielmehr auch noch, ob die Erklärung etwa aus sonstigen Worten oder Taten zu entnehmen sei . . . es sei aus jener Tatsache also nicht zu entnehmen, daß die Klägerin das vorangegangene Verhalten der Beklagten als eine Ablehnung der Erfüllung aufgefaßt habe. Die Möglichkeit einer Erklärung durch schlüssige Handlungen ist danach also zugelassen worden.

91. RG. VI 112, 60: Es kann dagegen dem zweiten Revisionsangriffe, der sich gegen die Auslegung der auf dem vom Kläger unterzeichneten Anmeldezettel vorgedruckten „Vereinbarung" und des § 5 der von ihm entgegengenommenen Aufnahmebedingungen richtet, der Erfolg nicht versagt werden, weil diese Auslegung zum Teil auf der Verkennung von allgemeinen Rechtsbegriffen und der Verletzung von Gesetzen der Logik beruht.

92. RG. VI HöchstRRspr. 1928 Nr. 1877: Diese Auslegung ist sehr wohl möglich und läßt keinerlei Rechtsirrtum erkennen. Bei der Festsetzung der Rente wurde also die Entwicklung der Verhältnisse auf dem Geldmarkt . . . ins Auge gefaßt . . . . Es würde dem vertragsmäßig festgesetzten Zwecke völlig widersprechen, wenn die Rente trotz des ungeheuren . . . Niederganges des Wertes der Mark . . . lediglich wegfallen würde, ohne daß dafür ein Ersatz geschaffen würde . . . Es ist zu fragen, was für den eingetretenen, nicht vorhergesehenen Fall zwischen den Vertragschließenden Rechtens sein soll nach den Richtlinien von Treu und Glauben und nach den Richtlinien des im Vertrage für die ins Auge gefaßten Verhältnisse ausgedrückten Willens.

93. RG. VI HöchstRRspr. 1928 Nr. 1880: Auch der folgende Briefwechsel, der schließlich zur Zahlung und Löschung geführt habe, lasse nicht auf den Willen des Beklagten schließen, die persönliche Schuldübernahme der Gläubigerin mitzuteilen. Hierzu habe auch gar kein Anlaß vorgelegen, da es sich um sofortige völlige Befriedigung der Gläubigerin gehandelt habe. Diese alle Umstände des Falles berücksichtigende Auslegung läßt keinen Rechtsirrtum erkennen und verletzt insbesondere auch nicht gesetzliche Auslegungsregeln.

94. RG. VI 112, 372: Das Berufungsgericht hat diese Bestimmungen dahin ausgelegt, daß die Beklagte zwar nicht für die Bruchschäden selbst hafte, wohl aber für die weiteren Folgen des Bruchschadens. Die Auslegung unterliegt der Nachprüfung durch das Reichsgericht (81, 117, s. unten Nr. 104), sie kann aber nicht als irrtümlich erachtet werden.

95. RG. VI 115, 20: Darin ist die tatsächliche Feststellung zu sehen, daß die Vertragschließenden die eingehend geregelte und im § 7 der „Allgemeinen Bestimmungen für den Geschäftsverkehr" ... noch weiter ausgestaltete Aufführungspflicht als Hauptleistung haben bedingen wollen, d. h. als eine Leistung, auf die es den Vertragschließenden ... in hohem Grade ankam ... Diese Feststellung ist für den Revisionsrichter bindend. Sie wird zudem noch getragen durch die Erwägung, es erhelle gerade aus dem Umstande, daß das Shawsche Stück „Die heilige Johanna" zur Zeit der Vertragsschlüsse für Deutschland neu war, deutlich das Interesse seines Übersetzers an der Einführung in den Spielplan möglichst vieler deutscher Bühnen.

96. RG. VI 115, 126: Sie (die Vertragsbedingungen) sind sonach dazu bestimmt, soweit nicht etwa im Einzelfalle Abweichendes besonders vereinbart wird, gegenüber einem jeden, ..., Vertragsinhalt zu werden und also alle Vertragsverhältnisse übereinstimmend zu regeln, welche die Beklagte eingeht ... Deshalb ist ihre freie Auslegung durch das Reichsgericht zur Wahrung der Rechtseinheit geboten ... Dieser engen Auslegung kann jedoch nicht beigestimmt werden ... Eine Absicht, den vorher ganz allgemein ausgesprochenen Haftungsausschluß einzuschränken, tritt dabei nicht hervor; namentlich ist das Wort „Angestellte" in der Art gebraucht, daß es auf die sämtlichen Angestellten der Beklagten ... bezogen werden muß.

97. RG. VI 115, 268: Die Auffassung des Berufungsgerichtes, daß in dem etwaigen Schweigen des Klägers keine Zustimmung lag, weil er unmittelbar darauf gegen die Erklärung des Vertreters der Beklagten Widerspruch erhoben hat, ist rechtsirrig. Allerdings gilt Schweigen nur dann als Zustimmung, wenn es nach Treu und Glauben als solche aufgefaßt werden darf. Aber ob das der Fall ist, richtet sich, besonders bei mündlichen Verhandlungen, nicht nach dem späteren Verhalten des Schweigenden, sondern nach den Umständen zur Zeit der Verhandlungen. Durfte bei diesen der Vertragsgegner das Schweigen im Sinne eines Einverständnisses verstehen, so kam mit ihm eine Einigung über ... zustande, von der sich der Kläger — mochte es auch gleich darauf geschehen — nicht einseitig wieder lossagen konnte ... Erst wenn nicht festgestellt werden kann, daß die Parteien von vornherein oder später darüber einig geworden sind, die Provision solle nur im Falle des Einganges des Kaufpreises vom Kläger verdient sein, wird es darauf ankommen, ob das ... Kaufgeschäft ein wesentlich anderes gewesen ist als dasjenige, für dessen Vermittlung der Mäklerlohn versprochen war.

98. RG. VI 115, 276: Diese Auslegung des Antragsvordruckes ist sicherlich möglich, und sie wäre auch dann nicht zu beanstanden, wenn der Inhalt des Vordruckes als Teil der Versicherungsbedingungen zu gelten hätte und diese als sog. typische Bedingungen vom Reichsgerichte frei auszulegen wären. Ob das letztere zutrifft, ist bei dem beschränkten Gebiete, innerhalb dessen die Beklagte sich betätigt ..., vielleicht nicht unzweifelhaft; es braucht das aber nicht entschieden zu werden, da die Auslegung, welche das Oberlandesgericht gefunden hat, jedenfalls richtig ist.

99. RG. VI 116, 276: Das Kammergericht hat ... einen Vertragsschluß als vorliegend angenommen. Den unverkennbaren Widerspruch zwischen dem versteckten Mangel der Willenseinigung (Dissens) und dem Abschluß eines Vertrages (Konsens) versucht es durch den Hinweis auf einen angeblich allgemein anerkannten Rechtssatz zu lösen, wonach bei Unklarheiten von Versicherungsbedingungen diese gegen den Versicherer, und zwar ohne weiteres in dem Sinne auszulegen seien, in dem der Versicherungsnehmer sie verstanden habe. Einen solchen Rechtssatz gibt es nicht. Allerdings muß sich der Versicherer gefallen

lassen, daß die von ihm aufgestellten Versicherungsbedingungen, wenn sie Unklarheiten enthalten, gegen ihn ausgelegt werden, weil es ihm oblag, sich deutlicher auszudrücken . . . Hierzu ist es weiter noch erforderlich, daß der Versicherungsnehmer die Erklärung des Versicherers nach Treu und Glauben und mit Rücksicht auf die Verkehrssitte (§ 157 BGB.) in diesem Sinne verstehen konnte . . . Eine allgemeingültige Ansicht über das, was unter Typenflug zu verstehen sei, hatte sich noch nicht durchgesetzt. Sache der Klägerin wäre es gewesen, sich vor Abschluß . . . zu vergewissern, was die Beklagten darunter verstanden.

100. RG. VI HöchstRRspr. 1928 Nr. 1797: Nach der ständigen Rechtsprechung des Reichsgerichtes unterliegen Vertragsbedingungen in Urkunden, die einen typischen Inhalt haben, der Nachprüfung durch das Reichsgericht (RG. 81, 117; 83, 296; 86, 284; 96, 209; 103, 414; JW. 1916 S. 134[17]; 1919 S. 189[11]; 1926 S. 1947[1].

101. RG. VI 119, 24. Insbesondere kann eine solche Novation in der Abrede eines Vereinbarungsdarlehens gemäß § 607 Abs. 2 BGB. . . . gefunden werden . . ., wobei die Auslegungsregel des § 364 Abs. 2 BGB. keine Anwendung findet . . . Neben dem auf den Abschluß eines solchen Darlehensvertrages gerichteten Willen der Beteiligten ist kein besonderer, auf Aufhebung des alten Schuldverhältnisses gerichteter Wille erforderlich; die Aufhebung des früheren Schuldverhältnisses ergibt sich vielmehr mit Notwendigkeit aus dem die Eingehung des neuen Vertragsverhältnisses bezweckenden Willen der Parteien von selbst, sofern dieser Willen auf Ersetzung des alten Vertrages durch einen neuen gerichtet ist . . . . Es ist vielmehr Sache einer den §§ 133, 157 BGB. gerecht werdenden Auslegung, unter Berücksichtigung der gesamten Umstände des Einzelfalles den wahren Willen der Parteien zu erforschen (RG. 113, 205 . . .). Es braucht aus Stundungsabreden, . . . Nichteinforderung eines Guthabens während mehrerer Jahre . . ., auch aus der bloßen Ausstellung einer neuen Urkunde über eine alte Schuld . . . nicht notwendig auf Umschaffung geschlossen zu werden. Gesetzliche Auslegungsgrundsätze hat aber das Oberlandesgericht verletzt, indem es die Entscheidung der Novationsfrage lediglich davon abhängig gemacht hat, ob der Wille des Klägers dahin gegangen sei, seine ursprüngliche Kaufpreisforderung durch eine Depositenforderung zu ersetzen. Dieser Ausgangspunkt ist verfehlt. Denn nicht der innere Wille des Erklärenden entscheidet, maßgebend ist vielmehr, wie in der Rechtsprechung des Reichsgerichtes feststeht (RG. 68, 126; 70, 391; 67, 433; 82, 52; GruchotsBeitr. 54, 386), der erklärte Wille, und bei seiner Auslegung ist unter Berücksichtigung des ganzen Zusammenhanges, insbesondere des Gesamtverhaltens der Parteien und des wirtschaftlichen Zweckes des Rechtsgeschäftes zu ermitteln, wie die Beteiligten ihre Erklärungen nach allgemeinen, im Verkehr zwischen billig denkenden Menschen herrschenden Anschauungen zu verstehen berechtigt waren. Unter Beachtung dieser Gesichtspunkte wird das Berufungsgericht die gesamten Vorgänge vom November 1917 bis Ende 1922 von neuem zu prüfen haben, insbesondere den Briefwechsel vom Oktober 1922.

102. RG. VI 120, 168. Das Berufungsgericht meint, es sei im Zweifel anzunehmen, daß die Übernahme einer für den Verkäufer eingetragenen Eigentümergrundschuld die Kaufpreisforderung nicht tilgen, sondern nur sichern solle . . . Auch sonst hat diese Meinung Anklang gefunden . . . Ihre Richtigkeit ist nicht anzuerkennen; sie enthält eine Auslegungsregel, die der gesetzlichen Grundlage entbehrt . . . Gibt der Vertrag selbst in seinem Zusammenhange keinen Anhalt für die eine oder die andere Auslegung, so ist es Sache der beweispflichtigen Partei, außerhalb des Vertrages liegende Umstände darzulegen, die einen Anhalt

nach der einen oder anderen Richtung bieten können, z. B. eine Verkehrssitte, die Entstehungsgeschichte der streitigen Vertragsbestimmung und dergleichen mehr ... Vielmehr ist eine derartige Übernahme von Belastungen, deren Gläubiger andere Personen als der Verkäufer sind, in der Regel nicht wohl anders zu deuten als dahin, daß die Übernahme selbst die vertragliche Leistung sein soll ... Zur Beantwortung dieser Frage dient lediglich die Auslegungsregel des § 157 BGB.

103. RG. VII 84, 2. Über die Natur solcher allgemeinen Geschäftsbedingungen spricht sich das Urteil des 1. ZS. des RG. v. 18. Mai 1904 (58, 152) dahin aus: Sie stellten im Interesse einer Erleichterung des Geschäftsverkehrs im voraus und in typischer Weise die Bedingungen fest, unter denen der Bankier gewisse Geschäfte abzuschließen gesonnen sei, und sie bildeten, wenn später ein Geschäftsabschluß erzielt wurde, mit ihren Einzelbestimmungen die lex contractus ... vielmehr seien die Bedingungen lediglich bestimmt und geeignet, Bestandteile des demnächst abzuschließenden Vertrages zu werden ... Die ursprüngliche Vereinbarung über die Geltung der Geschäftsbedingungen stellt hiernach nur eine Auslegungsregel für den zukünftigen Vertragswillen auf, die ihre Bedeutung im Einzelfall insoweit verliert, als die neuen Erklärungen der Vertragsteile ergeben, daß die allgemeinen Bedingungen ganz oder zum Teil durch andere Bedingungen ersetzt werden sollen. Die Vereinbarung allgemeiner Geschäftsbedingungen ... kann aber auch eine andere rechtliche Bedeutung haben ... Insoweit hat dann jene Vereinbarung die Natur eines selbständigen Vertrages, dessen Rechtsfolgen im gegebenen Falle unmittelbar, auch ungeachtet einer etwa geschehenen Änderung des schon gebundenen Willens des anderen Teils eintreten ... Im vorliegenden Falle ergibt die Nr. 12 der Geschäftsbedingungen ... Abschluß eines selbständigen Vertrages ..., daß alle dem Kunden gehörigen Wertpapiere, Waren ... ihr als Faustpfand ... dienen sollen. Das beabsichtigte Pfandrecht der Klägerin entstand hiernach nicht nur dann, wenn ihr der Kunde im Geschäftsverkehr Wertpapiere als Pfand übergab, sondern ohne und sogar gegen den Willen des Kunden und selbst ohne sein Wissen auch dann, wenn ihm gehörige Wertpapiere von einem unbefugten Dritten der Klägerin übergeben wurden oder durch einen Zufall in ihren Besitz gelangten ... Ein Rechtsverstoß ist in seinen zur Begründung dieser Auslegung dienenden Ausführungen nicht zu finden. Vergebens sucht die Revision die Auslegung durch die Aufstellung zu entkräften, der Inhalt des Schreibens des M. sei in sich vööllig klar, er ergebe nur die Tatsache, daß M. von den Bedingungen Kenntnis genommen habe; die Urkunde sei daher einer besonderen Auslegung nicht bedürftig und der Berufungsrichter überschreite jedenfalls die zulässigen Grenzen der Auslegung, wenn er in der Feststellung jener Tatsache durch M. die Erklärung eines Einverständnisses mit den Geschäftsbedingungen erblicke ... Schon in dem Urt. v. 14. Mai 1898 (JW. S. 396 Nr. 37) wird die rechtliche Möglichkeit anerkannt, daß eine mit dem bloßen Zusatze „Gesehen" geleistete Unterschrift unter einem Vertrage die Bedeutung der Erklärung des Einverständnisses mit dem Vertragsinhalt und damit die rechtliche Bindung des Willens des Unterschreibenden zur Folge haben kann.

104. RG. VII 81, 118: Bei Nachprüfung dieser von der Revision angegriffenen Auslegung muß das Reichsgericht einen freieren Standpunkt einnehmen, als er ihm gegenüber Vertragsauslegungen im allgemeinen zukommt. Wenn sich die Vertragsauslegung, wie es in der Regel der Fall ist, in der tatsächlichen Feststellung des in der Richtung auf ein bestimmtes einzelnes Rechtsverhältnis von

den Beteiligten gefaßten und mittels der Vertragserklärungen kundgegebenen Willens erschöpft, ist eine Nachprüfung durch das Reichsgericht nur in den engen Grenzen statthaft, in denen tatsächliche Feststellungen überhaupt der Nachprüfung unterliegen. Anders verhält es sich aber mit den allgemeinen Versicherungsbedingungen, die eine Versicherungsgesellschaft oder sogar ganze Verbände von Versicherungsgesellschaften für gleichartige Versicherungsverhältnisse ein für allemal als maßgebende Grundsätze aufstellen ... Hieraus folgt aber notwendig, daß in den in die Revisionsinstanz gelangenden Rechtsstreitigkeiten das Reichsgericht nicht an die einander vielleicht widersprechenden Auslegungen der verschiedenen Berufungsgerichte gebunden sein kann, vielmehr in der Lage sein muß, selbständig den Sinn der allgemeinen Versicherungsbedingungen festzustellen.

III.

1. Durch die vor 50 Jahren in Kraft getretene Reichs-Zivilprozeßordnung ist die revisio in iure aus tiefen prozessualen Gründen zum gesetzlichen Prinzip erhoben und im Gegensatze zu früheren Landesrechten jede Oberberufung und jede revisio in facto ausgeschlossen worden. Der danach geltende Gesichtspunkt einer Eventualmaxime setzt der Stoffsammlung und Tatsachenfeststellung vor Eintritt in die Revision ein Ende, mit der sich aus § 561 Abs. 1 ZPO. ergebenden Ausnahme. Die Revision dient nur der Nachprüfung der rechtsanwendenden Urteilstätigkeit des Vorderrichters.

Die Behandlung der Auslegung von Willenserklärungen in der Revision bildet nur einen Ausschnitt aus der Behandlung der Rechts- und Tatfrage überhaupt. Das Reichsgericht hat sich bemerkenswerterweise niemals prinzipiell über die Abgrenzung der Rechts- und der Tatfrage voneinander ausgesprochen[26]), trotzdem ihr in concreto casu niemals die durch § 561 ZPO. normierte Erheblichkeit aberkannt wird. Es zeigt sich in den obigen Auszügen immer wieder, daß das Reichsgericht dort mit seiner Prüfung haltmachen will, wo der Tatrichter Tatsachen festgestellt habe. Aber wann letzteres wirklich geschehen ist, bleibt unsicher, und so ist zu beobachten, daß das Reichsgericht trotz jenes „Halt" in die Nachprüfung eintritt, weil es in der tatsächlichen Würdigung des Berufungsgerichtes öfter zugleich eine rechtliche Beurteilung erblickt[27]).

Ehe in die Erörterung der gestellten Spezialfrage eingetreten wird, soll daher die allgemeine Frage der Grenzziehung von Rechts- und Tatfrage insoweit dargelegt werden, als jene mit dieser zusammenhängt. Nur die Grenzziehung kann uns hier von Erheblichkeit sein, die die §§ 549f., 561 ZPO. voraussetzen. Eine juristische Frage, nicht eine philosophisch-erkenntnistheoretische steht zu beantworten.

Aus dem ganzen Komplex von Fragen hat sich hinsichtlich gewisser Einzelheiten sichtlich eine begründete herrschende Meinung herausgebildet, die auch

---

[26]) Auch Erythropel, JW. 1914 S. 59, hebt hervor, daß das Reichsgericht feste Grundsätze über die Abgrenzung nie ausgesprochen habe. Jeder Senat habe eine andere Auffassung und in den Senaten wechsle sie je nach der Besetzung.

[27]) Förster-Kann, KommZPO. 2, 106 (3. Aufl.): Man dürfe sich nicht dadurch täuschen lassen, daß in einer Reihe von Entscheidungen der Grundsatz ausgesprochen wird, daß die Auslegung von Willenserklärungen eine reine Tatfrage sei. Es ließen sich für jeden Senat Urteile nachweisen, in denen er Auslegungen vorgenommen hat. Ebenda § 550, 2a wird es als ein bedenklicher Zustand der Rechtsungewißheit bezeichnet, daß sich niemals voraussagen ließe, ob der zuständige Senat das Vorhandensein eines allgemeinen Erfahrungssatzes annehme und in die Nachprüfung der Auslegung eintreten werde.

aus den oben zusammengestellten Entscheidungen deutlich erhellt. Der § 550 ZPO. schreibt im Anschluß an die in § 549 enthaltene prinzipielle Regelung der Revision vor:

„Das Gesetz ist verletzt, wenn eine Rechtsnorm nicht oder nicht richtig angewendet worden ist."

Wo das Gesetz also ausdrückliche Auslegungsregeln vorschreibt, kann das Berufungsgericht gegen diese dadurch verstoßen, daß es sie nicht oder nicht richtig anwendet. Es ist bezeichnend für die frühere Einstellung der Theorie zu dem Rechtsmittel der Revision, daß im Gegensatz zu dieser selbstverständlichen Folgerung eine legale Auslegungsregel nicht als verletzbares Recht angesehen und ein Verstoß daher als irrevisibel bezeichnet wurde[28]).

Hat z. B. der Verkäufer einer Forderung ausdrücklich die Haftung für die Zahlungsfähigkeit des Schuldners übernommen und entsteht nachher Streit über die Rechte des Käufers, der vom Schuldner nichts erlangen kann, so würde nach begründeter herrschender Lehre revisible Verletzung des § 438 BGB. vorliegen, wenn der Tatrichter den zweifelhaften Sinn jener Garantie etwa dahin ausgelegt hätte, daß der Verkäufer auch für die bei Fälligkeit der Schuld vorliegende Zahlungsunfähigkeit des Schuldners, also für die Einbringlichkeit der Forderung hafte. Diese Erweiterung der Haftung widerspräche dem § 438, und eine solche, das Gesetz verletzende Auslegung wäre daher in der Revisionsinstanz nachprüfbar.

Es läge ferner aber auch dann Verletzung dieser legalen Auslegungsregel vor, wenn der Berufungsrichter den § 438 BGB. anwenden würde, obgleich der Verkäufer die Garantie für Einbringlichkeit der Forderung wirklich übernommen hatte. Die Revision könnte sich auf letztere Tatsache stützen, weil in ihrer Nichtbeachtung eine Verletzung des § 438 liegt. Dieser setzt die Zweifelhaftigkeit des Sinnes der Haftungsübernahme als juristische Tatsache voraus[29]). Die Anwendung einer gesetzlichen Auslegungsregel setzt daher die Auslegung der streitigen Willenserklärung einerseits schon voraus, macht diese aber andererseits zur Pflicht des Revisionsrichters. Die Auslegung der Willenserklärung muß deren Zweifelhaftigkeit ergeben, wenn für die Anwendung der gesetzlichen Auslegungsnorm Raum entstehen soll. Die Revision kann gemäß § 550 ZPO. in solchen Fällen mit Erfolg darauf gestützt werden, daß die Parteien zweifellos etwas von der Legalregel Abweichendes vereinbart haben.

Schon diese notwendig erscheinende Behandlung der Auslegungsregeln ergibt, daß die von Stahl a. a. O. und anderen vertretene Auffassung, die Revision setze einen Rechtsirrtum des Berufungsrichters voraus, verfehlt war. Der besprochene Fall zeigt, daß auch der Irrtum über eine den Tatbestand betreffende Voraussetzung, nämlich die Zweifelhaftigkeit der als abgegeben festgestellten Willenserklärung, Revisionsgrund werden kann, und er verknüpft sich insofern mit allen entsprechenden Möglichkeiten außerhalb des Gebietes der Auslegung von Erklärungen. Wo immer der Vorderrichter über das tatsächliche Vorliegen eines in der Rechtsnorm vor-

---

[28]) Gegen diese nicht vereinzelt gebliebene Theorie Bährs schon A. Wach, a. a. O. S. 73. Aber noch RG. 26, 356 wies die sich auf die Auslegungsregel des Art. 1157 Code civil stützende Revision zurück, weil der Berufungsrichter die dort vorausgesetzte Zweifelhaftigkeit des Parteiwillens bindend verneint habe. Richtig dagegen Boyens a. a. O. S. 175.

[29]) Richtig lehrte auch schon Bolze a. a. O. S. 448: „Der Umstand, daß dem Berufungsrichter die Urkunde so klar war, daß für ihn die Anwendung der Auslegungsregel nicht in Frage kam, bindet den Revisionsrichter nicht."

ausgesetzten Sachverhaltes irrt, verletzt seine Entscheidung die Rechtsnorm und wird daher revisibel[30]).

Die trotzdem bis heute fortwirkende Auffassung, daß die Rechtsverletzung in einem Irrtum über den Inhalt der Rechtsnorm liege, erfaßte immer nur die nächste jener Funktionen, in denen sich die Rechtsanwendung vollzieht. Wenn der Richter z. B. den § 119 BGB. in dem Sinne auf einen Tatbestand anwendet, daß er das Anfechtungsrecht von der Erkennbarkeit des Irrtums abhängig macht, so ist eine unmittelbare Rechtsverletzung in der nächstliegenden Funktion gegeben, indem ein unrichtiger Rechtssatz angewendet wird. Es läge aber Rechtsverletzung des § 119 z. B. auch dann vor, wenn der Richter diese Bestimmung etwa auf den Tatbestand des § 946 anwenden und den dortigen Eigentumserwerb der Irrtumsanfechtung zugänglich machen würde. Der Rechtsirrtum beruhte hier zunächst auf der unrichtigen Bewertung des Tatbestandes der Sachverbindung als einer Willenserklärung. Eine solche wird aber von § 119 vorausgesetzt. Willenserklärung ist der die Norm mit dem Tatbestande verbindende Mittelbegriff. Die Norm wird verletzt, wenn sie auf einen Tatbestand anderer Natur angewendet wird. Dies ist der Fall des Subsumtionsirrtums, dessen Revisibilität seit anfänglichen, wohl durch die enger gesteckten Grenzen der französischen Kassation und der früheren preußischen Praxis verursachten Fehlgriffen (Bähr u. a.) im allgemeinen zwar anerkannt, in den verschiedenen Arten des Vorkommens indessen nicht genügend erfaßt worden ist[31]). Und doch betonte schon die Begründung der zweiten Redaktion des Entwurfes der Zivilprozeßordnung[32]), daß dem Entwurfe „die Trennung der Rechtsfrage in zwei Gebiete: Konkrete und abstrakte Beurteilung und die Ausschließung der ersteren von dem Arbitrium des höheren Richters fremd" sei. „Der Prüfung und Entscheidung des Revisionsgerichtes unterliegt z. B. unbedenklich die Frage: ob bei der Subsumtion der gerichtlich festgestellten Tatsachen unter den Rechtsbegriff: Besitz, culpa usw. von dem Berufungsgerichte gefehlt sei; an die in der Berufungsinstanz gerichtlich festgestellten Tatsachen ist das Reichsgericht gebunden, nicht aber an die rechtlichen Konklusionen, welche das Berufungsgericht aus denselben gezogen hat." —

Die in der sog. konkreten Beurteilung liegende unrichtige Würdigung des Tatbestandes (Untersatz) wird dadurch zu einer Gesetzesverletzung, daß das Gesetz (Obersatz) auf einen Tatbestand angewendet wird, auf den es nicht angewendet sein will[33]). In fortschreitender Erkenntnis der Richtigkeit dieser Methode hat das Reichsgericht seine Nachprüfung auf die konkrete Feststellung von Vorsatz, Arglist, Täuschung, Fahrlässigkeit, Verletzung der im Verkehr erforderlichen Sorgfalt, Voraussehbarkeit eines Schadens, Vorliegen eines wichtigen Grundes zur Kündigung, Verstoß gegen die gute Sitte, tiefe Zerrüttung einer Ehe u. a. m. ausgedehnt, weil die Subsumtion eines unter einem solchen Beurteilungsmangel leidenden Tatbestandes unter die betreffende Rechtsnorm, die den Vorsatz, die Sorgfaltsver-

---

[30]) Schon Wach, a. a. O., legte dar, daß die Anwendung und daher auch die Verletzung einer Rechtsnorm von mehreren funktionell verschiedenen Bedingungen abhinge. Stein wies in „Das private Wissen des Richters" nach, daß die Nachprüfung des auf Erfahrungssätzen beruhenden Subsumtionsirrtums eine Hauptaufgabe des Revisionsrichters sei.

[31]) Strafprozessual vertritt Mannheim, a. a. O. S. 64ff., die Revisibilität jeder Subsumtion.

[32]) Allgemeine Begründung § 14 (Kortkampf S. 522); Motive z. ZPO. S. 319f. Vgl. auch Motive z. StPO. S. 201.

[33]) Dazu schon Wach a. a. O. S. 3f., 14; Gaupp, ZPO. 2, 93 (1889); v. Wilmowsky-Levy, ZPO. § 511 Anm. 4; Stein, Privates Wissen S. 118; Stein-Juncker, Grundriß S. 252 ff. (1924)

letzung oder den wichtigen Grund voraussetzt, zur Verletzung der Rechtsnorm führt[34]).

In der erwähnten ersten Gruppe der sog. abstrakten Beurteilung wird ein unrichtiger Rechtssatz angewendet, in der zweiten Gruppe der sog. konkreten Beurteilung wird ein Rechtssatz auf einen unrichtigen Tatbestand angewendet. Methodisch ist zu bemerken, daß nicht nur, wie regelmäßig gelehrt wird, in der zweiten Gruppe ein Subsumtionsirrtum stattfindet, sondern auch in der ersten Gruppe. Denn die Rechtsverletzung liegt immer erst in der Anwendung des unrichtigen Rechtssatzes auf den Fall. Erst indem der festgestellte Tatbestand (z. B. nicht erkennbarer Erklärungsirrtum des A. — s. oben) der unrichtigen Rechtsnorm („Anfechtbarkeit nur bei Erkennbarkeit") subsumiert und diese auf jenen angewendet („also kein Anfechtungsrecht des A.") wird, wird das Gesetz, hier der § 119 BGB., verletzt.

Ob zunächst die Rechtsnorm unzutreffend aufgestellt wird, insbesondere infolge unrichtiger Auslegung ihres Sinnes, und ihr der Tatbestand dann in diesem Sinne subsumiert wird, oder ob der Tatbestand im Sinne der Rechtsnorm unrichtig gewürdigt und so der Norm subsumiert wird, ist logisch und juristisch unerheblich. Die Verletzung des Gesetzes im Sinne des § 550 ZPO. liegt ebensowenig schon in der unrichtigen Würdigung der Tatsachen und damit unzutreffenden Aufstellung des Untersatzes wie in der unrichtigen Aufstellung des Obersatzes; sie liegt immer erst in der Anwendung, d. h. in der Schlußfolgerung aus jenen Prämissen[35]).

Zur Methodik der Rechtsanwendung sind zwar schon viele Bausteine geliefert worden[36]), ihr Aufbau auf gesichertem Fundamente steht jedoch noch aus. Die vorliegende Frage ist nur ein Teil dieser Methodik; ihre bisherige Beantwortung ist durch die erkenntnistheoretisch mangelhafte Beschaffenheit des Fundamentes bedingt. Wir müssen von folgenden Grundlinien ausgehen. Jede Rechtswirkung beruht auf einem Syllogismus. Die eine Prämisse (der

---

[34]) Wie schrittweise und unsicher jene Rechtsprechung sich entwickelte, darüber vgl. Boyens a. a. O. S. 154ff.

[35]) Was Stein a. a. O. S. 119f. hierüber gegen Wach, Gaupp, Bolze u. a. ausführt, ist mißlungen. Es ist vielmehr durchaus richtig und nicht bloß „Konstruktion", wenn diese Autoren, allerdings in mehr oder weniger klarer Weise sagten, die Subsumtion einer in Wahrheit nicht unter das Gesetz gehörenden Tatsache beweise, daß der Obersatz seinem Sinne nach verkannt sei. Auch der Gesetzgeber urteilt und normiert auf Grund der Lebenserfahrung, kann und will seine Normen meist nur nicht so konkretisieren, daß der Richter der eigenen Prüfung und Anwendung der Erfahrungsgrundsätze durchweg enthoben wird. Der Richter, der dem Obersatze des § 1 BGB. z. B. den natus monstruosus subsumiert, wendet nicht bloß einen irrigen Erfahrungssatz auf die Würdigung des konkreten Tatbestandes an, sondern er verletzt durch Subsumtion des letzteren den Sinn des § 1, der unter „Mensch" etwas Bestimmtes, sich aus der Lebenserfahrung Ergebendes versteht und seine Norm nur in diesem Sinne angewendet wissen will. Wenn Stein S. 119 dagegen ausführt, daß hier häufig offenbar ein rein tatsächlicher Irrtum in ein rechtliches Gewand gehüllt werde, und wenn er S. 120 von den „nichtjuristischen Erfahrungssätzen" spricht, so widerspricht das in unerklärlicher Weise seiner sonst richtigen und bahnbrechenden Lehre. Auch was Stein bei Anm. 51 ausführt, ist nicht haltbar, worüber unten. Auch bei der konkreten Beurteilung legaler Blankettbegriffe (Sorgfalt des ordentlichen Kaufmannes u. a.) wird durch eine von unrichtigen, d. h. im Sinne der Norm unzutreffenden Erfahrungssätzen geleitete Subsumtion das Gesetz verletzt, weil es die von richtiger Lebenserfahrung geleitete Sinnbestimmung und Anwendung seiner Begriffe voraussetzt.

[36]) Vgl. etwa A. Wach a. a. O. S. 74; Stein a. a. O. S. 5ff.; Rich. Schmidt, SächsArch. 2, 265ff.; Manigk, Anwendungsgebiet d. Vorschriften f. d. Rechtsgeschäfte S. 4ff. (1901). Derselbe in Artikel „Rechtswirkungen", „Tatsachen" und „Unwirksamkeit" im Handwörterb. d. Rechtswissenschaft; Stammler, Theorie der Rechtswissenschaft S. 566, 656ff.; derselbe, Lehrb. d. Rechtsphilosophie §§ 121ff.; 139ff. (3. Aufl., 1928) und das dort angegebene Schrifttum; Oertmann, Rechtsordnung und Verkehrssitte S. 488ff.; Binder, Rechtsbegriff und Rechtsidee S. 256ff.; derselbe, Philos. d. Rechts S. 714f., 902ff. vertritt hier die unhaltbare Anschauung, daß die Rechtsfolge des Tatbestandes überhaupt nicht im Sinne eines kausalen Vorganges ein-

Obersatz) wird durch die Rechtsnorm gebildet, die andere (der Untersatz) durch den Tatbestand; der Schluß ist die Rechtswirkung. Die Rechtswirkungen bestehen nicht in der natürlichen Welt; sie sind vielmehr nur vorgestellte Größen der ideellen Rechtswelt. Obwohl sie nur logische Folgen von juristischen Tatsachen sind, spricht aber die Wissenschaft und die Gesetzgebung von Wirkungen und entsprechend von Unwirksamkeit, um darin die praktische Aufgabe des Rechts, Ordner des wirklichen Lebens zu sein, anklingen zu lassen. Schließlich will das Recht wirken und wirkt es auch.

Der Richter hat im Falle des Rechtsstreites nichts anderes zu tun, als den den Fall deckenden Syllogismus herzustellen. Er kann bei der Aufstellung jeder der drei Positionen des Syllogismus irren. Er kann einen mit dem geltenden Rechte nicht in Einklang stehenden, insbesondere in der Auslegung einer Legalnorm abirrenden Obersatz aufstellen. Er kann einen unrichtigen Untersatz aufstellen (z. B.: A. habe von B. gekauft), der sich zwar mit den abstrakten Voraussetzungen des Obersatzes, aber nicht mit der rechtlichen Wirklichkeit deckt (der Kauf zwischen A. und B. war nicht zustande gekommen).

Die oben wiedergegebenen Entsch. 12 und 16 zeigen z. B. die unrichtige Aufstellung eines Obersatzes durch den Berufungsrichter. Sie ist unbestritten Rechtsverletzung, auch dann, wenn der Obersatz wie dort eine Auslegungsregel, d. h. nur eine Hilfsnorm für den materiell-rechtlichen Obersatz ist. Die oben gesammelten Entscheidungen lassen den Irrtum im materiellen Obersatze deswegen weniger erkennen, weil sie sich unserer Aufgabe entsprechend fast nur auf Rechtsgeschäftsauslegungen, also Feststellung des jedesmaligen Untersatzes beziehen. Sie zeigen durchweg, daß der Vorderrichter zwecks Anwendung einer Rechtsnorm einen von dieser vorausgesetzten Tatbestand (Zustandekommen eines Vertrages mit gewissem Inhalte, Verzicht des Berechtigten u. a.) feststellen will. Die uns vorliegende besondere Frage ist, ob diese den Untersatz betreffende Tatsachenfeststellung nachprüfbar ist. Mit letzterem Ausdruck ist die Frage nicht etwa schon negativ entschieden. Es zeigte sich oben, daß der Subsumtionsirrtum, der auf einer im Sinne des Obersatzes unrichtigen Aufstellung des konkreten Tatbestandes (Untersatzes) beruht, nachprüfbar ist. Nachprüfbar ist daher z. B. auch nach der Rechtsprechung des Reichsgerichtes die Entscheidung des Berufungsgerichtes, die die Ansprüche aus § 823 BGB. gewährt, weil die Schuld des Täters nach unrichtigem rechtlichen Maßstabe festgestellt wurde. Die Schuld ist, obgleich ein Rechtsbegriff, im Rechtssatze des § 823 juristische Tatsache, die Schadenersatzpflicht ist normierte Rechtswirkung. Außer der Schuld figurieren noch andere Voraussetzungen als juristische Tatsachen (Ursachen) jener Wirkung. Auch eine sog. konkrete Feststellung führt nach dem oben Ausgeführten dann zur Rechtsverletzung, wenn sie im Sinne der Rechtsnorm unrichtig geschah. Schon hier kann gesagt werden, daß also auch die konkrete Feststellung: ein Vertrag zwischen A. und B. mit dem Inhalte C. sei zustande gekommen, nachprüfbar ist, wenn sie im Sinne eines Rechtssatzes unrichtig erfolgt ist. Es zeigte sich schon oben, daß, wo dieser Rechtssatz eine legale Auslegungsregel ist,

---

trete; juristische Kausalität sei ein unmöglicher Gedanke, die Notwendigkeit, die die Folge mit der Voraussetzung verknüpfe, sei keine logische, sondern eine praktische (723). Vgl. ferner Stammler, Lehrb. d. Rechtsphilosophie (1928) S. 218 f. § 97; J. Goldschmidt, Prozeß als Rechtslage S. 227 ff., 498 ff. Verdienstlich ist, daß hier 228 die Vereinbarkeit der Imperativen- und der Urteilstheorie durchgeführt wird. Abzulehnen ist die neue Theorie der Rechtsnorm von Binder, Philosophie des Rechts S. 702 ff., 714 ff. Richtig Stein-Juncker, Grundriß (1924) S. 252 ff., andrerseits Mannheim a. a. O. S. 38 ff.

eine Rechtsverletzung gegeben ist. Selbst der in der vorliegenden Gesamtfrage skeptische 2. Senat des Reichsgerichtes sagte daher in Entsch. 12 zutreffend: Das Berufungsurteil würde aufzuheben sein, wenn es auf jenem Satze, nämlich einer vom Berufungsrichter für die Auslegung eines Vertrages aufgestellten Auslegungsregel des geltenden Rechtes, beruhte. Und derselbe Senat tritt aus diesem Grunde auch in der Entsch. 16 in die Nachprüfung der Auslegung ein und bezeichnet den aufgestellten Auslegungssatz als nicht bestehend. Offen bleibt die Frage, ob die Nachprüfbarkeit auch dort gegeben ist, wo nicht eine legale Auslegungsregel verletzt ist.

Die legale Rechtsnorm muß vor Aufstellung des den konkreten Fall deckenden Obersatzes meist auch erst ausgelegt werden. Handelt es sich um einen Gewohnheitsrechtssatz, so bedürfte es sogar zunächst der Feststellung von dessen Geltung. Die tatsächliche Feststellung der Übung des Rechtssatzes ist dabei ein Element der Rechtsfeststellung[37]). In der Gegenwart haben sich auch die Fälle gehäuft, wo die Geltung von verkündeten Gesetzesnormen aus irgendeinem Grunde angezweifelt werden konnte, und wo der Richter, gegebenenfalls der Revisionsrichter in die Nachprüfung der Gültigkeit der Normen eintreten mußte. Auch die Anwendung nichtgültiger Legalnormen ist zweifellos Rechtsverletzung und die Frage der Gültigkeit daher revisibel.

Der praktisch häufigste Fall einer abstrakten Rechtsverletzung liegt in der unrichtigen Auslegung einer Legalnorm. Eine methodische Rechtsanwendung darf nicht übersehen, daß die Rechtsordnung dem Richter nicht einmal die Obersätze fertig liefert. Nicht genug, daß der Richter den Untersatz aufzustellen und den Schluß zu ziehen hat; er muß meist auch erst denjenigen Obersatz finden, der die Subsumtion des Tatbestandes ermöglicht. Nur Tatbestände von verschwindend wenigen Rechtsstreitigkeiten werden durch die von der Rechtsnorm selbst geformten Rechtssätze gedeckt. Es ist die eigentliche Schwierigkeit der richterlichen Funktion, an der Hand der Rechtsordnung den richtigen Obersatz zu finden, um subsumieren zu können. Die Subsumtion ist nicht nur als diejenige Funktion des Urteilers bezeichnet worden, gemäß deren der Tatbestand vermittels der in Betracht kommenden Erfahrungssätze dem fertig dastehenden Obersatze untergeordnet werde[38]). Zweifellos handelt es sich oft um diesen Vorgang, dem wir hinsichtlich der Nachprüfbarkeit noch unsere Aufmerksamkeit werden zuwenden müssen. Indessen sind viel häufiger die entscheidenden, die Subsumtion vorbereitenden Operationen nicht hinsichtlich des Untersatzes vorzunehmen, sondern hinsichtlich des Obersatzes. Jüngst ist die Subsumtion zutreffend dahin gekennzeichnet worden: „Es ist einerseits die Tatsache abstrakter, andererseits die Rechtsordnung konkreter zu gestalten[39])." Der legale Obersatz und der Tatbestand haben in der Tat zunächst anscheinend gar keine Beziehung zueinander. Es ist aber auch kein vermittelnder Erfahrungssatz zu ersehen, der die Annäherung des Tatbestandes an den Obersatz bewirken könnte. Es muß vielmehr erst durch Auslegung des Obersatzes klarzustellen versucht werden, ob sein Inhalt die Fallsubsumtion verträgt. Die Tatfrage geht nie in die Rechtsfrage über, wie man mangels genügender Einsicht in den Subsumtionsvorgang bisweilen gemeint hat. Beide

---

[37]) Abweichende Auffassungen bekämpfte schon Wach a. a. O. S. 75f.

[38]) Vgl. etwa Stein a. a. O. S. 39ff., 118ff.; Boyens a. a. O. S. 154ff.

[39]) Wilh. Sauer, Grundlagen des Prozeßrechtes S. 63 (1919). S. auch S. 62ff. Wenn dieser Autor aber S. 70 den Begriff der Erfahrungssätze für entbehrlich und nur irreführend hält, so dürfte dem schon angesichts der in der Rechtsprechung bemerkbaren, durch jenen Begriff bewirkten methodischen Klarstellung nicht beizutreten sein. Erfahrungssätze spielen bei der Subsumtion eine erhebliche Rolle. Dazu unten.

Fragen betreffen verschiedenartige Gegenstände und liegen in verschiedenen Ebenen der juristischen Erkenntnis, sie sind als heterogen auch im Aufbau des Syllogismus getrennte Positionen. In concreto spielen zwar beim Konkretisieren des Obersatzes regelmäßig naturgemäß schon Elemente des Untersatzes eine praktische Rolle; entsprechend ist das Abstrahieren des Tatbestandes, wenn es sein Ziel erreichen soll, tatsächlich nicht ohne Herstellung der logischen Beziehung zum Obersatze möglich. Die logisch unbedenkliche Subsumtion ist erst dann möglich, wenn durch die bezeichneten Operationen an beiden Prämissen deren inhaltliche Annäherung nach Möglichkeit vorbereitet und die logische Beziehung zwischen beiden hergestellt ist.

Erinnern wir uns der nach Inkrafttreten des BGB. bestehenden Schwierigkeit, gewisse Tatbestände des Wirtschaftslebens hinsichtlich der Wirksamkeit von Eigentumsvorbehalten richtig zu beurteilen. War der Eigentumsvorbehalt der liefernden Firma hinsichtlich einer Lokomobile wirksam, die einer Dampfmühle einverleibt wurde? Vgl. etwa JW. 1906 S. 189, 417 u. 543 und Oertmann, Kommentar 1, 272f (1927). Der entscheidende Passus des § 93 BGB.: „ohne daß der eine oder der andere zerstört oder in seinem Wesen verändert wird" wurde zunächst so weitgehend konkretisiert, daß sich in der Tat die Subsumtionsfähigkeit ergab. Die Bestandteilseigenschaft in jenem und zahlreichen anderen Fällen wurde bejaht. Die Eigentumsvorbehalte verfielen der Nichtigkeit. Wenn das Reichsgericht in JW. 1907 S. 128 bemerkt, daß es zum wesentlichen Teile „Tatfrage" sei, ob der eine oder der andere Bestandteil einer Sache durch Trennung zerstört oder in seinem Wesen verändert werde, so ist das jene auch in obigen Auszügen oft wiederkehrende Terminologie, die erträglich ist, solange sie nichts anderes besagen soll, als daß die Entscheidung der Bestandteilseigenschaft immer von den äußerst wechselhaften tatsächlich festzustellenden Umständen des Falles abhängt. Sie wird aber verhängnisvoll, sobald sich in ihr die Auffassung verkörpert, als sei die Feststellung der Bestandteilseigenschaft einer Sache eine tatsächliche und daher der Nachprüfung des Reichsgerichtes entzogen. Stein (a. a. O. S. 103ff.) hat gezeigt, welche verhängnisvolle Rolle die sog. tatsächlichen Feststellungen hinsichtlich der Nachprüfbarkeit da spielen, wo es sich in Wahrheit um die Anwendung von Erfahrungssätzen und um Subsumtion unter einen Obersatz handle[40]).

In jenem Falle mußte der Tatbestand durch Heranziehung der Lebenserfahrung, bisweilen unter Zuziehung von Sachverständigen und durch Würdigung der Interessen so weit abstrahiert und der im § 93 BGB. liegende rechtliche Maßstab entsprechend derart konkretisiert werden, daß die Subsumtion sich als

[40]) Wach a. a. O. S. 71, kennzeichnet eine Reihe angeblich „tatsächlicher Feststellungen" der Rechtsprechung, die in Wahrheit juristische Subsumtionen und insofern Rechtsanwendungen sind: „Die tatsächliche Feststellung als Feststellung der Verwirklichung eines Rechtsbegriffes ist eine contradictio in adjecto." — Auch Boyens a. a. O. S. 161 tadelt eine Entscheidung des Reichsgerichtes vom 18. Juni 1904. Wenn hier und sonst die Entscheidung der Schuldfrage im wesentlichen als Tatfrage bezeichnet wird, so ist das auch nur insofern richtig, als die Beantwortung der Schuldfrage die besonders eingehende Prüfung der konkreten Verhältnisse und daher deren Feststellung voraussetzt. Die Schuldentscheidung selbst betrifft aber eine stets revisible Rechtsfrage, weil die Wertung der konkreten Umstände immer nur nach einem im juristischen Obersatze liegenden Maßstab erfolgt. Schuldentscheidung ist immer Rechtsanwendung. Tatsächliche Feststellung, gegebenenfalls durch Beweis, ist immer nur Feststellung des empirisch Geschehenen, insbesondere der Körperbewegung, der diese begleitenden Vorstellungen des Täters usw. Ob diese tatsächlichen Elemente dagegen ein vorsätzliches Delikt bilden, ist Rechtsfrage. Und wenn die Bejahung dieser Frage zur Subsumtion unter § 823 führt, indem sie von einem unrichtigen Rechtsbegriffe des Vorsatzes getragen ist, liegt nachprüfbare Rechtsverletzung vor. Man könnte insofern ohne Widerspruch sagen, daß in der konkreten tatsächlichen Feststellung die Feststellung der Verwirklichung des abstrakten Rechtsbegriffes liege. Dieser leitet jene.

möglich bzw. unmöglich ergab[40a]). Die unter Berücksichtigung der beteiligten Interessen, insbesondere der Maschinenlieferanten, schließlich erheblichen Erfahrungsurteile haben die Rechtsprechung des Reichsgerichtes in jener Frage zu einer Änderung des ursprünglichen Standpunktes geführt. Der rechtliche Maßstab des Obersatzes wurde auf die Verwendungsmöglichkeit des getrennten Teils abgestellt und so die Bestandteilseigenschaft bei Maschinen eingeschränkt. Diese einheitliche wirtschaftsrechtliche Entwicklung wäre im übrigen unmöglich gewesen, wenn die Revision der Bestandteilseigenschaft als Tatfrage ausgeschlossen worden wäre.

Jede Rechtsnorm setzt für den Eintritt der normierten Rechtswirkung Bedingungen. Wir nennen die Gesamtheit der legalen Bedingungen einer Rechtsfolge den juristischen Tatbestand. Er besteht meist aus mehreren juristischen Tatsachen. Die letzteren sind durchaus nicht immer wahrnehmbare Fakta der Außenwelt. Sie können es sein, wie etwa im § 1 BGB.: Geburt; § 7: Niederlassung; § 823: Verletzung; § 833: Tötung; § 950: Verarbeitung. Es werden aber auch innere, psychische Tatsachen als Bedingungen für eine Rechtswirkung normiert: § 118: nicht ernstlich gemeint, in der Erwartung, verkannt; § 119: Irrtum; 166: Kenntnis gewisser Umstände; 226: Zweck; 460: wenn der Käufer den Mangel kennt; 823: vorsätzlich; 892: die Unrichtigkeit dem Erwerber bekannt ist; 932: nicht in gutem Glauben u. a. m. — Schließlich fungieren aber auch Rechte und Rechtsverhältnisse als juristische Tatsachen: § 958 Eigenbesitz als Bedingung des Eigentumserwerbes; 903ff.: Eigentum als Bedingung gewisser Ansprüche; 872: Herrenlosigkeit, Eigenbesitz[41]).

Alle juristischen Tatsachen der von der Prozeßpartei in Anspruch genommenen Rechtsfolge sind von ihr gegebenenfalls zu beweisen. Der Tatrichter hat sie festzustellen. Tatsachenfeststellungen binden nach § 561 Abs. 2 ZPO. den Revisionsrichter, es sei denn, daß das Beweisverfahren selbst einen Rechtsmangel hat. Hat der Vorderrichter also etwa die Kenntnis (§ 460), die Tötung (§ 833), die Verarbeitung (§ 950) festgestellt, so bindet dies den Revisionsrichter[42]). Indessen zeigt sich schon bei der Tatsache der „Vollendung der

[40a]) Zutreffend wird bei Stein-Juncker, Grundriß ZPO. S. 252f. (1924) dargelegt, daß alle Tatsachen im Prozeß als Tatsachenurteile eingeführt werden. Auch letztere kommen immer erst durch einen Syllogismus zustande, möge ihr Inhalt noch so einfach und selbstverständlich sein.

[41]) Zutreffend hebt Mannheim a. a. O. S. 39 gegenüber der unbrauchbaren Lehre Binders hervor, daß der Untersatz durchaus nicht nur aus tatsächlichen Elementen bestehe. Beifallswert sind ferner die Darlegungen über die Grenzziehung des Tatsächlichen S. 61ff.

[42]) Hier ergibt sich zugleich, daß durchaus nicht jedes unrichtige Urteil eine Rechtsverletzung enthält. Das Prozeßrecht beruht auch hier auf einer bedeutsamen Teilung der Tatbestände. Vgl. darüber allgemein meinen Artikel „Tatsachen, juristische" im Handwörterbuch der Rechtswissenschaft S. 853ff. Die Beweisfunktion ist gegenüber der Anwendung des materiellen Obersatzes durchaus verselbständigt. Dazu auch unten. Wenn ohne Prozeßrechtsverletzung eine Tatsache im Beweisverfahren als bestehend festgestellt ist, wird, wenn diese Feststellung gegenüber der Wirklichkeit auch „unrichtig" ist, die Anwendung des Obersatzes auf diesen festgestellten Sachverhalt nicht zu einer Rechtsverletzung; denn gemäß der Teilung der Tatbestände des Zivil- und des Prozeßrechtes ist dem zivilrechtlichen Obersatze Genüge geschehen, wenn er auf den gemäß den Vorschriften des Prozeßrechtes festgestellten Tatbestand angewendet wird. Dieser gilt im Sinne des Obersatzes dann als richtig, mag er im Verhältnisse zu einer prozessual nicht erfaßbaren Wirklichkeit der Außenwelt auch nicht richtig sein. In diesem Punkte hat Oertmann a. a. O. S. 505 die hier zu weitgehende Lehre Steins mit Recht bekämpft: Ist tatsächlich festgestellt, daß A. den B. getötet hat, so ist die Anwendung der entsprechenden Strafrechtsnorm auf A. auch dann keine Rechtsverletzung, wenn jene Feststellung unrichtig war, ebenso wie im umgekehrten Falle. Binder, Philos. d. Rechtes, S. 655ff. übersieht den bezeichneten Dualismus des materiellen und des Prozeßrechts. Zum Ganzen jetzt J. Goldschmidt, Prozeß als Rechtslage S. 227ff. und passim. Die u. a. auf Spengler zurückgehende Gegenüberstellung von statischer und dynamischer Betrachtungsweise des Rechts erscheint indessen nicht zwingend. Auch das materielle Recht will dynamisch betrachtet werden.

Geburt" (§ 1), daß sie in vollem rechtlichen Gehalte nicht der faktischen Feststellung, sondern nur der Wertung nach der Lebenserfahrung oder nach sachkundigem Wissen zugänglich ist. Nur die empirischen Voraussetzungen der juristischen Tatsachen sind tatsächlich feststellbar.

Der Gesetzgeber verwendet in der unübersehbaren Masse von juristischen Tatsachen äußerst verschiedenartige Elemente und Erscheinungen. Vgl. den Artikel „Tatsachen" im Handwörterbuch der Rechtswissenschaft. Er erfaßt sie zwar sicher in einem Sprachbegriff und erweckt dadurch den Anschein, als ob dessen Substrat sich mit gleichartiger Sicherheit nun in der Welt der Erscheinungen auffinden lassen wird. Bei der Anwendung der meisten Normen auf einen Tatbestand des Lebens zeigt sich indessen etwas ganz anderes. Die Normen sind wegen der inhaltlichen Ungewißheit der verwendeten Begriffe insofern fast durchweg leges imperfectae, als sie die in den angegebenen Tatsachen erfaßten Bedingungen der Rechtsfolgen nur mehr oder weniger unvollkommen präzisieren. Die Subsumtion des factum concretum unter den die juristische Tatsache bezeichnenden Rechtsbegriff vollzieht sich aus diesem Grunde nur ganz selten ohne weiteres; meistens erst durch jenes Abstrahieren und Konkretisieren, das ohne die vom Gesetzgeber überall stillschweigend in Bezug genommenen Erfahrungsurteile nicht möglich ist.

Die Entwicklung der Rechtsprechung hat in Anerkennung dieses Verhältnisses den Begriff der nicht nachprüfbaren echten Tatsachenfeststellung sichtlich immer mehr eingeengt. Feststellbar in solchem Sinne und dem Beweisverfahren zugänglich ist wohl bei einem Rechtsstreit aus § 1 BGB. die empirische Tatsache der Geburt des natus; aber die einen Rechtsbegriff verkörpernde juristische Tatsache der „Vollendung der Geburt" ist nicht mehr bloß empirisches Geschehen, sondern urteilsmäßige qualitative Begrenzung eines Geschehens und hängt insofern von einem von der Rechtsordnung auch bei Aufstellung jener Tatsache vorausgesetzten, wenn auch nicht zum Ausdrucke gebrachten Erfahrungsurteil ab. Die Bestimmung jedes Rechtsbegriffes ist eine offene Rechtsfrage. Jeder Begriff eines Rechtssatzes ist aber ein Rechtsbegriff.

Die Rechtsprechung hat sich hier, ehe die Hilfsfigur des Erfahrungsurteils gefunden war, bei Beantwortung der Frage der Revisibilität solcher Feststellungen des Berufungsrichters praktisch oft dadurch geholfen, daß sie sagte, Feststellungen über konkrete Verwirklichung von Rechtsbegriffen seien Rechtsfragen; aber auch diese Formel ist unvollkommen, da sie alle Feststellungen von Tatsachen zu Rechtsfragen machen würde; denn alle von der Rechtsordnung verwendeten Begriffe sind Rechtsbegriffe, selbst wenn ihr Substrat ein empirischer realer Gegenstand („Mensch" in § 1, „Sache" in § 93) oder ein Geschehen der Außenwelt (Geburt, Trennung) ist.

An dieser Stelle liegt eine bisher verhängnisvolle Unklarheit der Erkenntnis. Auch die etwa in § 104 Ziff. 3 BGB. enthaltene „Entmündigung wegen Geisteskrankheit" ist ein Rechtsbegriff. Wenn indessen der Vorderrichter die Entmündigung des Beklagten wegen Geisteskrankheit im Beweisverfahren festgestellt hat, ist diese Feststellung als tatsächliche — weil es sich, wenn auch um ein auf einer Tatsache beruhendes Rechtsverhältnis des Beklagten, doch um ein empirisches Geschehen handelt — nicht revisibel, wenn sie auf Irrtum beruht. In diesen zahlreichen Fällen kommt es, was bisweilen unklar geblieben ist, bei tatsächlich unrichtiger Feststellung zwar auch zu einer unrichtigen Subsumtion des konkreten Tatbestandes unter einen Rechtssatz und infolgedessen notwendig zu einem Fehlschlusse; aber hier verhindert die beschränkende Maxime der Revision die drittmalige Aufrollung des Tatsachenmaterials und die richterliche Nachprüfung. Der Fehlschluß und der Subsumtionsirrtum beruhen hier nicht auf einem Rechtsirrtum, sondern in unrichtiger Feststellung einer empirischen Tatsache. Diese Unrichtigkeit der Subsumtion ist nicht mehr heilbar.

Nicht nachprüfbar ist daher z. B. die tatsächliche Feststellung des Vorderrichters, daß der vom Kläger gemietete Raum keine Wasserleitung hat. Aber ob dieser Mangel der Mietsache ein solcher ist, der im Sinne des § 537 BGB. ihre Tauglichkeit zu dem vertragsmäßigen Gebrauch aufhebt oder mindert, ist keine empirische Tatsache, sondern fordert ein nach dem dort normierten rechtlichen und demgemäß auch erfahrungsmäßigen Maßstabe zu fällendes Werturteil. Würde dieses von einem nicht begründeten Erfahrungssatze geleitet und daher selbst unrichtig werden, so führt es zu einer unrichtigen Subsumtion, die hier eine Rechtsverletzung hervorruft, weil der Gesetzgeber den Bewertungsmaßstab für den Wohnungsmangel selbst zu einer Bedingung der Rechtsfolge erhoben hat.

Nur die empirischen, in der realen Welt verwirklichten Voraussetzungen der juristischen Tatsachen der Obersätze sind feststellbar und nicht nachprüfbar. Ihre unrichtige, tatsächlich nicht zutreffende Feststellung enthält, immer abgesehen von der Ausnahme der Prozeßrechtsverletzung, keine Rechtsverletzung. Das Fehlurteil, das ein Tatirrtum zwar auch nach sich zieht, beruht nicht auf Rechtsverletzung, weil dem Obersatze, der nur rechtliche Maßstäbe normiert, Genüge getan ist. Hatte im obigen Falle der vom Kläger gemietete Raum tatsächlich eine Wasserleitung, so wird durch das auf der entgegengesetzten Feststellung beruhende Urteil der § 537 BGB. nicht verletzt.

Wie hoch die vom Schuldner verwirkte Vertragsstrafe ist, ist eine durch die Vertragsurkunde feststellbare Tatsache. Ob sie dagegen im Sinne des § 343 BGB. unverhältnismäßig hoch ist, ist nur durch ein rechtliches und erfahrungsgemäßes Werturteil zu beantworten, das bei Verwendung unzutreffender Erfahrungssätze zu einer Rechtsverletzung und zur Nachprüfung durch den Revisionsrichter führt. — Daß der Erbe eine gewisse Nachlaßschuld gezahlt hat, ist empirisch feststellbar und in der Revision nicht mehr anfechtbar; ob in der Zahlung aber die Annahme der Erbschaft im Sinne des § 1943 liegt, ist nur durch ein auf erfahrungsgemäßer Prüfung aller Umstände beruhendes rechtliches Werturteil zu beantworten, das bei Verstoß gegen den im § 1943 verkörperten Grundsatz revisibel ist.

Wo eine Rechtnorm an eine empirische Tatsache anknüpft und sie in einem Worte bezeichnet, liegt doch immer die Normierung eines Rechtsbegriffes vor. Die Frage, ob die festgestellte empirische Tatsache diesem Begriffe genügt, ist immer Rechtsfrage[43]). § 1 BGB. knüpft an die empirische Tatsache der Geburt eines Menschen eine wichtige Rechtsfolge. Ob im gegebenen Falle der tatsächlich festgestellten Geburt eines natus monstruosus ein Mensch im Sinne jenes Obersatzes geboren ist, ist revisible Rechtsfrage.

Der § 460 BGB. knüpft eine Gestaltung des Haftungsrechtes an die empirische tatsächlich feststellbare Tatsache der Kenntnis des Käufers an; aber die hier normierte Kenntnis wird zur juristischen Tatsache von Rechtsfolgen, und die Frage, was unter jener Kenntnis im Rechtssinne verstanden sein soll, ist Rechtsfrage. Nicht nachprüfbar ist und feststellen läßt sich hier nur, welche Vorstellungen der Käufer hinsichtlich der Sacheigenschaften bei Abschluß des Vertrages ge-

---

[43]) Zutreffend Mannheim a. a. O. S. 68: „Jeder Begriff, den das Gesetz verwendet, ist Rechtsbegriff." Siehe oben S. 131.

habt hat. Ob gewisse unsichere Vermutungen, die er tatsächlich hatte, Kenntnis im Rechtssinne sind, ist die revisible Rechtsfrage[44]). Aus demselben Grunde hat z. B. der 5. Senat des RG. in der Entsch. v. 13. Juni 1928 zutreffend nachgeprüft, ob die juristische Tatsache des Bekanntseins im § 892 BGB. dadurch erfüllt ist, daß beim Erwerber ein bloß bedingtes Wissen, ein „Fürmöglichhalten", aber nicht Überzeugtsein (dolus eventualis) vorlag[45]). Und wenn es in dieser Entscheidung weiterhin heißt: „Die tatsächlichen Feststellungen des Berufungsrichters ergeben einen von dieser Gesetzesvorschrift (§ 826 BGB.) erfaßten Tatbestand", so wird das oben dargelegte Verhältnis hier methodisch korrekt bezeichnet. Dieser Satz vollzieht die Subsumtion des festgestellten Tatbestandes unter den Rechtsbegriff des Obersatzes, indem dessen Maßstab auf die im übrigen nicht nachprüfbaren Tatsachen des empirischen Verhaltens der Partei im Revisionswege angewendet, d. h. die Rechtsfrage erörtert wird.

Sonst heißt es im Stile der Entscheidungsgründe oft, der Tatrichter habe die Kenntnis des Käufers gemäß freier Beweiswürdigung (§ 286 ZPO.) festgestellt. Ob wirklich eine bloße Tatsachenfeststellung vorliegt und nicht vielmehr eine auf unrichtigem Erfahrungsurteil beruhende Subsumtion, die der Revision zugänglich wird, bleibt hiernach eine offene Frage.

Dieses eigenartige Verhältnis der juristischen Tatsachen zu ihrer Feststellungsfähigkeit ist offenbar der Grund zu der Anschauung gewesen, Rechts- und Tatfrage gingen ineinander über, und diese oben schon zurückgewiesene Anschauung hat auch zuweilen wohl schon die Ansicht gestützt, daß eine zweckmäßige prozessuale Regelung auf der Unterscheidung von Rechts- und Tatfrage überhaupt nicht aufbauen sollte. Ohne daß zu dieser rechtspolitischen Frage hier Stellung genommen werden soll, dürfte sich nunmehr trotz jenes Scheins der logische Unterschied von Rechtssatz und Tatbestand um so deutlicher ergeben. Dieser Unterschied wird durch die die Subsumtion der Tatsachen unter den Rechtsbegriff vermittelnde Funktion des Konkretisierens und Abstrahierens, durch das den logischen Abstand beider Prämissen überwindende Vergleichen ihrer Elemente nicht aufgehoben.

Vollends deutlich ist die rechtliche Funktion der Feststellung solcher juristischen Tatsachen, die nach dem oben Gesagten selbst Rechte oder Rechtsverhältnisse sind. Der juristische Tatbestand kompliziert sich in diesem Falle dadurch, daß er nicht an empirische Tatsachen anknüpft, sondern an ein Rechtsverhältnis, und mit einem solchen als Bedingung für die Rechtsfolgen auf andere Tatbestände der Rechtsordnung Bezug nimmt, die erst die Bedingungen jenes Rechtsverhältnisses enthalten. Die Bedingungen der Aneignung bestehen gemäß § 958 BGB. zum Teil aus Rechten und Rechtsverhältnissen: Herrenlosigkeit, Eigenbesitz. Diese Rechtsverhältnisse sind wie alle anderen auch nur Rechtsfolgen von anderen Bedingungen. Sie selbst sind daher im Rechtsstreit aus § 958 trotz der sie betreffenden Beweispflicht der Partei nicht tatsächlich feststellbar. Vielmehr ergibt sich das Vorliegen dieser juristischen Tatsachen erst durch Heranziehung von weiteren Rechtssätzen, die ihre Bedingungen regeln, nämlich der §§ 959, 872. Es unterliegt keinem Zweifel, daß die Feststellung so gearteter Tatsachen als Entscheidung einer Rechtsfrage revisibel ist. Tatsächlich feststellbar sind auch hier wieder nur die empirischen Voraussetzungen der juristischen Tatsachen.

---

[44]) Durchaus richtig daher RG. VI 88, 5: „Ob eine Person die Kenntnis von einem Ereignis erlangt hat, bei dem sie nicht selbst beteiligt war, ist zunächst eine tatsächliche Frage und somit Sache tatsächlicher Feststellung. Rechtsfrage jedoch ist, wie die Kenntnis beschaffen sein muß, um rechtliche Bedeutung zu erlangen."

[45]) SeuffA. 82, 301 Nr. 170.

Wach[46]) sprach a. a. O. allgemein von einem Mittelbegriffe, terminus medius, der den Ober- und den Untersatz miteinander verknüpfe, und auf dem daher die richtige Subsumtion beruhe. Das ist unzutreffend. Hinsichtlich jeder Tatsache einer Rechtsnorm ist ein Rechtsirrtum des Richters möglich. Die richtige Subsumtion des Untersatzes hängt von dem richtigen logischen Verhältnisse jeder seiner konkreten Tatsachen zu den entsprechenden juristischen Tatsachen des Obersatzes ab. Jede Tatsache des juristischen Tatbestandes ist daher „Mittelbegriff". An jeder Stelle kann die Richtigkeit der Subsumtion scheitern.

Obersatz: § 958 BGB.

Untersatz: Kläger hat eine herrenlose, bewegliche, aneignungsfähige Sache in Eigenbesitz genommen.

Schluß: Kläger ist Eigentümer der Sache.

Jede dieser Tatsachen vermittelt oder zerstört die Subsumtion des Untersatzes. Sie würde zerstört werden, wenn Kläger tatsächlich keine herrenlose oder keine bewegliche, oder keine im Sinne des § 958 II aneignungsfähige Sache an sich genommen, oder zwar dieses, aber nicht Eigenbesitz an ihr erworben hätte. An jedem Punkte ist eine Rechtsverletzung durch unrichtige Subsumtion möglich.

Bei der Verwendung des terminus medius darf auch nicht verkannt werden, daß die sich im Ober- und Untersatze wiederfindenden Begriffe bei der gelungenen Subsumtion sich zwar decken; ob die Subsumtion indessen gelungen und richtig ist, hängt aber meist noch von weiteren logischen Operationen ab. Ob oben z. B. der Eigenbesitz des Obersatzes (§ 958 BGB.) sich mit dem angeblichen „Eigenbesitze" des Klägers (Untersatz) deckt, ist die Frage, und zwar eine Rechtsfrage, denn die juristische Tatsache „Eigenbesitz" hängt wie gesagt, wieder von einem Syllogismus ab, dessen Obersatz der § 872 enthält. Aber auch bei juristischen Tatsachen, die nicht an Rechtsverhältnisse, sondern an empirische Fakta anknüpfen, zu deren Erschließung also nicht erst ein neuer Syllogismus aufgestellt zu werden braucht, darf die Figur des „Mittelbegriffes" nicht zu der Annahme verleiten, daß hier die konkrete Tatsache sich regelmäßig ohne weiteres dem Begriffe der juristischen Tatsache des Obersatzes unterordne. Hier tritt vielmehr regelmäßig die von Wach noch nicht gewürdigte Funktion der Erfahrungssätze als Mittlerin ein, und es zeigt sich oft, wie wenig der Begriff des Obersatzes selbst Mittelbegriff ist, wie sehr er erst konkretisiert und in die Nähe des Tatbestandes gebracht werden muß, um die Subsumtionsfrage entscheiden zu können.

Die Terminologie des Tatsächlichen und des Rechtlichen, die in nicht wenigen Entsch. der Rechtsprechung zu bemängeln bleibt, ist in obiger Entscheidung 71 durchaus zutreffend: „Ob ein wichtiger Grund im Sinne des § 626 BGB. vorliege, ist im wesentlichen Tatfrage. In der Revisionsinstanz ist nur nachzuprüfen, ob in abstracto ein bestimmtes Handeln, eine bestimmte Eigenschaft oder ein bestimmtes Ereignis einen wichtigen Grund zur Auflösung eines Dienstverhältnisses bilden kann (RG. 78, 22)."

2. Die obere Grenze für die Revisibilität von Subsumtionen wird durch den § 561 ZPO. normiert. Nach dessen neuer Fassung unterliegt dem Revisionsgerichte nur dasjenige mündliche Parteivorbringen, welches aus dem Tatbestande des Berufungsurteils oder dem Sitzungsprotokoll ersichtlich ist. Ferner sind diejenigen Tatsachen zu berücksichtigen, die einen Mangel des Ver-

---

[46]) A. a. O. S. 75.

fahrens ergeben (§ 554 Ziff. 2), insbesondere also ein der Tatsachenfeststellung selbst zugrunde liegender Verfahrensmangel. Hat ferner der Berufungsrichter festgestellt, daß eine tatsächliche Behauptung wahr oder nicht wahr ist, so ist diese Feststellung nach § 561 Abs. 3 für das Revisionsgericht bindend, es sei denn, daß in bezug auf die Feststellung ein zulässiger und begründeter Revisionsangriff erhoben ist. Der Abs. 1 dieser Norm hat durch die Novelle vom 22. Mai 1910 gegenüber der ursprünglichen Fassung diese erhalten, um so die Grenze zwischen Tat- und Rechtsfrage schärfer zu ziehen. Neue tatsächliche Behauptungen außer den nach § 554 Ziff. 2 zugelassenen dürfen in der Revision nicht berücksichtigt werden.

Welche Unsicherheiten indessen gerade auf dem bis zu dieser oberen Grenze sich erstreckenden weiten Gebiete der Fallbeurteilung geherrscht haben und zum Teil noch herrschen, das kann hier nur unter dem Gesichtspunkte der uns vorliegenden Sonderfrage dargelegt werden.

Einer der heikelsten Punkte lag von Anfang an darin, der Beurteilung von Tatsachen nach allgemeiner oder besonderer Lebenserfahrung den methodisch richtigen Ort anzuweisen. Noch Wach (a. a. O. S. 74) sagte vom Revisionsrichter: „Entzogen ist ihm die Beurteilung, welche Anwendung irgendwelcher Sätze der Lebenserfahrung, der Technik, der Kunst, der außerjuristischen Wissenschaft ist; entzogen ist ihm die Beweisfrage und die Interpretationsfrage, die ihre Beantwortung nicht nach gesetzlichen Beweis- oder Interpretationsregeln findet." — Diese Ansicht[47]) ist bei diesem Autor um so auffallender, als sie in das Gedankensystem seiner Lehre von der Rechts- und Tatfrage nicht mehr hineinpaßt. Wach eilte doch seiner Zeit auch in der Wertung der dem richterlichen Ermessen zukommenden Position voraus und vertrat gegenüber der damaligen herrschenden Ansicht, die das dem richterlichen Ermessen erwachsene Urteil der Revision nicht für zugänglich erachtete, die jetzt herrschend gewordene Lehre: „Richterliches Ermessen ist nicht absolute Freiheit, richterliche Überzeugung ist nicht Willkür[48])." Er rühmt die Rechtsprechung des Reichsoberhandelsgerichtes auf dem neuen Gebiete des Reichshaftpflichtgesetzes. Aber dieses Gesetz übertrug bemerkenswerterweise in keinem Satze ausdrücklich etwas dem richterlichen Ermessen. Wach hebt auch die richtige Ansicht von RG. 1, 338f. hervor, daß das arbitrium boni viri ein kontrollierbares sei und nicht ein willkürliches sein dürfe; er ließ auch schon den damaligen § 260 (jetzigen § 287) ZPO., der die Entscheidung von Schadensprozessen ausdrücklich der „freien Überzeugung" des Richters überträgt, seine nähere prinzipgemäße Begrenzung finden und erklärte diese Entscheidung des Vorderrichters für revisibel[49]).

Gegenüber den hier wurzelnden Unsicherheiten und vielartigen im Formalismus steckenbleibenden Lösungsversuchen, die insbesondere darauf abstellten, ob das Gesetz ausdrücklich auf das Ermessen des Richters Bezug nahm[50]),

[47]) Sie findet sich auch bei Fitting, Lehrb. d. Zivilproz. S. 570 Anm. 19 (1890).

[48]) A. a. O. S. 78.

[49]) Gaupp-Stein, ZPO. § 287 III 4 (1901) lehrten, daß die Ausübung des Ermessens selbst der Revision nicht unterläge, sofern das Gericht nicht die dem Ermessen gezogenen Grenzen überschritten habe.

[50]) Noch Boyens (a. a. O. S. 170 D) sagte: Die konkrete Nachprüfung des Reichsgerichtes sei nur dann ausgeschlossen, wenn das Gesetz dem Tatrichter ausdrücklich freies Ermessen einräumt. — Diese früher verbreitete Ansicht beruhte offenbar auf einem Trugschluß aus § 286 ZPO. Sie sah, daß hiernach tatsächliche Feststellungen „nach freier Überzeugung" des Richters getroffen werden, und andererseits, daß diese nach § 561 Abs. 2 für den Revisionsrichter bindend sind. Man schloß: also seien auch Entscheidungen bindend, die auf sonst gesetzlich bewilligtem richterlichen Ermessen beruhen. Man übersah, daß die Bindung des Revisionsrichters gemäß § 561 Abs. 2 nicht in der freien Überzeugung des Tatrichters gemäß § 286 ihren Grund hat, sondern darin, daß der Tat-

brach sich in Lehre und Rechtsprechung die Erkenntnis Bahn, daß es keinen Rechtssatz gibt, dessen Anwendung nicht durch richterliches Ermessen in der Würdigung der konkreten Tatsachen vermittelt werde, und daß andererseits die allgemeine oder besondere Lebenserfahrung der stete Begleiter des Richters sein muß. Ohne Lebenserfahrung, die das richterliche Ermessen leitet, ist es ebenso unmöglich, den Grad der Schuld des Beklagten zu beurteilen wie etwa den adäquaten Zusammenhang zweier Ereignisse. Mag eine inkorrekte Ausdrucksweise auch die Schuld des Beklagten oder den ursächlichen Zusammenhang zwischen Erfolg und Handlung „tatsächlich feststellen"; die auf Erfahrungsurteil ruhende rechtliche Bewertung der festgestellten empirischen Tatsachen als Schuld und als Zusammenhang ist dennoch revisible Entscheidung.

Was voraussehbar, entschuldbar, unmöglich oder angemessen ist, kann nur nach Lebenserfahrung beurteilt werden. Nur eine juristische Logik, die auf dem Mutterboden der Lebenserfahrung wächst und aus diesem immer wieder ihre Kraft zieht, vermag auch wieder Lebensverhältnisse zu ordnen. Die Auffassung, daß der Maßstab des Lebens ein außerrechtlicher, tatsächlicher sei, entsprang einer naiven und primitiven Theorie des Rechtes, die das Recht vom Leben abstrahierte und ihm gegenüber formal verselbständigte. Sie vermochte den Maßstab der Lebenserfahrung nicht als dem Gesetz immanent zu erkennen. Sie klammerte sich an gesetzliche Klauseln und Hinweise, die, man fragte nicht wie, ins Gesetz hineingekommen waren, und man übersah, wie sehr das Gesetz selbst in allen seinen Normen stillschweigend an die Lebenswirklichkeit appelliert, wie sehr schon Entstehung und Geltung des Gesetzes von der Lebenswirklichkeit abhängen, wie unselbständig und unvollendet jede Legal-

richter dort eine tatsächliche Feststellung macht. Die gesunde reichsgerichtliche Praxis kehrte sich nicht an diese fadenscheinige Methodenlehre. Das Reichsgericht sah zutreffend die Möglichkeit von nachprüfbaren Rechtsverletzungen auch da, wo gesetzlich bewilligtes richterliches Ermessen gewaltet hatte. Vgl. etwa die Rechtsprechung zu § 287 ZPO. Das freie Ermessen ist zwar im Gegensatze zum billigen Ermessen von der Berücksichtigung von Billigkeitsmaßstäben befreit, indessen immer mindestens an die jeder Rechtsprechung wesentlichen Grundsätze der Logik und der juristischen Richtigkeit gebunden. Unter diesen Gesichtspunkten werden solche Entscheidungen nachprüfbar. Selbst die „freie Beweiswürdigung" ist an die Grundsätze der Logik und der Lebenserfahrung gebunden. So auch Stein a. a. O. S. 47 bei Anm. 5. Daß z. B. im Rahmen des freien Ermessens sogar eine Amtsdeliktsobligation aus § 839 BGB. und ein Ermessensmißbrauch vorkommen kann, dafür vgl. neuerdings RG. HöchstRRspr. 1928 Nr. 1803 und 1850. Rückständig sagte BayOLG. SeuffA. 42, 140f. Nr. 98: „Gegen diese Annahme . . . ist ein Revisionsangriff ausgeschlossen, weil in bezug auf die richterliche Würdigung der Gutachten von Sachverständigen der Grundsatz des § 259 ZPO. ohne alle Beschränkung gilt und überall, wo das richterliche Ermessen Platz greift, es sich nicht um Anwendung von Rechtsnormen handelt, sondern um ein Gebiet, das der Gesetzgeber selbst mit keiner Schranke umgeben hat, und das deshalb für eine Tätigkeit des Revisionsrichters keinen Raum bietet." — Siehe dagegen die beachtenswerten Ausführungen von v. Laun, Das freie Ermessen und seine Grenzen, besonders S. 51ff. (1910). J. Goldschmidt, Der Prozeß als Rechtslage S. 163, bemerkt richtig, der Praxis des Reichsgerichts, das die das Gebiet des freien richterlichen Ermessens beherrschenden Erfahrungssätze für revisibel erklärt, könne auch der folgen, der diese Sätze noch nicht für Recht im formellen Sinne hielte. S. 160 wird hervorgehoben, daß der Richter auch im Gebiet des freien Ermessens nach allgemeingültigen Prinzipien verfahre. — Beachtenswert ferner RG. 121, 233 (Nachprüfung bei Unzweckmäßigkeit im Ermessen); Stammler, Lehrb. d. Rechtsphilos. (3. Aufl.) S. 298ff., 213 bei Anm. 6; K. Friedrichs, Art. Ermessen im H. d. R. 2, 337ff. Neuestens tritt Mannheim (a. a. O. S. 146ff.) mit guten Gründen für die Revisibilität von Strafurteilen ein, die nach freiem Ermessen auf Grund sog. Kannvorschriften des Strafgesetzes erfolgen, und hebt S. 161 rechtspolitisch richtig hervor, daß die Revisibilität hier um so stärker zu fordern sei, je mehr das neue Strafrecht dem richterlichen Ermessen einräumen werde. Vgl. auch J. Goldschmidt, Zivilprozeßrecht S. 164, wo zutreffend gelehrt wird, daß innerhalb des Gebietes des richterlichen Ermessens Revisibilität gegeben sei, sobald in erkennbarer Weise die Bedeutung von Rechts- und Erfahrungssätzen verkannt sei (RG. 81, 324).

norm, ja jeder Rechtsbegriff einer solchen ist und erst in der Auslegung und Anwendung, in der Lebensnähe sich aus der Erfahrung mit konkretem Inhalte füllt, und daß darin recht eigentlich die stete Entwicklung des Rechtes liegt[51]).

Boyens a. a. O. S. 156ff. konnte vor 25 Jahren der Rechtsprechung des Reichsgerichtes nachrühmen, daß sie zumal unter dem Einflusse von Steins „Das private Wissen des Richters" (1893) in wachsendem Maße „allgemeine Erfahrungssätze" selbständig verwertete. Vor Stein hatte aber schon Bolze a. a. O. S. 444f. u. 447 klarsehend betont: „Die Rechtsverhältnisse sind überhaupt Lebensverhältnisse; sie sind dazu bestimmt, den Lebensverhältnissen zu genügen. Die Jurisprudenz ist aber eine praktische Wissenschaft. Ohne eine sachgemäße Beurteilung der Lebensverhältnisse lassen sich auch die rechtlichen Folgen . . . nicht sachgemäß treffen. Darum ist die Beurteilung der zugrunde liegenden Lebensverhältnisse nicht als eine tatsächliche Beurteilung von der rechtlichen Beurteilung des Rechtsverhältnisses zu trennen, wie sie auch die römischen Juristen nicht getrennt haben." — Dieser große Praktiker des Rechts sah, daß das Problem der Revisibilität nicht entschieden werden kann, ehe die Theorie der Rechtsanwendung überhaupt methodisch geklärt ist.

Mit wachsender Rechtskultur tritt entsprechend der Aufgabe des Rechtes dessen zunehmende Deformalisierung und Lebensanpassung ein. Die Nachprüfbarkeit von Entscheidungen in der Revisionsinstanz kann nicht mehr davon abhängen, daß das Gesetz nicht ausdrücklich an das Ermessen des Tatrichters appelliert. Das Gesetz nimmt in wachsender Erkenntnis der die Rechtsaufgabe bestimmenden Relation des Rechtes zur Lebenswirklichkeit aus der letzteren immer mehr Elemente in sich auf, mag es seine Befehle auf „Treu und Glauben" und auf die „Verkehrssitte" abstellen oder dem nicht mehr ausdrücklich zitierten, weil selbstverständlichen richterlichen Ermessen die Bestimmung darüber anheimstellen, was „unsittlich", „angemessen", welche Sorgfalt „im Verkehr erforderlich", welches die Sorgfalt „eines ordentlichen Kaufmannes", welcher Unterhalt „standesgemäß", welcher „notwendig" ist, was „Mißbrauch eines Rechtes", was „tunlich", wann eine Vertragsstrafe „unverhältnismäßig hoch" ist usw. — Diese dem Leben unmittelbar erwachsenen, wieder auf die Lebenserfahrung zurückweisenden juristischen Denkformen und normativen Werte der legalen Obersätze sind indessen nur wenige vom Gesetz ausdrücklich normierte Figuren im Verhältnisse zu der unübersehbaren Zahl von lediglich mit einem Worte bezeichneten Rechtsbegriffen, die erst durch die unausgesprochene Beziehung zu ihren Substraten des empirischen Lebens Inhalt und Anwendbarkeit erhalten.

So kommt das Reichsgericht in die Lage, selbst Begriffen volkstümlichen Ursprunges und gemeinen Gebrauches, wo sie von einem Rechtssatze verwendet und so zu Rechtsbegriffen werden, und wo die Subsumtion empirischer Tatsachen unter sie zweifelhaft ist, erst auslegen und ihren Inhalt rechtlich bestimmen zu müssen. Man denke an die die Revision beschäftigenden Entscheidungen darüber, was eine Eisenbahn, was Kostbarkeiten (RG. 116, 115), Kraftfahrzeug, Quelle (RG. 90, 285), Überbau (RG. 88, 41), Gastwirt und Fremde, Sache, Krieg (hierzu RG. 90, 380) u. a. m. im Rechtssinne, und zwar im besonderen Sinne einer bestimmten Rechtsnorm ist. Überall handelte es sich um die Rechtsfrage. Gebunden war der Revisionsrichter auch in diesen Fällen immer nur an die Feststellungen, die der Vorderrichter hinsichtlich

---

[51]) In dieser methodischen Hinsicht vgl. mein „Savigny und der Modernismus" S. 117ff., 161f. (1914). Ferner die Artikel „Auslegung" und „Formalismus und Freirecht". in Handwörterb. d. Rechtswissensch. 1, 428ff.; 2, 474ff.

der empirischen Voraussetzungen, der realen Elemente jener juristischen Tatsachen getroffen hatte. Ob jene den Begriff dieser deckten, blieb revisibel, ebenso wie etwa zwar die empirischen Voraussetzungen einer Gesundheitsgefährdung Tatfrage sind, das RG. 88, 168 aber die konkrete Subsumtionsfähigkeit gewisser Mängel einer Wohnung unter dem im § 544 BGB. enthaltenen Rechtsbegriffe der erheblichen Gesundheitsgefährdung richtig nachprüft. Das war keine tatsächliche Würdigung, sondern rechtliche Würdigung von Tatsachen. Ebenso RG. 88, 211 u. 215 hinsichtlich des Begriffes der Sachgefahr im Sinne des § 228 BGB. Wenn dagegen RG. VII 119, 286 ausführt: „Der Begriff der dauernden oder vorübergehenden Verhinderung (§ 66 GVG.) ist ein Rechtsbegriff; ob aber die rechtlichen Bedingungen der einen oder der anderen Verhinderung tatsächlich belegt sind, ist eine Beweisfrage" — so ist das, was der Senat hier meint, wieder unrichtig ausgedrückt. Denn er sagt im Anschlusse nicht nur, daß er hinsichtlich der „Beweisfrage" freie Hand hätte, sondern er prüft sie auch nach, und zwar mit Recht, weil es eben keine Beweisfrage, sondern eine Frage der rechtlichen Würdigung der tatsächlichen Hindernisse ist.

In einer Entsch. des 1. Senates (RG. 53, 267) wird beispielsweise in solchem Sinne zutreffend die Nachprüfung der Vorderentscheidung darüber vorgenommen, ob im Sinne des auf § 38 Abs. 2 GmbHG. sich beziehenden Vertrages im konkreten Falle ein „wichtiger Grund" zur sofortigen Entlassung des Geschäftsführers vorlag, und es wird dabei methodisch richtig ausgeführt, daß dem Urteile des Berufungsrichters „vom Standpunkt allgemeiner Erfahrung aus keineswegs widersprochen werden" könne. Dennoch heißt es vorher in dem bekannten mißverständlichen Stile: „Es kommen bei der Beantwortung der Frage, ob ein bestimmter Entlassungsgrund als ein ‚wichtiger' anzusehen ist, stets die vom Tatrichter zu würdigenden konkreten Umstände des Einzelfalles mit in Betracht." — Diese Ausdrucksweise findet sich auch bei Bezugnahme des Revisionsrichters auf die Würdigung der Beweisaufnahme des Berufungsgerichtes, an die dieser aber nach § 561 Abs. 2 ZPO. gebunden ist. Hier ist sie korrekt (RG. III 88, 128), dort nicht.

Aber auch hier ist zu beachten, daß die im § 286 ZPO. gemeinte freie Beweiswürdigung, die „Würdigung aller Umstände nach freier Überzeugung", niemals eine rechtliche Wertung der Tatsachen ist, sondern sich lediglich auf das Ziel der Tatsachenfeststellung bezieht. Der Tatrichter würdigt das Beweisergebnis dahin, „ob eine tatsächliche Behauptung für wahr oder für nicht wahr zu erachten sei". Korrekt sollte der in Entscheidungsgründen aller Instanzen oft vorkommende Ausdruck der „tatsächlichen Würdigung" nur in diesem Sinne des § 286, also nur als Würdigung dahin, ob eine Tatsache als festgestellt angesehen werden soll, gebraucht werden. Er wird inkorrekt aber auch hinsichtlich der Würdigung der festgestellten Tatsachen hinsichtlich ihrer rechtlichen Bedeutung zwecks Subsumtion unter den Obersatz gebraucht, und so auch vom Revisionsgericht a. a. O. Es tritt dort gerade in die Würdigung der konkreten Umstände, die der Tatrichter nur als empirische festgestellt hat, nunmehr unter dem rechtlichen Gesichtspunkte des § 38 Abs. 2 GmbHG. ein. Ebenso mißverständlich ist der in jener Entscheidung dann folgende Passus: „Hiernach erscheint aber die Entscheidung . . . prinzipiell genügend begründet, und es war lediglich Sache tatsächlicher Erwägung, ob die Vertrauenswürdigkeit im vorliegenden Falle in dem Maße herabgemindert wurde, daß die sofortige Entlassung geboten und gerechtfertigt war." Jene Erwägung ist so wenig tatsächlich, daß das Reichsgericht gleichfalls in ihre Nachprüfung eintritt und ihr ebenfalls nicht widersprechen kann. Die Ausdrucksweise der Entscheidungsgründe sollte der beim Reichsgericht in Wahrheit geübten Methode der Grenzziehung zwischen Tat- und Rechtsfrage mehr entsprechen, als hier und in zahllosen anderen Entscheidungen zu beobachten ist[52]).

Der 2. Senat bediente sich der entsprechenden Ausdrucksweise, um die entgegengesetzte Folgerung zu ziehen. In RG. 35, 333 rügte die Revision, daß im Berufungsurteile der Begriff des Verschuldens verletzt sei, weil in den festgestellten Tatsachen ein solches nicht läge. Das Reichsgericht entschied durchaus verfehlt, daß die Frage, ob bestimmte Tatsachen geeignet sind, ein Verschulden darzustellen, eine tatsächliche sei, und weist die Revision zurück, weil sie „auf tatsächlicher Würdigung" beruhe. — Dies ist ein Ausfluß der oben gemeinten formalistischen, das Recht vom Leben abziehenden Auffassung, die der 2. Senat indessen inzwischen mehr und mehr überwunden hat[53]).

Wo der Revisionsrichter die besondere Lebenserfahrung, die den Maßstab für die Beurteilung von Schuld oder Zusammenhang bei Unfällen auf Jagd, Schiffahrt, Bergwerk, Fabrik u. a. tatsächlich nicht hat und nicht unmittelbar zu erlangen vermag, wird er zurückweisen, wie z. B. in der Entsch. des 6. Senates v. 11. Mai 1904 (JW. 1904 S. 359) geschieht. Es ist methodisch verfehlt, sog. besondere Lebenserfahrungen abweichend von allgemeinen Erfahrungen, die jeder habe, zu behandeln. Es gibt keine begriffliche Grenze zwischen beiden Gruppen, es bleibt vielmehr immer kasuell, ob ein Richter eine Erfahrung hat oder nicht. Im konkreten Falle kann er gerade genaue besondere Erfahrung haben, eine allgemeine Erfahrung dagegen nicht haben. Woher er sie dann erlangt, ist ihm prozeßrechtlich überlassen. Ist ein Sachverständigenbeweis unumgänglich, so hat das Reichsgericht zurückzuverweisen, dürfte die Revision hingegen nicht wegen Eintrittes in tatsächliche Feststellung zurückweisen[54]).

Überwunden ist auch der noch von Boyens a. a. O. S. 171 aus den achtziger Jahren hervorgehobene Standpunkt der Rechtsprechung, daß es eine „nicht nachprüfbare Tatfrage" sei, ob ein Vertrag gegen die guten Sitten verstoße, da dies von dem sittlichen Bewußtsein der bürgerlichen Gesellschaft abhinge und daher keine Rechtsfrage sei. Der hier hervorragenden neueren Rechtsprechung des Reichsgerichtes verdanken wir nicht nur eine vollständige Abkehr von solcher Methode, sondern eine reiche Kasuistik von revidierten Subsumtionsentscheidungen hinsichtlich der Sittengemäßheit und der Sitten-

[52]) In der jüngst veröffentlichten Entsch. RG. II JW. 1928 S. 2908 Nr. 3 heißt es bei Prüfung desselben Streitpunktes wie oben: „Es ist ständige Rechtsprechung des Reichsgerichtes, daß es im wesentlichen Tatfrage ist, ob ein wichtiger Grund im Sinne des § 626 BGB. vorliegt, und auch der erkennende Senat hat sich . . . dahin ausgesprochen, daß in der Revisionsinstanz nur nachgeprüft werden dürfe, ob ein bestimmtes Handeln, ein bestimmtes Ereignis oder eine bestimmte Eigenschaft an sich einen wichtigen Grund zur sofortigen Auflösung des Dienstverhältnisses bilden könne." Nach letzterer zutreffenden Auffassung kann man nicht mehr sagen, daß hier „im wesentlichen" eine Tatfrage vorliege. Das wesentliche ist nicht das tatsächliche Feststellen des empirischen Verhaltens des Dienstverpflichteten, sondern dessen zwecks Subsumtion erforderliche rechtliche Wertung im Sinne des § 626 BGB.

[53]) Boyens (a. a. O. S. 157f.) führt eine Reihe solcher Fehlurteile des 2. Senates aus den ersten 25 Jahren an. Inwieweit indessen die tatsächliche Feststellung des Willens nötig ist und der Revisionsrichter insofern gebunden ist, darüber unten IV.

[54]) Bis in die neueste Zeit — vgl. oben Entsch. 79b — heben es Entscheidungsgründe dagegen hervor, wenn durch den Berufungsrichter ein „allgemeiner Erfahrungssatz" verletzt sei, um damit die Revisibilität zu rechtfertigen. So auch RG. VII 118, 65. Diesen Entscheidungen liegt immer noch die Ansicht zugrunde, daß die Nachprüfbarkeit bei „besonderen" Erfahrungssätzen ausgeschlossen sei. Sie ist ebenso unbegründet und unmethodisch wie die auch noch bis heute geübte, daß die Nachprüfbarkeit bei allgemeinen Geschäftsbedingungen und Vericherungsbedingungen gegeben, bei besonderen, nur inter partes wirkenden dagegen versagt sei. Ihr liegt die irrtümliche Ansicht zugrunde, daß sich allgemeine Erfahrungssätze und allgemeine Geschäftsbedingungen dem Wesen der Rechtsnorm mehr näherten und so an deren Revisibilität teilnähmen. Darüber unten.

widrigkeit sowie immer deutlicher hervortretende wertvolle Ansätze zu einer Begriffsbildung. Es waren in diesen schwierig zu wertenden Lebensverhältnissen und in der Auslegung des § 138 BGB. obere Grenzen zu finden, innerhalb deren berechtigte wirtschaftliche Interessen, insbesondere des freien Wettbewerbes, Schutz gegenüber dem Nichtigkeitsangriffe verdienten. Vgl. RG. 53, 156: „Jedes Konkurrenzverbot enthält eine Beschränkung der persönlichen Freiheit ... Eine solche Beschränkung ist aber als durchaus zulässig zu erachten, sofern sie einerseits einem berechtigten Interesse desjenigen entspricht, zu dessen Gunsten sie vorgenommen wurde, und andererseits derart — örtlich, zeitlich, gegenständlich — begrenzt ist, daß sie nicht zu einer unangemessenen Beschränkung der Bewegungsfreiheit, insbesondere zur wirtschaftlichen Vernichtung des Verpflichteten führt." — Dieser aus der Beurteilung des Wirtschaftslebens erwachsene wertvolle Erfahrungssatz, der die Auslegung des § 138 seitdem beherrscht, konnte sich nur auf Grund der Revisibilität jener Frage ergeben, nachdem sie methodisch als Rechtsfrage erkannt war.

Nur auf Grund der mit einseitigem Formalismus aufräumenden Methodik, die die Anwendung eines Erfahrungssatzes auf die Subsumtion des Falles unter die Rechtsnorm als Rechtsanwendung und bei Unrichtigkeit als Rechtsverletzung ansieht, kam das Reichsgericht auch in die Lage, die nicht minder glänzende Praxis der Beurteilung von Schadenszufügungen zu inaugurieren, die im Sinne des § 826 gegen die guten Sitten verstoßen. Wenn man in dieser Hinsicht etwa die vorbildlichen Entscheidungen des 6. Senates (RG. 51, 381; 57, 418; 60, 94; 64, 155) prüft, so hält sich das Reichsgericht an die vom Berufungsgerichte festgestellten Tatsachen und die Maßregeln des Beklagten. Hinsichtlich der entscheidenden Subsumtionsfrage, ob diese Maßregeln unter § 826 fallen, liefert der Erfahrungssatz den vermittelnden Maßstab: ob sie geeignet sind, die wirtschaftliche Existenz des Klägers „völlig oder nahezu völlig zu untergraben", oder „ob die Maßregel zu derjenigen Handlungsweise des Klägers, welche dem Beklagten zu seinem Vorgehen Veranlassung gab, in keinem billigen Verhältnis stünde, so daß sie sich als eine Maßnahme der Willkür und Gehässigkeit darstellte".

Auch Boyens blieb bei Beurteilung der Subsumtionsfrage teilweise unmethodisch. Er führt a. a. O. S. 169f. zusammenfassend aus: „Gewiß ist es richtig, daß überall, wo die Beurteilung des subjektiven Empfindens in Frage kommt, der Tatrichter allein zu entscheiden hat. Er allein kann also auch darüber befinden, ob tatsächlich durch Vergehen des einen oder des anderen Ehegatten eine so tiefe Zerrüttung der Ehe eingetreten ist, daß dem anderen Teile die Fortsetzung der Ehe nicht zugemutet werden kann." — Hier und in den sich anschließenden Ausführungen wirkt wieder und noch immer die Ansicht nach, daß das Wesen der Tatfrage in den individuellen Elementen des Falles verankert sei, während die Behandlung der generellen Elemente des Falles schon irgendwie in die Rechtsfrage hinüberspiele. Diese unbegründete und unmethodische Grundauffassung ist auch heute noch nicht überwunden und beeinflußt auch die Behandlung der Auslegung von Willenserklärungen sehr ungünstig. Jene Ansicht verwechselt sichtlich zweierlei: die bei Beurteilung individuell differenzierter Verhältnisse regelmäßig erforderliche stärkere Berücksichtigung von konkretem Induktionsmaterial, dessen Beibringung und Beweis nur vor dem Tatrichter erfolgen kann, und das Subsumtionsurteil, das rechtlich und erfahrungsgemäß zu würdigen hat, ob tiefe Zerrüttung der Ehe nach dem gesetzlichen Maßstabe in den empirischen Tatsachen des Falles verkörpert ist. Auch das individuell differenzierteste Material muß schließlich nach dem im Obersatze normierten Rechtsbegriffe gewertet werden, und es ist wieder deutlich, daß dies nicht ohne Hilfssätze der Lebenserfahrung möglich ist. Der merkwürdige Erfahrungssatz, den das Berufungsgericht in dem von Boyens S. 169 herangezogenen Urt. v. 17. März 1904 angewendet hat, wurzelt darin, daß keine grobe Mißhandlung vorläge, weil dieselbe keine äußeren Spuren hinterlassen hätte. Demgegenüber läßt das Reichsgericht den Erfahrungssatz durchgreifen, daß eine Mißhandlung auch dadurch zu einer groben werden könne, daß sie unter Umständen vorgenommen werde, die den Verletzten besonders tief herabsetzten. Auch in anderen neueren Entscheidungen revidiert das Reichsgericht mit Recht gerade mit Rücksicht auf die individuellen Verhältnisse solche betreffende Erfahrungssätze. RG. 46, 154 u. 159. JW. 1911 S. 558. Richtig wird andererseits JW. 1905 S. 693 und 1911 S. 370 als Tatfrage angesehen ob der andere Ehegatte die Verfehlung als ehezerrüttend angesehen hat. S. auch RG. 85, 11, insbes. 13.

Wo behufs erfahrungsgemäßer rechtlicher Beurteilung der konkreten Verhältnisse das Tatsachenmaterial des Berufungsurteils nicht ausreicht, um zur positiven oder negativen Entscheidung der Subsumtionsfrage zu kommen, hätte das Revisionsgericht gemäß §§ 561, 565 ZPO. zurückzuverweisen. Der von ihm aufgestellte Erfahrungssatz bleibt aber, da er wesentlicher Bestandteil des für die Fallentscheidung allein in Betracht kommenden Obersatzes und zum Mittel der rechtlichen Beurteilung wird, gemäß § 565 Abs. 2 ZPO. für das Berufungsgericht bindend. Die erneute Verhandlung vor dem Berufungsgerichte könnte allerdings neue Tatsachen ergeben, die sogar die Voraussetzungen des in der Revisionsinstanz maßgebenden Obersatzes und damit auch des Erfahrungssatzes berühren. Der letztere ist immer nur hilfsweises Subsumtionsmittel eines bestimmten Rechtssatzes, bindet also nur, solange der Obersatz überhaupt anwendbar bleibt.

Aus dem oben berührten Grunde ist es als mit der Rechtsordnung unvereinbar und als unmethodisch abzulehnen, wenn in der Rechtsprechung da, wo es sich um allgemeine Erfahrungen des gewöhnlichen Handelsverkehrs und allgemeine Verkehrsauffassungen handelt, Nachprüfbarkeit angenommen wird, wo dagegen Beurteilung von Handlungen eines besonderen Berufsstandes in Frage steht, in dessen Verhältnisse der Revisionsrichter keinen klaren Einblick hat, oder um Kreise, „die ein besonderes Eigenleben führen[55])", die Revision zurückgewiesen wird. Wenn der Revisionsrichter in letzteren Fällen ohne anderweite sachkundige Beratung sich ein durch die Erfahrung gestütztes rechtliches Urteil nicht bilden kann, ist zurückzuverweisen; aber die Rechtsfrage, die auch hier gegeben ist, bleibt revisibel, mag sie noch so individuell differenzierte Tatumstände betreffen[56]).

Um den streitigen konkreten Fall dem Obersatze zu subsumieren, muß der Richter wie in den meisten anderen Fällen zunächst von den Erfahrungssätzen des Sprachgebrauches, des allgemeinen oder desjenigen besonderer Kreise, ausgehen. Vgl. etwa oben II. Entsch. 79b. Meist kommt er aber ohne andersartige Erfahrungssätze nicht aus. Schon hinsichtlich des § 1 BGB. kann er im Falle der bestrittenen Rechtsfähigkeit eines natus monstruosus mit bloß sprachlicher Erfahrung von dem Begriff des „Menschen" die Subsumtionsfrage

---

[55]) Boyens a. a. O. S. 163.

[56]) Vgl. die schon von Stein S. 124 gerühmten Urteile RG. 18, 102 und 22, 174, wo das Reichsgericht eine fehlerhafte Subsumtion des Berufungsrichters auf Grund von technischen und kunstwissenschaftlichen Erfahrungssätzen revidiert. S. aber auch Steins zutreffende Darlegung S. 25ff. zu den unbrauchbaren früheren Unterscheidungen innerhalb der Erfahrungssätze, insbesondere notorischen und fungiblen, im Gegensatze zu solchen, die nur auf Grund besonderer Sachkunde zu gewinnen seien.

nicht beantworten, und der Revisionsrichter würde die Nachprüfung der Subsumtionsentscheidung nicht ablehnen dürfen, weil ihm die besondere Erfahrung fehle, mittels deren über die Anormalität des Geborenen nur das rechtliche Werturteil gefällt werden kann.

Das Eigenartige der Erfahrungssätze liegt darin, daß es aus der Beobachtung des Lebens und seinen besonderen Gestaltungen hervorgegangene Urteile sind. Sie sind regelmäßig induktiv entstanden und stellen auf Grund des Beobachtungsmaterials Leitsätze und Verhaltungsmaßregeln auf. Sie sind daher niemals endgültig, vielmehr stets korrigierbar, wie alle Induktivschlüsse hinfällig werden, wenn eine bisher nicht beobachtete Tatsache auftritt, mit der sie sich nicht mehr vereinigen lassen[57]).

Ein typischer Fehler der Rechtsprechung bestand darin, daß Erfahrungssätze mit Tatsachen verwechselt wurden. Aus diesem Grunde wurde manche Revision irrtümlich zurückgewiesen[58]). Es wurde insbesondere die „Tatsache eines Handelsgebrauches" herangezogen, indem dabei die Vorstellung obwaltete, daß ein Handelsgebrauch empirische Erscheinung des realen Lebens sei und tatsächlich bestehe. Auch hier erwies sich die geläufige juristische Erkenntnistheorie als sehr primitiv. In Wahrheit gehören zwar gewisse Vorkommen im Handel der Erfahrung an. Sie nur sind tatsächlich feststellbar, und an dieses Ergebnis einer Beweisaufnahme wäre der Revisionsrichter gebunden. Die Feststellung eines Handelsgebrauches setzt aber darüber hinaus ein Urteil über die Möglichkeit des Vorkommens in objektiver und subjektiver Hinsicht voraus. Ob empirische Tatsachen sich so in Üblichkeit gewandelt haben, daß Vertrauen auf ihre Wiederkehr begründet ist und die Beteiligten nach Treu und Glauben damit rechnen, ist nur durch Erfahrungsurteil zu beantworten. Ein solches wäre, mag es auch auf das Gutachten von Handelssachverständigen gestützt sein, stets revisibel, weil der Obersatz durch die mittels unzutreffenden Erfahrungssatzes unrichtig werdende Subsumtion verletzt wird. RG. I 110, 48f. hebt in diesem Sinne trotz gewissem tatsächlichen Vorkommen bei den Banken hervor, daß zu einem Handelsbrauch außerdem „die durchgehende Zustimmung und Rechtsüberzeugung von Handel und Gewerbe und zweitens der zur Bildung eines Handelsbrauches erforderliche Zeitraum" gehöre. „Daß die Banken so zu verfahren versuchten, ist unstreitig. Es ist aber nicht dargelegt, daß die Kunden sich dem in solcher Weise, in solcher Zahl und während so langer Zeit gefügt haben, um eine Handelsübung feststellen zu können[59])." —

---

[57]) Sigwart, Logik 2, 357ff., 383f., 471ff.; Stein a. a. O. S. 16ff. Jetzt Stein-Junckers, Grundriß ZPO. (1924) S. 254ff. mit guten Lehrsätzen. Siehe indessen unten Anm. 60.

[58]) Vgl. etwa RG. 2, 383 in bezug auf den § 264 der damaligen ZPO.

[59]) Auch Stein (S. 15) lehrte, die Existenz eines Handelsgebrauches sei keine Tatsache, sondern ein Erfahrungsurteil. Die Sachverständigengutachten haben hier für den Ausgang des Rechtsstreites eine besonders erhebliche Bedeutung. O. Schreiber, Handelsbräuche (1922), hat verschiedene Mißstände bei dem Zustandekommen von Handelskammergutachten dieser Art dargelegt, die die Rechtspflege wird beachten müssen. Der Richter muß hier besonders auf die Trennung der Tat- und der Rechtsfrage hinwirken, schon in der an den Sachverständigen zu richtenden Fragestellung. Der Gutachter wird hier regelmäßig als sachverständiger Zeuge im Sinne von § 414 ZPO. darüber zu befragen sein, welche empirischen Tatsachen des Handels zugrunde liegen. Dadurch wird der darauf gegründete Erfahrungssatz, den der Sachverständige über die erhebliche Frage der Üblichkeit abzugeben hat, für den Richter nachprüfbar. S. z. B. oben Entsch. 50. Andererseits darf bei der Kritik der Gutachten nicht übersehen werden, daß schon manches derartige Ersuchen an den Sachverständigen und entsprechend dessen Gutachten notwendig die Rechtsfrage berührt, z. B. gerade in dem von Schreiber (S. 75f.) abfällig beurteilten Fall. Im Rechtsstreite tauchte dort offenbar die erhebliche Frage auf, wem die vom Zuschneider für die Konfektionsfirma gefertigten Maßschnitte gehören. Das Gutachten der Handelskammer mußte und sollte hier also beurteilen, ob es einen Erfahrungssatz gebe: Haben Parteien in jener Rechtsbeziehung gewöhnlich die An-

Entsprechend kann heute nicht mehr bezweifelt werden, daß die sog. Tatsache der Gesundheitsschädlichkeit einer Wohnung oder diejenige der Gefährlichkeit einer Anlage nur in einem Erfahrungsurteil über Möglichkeit oder Wahrscheinlichkeit des Eintretens von Tatsachen besteht. Tatsächlich feststellbar sind auch hier nur die empirischen Voraussetzungen des revisiblen Werturteils.

Der im wesentlichen durch Stein begründeten Lehre von den Erfahrungssätzen ist bis heute immer noch ein Einwand gemacht worden. Jener Autor sah die Erfahrungssätze als „tatsächliche Obersätze" an[60]). Es ist hierdurch das Mißverständnis entstanden, als ob die Erfahrungssätze ohne Beziehung zum rechtlichen Obersatze lediglich bei Würdigung des konkreten Tatbestandes hinsichtlich seiner Subsumtion aufkämen, wie ein deus ex machina, der dem Richter bei letzterer, sonst unlösbaren Aufgabe aus der Lebenserfahrung zu Hilfe käme. Daher scheint manchem Juristen bis heute der Erfahrungssatz als etwas Rechtssatzfremdes, das aus den Lebenstatsachen an den Rechtssatz herangebracht werde. Diese Auffassung neigte immer dazu, Erfahrungssätze und Tatsachen gleichzubehandeln[61]). Eine solche Methodik ist indessen schon oben als irrig gekennzeichnet worden. Die Erfahrungssätze sind vielmehr von den Normen der Rechtssätze selbst entweder ausdrücklich oder stillschweigend als für die Subsumtion maßgebend bezeichnet und dadurch Normenbestandteile. Hierin wurzelt methodisch die richtig verstandene Richterfreiheit secundum legem, die dem abzulehnenden Freiheitsdogma gegenübersteht. Wo „Treu und Glauben", „Verkehrssitte", „Verkehrsanschauung" (§ 97 BGB.) zitiert werden, wo „Angemessenheit", „billiges Ermessen" u. a. m. den Inhalt und Umfang eines Anspruches bestimmen sollen, ist die Abstellung der Gesetzesnorm auf Werturteile der Lebenserfahrung evident. Darüber hinaus verweist aber jede Rechtsnorm bei Gebrauch eines Begriffes, der nicht definiert wird, oder bei Verwendung einer Klausel ohne legale Sinnbestimmung auf Erfahrungsurteile, deren Funktion auf die wechselnde Gestalt der Lebensverhältnisse besser und empfindlicher abgestellt ist, als es die Norm der Rechtsordnung zu sein vermag. Gemäß dieser nicht fiktiven, sondern der wirklichen Einstellung des Gesetzgebers sowie der Gestaltung und dem Sinne seiner Normen, aber auch dem Wesen des Rechtes entsprechenden Methodik, die sich auch mit Grundgedanken der Rechtsprechung des Reichs-

---

schauung und die Rechtsfolgeabsicht, die Schnitte ins Eigentum der Firma übergehen zu lassen? Die Handelskammer bejahte eine solche Verkehrsauffassung. Fragen an den Gutachter über den üblichen Inhalt des in Handel und Gewerbe betätigten Rechtsfolgewillens der Beteiligten berühren notwendig die Rechtsfrage. Methodisch will der hier nicht sachkundige Richter — die Kammern für Handelssachen haben die Sachkunde regelmäßig — einen als Auslegungsregel fungierenden Erfahrungssatz feststellen. Er will wissen, welche Rechtsanschauung die Beteiligten in dem betreffenden Vertragsverhältnisse meist haben. Es darf also nicht bemängelt werden, wenn das Gutachten hier erklärt, die Beteiligten wollten regelmäßig den Eigentumsübergang an die Firma. Andererseits hebt Schreiber S. 91 richtig hervor, daß die Beweiskraft der Gutachten hier davon abhänge, daß sie über die tatsächliche Übung (besser über die tatsächlichen Voraussetzungen der Übung) klare Auskünfte geben. Die erhebliche Tatsache, um deren Feststellung es sich zwecks Klarstellung von Handelsbräuchen oft handelt, ist aber die empirische Rechtsfolgeabsicht der Beteiligten. Vgl. über die einschlägigen Fragen ferner Mosse-Heymann, HGB. zu § 346.

[60]) A. a. O. S. 14. Hierin ist auch Stein-Juncker, Grundriß S. 254 bei II nicht beizutreten. Die Erfahrungssätze dürfen nicht nur im Abschnitt „Beweis" behandelt werden, da sie die entsprechende Funktion auch bei der Auslegung, Anwendung und Ergänzung der Rechtsnormen haben.

[61]) Aus neuerer Zeit etwa RG in JW. 1914 S. 485: Verstoß gegen Erfahrungstatsachen enthalte keine im Rechtszuge der Revision beachtliche Gesetzesverletzung. Früher: RG. 36, 350, JW. 1896 S. 62.

gerichtes verknüpft[62]), kann der Erfahrungssatz nicht als tatsächlicher Obersatz, er muß vielmehr als Bestandteil des rechtlichen Obersatzes angesehen werden. Hier ergibt sich die Revisibilität des Erfahrungssatzes unmittelbar daraus, daß seine Unrichtigkeit zu einer unrichtigen Rechtssatzauffassung führt. Nicht erst die Subsumtion des Tatbestandes, schon die Aufstellung des hinsichtlich des Tatbestandes durch Erfahrungssatz konkretisierten Obersatzes enthält die Ursache der Rechtsverletzung, die sich nun durch Schlußfolgerung vollzieht[63]).

In diesem Sinne trifft eine Entscheidung des 7. Senates aus neuerer Zeit im wesentlichen das Richtige (RG. 99, 71): „Die Richtigkeit dieser vom Berufungsrichter aufgestellten allgemeinen Erfahrungssätze greift die Revision an. Die Nachprüfung solcher Erfahrungssätze steht dem Revisionsrichter zu. Sie sind nicht beweisbedürftige Tatsachen im prozessualen Sinne, d. h. Bestandteile des Tatbestandes, auf den vom Prozeßrichter das Gesetz anzuwenden ist, haben vielmehr die Natur von Normen, die als Maßstab für die Beurteilung von Tatsachen dienen. Daß auf die Verletzung dieser Normen die Revision gestützt werden kann, ist vom Reichsgerichte vielfach anerkannt worden (JW. 1895 S. 200 Nr. 8; 1896 S. 231 Nr. 15; 1897 S. 270 Nr. 12 u. a. m.)."

Der 5. Senat zeigt dagegen in der oben II. Entsch. 79b zitierten Begründung immer noch eine sonst überwundene Auffassung. Er meint, daß die Auslegung einer Willenserklärung nicht nachprüfbar sei, daß sie dagegen dann nachprüfbar werde, wenn ihr ein allgemeiner Sprachgebrauch als Erfahrungssatz zugrunde liege, da dieser zu einer „maßgeblichen Norm" werde. Aus letzterem Grunde sind die Erfahrungssätze nicht revisibel, sie sind es andererseits aber auch dann, wenn sie nicht „allgemein" sind.

Auch der § 561 ZPO. läßt nicht nur die freie Verwendung von Erfahrungssätzen durch das Revisionsgericht zu, sondern macht sie diesem zur Pflicht. Das im Abs. 1 gemeinte Parteivorbringen, das nur aus dem Tatbestande des Berufungsurteils oder dem Sitzungsprotokoll ersichtlich ist, umfaßt nicht Erfahrungsurteile, die die Subsumtion der festgestellten Tatsachen unter den Rechtssatz vermitteln. Erfahrungssätze sind auch nicht Gegenstand „tatsächlicher Behauptungen" im Sinne des Abs. 2 des § 561. Macht die Partei Erfahrungssätze geltend, so sind das Bestandteile ihrer Rechtsausführungen, denn ihre Geltendmachung zielt auf den Gewinn eines Obersatzes.

Aus dieser Methodik der Erfahrungssätze ergibt sich, daß nicht der Erfahrungssatz als solcher revisibel ist; denn er ist keine Rechtsnorm. Seine Nachprüfbarkeit ergibt sich, mag er ein allgemeiner oder besonderer sein, erst durch seine Einstellung in eine Rechtsnorm und deren Anwendung auf den konkreten Tatbestand. Etwa:

Obersatz: §§ 314, 97 BGB.: „. . . Eine Sache ist nicht Zubehör, wenn sie im Verkehre nicht als Zubehör angesehen wird."

Erfahrungssätze: a) Eiserne Öfen gelten am Rhein nicht als Zubehör der Wohnung, oder:

b) Ein Musikautomat gilt als Zubehör einer Gastwirtschaft.

Untersätze: Zu a) A. hat zu Bingen eine Wohnung gemietet, ohne daß über die Öfen Bestimmung getroffen wurde.

[62]) Vgl. etwa RG. 117, 337: „Über der Formulierung des Gesetzes steht aber sein leitender Gedanke." S. ferner oben II Entsch. 9, 36, 42, 45, 51, wo erhellt, wie deutlich auch das Reichsgericht den natürlichen Zusammenhang von Recht, Erfahrung und Wirklichkeit sieht.

[63]) Die unten zu behandelnden Erfahrungssätze, die der Sinnbestimmung und Auslegung von Willenserklärungen dienen, sind dagegen tatsächliche Obersätze, weil sie die den Untersatz bildenden Tatsachen betreffen. Hier wird die Verletzung des Obersatzes erst durch die Subsumtion und Schlußfolgerung bewirkt.

Zu b) A. hat eine Gastwirtschaft gekauft, ohne daß von dem Musikautomaten die Rede war.

Es zeigt sich zugleich, daß wenn z. B. der Erfahrungssatz a irrtümlich wäre, und so dem Obersatz angegliedert wird, dadurch dieser zusammengesetzte Obersatz unrichtig wird und somit seine Nachprüfbarkeit gegeben ist.

Erfahrungssätze spielen im Prozeß auch sonst eine erhebliche Rolle, insbesondere bei der Beweiswürdigung (§ 286 ZPO.) und bei der Auslegung von Willenserklärungen. Ihre Stellung ist hier offenbar eine andere als oben. Ob und inwiefern die Anwendung unrichtiger Erfahrungssätze hier zur Rechtsverletzung führt, wird uns bald beschäftigen.

Die Funktion der Erfahrungssätze läßt sich positivrechtlich dort gut beobachten, wo der Gesetzgeber solche selbst in die Rechtsordnung aufgenommen hat. Dies tut er in der Gestalt von prozessualen Beweisregeln, Definitionen, Vermutungen, Auslegungsregeln und Dispositivnormen. Die ersten vier Arten von Rechtssätzen ordnen nicht unmittelbar das Verhalten der Rechtsgenossen, sondern die Rechtsanwendung durch den Richter; sie enthalten Recht über Recht[63a]). Die Dispositivnormen regeln unmittelbar die Wirkungen von Rechtsgeschäften, sind aber mit den anderen vier Gruppen dadurch verbunden, daß sie gleich ihnen legalisierte Erfahrungssätze sind. Allen diesen Rechtssätzen fehlt die Fähigkeit, als selbständige rechtliche Obersätze zu fungieren. Sie werden wie alle Erfahrungssätze nur als Hilfsnormen verwendet.

Es ist nun festzustellen, daß da, wo der Gesetzgeber den Richter an bestimmte Erfahrungssätze binden will, er im heutigen Rechte zu ihrer Normierung schreitet. Daraus ergibt sich auch positivrechtlich, was oben aus dem Wesen der Rechtsordnung abgeleitet wurde, daß nämlich das Gesetz alle seine Normen in die Atmosphäre der Erfahrungswertung stellt und sie von da her verstanden wissen will, ohne selbst den Inhalt jener Wertung vorzuschreiben. Bei der legalen Erfassung von Erfahrungssätzen gingen die das frühere Prozeßrecht beherrschenden Beweisregeln am weitesten und banden den Prozeßrichter hinsichtlich der Würdigung der Beweise in hohem Maße, weil der Gesetzgeber der Erfahrung des Richters nicht traute. Inzwischen wurde eingesehen, wie unzuverlässig und anfechtbar der Inhalt weitaus der meisten jener Prozeßregeln war, und daß er durch Legalisierung nicht besser wurde. Das geltende Recht hat sie prinzipiell beseitigt (§ 286 Abs. 2 ZPO.) und den Grundsatz der freien Beweiswürdigung aufgerichtet. Wo indessen eine geltende Beweisregel (z. B. §§ 164, 415ff., 437, 438 Abs. 2, 440 Abs. 2, 463f. ZPO. hinsichtlich des Sitzungsprotokolls, des Beweises durch Urkunden und durch Eid) verletzt ist, wird auch das Beweisergebnis revisibel (§§ 550 u. 561 Abs. 2). Was die Beweisregel hinsichtlich der tatsächlichen Feststellung bedeutet, bedeutet die Auslegungsregel hinsichtlich der unten zu erörternden Sinnesfeststellung einer Willenserklärung. Auch die Auslegungsregel ist niemals selbständiger Obersatz des juristischen Syllogismus, fungiert vielmehr nur als Erfahrungssatz zwecks Konkretisierung des Obersatzes. Die oben schon verwertete Auslegungsregel des § 269 Abs. 3 BGB. entstammt z. B. der erfahrungsgemäßen Beobachtung, daß, wenn ein Schuldner die Kosten der Versendung der geschuldeten Sache übernimmt, er damit noch nicht den Leistungsort an das Ziel der Versendung verlegen, ihn vielmehr an seinem Wohnsitz erhalten

---

[63a]) Hierzu ist immer noch treffend Windscheid, Pandekten I § 27, der hier die bloß „deklaratorischen" Rechtssätze aufstellt. Richtig dazu Kipp, dort Anm. 5. Siehe auch J. Goldschmidt, Prozeß als Rechtslage S. 229f.

wissen will. Die Beobachtung des im Geschäftsleben Üblichen liefert auch hier einen Erfahrungssatz, den der Richter, auch ohne daß der § 269 Abs. 3 ihn normiert hätte — freilich dann nicht mit derselben Zuverlässigkeit —, anzuwenden haben würde.

Die methodische Funktion des Erfahrungssatzes ist in allen Fällen dieselbe, mag er als Beweisregel oder als Auslegungsregel angewendet werden, mag er gesetzlich normiert oder unmittelbar der Lebenserfahrung entnommen sein. Freilich geht die herrschende Lehre dahin, daß „das Beweisergebnis in demjenigen Umfange unanfechtbar ist, in welchem dem Untergericht eine von Rechtsregeln freie Prüfung oblag[64])". Aber der Richter ist außerhalb des Gebietes von gesetzlichen Beweisregeln durchaus nicht ungebunden. § 286 Abs. 1 Satz 2 macht es ihm auch zur Pflicht, die Gründe der gewonnenen Überzeugung im Urteil anzugeben. Jene Lehre sieht Fälle, in denen das Reichsgericht in der Beweiswürdigung rechtliche Verstöße erblickt hat und zur Nachprüfung der Feststellung geschritten ist, als Übergriffe an[65]). Sie schließt konsequent, aber bedenklicherweise die Nachprüfung auch dort aus, wo der Vorderrichter seine Feststellungen mittels krasser Verstöße gegen alle Erfahrungssätze gewonnen hat[66]). Diese unbefriedigende Lehre und die einschlägige Rechtsprechung bedürfen der Nachprüfung, in die hier nicht eingetreten werden kann[66a]).

IV.

1. Die Schwierigkeit der methodischen Klärung wird, wo die Auslegung von Willenserklärungen den Gegenstand der Rechtsprechung bildet, erheblich dadurch vergrößert, daß diese Auslegung schon hinsichtlich ihrer materiellrechtlichen Funktion ein umstrittenes Problem ist. Der zivilrechtliche Theorienstreit hinsichtlich des Wesens und der Behandlung, insbesondere der Auslegung der rechtsgeschäftlichen Willenserklärung hat immer auf die prozessuale Frage hinübergewirkt und die an sich schon mißliche Grenzziehung von Tat- und Rechtsfrage in diesem Anwendungsfalle vollends zum Problem werden lassen.

Nicht genug damit, hat andererseits die allen theoretischen Schwierigkeiten zum Trotz sich durchringende, von gesundem Empfinden für das Richtige geleitete Entwicklungstendenz der Rechtsprechung des Reichsgerichtes, die Auslegung von Willenserklärungen immer stärker in ihren Urteilsbereich zu ziehen, tatsächlich wieder eine ungünstige Rückwirkung auf die Klärung der zivilrechtlichen Frage ausgeübt. Wurde nämlich beobachtet, daß das Reichsgericht (vgl. Entsch. 1, 6, 9, 11, 18, 38ff.) in wachsendem Maße die Auslegung als eine Rechtsfrage behandelt und nicht als eine nicht nachprüfbare tatsächliche Feststellung, so legte dies den Schluß nahe, daß, wenn im Prozesse der „wirkliche" Wille der erklärenden Partei nicht als Gegenstand tatsächlicher Feststellung, sondern nur als Ergebnis einer rechtlichen Wertung der Erklärung erheblich sei, er auch zivilrechtlich nicht als erheblicher Bestandteil des Tatbestandes der Willenserklärung in Frage komme. Die Revisibilität der Auslegung wurde tatsächlich zu einer Stütze der Erklärungstheorie[67]). Es schien

---

[64]) Stein a. a. O. S. 110.

[65]) Stein a. a. O. S. 110 Anm. 27. Über Rechtsprechung vgl. Gaupp-Stein § 286 Abs. 1.

[66]) Ebenda S. 111. S. dagegen S. 114ff.

[66a]) J. Goldschmidt, Zivilprozeßrecht (1929) S. 164 vertritt im Gegensatz zur herrschenden Lehre die beifallswürdige Ansicht, daß Anwendung eines unrichtigen Erfahrungssatzes auch bei Beweiswürdigungen zur Revision führe.

[67]) Diese Auffassung liegt dem gesamten Schrifttum, besonders der Schrift von Danz, Auslegung der Rechtsgeschäfte (S. 4f.) zugrunde, und jüngst derjenigen von Fr. Leonhard, ArchZivPrax. 120, 1ff.

die Praxis der Revisibilität der Auslegung, hinsichtlich deren der Abschnitt II oben das Anschauungsmaterial bietet, derjenigen zivilrechtlichen Theorie zu Hilfe zu kommen, die im Gegensatze schon zu der Fassung des § 133 BGB. die Aufgabe der Auslegung einer Willenserklärung vielmehr allein darin erblickte, die Erklärung und alle sie erläuternden Begleitumstände nur von außen her objektivistisch hinsichtlich ihres Inhaltes zu würdigen. Indessen mußte andererseits beobachtet werden, daß das Reichsgericht seine Auslegungen durchaus nicht nach dieser Forderung der Erklärungstheorie richtet. Es forscht vielmehr stets nach dem wirklichen Willen, dem die Parteien in ihren Erklärungen Gestalt gegeben haben[68]). Immer wieder wird bei der Auslegung der Erklärung die Tatsache zugrunde gelegt, daß sie in einem bestimmten Sinne gemeint worden sei, daß die Partei ihr eine bestimmte Bedeutung beigelegt habe, es wird gerügt, daß der Berufungsrichter sich nicht bemüht habe, den der fraglichen Vertragsbestimmung zugrunde liegenden Willen zu erforschen (Entsch. 6, 7, 64 u. a.), es käme darauf an, welche Sachkenntnisse der Erklärende im Zeitpunkte der Erklärung gehabt hätte (Entsch. 10), es genüge der „erkennbare Wille" (38). Immer wieder wird das als wirklich gewollt Festgestellte mit dem wirklich Erklärten verglichen und geprüft, ob die Auslegung des letzteren „dem Parteiwillen genüge" (45).

Die Rechtsprechung des Reichsgerichtes hinsichtlich der Handhabung der rechtsgeschäftlichen Willenserklärung ist ein exakter Beweis dafür, daß das geltende Recht die Lehre von der Unerheblichkeit des Rechtsfolgewillens gegenüber der Erklärung auch bei Auslegung der Erklärung weit hinter sich gelassen hat. Sie zeigt interessanterweise den Vorsprung der Tatsachen vor den Ideen und nötigt zur Revision der letzteren. — Nun werden manche Juristen demgegenüber auf eine Reihe von Entscheidungen des Reichsgerichtes hinweisen, die durchaus „erklärungstheoretisch" seien. Wir wollen sie uns, um Mißverständnisse auszuschließen, sogleich vor Augen stellen.

Entsch. 101 sagt: „Denn nicht der innere Wille des Erklärenden entscheidet, maßgebend ist vielmehr, wie in der Rechtsprechung des Reichsgerichtes feststeht (RG. 68, 126; 70, 391; 67, 433; 82, 52; GruchotsBeitr. 54, 386), der erklärte Wille, und bei seiner Auslegung ist unter Berücksichtigung des ganzen Zusammenhanges, insbesondere des Gesamtverhaltens der Parteien und des wirtschaftlichen Zweckes des Rechtsgeschäftes zu ermitteln, wie die Beteiligten ihre Erklärungen nach allgemeinen, im Verkehr zwischen billig denkenden Menschen herrschenden Anschauungen zu verstehen berechtigt waren."

---

[68]) Vgl. besonders folgende obige Entsch.: 6, 14, 18, 20, 21, 22, 25, 26, 28, 31, 32: „Das Gewollte ist der Vertragsinhalt, wenn in den Worten des Vertrages noch ein Ausdruck jenes Gewollten gefunden werden kann"; 33: „Wenn ein anderer Wille der Kontrahenten zu ermitteln ist, dieser der Vertragsauslegung zugrunde gelegt werde." 35, 36, 38a, 39, 39a, 40, 43, 44, 45, 46, 48, 49a, 50, 51, 56, 59, 62, 62a, 63, 64: „Dies schließt aber nicht aus, daß das Verhältnis nach dem wahren Willen der Generalversammlung ein ganz anderes war ... Auch hier gilt es, den wahren Willen der Generalversammlung zu erforschen und ihm zur Anerkennung zu verhelfen ..." 65, 68, 70, 72a, 73, wo die äußeren Umstände als schlüssige Tatsachen für den zugrunde liegenden Willen behandelt werden, 74, 75, wo gemäß § 133 freie Willenserforschung, gefordert wird und Ermittlung dessen, was beabsichtigt war, 77: „Der Wille der Beteiligten, sich ... zu unterwerfen, folgt aus der Tatsache, daß ..."; 80, wo die Konversion — bei der der wirklich vorhandene Wille unerheblich ist — der Auslegung gegenübergestellt wird; 81, mit Feststellung wirklichen Willens; 82, 83, 88, 93, 95, 96, 97, 101, wo ebenfalls der Schluß auf den wahren Willen geprüft wird. Diese Methodik der Auslegung der Willenserklärungen entspricht andererseits der vom Reichsgericht geübten Dogmatik der Willenserklärung, indem in deren Tatbestand der wirkliche Rechtsfolgewillen als wesentlich angesehen wird. Vgl. neuestens wieder die obige Entsch. 72b des 3. Senats.

Entsch. 39: „Andererseits ist es Tatfrage, ob der Zweifelnde mit der Leistung einen Verzicht auf den Erstattungsanspruch erklärt hat."

Entsch. 43: „Diese Auslegung der Klausel ist jedoch nach ihrem Wortlaute nicht möglich. Irgendwelche Anhaltspunkte dafür, daß das Wort „about" sich nur auf den 20. Dezember, nicht aber auf den 24. Dezember beziehe, ergeben sich aus ihrer Fassung nicht ... Unter diesen Umständen durfte die Beklagte nach den Grundsätzen von Treu und Glauben im Verkehr der Ansicht sein, daß es sich insoweit nicht um eine Änderung des Verkehrsinhaltes, sondern um eine versehentlich nicht genau erfolgte Fassung des Vertragstextes handle. Sie konnte sich darauf verlassen, daß Treu und Glauben es der Gegenseite zur Pflicht machten, eine derart bedeutsame Änderung des Vertragsinhaltes nicht auf diese versteckte Art dem Vertrag einzuverleiben, sondern in einwandfrei erkennbarer Weise zum Ausdruck zu bringen."

Entsch. 54: „Die angebliche Willensmeinung der Beteiligten hat ihren rechtserheblichen Ausdruck nicht gefunden."

Entsch. 54: „Es wird damit in die Vereinbarung ein Gedanke hineingetragen, der mit dem wirklich erklärten Willen nicht in Einklang steht." — Vgl. ferner die Entsch. 57 („nicht auf den Parteiwillen, sondern nur darauf, wie ein ... Dritter die Urkunde verstehen mußte"); 61, 78, 83, 85: „Für den Inhalt der Verpflichtung ist aber maßgebend, wie H. unter den gegebenen Verhältnissen und nach Treu und Glauben die Erklärungen des N. auffassen mußte"; 97: „Allerdings gilt Schweigen nur dann als Zustimmung, wenn es nach Treu und Glauben als solche aufgefaßt werden darf."

Das erste methodische Mißverständnis, das die notwendig gewordene Verständigung auch weiterhin erschweren würde, würde darin liegen, in letzterer Gruppe von zweifellos richtigen Entscheidungen einen Widerspruch zu den in der ersteren Gruppe von gleichfalls richtigen Entscheidungen verwirklichten Grundsätzen zu erblicken. Die ausgezeichnete Rechtsprechung des Reichsgerichtes gibt uns hier Material zur Überwindung eines altehrwürdigen Mißverständnisses, das in der Antithese der Willens- und der Erklärungstheorie heute fortlebt. Das Reichsgericht scheint hier erklärungs-, dort willenstheoretisch; und doch entscheidet und begründet es nach geltendem Rechte richtig. Jener Theoriengegensatz ist in der heutigen Gesetzgebung und in der Rechtsprechung durchaus überwunden[69]). Die Entscheidungen der zweiten Gruppe beruhen auf der richtigen Lehre, daß eine Willenserklärung ein Verhalten ist, dessen Bewertung nach Treu und Glauben zu erfolgen hat, und daß Rechte und Interessen des Erklärungsgegners nicht davon berührt werden, was sich der Erklärende nur gedacht und was er nur innerlich gewollt hat. Der Handelnde ist für den Erklärungsschein verantwortlich. — Die Entscheidungen der ersten Gruppe, zu der insbesondere Entsch. 72b gehört, beruhen auf der richtigen Lehre, daß der rechtlich erhebliche Sinn einer Erklärung maßgebend davon bestimmt wird, was der Erklärende wirklich gewollt und wie er sie verstanden hat. Sowenig der letztere Grundsatz dem ersteren widerspricht, indem beide Grundsätze vielmehr nur dem zivilrechtlichen Tatbestande der Willenserklärung entsprechen, sowenig sollten sich jene beiden Grundsätze in Gestalt zweier Theorien heute noch bekämpfen. Die Willenserklärung erhält gemäß den §§ 133, 157 BGB. ihren Sinn durch zwei Faktoren, einen subjektiven und einen objektiven, nämlich durch ihren Ursprung aus einer Erklärungsabsicht und durch ihre Erklärungsfähigkeit. Daher hat die Auslegung einerseits den wirklichen Willen, andererseits die Verkehrssitte zu berück-

---

[69]) Dazu mein „Willenserklärung und Willensgeschäft" S. 150ff. (1907).

sichtigen. Die Erklärungstheorie hat immer nur letzteres gelten lassen. Die Willenstheorie war nie so einseitig, nur ersteres gelten zu lassen. Es ist Zeit, daß die Lehre daraufhin revidiert werde.

Jede Zivilrechtsordnung enthält einen aus ihren Bestimmungen sich ergebenden und daher unausgesprochenen Rechtssatz von fundamentaler, auch für die Frage der Revisibilität von Auslegungen wesentlichen Bedeutung, der im Bürgerlichen Gesetzbuch, etwa entsprechend dem die unerlaubten Handlungen regelnden § 823 dem Abschnitte „Rechtsgeschäfte" (§§ 104ff.) voranzustellen wäre, sich aber dem Sinne nach aus den §§ 134ff. und aus der Bestimmung der Rechtsgeschäfte als Werkzeugen der eigenen Rechtsgestaltung ergibt: Ein Rechtsgeschäft hat die Wirkungen, auf die sich der Rechtsfolgewillen des Handelnden richtet, soweit nicht im folgenden Abweichendes normiert wird. Bei Willenserklärungen ist der Inhalt der Erklärungen durch Auslegung zu ermitteln. — Zahlreiche ausdrückliche Normen des Bürgerlichen Gesetzbuches basieren auf dieser unausgesprochenen Grundnorm des Rechtsgeschäftes. Die §§ 134ff. sind nur als Ausnahmen von ihr denkbar. Wenn dort die Unwirksamkeit der Willenserklärungen geregelt wird, muß es zunächst eine Legalnorm geben, die deren Wirksamkeit eintreten läßt. Der § 305 ist die schuldrechtliche Anwendung jener übergeordneten Grundnorm. Alle Dispositivnormen des Gesetzes (z. B. § 269 mit ausdrücklichem Hinweis auf das primäre rechtsgeschäftliche Bestimmungsrecht der Parteien, 270, 276 wieder mit jenem ausdrücklichen Hinweis usw., aber auch §§ 433ff. usw.) setzen die Grundnorm voraus und nicht weniger die zahlreichen Auslegungsregeln, wozu unten. Diese legale, in zahlreichen Normen verankerte Bestimmung des Rechtsgeschäftes, Mittel der Privatautonomie zu sein, würde mit dem Moment in Frage gestellt werden, wo man die Unerheblichkeit des wirklichen Willens des Handelnden aufstellen und dessen Ersetzung durch den „objektiven Sinn seines äußeren Verhaltens" vornehmen, mit anderen Worten das Willensprinzip durch ein Veranlassungsprinzip ersetzen würde. Das äußere Verhalten des Rechtssubjektes kann vielen erlaubten Zwecken dienen, so daß dieses seinem Verhalten den Stempel als Rechtsgeschäft nur selbst geben kann. Also muß der Rechtsfolgewillen und bei der Willenserklärung der Kundgebungszweck des Verhaltens rechtlich wesentlich sein. Dieser Logik entspricht die geltende Legalordnung. Aber diese sagt nun weiter: Ihr habt in den Rechtsgeschäften Mittel zur eigenen Gestaltung eurer Rechtsverhältnisse. Wo ihr fremde Rechtsbeziehungen berührt, müßt ihr euren, sich auf die Rechtsfolgen beziehenden Willen den Beteiligten zum erkennbaren Ausdruck bringen. Euer Verhalten muß daher so gewählt werden, daß der wirkliche Wille in ihm erkennbar wird. Nur in diesem Falle vermag ich jener obigen Generalnorm entsprechend diejenigen Rechtswirkungen zu gewähren, die wirklich gewollt sind. Ergibt sich dagegen aus dem äußeren Verhalten trotz sorgfältiger Prüfung dahin, ob der wirkliche Wille sich in ihm erkennen lasse, dieses nicht, ist vielmehr ein anderer Willensinhalt in der Erklärung erkennbar, so müßt ihr diejenigen Rechtswirkungen in Kauf nehmen, die ihr als gewollt tatsächlich erklärt habt. Ich will euch in diesen Fällen allerdings, um die Zweckbestimmung des Rechtsgeschäftes zu wahren, unter ganz bestimmten Voraussetzungen (§§ 116ff.) die Möglichkeit geben, jene euch in Wahrheit unerwünschten Wirkungen zu vernichten.

Die geltende Rechtsordnung enthält hiernach eine durchaus einheitliche Regelung des rechtsgeschäftlichen Tatbestandes der Willenserklärung, berücksichtigt aber dabei dem Zweck des Rechtes gemäß zwei verschiedene Gesichtspunkte. Leitend ist dem Zwecke des Rechtsgeschäftes entsprechend die Rücksicht auf den wirklichen, dem Verhalten zugrunde liegenden Willen. Aber der Handelnde ist für den Erklärungswert prinzipiell auch dann verantwortlich, wenn die Erklärung den wirklichen Willen nicht wiedergibt. Er muß die Erklärung nach Treu und Glauben mit dem Inhalte gelten lassen, der sich aus der rücksichtnehmenden Auslegung ergibt. Die durch § 133 BGB. normierte, von der Erklärungstheorie übersehene Rücksicht besteht aber darin, daß die Auslegung den Erklärungswert des Verhaltens nicht einseitig nach dem Gesichtspunkte des Gegners, sondern auch nach demjenigen des Handelnden zu bestimmen, insbesondere zu prüfen hat, ob sein angeblicher Wille in der Erklärung und dem gesamten Verhalten noch erkennbar war. Denn der in der Erklärung erkennbare Sinn des Verhaltens erfaßt auch die Verantwortlichkeit des Gegners.

Die Erklärungstheorie glaubte in ihrem Dogma von der Unerheblichkeit des Willens die Minimalvoraussetzungen des Erklärungstatbestandes zu erfassen und verankert diesen in einer Art Veranlassungsprinzip. Sie sah fahrlässig geschaffene Erklärungstatbestände gemäß § 119 BGB. doch zunächst wirksam werden und meinte: Wozu die erhöhte Forderung des Vorsatzes in bezug auf Kundgebungsinhalt und Kundgebungszweck, wenn auch der vorsatzlos, aber unter mangelnder Sorgfalt getätigte Erklärungstatbestand „wirken" kann? Aber das Gesetz bleibt seiner oben aufgestellten, alle seine Normen beherrschenden Grundnorm treu: Die Wirkungen aller fahrlässigen Willenserklärungen sind gemäß §§ 116ff. vernichtbar. Die vernichtbare Wirksamkeit eines Tatbestandes kann unmöglich Prinzip und Begriff des Rechtsgeschäftes ausdrücken. Diese können sich nur in einem voll und ungehemmt wirksamen Tatbestande bewähren. Anfechtbarkeit und Nichtigkeit sind die legalen Verneinungen des dem Gesetz eigenen Begriffes des Rechtsgeschäftes. Darüber sollte heute methodisch kein Zweifel mehr bestehen.

An anderer Stelle ist eingehend dargelegt worden, daß sich diese wesentliche Funktion des Rechtsfolgewillens im juristischen Tatbestande der Willenserklärung aus den Normen des Bürgerlichen Gesetzbuches ergibt, und es muß hier darauf verwiesen werden[70]). Aber das Bürgerliche Gesetzbuch läßt den Rechtsfolgewillen nicht nur da, wo er von der Erklärung abweicht, sondern — wie selbstverständlich sein sollte — erst recht da, wo er sich in der Erklärung zureichend ausgedrückt hat, zur Erheblichkeit gelangen. Die erklärungstheoretische Formel, daß nur der divergierende Rechtsfolgewillen rechtliche Erheblichkeit habe[71]), mutet einer Legalordnung zuviel zu, und die Logik bäumt sich dagegen auf, daß nur der von der Erklärung abweichende Rechtsfolgewillen rechtlich beachtlich werde. Die Ordnung des Bürgerlichen Gesetzbuches wird schon bei diesem Ausgangspunkte durchaus mißverstanden. Die Erheblichkeit des abweichenden Willens ist nach §§ 116ff. nur eine die Wirksamkeit der Erklärung aufhebende oder hemmende, woraus sich schon logisch ergibt, daß das Gesetz zur begrifflichen Wirksamkeit des Rechtsgeschäftes die Übereinstimmung von Willen und Erklärung fordert. Dem ent-

[70]) Manigk, Irrtum und Auslegung S. 34ff. (1918) zur neueren Literatur, 64ff. zur erklärungstheoretischen (Schloßmann, Binder, Danz), 189ff. über Wesen und Methode der Auslegung. S. ferner „Willenserklärung und Willensgeschäft" S. 175ff.

[71]) Diese Formel beeinflußt auch die Theorie Steins ungünstig. Er sagt a. a. O. S. 131: „Darüber besteht doch wohl kein Streit, daß, solange ein solches Auseinanderfallen (von Wille und Erklärung) nicht erwiesen ist, die Erklärung des Willens die allein erhebliche Tatsache ist." — Aber die Beweislast beruht auf Tatbestandsteilung, während hier der Tatbestand das Problem ist. Die Erklärung ist in diesem nicht allein erheblich..

spricht die sonstige Legalordnung, und zwar zumal der Auslegung und des Konsenses[72]).

Die Rechtsprechung hat den Rechtsfolgewillen der Parteien im Einklange mit dem Wortlaut und Sinn des § 133 BGB. besonders dort zur Erheblichkeit gebracht, wo es sich darum handelt, den Willen in der Erklärung zur Geltung zu bringen, nämlich bei der Auslegung der Erklärung. Das Reichsgericht hat zutreffend nicht nur die im Interesse des Erklärungsgegners gebotene objektivistische Wertung der Erklärung vorgenommen, sondern auch die im Interesse des Erklärenden liegende subjektivistische. Die Gefahr, die darin lag, daß das Reichsgericht sich dem willenstheoretischem Grundsatz anschloß, war nicht groß. Denn keine willenstheoretische Formel hat sich vom Richtigen so weit entfernt wie das entgegengesetzte Dogma, das die alleinige Erheblichkeit der Erklärung und die Unerheblichkeit des Willens dort, wo er nicht divergiere, in Anspruch nahm. Dieses sich „realistisch" nennende Dogma übersah unter den vielen Realitäten, die es mißachtete, schon die, daß man zur Feststellung der nach seiner eigenen Lehre erheblichen Voraussetzung, ob der Wille von der Erklärung abweiche oder nicht, ihn doch eben berücksichtigen muß. Darum geht regelmäßig der Rechtsstreit, ob ein gewisser, von der Partei in Anspruch genommener Wille (Sinn) in der Erklärung zureichend und erkennbar zum Ausdruck gekommen ist. Ist er es, so muß die Auslegung ihm zur Wirksamkeit verhelfen. Ist er es nicht, kann der Irrtumsfall gegeben sein.

Das Reichsgericht und unsere Tatrichter haben sich glücklicherweise den gesunden Sinn für diese gesetzlich anerkannten Realitäten nicht nehmen lassen. Die oben II zitierte Rechtsprechung zeigt, daß der von der interessierten Partei geltend gemachte wirkliche Wille tatsächlich festgestellt wird, und daß nun, durchaus zutreffend, die entscheidende Frage die ist, ob jener Wille in der Erklärung und den sie begleitenden Umständen dem Gegner erkennbar war. Diese Alternative der Entscheidung legte die Parallelbehandlung von Irrtum und Auslegung auch wissenschaftlich nahe, um hier den methodischen Schlüssel für die im wesentlichen richtige Praxis dieser Fragen zu finden und den verhängnisvollen Abstand zwischen dieser und der Lehre zu überwinden.

Wer mit Danz, Isay und anderen definieren wollte: „Die Willenserklärung ist das Verhalten einer Person, welches nach der Erfahrung des Verkehrs unter Würdigung aller Umstände regelmäßig den Schluß auf einen bestimmten Willen gestattet, ohne Rücksicht darauf, ob dieser Schluß im einzelnen Falle zutrifft[73])", bleibt nur an dem einen Gesichtspunkte der Verantwortlichkeit

---

[72]) Vgl. meinen Aufsatz „Das Wesen des Vertragsschlusses in der neueren Rechtsprechung" in JheringsJ. 75, 128ff. (1925). Gerade beim Konsens und Dissens zeigt sich die Unbrauchbarkeit der auf der Danzschen Lehre aufbauenden Begriffsbestimmung der Willenserklärung. Nach der beifallswerten Rechtsprechung des Reichsgerichtes braucht der Erklärende beim Dissens seine Äußerung nicht im Sinne des Gegners gelten zu lassen, weil sie eine irrtumsfreie Erklärung seines eigenen Willens ist. Die Eigenart des Dissensfalles liegt darin, daß die Erklärung der erkennbare Ausdruck von zwei verschiedenen Willensinhalten ist. Auch diese Möglichkeit muß die Theorie der Willenserklärung also beachten. Eine Theorie, die nur das Interesse des Erklärungsgegners schätzt, vermag die Nichtigkeit bei Dissens nicht zureichend zu begründen.

[73]) Isay, Die Willenserklärung im Tatbestande des Rechtsgeschäftes S. 23 (1899). Dagegen schon Manigk, Willenserklärung und Willensgeschäft S. 48ff. (1907). Gegen Danz a. a. O. S. 13 (2. Aufl.) Manigk a. a. O. S. 171ff. und „Irrtum und Auslegung" S. 72ff. Der an letzterem Orte vertretenen Lehre folgen u. a. Enneccerus, Lehrbuch I 1 § 192 bei Anm. 7; v. Tuhr, Allg. Teil II 1 S. 143f., 399ff., 534ff.; Oertmann, Komm. § 133. Es folgt ihr (vgl. oben II, insbes. 38a, 49a, 72b) auch das Reichsgericht. S. auch mein „Irrtum und Auslegung" S. 192ff. — Stark erklärungstheoretisch sagt soeben Schmidt-Rimpler, Das Kommissionsgeschäft, S. 929 Anm. 36 (1928) bei der Be-

für den Erklärungsschein haften. Er beurteilt nur ein Stück des in Frage stehenden Tatbestandes und übersieht den leitenden anderen Gesichtspunkt. Er setzt sich zu §§ 133, 116ff. BGB. in Widerspruch, ebenso aber auch zur gesamten Rechtsprechung des Reichsgerichtes, mit der sich jene Lehre in diesem Punkte auffallenderweise niemals auseinandergesetzt hat.

Man wäre versucht zu fragen, aus welchem Grunde überhaupt die Auslegung einer Erklärung nötig ist, wenn es auf Ermittlung von etwas, was mit der Erklärung offenbar doch nicht zusammenfällt, gar nicht ankäme. Wozu noch jene Rücksicht auf die Erfahrung des Lebens und die Würdigung aller „Umstände", wenn die Rücksicht auf den wirklichen Willen unerheblich sein soll? Wozu das Forschen nach einem Sinn der Erklärung? Spräche dann, wenn die Loslösung der Erklärung vom Willen wirklich durchgeführt wäre, die Erklärung, so wie sie lautet, nicht am besten allein für sich? Das war der primitive Rechtszustand. Die lange Entwicklung des Rechtes der Willenserklärung ergibt indessen, daß man durch die Einbeziehung aller die Erklärung begleitenden Umstände sowie des Zweckes und der Veranlassung des Geschäftes in den auszulegenden Tatbestand ex aequitate die Wahrscheinlichkeit vergrößern wollte und auch vergrößert hat, den richtigen Rückschluß auf den wirklichen Willen zu ziehen, und zwar deswegen, weil die Erfahrung des Lebens zeigt, daß jeder seine Erklärungen, mit denen er sich einem anderen verständlich machen will, nach allen sonst zwischen ihnen bestehenden, die Absichten und Zwecke der Personen indizierenden Umständen einzurichten pflegt. Der Erklärende will, da er nicht alles selbst zum Ausdrucke bringt, nach der Regel des Lebens gemäß den bei Abgabe einer Erklärung bestehenden Verhältnissen verstanden sein. Das uralte „qui tacet clamat", in dem die heute praktische Figur der stillschweigenden Willenserklärung ihren Ursprung hat, entstand auch nur aus dieser Beobachtung. Jene Definition von Danz u. a. übersieht diesen Zusammenhang in verhängnisvoller Weise und beurteilt den Tatbestand der Willenserklärung lediglich aus dem Interessenwinkel des Gegners. Aber das

handlung der dinglichen Verhältnisse der Ein- und Verkaufskommission: „Aber das Prinzip des § 164 BGB. hat überhaupt seinen Grund nicht nur darin, daß der Erklärungsgegner geschützt werden soll, sondern darin, daß unser Recht grundsätzlich Rechtsfolgen, die eintreten sollen, weil sie gewollt sind ... an die Erklärung des Willens knüpft und nicht an sein Vorhandensein, ohne im Einzelfalle zu erwägen, ob denn der andere Teil ein Interesse an der Erklärung habe." — Wenn dieser unbewiesene Grundsatz bedeuten soll, daß sich Rechtsfolgen nicht an das Vorhandensein eines innerlich gebliebenen Willens knüpfen, so bekämpft er etwas, was niemand gelehrt hat. Wenn er sagen soll, daß der Wille bei der Anknüpfung der Wirkung an die Erklärung unerheblich bleibe, übersieht er mit allen Erklärungstheoretikern das oben Ausgeführte. Die erklärungstheoretische, mechanistische Anknüpfung der Wirkung an eine durch den Willen nicht gedeckte Erklärung hat immer schon übersehen, daß sie juristisch nicht haltbar ist, weil der Wille den Sinn der Erklärung mittels deren Auslegung mitbestimmt, und weil der divergierende Wille zur Vernichtung der Wirkung schreiten darf: §§ 133, 116ff., 119ff. Schmidt-Rimpler übersieht in seiner Formulierung, daß das Vorhandensein des Willens die Erklärung im Rechtssinne bestimmt, und daß er dort etwas in Gegensatz stellt, was sich nach der richtigen Rechtsprechung des Reichsgerichts gegenseitig beeinflußt. — Wie erheblich ferner die Interessenlage gemäß Bürgerlichem Gesetzbuche im Tatbestande des Rechtsgeschäftes ist, wurde in „Willenserklärung und Willensgeschäft" S. 418ff., 517ff. dargelegt. Zur Frage der Stellvertretung beim dinglichen Geschäfte vgl. jetzt meinen Artikel „Interessenjurisprudenz" im Handwörterb. d. Rechtswissensch. S. 312 und dortiges Schrifttum. Auf die feinen Darlegungen E. Rosenstocks, Vom Industrierecht S. 136ff. (1926) sei hier hingewiesen. Die Wandlungen der Willenslehre, von denen hier gehandelt wird, haben nach unserer obigen Darlegung aber doch einen anderen Lauf genommen, als der Autor hier S. 170 u. 180 meint. Es ist ein Mißverständnis, daß die den Willen für schöpferisch haltende Lehre durch die Praxis preisgegeben sei. Gegenüber den soziologischen Zweckmäßigkeitsforderungen, die den Tatbestand des Rechtsgeschäftes mechanisieren und ohne Einschränkung im äußeren Schein verankern wollen, steht vielmehr die lex lata und die reichsgerichtliche Praxis der Willenserheblichkeit als Gerechtigkeitsforderung. Vgl. andererseits unten Anm. 151.

Interesse der geschäftlich handelnden Menschen ist immer schon darauf gerichtet gewesen, sich richtig zu verstehen, und deswegen allein legte ihnen die fortschreitende Rechtskultur die gegenseitige Verpflichtung auf, bei der Sinnesdeutung fremder Erklärungen alles das zu berücksichtigen, was der Erklärende normalerweise bei seinem Verhalten selbst berücksichtigt hat. Er will sich richtig ausdrücken. Der Gegner will ihn richtig verstehen. So erwuchs in langer Entwicklung die die Auslegung bestimmende Formel von Treu und Glauben mit Rücksicht auf die Verkehrssitte.

Aber bei der Schwierigkeit, die darin liegt, sich auch objektiv richtig auszudrücken, hat der Gegner zugleich die Pflicht, alle Erklärungselemente unter dem leitenden, das Ziel der Auslegung bildenden Gesichtswinkel der Ermittlung des wirklichen Willens zu deuten. Die Auslegung, die in diesem, dem § 133 BGB. entsprechenden Sinne im Streitfalle der Richter nachzuholen hat, hat die Erklärung objektivistisch und subjektivistisch zu werten.

Wir haben anderweit dargelegt, daß die Rechtsprechung des Reichsgerichtes diese im § 133 BGB. normierte bedeutsame Aufgabe des Richters im wesentlichen richtig verstanden und geübt hat[74]). Das Reichsgericht hat den durch Auslegung zu erforschenden Inhalt der Willenserklärung beständig an dem orientiert, was wirklich gewollt ist. Die oben in Abschnitt II zitierten Entscheidungen enthalten zahlreiche Belege hierfür und zeigen zugleich, daß der Richter gemäß dieser Methode in die Lage kommt, den konkreten Willen der Parteien feststellen und ihn nun mit der Erklärung daraufhin zu vergleichen, ob diese ihn ausreichend erkennbar mache[75]). RG. 80, 404 geht so weit zu sagen, daß eine schriftliche Willenserklärung nicht „ein für sich stehendes und in sich abgeschlossenes Gebilde ist, das von dem Willen der Parteien, aus dem heraus sie entstanden, loszulösen" sei; „sondern sie hilft nur die Führung des Beweises für den wirklichen damaligen Willen der Parteien". In der Fassung des letzten Satzes dieses Ausspruches liegt eine willenstheoretische Übertreibung, denn die Erklärung ist materiellrechtliches Tatbestandsmerkmal, ist also gegebenenfalls selbst Beweisgegenstand, nicht nur Beweismittel. Aber da der Wille gemäß dem auf den §§ 116ff., 133, 145ff. BGB. aufgebauten Begriffe der Willenserklärung ebenfalls Tatbestandsmerkmal der letzteren ist, kommt die Erklärung insofern allerdings auch als Beweismittel für ihn in Betracht, und zu ihr gesellen sich insofern alle anderen indizierenden Umstände des Erklärungsfalles. In diesem Sinne ist auch obige Entsch. 15 zu verstehen, nach der die Auslegung von Urkunden, „soweit es sich nur um Vermittlung des Vertragswillens handelt, Sache rein tatsächlicher Feststellung" ist. Davon wird noch unten die Rede sein. Aber es ist hier schon klarzustellen, daß und inwiefern jede Erklärung auch Indiz für den Willen ist.

Hinsichtlich der praktisch erheblichen Frage, wann der im Streitfalle geltend gemachte wirkliche Wille durch Auslegung der Erklärung als in dieser zum Ausdrucke gekommenen anzusehen ist, könnte man theoretisch in verschiedenen Graden der Forderung antworten. Das Reichsgericht hat auch hier das Ver-

---

74) „Irrtum und Auslegung" S. 193ff., hier in den Anm. S. 204 u. 207 mit Behandlung der Rechtsprechung und zahlreichen Belegen aus Entscheidungen. Dem schloß sich an Enneccerus, Lehrbuch I 1 § 192, wozu unten.

75) Ergänzend sei noch auf RG. 110, 392 hingewiesen, wo der 5. Senat sagt: Die Revision „übersieht dabei aber, daß es sich bei der Konversion nicht um die Auslegung eines wirklich vorhandenen Parteiwillens, sondern um die Ermittlung eines hypothetischen Willens, d. i. dessen handelt, was die Parteien gewollt hätten, wenn sie die Richtigkeit des vorgenommenen Rechtsgeschäftes gekannt hätten". — Die Auslegung hat also im Gegensatz zur Konversion den wirklichen Willen zu ermitteln.

dienst, diese von der Wissenschaft kaum geprüfte Frage kasuell zweckentsprechend entschieden und begründet zu haben. Der Grad der Forderung ist in der gesamten Rechtsprechung kein einheitlich formulierter, das Reichsgericht stellt vielmehr auf die Umstände des Falles ab und sieht sehr verschiedene Grade als maßgebend an. Die meisten Entscheidungen verlangen einfach, „daß der Wille in der Entscheidung erkennbar" ist und „genügenden Ausdruck gefunden hat": Vgl. GruchotsBeitr. 54, 891; 57, 156f.; RG. 88, 372 (oben Entsch. 50); 88, 145. Ferner oben Entsch. 18, 38, 39, 39a, 43, 54. Bisweilen wird ein „unzweideutiger" Ausdruck verlangt: Entsch. 79. — RG. 111, 317 fordert mit Rücksicht auf den besonderen Fall „in besonderem Maße unzweideutige Offenbarung". GruchotsBeitr. 61, 297, ähnlich RG. 68, 397, verlangt, daß der Wille aus der Erklärung „deutlich erhelle". Vgl. ferner oben Entsch. 78. In einer Entscheidung aus jüngster Zeit verlangt das Reichsarbeitsgericht zu wirksamer Kündigung des Dienstverhältnisses, „daß der Wille des Kündigenden, das bisherige Arbeitsvertragsverhältnis zu lösen, dem anderen Teile gegenüber klar und unzweideutig zum Ausdruck kommt". HöchstRRspr. 1928 Nr. 2001.

RG. 66, 429 sagt: „Der wirkliche Wille hat . . . seine erforderliche Erklärung gefunden, wenn der Erklärende, um ihm Ausdruck zu verleihen, das Wort gebraucht, und der Empfänger der Willenserklärung trotz des Fehlgriffes im Worte aus demselben den Sinn entnommen hat, den der Erklärende zur Kundgebung seines Willens mit dem versehentlich gebrauchten Worte verbunden hatte." — Hierin wurzelt das Dogma der sog. falsa demonstratio, das sich nach der Theorie von Danz und seinen Anhängern überhaupt nicht begründen ließe; denn nur die Berücksichtigung des wirklichen Willens zeigt hier, daß das Erklärte ein falsum ist. Im Einklange hiermit stehen andere Formulierungen: In Entsch. SeuffA. 60, 433 Nr. 327 wird gefordert, „daß der wirkliche Wille in der Erklärung seinen, wenn auch noch so unvollkommenen Ausdruck finde". — Bolze 1 Nr. 722 (oben Entsch. 32): „Das Gewollte ist der Vertragsinhalt, wenn in den Worten des Vertrages noch ein Ausdruck jenes Gewollten gefunden werden kann." — RG. 90, 371: „Sofern dieser andere Sinn noch irgendwie in der Vertragsurkunde gefunden werden kann." — SeuffA. 60, 433 Nr. 227 spricht von der „Vereinbarkeit des ermittelten Willens mit der Erklärung". Ebenso oben Entsch. 37. Vgl. ferner RG. 119, 123 (oben 63): Der Schluß auf den Willen sei „gestattet oder notwendig". — RG. 116, 276: „verstehen konnte". S. auch oben Entsch. 21: „Vorausgesetzt nur, daß der gewählte Ausdruck des Vertrages überhaupt noch diesen weiteren Sinn haben könne".

Es gibt also Formeln vom Grade voller Deutlichkeit der Erklärung bis hinab zur einfachen Möglichkeit der Schlußfolgerung. Letzterer Formel läge die Anschauung zugrunde, daß der Erklärungsgegner mit entsprechend gesteigerter Sorgfalt nach dem Sinne der Erklärung zu forschen, gegebenenfalls selbst für größere Klarheit des Willensausdruckes Sorge zu tragen hat. Es gibt eine Verantwortlichkeit des Erklärenden, aber auch eine solche des Gegners[76]). Treu und Glauben kennen keine Einseitigkeit. Dogmatisch hat sich die Notwendigkeit ergeben, Zurechnung und Schuld auch im Tatbestande der Willenserklärung anzuerkennen, nämlich hinsichtlich des Erfolges der Beeinflussung fremder Vorstellungen und fremden Vertrauens[77]). Es handelt sich um ein Eintretenmüssen für den Erklärungswert.

[76]) Vgl. z. B. oben Entsch. 58, wo sich aus den nach Treu und Glauben zu wertenden Parteibeziehungen auf Grund vorliegender, dem Gegner nicht deutlich gewordenen Erklärungen dessen Erkundigungspflicht ergibt.

[77]) „Irrtum und Auslegung" S. 246f., 250ff. Für diese Auffassung ergeben sich aus der Rechtsprechung des Reichsgerichtes folgende weitere Stützpunkte: RG. 117,167 läßt eine stillschweigende

RG. 73, 91 hebt hervor, daß die wirkliche Vertragsabsicht „als Auslegungsmittel behufs Ermittlung des objektiven Sinnes des Urkundeninhaltes" verwertet werden müsse. In der Tat würde ohne Inbetrachtziehung des wirklichen Willens, der im Rechtsstreite stets durch Geltendmachung deutlich erkennbar wird, die Erklärung oft ganz unverständlich bleiben. Der Richter vermag, ohne auf den wirklichen Willen einzugehen, auch die sinnbestimmenden Umstände der Erklärung überhaupt nicht auszuwählen und zu verstehen. In diesem Sinne sagt RG. 80, 404, daß eine schriftlich errichtete Mitteilung nicht „ein für sich stehendes und in sich abgeschlossenes Gebilde ist, das von dem Willen der Parteien, aus dem heraus sie entstanden, loszulösen" sei.

Von diesem Standpunkt aus ist es folgerichtig, daß das Reichsgericht in den Auslegungsentscheidungen immer wieder die Frage formuliert: Ist der tatsächlich festgestellte wirkliche Wille in der Erklärung erkennbar zum Ausdrucke gekommen? RG. 59, 219: „Erfordert werden muß hier nur, ebenso wie bei mündlichen Erklärungen, daß in den gebrauchten Worten der Ausdruck dessen, was als der Wille des Erklärenden ermittelt wird, überhaupt gefunden werden kann." Ebenso RG. 88, 372: „ob in dem maßgebenden Schlußbriefe mit Rücksicht auf die ... übliche Ausdrucksweise ... sowie auf die Gesamtheit der Umstände ... ein erkennbarer Ausdruck dieses Willens zu finden ist". Ferner RG. 88, 416 und oben Entsch. 55, 62 u. 62a.

Dieser Auffassung entspricht es, wenn das Reichsgericht bei Nachprüfung von Auslegungen des Tatrichters sich dahin erklärt, daß die dortige Auslegung „möglich" sei und daher die Entscheidung trage. Vgl. z. B. RG. 110, 187: „Diese Ausführung enthält eine rechtlich mögliche und deshalb für das Revisionsgericht bindende Vertragsauslegung." Und im Anschlusse wird dieses Möglichkeitsurteil noch weiter durchgeführt. Ebenso RG. 115, 276 (oben Entsch. 98); 112, 350. Entsprechend RG. 111, 300 mit der Bemerkung, daß „die Auslegung mit dem Wortlaute der Urkunde vereinbar" sei. S. ferner oben Entsch. 92 mit der stereotypen Wendung: Die Auslegung ist sehr wohl möglich und läßt keinerlei Rechtsirrtum erkennen. Ebenso Entsch. 29 u. 103. Nichts anderes will offenbar Entsch. 42 mit den Worten sagen: „Die Darlegungen des Berufungsgerichtes lassen jedoch eine Verkennung von Rechts- und Erfahrungssätzen nicht ersehen." S. ferner Entsch. 37, 39, 39a („konnte das Berufungs-

---

Ermächtigung zur Eingehung von Wechselverbindlichkeiten dadurch zustande kommen, daß der Kaufmann es „wissentlich oder infolge von Fahrlässigkeit duldet, daß der Angestellte für die Firma giriert". Entsprechend setzt RG. 116, 254 (oben Entsch. 60) das Wissenmüssen dem Wissen gleich und erblickt in fahrlässiger Duldung von Vollmachtsüberschreitungen des Angestellten eine Ermächtigung. Wenn RG. 116, 317 dagegen zu einem Verzichte wirkliche Kenntnis verlangt, so zeigt sich hier der oben hervorgehobene Gesamttatbestand der Willenserklärung, dessen Wirksamkeit auf Kennen und Wollen beruht, aber auch endgültig ist. Es sei hierzu ferner auf RG. 112, 259f. und 110, 35f. (Verschulden beim Zugang einer Wc.) verwiesen. Die Praxis des Reichsgerichtes hat diese beiden Funktionen der Willenserklärung meist richtig auseinandergehalten. Vgl. RG. 68, 324; 64, 167; 117, 46; 119, 338; 65, 54; 65, 18; 116, 17; 84, 324; 88, 284; 116, 316; 119, 338; 90, 399. Der 7. Senat übersieht 90, 72, daß es auch einseitige Rechtsgeschäfte, und daß es ein System der juristischen Handlungen gibt. — Die dogmatische Bedeutung der Fahrlässigkeit bei Abgabe und Empfang von Willenserklärungen bedarf noch weiterer Sonderuntersuchung. Dabei wird auch die Grenzziehung gegenüber der culpa in contrahendo vorzunehmen sein. In einem Falle letzterer Art gewährt das Reichsgericht neuerdings (HöchstRRspr. 1928 Nr. 1575) dem durch fahrlässige Angaben des Vertragsgegners Geschädigten das negative Vertragsinteresse. Über das Moment der Verantwortlichkeit beim Vertragsschlusse vgl. meine Abhandlung JheringsJ. 75, 192f., ferner RG. 104, 266ff. mit beachtenswerter Begründung. Die Erheblichkeit der Schuldfrage in der Funktion der Auslegung ist gelegentlich auch im Schrifttum schon hervorgetreten. Titze, Mißverständnis S. 91: „Immer aber muß ihnen zufolge die eine Partei wissen oder doch schuldhafterweise nicht wissen, daß die Gegenpartei mit der Erklärung einen anderen als den üblichen Sinn verbindet." Entsprechend beim Vertragsschluß dort S. 371.

gericht hier ohne Rechtsirrtum darin erblicken" ...). Entsprechend kommt Entsch. 62a zu dem Urteil: „Diese Auslegung des Vertrages ... ist nach der Sachlage unmöglich."

In den nicht seltenen Fällen, in denen eine Feststellung des wirklichen Willens nicht möglich ist, weil sich Beweismittel für das wirkliche damalige Vorhaben der Partei nicht finden, spitzt sich die Aufgabe der Auslegung des festgestellten Erklärungstatbestandes dahin zu, ihn gemäß allgemeinen (§ 157 BGB.) oder etwaigen besonderen Auslegungsregeln (§ 453) zu werten. Dies ist der Fall, den die letzteren auch allein im Auge haben. Sie gewähren eine der regelmäßigen Erfahrung entsprechende Regelung des Erklärungsinhaltes, da der wirkliche Willen zweifelhaft bleibt und die Sinnbestimmung nunmehr in Abweichung von § 133 ohne Rücksicht auf den wirklichen Willen, vielmehr gemäß einem erfahrungsgemäß möglichen Willen erfolgt. In der methodischen Gegenüberstellung dieser beiden verschiedenen Aufgaben der Auslegung ergibt sich die Klärung eines alten Streitpunktes.

2. Auf der gelegten Grundlage einerseits einer methodischen Abgrenzung der prozessualen Rechts- und Tatfrage im allgemeinen, andererseits der zivilrechtlichen Dogmatik der Auslegung der Willenserklärungen muß sich nun die Beantwortung der eigentlichen Frage unserer Untersuchung ergeben. Das Schrifttum hat seit mehr als einem halben Jahrhundert die verschiedensten Versuche gemacht, die Auslegung als Rechtsfrage zu rechtfertigen. Das gesunde Rechtsempfinden wollte diese in die meisten Zivilprozesse hineinspielende, sie oft entscheidende Frage dem höchsten deutschen Gerichtshofe nicht entziehen. Die verdienstvollen Prozessualisten, die dem neuen Reichszivilprozeß vor einem halben Jahrhundert auch in dieser Hinsicht den Weg ebnen wollten, standen hier indessen vor einer schwierigen Aufgabe, weil hier eine zwar prozessuale Frage vorliegt, ihre entscheidende Beurteilung aber im Zivilrechte wurzelt. Die Frage der Revisibilität der Auslegung der Willenserklärung kann nur aus der Rechtsnatur der Willenserklärung heraus entschieden werden. Das heranreifende Bürgerliche Gesetzbuch machte eine völlige Revision der Lehre von der Willenserklärung nötig, eine Arbeit, die erst zu leisten war. Günstige Auswirkungen jenes prozessualen Schrifttums auf die fünfzigjährige Entwicklung der Rechtsprechung sind unverkennbar. Urteile wie oben Entsch. 13, 14, 15, 24, 24a, 25, 26, 27, 28, in denen die Auslegungsfrage als allein dem Tatrichter zustehender, der Revision verschlossener Gegenstand behandelt wird, kommen in dieser Fassung und Begründung in späteren Entscheidungen nicht mehr vor. Besonders exemplarisch formuliert der 2. Senat jener Zeit in Entsch. 15: „Die Auslegung von Urkunden, soweit es sich nur um Vermittlung des Vertragswillens handelt, ist Sache rein tatsächlicher Feststellung." Und derselbe Senat sagt allgemein von der durch Auslegung vorzunehmenden Ermittlung des Willens der Kontrahenten, daß diese Aufgabe „eine ihrer Natur nach und unter allen Umständen dem Revisionsrichter entzogene Tatfrage" sei. (RG. II 7, 353). Der 5. Senat weicht in den Entsch. 27 u. 28 nicht ab.

Nach den Darlegungen des vorigen Abschnittes ergibt sich, daß diese prozessuale Behandlung der Auslegung in der damaligen zivilrechtlichen Theorie der Willenserklärung ihren Grund hat. Die Erklärung und die sie begleitenden Umstände wurden nur als Indizien des die Wirkungen des Geschäftes bestimmenden Rechtsfolgewillens angesehen. Im Prozesse kam es also wie bei allen anderen streitigen Tatsachen auf die tatsächliche Feststellung des letzteren an. Der Willensinhalt wirkte als konkrete empirische Tatsache. Die Beweismittel lagen in den erkennbaren, durch Beweis erfaßbaren empirischen

Äußerungen des Willens. So griff nach dieser Anschauung der damalige § 524 (heutige § 561) ZPO. ein, und die Revisibilität erschien als ausgeschlossen.

In den späteren Entscheidungen wird dieser Standpunkt sichtlich prinzipiell verlassen. Vgl. die Entsch. 38ff., wo das Reichsgericht regelmäßig selbst auslegt. Es kann danach heute auch nicht mehr die Beurteilung gelten, die vor 25 Jahren Boyens hinsichtlich der durchaus verschiedenen Stellung der einzelnen Senate zur Auslegungsfrage vornahm[78]). Der bahnbrechenden Stellungnahme des 1. Senates (vgl. Entsch. 1—11) sind die anderen Senate, insbesondere auch der 2. Senat (vgl. die Entsch. 49ff., zumal Entsch. 49a, 50, 53, 56, 59, 61, 62a, 64) mehr und mehr gefolgt.

Indessen muß um so mehr auffallen, daß auch in den Begründungen der neueren und neuesten Reichsgerichtsentscheidungen aller veröffentlichten Sammlungen zahlreiche Anklänge an jene überwundene Rechtsauffassung vorkommen. Insbesondere sind unter 45 u. 46 zwei neueste Entscheidungen des 1. Senates wiedergegeben, die mindestens aus dem Stile der sonstigen Begründungen dieses Senates herausfallen. In Entsch. 45 heißt es: „Die Parteien erstrebten keine Übertragung des Verfilmungsrechtes, obwohl sie sich der Möglichkeit solcher Übertragung bewußt waren. Darin liegt aber eine aus der Würdigung von Tatsachen geschöpfte Überzeugung des Berufungsgerichtes (§ 286 ZPO.), die zur Zeit mit der Revision nicht angegriffen werden kann." — Und entsprechend in Entsch. 46: „In dieser Darlegung des Berufungsgerichtes ist kein Rechtsirrtum zu erkennen. Größtenteils beruht sie auf tatsächlicher Würdigung der Verhältnisse des Filmwesens und gewissen daraus gezogenen erfahrungsmäßigen Folgerungen (§ 286 ZPO.)." — Der kritische Leser bemerkt indessen, daß das Reichsgericht trotz dieser Beurteilungen hier wie dort die Auslegungen nachprüft. Was sieht der Senat nach den zitierten Sätzen nun als tatsächliche, nicht nachprüfbare Feststellung an?

Aber auch in vielen anderen neueren Entscheidungen fallen verschiedene entsprechende Wendungen auf. In Entsch. 56 wird gesagt: „Daß keine derartige Vereinbarung getroffen worden . . ., hat das Berufungsgericht ausdrücklich festgestellt." Man könnte danach meinen, daß der 2. Senat hier noch seiner alten Auffassung anhinge und die Frage, ob ein Vertrag geschlossen sei, als eine reine Tatfrage ansähe.

Der 3. Senat sagt in einer neueren Entsch. 68: „Die Auslegung beruht auf einer dem § 286 ZPO. entsprechenden Würdigung des Sachverhaltes." — Der 4. Senat in Entsch. 73: „Das Berufungsgericht hat daher mit Recht untersucht, ob . . . anzunehmen ist, daß . . . die Bedingung . . . habe gelten sollen. Das Berufungsgericht hat diese Frage auf Grund einer eingehenden, mit der Revision nicht angreifbaren Sachwürdigung verneint."

Der 6. Senat in Entsch. 86: „Zwar ist es dem Reichsgerichte versagt, selbst an die Auslegung der Bürgschaftsurkunde heranzutreten und zu prüfen, ob . . . So würde es sich doch nach der gegebenen Sachlage insoweit um eine tatsächliche Feststellung handeln, die von dem Reichsgerichte nicht getroffen werden kann." —

Besonders auffallend ist die in der aus dem Jahre 1912 stammenden Entsch. 104 des 7. Senates hervortretende Meinung: „Wenn sich die Vertragsauslegung, wie in der Regel der Fall ist, in der tatsächlichen Feststellung des . . . mittels der Vertragserklärungen kundgetanen Willens erschöpft, ist eine Nachprüfung durch das Reichsgericht nur in den engen Grenzen statthaft, in denen tatsächliche Feststellungen überhaupt der Nachprüfung unterliegen." Dieser

[78]) Siehe oben S. 95 und Boyens a. a. O. S. 154ff., 173ff.

Ausspruch ist nicht nur im Stile, sondern auch sachlich ein Rückfall in die überlebte Auffassung. Vgl. ferner Entsch. 75, 78, 82, 83, 95.

Hierzu kommt eine andere Gruppe von Entscheidungen, in denen die Revisibilität der dortigen Auslegungen aus irgendeinem besonderen Grunde abgeleitet wird, der sich jedenfalls nicht aus dem Gesetz ergibt. So sagt RG. II in der neueren Entsch. 52: „Es handelt sich um die Auslegungvon Urkunden, die für den Verkehr bestimmt sind und als Wertpapiere von Hand zu Hand gehen sollen. Da hierbei die Besonderheiten des Einzelfalles keine Rolle spielen, vielmehr der maßgebende Sinn der Worte nur aus der Urkunde selbst geschöpft werden kann, muß das Reichsgericht einen freieren Standpunkt einnehmen, als ihm im allgemeinen gegenüber Vertragsauslegungen zukommt (vgl. RG. 81, 117)." — Dieser Begründung liegt sichtlich die Meinung zugrunde, daß das Revisionsgericht außerhalb jenes bezeichneten Rahmens an die Auslegungen des Berufungsgerichtes gebunden sei.

Auch in Entsch. 53 betont der 2. Senat, nachdem er zunächst gesagt hat, daß er sich auch aus dem Gesichtspunkt an die Auslegung des Berufungsgerichtes nicht für gebunden erachten würde, daß es sich um eine Frage tatsächlicher Beurteilung handle: „Auch hier handelt es sich nicht bloß um individuelle Rechtsbeziehungen; auf Grund der Satzung vollzieht sich vielmehr der Erwerb der Aktien im Verkehr. Der Erwerber muß sich auf ihre einheitliche Auslegung verlassen können, und das Reichsgericht darf nicht an etwa widersprechende Auslegungen verschiedener Berufungsgerichte gebunden sein."

Derselbe in den ersten Jahrzehnten noch nicht hervortretende Gesichtspunkt zeigt sich in neuerer Zeit auch bei der Behandlung der allgemeinen Vertrags-, insbesondere Beförderungs-, Bank- und Versicherungsbedingungen: Entsch. 9, 58, 78, 89, 96, 103, 104; ferner auch bei der Behandlung sog. typischer Verträge und -Vertragsklauseln: Entsch. 72, 98, 100. Die Entsch. 89 definiert die typischen Bedingungen als solche, die in verschiedenen Oberlandsgerichtsbezirken den Verträgen zugrunde gelegt werden, und es wird daran vom entscheidenden 6. Senat die Bemerkung geknüpft: „Hier erfordert es der Gedanke der Rechtseinheit, daß die Bedingungen nicht von dem einen Oberlandesgericht anders ausgelegt werden als von einem zweiten oder dritten; hier ist das Reichsgericht als oberste Instanz zur maßgebenden Auslegung berufen." In der entsprechenden Entsch. 103 bezeichnet der 2. Senat allgemeine Geschäftsbedingungen einer Bank als die lex contractus, deren Einwirkung auf die konkreten Rechtsbeziehungen von Vertragsparteien indessen verschiedenartig sein könne. Die entsprechende Stellungnahme desselben Senates findet sich in Entsch. 104.

Einen Rückfall bedeutet schließlich Entsch. 73a, wo der 4. Senat die Meinung ausspricht, es sei die Regel der Vertragsauslegung, sich in der tatsächlichen Feststellung des Willens zu erschöpfen, und die Revisibilität sei daher nur gegeben, sobald der Vertrag die Bedeutung einer über die Kontrahenten hinaus Geltung beanspruchenden allgemeinen Norm habe.

Danach kann nicht behauptet werden, daß das Reichsgericht in neuerer Zeit zu einer prinzipiellen, methodisch durchgeführten Lösung der Frage der Revisibilität gekommen sei. Die zuletzt behandelten Entscheidungen zeigen vielmehr die ausgesprochene Neigung zu wesentlichen Einschränkungen. Diese aber stehen in unlösbarem Widerspruche dazu, daß das Reichsgericht in allen Senaten tatsächlich regelmäßig auch Auslegungen anderer Art revidiert, wie sich zeigte. Diese Einschränkungen können danach nur als Indizien prinzipieller Unsicherheit der Rechtsprechung angesprochen werden. Dies zeigt sich auch bei den einzelnen Begründungen. Die Behandlung von typischen Willenserklärungen und allgemeinen Geschäftsbedingungen läßt sich auf der allein maßgebenden Grundlage der §§ 549ff. ZPO. nicht in prinzipiellen Gegensatz zu derjenigen der sonstigen Willenserklärung bringen. Eine Rechtfertigung der Revisibilität von allgemeinen Geschäftsbedingungen im Gegensatze zu allen anderen Willenserklärungen ist auch nirgends versucht worden. Der in Entsch. 89, 103, 104 u. a. hervorgehobene Gesichtspunkt, daß die Notwendigkeit der Rechtseinheit bei der Auslegung von Geschäftsbedingungen, die über mehrere Oberlandesgerichtsbezirke hinaus wirken sollen, die Revisibilität rechtfertige, muß abgelehnt werden[78a]). Er beruht offenbar auf einer Analogie zu § 549 Abs. 1: „Die Revision kann nur darauf gestützt werden, daß die Entscheidung auf der Verletzung eines Reichsgesetzes oder eines Gesetzes, dessen Geltungsbereich sich über den Bezirk des Berufungsgerichtes hinaus erstreckt, beruhe." — Die in der Lehre von Danz (s. unten) fehlerhaft durchgeführte Analogie zwischen Gesetz und Rechtsgeschäft ist auch hier nicht haltbar. Dem Gesetze kann man seinen Geltungsbereich ansehen; dem Rechtsgeschäfte nicht. Die Grenzziehung dessen, was als allgemeine Geschäftsbedingung im Sinne jener Rechtsprechung anzusehen sein soll, ist schon bedenklich und enthält die Quelle von Ungerechtigkeiten. Vielen Verträgen vermag der Richter ihre Tendenz, größere Geschäftsbezirke zu erfassen, durchaus nicht anzusehen. — In dieser Hinsicht lehrreich oben Entsch. 98. — Sie würden als Regelungen „individueller Rechtsbeziehungen" von der Revision ausgeschlossen werden, wenn mit dem konkludenten Prinzip obiger Entscheidungen Ernst gemacht würde. Sollen Bedingungen, die eine Firma ihren Abnehmern tatsächlich vielfach übereinstimmend offeriert, in dieser Art aber nicht allgemein bekanntmacht, „allgemeine Bedingungen sein"? Verlören andererseits nicht als „allgemeine Bedingungen" veröffentlichte diese Natur, wenn festgestellt wird, daß sie tatsächlich in concreto in wenigen oder vielen Punkten immer abgeändert werden? Allgemeine Geschäftsbedingungen sind, wie die Entsch. 103 richtig darlegt, häufig nur Auslegungsregeln für die individuellen Verträge. Die Grenze der Auslegung der letzteren aus ihren eigenen Tatumständen und aus jenen Auslegungsregeln wird sich vielleicht bei größter Genauigkeit der Kognition festhalten lassen; ist es aber richtig oder auch nur zweckmäßig, daß das Revisionsgericht an der Stelle haltmacht, wo die „individuellen" Umstände in seinen Gesichtskreis treten? Tatsächlich macht es hier nicht halt, wie die lehrreiche Entsch. 58 zeigt. Wie steht es ferner gerechterweise mit Auslegungsregeln, die sich nicht in gedruckten allgemeinen Geschäftsbedingungen finden, die sich vielmehr nur in einem kleinen Geschäftskreise innerhalb eines Oberlandesgerichtsbezirkes feststellbar herausgebildet haben? Sollen sie, als von jener Analogie zu § 549 Abs. 1 ZPO. nicht umfaßt, deswegen von der Nachprüfung ausgeschlossen werden? Es zeigt sich offenbar, daß es prinzipiell verfehlt ist, jene Analogie zwischen lex und contractus überhaupt herzustellen; denn wenn die Zivilprozeßordnung normiert, daß die Rechtsverletzung nur dann zur Revision führen soll, wenn das Gesetz über den Bezirk des Berufungsgerichtes hinaus gilt, so führt sie in diesem Falle doch auch dann zur Revision, wenn es sich um die Beurteilung eines ganz individuellen Vertrags- oder Geschäftsverhältnisses handelt. Das letztere ist eben nicht die Norm, wie auch Entsch. 73a unrichtig in Betracht zieht, und enthält niemals den Obersatz, der verletzbar ist. Ebensowenig

---

[78a]) Siehe auch unten S. 175 Abschnitt 6 zu der entsprechenden Lehre Oertmanns.

sind allgemeine Geschäftsbedingungen im Sinne des § 549 Abs. 1 ZPO. verletzbar. Als solche können sie also nicht revisibel sein. Sieht man ihre Auslegung dagegen wegen ihrer Subsumtion unter eine Rechtsnorm der letzteren Art als revisibel an, so muß man auch die Auslegung individueller und atypischer Verträge, wenn ihre Subsumtion unter ein im § 549 Abs. 1 umschriebenes Gesetz fehlerhaft ist, als revisibel ansehen. Danach läßt sich eine von der allgemeinen Methode der Auslegung abweichende Behandlung sogenannter typischer oder allgemeiner und andererseits individueller Geschäftsbedingungen hinsichtlich der Revisibilität ihrer Auslegung nicht rechtfertigen[78b]).

Nur aus einem im Tatsächlichen wurzelnden Grunde könnte sich in concreto der Revisionsrichter veranlaßt sehen, einen typischen Geschäftstatbestand anders zu behandeln als einen individuellen. Dieser Grund verrät sich auch gelegentlich einer der besprochenen Entscheidungen, oben 52: „Da hierbei die Besonderheiten des Einzelfalles keine Rolle spielen, vielmehr der maßgebende Sinn der Worte nur aus der Urkunde selbst geschöpft werden kann, muß das Reichsgericht einen freieren Standpunkt einnehmen, als ihm im allgemeinen gegenüber Vertragsauslegungen zukommt." Daß mit diesem freieren Standpunkte nichts anderes als die selbständige Nachprüfung der Auslegung in der Revisionsinstanz gemeint ist, ergibt sich, wenn es noch zweifelhaft sein sollte, z. B. aus entsprechenden Wendungen in Entsch. 96, 98, 104. Es kann sich nun natürlich dem Revisionsrichter die rechtliche Möglichkeit, einen individuellen Vertrag auszulegen, aus dem tatsächlichen Grunde verschließen, weil der ihm in Entscheidungsgründen und Protokoll des Berufungsgerichtes dargebotene Sachverhalt nicht dazu ausreicht, die dem Tatbestand eigentümlichen Momente und Umstände zu würdigen. Daraus ergäbe sich aber nun die Zurückverweisung an den Tatrichter unter Hervorhebung des für die Auslegung maßgebenden rechtlichen Gesichtspunktes und Bezeichnung der noch festzustellenden Tatsachen. Selbst unter Klarstellung dieses Gesichtspunktes bleiben die hervorgehobenen Sätze der Entscheidungen mangelhaft, insbesondere der letzteren aus Entsch. 52. Wo das Tatsachenmaterial sich dem Revisionsrichter zwecks Auslegung vollständig darbietet, kann er nicht „freier" sein als dort, wo er mangels Vollständigkeit des Tatbestandes nicht zu würdigen vermag.

In den vorliegenden Fragen ist von der Rechtsprechung nicht beachtet worden, was in klarer Einsicht Wach a. a. O. S. 80 dazu treffend bemerkt hat: „Es macht keinen Unterschied, ob das Interpretationsobjekt eine stehende, regelmäßig wiederkehrende Vertragsklausel oder eine vereinzelte Beredung ist. Der Unterschied ist ein Quantitäts-, kein Qualitätsunterschied. Wer hierüber anders denkt, ist in Gefahr, in den obengeschilderten Fehler der Verwechslung des objektiven Rechtes und der rechtsgeschäftlichen Willenserklärung zu verfallen."

3. Aber gerade die schließliche Entscheidung, die Wach a. a. O. fand, und sonstige Unklarheiten und Mängel der Theorie sind offenbar die Gründe zu den bezeichneten Mängeln der Rechtsprechung. Wach kam zu einer sehr formalistischen und für die Praxis unbefriedigenden Lösung, von der sich die Rechtsprechung auch immer mehr entfernt hat. Er sagt a. a. O. S. 80: „Die Interpretation der Willenserklärung ist Rechtsfrage nur, soweit es sich um die richtige Handhabung der gesetzlichen Interpretationsregeln handelt."

78b) Richtig Stein-Juncker, Grundriß ZP. S. 328 (1924), wo die Beschränkung der Revision auf sog. typische Verträge, Versicherungsbedingungen u. dgl. eine willkürliche Halbheit genannt wird.

Diese Auffassung wird nicht selten auch heute noch vertreten, obwohl in ihr ein fundamentales Mißverständnis gegeben ist, das sich auch sonst hinsichtlich der Lehre von der Revisibilität auswirkt. Es zeigt sich schon in der Auslegung des § 550 ZPO. Lehre und Praxis sind längst dazu übergegangen[79]), den Begriff der „Rechtsnorm" hier im weitesten Sinne dahin zu verstehen, daß darunter nicht nur die ausdrücklich geregelten Normen des Gesetzes fallen, sondern auch alle auf ihnen beruhenden, durch wissenschaftliche Auslegung aus ihnen gewonnenen, andererseits aber auch die zahlreichen von ihnen stillschweigend vorausgesetzten Rechtssätze und Rechtsgrundsätze. Dennoch ist zu bemerken, daß im Anschluß an die Vorschrift des § 554 Ziff. 2a ZPO. bei Prüfung der Revisibilität eines Urteils nach einem bestimmten Gesetzesparagraphen gesucht wird, um dessen Verletzung im Sinne von §§ 549, 550 ZPO. es sich handele. Die Tendenz der Beschränkung einer uferlosen Revisibilität neigt hier zu einengender Auslegung des Begriffes der Rechtsnorm.

Damit hängt offenbar die entsprechende, auch noch bei Wach bemerkbare Neigung zusammen, auch Auslegungsregeln nur dann als verletzbare Rechtsnormen anzusehen, wenn sie im Gesetze stehen. Aber es liegt hier der entsprechende Irrtum vor, der sich wohl durch Sorge um unübersehbare Zulassung von Revisionen legitimieren mag, aber nach geltendem Recht unhaltbar ist. Das Reichsgericht hat, wenn auch gewisse Wendungen noch an die ältere Lehre erinnern, in der Sache Auslegungen auch dann, und zwar regelmäßig nachgeprüft, wenn es sich durchaus nicht um Verletzung von gesetzlichen Auslegungsregeln handelte, sondern um Auslegungs- und Erfahrungssätze, die ihren Ursprung entweder in der wissenschaftlichen Lehre oder aber im Geschäftsleben selbst haben. Einerseits trifft man in den Entscheidungen zwar oft den Satz: „Gesetzliche Auslegungsgrundsätze sind vom Berufungsrichter nicht verletzt (oder: verletzt)" oder „die Auslegung des Berufungsrichters ist in den Gesetzen nicht begründet", so Entsch. 18, 30, 37, 56, 73, 82, 93, 101, als ob die Verletzung nur legaler Auslegungsnormen zur Revision führe, oder das Reichsgericht rügt, daß der Berufungsrichter eine Auslegungsregel anwende, „die der gesetzlichen Grundlage entbehrt" (Entsch. 102), während die Grundlage dort nur in einem Erfahrungssatze liegt, den das Reichsgericht ablehnt. Andererseits werden dagegen in zahlreichen Fällen Auslegungsregeln und Erfahrungssätze außergesetzlichen Ursprunges und Daseins verwendet. Methodisch musterhaft sagt RG. II 83, 186 (oben Entsch. 51): „Wollte man einer bejahenden Antwort regelmäßig nur tatsächliche, d. h. rechtlich in keiner Weise bindende Bedeutung beilegen, so würde man den Anschauungen des Lebens nicht gerecht werden ... In der Regel weiß und will der Schuldner ... Dieser Erfahrungstatsache trugen frühere Landesrechte in weitem Umfange Rechnung ... Aber auch ohne ausdrückliche Bestimmung kann aus der Natur der Sache heraus wenigstens so viel gefolgert werden, daß eine Willenserklärung beabsichtigt ist." — Wenn ferner in Entsch. 10 ein Auslegungsgrundsatz des Inhaltes als verletzt angesehen — und das Berufungsurteil daher aufgehoben — wird, daß bei der Auslegung einer Willenserklärung nicht davon auszugehen ist, was der Erklärende zur Zeit der Erklärung hätte wissen müssen, sondern davon, was er damals tatsächlich gewußt oder nicht gewußt hat, so ergibt sich, daß dieser Satz in keinem Gesetze zu finden ist.

---

[79]) Vgl. etwa Struckmann und Koch, ZPO. zu § 550; Gaupp-Stein, ZPO. (schon in ältester Aufl. v. 1902) zu § 549 bei II; Sydow-Busch-Krantz, ZPO. § 550. Andererseits schon aus frühester Zeit RG. 6, 237 und 46, 43. Siehe ferner oben Entsch. 9. — Darüber, daß durch Auslegung der Gesetzesnormen gewonnene Rechtssätze andererseits durchaus nicht objektives geltendes Recht sind, vgl. meinen Artikel „Auslegung", Handw. d. R. S. 436 unter Ziff. 9.

Die oben II wiedergegebenen Entscheidungen ergeben eine Fülle solcher nichtgesetzlichen Auslegungsregeln allgemeineren und engeren Inhaltes: Weder die Erklärung des Einverständnisses des Gläubigers des Verkäufers noch die Annahme einer Geldzahlung sind als Verzicht auf das Anfechtungsrecht aufzufassen (Entsch. 13). „In der vorbehaltlosen Annahme des Kaufgegenstandes liegt weder eine Billigung der Lieferung noch ein Verzicht auf Entschädigung" (16). Aus dem passiven Verhalten des Schuldners gegenüber Mitteilung von Rechnungsabschlüssen des Gläubigers kann unter Umständen auf die Anerkennung geschlossen werden (17). Ein Verzicht ist nicht zu vermuten, sondern nur dann anzunehmen, wenn besondere Umstände auf einen Verzichtswillen schließen lassen (44). In der Regel will der Schuldner, wenn er die abgetretene Forderung und nicht etwa nur die Abtretung als solche anerkennt, daß er an seinem Worte festgehalten werde (51). Im Zweifel kann in der Verpflichtung, für die Schuld eines anderen aufzukommen, nur Übernahme einer Bürgschaft erblickt werden (70). Willenserklärungen dürfen auch aus den Umständen entnommen werden (74) — wobei sich übrigens ergibt, daß selbst diese so oft angewandte Regel nicht im Gesetze normiert ist. — Es gibt keinen Rechtssatz, wonach bei Unklarheiten von Versicherungsbedingungen diese gegen den Versicherer, und zwar ohne weiteres in dem Sinne ausgelegt würden, wie sie der Versicherungsnehmer verstanden hätte (99). Vergleiche aber ferner auch die nicht dem Gesetz entnommenen Auslegungssätze („Rechtsgrundsätze", Grundsätze" und anders genannt) in Entsch. 19, 34, 36, 40, 42, 54, 58, 61, 63, 75, 79, 79a, 85, 89, 91, 97 (Auslegungsregel für Schweigen), 101.

Hier ist auch an die bekannte, aus der Würdigung der Interessenlage erfahrungsgemäß gewonnene Auslegungsregel zu denken, gemäß deren Verträge seitens eines nichtrechtsfähigen Vereins mit einem Dritten unter Umständen so zu verstehen sind, daß die Mitglieder des Vereins nur auf ihre Beiträge beschränkt haften sollen (RG. 74, 374; 90, 177). — Ja, gerade die meist angewandten und allgemeinsten Auslegungsregeln sind nicht im Gesetz enthalten, z. B. der Satz, daß bei Auslegung der Erklärung die gesamten Umstände derselben zu berücksichtigen sind.

Im Sinne dieser herrschend gewordenen, das geltende Recht darstellenden Rechtsprechung ist daher eine Begründung abzulehnen, die die Anwendung einer Auslegungsregel deshalb als unrichtig ansieht, weil sie „der gesetzlichen Grundlage entbehrt" (so Entsch. 102). Entsprechend auch Entsch. 101. Korrekt ist dagegen die in einer Entscheidung aus jüngster Zeit enthaltene Begründung: „Die rechtliche Beurteilung des Berufungsrichters läßt keinen Verstoß gegen Rechtsregeln und anerkannte Auslegungsgrundsätze erkennen" (RG. I SeuffA. 82, 291). Zutreffend führt Entsch. 44 „die allgemeine Erfahrung" und „anerkannte Rechtsgrundsätze" ins Feld, gegen die die Auslegung des Berufungsrichters nicht verstoßen habe. Entsprechend Entsch. 47.

Der wirklich geübten Praxis des Reichsgerichtes entspricht es auch, wenn eine ältere Entsch. 34 verneint, „daß hierbei das Berufungsgericht gegen allgemeine Auslegungsregeln gefehlt hätte", und die Entsch. 42 hervorhebt: „Die Darlegungen des Berufungsgerichtes lassen jedoch eine Verkennung von Rechts- oder Erfahrungssätzen nicht ersehen." Gegen die ganz allgemeine, häufige Fassung, daß „Rechtsirrtum bei der Auslegung nicht vorliege" (Entsch. 14, 17, 22, 23, 39a, 44, 48, 80, 81, 83, 94) läßt sich ebensowenig etwas einwenden wie etwa gegen diejenige, daß „ohne ersichtliche Rechtsverletzung durch Auslegung" etwas festgestellt sei (Entsch. 26, ähnlich 103) oder gegen die stereotype Wendung: „Die Auslegung des Berufungsgerichtes läßt keinen

Rechtsirrtum erkennen und verletzt keine Auslegungsregeln" (93, wo indessen zuletzt das anfechtbare Attribut „gesetzliche" hinzutritt). Aber gerade diese neutralen Wendungen der Begründung verraten die methodische Unsicherheit.

4. Wach lehrte a. a. O. S. 80 weiter: „Und selbstverständlich ist es, daß sie (die Interpretation der Willenserklärung) sofort Rechtsanwendung wird, falls die materiellrechtliche Qualifizierung des Willensinhaltes festgestellt, die Frage beantwortet werden soll, ob das Gewollte sich als Rechtsgeschäft bestimmter Art charakterisiere und dergleichen." — Die rechtliche Qualifizierung eines Geschäftsinhaltes ist mit Recht immer ohne Bedenken als eine Rechtsfrage angesehen worden, sofern sie ihre Aufgabe darin erblickt, den Geschäftstatbestand einem bestimmten gesetzlichen Typus unterzuordnen. Diese Frage ist reine Subsumtionsfrage. Siehe oben Entsch. 8. Aber methodisch ist hier gerade klarzustellen, daß jene Funktion der materiellrechtlichen Qualifizierung in den meisten Fällen (auch oben II) in der Auslegung der Willenserklärung selbst besteht und nicht erst in der Subsumtion, die logisch immer ein Auslegungsergebnis voraussetzt[80]). Ob z. B. in der Entsch. 8 Einkaufskommission oder Kauf in dem konkreten Tatbestande gegeben ist, erweist sich auch dort als eine reine Auslegungsfrage, die sich durch Feststellung des in dem Verhalten der Parteien erkennbar liegenden Rechtsfolgewillens entscheidet[81]). Nicht anders liegt es in Entsch. 64a hinsichtlich der Schulderneuerung und der allein ex voluntate zu entscheidenden Rechtsfrage, ob das alte Schuldverhältnis durch die Vereinbarung eines neuen gleichen Zieles endgültig zum Erlöschen gebracht sei. Die Entscheidung wird dort auch vom 2. Senat für revisibel gehalten, und der Senat sieht sich veranlaßt, die dortigen Grundsätze für die richtige Entscheidung aufzustellen. Aber welche Rechtsnorm ist durch eine abweichende Beurteilung des vorliegenden Vertrages verletzt? In neuester Zeit wird diese

[80]) Richtig Rosenberg, Lehrb. d. Zivilprozeßrechtes S. 447 (1927): „Die Auslegung ist keine Subsumtion, sondern steht vor ihr." Zutreffend sagt auch Kann, ZPO II (3. Aufl.) S. 106: „Es handelt sich hier um die Untersuchung der Frage, ob der Berufungsrichter den festgestellten Willenserklärungen der Beteiligten die richtige Rechtsfolge gegeben hat, also um eine echte Subsumtionsfrage." Welches ist aber der Rechtssatz, dem hier subsumiert wird? Dazu oben S. 149. Richtig auch Kann a. a. O. S. 108 zu III: „Die Subsumtion der Tatsachen unter die Vertragsnormen ist mittelbar Subsumtion unter das Gesetz."

[81]) Schmidt-Rimpler, Das Kommissionsgeschäft S. 507ff., 574ff., legt tiefdringend die Unterscheidung von Kommission und Eigengeschäft dar, beweist aber nicht, daß die bisherige Methode der Auslegung hier an gewisser Stelle versage, nämlich dort, wo die Parteien zwar den wirtschaftlichen Hauptzweck ihrer Abrede zum Ausdruck gebracht hätten, aber keinerlei Absicht hinsichtlich der geschäftlichen Form, und wo sich jener Wirtschaftszweck ebensogut in der Kommissions- wie in der Kaufform erreichen ließe. Einmal scheint mir gegenüber den von dem Autor selbst dargelegten, beide Rechtsformen auch wirtschaftlich unterscheidenden zahlreichen Merkmalen dieser Fall faktisch stark konstruktiv zu sein. Die Lösung, die Schmidt-Rimpler, S. 518 bei Anm. 34, bietet, beantwortet ferner nicht das von ihm S. 517 zugespitzte Problem („ebensogut durch einen modifizierten Kaufvertrag wie durch eine modifizierte Einkaufskommission") und arbeitet andererseits nach der bisherigen Methode, daß man von zwei denkbaren juristischen Konstruktionen diejenige wählt, die dem Parteizweck am besten dient. Die Lösung des Autors dagegen für den von ihm angenommenen Fall, daß beide Formen „gleichwertig" sind, lautet dahin (S. 518), daß dann nichts anderes übrigbliebe, als das Zustandekommen des Vertrages überhaupt abzulehnen. Diese Lösung ist ebenso unbillig wie rechtlich unhaltbar. — Das ergibt sich übrigens auch aus meiner Darlegung in „Irrtum und Auslegung" S. 97f., 189ff., 266ff., was gegenüber der Bemerkung Schmidt-Rimplers, daß ich dort auf Seite 265 keine Lösung dafür gebe, hervorgehoben sei. — Nach unanfechtbarer Lehre haben Parteien es nicht nötig, in ihren Schuldverträgen die rechtlichen Typen einzuhalten. Das ist nach § 305 BGB. der Wille des Gesetzes selbst. Der erkennbare Wille, einen rechtlich bindenden Vertrag zu schließen, muß, soweit das Gesetz den Inhalt nicht verbietet, in jedem Falle respektiert werden. In jenem gedachten Falle bliebe es also — wenn wirklich trotz Berücksichtigung sämtlicher Begleitumstände des Falles gemäß §§ 133, 157 BGB. beide Typen: Kauf und Kommission, dem Tatbestand und dem Parteizweck gleich gut entsprächen — dem Richter über-

Frage, nach dem veröffentlichten, oft zwar stark abgekürzten Text der Entscheidungsgründe bezeichnenderweise meist gar nicht mehr erörtert. Vgl. hinsichtlich der Auslegung einer Filmrechtsübertragung, die sich nicht einfach als Kauf bewerten läßt, vom 1. Senat aber revidiert wird, Entsch. 46. Die Auslegung ist prinzipiell revisibel geworden. Die von Wach gemeinte rechtliche Qualifizierung des den Gegenstand des Rechtsstreites bildenden Vertrages ist schon an sich revisible Rechtsfrage geworden. Ein durch Subsumtion verletztes Gesetz oder eine solche Rechtsnorm wird nicht nachgewiesen. Würde der Richter im ersten der angeführten Fälle sich auf Grund der vorliegenden Parteiabreden weder für Kommission noch für Eigenkauf entscheiden, sondern etwa wegen einer im Exporthandel üblichen Vereinbarung Eigenkauf mit Kommissionszuschlag (s. Anm. 81), so fehlt bei Entscheidung der Revisibilität eine legale Norm, die verletzt sein könnte. Das Prinzip: Revisibilität nur bei unrichtiger Subsumtion, ist so, wie es die herrschende, auf Wach zurückgehende Auffassung versteht, kein zureichender Grund. Die herrschende Auffassung versteht jene Subsumtion immer in dem Sinne, daß eine Rechtsnorm da ist, unter die das Auslegungsergebnis subsumiert wird. Sie versagt insbesondere im Schuldrechte wegen des Prinzips der Vertragsfreiheit. Im zweiten angegebenen Falle könnte übrigens zur Not § 305 BGB. als verletzt angesehen werden; aber daß ein Vertrag vorliegt, ist oben nicht bestritten. Vollends muß jene Auffassung dort versagen, wo die „materiellrechtliche Qualifizierung" des Geschäftes nicht das Ziel hat, über dessen rechtsgeschäftlichen Typus zu entscheiden, sondern wo es sich lediglich darum handelt, z. B. bei einem zweifellosen Kauf, durch Auslegung den Sinn gewisser, sich in seinem Rahmen haltenden Abreden zu bestimmen, etwa solche über Leistungszeit, Leistungsort, Gegenstand, Nebenleistungen und anderes. Welche Rechtsnorm verletzt hier eine unrichtige Auslegung letzterer Vereinbarungen, die in den meisten Entscheidungen oben II im Mittelpunkte des Rechtsstreites stehen? Vergleiche Entsch. 1, 6, 11, 13, 14, 15, 16, 17, 18, 19, 20, 21, 23, 24, 25, 26, 27, 34, 36, 37, 38a, 39, 39a, 40, 42, 43 usw.

Andererseits liegen der Lehre Wachs treffende, in damaliger Zeit bemerkenswerte Auffassungen zugrunde. Er bekämpft a. a. O. S. 80 treffend die frühere, — aber bis heute fortwirkende — Lehre, daß die Auslegung von Urkunden einen auch hinsichtlich der Revision anders zu behandelnden Erklärungstatbestand darstelle. Wach beurteilte ihn so: „Es handelt sich um einen historischen Vorgang, dessen subjektive Seite nicht weniger tatsächlich ist als die objektive." — Allerdings schließt er daran folgende Bemerkung: „Ob in einer Gedankenäußerung ein bestimmter Sinn gelegen hat, das wird durch alle denkbaren Beweismittel eruiert werden können, und ist es eruiert, so ist es durch den Richter wie bei jedweder Beweisfrage tatsächlich festgestellt." — An dieser empfindlichsten Stelle des Problems versagt Wach, weil er die Dinge nur als

lassen, ob er den Fall als Kommission oder als Eigengeschäft behandelt. Ein gültiger Vertrag liegt jedenfalls vor. Wenn sich indessen etwa im Exporthandel eigenartige Verträge ausbilden sollten, die einerseits nicht selbst auf die ihnen erwünschte typische Rechtsform hinwiesen, anderenfalls infolge der Subsumtion unter Kauf oder Kommission mit Rechtsfolgen umkleidet würden, die dem Inhalte des Geschäftes nicht vollständig entsprächen, so ist dogmatisch die Frage aufzuwerfen, ob dort nicht ein durch die legalen Formen nicht vollständig gedeckter neuer Vertragstyp oder ein solcher gemischter Art aufkommt, wonach die Rechtsfolgen entsprechend zu gestalten wären. Methodisch liegt hier die Findung einer atypischen Rechtsform auf Grund von wirklicher Vertragsauslegung vor, ebenso wie in der von Schmidt-Rimpler S. 572ff. besprochenen Gruppe von Eigengeschäften mit Kommissionszuschlag und anderen Abreden. Auch hier findet nicht Vertragsergänzung (so Schmidt-Rimpler S. 578), sondern Gesetzesergänzung statt, weil der Richter einen zwar vollständigen Vertrag, aber diesem nicht genügende legale Rechtsformen vor sich hat. Daher war der Gesetzesänderungsvorschlag Ehrenbergs (wozu Schmidt-Rimpler S. 620) insofern begründeter.

Prozessualist beurteilt. Es ist indessen eine zivilrechtliche Entscheidung darüber nötig, was der „Inhalt einer Erklärung" methodisch ist. Auf Grund von Wachs Lehre würden alle Auslegungen, die nicht außerdem noch zu einer unrichtigen Subsumtion unter einen bestehenden Rechtssatz führen, irrevisibel sein. Die Entwicklung der Reichsgerichtspraxis hat sich anders entschieden.

Wach formulierte a. a. O. S. 78 den prinzipiellen Ausgangspunkt, an dem wir auch heute noch festhalten, durchaus richtig: „Die Beweisfrage lautet: Ist der behauptete und bestrittene relevante Lebensvorgang dem Richter überzeugend nachgewiesen? Die Interpretationsfrage lautet: Ist der behauptete Willensinhalt der wirkliche Inhalt der vorliegenden festgestellten Gedankenäußerung?" — Aber Wach übersah, daß der Inhalt der Willenserklärung nicht ein empirischer Lebensfaktor ist, der sich durch Beweisverfahren feststellen ließe, sondern daß er in einem auf Grund von Erfahrungssätzen ausgesprochenen Werturteil besteht.

Daher brachte zwölf Jahre später die Lehre Steins erhebliche weitere Klärung der Frage. Dieser Autor legte die Bedeutung der Erfahrungssätze im Prozeß, insbesondere bei der Auslegung von Willenserklärungen dar[82]). Er billigte die Entscheidungen des Reichsgerichtes, die die rechtliche Würdigung der die Prozeßgrundlage bildenden Erklärungen der Parteien revidieren, ob es sich darum handle, festzustellen, ob Kauf oder Kommission gegeben sei (RG. 3, 109, oben Entsch. 8), oder ob eine mündliche Äußerung die Übernahme eines Auftrages enthalte (RG. 21, 90), oder ob ein Schriftstück ein Ladeschein im Sinne des Handelsgesetzbuches sei (RG. 13, 74), oder ob eine Urkunde einen Hoffnungskauf im Sinne des § 528 ALR. enthalte (RG. 14, 84). — Aber auch dieser Autor übersah, daß das eigentliche Problem der Revisibilität erst hinter diesen nicht mehr zweifelhaften echten Subsumtionsfällen anfängt, nämlich dort, wo die Auslegung nicht zwischen Kauf und Schenkung, privativer und kumulativer Schuldübernahme, Kommission und Eigengeschäft zu entscheiden hat, sondern in den viel häufigeren Fällen, wo im Rahmen eines legalen Typus Willenserklärungen hinsichtlich ihres Sinnes zu würdigen sind, die die den Parteien erwünschte Ausgestaltung ihrer Rechtsbeziehung vornehmen, und ferner dort, wo die vorliegenden Willenserklärungen sich einem legalen Typus überhaupt nicht unterordnen lassen. Auch Stein sieht die Erfahrungssätze selbst zutreffend nicht als Rechtssätze an. Worin liegt dann aber bei unrichtiger Auslegung in letzteren beiden Gruppen von Fällen die Rechtsverletzung?

Zutreffend legte andererseits Stein a. a. O. S. 45 u. 128 gegenüber den damals häufigen — bis heute noch vorkommenden — Fehlbehandlungen der Auslegung von urkundlichen Willenserklärungen als tatsächlicher Beweiswürdigung[83]) dar, daß die Auslegung von Willenserklärungen in Urkunden prinzipiell denselben Grundsätzen folge wie die anderen Erklärungen.

Die schon oben berührte Schwierigkeit der Abgrenzung von Beweiswürdigung und Auslegung hat sich hinsichtlich der Behandlung von Urkundserklärungen besonders verhängnisvoll ausgewirkt. (Vgl. Entsch. 15, 24, 28, 36, 37.) Man sah, daß die Urkunde prozessuales Beweismittel ist und schloß daraus, daß auch die Spezies der Geschäftsurkunde im Prozesse nur als Beweismittel fungieren könne. Die Auslegung der urkundlichen Erklärungen

---

[82]) Stein, Das private Wissen des Richters (1893) S. 44 f., 115, 119, 127ff., 130.

[83]) Auch der 1. Senat behandelte früher die Auslegung von Urkunden als eine Tatfrage: SeuffA. 36, 311 (17. Nov. 1880); RG. 5, 122 (15. Juni 1881). — Der 6. Senat hält noch heute nur die Auslegungen von Urkunden typischen Inhaltes für revisibel: HöchstRRspr. 1928 Nr. 1797 (7. Mai 1928). Und doch lehrte schon vor Stein (a. a. O. S. 80) Wach, daß es für die Revisionsfrage unwesentlich sei, ob die Willenserklärung in einer Urkunde oder als sonstige Äußerung gegeben sei.

verfiel der Irrevisibilität. Dabei wurde einmal übersehen, daß die Geschäftsurkunde da, wo Gesetz oder Vertrag die Urkundsform des Geschäftes vorschreiben, selbst Gegenstand der Feststellung ist und nicht Mittel einer solchen. Es wurde ferner übersehen, daß die Auslegung einer Geschäftsurkunde ein wesentlich anderes Ziel hat und methodisch anders arbeitet als die Würdigung der Beweiskraft der Urkunde. Eine schon oben beurteilte übertreibende Willenstheorie des 19. Jahrhunderts sah überdies die Erklärung nur als ein Beweismittel für den Rechtsfolgewillen an, worin eine zweite Quelle der unzutreffenden Behandlung der Geschäftsurkunden im Prozesse lag. Die Urkunde erschien von diesem Standpunkt als verkörpertes Indiz für den zugrunde liegenden Parteiwillen, und dieser zivilrechtliche Standpunkt schien sich mit jenen beweisrechtlichen aufs beste zu vereinigen. Indessen ist geltendes Recht, daß die Erklärung wesentliches materielles Element des Tatbestandes ist, das zur vollen Wirksamkeit aber nur bei Vorliegen des entsprechenden Willens als weiteren Tatbestandselementes gelangt. Also kann die Erklärung auch dann nicht nur Beweismittel für den Willen sein, wenn sie in einer Urkunde verkörpert ist. Es gibt freilich Rechtsgeschäfte, bei denen nicht eine dem Kundgebungszwecke dienende Erklärung des Willens wesentlich ist, sondern infolge Fortfalles jedes Kundgebungsinteressenten der zur Tat gewordene Rechtsfolgewillen genügt. Bei diesen sogenannten Willensgeschäften fungiert die Äußerung nur als Indiz[84]). Die auch heute noch vorkommende Verwechslung von Indiz und Erklärung hat entsprechend verhängnisvoll auf die zivilrechtliche Lehre vom Rechtsgeschäft eingewirkt, indem man überall nur Willenserklärungen sah, deren Behandlung sich indessen den gesetzlichen Bestimmungen der §§ 104ff., 116ff. nicht fügt.

Es wurde ferner übersehen, daß die Beweiskraft einer Urkunde sich nur auf eine empirische Tatsache (§§ 425, 431 ZPO.) als Beweisgegenstand bezieht, während der Inhalt einer Willenserklärung anderer Natur ist. Er fällt mit den empirischen Tatsachen der Erklärung und des ihm zugrunde liegenden Willens nicht zusammen, wird vielmehr erst durch Wertung dieser Tatsachen im Wege der oben hinsichtlich ihrer Methode dargelegten Auslegung der Erklärung urteilsmäßig erschlossen. Auch die in §§ 415 u. 416 ZPO. normierten Beweisregeln ordnen die Beweiskraft der öffentlichen und der privaten Urkunde ausdrücklich dahin, daß sie nur für die dort bezeichneten empirischen Vorgänge vollen Beweis liefern, nämlich für die Abgabe der betreffenden Erklärung durch den Aussteller[85]). Schon hinsichtlich des zugrunde liegenden Willens, dessen Nachweis z. B. im Falle des Irrtums gemäß § 119 BGB., aber auch für die Auslegung der Erklärung gemäß § 133 BGB. erheblich werden kann, ordnen diese Beweisregeln nichts an, bleibt es also bei der allgemeinen Beweiswürdigung gemäß § 286 ZPO. Hinsichtlich der Feststellung des Inhaltes der urkundlichen Erklärung (§§ 119, 133, 157, 154f. BGB.) sind dagegen die

---

[84]) Manigk, Willenserklärung und Willensgeschäft S. 415ff., 424ff.

[85]) Bei Anwendung des § 416 ZPO. wird Beweiswürdigung und Auslegung oft irreführend identifiziert. Vgl. etwa Gaupp, ZPO. § 415 bei B, § 416 bei III. Auch Stein sprach a. a. O. S. 45f. von Beweiswürdigung und Auslegung, die er sonst methodisch trennt, promiscue. — Natürlich kann in concreto casu bisweilen sowohl die Auslegung der Urkundenerklärung wie deren Beweiswürdigung in Frage stehen. Es läßt läßt sich z. B. die Beweiskraft der Urkunde nicht selten erst dann erörtern, wenn die in ihr enthaltene Willenserklärung zivilrechtlich ausgelegt ist. Grundsätze, Methode und Ergebnis beider Funktionen sind aber ebenso verschiedenartig wie ihre Behandlung hinsichtlich der Revisibilität. Bei der tatsächlichen Feststellung des Willens der Partei kann ferner die Erklärung auch Beweismittel sein. Dann unterliegt die Beurteilung ihrer Beweiskraft der freien Beweiswürdigung, und der Revisionsrichter ist an das Ergebnis der Beweiserhebung gebunden. Dazu unten.

oben dargelegten Auslegungsgrundsätze des bürgerlichen Rechtes maßgebend, so daß von freier Beweiswürdigung schon deswegen nicht die Rede sein kann. Sie kommt nur für die bei den Willensgeschäften[86]) erhebliche Ermittlung des dem Verhalten zugrunde liegenden Rechtsfolgewillens in Betracht. Die Unterscheidung der Willenserklärungen von den Willensgeschäften ist auch deswegen erforderlich, um die freie Beweiswürdigung, die bei den letzteren, z. B. bei Aneignung, Dereliktion, Vertragsannahme nach § 151, Billigung bei Probekauf, gewissen Arten der Zustimmung u. a., hinsichtlich der tatsächlichen Feststellung des in diesen Tatbeständen wesentlichen Rechtsfolgewillens stattfindet, methodisch richtig abzusondern von der anderen Grundsätzen folgenden Auslegung von Erklärungstatbeständen. Für die Willensgeschäfte gilt, ebenso wie für alle sogenannten Rechtshandlungen im engeren Sinne (Besitzerwerb, Verarbeitung fremden Stoffes, Fruchterwerb, Fund, Schatzfund, Gastaufnahme, Wohnsitzbegründung, Geschäftsführung ohne Auftrag, Verzeihung, gewisse Anerkennungen, Mitteilungen) hinsichtlich der Feststellung der in diesen Tatbeständen erheblichen Tatsachen, auch der inneren, allein der Grundsatz der freien Beweiswürdigung. Eine unter den Grundsätzen des bürgerlichen Rechtes stehende Auslegung dieser Tatbestände, sofern sie überhaupt Willensäußerungen enthalten, findet nicht statt. Die §§ 133, 157 usw. sind unanwendbar. Willensindizien können unbegrenzt in allen äußeren Umständen liegen und beweiskräftig sein; bei der Auslegung dürfen nach der allgemeinen richtigen Lehre nur die dem Erklärungsgegner erkennbaren Umstände berücksichtigt werden[87]).

Bei der schon von Wach und Stein gerügten Behandlung der Geschäftsurkunden wurde in der Rechtsprechung übersehen, daß die vom Prozeßrechte geregelte Beweiswürdigung dieser Urkunden immer nur die Feststellung der reinen Tatsachen zum Ziele hat, daß eine Willenserklärung abgegeben worden ist, daß sie einen bestimmten Wortlaut hat und vom Aussteller herrührt, und daß ihr ein bestimmter Rechtsfolgewillen zugrunde liegt. Dies ist auch hier die Tatfrage. Tatfrage wäre aber auch beim Urkundenbeweis, ob die Geschäftsurkunde noch hinsichtlich irgendeiner anderen streitigen Tatsache indizierende Kraft hat; denn die beweispflichtige Partei könnte sich z. B. auf einen Schuldschein zum Beweise für eine ganz außerhalb dieser Urkunde bestehende Tatsache (z. B. das im Rechtsstreit erheblich gewordene Bestehen einer gewissen Geschäftsbeziehung) berufen. In diesem Falle zeigt sich zugleich, daß die außerhalb der §§ 415f. ZPO. der freien richterlichen Würdigung unterliegende Beweiskraft der Geschäftsurkunde sich sogar auf Tatsachen außerhalb der Urkunde erstreckt. Auch das ist bei der Auslegung einer Urkundserklärung ausgeschlossen. Dort überall findet keine Auslegung in dem oben dargelegten Sinne des bürgerlichen Rechtes statt. Der Geschäftsinhalt der Urkundserklärung dagegen, der den Schlüssel gibt zur Erschließung der zivilrechtlichen Wirkungen der beurkundeten Willenserklärung, kann nicht tatsächlich festgestellt, also auch nicht im Wege der Beweiswürdigung von Tatsachen ermittelt werden. Er ist nur durch Auslegung der Erklärung gewinnbar, und es ergab sich, daß diese Auslegung zivilrechtlich gebunden ist durch zwei ver-

---

[86]) Über die Beweiswürdigung bei den Willensgeschäften vgl. mein „Willenserklärung und Willensgeschäft“ S. 448ff.

[87]) Staudinger-Riezler, Komm. § 133 bei 3. Hinsichtlich der umstrittenen Rechtsnatur der Verzeihung (vgl. dazu meine „Willenserklärung und Willensgeschäft“ S. 697ff.) befindet sich neuestens auf dem rechten Wege der Beurteilung RG. VII HöchstRRspr. 1928 Nr. 2092, wo das Reichsgericht ausführt, es könne nicht anerkannt werden, daß es bei der Verzeihung „einer besonderen Kundgabe dieses Willens bedürfte“. Der 7. Senat erkennt zutreffend die Erheblichkeit eines Willens ohne Rücksicht auf dessen Kundgabe in einer Erklärung. Indiz ist nicht Erklärung.

schiedene Rücksichten: durch die dem Erklärungsgegner sich nach Treu und Glauben gemäß der Verkehrssitte darbietende Erkennbarkeit des wirklichen Willens, andererseits durch die dabei nötige Rücksicht auf den wirklichen Willen, an dessen Erklärung nicht unbillige Forderungen gestellt werden dürfen. Diese Grundsätze der Auslegung werden andererseits dadurch nicht berührt, ob die Erklärung urkundlich geschah oder mündlich oder nur konkludent.

Möglicherweise kann die Tatsache selbst, daß zwei Parteien zur Beurkundung ihrer Erklärungen geschritten sind, für die Auslegung ihres wirklichen Willens erheblich sein. Es kann sich darin der Wille der Parteien äußern, daß ihre Rechtsbeziehungen allein durch das urkundlich geregelte Material bestimmt werden sollen. Die Urkunde soll hier den Inhalt der Erklärungen auch stofflich begrenzen (Entsch. 43). Es kann jedoch auch der andere, häufigere Fall vorliegen, daß die Urkunde nur den wesentlichen Teil der Vereinbarungen enthält, der durch die vorangegangenen mündlichen Vereinbarungen ergänzt wird, wie z. B. oben Entsch. 9 (S. 99), Entsch. 98, 3 u. 39. Vergleiche ferner die Urkundenauslegungen behandelnden Entsch. 2, 4, 6, 7, 8, 15, 21, 24, 45, 48, 49a, 51, 91, 93, 103 u. a. Gegenüber Entsch. 9, 3 u. 39 ist besonders Entsch. 36 zu vergleichen.

Es kann nun in concreto casu sowohl die Auslegung der Urkundserklärung wie deren Beweiswürdigung in Frage stehen[88]). Die Beweiskraft einer Urkunde läßt sich nicht selten erst beurteilen, wenn die in ihr enthaltene Willenserklärung hinsichtlich ihres Sinnes ausgelegt worden ist. Die Beweiswürdigung setzt hier die Auslegung voraus. Es kann auch der umgekehrte Fall eintreten, und wir werden uns gerade mit ihm, der in obigen Entscheidungen oft vertreten ist, noch beschäftigen: Die Auslegung setzt hier die Beweiswürdigung voraus. Zunächst handelt es sich ja, wie schon oben dargelegt wurde, um die tatsächliche Feststellung der Erklärung, d. h. von deren Wortlaut sowie der etwaigen begleitenden, dem Gegner gleichfalls zugänglichen Umstände. Es ergab sich, daß es sich auch um die Feststellung des wirklichen Willens handeln kann, um beurteilen zu können, ob er in der Erklärung zum zureichenden Ausdrucke gelangt ist, und um gemäß § 133 BGB. die Erklärung mit Rücksicht auf den Willen zu werten. Zwecks Beweises des wirklichen Willens als einer empirischen Tatsache kann sich die beweispflichtige Partei auf jedes Indiz, in erster Linie aber auch auf die Erklärung selbst berufen. Hier stehen wir vor der prozessualen Situation, die die Hauptquelle der häufigen Vermengung von Beweiswürdigung und Auslegung ist. Hier ist mangels genügender Unterscheidung der Funktionen und der Ergebnisse der Beweiswürdigung und der Auslegung die Frage der Revisibilität nicht selten unrichtig entschieden worden. Grundsätze, Methode und Ergebnisse beider Funktionen sind auch hier ebenso verschiedenartig wie die Behandlung ihrer Ergebnisse hinsichtlich der Revisibilität, was an der Hand der zahlreichen obigen Entscheidungen, die dies anschaulich machen, noch zu erörtern bleibt.

Andererseits wurde in der Praxis gerade die Geschäftsurkunde gleich den anderen oben hervorgehobenen Rechtsverhältnissen der typischen Verträge und der allgemeinen Geschäftsbedingungen zu einem bewußten Durchbruchspunkt für die Revisibilität. Die Revision wird ausnahmsweise zugelassen, wenn die Auslegung sich ausschließlich auf den Text einer Urkunde stützt. Wo dagegen neben der Urkunde noch andere außerhalb ihrer bestehende Umstände zur Auslegung verwertet werden, versagte die Revisibilität nach dieser An-

[88]) Von dieser Möglichkeit spricht auch Stein a. a. O. S. 127.

schauung[89]). Eine Folge dieser Anschauung war, daß die Auslegung negotiabler Urkunden, Wechsel, Konnossemente, aber auch von Satzungen (Entsch. 53) für revisibel galt. In dieser Beschränkung der Revisibilität wie bei der Behandlung der typischen Urkunden (Entsch. 100) zeigt sich dieselbe unmethodische Handhabung dieses Rechtsmittels wie oben, besonders wenn man Entscheidungen danebenstellt wie etwa die zu 15: „Die Auslegung von Urkunden, soweit es sich nur um Vermittlung des Vertragswillens handelt, ist Sache rein tatsächlicher Feststellung." Ebenso Entsch. 86.

In dieser irrtümlichen Auffassung bleibt schließlich auch Steins Lehre befangen. Dieser Autor sagt a. a. O. S. 133: „Daraus folgt die Berechtigung des Revisionsgerichtes, in allen den Fällen auch die Vertrags- und Testamentsauslegung nachzuprüfen, wo nur die Erklärung den Tatbestand bildet." Die vorangehenden Darlegungen Steins zeigen ihn in einer oben zurückgewiesenen zivilrechtlichen Auslegungslehre befangen (S. 130f.), wenn er auch angesichts der Rechtsprechung nicht bestreiten kann, daß unter Umständen die tatsächliche Feststellung des Rechtsfolgewillens der Geschäftspartei erforderlich ist (S. 131). Aber er gelangt hier doch nur zur Rechtfertigung der Revision der „typischen, formularmäßigen Verträge, bei denen jeder Einfluß eines individuellen Willens fehlt" (S. 133). Steins Lehre erweist sich als widerspruchsvoll und brüchig. Sie vermochte daher, entgegen ihrer Absicht, nicht die Einheitlichkeit der Rechtsprechung zu bewirken.

5. Viel einfacher gestaltete wenige Jahre später Danz[90]) die Begründung der Auslegungsmethode. Um die uneingeschränkte Revisibilität der Auslegungen nachzuweisen, griff er auf eine frühere Lehre zurück und behauptete, das Rechtsgeschäft sei soviel wie Gesetz, die unrichtige Auslegung des Rechtsgeschäftes sei daher immer Verletzung einer Rechtsnorm. Auch die Motive der zweiten Redaktion des Entwurfes der Zivilprozeßordnung führten zur Rechtfertigung des in diesen Entwurf aufgenommenen eigentümlichen Rechtssatzes, daß die Auslegung von dispositiven Urkunden revisibel sei, aus: „Das Rechtsgeschäft ist dem Gesetze vergleichbar: soweit seine vom Recht anerkannten Dispositionen reichen, soweit es berechtigt oder verpflichtet, setzt es Recht — eine Anschauung, welche sowohl im römischen als auch im französischen Rechte (Art 1134 Code civil) zum Ausdruck gelangt ist. Das Rechtsgeschäft ist, wie das Gesetz, der Auslegung empfänglich und oft bedürftig . . ." — Diese Auffassung läßt sich weiter auf eine frühere individualistische Theorie der Rechtsquellen zurückführen[91]). Man beobachtete schon in der Pandektenwissenschaft, daß die Zivilrechtskodifikationen zu großem Teile nur dispositiven Charakter haben, und lehrte dem entsprechend, daß das Rechtsgeschäft die Kraft besäße, die lex dispotiva abzuändern, ja ganz neues Vertragsrecht zu schaffen, das nicht im Gesetze vorgesehen sei. Vom Standpunkte des dispositiven Prozeßrechtes hat sich besonders Bülow in tiefdringender Untersuchung mit dieser Lehre beschäftigt[92]) und ihre Unrichtigkeit nachgewiesen. Er baute vor fast

---

[89]) RG. I 14, 115. Bolze V 2 Nr. 1864: „Bloßer Hinweis auf Anordnung und Wortfassung der Urkunde ohne Heranziehung von außerhalb derselben liegenden Umstände ist keine die Nachprüfung ausschließende tatsächliche Feststellung." Bolze III 2 Nr. 1292. S. a. Boyens a. a. O. S. 178 Anm. 174.

[90]) Danz, Die Auslegung der Rechtsgeschäfte (1896, 1. Aufl.) S. 4ff.

[91]) Vgl. über die „lex privata" Puntschart, Die fundamentalen Rechtsverhältnisse S. 92ff.; Ryck, Festgabe für Beseler S. 126ff.; Hölder, Pandekten S. 211; Bierling, Jurist. Prinzipienlehre 2, 117f.; siehe dazu auch die Marburger Diss. von R. Krug, Die Zulässigkeit der reinen Wollensbedingung (1904) S. 3ff., 37ff.

[92]) Bülow, „Dispositives Zivilprozeßrecht und die verbindliche Kraft der Rechtsordnung", in ArchZivPrax. 64 (1881) S. 1ff., 44f., 75ff.

einem halben Jahrhundert im Anschluß an Brinz, Thon und Zitelmann dagegen die Lehre auf, die die noch heute herrschende Meinung[93]) begründet, und sagte: „Durch die (dispositiven Rechtssätze) erklärt sich ja die Gesetzgebung ausdrücklich mit der einen oder anderen von mehreren Rechtsregelungsmöglichkeiten einverstanden, akzeptiert sie und überläßt die Wahl zwischen ihnen den Beteiligten. Was letztere infolge dieser gesetzlichen Konzession bestimmen, hat den Grund seiner Rechtsgültigkeit, die Quelle seiner rechtlichen Geltung allein im Gesetz, im objektiven Recht: es ist bereits potentiell in den Rechtsquellen enthalten. Nicht der Wille des Individuums ist es, der diese Bestimmungen aus eigener Macht, Gesetz und Recht abändernd, mit rechtlicher Kraft und Macht versieht[94])!" — Stammler gab zu dieser Lehre wertvolle Ergänzungen[95]).

Danz hat diese Voraussetzungen seiner Lehre vollständig übersehen. Es blieb ihm insbesondere verborgen, daß seine Lehre schon widerlegt war. Wenn sich heute noch die Auffassung findet, daß das Rechtsgeschäft die Kraft habe, das dispositive Gesetzesrecht abzuändern, so erinnert das zwar auch immer noch an die endgültig widerlegte Mutationstheorie des vorigen Jahrhunderts, die an einer Überschätzung der Kraft des Rechtsgeschäftes litt und übersah, daß diese im gesetzlichen Willen wurzelt, ist aber nicht mehr in diesem Sinne gemeint. Es ergab sich schon oben (S. 149) auf breiterer Basis jene legale Grundnorm, auf der die Wirksamkeit jedes Rechtsgeschäftes beruht, insbesondere desjenigen, durch das die lex dispositiva „abgeändert" wird. In dem Übersehen dieser legalen Grundnorm, die der Gesetzgeber wegen ihrer historisch gewordenen Selbstverständlichkeit zwar unausgesprochen läßt, aber in vielen einzelnen Normen und Normengruppen deutlich erkennen läßt und voraussetzt, lernen wir eine weitere Quelle der Mißverständnisse und Unklarheiten kennen, an denen Theorie und Praxis der Revisibilität der Auslegungen von Rechtsgeschäften krankten[96]). Ehe nicht das logische Verhältnis von Rechtsgeschäft zu Rechtsnorm klargestellt war, konnte diese Frage auch nicht entschieden werden.

Rechtsgeschichtlich ist zu beobachten, daß, wo Kraft und Bedeutung der staatlichen Gesetzgebung zumal hinsichtlich der privaten Rechtsverhältnisse gering sind, die private Rechtsgestaltung mehr oder weniger vollständig der vertraglichen Vereinbarung obliegt. Das zeigt sich im antiken Rechte, besonders

---

93) Enneccerus, Lehrb. d. bürg. Rechtes 1, 1, § 45.

94) A. a. O. S. 92.

95) „Zur Lehre von dem zwingenden, dispositiven und ergänzenden Recht" im ArchZivPrax. 69 (1886) S. 13ff. Gegen die Mutationstheorie schon Unger, Österr. Privatr. § 4 Nr. 2. Stammler a. a. O. S. 14. Der objektive Rechtssatz sei das Prius; unter seiner Voraussetzung erst finde die Privatdisposition Beachtung, S. 16.

96) Stein spricht zwar S. 132 auch von der Rechtsordnung, die in blanco dem Vertragswillen rechtliche Kraft beilege, hat aber die grundlegende Bedeutung dieses Zusammenhanges nicht erkannt, weswegen er dort einen alles Frühere wieder einschränkenden Schluß zieht (S. 133). Mißverständlich sagt er S. 130, daß der Parteiabrede „vermöge dispositiven Rechtssatzes diejenige Rechtswirkung zukommt, welche ihren Inhalt bildet". — Nicht der dispositive Rechtssatz verleiht der Parteiabrede diese Kraft, sondern die oben S. 149 extrahierte Grundnorm. Wenn Stein vorher S. 119 gegenüber der zutreffenden Ansicht von Bolze vollends sagt, es scheine ihm gekünstelt und vor allem ohne praktischen Wert, den an sich inhaltlosen Satz: die Parteien können vereinbaren, was sie wollen, als den verkannten Rechtssatz anzusehen, so zeigt sich hier der Hauptmangel seiner ganzen Lehre. Wach war zwölf Jahre früher in der Erkenntnis schon vorgeschrittener. Er lehrte a. a. O. 79: „Das Rechtsgeschäft ist das dem Gesetze gemäße Geschäft, welches nach Inhalt und Wirkung geregelt oder doch unter einer in blanco erfolgenden Anerkennung eines disponierenden Willens sanktioniert ist." — Stein ist sich dagegen weder über die Bedeutung noch den Inhalt der legalen Grundnorm klargeworden. Zu Bolzes zutreffender Lehre siehe unten S. 181f.

im griechischen und hellenistischen Rechtskreise, noch früher und stärker im assyrisch-babylonischen Rechtsleben. An dem reichen Erkenntnismaterial dieser Quellenkreise fällt auf, daß die einfachsten, typischen Privatrechtsverhältnisse immer wieder durch Vertrag geregelt werden. Welche Befugnisse z. B. dem Käufer einer Sache vom Verkäufer im Eigentum übertragen werden, das mußte durch ausdrückliche, trotz ihrer Typik immer wiederkehrende Willenserklärungen bis in alle Einzelheiten bestimmt werden, wenn nicht die Gefahr entstehen sollte, daß die betreffenden Wirkungen des Vertrages in Zweifel gezogen würden oder ausblieben. Weil den Erwerber keine diese Rechtsverhältnisse allgemein regelnde Rechtsordnung schützte, mußte er sich durch Rechtsgeschäft schützen, und so ist dort durch Jahrtausende die heute als Umständlichkeit und Schwerfälligkeit erscheinende Methode der Rechtsvereinbarung der Hauptträger der Rechtsschöpfung. Im Gegensatze dazu ist im römischen Rechte mit seiner im Laufe der Entwicklung sich steigernden Neigung zur gesetzlichen oder doch objektivrechtlichen Erfassung der privaten Rechtsverhältnisse zu beobachten, daß zwar die verschiedenartigen Normierungen auch nicht alle rechtlichen Möglichkeiten erfassen, aber der Schatz der vertraglichen Rechtsbildung doch zu objektivem Rechte wird, indem immer wieder Vereinbartes oder nach Treu und Glauben Vorausgesetztes zu gesetzlichem Rechte erstarkt[97]), d. h. durch die objektive Rechtsordnung mit garantiert wird.

Die Abhängigkeit dieser Rechtsgestaltung von einer garantierenden rechtlichen Macht wird heute im Völkerrecht illustriert, wo in demselben Maße, als es an einer den Rechtssubjekten übergeordneten rechtsetzenden Gewalt fehlt, die Vereinbarung der Subjekte als Rechtsquelle im objektiven Sinne angesehen wird[98]).

Das Bürgerliche Gesetzbuch läßt dagegen, wie oben S. 149 dargelegt wurde, seinen auf der Entwicklung des deutschen Zivilrechtes beruhenden, wissenschaftlich gesicherten Standpunkt an verschiedenen ausdrücklichen Normen deutlich erkennen: §§ 134ff., 305, 269, 270, 276, 433ff. Sie beruhen auf der unausgesprochenen Grundnorm, die ihre Stellung vor dem § 104 zu erhalten hätte: „Ein Rechtsgeschäft hat die Wirkungen, auf die sich der Rechtsfolgewillen des Handelnden richtet, soweit nicht im folgenden Abweichendes normiert wird. Bei Willenserklärungen ist der Rechtsfolgewillen durch Auslegung der Erklärung zu ermitteln."

Danz zog die unhaltbare Begründung[99]) seiner Lehre in der 2. Auflage seines Buches (1906) zurück[100]). Seine Lehre von der Revisibilität der Aus-

[97]) Man denke etwa an das jus distrahendi des römischen Pfandgläubigers. Es wird noch in klassischer Zeit ausdrücklich vereinbart, und ohne diese Vereinbarung entsteht kein Verkaufspfand. Da es aber, auch im Interesse des Verpfänders, immer wieder vereinbart wurde, wird es zum gesetzlichen Bestandteile des Pfandvertrages, wie im heutigen Rechte. Ferner erfaßte das römische Recht den Begriff des Eigentums im dominium objektivrechtlich mit einem gewohnheitsrechtlich erwachsenen Inhalt von Nutzungs- und Proprietätsbefugnissen des Erwerbers, im Gegensatze zum hellenistischen und babylonischen Rechte, wo jene Befugnisse zu Gebrauch, Nutzung und Verfügung vertraglich einzeln aufgezählt wurden. Oder man denke an die vertraglichen Gewährschaftsklauseln beim Kauf, die erst gesetzliches Recht geworden sind.

[98]) Vgl. Liszt-Fleischmann, Völkerrecht (1925) S. 17 u. 247ff. — Heilborn, Völkerrecht (bei Holtzendorff 5, 498) I 1, der hier die verbindliche Kraft der Vereinbarung auf Gewohnheitsrecht zurückführt. Damit entfällt natürlich die Natur der Vereinbarung als Rechtsquelle und bekommt sie dieselbe Stellung wie das private Rechtsgeschäft. Die neuere Theorie unterscheidet daher zwischen Verträgen und Vereinbarungen. Vgl. schon Triepel, Völkerrecht und Landesrecht S. 27f., 49f. (1899). G. Jellinek, Allgemeine Staatslehre (1914) S. 332. Vgl. neuestens Walz, ArchÖff.R. 14, 219.

[99]) Dagegen mein „Anwendungsgebiet der Vorschr. f. d. Rechtsgeschäfte" (1901) S. 7 Anm. 7.

[100]) Vgl. die etwas fadenscheinige Begründung dieser Stellungnahme in Vorworte der 2. Aufl. S. 3, wonach die frühere Begründung „entbehrlich" sei und „zu weit abführe".

legungen ist damit aber all den Einwendungen ausgesetzt, die sonst im Schrifttum vorgebracht wurden und zu der erwiesenen Unsicherheit auch der Rechtsprechung geführt haben. Inwiefern eine Rechtsverletzung vorliegt, wenn die Auslegung gemäß Erfahrung und Verkehrssitte, andererseits unter Berücksichtigung des wirklichen Willens zu einer unzutreffenden Entscheidung gelangt, dafür fehlt nun die überzeugende Begründung. Insbesondere sagt Danz S. 154: „Die Feststellung der Bedeutung dieser Erklärungsmittel, ihres Sinnes ist Auslegung und gehört der Rechtsfrage an, weil mit der Auslegung zugleich die im einzelnen Fall eingetretene Rechtsfolge festgestellt wird." Siehe auch S. 155 unten und 164, wonach das Rechtsgeschäft denselben Erfolg wie das Gesetz erreiche. Hierin verrät sich immer noch die frühere Identifizierung von Gesetz und Rechtsgeschäft. Sie verleitet den Autor zu positiver Unrichtigkeit; denn ob die Rechtsfolgen gemäß dem durch Auslegung festgestellten Sinn der Erklärung eintreten, unterliegt immer noch der Beurteilung aus dem gesetzlichen Obersatz. Erst nach Auslegung kann z. B. entschieden werden, ob das Rechtsgeschäft gemäß § 138 oder § 134 nichtig ist, oder ob andere zwingende Normen eingreifen. Mit der Auslegung sind daher die eingetretenen Rechtsfolgen durchaus nicht festgestellt.

Daß andererseits Danz' Lehre auch in den weiteren Auflagen des Buches von einer unrichtig erklärungstheoretischen Einstellung beeinflußt wird, wurde schon oben dargelegt. Er tadelt daher diejenigen Entscheidungen, in denen der wirkliche Wille des Erklärenden berücksichtigt oder gar tatsächlich festgestellt wird[101]). Er sieht nicht den Widerspruch, wenn er demgegenüber an den Urteilen des früheren Reichsoberhandelsgerichtes rühmt, daß sie bei Auslegung der Rechtsgeschäfte es als ihre Aufgabe betrachteten, „den wirtschaftlichen Erfolg, den die Parteien erstrebten, zur Ausführung zu bringen" und daß das die höchste Kunst des Praktikers sei, „den wirtschaftlichen Erfolg, den die Parteien bezweckten, klarzustellen"[102]), die „Intentionen der Parteien zu berücksichtigen"[103]).

Auch F. Leonhard eröffnet zwar dem Reichsgerichte die schrankenlose Revisibilität aller Auslegungen, aber unter Argumenten, die nicht mehr haltbar sind. Schon der Kern seiner Lehre muß methodisch erhebliche Bedenken erregen. Er sagt: „Wenn also die Heranziehung des Allgemeinwissens keine tatsächliche Feststellung bedeutet und daher der Revision unterworfen ist, so ist nun von entscheidender Bedeutung die Frage, ob in der Auslegung noch irgendeine andere tatsächliche Feststellung enthalten ist. Der Inhalt dieser ganzen Schrift ist eine glatte Verneinung dieser ganzen Frage. Wir müssen alles Tatsächliche aus der Auslegung ausscheiden: den Willen des Erklärers, den übereinstimmenden Willen beider, den erkannten Willen des Erklärers einerseits und andererseits alle Vorverhandlungen. Nur so kommen wir zu einer Auslegung, die von allem Tatsächlichen frei ist, und erst dann können wir die kurze Regel aufstellen: Die Auslegung ist durch Revision anfechtbar[104])." — Es kann indessen unmöglich der vorgesetzte Zweck der Auslegungslehre sein, die Auslegung von allem Tatsächlichen zu befreien und ihre glatte Revisibilität zu begründen. Das Problem ist vielmehr, eine mit dem Prozeß- und Zivilrecht in Einklang zu bringende Lehre von der Auslegung der Willenserklärung zu gewinnen und die Frage der Zulässigkeit von deren Revision zu beantworten.

---

[101]) 2. Aufl. S. 35ff., 56, 62ff., 161, 166f.
[102]) S. 80.
[103]) S. 82.
[104]) ArchZivPrax. 120, 149 (1922).

Daß die Auslegung tatsächliche Feststellungen in den von Leonhard bezeichneten Richtungen voraussetzt, läßt sich heute nicht mehr bestreiten und ist oben dargelegt worden, wird uns an der Hand der Rechtsprechung des Reichsgerichtes auch noch beschäftigen. Sofern Leonhard mit seiner Lehre dagegen lediglich eine methodische Trennung der eigentlichen Auslegungsfunktion und der Beweisfunktion gewinnen will, deckt sich sein Bestreben durchaus mit dem dieser Schrift. Dort indessen, wo es gilt, diese tatsächlichen Elemente zu entwickeln und zu zeigen, was beweismäßig festzustellen ist, um darauf die Auslegung im Sinne des Zivilrechtes zu gründen, versagt seine Darstellung, weil sie in einer mit dem Gesetz unvereinbaren Dogmatik der Willenserklärung verankert ist. Leonhard findet die häufige Wendung in Reichsgerichtentscheidungen bedenklich, daß das Berufungsgericht den „Willen der Parteien" feststelle. Und wenn das Berufungsgericht wirklich den tatsächlichen Willen festgestellt habe, so sei das ohne Belang[105]). Daß das dem § 133 BGB. widerspricht, ist schon früher in eingehender Begründung dargelegt worden[106]), mit der sich Leonhard ebensowenig auseinandersetzt, wie mit der entgegenstehenden Auffassung des Reichsgerichtes. Es widerspricht im übrigen auch vollständig Leonhards eigenem richtigen Ausgangspunkte: „Die Auslegung soll eine Erklärung, sei es einen Willensakt oder eine tatsächliche Behauptung, deuten, d. h. uns das Verständnis dieses geistigen Vorganges verschaffen. Wir wollen wissen, was diese Vorgänge sind und gewesen sind, den Willen oder die Behauptung, die darin ausgedrückt sind, erkennen." (S. 16f.) So zeigt sich der charakteristische erklärungstheoretische Fehler, den richtig gesehenen Zweck der Auslegung zu vergessen, sobald es sich um die Klarlegung der Funktion und Methode der Auslegung handelt. — Es ist Leonhard andererseits nicht der Nachweis gelungen, „daß alle diese Umstände (Wille, übereinstimmender Wille der Kontrahenten, der vom Gegner erkannte Wille des Erklärers, der außerhalb der Erklärung liegende Wille) nicht oder doch nicht bei der Auslegung berücksichtigt werden: daß vielmehr lediglich die Erklärung selbst festzustellen ist[107])". Es ist irrtümlich, daß bei der Auslegung „nur die in der Erklärung enthaltenen und keine sonstigen Umstände berücksichtigt

---

[105]) A. a. O. S. 150.

[106]) Mein „Irrtum und Auslegung" S. 189ff. Zu den sich hierauf beziehenden Ausführungen Leonhards, S. 83, sei folgendes bemerkt. Leonhard hält es in meiner Lehre für „sehr gefährlich, wenn so der Eindruck einer grundsätzlichen und allgemeinen Willenstheorie erweckt wird", während er feststellt, daß ich sonst einen Standpunkt vertrete, der „im praktischen Ergebnisse fast durchweg dem der allgemeinen objektiven Auslegungslehre" entspräche. Einmal dürfte letztere Beurteilung übersehen, daß ich in „Irrtum und Auslegung" (ebenso oben) im Sinne des Bürgerlichen Gesetzbuches und der Rechtsprechung die Aufgabe der Auslegung nach zwei verschiedenen Richtungen (Rücksicht auf den Gegner und auf den Erklärenden) zu orientieren gesucht habe, also meine Lehre nicht so, sondern eher als eine Verbindung des objektivistischen und subjektivistischen Standpunktes bezeichnet werden könnte. Ferner sollten wir — im Gegensatz auch zu Leonhards Darlegungen S. 94 — fortan bestrebt sein, eine Lehre nicht als willenstheoretisch oder erklärungstheoretisch zu stigmatisieren, wo auf der Grundlage des Bürgerlichen Gesetzbuches diese Schlagworte ihren Wert verloren haben und das Reichsgericht in seiner Rechtsprechung gezeigt hat, daß der Tatbestand des Rechtsgeschäftes willens- und erklärungstheoretische Elemente verwirklicht. Vgl. schon meine „Willenserklärung und Willensgeschäft" S. 150ff. und „Irrtum und Auslegung" S. 81. — Eine Polemik des Stiles, daß ein Autor „theoretisch" Willenstheoretiker sei, „praktisch" dazu aber in Widerspruch gerate, hat heute keinen Wert mehr. Was Leonhard ferner S. 41 bei Anm. 74 zu meiner Ansicht sagt, ist nicht richtig und beruht auf irriger Entscheidung des Falles. Der § 323 BGB. ist im dortigen Falle unanwendbar, weil die Obligation durchaus nicht unmöglich ist. Sie richtet sich auf Unterlassen des Bauens. Das Unterlassen wird durch obrigkeitliches Bauverbot nicht unmöglich, sondern im Gegenteile nun doppelt geschuldet. Daher meine Behandlung a. a. O. S. 171. Und so bliebe noch manches im einzelnen einzuwenden.

[107]) Leonhard S. 145.

werden[108])". Dieser auch schon am Anfange der Schrift[109]) behandelte Satz gerät offenbar mit der eigenen darauf entwickelten Ansicht des Verfassers in Widerspruch: „Die Erklärung ist nicht nur in dem Schlußtenor, sondern dem Gesamt-Tatbestande des Geschäftes enthalten." „Der Auslegung ist nicht nur die Schlußformel, sondern der gesamte Vertragsabschluß zu unterwerfen[110])." Wenn hier Leonhard darlegt, daß es meistens gar nicht möglich ist, den Tatbestand des eigentlichen Abschlusses von den früheren Verhandlungen abzutrennen, so bleibt unklar, was der Verfasser mit den angeführten späteren Sätzen sagen will. Im übrigen übersieht er auch bei den zuletzt zitierten Sätzen, daß gerade die Auslegung des Tenors der Erklärung dazu führen kann, alles andere Material als für die Sinnbestimmung der Erklärung unerheblich anzusehen, man denke an mündliche oder urkundliche Abschlüsse, die ausdrücklich die Vorverhandlungen als unerheblich bezeichnen[111]). Die Heranziehung des außerhalb des Tenors vorliegenden Materials beruht allein auf dem im § 133 BGB. Gesetz gewordenen Grunde, dem wirklichen, im Tenor oft nicht ausreichend erkennbaren Willen der Parteien gerecht zu werden, während sich diese Notwendigkeit aus der Lehre Leonhards ebensowenig erklären läßt, wie diese mit dem § 133 vereinbar ist, den sie als „berühmt oder berüchtigt" kennzeichnet[112]). Wenn der Verfasser dagegen sagt, daß das Gesetz in dieser Norm unter „Willen die individuellen Umstände des Vertrages, in erster Linie also die Vorverhandlungen" meine[113]), wenn er also lehrt, daß nach § 133 zur Auslegung der Erklärung die Einbeziehung der Vorverhandlungen gehöre, ergibt sich hier ein auffallender Widerspruch zu seinen angeführten grundlegenden Sätzen S. 14ff. Es sei auch hier auf frühere Untersuchungen verwiesen, die zeigen sollten, warum und inwieweit die Auslegung die Umstände der Erklärung zu berücksichtigen hat[114]).

Im übrigen hat Leonhard die „Willenstheorie" mißverstanden, wenn er ihr S. 74 die „Ungeheuerlichkeit" zumutet, ein Geschäft gegen seinen erklärten Inhalt nach den geheimen Motiven des Erklärers auszulegen. Eine solche Theorie hat es niemals gegeben[115]) und die angeblich notwendigen Folgerungen, die der Verfasser S. 75 aus der Willenstheorie zieht, bestehen nicht[116]). Wenn es hier als sehr unbillig bezeichnet wird, den wirklichen Willen des Erklärenden zu berücksichtigen, so wird dabei übersehen, daß die gesetzlich im § 133 normierte Berücksichtigung des wirklichen Willens eine Forderung der Billigkeit gegen den Erklärenden ist, indem der Gesetzgeber die entsprechende Billigkeitsforderung des Erklärungsempfängers durch die Notwendigkeit der Erklärung und der Erkennbarkeit des Willens ohne ausdrückliche Normierung in Lehre und Praxis erfüllt sieht. Der Theorie sollten auch Entscheidungen wie oben II 72 b zu denken geben.

Auf die Auseinandersetzung hinsichtlich der sogenannten nichtempfangsbedürftigen Willenserklärungen und Willensgeschäfte, deren Behandlung schon oben berührt wurde, soll hier nicht eingetreten werden, um die vorliegende Untersuchung auf das Wesentliche zu be-

---

108) S. 143. Auf S. 70 wird dem „grundlegende Bedeutung beigemessen".
109) S. 15 f.
110) S. 21.
111) Was Leonhard S. 21 dazu sagt, widerlegt ihn.
112) Leonhard S. 19.
113) S. 19, ebenso 31.
114) Mein „Irrtum und Auslegung" S. 83f., 91ff., 192ff.; s. auch Titze, Mißverständnis S. 83ff.
115) Dazu „Willenserklärung und Willensgeschäft" S. 150f., 165f., 175f., „Irrtum und Auslegung" S. 41ff.
116) Siehe oben S. 150f., 167f.

schränken[117]). Ebenso haben wir es aus diesem Grunde auch schon oben nach Möglichkeit vermieden, auf die besonderen Fragen der Auslegung von Verträgen einzugehen, zumal wir uns über die auch hier lehrreiche und beifallswerte Rechtsprechung des Reichsgerichtes jüngst eingehend an anderer Stelle geäußert haben[118]).

Am Ende der Abhandlung F. Leonhards stehend, muß man aber die Frage aufwerfen, inwiefern dadurch, daß die Auslegung auf die Erklärung beschränkt wird, Tatsachenfeststellung und somit Irrevisibilität vermieden werde, dadurch dagegen, daß auch Umstände außerhalb der Erklärung in die Auslegung bezogen würden, Irrevisibilität gegeben sei. Hier liegt offenbar ein Fehlschluß des Verfassers vor, der seinen ganzen Gedankengang beeinträchtigt[119]). Denn die Erklärung ist genau ebenso Tatsache und als solche nicht nachprüfbar feststellungsfähig und feststellungsbedürftig, wie es Umstände außerhalb der Erklärung sind, die auch immer zur Auslegung der letzteren herangezogen wurden und herangezogen werden müssen. Was Leonhard als Ziel seiner Untersuchung vorschwebte, die Begründung der Revisibilität der Auslegung, hätte er selbst durch den Nachweis, daß die Auslegung nur die Erklärung erfasse, nicht bewiesen. Die obigen Reichsgerichtsentscheidungen zeigen, daß die Erklärungstatsache beweisgemäß und nicht nachprüfbar festgestellt wird. Dies aber ruht auf wohlbegründetem Fundament, wozu noch unten.

6. Es bleibt noch übrig, zu der eingehend begründeten, die Revisibilität der Auslegung im wesentlichen ablehnenden Lehre Oertmanns[120]) Stellung zu nehmen. Gegen die Revision wegen Verletzung der §§ 133, 157 BGB. und § 346 HGB. und sonstiger gesetzlicher Auslegungsregeln wendet auch Oertmann nichts ein[121]), ebensowenig wegen unrichtiger Beurteilung einer Verkehrssitte, die zu unrichtiger Subsumtion führt[122]). Der Autor widerspricht aber der Revisibilität unrichtiger Auslegungen dort, wo sie nicht zum Subsumtionsirrtum führten. In diesem Gebiet der „wahren Auslegung" werde zwar auch nach einem abstrakten Maßstab, der Verkehrssitte, gewertet, aber kein positives Recht angewendet. Der § 157 BGB. schreibe zwar die Verwertung der Verkehrssitte vor, dadurch werde aber der Inhalt der letzteren bei Auslegung des Geschäftes nicht zum mittelbaren Gesetzesinhalt. Der Autor tritt daher der Entsch. RG. VII. SeuffA. 59, 311 Nr. 177 in dem bekannten Spenglerfall bei[123]). Das Berufungsgericht hatte hier eine lokale Übung des Inhaltes festgestellt, „daß der Geselle eines Spenglers, den dieser zu einem Kunden zwecks Ausführung einer bestellten Arbeit sende, als ermächtigt gelte, ähnliche Arbeiten von unbedeutendem Umfange ohne besondere Ermächtigung des

---

[117]) Zu Leonhards Darlegungen S. 88ff. vgl. meine „Willenserklärung und Willensgeschäft", S. 305ff., 454ff., 465f. Das Zitat bei Leonhard S. 91 Anm. 213 ist nicht verständlich.

[118]) „Das Wesen des Vertragsschlusses in der neueren Rechtsprechung" in Jherings J. 75 S. 127ff. (1925). Gegen Leonhard S. 105f. dort S. 186ff., 216ff.

[119]) Gegen F. Leonhard insbesondere Enneccerus, Lehrb. 1 § 192 Anm. 11: „Die Leonhardsche Ansicht zeigt, wohin die Überspannung der Erklärungstheorie führt." — Enneccerus sagt dort Anm. 10: „In früheren Auflagen war zu ausschließlich betont, daß die Erklärung auszulegen ist, wodurch der Irrtum erweckt werden konnte, daß der Wille für die Auslegung überhaupt nicht in Betracht käme." Dieser Autor hat im Anschluß an meine Darlegungen in „Irrtum und Auslegung" als einer der Ersten seine Auslegungslehre grundsätzlich umgestaltet. Vgl. ferner v. Tuhr, Allgemeiner Teil 1 § 64 S. 534ff., 538; H. Lehmann, Allgemeiner Teil § 30 VII. Zutreffend auch Oertmann, Komm. § 133 bei 3: „Der Wille ist in, nicht entgegen der Erklärung zu erforschen." S. auch Oertmann, Rechtsordnung und Verkehrssitte S. 504, wozu unten.

[120]) Oertmann, Rechtsordnung und Verkehrssitte S. 488ff. (1914).

[121]) S. 492.

[122]) S. 494ff.

[123]) S. 500ff. bei b.

Prinzipals für ihn zu übernehmen und auszuführen". Das Reichsgericht sah diese Feststellung der Übung als seiner Nachprüfung entzogen an.

Oertmann übersieht, daß der § 157 BGB. hiernach sehr äußerlich und formalistisch verstanden wird. Ihm wäre nach solcher Anwendung schon Genüge geschehen, wenn überhaupt irgend eine Verkehrssitte bei der Auslegung des zweifelhaften Sinnes eines Vertrages berücksichtigt wäre. Es kann indessen keinem Zweifel unterliegen, daß der § 157 die Rücksicht auf die bestehende Verkehrssitte vorschreibt, und daß er also verletzt ist, wenn der Berufungsrichter seiner Auslegung eine nicht bestehende Sitte und Auslegungsregel zugrunde legt. Daß die Feststellung einer Verkehrssitte ebensowenig wie die eines Handelsbrauches eine tatsächliche im Sinne des Prozeßrechts ist, wurde oben dargelegt. Die erwähnte Entscheidung des 7. Senats ist daher ebenso abzulehnen wie Oertmanns Begründung für sie. Die Revisibilität ist dort — vorausgesetzt daß die Auslegungsregel inhaltlich nicht zutrifft — aus nicht weniger wie drei Gründen der Gesetzesverletzung gegeben. Zunächst ist § 157 verletzt, weil nicht „mit Rücksicht auf die Verkehrssitte" ausgelegt worden ist. Dann sind §§ 167, 164 verletzt, weil Vollmacht nicht erteilt war. Und schließlich ist, wovon noch im allgemeinen zu handeln sein wird, die Grundnorm verletzt, durch die das Gesetz die Wirksamkeit der Willenserklärung nur gemäß ihrer richtigen Auslegung sanktioniert. —

Im folgenden hebt Oertmann zwar zutreffend und in Übereinstimmung mit unserer Lehre gegenüber Stein hervor, daß der gemäß § 133 BGB. zu ermittelnde Erklärungswert niemals aus dem Wortsinn allein, sondern immer mit Rücksicht auf den darin etwa zum Ausdruck gekommenen Willen zu bestimmen sei[124]), daß mit der Auslegung der Erklärung nicht schon ohne weiteres die Subsumtion gegeben sei, da erstere noch nicht die Gültigkeitsbedingungen entscheide[125]). — Daraus folgt indessen durchaus nicht, daß die Auslegung eines „nur den gesetzlichen Regeln unterworfenen konkreten Tatbestandes" — z. B. A. verkauft dem B. sein Landgut „mit Inventar", und es wird nun streitig, ob davon nur das tote oder auch das lebende erfaßt ist — nicht revisibel wäre. Keiner der vorgebrachten Gründe beweist das. Alle Senate des Reichsgerichts würden eine Entscheidung dieser Frage nachprüfen. In der oben hervortretenden Methodik würde der Tatrichter entsprechend den Behauptungen des Käufers aus der Gesamtheit der Umstände des Kaufes zunächst den wirklichen Willen zu ermitteln haben. Der Käufer könnte z. B. darauf hinweisen, daß bei den Kaufverhandlungen eine sehr genaue Besichtigung des lebenden Inventars und einzelne Wertbestimmungen der Stücke stattgefunden hätten. Er könnte auch darauf hinweisen, wie die Berechnung des Kaufpreises tatsächlich erfolgt und mit welchen Posten das lebende Inventar einkalkuliert worden sei und anderes mehr. Das sind die Verhandlungen, die Umstände, die den wirklichen Willen der Vertragsparteien erkennen lassen und möglicherweise prozessual beweisen. An die tatsächliche Beweiswürdigung in letzterer Richtung wäre der Revisionsrichter gebunden, wozu unten. Ergibt sich kein Beweis für den Willen, so wäre gemäß herrschender Lehre[126]) nach Auslegungsregeln Umschau zu halten, nach lokalen oder allgemeineren Verkehrs- und Erfahrungssätzen, die den gewöhnlichen Erklärungswert des im Vertragstext gebrauchten Wortes „Inventar" objektiv bestimmen. Würde hier ein unzutreffender Verkehrssatz zugrunde gelegt werden, so ist das Auslegungsergebnis gemäß dem oben Dargelegten revisibel. Einmal ist auch

[124]) Oertmann S. 504.
[125]) S. 505.
[126]) Zutreffend Titze, Mißverständnis S. 91f., 110ff., 136ff.

hier wie in dem oben besprochenen Falle Oertmanns der § 157 BGB. verletzt, weil der Auslegung nicht die Verkehrssitte zugrunde gelegt ist. Es ist aber auch die oben bestimmte Grundnorm des Gesetzes verletzt. Vergleiche hierzu ferner unten, wo auch darauf einzugehen sein wird, wodurch § 133 BGB. verletzt werden kann. Im letzten Fall würde diese Norm in der zuerst erörterten Hinsicht dann verletzt sein, wenn der Berufungsrichter die angegebenen Hinweise des Käufers für unerheblich angesehen hätte, weil es nach seiner Ansicht etwa nur auf die Kaufurkunde ankäme, in der alle mündlichen Abreden für unerheblich erklärt wären. Es wäre ein grober Fehler der Rechtskunst, aus dieser in Geschäftsurkunden sich oft findenden Klausel schließen zu wollen, daß damit alle Vorverhandlungen und Nebenumstände zu völliger rechtlichen Bedeutungslosigkeit herabsänken. Auf die Beweiswürdigung des Richters haben die Parteien keinerlei Einfluß. Jene Klausel des Vertrages bestimmt zwar die Grenzen des Vertragsumfangs, normiert aber keine prozessual erhebliche Beweisregel für die Feststellung von Tatsachen, von denen die Auslegung des Vertragsinhalts abhinge. Der Berufungsrichter müßte dort also, wenn er nicht von vornherein eine sichere Überzeugung von dem wirklichen Willen der Vertragsparteien gewonnen hat, Beweis erheben. Zugleich zeigt sich an dieser zuerst in Betracht kommenden Prozeßaufgabe der besprochene wesentliche Fehler der rein erklärungstheoretischen Methodik. Sie sagt zwar auch, daß zunächst die sogenannte individuelle Auslegung stattzufinden habe und die generelle erst dann eingreife, wenn jene ergebnislos verliefe. Aber die nicht zu übersehende Frage ist eben die, wann letztere Prüfung ergebnislos verlaufen ist. Ehe die objektivistische Auslegung nach Treu und Glauben und bestehenden Erfahrungs- und Verkehrssätzen vorgenommen wird (§ 157), muß die auf der Grundlage von § 133 BGB. erfolgende Auslegung nach dem wirklichen Willen erschöpft sein. Sie setzt die tatsächliche Feststellung des wirklichen Willens voraus und besteht in der wertenden Fragestellung, ob dieser in der Erklärung zum zureichenden Ausdruck gelangt ist. An diesem noch zu besprechenden Punkte besteht eine weitere Möglichkeit der Rechtsverletzung.

Wenn Oertmann[127]) eine Rechtsverletzung dann als gegeben ansieht, wenn etwa die §§ 372 oder 266 BGB. durch verfehlte Zugrundelegung von Verkehrssitten bei deren Auslegung einen unrichtigen Sinn erhalten, so bewährt sich in dieser zweifellos zutreffenden Auffassung der oben dargelegte Grundsatz, daß die Erfahrungs- und Verkehrssätze immanente Bestandteile der legalen Rechtssätze sind, auch da, wo letztere nicht ausdrücklich die Verkehrssitte anrufen. Aber auch die legale Grundnorm der Rechtsgeschäfte und sie ganz besonders hat diesen sich von selbst verstehenden Bestandteil und Sinn: Die Rechtswirkungen einer Willenserklärung sollen gemäß verkehrsgerechter Sinnbestimmung ihres Inhalts eintreten. Wo unrichtig erfaßte Verkehrs- und Erfahrungssätze zur Sinnbestimmung führten, ist überall diese legale Grundnorm verletzt, der gegenüber die §§ 133 u. 157 BGB. methodisch nur weitere Ausführungsbestimmungen sind.

Oertmann übersieht in seiner Methodik der Unterscheidung von sogenannten Vertragsnormen (die eine lex dispositiva abändern) und anderen Vertragsbestimmungen (die eine lex dispositiva nur ausführen)[128]), daß beide auf der Basis jener legalen Grundnorm ruhen und nur von ihren Gnaden wirksam werden. Er neigt — allerdings auch nur zunächst[129]) — dazu, erstere Gruppe als revi-

[127]) S. 507 bei Ziff. 3.
[128]) S. 239, 511.
[129]) S. 511.

sibel anzusehen: „Ist die Vertragsnorm vom Gericht falsch beurteilt, so betrifft das nicht nur den der Beurteilung zu unterwerfenden Untersatz, den Tatbestand, sondern den für dessen Beurteilung maßgebenden Obersatz ... Und dieser Obersatz gilt, weil er vom Staate mittels der Erlaubnis, die Ergänzungsregeln durch die Sonderabrede zurückzudrängen, selbst gebilligt, implicite zu einem Bestandteil des Staatsgesetzes, zum mittelbaren Gesetzesinhalt erhoben wird[130])." — Was der Autor hier von der sogenannten Vertragsnorm sagt: „Die Vertragsnorm, deren Inhalt nach § 157 ausgelegt ist, stellt ihrerseits die entscheidende Beurteilungsnorm für das weitere konkrete Geschehen dar[131])", das gilt unbestreitbar für alle Vertragsbestimmungen, also auch für die, die nicht an Stelle der lex dispositiva anderes Recht setzen, sondern gemäß der Grundnorm irgendwelche Vertragsbestimmungen vereinbaren[132]). Jene Unterscheidung von zwei verschiedenen Gruppen von Abreden entbehrt in dieser Hinsicht der Grundlage. Jede durch gesetzlich zugelassene Willenserklärung bezeichnete Rechtswirkung ist, vom Staate selbst gebilligt, implicite zu einem Bestandteil des Staatsgesetzes, zum mittelbaren Gesetzesinhalt erhoben. Wenn die Parteien eine den § 446 BGB. abändernde Regelung der Gefahrtragung vornehmen, was Oertmann eine Vertragsnorm nennt, leitet sich die Wirksamkeit dieser Abrede ebenso von jener legalen Grundnorm ab, als wenn A. dem B. einen „Goethe" verkauft hat und nun zweifelhaft wird, was er zu liefern hat. Oertmann hat übersehen, daß die Macht der Parteien, den Kaufgegenstand und den Kaufpreis zu bestimmen, genau ebenso auf der legalen Grundnorm beruht wie diejenige, die Gefahrtragung anders zu regeln, als § 446 es vorsieht. Im Grunde verfällt der Autor in den alten, schon von Bülow aufgedeckten Fehler der Mutationstheorie, der oben S. 169f. erörtert wurde. Er behandelt die lex contractus anders, weil er irrtümlich beobachtet, daß nur sie „unmittelbar auf die Rechtswirkungen" gerichtet sei[133]). Es zeigt sich indessen, daß dies die Eigentümlichkeit jeder rechtsgeschäftlichen Willenserklärung ist. Nicht nur die „Vertragsnorm, deren Inhalt nach § 157 ausgelegt ist, stellt ihrerseits die entscheidende Beurteilungsnorm für das weitere konkrete Geschehen dar[134])", sondern jede Vertrags- und Rechtsgeschäftsbestimmung hat diese Eigentümlichkeit.

Diese Argumentation deckt zwar den Grundfehler Oertmanns auf; aber der Autor hält schließlich nicht einmal die Vertragsnormen für revisibel[135]). Er verfällt hier in eine schon früher als irrig erkannte Denkungsweise und seine Gründe sind nicht haltbar. Der Autor sagt, selbst Vertragsnormen hätten doch meistens nur einen kleinen Geltungsbereich, der sich regelmäßig nur

[130]) S. 510.

[131]) S. 511.

[132]) Das Beispiel Oertmanns S. 502: Verkauf eines Landgutes mit Inventar, paßt hier insofern nicht, als die Auslegung letzteren Begriffs die §§ 314, 98 Ziff. 2 BGB. zu beachten hätte, diese also unmittelbar verletzbar sind.

[133]) S. 240.

[134]) S. 511. Auch was Oertmann S. 515 dazu sagt: „Der bestimmte Inhalt des danach anzunehmenden staatlichen Blanketts wird erst durch das einzelne Geschäft ausgefüllt", gilt für alle Abreden. Auch die Abrede der Ware, des Preises, setzt erst die konkreten Größen in das gesetzliche Kaufformular ein.

[135]) S. 511ff. In seinem „Grundriß des Zivilprozesses" (1927) § 106 bei 1c wird die irrtümliche Methodik Oertmanns besonders deutlich: „Keine Rechtsnorm ist die Geschäftsnorm ..., und wenn sie es wäre, erschien sie wegen der auf die Parteien beschränkten Geltung nicht revisibel. Dagegen ist es eine Gesetzesverletzung, wenn einer der im Gesetz verwendeten ... Wertbegriffe, z. B. ‚Treu und Glauben' ... verfehlt verstanden ... ist; das bedeutet eine sachwidrige Anwendung des Gesetzes selbst." — Wer nur hier das Gesetz als verletzt ansieht, übersieht, daß jede Willenserklärung auch nur ein „im Gesetz (nämlich in der Grundnorm) verwendeter Wertbegriff" ist. Im übrigen siehe oben.

auf die Vertragsparteien und ihre Nachfolger beziehe. Sie setzten also nicht Recht, das „sich über den Bezirk des Berufungsgerichts hinaus erstreckt“. Er billigt also jene oben berührte Neigung der Rechtsprechung, „allgemeine Geschäftsbedingungen“ — unter einem gewissen Schein der Ausschließlichkeit — zur Revision zuzulassen, weil deren Geltungsbereich über den Bezirk des Berufungsgerichts hinausweise. Schon oben S. 159 wurde dargelegt, daß eine solche Handhabung jeder rechtlichen Grundlage entbehrt und zu der wirklich geübten allgemeinen Praxis des Reichsgerichts in Widerspruch gerät. Das Hervorheben der Revisibilität allgemeiner Vertragsbedingungen beruht nur auf der methodischen Unsicherheit der Zulassung der Revision bei allen Auslegungen. Hat jemand etwa schon einmal daran gedacht, die Revisibilität der Entscheidung eines Berufungsgerichtes darüber, daß A. den B. vorsätzlich durch unerlaubte Handlung geschädigt hat, zu versagen, weil die Schadenszufügung sich lediglich zwischen zwei Personen abgespielt hätte, oder darüber, daß x ein Zubehör von y sei, weil die dabei gemäß § 97 I 2 zu berücksichtigende Verkehrsauffassung nur einen kleinen, in einen Oberlandesgerichtsbezirk fallenden Kreis umfasse? Hinsichtlich der Erfahrungs- und Verkehrssätze sowie der Handelsbräuche ist zwar in der Tat behauptet worden, daß ihre Revisibilität von ihrem Geltungsbereich abhänge. Indessen hat sich praktisch längst die Meinung durchgesetzt, daß hier eine Verwechslung zweier Gesichtspunkte den Blick getrübt hat[136]). Ebenso wie die reichsrechtliche Gesetzesnorm anordnen kann, daß eine lokale Verkehrssitte oder ein lokaler Handelsbereich in irgendeiner den zu regelnden Tatbestand betreffenden Hinsicht den Maßstab bilden solle, und wie dieser dann in jedem Falle revisibel ist, ebenso beeinflussen hinsichtlich jedes anderen legalen Tatbestandes nicht rechtsgeschäftlicher Natur Beurteilungsmaßstäbe aus kleinsten Geltungsbezirken die Anwendung der legalen Elemente jenes Tatbestandes, führen diese aber dennoch zur Verletzung einer reichsrechtlichen Norm. Man denke etwa an die im Tatbestand der Stoffverarbeitung (§ 950 BGB.) erhebliche Beurteilung der Sachneuheit, für die der Berufungsrichter den Maßstab aus begrenztester Verkehrsauffassung entnommen haben mag, die aber dennoch zur Verletzung jener Reichsrechtsnorm führen kann und daher revisibel ist. Die normativ gearteten juristischen Tatsachen der Legalnormen sowie Verkehrssitten und Erfahrungssätze teilen mit den Legalnormen nicht die

---

[136]) Stein hat a. a. O. S. 27f. die entgegenstehende Auffassung schon mit guten Gründen bekämpft: „Ebenso unmöglich ist es natürlich, die Erfahrungssätze nach ihrem ‚Geltungsgebiet‘ in allgemein oder nur lokal ‚gültige‘ zu scheiden. Hier spielt zweierlei herein, was den Irrtum verursacht hat: einmal die falsche Parallele mit den Rechtssätzen, die allerdings ein Geltungsgebiet haben, aber nur, weil sie und soweit sie Befehle sind, wogegen einem bloßen logischen Urteil eine Geltung in diesem Sinne nie zukommt, und sodann die an sich richtige Erwägung, daß alle induktiv gewonnenen Wahrheiten nur für das beobachtete Gebiet ‚gelten‘, d. h. daß die Beobachtungsfälle die Grenze bestimmen ... Ich würde diesen selbstverständlichen Punkt nicht berührt haben, wenn nicht neuerdings die arge Verlegenheit des Reichsgerichts bei der Behandlung der Erfahrungssätze in der Revisionsinstanz zu dem vorläufig noch schüchternen Versuche geführt hätte, in analoger Anwendung des § 511 (heute 549) ZPO. wissenschaftliche Wahrheiten zu konstruieren, die nur im Bezirke des Berufungsgerichts gelten.“ — Stein hatte hier RG. IV 17, 271 im Auge. — Zutreffend hebt auch Mannheim a. a. O. S. 75 in strafprozessualer Hinsicht hervor, daß die Anwendung jedes Erfahrungssatzes bei der Subsumtion revisibel sei: „Dagegen kommt es z. B. nicht auf den Geltungsbereich der Erfahrungssätze an. Der Gedanke, daß etwa die Nachprüfung ‚örtlich begrenzter Erfahrungssätze‘ unzulässig sei, ist abzulehnen.“ — Jüngst prüfte das RG. VI JW. 1928 S. 2831 Nr. 21 zutreffend eine die Geschäfte hinsichtlich einer Grundschuld betreffende mecklenburgische Verkehrssitte nach. Es handelte sich um die Frage, ob durch Übernahme des Restkaufgeldes auf Grundschuld die Kaufpreisforderung gemäß dortiger Verkehrsauffassung als getilgt angesehen werde, was als Auslegungsregel für Vereinbarungen zweifelhaften Sinnes von Bedeutung wäre. S. auch JW. 1927 S. 2505.

räumlichen Grenzen der Geltung. Sie können vielmehr zeitlich vorübergehende oder an einen bestimmten begrenzten Raum und an bestimmte subjektive Beziehungen gebundene Maßstäbe sein.

Die abzulehnende Lehre[137]) übersieht grundsätzlich, daß in den zahlreichen Fällen, in denen die Legalordnung irgendeinen allein aus den konkreten Umständen zu beurteilenden und daher immer auf Grund eines normativen Maßstabes von ganz begrenztem Geltungsbereich sich ergebenden Billigkeitsgesichtspunkt als maßgebend normiert, die unzutreffende Bewertung dennoch nach herrschender Praxis und Lehre revisibel ist. Die Beurteilung der Frage, ob die vom Kläger angefochtene Höhe der Vertragsstrafe „unverhältnismäßig hoch" ist, ergibt sich ebenso nur aus den individuellen Umständen wie diejenige, welcher Betrag im Sinne des § 343 BGB. angemessen ist. Die wenigsten „wichtigen Gründe", aus denen gemäß § 626 fristenlose Kündigungen vom Reichsgericht als begründet anerkannt worden sind, sind verallgemeinerungsfähig. Was z. B. ein Vertrauensbruch ist, der darunter fiele, läßt sich nur aus den individuellen Umständen des Falles beurteilen. Alle Billigkeitsmaßstäbe, durch die die Reichsgesetzgebung ihren strikten und formalen Charakter grundsätzlich mildert, haben ihren Sitz allein in den Verhältnissen des Falles und sind durch einen ganz begrenzten Geltungsbereich charakterisiert. Sie sind in wachsendem Maße und heute ohne Einschränkung vom Reichsgericht nachgeprüft worden. Die Analogie aus § 549 ZPO. erweist sich hier als unhaltbar[138]).

Die rechtsgeschäftlichen Willenserklärungen sind gleich den zuletzt erwähnten Beispielen nur juristische Tatsachen in legalen Rechtssätzen. Sie entstammen, wie die vorher erwähnten, meist eng begrenzten Lebensbeziehungen, und unter der Autorität des Reichsgesetzes entstehen aus ihnen Rechtswirkungen von entsprechend begrenzter Ausdehnung. Dort wie hier hat das mit dem für die Revision gemäß § 549 ZPO. maßgebenden Geltungsbezirk der verletzten Rechtsnorm nicht das geringste zu tun. Es ist verkehrt, die im § 549 normierte Voraussetzung des Geltungsbereichs der Rechtsnorm analog auszudehnen auf die juristischen Tatsachen der Norm und sie hier zum zweiten Male zu fordern. Es ist daher zu wünschen, daß entsprechend der wirklichen Praxis des Reichsgerichts Wendungen der Entscheidungsgründe wie: „allgemeine Geschäftsbedingungen", „typische Verträge sind revisibel" der Vergangenheit angehören. Alle Verträge, alle Willenserklärungen sind revisibel, sofern die Auslegung zu einer unrichtigen Sinnbestimmung geführt hat. Denn das Auslegungsergebnis führt immer zu einer im Sinne der reichsgesetzlichen Grundnorm unrichtigen Subsumtion.

---

[137]) Vgl. Oertmann S. 512ff.

[138]) Oertmann nennt es S. 512 ein geradezu ungeheuerliches Ergebnis, daß zwar eine partikularrechtliche Norm der sächsischen oder hessischen Gesetze nicht revisibel wäre, wohl aber die von zwei sächsischen oder hessischen Untertanen vereinbarte Vertragsnorm. Vom Standpunkt des § 549 ZPO. wäre aber das Gegenteil eine ungeheuerliche Rechtsverletzung. Oertmann übersieht bei jener schon von vornherein abzulehnenden Parallelstellung von Gesetz und Vertragsnorm, daß die letztere eine durchaus unselbständige Größe ist, daß aber die Vertragsnorm, die sich auf Reichsrecht gründet, dadurch an dem größeren Rechtsschutze des Reichsrechts teilnimmt im Gegensatz zu einem Partikulargesetz. Aber richtig wäre nur die Parallelstellung von Gesetz zu Gesetz und Vertrag zu Vertrag. Die Ungeheuerlichkeit, vor der Ortmann zurückschreckt, nachdem er sie selbst geschaffen hat, verschwindet, sobald er eine reichsgesetzlich und eine partikulargesetzlich zugelassene Vertragsnorm gegenüberstellt. Die letztere bleibt von der Revision ebenso ausgeschlossen wie ihr Muttergesetz. — Abzulehnen ist auch die entsprechende Ansicht Oertmanns, S. 517, daß die Revision von „gesetzausfüllenden Verkehrssitten" nicht Platz greife, weil letztere in der Regel ein kleineres Anwendungsgebiet in Anspruch nähmen als ein Landesgesetz. Der Autor sucht indessen alsbald darauf die Durchführung dieses Grundsatzes selbst zu mildern und erklärt die Bestandteilseigenschaft gemäß § 93 BGB. für revisibel.

Andererseits sollten auch Begründungen wie oben in Entsch. 79b der Vergangenheit angehören. Die Auslegung einer Willenserklärung wird nicht erst dadurch revisibel, daß ein „allgemeiner Erfahrungssatz" verletzt ist; sie ist es immer, weil sie stets zu einer unrichtigen Subsumtion führt. Auch der Sprachgebrauch, und zwar der allgemeine ebenso wie ein besonderer, ist eine der Gesetzesnorm immanente Bestimmungsgröße. Im Sprachgebrauch wird das Gesetz selbst verletzt.

So muß am Ausgange dieser Betrachtung des Schrifttums schließlich das Bekenntnis abgegeben werden, daß es sich in der Methodenlehre der Revisibilität nicht aufwärts entwickelt hat. Der Widerspruch zwischen der wirklich geübten und der gelehrten Auslegung ist nicht überwunden. Der Blick des Gegenwartstheoretikers ist meist durch das variable Detail der Einzelerscheinungen unseres Rechtslebens getrübt. Welche Schärfe, welche synthetische Kraft liegt dagegen in dem kleinen, oft herangezogenen Aufsatz Wachs! Nicht minder wertvoll ist heute aber noch die Schrift des damaligen Reichsgerichtsrates A. Bolze: „Über die Zulässigkeit der eigenen Auslegung von Rechtsgeschäften durch den Revisionsrichter im Zivilprozeß[139])". Diesen gewichtigen Stimmen ist neben dem eigenen Urteil des Reichsgerichts die von feinem Gefühl für das Richtige getragene, durch theoretische Spekulationen sich nicht entscheidend ablenken lassende Rechtsprechung des obersten deutschen Gerichtshofes zu verdanken. Wenn auch die der genannten Schrift zugrunde liegende zivilrechtliche Dogmatik der Willenserklärung der damaligen Zeit entsprechend heute nicht mehr durchweg brauchbar ist, so können wir folgenden Lehrsätzen Bolzes, mit denen er auch über die Lehre Wachs hinausschritt, eine Art klassischer Bedeutung zusprechen, so daß sie heute wieder volle Beachtung verdienen:

„Wo die Parteien nicht gewollt haben, da ist ein wirklicher und tatsächlicher Wille, welcher zu ermitteln oder festzustellen wäre, nicht vorhanden." (S. 416.)

„Nun können gewiß tatsächliche Feststellungen bei der Auslegung von Rechtsgeschäften oder bei der Auslegung von Urkunden vorkommen. So wenn bei der Auslegung tatsächliche Umstände erwartet werden, welche selbständig festzustellen sind, oder wenn umgekehrt die Urkunde als ein Indizium für eine außerhalb derselben liegende Tatsache verwertet wird." (S. 421.)

„Lassen besondere Umstände den Sinn, welchen die Vertragschließenden mit gewissen Ausdrücken verbunden haben, zweifelhaft erscheinen, so kann eine Beweisführung über die wahre Intention der Kontrahenten erforderlich und damit die Auferlegung eines richterlichen Eides und selbst die Zuschiebung eines Parteieides gerechtfertigt werden." (S. 424.)

„Da vielmehr der Wille nur eine Bedeutung hat, insoweit er in der Erklärung zum Ausdruck gekommen ist, so hat die Ausmittelung des rechtsgeschäftlichen Willens keine andere Bedeutung als die Ausmittelung dessen, was der Urheber der Erklärung mit dieser Erklärung hat sagen wollen." (S. 428.)

„Es kann aber auch sein, daß für den vorliegenden Fall das Gesetz keine besonderen Bestimmungen enthält. Bei der weitgehenden Vertragsfreiheit, welche die der Revision zugänglichen Gesetze den Parteien zugestehen, kommt der Fall doch recht oft vor, daß der erhobene Anspruch nur nach dem Rechtsgeschäft selbst zu beurteilen ist, daß unmittelbar keine dis-

---

139) ZZP. 14, 415ff. (1890).

positive gesetzliche Bestimmung bei der Beurteilung dieses Anspruchs in Frage steht ... Wollte also hier die Revision wegen falscher Auslegung gestattet werden, so würde sie zugelassen nicht wegen Verletzung einer allgemeinen Rechtsnorm, sondern wegen der individuellsten Privatdisposition? ... Und es müßte die Revision denn doch auch wohl gestattet werden, wenn es sich um die Auslegung eines in Sachsen abgeschlossenen Vertrages handelt, ohne daß eine spezielle Norm des Sächsischen Bürgerlichen Gesetzbuches in Frage steht, oder um ein von einem Engländer für einen Engländer in England ausgestelltes Konnossement? Ist das nicht verkehrt?

Auch dieser Einwurf ist nicht begründet. Eine erzwingbare Verpflichtung wird durch das Rechtsgeschäft nur darum begründet, und der Richter hat deshalb nur die sich aus dem Rechtsgeschäft ergebende Verpflichtung durch das Urteil auszusprechen, weil das Gesetz diese weitgehende Privatdisposition gestattet, und ihr, wenn sie in den gesetzlichen Formen geschlossen ist, verbindliche Kraft beilegt." (S. 435.)

„Als das Gesetz, welches dem Rechtsgeschäft die verbindliche Kraft beilegt, kann aber nur ein revisibles Gesetz in Frage stehen. Hier wie sonst ist es unerheblich, daß diesen banalen Satz die Gesetze aller Kulturstaaten aussprechen oder anerkennen." (S. 436.)

„Allein das Gesetz verpflichtet doch nur zu dem, was sich aus dem Vertrage ergibt. Ist ein Vertrag nicht zur Perfektion gelangt oder entspricht dasjenige, wozu der Richter verurteilt hat, nicht dem Sinne des Vertrages ..., so liegt ein verpflichtender Vertrag nicht vor. Folgeweise ist das allgemeine Gesetz verletzt, welches die Verurteilung nur zu dem gestattet, wozu der abgeschlossene Vertrag verpflichtet." (S. 444.)

„Denn die Rechtsverhältnisse sind überhaupt Lebensverhältnisse; sie sind dazu bestimmt, den Lebensverhältnissen zu genügen. Die Jurisprudenz ist aber eine praktische Wissenschaft. Ohne eine sachgemäße Beurteilung der Lebensverhältnisse lassen sich auch die rechtlichen Folgen, welche dem zur Befriedigung der Lebensverhältnisse errichteten Rechtsgeschäfte entsprechen, nicht sachgemäß treffen. Darum ist die Beurteilung der zugrunde liegenden Lebensverhältnisse nicht als eine tatsächliche Beurteilung von der rechtlichen Beurteilung des Rechtsverhältnisses zu trennen, wie sie auch die römischen Juristen nicht getrennt haben." (S. 444, 445.)

„Das bürgerliche Recht hat damit, daß es Auslegungsregeln aufstellte, den Grundsatz proklamiert, daß das Auslegungsgeschäft keine Beweiswürdigung sei." (S. 448.)

„Ohne alle Frage gehört die Feststellung der Umstände, unter welchen das Rechtsgeschäft geschlossen ist, zu den ausschließlichen Obliegenheiten des Berufungsrichters. Der Schluß, ob eine unter diesen Umständen abgegebene Erklärung des vorliegenden Inhalts den Sinn hat, welcher für dieselbe in Anspruch genommen wird, gehört zur Auslegung." (S. 448.)[1]

„Der Streit zwischen Ermittlung des konkreten rechtsgeschäftlichen Willens und der Auslegung der gebrauchten Worte ist ein sehr alter. D 33, 10, 7, 2. ... Gehört aber alles dieses mit zur Auslegung, so darf auch dem Revisionsrichter nicht das Urteil darüber entzogen bleiben, ob der Wille des Urhebers der Erklärung, von dem klaren Wortsinne abzuweichen, offensichtlich sei." (S. 449, 450.)

Jeder dieser Sätze hat heute volle Geltung, erscheint auf Grund der Entwicklung der Lehre in den dazwischenliegenden vier Jahrzehnten heute in neuem Licht und verdient erneute Beachtung bei der theoretischen Fundierung der seit langem jenen Sätzen folgenden und herrschend gewordenen Praxis.

Freilich bricht auch bei Bolze die in den obigen Sätzen gesammelte richtige Lehre oft unmittelbar ab, und es schließt sich an manchen der Aussprüche der Irrtum. Wie sehr indessen dieser große deutsche Praktiker des Reichsgerichts das Richtige gesehen hat, das ist bisher kaum erkannt worden.

7. So bleibt übrig, aus dieser Auseinandersetzung mit der Rechtsprechung und dem Schrifttum nunmehr als Ergebnis die methodischen Grundlinien für eine begründete Anwendung der Revision bei Auslegung von Willenserklärungen zu erschließen. Ausgangspunkt muß die Erkenntnis sein, daß die rechtsgeschäftliche Willenserklärung generell ebenso juristische Tatsache einer Rechtswirkung ist wie die unerlaubte Handlung oder wie Geburt und Tod des Menschen. Aus dieser Artgleichheit ergibt sich zunächst die gleiche Behandlung aller juristischen Tatsachen im Prozeßfall. Wer sich auf eine juristische Tatsache, d. h. eine von der objektiven Rechtsordnung für eine Rechtswirkung gesetzte Bedingung beruft, muß sie bestrittenenfalls beweisen. Insofern wird auch die Willenserklärung nicht anders wie irgendeine andere Tatsache Gegenstand eines Beweisverfahrens, nimmt aber andererseits auch an den Grenzen der Beweismöglichkeit teil. Es ergab sich auch insofern Gleichartigkeit aller juristischen Tatsachen, als sie durchaus nicht nur faktisch-empirischer Art zu sein brauchen. In den meisten Tatbeständen der Rechtsordnung fungieren vielmehr aus empirisch-realen und urteilsmäßig gewerteten Elementen, aus Fakta und Werturteilen zusammengesetzte Tatsachen: Mensch (§ 1), Sache (§ 90), Bestandteile (§ 93), Kenntnis des Mangels der Kaufsache (§ 460), Gefährdung der Gesundheit (§ 544). — Das beruht darauf, daß jeder Satz und jeder Begriff der Rechtsordnung ein Ergebnis der Lebenserfahrung ist, nicht nur hinsichtlich der den Lebensbedürfnissen dienenden normierten Rechtsfolgen, sondern auch hinsichtlich der gesetzten Bedingungen derselben. Der Gesetzgeber knüpft in letzterer Hinsicht mit dem gewählten Wort meist an die allgemeine Lebenserfahrung an und macht sich den allgemeinen Wortsinn zu eigen. Er vermag aber bei dem Gebrauch eines Wortes oder Satzes auch an besondere sachkundige Erfahrung anzuknüpfen und tut dies, wie die erwähnten Beispiele zeigen, nicht etwa vereinzelt. Hier entsteht die Hauptaufgabe der Auslegung der Rechtsnormen, die zu dem richtigen Sinn niemals allein durch Deutung eines einzelnen in der Norm verwendeten Begriffes gelangt, sondern dabei immer den gesamten Inhalt der Norm in Betracht ziehen muß. Was der § 1 BGB. unter dem zwar dem allgemeinen Sprachgebrauch entnommenen, in der Norm zum Rechtsbegriff erhobenen Wort „Mensch" versteht, ob insbesondere der homo monstruosus darunter fällt, ist endgültig niemals durch ein naturwissenschaftliches Fachurteil zu bestimmen, sondern allein durch ein von dem Sinne des ganzen § 1, besonders der Wirkung der Rechtsfähigkeit getragenes juristisches Werturteil. Daher würde die in diesem eigenen Sinne der Rechtsnorm unrichtige Subsumtion eines konkreten Falles die Rechtsnorm verletzen und gemäß § 550 ZPO. revisibel sein. Vgl. Entsch. 87. Die bei jeder solchen Operation angewendeten Erfahrungssätze sind immanente Bestandteile der Rechtsordnung. Diese wächst aus der Erfahrung, ist selbst erfahrungsbestimmt und will wieder auf die Lebenswirklichkeit einwirken. Sie appelliert oft ausdrücklich an Erfahrungsgrundsätze („wichtiger Grund", „angemessen", „Verkehrssitte", „Treu und Glaube"), versteht aber ihre als juristische Tatsachen gesetzten Rechtsbegriffe auch sonst immer einerseits in erfahrungsbestimmtem Sinne, andererseits als dynamische Bestandteile eines „Zwangsversuches zum richtigen Recht" und stellt jeden Rechtssatz unter den Einfluß der Idee des Rechtes. Von dieser allgemeinen und jener besonderen Sphäre

her sollen alle Rechtsbegriffe und Rechtssätze der Rechtsordnung verstanden werden. Das ist legis voluntas. In beiden Richtungen kann die letztere daher durch Subsumtion eines casus verletzt werden.

Die Rechtsprechung des Reichsgerichtes hat sich von einer primitiven Methodik, die sich auch hinsichtlich der Frage der nachprüfbaren Rechtsverletzung nur an das im Gesetz Ausgesprochene anklammerte, in steigendem Maße losgelöst. Es erscheint ihr bisweilen sogar nicht mehr notwendig, den Satz der Rechtsordnung, dessen Verletzung zur Revision führen soll, namhaft zu machen. Nach der Entsch. 9 des 1. Senates liegt Rechtsverletzung auch vor, wenn Feststellung „eines nach dem Geiste des Handelsgesetzbuches" unrichtigen Obersatzes erfolgt ist. In der Entsch. 48 wird nur festgestellt, daß die Begründung des Berufungsgerichts „keinen Verstoß gegen Rechtsregeln erkennen" läßt. Diese Formel findet sich häufig.

Die Frage der Revisibilität hängt mit allen Fragen der Methodik der Rechtsanwendung und Gesetzesauslegung eng zusammen und kann nur von gesicherten Grundsätzen letzterer Art getragen werden. Vgl. Artikel „Auslegung", Handwörterb. der Rechtswissensch. S. 428ff., 431ff. — Dernburg lehrte, daß jedes Gesetz auch als Bestandteil der ganzen Rechtsordnung von deren Geist mitbestimmt werde und so auszulegen sei. Es sei nicht bloß an den Willen des konkreten Gesetzgebers zu denken, „sondern an den Willen des Gesetzgebers überhaupt, d. h. schließlich die Rechtsordnung, welche das Gesetz in seinem Zusammenhange mit dem Ganzen des Rechtes verstanden haben will[140]". Eine exakte Methodik, die nicht nur Schlußstein einer Rechtsphilosophie, sondern brauchbares Werkzeug in der Hand des praktischen Juristen sein soll, kann indessen mit einem letzten Appell an das „Richtige", an den „Geist der Rechtsordnung" oder das „Rechtsganze" nur wenig anfangen. Die Sterne orientieren wohl Richtung und Ziel des Lebens, aber nicht den Lebenskampf. Nur eine dualistische Rechtsmethodik gewährt methodische Rüstung. Vgl. mein „Savigny und der Modernismus im Recht" S. 123ff., 127 Anm. 293, 130f. Die Theorie der Allgesetzlichkeit, das Dogma von der Lückenlosigkeit der Gesetzgebung, dasjenige von der „logischen Expansionskraft" des Gesetzes sind überwundene Entwicklungsstufen der Methodenlehre. Das Gesetz hat Lücken, die durch außerpositiven Stoff gefüllt werden. Auch hier erwächst also die Möglichkeit einer Rechtsverletzung im Sinne des § 550 ZPO. Die heutige Theorie des Rechts gelangt zu einer Ausdehnung des Begriffes der Rechtsnorm.

Sah die Rechtsprechung ein, daß die Feststellung der Tatsachen „Mensch" im § 1 BGB., „Bestandteil" im § 93, „Kenntnis" im § 460, „Gesundheitsgefährdung" im § 544, des „Verstoßes gegen die guten Sitten" im § 826, einer „Verkehrssitte" im § 242 nur zu einem Teil auf prozessualem Beweisverfahren beruht, zum anderen Teil aber auf Werturteilen, die erfahrungs- und rechtsgemäß gewonnen werden, schritt das Reichsgericht daher, einerseits an den Kreis der vom Tatrichter für erwiesen erachteten Tatsache gebunden, andererseits zur Revision der Werturteile, durch die die Anwendung eines Rechtssatzes auf die Tatsachen erst möglich wurde, so war es folgerichtig, daß auch diejenigen Bestandteile der Willenserklärung in immer wachsendem Umfange für revisionsfähig erachtet wurden, die nicht der Feststellung durch Beweiswürdigung unterliegen, sondern dem Werturteil über den rechtlich maß-

---

140) Bürgerl. Recht 1 (1902) § 6 unter V.

gebenden Sinn der Erklärung. Jene Schlußfolgerung bot sich freilich nicht so ohne weiteres dar, und mancherlei Hemmungen wirken der Durchführung jener Analogie bis heute auch in der Rechtsprechung einiger Senate noch entgegen. Wenn die Entscheidungen über Vorsatz, Fahrlässigkeit, Täuschung, Voraussehbarkeit eines Schadens, Angemessenheit einer Vergütung, Verstoß gegen die guten Sitten zur Revision zugelassen wurden, konnte man hier doch immer dartun, welche Bestimmung des Bürgerlichen Gesetzbuches verletzt war, falls infolge unzutreffenden Erfahrungssatzes ein Subsumtionsirrtum zugrunde lag. Der § 823 erschien auch dem zaghaften Richter durch unzutreffende Entscheidung der Frage verletzt, ob der Verkäufer auch bloße Zweifel an der Mangelfreiheit der Ware oder einen bloßen Schwammverdacht hinsichtlich des Grundstückes mitzuteilen verpflichtet war, weil der Richter in der Entscheidung den Rechtsbegriff einer Gesetzesnorm betroffen sah, und die entscheidende Frage lautete: Erfüllt das Verhalten des Verkäufers gemäß § 823 die Voraussetzung der Schuld? — Der 2. Senat, der ursprünglich auch hinsichtlich der Nachprüfung von Auslegungen der Willenserklärungen ganz zurückstand, lehnte insofern zwar folgerichtig auch die Nachprüfung hinsichtlich der Schuldfrage ab: „Dieser Rüge gegenüber ist zu bemerken, daß der Begriff des Verschuldens allerdings ein Rechtsbegriff ist, daß er aber aus Tatsachen geschöpft wird, und daß die Frage, ob bestimmte Tatsachen geeignet sind, ein Verschulden darzustellen, eine tatsächliche ist" (RG. 35, 333). So kam damals der Senat infolge dieser unrichtigen Beurteilung zur Zurückweisung der Revision, weil er einerseits zwischen tatsächlicher Feststellung eines empirischen Verhaltens des Betroffenen sowie den faktischen Umständen des Falles und andererseits der erfahrungs- und rechtsgemäßen Würdigung dieses Verhaltens unter dem Maßstabe der in der Rechtsnorm vorausgesetzten Schuld nicht zu unterscheiden vermochte.

Aber bei der Auslegung der Willenserklärung schien es, wenn man sich nicht auf § 133 oder § 157 BGB. oder § 346 HGB. berufen konnte oder auf eine bestimmte Auslegungsvorschrift des Gesetzes, an einer verletzbaren Rechtsnorm zu fehlen, die die Brücke zur Revision sein konnte, so daß die Freunde der Revisibilität hier bisweilen kurzen Prozeß machten und den Rechtsgeschäften den Charakter als Rechtsnormen verliehen. Dies mußte aber allseitig abgelehnt werden. Die Willenserklärung ist nur juristische Tatsache und als solche Bestandteil einer Rechtsnorm; aber welcher?

Auch die Willenserklärung besteht wie die meisten anderen juristischen Tatsachen einer Rechtswirkung einerseits aus empirischen, durch Beweis feststellbaren Elementen, andererseits ist ihr Begriff durch Werturteile bestimmt. Allerdings zeigt sich in letzterer Hinsicht nun die besondere Eigenart dieser juristischen Tatsache, an der es lag, daß sie so oft mißdeutet worden ist. Aber auch die empirischen Elemente sind hier besonders geartet. Während der Gesetzgeber bei allen anderen juristischen Tatsachen die Wirkung nach seinem eigenen Ermessen anknüpft, z. B. die Schadenersatzpflicht an den Tatbestand der unerlaubten Handlung, die Volljährigkeit an ein Lebensalter, überläßt er es, entsprechend der bis in primitive Epochen des Rechts zurückgehenden Bestimmung des Rechtsgeschäfts, insbesondere des Vertrages, den Parteien, die von ihnen erstrebten Rechtswirkungen in der rechtsgeschäftlichen Erklärung dieses Rechtsfolgewillens maßgebend zu bezeichnen. Bis heute wird dieses Verhältnis der rechtsgeschäftlichen Willenserklärung zum Gesetz trotz vielfacher Untersuchungen dieses methodisch erheblichen Sachverhalts bisweilen noch verkannt. Eine Methodik, die die Willenserklärung als derart eigentümlich ansieht, daß sie überhaupt aus der Reihe der von der Rechtsordnung gesetzten Tatbestände für Rechtswirkungen ausschiede und mehr oder weniger der Rechtsordnung selbst koordiniert wird, ist heute nicht mehr haltbar. Die Willenserklärung teilt vielmehr die Eigenart der juristischen Tatsache mit allen anderen, ist also wie diese der Rechtsordnung subordiniert. Der Syllogismus des juristischen Schlusses aus Obersatz und Untersatz gilt auch für die Willenserklärung:

Wenn aber die Willenserklärung juristische Tatsache ist, muß es eine Rechtsnorm geben, die ihr die Wirksamkeit einer Tatsache verleiht, wie es im § 823 hinsichtlich der unerlaubten Handlung, in den §§ 1ff. hinsichtlich aller anderen juristischen Tatsachen geschieht. Trotz mehrfacher Versuche, diese Rechtsnorm der Rechtsordnung innewohnend in Anspruch zu nehmen, ist auch diese Methodik noch immer nicht selbstverständlich geworden[140a]). Noch Stein erschien es „gekünstelt und vor allem ohne praktischen Wert, in solchem Falle den an sich inhaltlosen Satz: ‚Die Parteien können vereinbaren, was sie wollen', als den verkannten Rechtssatz anzusehen[141])". Aber Stein verkannte hier den Kern der Untersuchung Bolzes[142]) und mußte bald darauf doch selbst sagen: „Denn daß eine Partei, die sich zur Zahlung eines Kaufpreises von 100 verpflichtet, dazu von Rechts wegen nicht um ihres Vertrages willen verbunden ist, sondern deshalb, weil diesem Vertragswillen von der Rechtsordnung in blanco rechtliche Kraft beigelegt ist, darf heute, besonders nach den Forschungen von Bülow, als unbestreitbar gelten. Der sogenannte rechtschaffende Wille ist ein Tatbestandsmoment der Rechtsordnung, dessen Schöpferkraft von ihr nach sozialen und ethischen Rücksichten bald mehr, bald weniger freie Entfaltung erhält. Jede der zahllosen Schranken der Vertragsfreiheit liefert den Beweis dafür[143])." — Der gesuchte Rechtssatz mußte offenbar inhaltsvoller sein, als der Autor sah.

Auch das Bürgerliche Gesetzbuch setzt die oben erwiesene Grundnorm des Rechtsgeschäftes voraus. Sie blickt in dieser Rechtssatzung mehrfach so deutlich durch, daß es heute leichter wie früher ist, die Grundnorm als Bestandteil der Rechtsordnung zu erweisen. Während das Gesetz bei allen anderen juristischen Tatsachen lediglich positiv bestimmt, welche Wirkungen sich an sie knüpfen, und diese ausbleiben, wenn die Tatsachen nicht erfüllt sind, ist es bei der Ordnung rechtsgeschäftlicher Tatbestände möglich, daß das Gesetz hier die Wirkung derselben negiert. Es gibt keine nichtigen Delikte, Rechtshandlungen oder sonstigen Tatsachen. Daß es nichtige Willenserklärungen gibt, erklärt sich nur als Aufhebung der Grundnorm. Während diese dem Rechtsgeschäft generell Wirksamkeit verleiht, wird in gewissen Fällen die Wirksamkeit wieder versagt. Ein Rechtssatz wie der § 134 BGB. ist logisch nur als Ausnahme von jenem unausgesprochenen Regelsatz möglich, den man so formulieren kann: Ein Rechtsgeschäft hat die Wirkungen, die dem zum Ausdruck gebrachten Willen des Handelnden entsprechen, sofern im folgenden nichts anderes bestimmt wird. — In diesem Sinne ordnet § 134 im dortigen Falle die Nichtigkeit des Rechtsgeschäfts an; so auch in den anderen Fällen der Unwirksamkeit. — Als unmittelbare Folgerung aus jener Grundnorm ergibt sich in § 305 die besondere Forderung des Vertragsschlusses bei jeder Begründung oder Änderung eines Schuldverhältnisses. Während die meisten Dispositivsätze des Gesetzes ihren Charakter als solche nicht besonders zum Ausdruck bringen (vgl. §§ 433ff.), heben es einige ausdrücklich hervor: § 269: „Ist ein Ort für die Leistung weder bestimmt noch aus den Umständen, insbesondere aus der Natur des Schuldverhältnisses zu entnehmen ..." Ent-

[140a]) Sie ergibt sich heute auch notwendig aus der Stufentheorie Adolf Merkls, die Kelsen, Allg. Staatslehre S. 231ff., 248ff. übernimmt. Gegen Kelsen aber mein „Irrtum und Auslegung" S. 35ff — [141]) A. a. O. S. 119. — [142]) Siehe oben S. 181f. die Zitate aus S. 435 u. 436. — [143]) Stein S. 132.

sprechend § 271. Während diese Worte unmittelbar auf die Grundnorm hinweisen, kann es im anderen Falle dagegen zweifelhaft werden, ob lex dispositiva oder cogens vorliegt. Hinsichtlich des § 570 spitzt sich dieser Zweifel z. B. zu der Frage zu: Unterliegt die Festsetzung des Kündigungsrechtes für den Fall der Versetzung eines Beamten, Geistlichen usw. der freien Vereinbarung der Mietsparteien? Mit anderen Worten: Ist eine Willenserklärung hier als bestimmend zugelassen? Es muß hiernach selbst in der sedes materiae der Dispositivregeln doch auf die Grundnorm zurückgegangen und ihre Geltung im einzelnen Falle festgestellt werden. Oben S. 145 u. 149 ergab sich schon allgemein, daß alle Dispositivsätze unselbständiger Natur sind. Keiner der §§ 433 ff. BGB. ist anwendbar, ohne daß nicht überhaupt ein Kaufvertrag, d. h. ein Vertrag der im § 433 beschriebenen Art abgeschlossen ist. Die Wirksamkeit dieses Kaufvertrages beruht zwar auch auf dem § 433, diese aber wie die anderen Einführungsnormen der einzelnen Schuldverhältnisse stellen sich bei genauerem Zusehen lediglich als eine Konkretisierung der Grundnorm dar. Die Wirksamkeit des Kaufvertrages beruht zuletzt auf der allgemeinen Grundnorm. Der § 433 selbst ist auch durchaus keine Dispositivnorm, ebensowenig wie die Grundnorm, die er lediglich hinsichtlich der besonderen Hauptwirkungen des Kaufes ausführt.

Wo die Rechtsordnung andererseits die Regelung eines Rechtsverhältnisses der Privatautonomie entziehen will, findet ihrem oben formulierten Inhalt entsprechend die Grundnorm keine Anwendung. Die Kraft der Willenserklärung als juristische Tatsache selbstbestimmter Wirkungen erweist sich als durch die Gesetzgebung jederzeit begrenzbar. Würden zwei Kaufparteien die Eigentumsübertragung an einer Ware durch Vertrag zurückdatieren, so zeigt sich, daß die auf der Grundnorm beruhende Kraft der Willenserklärung durch den § 929 hinsichtlich der Datierung der dinglichen Wirkung des Rechtsgeschäftes aufgehoben ist. Dagegen würde die Grundnorm vor den besonderen Schuldverhältnissen des 2. Buches des Bürgerlichen Gesetzbuches ihre eigentliche Stellung erhalten. Die grundlegenden §§ 433, 516, 598, 611 usw. geben nur den gesetzlichen Typus des Kaufvertrages, der Schenkung, der Leihe, des Dienstvertrages. Diese Eingangsnormen bestimmen nur: Die folgenden Bestimmungen sollen mangels besonderer auf der Grundnorm beruhenden Abrede Anwendung finden, wenn die Parteien durch ihren Vertrag im Sinne der Eingangsnorm einen Kauf, eine Schenkung usw. als abgeschlossen bezeichnet haben. § 433 kennzeichnet nur, was als Kauf im gesetzlichen Sinne, § 611, was als Dienstvertrag anzusehen ist. Schon diese schuldrechtlichen Eingangsbestimmungen, die durchaus nicht dispositiven Charakter haben, weil ein Kauf im Sinne des Gesetzes zwingend durch die Merkmale des § 433, eine Schenkung durch § 598 bestimmt wird, verweisen aber insofern gleichfalls auf die Grundnorm, als sie in erster Linie schon andere Typen von Verträgen offenlassen, auf die selbst bei Offenbleiben weiterer vertraglicher Regelung die angeschlossenen Ergänzungsnormen des gesetzlichen Typus nicht ohne weiteres in toto Anwendung finden sollen. Man denke etwa an die rein geschäftlichen Gestaltungen der gemischten Verträge oder den Garantievertrag[144]). Dagegen fehlt hier jeder gesetzliche

[144]) Daß der § 433 BGB. keine Dispositivnorm ist, sondern die wesentlichen Merkmale des Kaufvertrages in dem Sinne zwingend normiert, daß nur auf den im § 433 normierten Vertrag die dispositiven Bestimmungen der folgenden Paragraphen Anwendung finden, wurde jüngst in Entsch. RG. VI, JW. 1928 S. 2831 Nr. 21 praktisch. Der gesetzliche Typus Kauf setzt wesentlich voraus, daß der Kaufpreis in Geld besteht. So auch Enneccerus I 2 § 324. Schon wo auf den Kaufpreis Schulden übernommen werden, liegt reiner Kauf nicht mehr vor und läßt sich das Rechtsverhältnis auch nicht mehr allein nach den §§ 433 ff. regeln. Eine Entscheidung hinsichtlich des zu verrechnenden Restkaufgeldes verletzt daher nicht den § 433, sondern die Grundnorm.

Hinweis auf die Freistellung anderer Abreden statt der der Eingangsnorm nun folgenden dispositiven Rechtssätze. Daß an Stelle des § 446 die Parteien eine andere Regelung der Gefahrtragung treffen können, ist nirgends gesagt. Aber gerade dieser Charakter der meisten schuldrechtlichen Normen steht um so sicherer fest. Er folgt nur aus dem logischen Verhältnis der Einzelnorm zur Grundnorm.

Die §§ 133, 157 BGB., 346 HGB. sowie die Auslegungsregeln sind Ausführungssätze der Grundnorm. Wo einer von ihnen verletzt ist, ist immer auch die Grundnorm verletzt.

Es ist ferner von methodischer Bedeutung, daß der Gesetzgeber sich der Willenserklärungen als juristischer Tatsachen auch bei Normierung von Tatbeständen bedient, die nicht der rechtsgeschäftlichen Freiheit ausgeliefert sind, sondern hinsichtlich der Rechtswirkungen sowie deren Bedingungen gesetzesbestimmt sind. Solche Tatbestände finden sich besonders im Sachen- und Familienrecht. Vgl. §§ 929, 873, 958, 959, 1317. Aber auch hier ist die Grundnorm übergeordnet, denn sie begründet erst die Fähigkeit der Geschäftsparteien, die konkreten Beziehungen (Person, Sache u. a.) durch ihre Willenserklärungen zu bezeichnen und in die Rechtswirkungen einzubeziehen. Es handelt sich auch hier um Rechtsgeschäfte.

Unterliegt es somit keinem Zweifel, daß die Willenserklärung methodisch eine juristische Tatsache in einem Rechtssatz ist, als welcher sich die entwickelte Grundnorm ergab, so erledigen sich damit zugleich eine Reihe von dogmatischen Fehlschlüssen, die die praktische Brauchbarkeit der zivilrechtlichen Lehre beeinträchtigt haben. Die bisweilen gelehrte Anschauung, daß „mit der Willenserklärung stets zugleich die Rechtsfolgen gegeben" seien, ist unrichtig. Die letzteren folgen immer erst, nachdem zu dem Untersatz der Erklärung der Obersatz gefunden ist, aus beiden Prämissen. Dabei kann sich zeigen, daß gegenüber der Wirksamkeit der Willenserklärung legale Hemmungen einsetzen, die Hemmungen der §§ 134, 138, 105 usw., die oben zu der alles beherrschenden Grundnorm führten. Ebenso unhaltbar sind aus demselben Grunde Anschauungen wie folgende: „Ja man kann den Erklärungsinhalt gar nicht besser definieren, denn als Summe der durch die Erklärung erzeugten Rechtsfolgen[145])."

8. Von dieser methodischen Grundlage ist nun, soweit dies noch nicht geschehen ist, zu den oben II ausgezogenen Entscheidungen des Reichsgerichts Stellung zu nehmen, um dadurch die gewonnene Grundlage zu verdeutlichen und durchzuführen.

Die Entsch. 1, 3, 6, 13, 14, 15, 24, 24a, 25, 26, 27, 28, 36, 37, 39, 39a, 40, 41, 45, 46, 48, 49a, 53, 63, 66, 67, 71, 73, 73a, 75, 77, 78a, 79b, 90, 95 lehnen die Revision ab, und zwar entweder im ganzen oder hinsichtlich gewisser Feststellungen des Berufungsgerichtes, oder sie machen sonst eine Einschränkung der Nachprüfbarkeit. Von denjenigen Autoren, die für die Ausdehnung der Revisibilität eingetreten sind, insbesondere von Boyens, sind eine Reihe von Entscheidungen getadelt worden, weil sie die Auslegung von Erklärungen nicht nachgeprüft, sich vielmehr an die Entscheidungen des Berufungsrichters gebunden gefühlt hätten. Schon in den genannten Entscheidungen obigen Auszuges wird man indessen unterscheiden müssen. Die meisten Entscheidungen, die die Nachprüfung der Sinnbestimmung einer Auslegung grundsätzlich ablehnen, sind, wie schon oben dargelegt wurde, unbegründet. Sie verkennen die

---

145) Titze, Mißverständnis S. 451; 492 Anm. 50. Dieser Autor vertritt damit die Lehre von Danz, die oben S. 172 erörtert wurde.

Rechtsverletzung, die jede unzutreffende Auslegung insofern grundsätzlich enthält, als immer die stillschweigende legale Grundnorm verletzt ist. Mag also auch den §§ 133 u. 157 BGB. durch den Berufungsrichter Genüge geschehen sein und er sich bemüht haben, aus den Umständen und Vorverhandlungen den wirklichen Willen zu erforschen und die Erklärung nach Treu und Glauben zu werten, die §§ 133 u. 157 sind nur sekundäre Ausführungsbestimmungen der Grundnorm, die nur diejenigen Rechtsfolgen einer Willenserklärung eintreten läßt, die gemäß Auslegung dem Rechtsfolgewillen des Handelnden wirklich entsprechen. Die Grundnorm ist verletzt, wo der Tatrichter infolge von unzutreffenden Erfahrungs- und Lebensregeln das Verhalten der Partei unrichtig gedeutet und dementsprechend der Grundnorm nicht entsprechende Rechtsfolgen des Verhaltens gebilligt hat. Wo sich der Berufungsrichter auf bestimmte legale, durch Handelsbrauch oder Verkehrssitte oder auch nur durch allgemeinen Erfahrungssatz gestützte Auslegungsregeln berufen kann, kann dessen besondere Verletzung gegeben sein, und wir sehen oben in Entsch. 5, 10, 12, 16, 17, 30, 31, 32, 33, 34, 35, 45, 47, 73 u. a. Fälle, in denen die Verletzung von bestimmten Auslegungsregeln in Rede steht und die Brücke der Revision bildet. Aber in anderen Fällen konnten sich die Parteien für die Auslegung der maßgebenden Erklärungen nicht auf Auslegungsregeln berufen. Das betreffende Verhalten hatte individuellen Charakter und fügte sich keiner sinnbestimmenden Regel. Hier ist bei unzutreffender Würdigung die Grundnorm verletzt, und in dieser Verletzung liegt der Revisionsgrund.

Dagegen dürfen diejenigen Sätze der obigen Entscheidungen nicht getadelt werden, in denen es sich um die Begrenzung des vom Berufungsrichter in freier Beweiswürdigung festgestellten faktischen Materials handelt. Hinsichtlich dessen bemerkt das Revisionsgericht zutreffend, daß es hieran gebunden sei. Vgl. Entsch. 36, 39, 39a, 40, 41, 45, 46, 47, 48, 49a, 66, 67, 71, 73, 78a, 90, 95. Diese Entscheidungen illustrieren die oben dargelegten Grundsätze der tatsächlichen Feststellungen, die, obwohl sie der Auslegung von Willenserklärungen dienen, ebenso bindend sind wie alle tatsächlichen Feststellungen der empirischen Voraussetzungen von Rechtsbegriffen. Die empirischen Voraussetzungen, die die Grundlage der Auslegung und von ihr rechtlich zu würdigen sind, sind einerseits die Erklärung nebst allen ihren Umständen, andererseits der Wille selbst. Es ist verfehlt, die konkrete tatsächliche Feststellung des Willens deswegen grundsätzlich abzulehnen, weil es nur auf die Erklärung ankäme, aus der der Wille durch Auslegung und nicht durch Beweiswürdigung zu ermitteln sei. Es liegt hier ein entscheidender Punkt des gesamten zu untersuchenden Stoffes vor, der zu vielfachen Mißverständnissen geführt hat. Der wirkliche Wille, der sich materiellrechtlich gemäß § 133 BGB. als durch Auslegung der Erklärung zu ermittelnde Unbekannte ergibt, wird im Prozeß wie jede andere empirische Tatsache behandelt und gegebenenfalls durch Beweiserhebung festgestellt. Er ist hier meist nicht einmal die psychische Unbekannte, sondern wird von den Parteien als die die Rechtsfolgen bestimmende Tatsache behauptet und ins Feld geführt[146]). Bietet sie sich dem Richter aus dem knappen Tatbestand der Er-

[146]) Zur Unterstützung dieser Beobachtung sei ferner auf RG. 65, 19 hingewiesen: „Der Kläger hat nur einen solchen Sachverhalt behauptet, die Beklagte freilich ihn bestritten. Das Berufungsgericht hat nur festgestellt, beide Teile seien davon ausgegangen, daß die Mitfahrt ... den Kläger ... zum Ankauf ... bestimmen werde; es läßt jedoch die Frage offen, ob es zwischen den Parteien zu einer Aussprache hierüber gekommen sei. Hierauf wird es aber gerade ankommen ... mindestens müßte das Oberlandesgericht noch erst eine tatsächliche Feststellung über den erwähnten streitigen Punkt treffen.“ Lehrreich ist auch RG. 65, 48: „Zunächst ist nun

klärung, insbesondere einer Urkunde, nicht alsbald dar, so kann er den ins Feld geführten, in der Urkunde angeblich ausgedrückten Willen durch Beweiswürdigung anderen tatsächlichen Materials feststellen, und das geschieht in jenen Entscheidungen ebenso, wie die Erklärungstatsachen festgestellt werden. Bezeichnend und zutreffend sagt in diesem Sinne Entsch. 32, daß die gesetzliche Auslegungsregel nicht ausschließe, den Vertragswillen in anderer Weise zu ermitteln. Auslegungsregeln treten erst dann in Funktion, wenn der Beweis des wirklichen Willens versagt. Zweifellos kann sich dem erkennenden Richter aus dem geltend gemachten Stoff der Verhandlungen das wirklich Gewollte auch ohne besondere Beweiserhebung herausheben. Der Richter erachtet es so oder so als tatsächlich festgestellt. Nun entsteht die Frage, ob der festgestellte Wille in der Erklärung zum genügenden Ausdruck gekommen ist. Dies kann erst entschieden werden, wenn auch die Erklärung in ihrem ganzen Umfang tatsächlich feststeht. Jene nun zu entscheidende Frage enthält die eigentliche Aufgabe der Auslegung: Ist der Wille im vorliegenden Falle unter Berücksichtigung aller dem Gegner zugänglichen Umstände in der Erklärung kundgetan? Das ist niemals eine Tatfrage. Sie ist nur durch ein Werturteil zu erschließen, das oft erst auf Grund tieferen Eingehens auf Erfahrungssätze und andererseits individuelle Gewohnheiten der Parteien möglich ist. Die tatsächliche Feststellung des wirklichen Willens sowie die der Erklärung sind vom Revisionsrichter nicht nachzuprüfen, die Entscheidung der letzteren Frage ist dagegen deswegen revisibel, weil durch Anwendung unzutreffender Hilfssätze aus Erfahrung und individuellen Umständen mindestens die Grundnorm verletzt wird. Es kann außerdem auch ein besonderer Auslegungssatz verletzt sein, der die Revision stützt[147]).

Erst wenn der Beweis des Willens versagt, indem die Beweismittel nicht

---

festzustellen, daß aus der Urkunde ... ebensowenig eine stillschweigende wie eine ausdrückliche Bedingung der Bürgschaft zu entnehmen ist." Und hinsichtlich der in Betracht gezogenen Möglichkeit einer besonderen Nebenabrede dieses Inhalts fährt das Reichsgericht fort: „Dann müßte aber erst feststehen, daß der Wille der Kontrahenten speziell darauf gerichtet gewesen sei, daß ... doch daneben noch jene Abrede gelten solle ... An der Feststellung solcher besonderen Umstände fehlt es nun aber bis jetzt noch ganz."

[147]) Unzutreffend lehrte Hellwig (System des Zivilprozesses 1 853f.), Tatfrage sei, welche Erklärungen abgegeben seien, und welcher Sinn ihnen innewohne. Durch diese unrichtige Lehre ist die Entwicklung der Rechtsprechung immer wieder gehemmt worden. Richtig erkannte indessen Hellwig (S. 854 Anm. 27) den sanktionierenden Rechtssatz und im Text die Bedeutung der Erfahrungssätze, auf die sich die Nachprüfung des Revisionsrichters auch zu beziehen habe. Zutreffend ist auch die Bemerkung, daß das Gesetz erst durch Erfahrungssätze fähig werde, zur Beurteilung des Falles zu dienen. Dazu vgl. die obigen Darlegungen. Zutreffend hierzu auch Titze, Mißverständnis S. 104. Richtig lehrt Rosenberg, Lehrb. d. deutsch. Zivilprozeßrechts (1927) S. 447: „Feststellung der Erklärungshandlung ist unanfechtbare Tatsachenfeststellung (§ 561 II), die Feststellung ihres Sinnes ist, ebenso wie die Tatsachenbewertung, Rechtsanwendung und unterliegt daher der Nachprüfung des Reichsgerichts." Unzutreffend geht KommRGR. zu § 133 bei 2 (S. 203) davon aus, „daß zwar das Ziel der Auslegung die Feststellung von Tatsachen ist, daß jedoch das Verfahren bei der Auslegung auch die Anwendung von Rechtsgrundsätzen erheischt, und daß daher aus diesem Grunde auch eine Gesetzesverletzung möglich ist". Auch die sonst zu diesem zentralen Gesetzesparagraphen gegebenen Ausführungen von Mitgliedern des Reichsgerichts beruhen in auffallendem Maße auf Mißverständnissen der Praxis des Gerichtshofes selbst und bedürfen der Revision, besonders hinsichtlich der methodischen Bedeutung der gesetzlich vorgeschriebenen Erforschung des „wirklichen Willens". — Wenn Staudinger-Riezler (Komm. I zu § 133 bei 4) sagt: „Mit den innerlich gebliebenen Gedanken der Partei hat sich die Auslegung gar nicht zu befassen", so übersieht diese verbreitete Formel grundsätzlich, daß die Auslegung erst zu entscheiden hat, ob ein von der Partei geltend gemachter Wille bei Vornahme des Rechtsgeschäfts innerlich geblieben oder in der Erklärung erkennbar geworden ist. Jene Formel verkennt die methodische, in der oben behandelten Rechtsprechung des Reichsgerichts gemäß § 133 wirklich geübte Aufgabe der Auslegung.

ausreichen, um die richterliche Überzeugung vom Vorliegen des behaupteten Willens herzustellen, hat sich die Funktion der Auslegung auf die objektivistische Wertung des gesamten Erklärungstatbestandes zurückzuziehen (§ 157 BGB.). Jetzt haben sich die Auslegungsregeln zu bewähren, für die in dem bisherigen Stadium kein Raum ist. Sie wollen ausdrücklich nur angewandt sein, wenn „Zweifel" hinsichtlich des wirklichen Willens bestehen. Der § 453 BGB. wie alle entsprechend gefaßten legalen Auslegungsregeln meinen mit den bezeichnenden Worten „im Zweifel": falls die tatsächliche Feststellung des der vorliegenden Erklärung wirklich zugrunde liegenden Willens nicht möglich ist.

Aber die Funktion der Auslegung im letzteren Falle steht vor keiner anderen Aufgabe wie im ersteren, sobald es hier zu entscheiden gilt, ob der tatsächlich festgestellte Wille in der Erklärung zum zureichenden Ausdruck gelangt ist. Diese oben als die eigentliche Auslegungsfrage bezeichnete Aufgabe entscheidet in beiden Fällen über den die Rechtswirksamkeit bestimmenden Erklärungswert.

In diesem Sinne sagt die Entsch. 32 richtig: „Das Gewollte ist der Vertragsinhalt, wenn in den Worten des Vertrags noch ein Ausdruck jenes Gewollten gefunden werden kann." Dieses Finden ist das Erfahrungsurteil, an das die Grundnorm des Gesetzes appelliert. Ebenso sagt Entsch. 33 in diesem Sinne richtig, die Auslegungsregel von § 65 I 4 ALR. schließe nicht aus, „daß, wenn ein anderer Wille der Kontrahenten zu ermitteln ist, dieser der Vertragsauslegung zugrunde gelegt werde". — Wenn die Entsch. 36 es als für die Revisionsinstanz maßgebende Feststellung bezeichnet, daß der Berufungsrichter unter Berücksichtigung der Entstehungsgeschichte der Urkunde, insbesondere des ursprünglichen Entwurfes feststelle, daß sie „nur in dem angegebenen Sinne aufgefaßt werden könne", so werden hier nicht korrekt Beweiswürdigung und Auslegung vereinheitlicht, weil sich im vorliegenden Falle die Ergebnisse beider decken. Aber Rechts- und Tatfrage liegen auch hier getrennt nebeneinander. Der wirkliche Wille ergab sich dem wägenden Richter aus der Entstehungsgeschichte und dem ursprünglichen Entwurf der dem Streit zugrunde liegenden Urkunde. Es ist praktisch unerheblich, ob dies das Ergebnis einer Beweiswürdigung hinsichtlich letzteren Materials war, oder das Ergebnis der Auslegung. Die rechtlich entscheidende Auslegungsfrage ist auch hier die, ob jener Wille in der endgültigen Urkunde erkennbar erklärt worden ist. Das Reichsgericht sagt in Entsch. 36: „Was die Parteien schriftlich vereinbart haben, ist klar und zweifelsfrei"; es entscheidet hiermit als Revisionsgericht die Auslegungsfrage dahin, daß der vom Berufungsrichter festgestellte Wille in der Urkunde erkennbar erklärt ist. „Maßgebend" war die Feststellung des Berufungsrichters nur in tatsächlicher Hinsicht, nicht dagegen hinsichtlich der Frage, ob der Inhalt der Urkunde „nur in dem angegebenen Sinne aufgefaßt werden könne"; denn das ist die revisible, auf Erfahrungs- und Werturteil beruhende Auslegungsfrage.

In Entsch. 39 stehen sich wiederum der vom Berufungsrichter festgestellte Tatbestand und die vom Reichsgericht nachgeprüfte Auslegung deutlich gegenüber. In ersterer Hinsicht ist einerseits das tatsächlich Erklärte, andererseits das von B. wirklich Gewollte deutlich unterschieden. Diese Feststellungen werden nicht nachgeprüft. Die Nachprüfung erfaßt aber zutreffend die Würdigung der Vertragserklärung dahin, ob sie dem festgestellten wirklichen Willen des B. entspräche. Das Reichsgericht entscheidet, daß beide Elemente „durchaus vereinbar" seien.

In Entsch. 39a revidiert das Reichsgericht das vom Berufungsgericht der

Auslegung zugrunde gelegte Material zunächst nach der dogmatisch erheblichen Richtung, ob es dem Erklärungsgegner auch zugänglich gewesen sei. Bei der Auslegung dürfen gemäß § 130 BGB. von den festgestellten Erklärungstatsachen nur diejenigen benutzt werden, die auch dem Gegner zugänglich waren. Das Reichsgericht hält dies offenbar für eine Rechtsfrage, die es nachzuprüfen hat, was zutrifft, denn ob der Zugang einer Willenserklärung bzw. der sie begleitenden Umstände im Sinne des § 130 gegeben ist, ist nur durch Erfahrungsurteil und Subsumtion unter die Rechtsbegriffe des § 130 zu entscheiden. Unzutreffend wird es andererseits als Tatfrage bezeichnet, ob mit der Leistung ein Verzicht auf den Erstattungsanspruch erklärt worden sei. Dies ist reine Auslegungsfrage, hinsichtlich deren der § 157 verletzt sein könnte, in letzter Linie die Grundnorm. Das Reichsgericht tritt auffallenderweise auch in die Nachprüfung jener „Tatfrage" ein, meint damit also vielleicht, wie es auch sonst (J. W. 1929 S. 582 Nr. 11) nicht selten ist, eine rechtliche Frage, deren Beantwortung von tatsächlich bedingten Umständen abhängt. Das Reichsgericht verneint die gestellte Frage hinsichtlich des Vorliegens eines Verzichts und lehnt die in der Revision für dessen Annahme geltend gemachten Gründe ab.

Entsch. 40 verdeutlicht in durchaus zutreffender Weise die vom Berufungsgericht vorgenommene, nicht nachprüfbare Feststellung des wirklichen Willens der Patenterwerber. Das Reichsgericht prüft nach, ob die Auslegung des Vertrages, die den Berufungsrichter zu dem diesem Willen entsprechenden Ergebnis gelangen ließ, zutrifft und bejaht dies, weil die Auslegung einerseits mit dem Wortlaut des Vertrages, andererseits mit den sonst festgestellten Umständen desselben „im Einklang" stehe.

Entsch. 41 behandelt den Kauf echter Gemälde von Ostade und Teniers, und es handelt sich darum, ob der Käufer wegen deren Unechtheit Ansprüche aus §§ 459 I 1 und 462 BGB. hat. Wegen letzteren Zusammenhanges ist hier die Revisibilität zweifellos. Aber über den wirklichen Willen, der dem Vertrag zugrunde liegt, sind sich hier beide Parteien nicht einig. Der Verkäufer hat in der Berufungsinstanz verschiedene Umstände geltend gemacht, aus denen vertraglicher Ausschluß der Haftung für Unechtheit hervorgehe. Er beruft sich methodisch auf zwei Auslegungsregeln des Kunsthandels: 1. Wenn keine schriftliche Expertise über die Echtheit aufgestellt werde, werde auch nicht für Echtheit garantiert. 2. Der Kauf alter Bilder habe sehr häufig spekulativen Charakter. Das Reichsgericht lehnt die Geltung der ersteren Regel ab und hält die zweite wegen des entgegenstehenden „vom Vorderrichter ausdrücklich festgestellten Willens der Parteien" für nicht anwendbar. Die Entscheidung könnte den Eindruck erwecken, als ob das Reichsgericht den wirklichen Willen der Parteien, den es als „ausdrücklich festgestellt" bezeichnet, daher als nicht nachprüfbar ansähe. Das Reichsgericht tritt auch in eine Nachprüfung dieser Feststellung des Tatrichters nicht ein. Und doch ist klar, daß in diesem Hauptpunkte der Entscheidung der Berufungsrichter die revisible Auslegung eines Kaufvertrages vorgenommen hatte. Der Satz der Gründe: „Gleichwohl konnte das Berufungsgericht ohne Rechtsirrtum aus den gesamten Umständen entnehmen, daß beide Parteien den Vertrag nur dann abschließen wollten, wenn es sich mit der im Kunsthandel immer nur möglichen annähernden Gewißheit um echte Bilder der beiden Künstler handelte", besagt methodisch, daß die Erklärungen der Vertragsparteien und die Gesamtheit der Umstände in ihrer Auslegung gemäß § 157 nur als Ausdruck eines einzigen Willens in Betracht kommen können, wenn nicht Dissens geltend gemacht werde, was nicht geschah.

Dieser Fall ist insofern lehrreich, als er jene andere Seite der Auslegung zeigt, auf die oben S. 156 hingewiesen wurde. Es wird nicht wie in der letzteren Entscheidung Wille und Erklärung in Beweiswürdigung festgestellt und die Auslegungsfrage der Erkennbarkeit untersucht, sondern es liegt nur die Feststellung des Erklärungstatbestandes vor. Die Indizien reichen zur tatsächlichen Feststellung des Willens der Parteien nicht aus. Der Berufungsrichter schreitet daher zur Auslegung des Erklärungsinhaltes, und zwar um die Erklärung nicht mehr gemäß § 133 mit Rücksicht auf den wirklichen Willen auszulegen, sondern gemäß § 157 ohne Rücksicht auf die Willenswirklichkeit lediglich mit dem Ziel der auf Auslegungsregeln und Verkehrsauffassungen aufgebauten Erschließung der Willenswahrscheinlichkeit, oder -möglichkeit. So geartete Fälle führten Danz und andere Erklärungstheoretiker ausschließlich ins Feld, um damit zu beweisen, daß der wirkliche Wille bei der Auslegung grundsätzlich unerheblich und allein die Erklärung gemäß ihrem nach Treu und Glauben gewerteten Sinn. Was in Entsch. 41 „vom Vorderrichter ausdrücklich festgestellter Wille der Parteien" genannt wird, ist nicht Feststellung des wirklichen Willens; denn diese dürfte das Reichsgericht nicht nachprüfen; zu einer solchen reichte der vorliegende Sachverhalt nicht aus. Es lag der Fall der Zweifelhaftigkeit des Sinnes der Erklärung vor, in dem die Funktion der Auslegungsregeln einsetzt. Deren Anwendung führt grundsätzlich nicht zum Beweis des konkreten Willens, sondern zur Erschließung des wahrscheinlichen oder möglichen Willens, den die Parteien bei Abgabe derartiger Erklärungen erfahrungsgemäß haben. Das im allgemeinen Übliche rechtfertigt im besonderen die Annahme des Möglichen. Der Erklärungswert, der „Inhalt" der Erklärung wird hier durch diese, von dieser Rücksicht geleitete, von der oben erörterten Funktion abweichende Aufgabe der Auslegung bestimmt. — Der Erfahrungssatz und die Auslegungsregel, die den Berufungsrichter veranlaßten, im vorliegenden Falle den Vertrag in bestimmter Weise auszulegen, war offenbar der, daß der Käufer von Gemälden, der für diese einen auffallend hohen Kaufpreis bewillige, nicht das Risiko der Unechtheit der Gemälde übernehmen will, zumal wenn er „echte" Gemälde gekauft hat.

Im Gegensatz zu früher bemerkbaren Unsicherheiten ist die Frage, ob Parteien sich über einen Punkt geeinigt haben, von der Rechtsprechung des Reichsgerichts als Rechtsfrage erkannt und behandelt worden. Als solche wird sie jüngst in einer Entsch. RG. II SeuffA. 82, 321ff. Nr. 182 zutreffend der Revision unterzogen. Von der Beantwortung dieser Frage hängt auch die Anwendung der Auslegungsregel des § 154 I 1 BGB. ab. Die Beantwortung beruht grundsätzlich einerseits wie bei der Auslegung einseitiger Willenserklärungen auf nicht nachprüfbaren tatsächlichen Feststellungen, nämlich auch hier sowohl der Abgabe der Erklärungen und des Vorliegens eines bestimmten wirklichen Willens[148]), andererseits aber auf der nach Rechtsgrundsätzen erfolgenden Beurteilung dahin, ob der übereinstimmende Wille der Kontrahenten in der Erklärung zureichend zum Ausdruck gekommen ist. Wenn im angegebenen Falle der 2. Senat in Ablehnung der Auslegung des Berufungsgerichts darlegt: „. . . Dieses Verhalten der Parteien weist mit Sicherheit darauf hin, daß sie den Vertrag als solchen für geschlossen erachteten, obwohl die Regelung der Frage, wie der Beklagte die 5000 M. zu zahlen habe, noch offengelassen war", so ist dies keine vom Revisionsrichter nachgeholte Feststellung des wirk-

---

[148]) In JheringsJ. 75, 167 wurde dargelegt, daß das Reichsgericht zum Vertragsschluß den Konsens der beiderseitigen inneren Willen sowie die Übereinstimmung der beiden Erklärungen für erforderlich hält, und daß beim Dissens das Auseinanderfallen der Erklärungen auf dem Auseinanderfallen des beiderseitigen Willens beruht.

lichen Willens, vielmehr — wie in der eben erörterten Entsch. 41 — die Nachprüfung der Auslegung der Erklärung. Der Tatrichter legte das gesamte tatsächlich festgestellte Verhalten der Parteien dahin aus, daß die Voraussetzung des § 154 I 1 BGB. gegeben wäre. Revision und Revisionsgericht sehen § 154 dagegen als verletzt an, wo der Vorderrichter unzutreffend den Mangel der Einigung über alle vertragswesentlichen Punkte angenommen und die Vorschrift des § 154 I 1 angewandt hat. Aber darüber hinaus sind im gegebenen Falle auch die ungeschriebenen Rechtsgrundsätze des Vertragsschlusses verletzt, die nach obigem durch den § 550 ZPO. ebenso geschützt werden wie Legalnormen. Und zwar ergibt sich, — ohne daß auf die besonderen dogmatischen Grundsätze des Vertragsschlusses in der vorliegenden Untersuchung näher eingegangen werden konnte[149]) —, daß die den Vertragsschluß bedingende Frage der Übereinstimmung der beiderseitigen Vertragserklärungen keine Tat-, sondern immer Wertungs- und Rechtsfrage ist. Sie will nicht etwas feststellen, was sich der Sinneswahrnehmung beim Vergleichen des beiderseitigen Verhaltens der Parteien als wirklich ergibt, sondern was auf der rechtlichen Wertung des Verhaltens beruht. Methodisch stellt sich der zitierte Satz jener Entscheidung als nach der Grundnorm erforderliche rechtliche Würdigung des Verhaltens zwecks Auslegung dar und ist die Revision schon deswegen gegeben, weil unrichtige Auslegung immer die Grundnorm verletzt.

Tat- und Rechtsfrage spielen ferner in der aus neuester Zeit stammenden Entsch. 45 eine erhebliche Rolle, und das Reichsgericht sucht auch hier die verschiedenartige Behandlung beider Gruppen von Fragen deutlich voneinander abzugrenzen, ohne freilich auch hier die methodischen Gründe deutlich werden zu lassen. Von der „Ermittlung des Parteiwillens" aus dem „sachlichen Vertragsinhalt" sagt das Reichsgericht, daß sich in diesen Darlegungen des Berufungsrichters „erfahrungsmäßige Würdigung tatsächlicher Umstände mit der Rechtsanwendung verbinde". Es betont, daß die tatsächliche Feststellung des Berufungsrichters, die Parteien erstrebten keine Übertragung des Verfilmungsrechts, nicht nachprüfbar sei. Auch in dieser Entscheidung wird also in der Vorinstanz gegenüber der vorliegenden Erklärung der konkrete Wille gemäß der „aus der Würdigung von Tatsachen geschöpften Überzeugung des Berufungsgerichts (§ 286 ZPO.), die zur Zeit mit der Revision nicht angegriffen werden kann", festgestellt. Das Reichsgericht prüft die Auslegung der Erklärung nach und entscheidet: „Es läßt sich auch nicht einwenden, die Ausdrucksweise des Vertrages . . . ermangle bei solcher Auslegung des dem Parteiwillen genügenden Inhalts." Das Reichsgericht gelangt also zu dem Ergebnis, daß der festgestellte Wille in der Erklärung zu genügendem Ausdruck gekommen sei.

In Entsch. 46 erblickt das Reichsgericht in den vorinstanzlichen Darlegungen über den abgeschlossenen Vertrag eine „tatsächliche Würdigung der Verhältnisse des Filmwesens und gewisse daraus gezogene erfahrungsmäßige Folgerungen (§ 286 ZPO.)", wobei zu bemerken bleibt, daß auf Erfahrungssätzen beruhende Wertungen von Tatsachen durch den § 286 ZPO. nicht erfaßt werden. Das Reichsgericht prüft die Auslegung des Vertrages aber nach und entscheidet, daß bei der vom Berufungsrichter vorgenommenen Auslegung „der ermittelte Parteiwillen nicht genügend beachtet" werde. Auch hier zeigt sich die dem § 133 BGB. entsprechende Berücksichtigung des wirklichen Willens bei der Sinnesfeststellung der Erklärung. Die Erklärungstheorie übersieht in Fällen dieser Art, daß sich

149) Vgl. darüber Jherings J. 75, 127 ff.

aus einer derartigen Gegenüberstellung des festgestellten wirklichen Willens erst die Aufgabe ergibt, in weitere Feststellungen von Erklärungsumständen und Prüfung von deren Ausdruckskraft einzutreten. Entscheidet das Reichsgericht, daß der Berufungsrichter in der Auslegung der Erklärung den wirklichen Willen nicht genügend beachtet habe, so kann es entweder selbst zur richtigen Auslegung schreiten, oder muß, falls die Feststellung von weiteren Erklärungstatsachen erforderlich ist, zwecks Ergänzung des Erklärungstatbestandes zurückverweisen.

Aus Fällen dieser Art ergibt sich die dogmatische Lehre, daß es grundsätzlich unrichtig ist, die Erklärung als einen umgrenzten Tatbestand anzusehen, dessen Würdigung nun durch Auslegung zu erfolgen habe (Danz u. a.). Vielmehr erfährt der Tatbestand der Erklärung oft erst unter Berücksichtigung des wirklichen Willens seine faktische Vervollständigung. Vgl. etwa die Entsch. 73. Die Frage, was zum gesamten Tatbestand der Erklärung gehört, kann oft erst durch Rücksicht auf den festgestellten wirklichen Willen entschieden werden. Nachdem der Erklärungstatbestand gemäß diesem Gesichtspunkt vervollständigt ist, z. B. verschiedene bisher für nicht wesentlich gehaltene Umstände oder Vorverhandlungen zu der Urkunde hinzugetreten sind, ist erst die Entscheidung der eigentlichen Auslegungsfrage möglich, ob der behauptete und festgestellte Wille in dem Tatbestand der Erklärung erkennbar ist.

In Entsch. 49a wird angenommen, daß die dortige Feststellung des Berufungsrichters — es liege auf der Hand, daß es dem Sohne des Klägers nicht in den Sinn gekommen sei, irgendeine Willenserklärung abzugeben — nicht eine tatsächliche, nicht nachprüfbare sei, sondern „eine auf rechtlichen Gebieten liegende und darum nachzuprüfende Schlußfolgerung". — Nach den Gründen ist zwar nicht sicher zu sagen, wie der Berufungsrichter zu jener Feststellung gelangt und wie sie daher zu beurteilen ist. Die Entscheidung des Revisionsgerichts ist dann richtig, wenn jene Feststellung des Berufungsrichters das Ergebnis der Auslegung des gesamten Verhaltens des Sohnes des Klägers und nicht etwa nur die Feststellung der Intentionen, des wirklichen Willens ist. Der Berufungsrichter muß danach, falls es sich nicht nur um eine tatsächliche Feststellung letzterer Art handeln soll, auch die Frage der Erkennbarkeit jenes Willens in der gesamten Erklärung bejahend entschieden haben.

In Entsch. 53 spielt der erörterte Gesichtspunkt der Beschränkung der Revision auf typische Verträge und allgemeine Geschäftsbedingungen immer noch eine erhebliche Rolle. Im Sinne der oben erörterten Darlegungen hierzu ist diese Begründung der Entscheidung des 2. Senates zu beanstanden. Jener beschränkende Gesichtspunkt entbehrt der Rechtsgrundlage. Die Grundnorm nicht anders als die §§ 133 u. 157 BGB. und § 346 HGB. oder eine besondere Auslegungsregel können ebenso bei einem nur „individuelle Rechtsbeziehungen" knüpfenden Vertrage verletzt werden wie bei allgemeinen Geschäftsbedingungen. Entsprechend muß gegenüber Entsch. 79b hervorgehoben werden, daß die Revisibilität einer Auslegung nicht davon abhängt, ob diese auf Grund eines „allgemeinen Sprachgebrauches" vorgenommen wurde.

In Entsch. 63 tritt dagegen die methodisch richtige Verwendung eines Erfahrungssatzes durch den Revisionsrichter hervor. Der 2. Senat sieht es als Rechtsfrage an, ob sich die Auffassung des Berufungsrichters hinsichtlich der Vertragsklausel „für Sie oder Ihre Order" mit dem deckt, was nach der Erfahrung im kaufmännischen Verkehr darunter verstanden wird. Das Reichsgericht hebt hervor, daß der vom Berufungsgericht angewandte Erfahrungssatz unzutreffend sei und findet dafür den richtigen Auslegungsmaßstab, der zu einer anderen Bewertung jener Klausel führt.

Die Entsch. 72 begnügt sich damit, festzustellen, daß im Berufungsurteil gegen „die Auslegungsgrundsätze des Bürgerlichen Gesetzbuches (§§ 133, 157)" kein Verstoß vorliege. Diese Begründung greift nicht durch. Der Revisionsrichter hat nicht bloß, wie früher angenommen wurde, zu prüfen, ob bestimmt formulierte Auslegungsregeln des Gesetzes verletzt sind. Die Verletzung eines bloßen Erfahrungssatzes führt oft nur zu einer Verletzung der Grundnorm. Das Urteil des Berufungsrichters ist dann auch aufzuheben.

In der Entsch. 73 liegt ein typisches Beispiel der Verwechslung von Rechts- und Tatfrage vor. Diese ist dadurch noch gröber, weil es sich nicht um Auslegung gemäß dem festgestellten wirklichen Willen des Handelnden handelt, sondern um sogenannte ergänzende Auslegung für einen vom Erklärenden nicht vorgesehenen Fall. Oben ist dieser Fall, um das Gebiet der Untersuchung nicht noch mehr zu vergrößern, nicht besonders in Betracht gezogen worden, zumal wir ihn an anderer Stelle eingehend untersucht haben[150]). Wo nicht einmal die Feststellung des wirklichen Willens die Auslegung der Erklärung bestimmt, sondern die Ergänzung sowohl der Erklärung wie andererseits des Willensinhaltes nach Erfahrungsgrundsätzen erforderlich ist, dürfte noch deutlicher werden, daß hier nicht tatsächliche Feststellungen erfolgen, an die der Revisionsrichter gebunden wäre. Um so auffallender ist diese Entscheidung des 4. Senates aus neuester Zeit. Wenn der Berufungsrichter zunächst den wirklichen Willen des Stifters feststellt, so kann dies eine nicht nachprüfbare, allein seiner Beweiswürdigung unterliegende Tatsachenfeststellung sein. Sofern damit die Erkennbarkeit des Willens in dem gesamten Erklärungstatbestande mit in Anspruch genommen werden, also die vorliegende Stiftungserklärung ausgelegt werden sollte, läge eine revisible Auslegungsentscheidung vor. Dies ist vollends dann gegeben, wenn die Subsumtion des vorliegenden Tatbestandes unter die Stiftungserklärung nicht unmittelbar, sondern nur mittels hypothetischen Urteils auf Grund eines Erfahrungssatzes erfolgen konnte. Solche Entscheidungen von Auslegungen, durch die lückenhafte Willenserklärungen für einen unvorgesehenen Fall ergänzt werden, sind stets revisibel. Nicht nur § 157 BGB., sondern auch die Grundnorm ist verletzt, wenn die Lückenergänzung auf Grund unzutreffender Würdigung des Willens geschehen ist. In diesem Sinne richtig prüft dagegen die Entsch. 92 nach.

Die methodische Behandlung der Erklärungsfrage ist in Entsch. 78a von Interesse. Es handelt sich hier zunächst um die seltene Frage, ob der Einigungswille bei der Auflassung vernehmbar erklärt worden ist. Das Berufungsgericht sagte sachlich richtig, daß das Verhalten des Ehemannes St. den Voraussetzungen des § 925 BGB. nicht genüge. Wenn der 4. Senat dazu bemerkt: „Diese Würdigung ist in ihrem tatsächlichen Teil für das Reichsgericht bindend. Der rechtliche Schlußsatz ist nicht zu beanstanden", so ist dies dann richtig, wenn der Senat seine Bindung nur hinsichtlich derjenigen Feststellungen des Berufungsrichters annimmt, die die empirischen Voraussetzungen der Auslegung betreffen, also hinsichtlich der Frage, was sich in dem eigenartigen Falle der Auflassungsverhandlung zwischen den Parteien,

[150]) Mein „Irrtum und Auslegung" S. 162ff. — Der verschiedene Charakter der Auslegung gemäß § 133 und der „rechtsgestaltenden Fortbildung" des Erklärungsinhalts tritt in RG. 115, 95 u. 96 deutlich hervor.

die sich nicht einmal sahen, tatsächlich abgespielt hat. Ob der anscheinend festgestellte Einigungswille in dem gesamten Verhalten des Eigentümers nicht doch erkennbar geworden ist, war als Auslegungsfrage revisibel. Das Reichsgericht stellt sich bei der Nachprüfung auf den in der Judikatur schon vertretenen Standpunkt, daß Stillschweigen nicht genüge. Dieser Standpunkt scheint indessen auch der Revision bedürftig gewesen zu sein.

In Entsch. 95 beurteilt der 6. Senat die Feststellung des Berufungsgerichts, daß nach dem Willen der Vertragschließenden die Aufführungspflicht als Hauptleistung angesehen würde, zutreffend als tatsächlich und nicht nachprüfbar, sofern damit der wirkliche Wille ohne Rücksicht auf seine Erkennbarkeit in dem dem Gegner zugänglichen Erklärungstatbestand festgestellt war. Sofern die Auslegung des Berufungsgerichts diesen Willen aber gerade in den besonderen und allgemeinen Geschäftsbedingungen erkennbar zum Ausdruck gebracht sah und umgekehrt diesen Vertragserklärungen jenen Sinn gegeben hatte, handelte es sich um nachprüfbare Auslegung. Unrichtige Beurteilung dieser Frage verletzte die §§ 133, 157 und die Grundnorm.

In anderen Entscheidungen, vgl. z. B. 1, lehnt das Reichsgericht die seitens der interessierten Partei unternommene Grenzziehung zwischen tatsächlicher Feststellung des Willens und Auslegung der Erklärung zutreffend ab. Der in Entsch. 1 festgestellte „Inhalt der zwischen den Parteien getroffenen Übereinkunft" kommt nur als Ergebnis der zwar mit Rücksicht auf den wirklichen Willen, aber andererseits unter Prüfung von dessen Erkennbarkeit in der Gesamtheit des Erklärungstatbestandes vorgenommenen Auslegung in Betracht, die der 1. Senat dort mit Recht im Gegensatz zu den Ausführungen der Revisionsschrift nachprüft. Die sonstige dortige Entscheidung läßt noch den früheren, das Revisionsrecht beschränkenden Gesichtspunkt erkennen, daß es sich um Bestimmung des Vertragsinhalts allein aus der Geschäftsurkunde handele. Eben diesen Standpunkt des Senates aus älterer Zeit zeigt die Entsch. 4. Der Senat schreitet hier zur Nachprüfung der Auslegung, die der Berufungsrichter nur aus dem Inhalt des Reverses entnommen hat, und verwirft sie.

Schließlich sollen noch verschiedene Einzelheiten aus anderen Entscheidungen des Auszuges besprochen werden.

Wenn in Entsch. 5 richtig bemerkt wird, daß der Beklagte sich nicht darauf berufen könne, daß er das Verfahren T.s nicht gekannt habe, so ist das ein Beitrag zur oben eingehend erörterten Auslegung nach Treu und Glauben, bei der der wirkliche Wille, der in der Erklärung nicht mehr erkennbar ist, für deren Sinnbestimmung nicht in Betracht kommt. Es ist zugleich ein Beitrag dafür, daß die dort dargelegte Verantwortlichkeit für den Erklärungswert eine, allerdings durch den Willensmangel beeinträchtigte, durch Anfechtung aufhebbare Wirksamkeit des Erklärungstatbestandes erzeugt. Diese „Wirksamkeit" ist die erklärungstheoretisch bis heute verwertete Größe. Sie knüpft sich allein an die äußere Handlung. Wissen und Wissenmüssen sind in dieser Hinsicht und mit dieser Einschränkung der Wirksamkeit des Erklärungsaktes (§ 119 BGB.) gleichgestellt. So gelangt das Reichsgericht dort zutreffend zur Bejahung der Wirkungen einer Bestellung zum Handlungsbevollmächtigten. Dem entsprechen durchaus die vom 2. Senat ausgesprochenen Entsch. 60 u. 61, an die sich übrigens eine in RG. 65, 295 veröffentlichte Entscheidung des 7. Senates reiht: „Es kommt daher darauf, ob der Vorstand ..., indem er duldete, daß W. ... Gelder für den Verein annahm, und darüber quittierte, den Willen gehabt hat, damit ein gleiches Verfahren auch für zukünftige Fälle gutzuheißen, überhaupt nicht an, und entscheidend ist auch nicht ohne weiteres, ob er von einem solchen Verfahren des W. Kenntnis gehabt hat oder nicht . . . ; er muß das Verfahren seines Vorstandes so gegen sich gelten lassen, wie es von denen, die mit dem Verein in geschäftlichen Beziehungen standen, nach Treu und Glauben aufgefaßt werden durfte."

An dieser Stelle setzt dogmatisch eine Frage ein, der bisher wenig Beachtung geschenkt wurde. Es darf nicht verkannt werden, daß nach der Handels- und Verkehrssitte nicht selten die Tendenz besteht, in Fällen letzterer Art „typisierte Erklärungsakte" anzunehmen, deren verbindlicher Sinn derart feststeht, daß bei wirklich abweichendem inneren Willen des Handelnden dessen Anfechtungsrecht wegen Irrtums ausgeschossen sein soll. Man könnte sich in den Situationen der angeführten Entscheidungen sehr wohl denken, daß die Handelssitte dem dortigen typischen Verhalten des Kaufmanns einen bestimmten Sinn aufprägt, und daß darin nicht nur eine Auslegungsregel gewöhnlicher Struktur liegt, sondern eine solche, die das Verhalten typisiert, d. h. ihm ohne jede Rücksicht auf den wirklichen Willen des Handelnden feststehenden Sinn verleiht. Wenn das Gesetz z. B. in den §§ 108, 177, 416 Abs. 2, 496 BGB., § 362 HGB. typisiert, um dadurch die Willenserheblichkeit und insbesondere den § 119 BGB. auszuschließen, vermag das auch die Verkehrssitte. In jenen Entscheidungen brauchte der Wille dann weder bei der Auslegung des Verhaltens gemäß § 133 — der dann nicht gilt — berücksichtigt zu werden, noch käme Irrtumsanfechtung in Frage. Wir haben an anderer Stelle die dogmatischen Grundlinien dieser sogenannten typisierten Akte darzulegen versucht und darauf hingewiesen, daß hier die reine Erklärungstheorie gilt, unter Aufhebung aller gesetzlichen Bestimmungen der §§ 116ff., 133, 155, die dem Willen gegenüber der Erklärung Erheblichkeit verleihen[151]). Unter diesem Gesichtspunkt werden Verkehrssitte und Handelsgebräuche zukünftig besonders zu würdigen sein. Auch § 346 HGB. enthält stillschweigend diese Fragestellung. Sein Sinn erschöpft sich m. E. nicht nur in dem Hinweis auf die gewöhnliche Auslegung von Willenserklärungen gemäß Treu und Glauben, er ist vielmehr auch dahin zu verstehen, daß Gewohnheiten und Gebräuche des Handelsverkehrs gewissen symbolisch gewordenen Handlungen und Unterlassungen typisches Gepräge in dem verstandenen Sinne verleihen können.

Die Entsch. 6 ist ein Musterbeispiel für die im 1. Senat übliche, zutreffende Methode der Auslegung einer Erklärung unter Berücksichtigung des wirklichen Willens. Die Entscheidung steht auf dem dogmatischen Standpunkt, daß dem einerseits tatsächlich festgestellten, andererseits durch Auslegung als im Erklärungstatbestande erkennbar befundenen Willen gegenüber einer abweichenden Darlegung des Berufungsgerichts die „richterliche Anerkennung nicht zu versagen" sei. Der Senat tadelt es, daß der Berufungsrichter sich nicht darum bemühe, den der fraglichen Vertragsbestimmung zugrunde liegenden wirklichen Willen der Parteien zu erforschen, und findet in der Nachprüfung der Auslegung, daß jener klaren und unzweideutigen Vertragsbestimmung nur ein entsprechender Wille zugrunde liegen könne und zur Anerkennung zu bringen sei.

Denselben Tadel spricht die Entsch. 7 hinsichtlich der Auslegung des Berufungsgerichts aus und bezeichnet es gerade bei Verträgen, die wie der Ver-

[151]) „Irrtum und Auslegung" S. 146ff., 155ff., 189, 274. Die oben Anm. 73 hervorgehobenen Beobachtungen E. Rosenstocks, Industrierecht, würden, auf typisierte Akte bezogen, Berechtigung gewinnen. Sehr beachtenswert jetzt Schmidt-Rimpler, Der Handlungsagent (Ehrenbergs Handbuch Bd. 5) S. 243ff., 250ff. Vgl. auch Mosse-Heymann HGB. § 346 bei 4 u. 5.

sicherungsvertrag in eminentem Sinn auf der bona fides beruhen, als durchaus notwendig, die Auslegung gemäß dem „wirklichen Vertragswillen" vorzunehmen.

Die Entsch. 8 läßt deutlich die richtige Unterscheidung zwischen den tatsächlich festgestellten Elementen der Willenserklärung und deren rechtlicher Qualifizierung erkennen, und es hat niemals einem Zweifel unterlegen, daß die letztere dem Gebiet der revisiblen Rechtsfrage angehört. Hier handelt es sich, im Gegensatz zu den sonst nicht vorkommenden Auslegungen, um Subsumtion unter bestimmte ausdrückliche Legalvorschriften. Hier herrscht in allen Senaten einheitliche Behandlung.

Die oben II besonders ausführlich wiedergegebene Entsch. 9 zeigt als eine der ganz wenigen, daß der 1. Senat sich in jener frühen Zeit auch um eine tiefere methodische Grundlegung seiner Rechtsprechung zur Auslegung von Erklärungen bemüht hat. Schon am Anfang der Entscheidung wird eine Rechtsverletzung durch Urkundenauslegung nicht nur bei Verstoß gegen „eine ausdrücklich ausgesprochene" Legalnorm angenommen, sondern auch dann, wenn gegen „eine durch deren Geist gebotene" Norm verstoßen ist. So wenig Beifall das höchste Gericht heute dem Stil dieser Entscheidung zollen wird, der an Schwülstigkeit, Schwerfälligkeit und Schachtelbau an schlechteste Vorbilder erinnert, so beifallswert ist die dargelegte Subsumtionsmethodik. Die oben als unhaltbar gekennzeichnete Analogie zwischen reichsrechtlichen Normen und allgemeinen Vertragsbedingungen, die Parallelstellung von solchen geschäftlichen Vereinbarungen mit „objektivrechtlichen Tatbeständen" ist dagegen durchaus abzulehnen. Andererseits verdient es wieder Beifall, wenn der 1. Senat hier (oben S. 100) betont, daß die Kenntnis der Lebensverhältnisse ein Mittel zur richtigen Erfassung des Wesens der Rechtsnormen ist, daß solche Erfahrungssätze „für sich von dem Reichsgericht nicht nachprüfbar" seien, und nur dadurch zur Revision führten, daß die ihnen gemäße Auslegung der Erklärung zur Subsumtion des Tatbestandes unter einen unrichtigen Obersatz geführt habe. Der vom Berufungsrichter angewandte Erfahrungssatz führte zur Subsumtion des Tatbestandes unter Kauf und nicht unter Einkaufskommission. Aus diesem Grunde durfte das Reichsgericht die Entscheidung für revisibel erachten.

Schon in der frühen Entsch. 11 vertritt der 1. Senat im Gegensatz zu der aus der Theorie bekannten, hier vom Beklagten verfochtenen Auffassung die inzwischen herrschend gewordene Lehre, daß die Ermittlung der Bedeutung der Konnossementsklausel „freight and all other conditions as per charterparty" kein Akt nicht nachprüfbarer tatsächlicher Feststellung ist. Der Senat sieht, daß die Feststellung eines Handelsbrauchs, auf Grund dessen sich ein bestimmter Sinn jener Klausel ergibt, Rechtsfrage ist, da nicht nur die Grundnorm, sondern § 157 BGB. die Verkehrssitte als den normativen Maßstab für die Auslegung solcher Klauseln bezeichnet. Durch unzutreffende Auslegung würden diese Normen also verletzt sein.

Die Entsch. 12 ist lehrreich für die Klärung der zivilrechtlichen Dogmatik. Die dort zitierte römische Auslegungsregel für Vermächtnisse: „Wenn die Worte klar sind, findet andere Ermittlung des Willens nicht statt", spielt bis in die Gegenwart eine Rolle und wird bisweilen sogar für alle Willenserklärungen in Anspruch genommen. Der 2. Senat weist sie als allgemeine Auslegungsregel mit Recht zurück und betont, daß zumal im Handelsrecht die Absicht der Vertragschließenden immer zu ermitteln bleibe. Es kann hinzugesetzt werden, daß jener Satz ein ausgesprochen erklärungstheoretisches Erzeugnis ist. Diese Theorie bewährt auch hierin ihre Neigung, die Rücksicht auf den wirklichen

Willen wenigstens in solchen Fällen auszuschalten, wo die Erklärung anscheinend für sich spricht. Aber die Untersuchung der hierher gezählten Fälle ergibt, daß es immer nur scheinbar andersgeartete Fälle sind. Es scheint, daß die Erklärung klar und eindeutig, daß sie mit anderen Worten nur auf einen Willen als den ihr zugrunde liegenden hinweise. Aber in der Rechtsprechung zeigt sich, daß auch hier der Gegner in der Lage ist, auf einen durch den ersten Schein des Erklärungssinnes noch nicht erfaßten Willen, d. h. Sinn hinzuweisen, daß der erkennende Richter dann, wie sonst, zur Ermittlung und Berücksichtigung dieses Willens bei der Auslegung schreiten muß, und daß es sich hierbei ergeben kann, daß in der Erklärung trotz jenes ersten Scheins doch dieser andere Wille immer noch erkennbar, bei ihrer Auslegung also zu berücksichtigen ist[152]).

Entsch. 15 zeigt ebenso wie Entsch. 1 die unzuverlässige Grundlage der Behandlung der Urkundenauslegung, die oben S. 165 ff. eingehend erörtert wurde. Und zwar gibt es in der Rechtsprechung auffallenderweise zwei entgegengesetzte Beurteilungen der Auslegung einer Geschäftsurkunde nur aus ihrem Inhalt. Die eine, hier sowie in 1, 4 u. 86 vertretene, hält die auf die Urkunde beschränkte Auslegung für „rein tatsächliche Feststellung", weil sie sich gemäß obiger Darlegung durch die prozessuale Beweiswürdigung einer Urkunde als Beweismittel irreführen läßt. Die entgegengesetzte Auffassung gewährt ausschließlich diesem Fall deswegen die Revisibilität, weil der Revisionsrichter hier tatsächlich in der Lage sei, auf Grund der Urkunde selbst zur Auslegung zu schreiten, während die Nachprüfbarkeit dann ausgeschlossen sei, wenn die Auslegung der Urkunde nur unter Heranziehung anderer Umstände, insbesondere des Inhalts sonstiger Verhandlungen möglich ist. Beide Beurteilungen haben sich als unhaltbar erwiesen. Die Auslegung von Urkunden unterliegt keinen anders gearteten Grundsätzen als jede andere Auslegung. Die Entsch. 15 ist verfehlt[153]).

---

[152]) KommRGR. § 133 bei 1. lehrt: „Endlich kann aber auch dann niemals Platz für die Auslegung sein, wenn die abgegebene Erklärung, zumal eine urkundliche . . ., so klar und ihrer Bedeutung nach so zweifelsfrei . . . ist, daß eine andere Deutung ausgeschlossen wäre, was alles allerdings in gewissem Maße wiederum nur durch Auslegung festgestellt werden kann." Der Schlußsatz macht deutlich, wie schief jene Behauptung geraten ist. Es gibt nicht „auslegungsfähige" und -unfähige Willenserklärungen. Das übersieht auch aus jüngster Zeit Entsch. d. RG. V HöchstRRspr. 1928 S. 2079, wonach solche Urkunden, deren Wortlaut völlig klar und eindeutig sei, einer Auslegung nicht fähig seien, da ein Zweifel über ihren Inhalt und seine Bedeutung nicht bestehe. Man kann zwar sagen, daß überall da, wo eine Auslegung nicht nötig ist, sie auch nicht stattfindet. Das wäre aber kein methodischer Grundsatz. Verfehlt ist es dagegen, methodisch zu behaupten, daß „völlig klare Urkunden nicht auslegungsfähig" wären. Jede einem Dritten völlig klar erscheinende Urkunde gewinnt durch Vorbesprechungen der Parteien einen anderen Sinn, als der Dritte zu beurteilen vermag. Gegenüber einer angeblich klaren Urkunde kann eine Partei auf einen Willen hinweisen, der, durch erkennbare Umstände gestützt, den Sinn jener Urkunde durchaus abändert. Jener Satz ist als methodischer schon deshalb unbrauchbar, weil er nicht sagt, wem die Urkunde völlig klar sein müsse. Man darf nicht von Auslegungsfähigkeit sprechen, wenn man Auslegungsbedürftigkeit meint, und man darf auf den variablen Voraussetzungen der letzteren nicht methodische Sätze aufbauen, die als erklärungstheoretische Rudimente früherer Theorien heute keine Geltung mehr haben. Die Neigung, gewissen Urkundenarten Sinn und Wirksamkeit „aus sich selbst heraus" ohne jede Rücksicht auf das mit ihnen Gewollte zu verleihen und sie als auslegungsunfähig zu stempeln, ist einseitig erklärungstheoretisch. Sie hat indessen heute unter dem Gesichtspunkt der oben behandelten typisierten Akte Berechtigung. Siehe oben Anm. 29, ferner S. 198, 204 zu Entsch. 20, 209 zu E. 103 und S. 210.

[153]) Zutreffend sagt Stein-Jonas, KommZPO. 2, 105, (1926) daß nicht die Auslegung von Urkunden als solche der Revision unterläge. Soweit die Urkunde lediglich Beweismittel für eine außer ihr liegende Tatsache sei, sei es Akt der Beweiswürdigung, festzustellen, welche materielle Beweiskraft sie habe. Etwas anderes sei die Frage, welche materielle Wirksamkeit die Urkunde habe. Dazu vgl. unsere obigen Darlegungen zur Unterscheidung von Beweiswürdigung und Auslegung. Stein-Jonas stehen in den weiteren Darlegungen a. a. O. S. 106 unter dem Ein-

In der Entsch. 17 ist methodisch von Interesse, daß der 3. Senat die dort angegebene, vom Berufungsrichter aus der Erfahrung gewonnene Auslegungsregel als „Rechtssatz" bezeichnet. Ist der Satz: „Aus dem passiven Verhalten des Schuldners gegenüber der Mitteilung von Rechnungsabschlüssen des Gläubigers kann unter Umständen nach freier Würdigung des Sachverhalts auf die Anerkennung der Richtigkeit des Inhaltes des Kontokorrents geschlossen werden" ein Rechtssatz? Wenn davon ganz abgesehen wird, daß der Satz in dieser Fassung unvollständig und selbstverständlich ist, so wäre er methodisch zweifellos eine Auslegungsregel. Es gab früher eine Lehre, die selbst den Auslegungsregeln des Gesetzes die Eigenschaft als Rechtssatz abstritt. Diese Lehre ist als unrichtig erkannt, nachdem sich zeigte, daß die Rechtsordnung aus Rechtssätzen verschiedener Art besteht, nicht nur aus Imperativen an die Rechtssubjekte. Sieht man davon ab, ob jene Auslegungsregel Geltung hat und prüft man ihre Natur nur nach dem Inhalt, so ist sie in der Tat ein Rechtssatz, aus demselben Grunde wie etwa der § 453 BGB. Beide wollen Rechtsverhältnisse beeinflussen. Der 3. Senat erachtet den Satz zudem als geltend. Um hierauf den Beweis einer Rechtsverletzung zu stützen, hätte allerdings nachgewiesen werden müssen, welche anderen Umstände gemäß ihrer Auslegung im gegebenen Falle den Schluß auf den Anerkennungswillen des Schuldners gestatteten.

Hier und in den anderen nicht seltenen Fällen, wo die Entscheidungsgründe des Revisionsrichters ohne weiteres in die Nachprüfung einer Auslegung des Berufungsrichters eintreten und diese richtigstellen, konnte der Rechtsprechung immer der Einwand gemacht werden, daß sie revidiere, ohne über die gesetzlich geforderte Rechtsverletzung Rechenschaft zu geben. Mit der gewonnenen Auslegung der Willenserklärung ist immer erst der Tatbestand einer Wirkung festgestellt und der Untersatz gewonnen. Der Revisionsrichter muß nun klarstellen, auf Grund welches Obersatzes er zur Entscheidung gelangt. Erst in letzter Linie kommt hierfür die Grundnorm in Frage.

In Entsch. 18 wie in anderen Entscheidungen tritt es als wesentlich in Erscheinung, daß der Berufungsrichter bei der Würdigung der Erklärung die „vertragsmäßige Intention der Kontrahenten" tatsächlich feststellt. Die Erheblichkeit des wirklichen Willens zeigt sich hier in der besonderen Gestalt, daß der erkennende Richter bei Unsicherheit des Erklärungsinhalts gut tut, zunächst die vertragsmäßige Intention, d. h. Ziel und Zweck festzustellen, die die Parteien bei ihren Verhandlungen verfolgten. Der 3. Senat erachtet die Feststellungen dieser Art mit Recht für nicht nachprüfbar. Auch hier zeigt sich, was oben grundsätzlich erörtert wurde, daß die Funktionen der tatsächlichen Beweiswürdigung und der Auslegung in concreto scheinbar kongruent sind: Nach der Entsch. 18 hat der Tatrichter die Intention der Kontrahenten durch Beweiswürdigung „teils aus dem Wortlaute der Urkunde ..., teils aus den Umständen des Falles bzw. dem Gesamtinhalt der Verhandlungen" festgestellt. In diesem häufig eintretenden Falle scheint sich die theoretisch und gesetzlich

---

fluß der oben beurteilten Theorie von Danz und übersehen die Bedeutung der bei der Auslegung der Erklärung auf den wirklichen Willen nach § 133 zu nehmenden und vom Reichsgericht genommenen Rücksicht. Es ist auch mißverständlich und entspricht nicht der Wirklichkeit, zu sagen: „Nur die Erklärung, nicht der Rechtserfolg bildet das Objekt des Willens." Jede Partei will zweifellos mittels ihrer Erklärung etwas rechtlich erreichen. Die Autoren begnügen sich schließlich mit der Lösung: „Auf dem Boden des geltenden Rechts bieten die ganz allgemeinen gesetzlichen Auslegungsregeln §§ 133, 157, 242 BGB., 346 HGB. die Handhabe, um die Streitfrage zu entscheiden." Es hat sich in unserer Darlegung gezeigt, daß diese Handhabe da versagt, wo der Richter trotz Berücksichtigung des wirklichen Willens und von Treu und Glauben gemäß der Verkehrssitte doch zu einer unrichtigen Auslegung der Erklärung gelangt. Hier sind jene Auslegungsregeln nicht verletzt und erweisen sich immer noch als zu speziell.

streng festgehaltene Grenze zwischen Tat- und Rechtsfrage zu verflüchtigen; denn was geschieht bei der Auslegung der Urkunde nebst den begleitenden Umständen anderes? Wird nicht in beiden Fällen nur der Schluß gezogen aus dem „Erklärungstatbestand" auf den Willen? Das diese Fragestellung erzeugende Mißverständnis ist dasselbe, das die heutige Theorie den Unterschied zwischen Willenserklärung und Willensgeschäft noch vielfach verkennen läßt. Man verwechselt Erklärung und Indiz des Willens[154]). Man übersieht, daß Erklärung materielles Erfordernis des Tatbestandes der rechtsgeschäftlichen Willenserklärung ist, Indiz dagegen materiell unwesentliches Beweismittel für den Beweisgegenstand Willen. Wo die tatsächliche Feststellung der „vertragsmäßigen Intention der Kontrahenten" in Frage steht, soll der wirkliche Wille der Parteien — nicht nachprüfbar — als Beweisgegenstand ermittelt werden, nicht weil er dann schon für die anzuerkennenden Rechtswirkungen des Vorganges erheblich ist, sondern, wie dargelegt wurde, nur zu dem Zwecke, um ihn nun bei der Auslegung der Erklärung berücksichtigen zu können. Es darf weiter nicht verkannt werden, daß der Tatrichter bei der Beweiswürdigung durchaus nicht an den materiellen Erklärungstatbestand als Beweismittel gebunden ist. Es gibt keine vom materiellen Recht her vorgenommene stoffliche Begrenzung der Indizien für ein Beweisobjekt. Der Tatrichter kann seiner Beweiswürdigung alle indizierenden Umstände uneingeschränkt zugrunde legen. Dann kann er auch allein zu einer Überzeugung von der Wahrheit der behaupteten Tatsache, hier des wirklichen Parteiwollens, im Sinne des § 286 ZPO. gelangen.

Die Darlegung in Entsch. 18 erweckt zwar den Anschein, als ob die Würdigung sich nur auf „Wortlaut der Urkunde", „Umstände des Falles", „Gesamtinhalt der Verhandlungen" erstrecken durfte, und dadurch entsteht auch hier der Schein der Kongruenz der Beweiswürdigung und der Auslegung. Indessen wird dieser Schein sofort hinfällig, wenn man sich auf das besinnt, was die Auslegung zu leisten hat. Sie erfaßt nicht Indizien des Willens und hat nicht den Willen zu beweisen. Vielmehr ergibt sich der Auslegung, daß der tatsächlich festgestellte Wille dort rechtsunerheblich bleiben muß, weil er in der Erklärung dem Gegner nicht erkennbar gemacht war. Objekt der Auslegung ist ausschließlich die Erklärung. Diese ist nach dem auf legaler Grundlage erwachsenen Dogma die dem Kundgebungszweck des Erklärenden dienende, dem Gegner zugängliche Äußerung eines Rechtsfolgewillens. Die Auslegung darf daher nur denjenigen Stoff erfassen und würdigen, der in diesem Sinne Erklärung ist; sie darf nur das Material berücksichtigen, das dem oder den Erklärungsgegnern beim Erfolgen der Erklärung zugänglich war[155]). Nur dann bestimmt dieser Stoff auch die Vorstellungen des Erklärungsgegners, nur dann bestimmt er den Erklärungswert und -inhalt. Die Auslegung nach Treu und Glauben ist ex aequitate gemäß dem materiellrechtlichen Fundamentalgrundsatz des § 130 BGB. an den dort begrenzten Erklärungsstoff auch im Prozeß gebunden[156]).

---

[154]) Vgl. meine „Willenserklärung und Willensgeschäft" S. 281 ff., 425 f.

[155]) Eingehend dazu meine „Willenserklärung und Willensgeschäft" S. 210 ff. Oben in der Entsch. 39a tritt diese Notwendigkeit zutreffend hervor. Das Reichsgericht sagt gegenüber der diesen Punkt der Auslegung bemängelnden Revision: „Denn ersichtlich hat das Berufungsgericht entscheidendes Gewicht nur auf solche Umstände gelegt, welche auch für die Beklagte erkennbar waren."

[156]) Auf meine Theorie der Willensgeschäfte, die von mehreren sie verneinenden Juristen mißverstanden ist, gehe ich hier nicht näher ein. Die Lehre, daß es keine „nicht empfangsbedürftigen Willenserklärungen gibt", ist nicht widerlegt worden. Die gesetzlichen Bestimmungen für Willenserklärungen, die einem anderen gegenüber abzugeben sind, setzen den Fall voraus, daß

Zum Erklärungstatbestand gehören also Vorverhandlungen zwischen denselben Parteien, Umstände, die sich zwischen ihnen selbst zugetragen haben, dagegen nichts, was zwar ein zwingendes Indiz für den wirklichen Willen des Erklärenden sein mag, was dagegen als Erklärungselement nicht erheblich ist, weil es dem Gegner nicht zugänglich wurde. In der in § 130 liegenden Vorschrift einer Wirksamkeitsvoraussetzung wird zugleich ein Begriffselement der Willenserklärung selbst umschlossen.

So ergibt sich die in den Entscheidungen oft hervortretende Möglichkeit der Divergenz der Ergebnisse der Beweiswürdigung und der Auslegung. Der Tatrichter hat den wirklichen Willen auf Grund zahlreicher Indizien festgestellt. Die Auslegung ergibt dagegen, daß jener Wille in den allein als Erklärungselementen in Frage kommenden Umständen nicht zureichend erkennbar gewesen ist; die Auslegung stellt daher als den die Rechtswirkungen allein bestimmenden Inhalt der Erklärungen einen anderen Wert fest.

Der wichtige, im § 130 BGB. wurzelnde Auslegungssatz, daß Sinn und Inhalt einer Erklärung sich immer nur gemäß denjenigen Umständen bestimmen, die dem Adressaten zugänglich waren[157]), hat mehrere bedeutungsvolle Auswirkungen, die auch in der Rechtsprechung des Reichsgerichts erkennbar sind. In der Entsch. 57 heißt es: „Das Berufungsgericht geht zutreffend davon aus, daß zwar Wechsel ebenfalls der Auslegung zugänglich seien, und daß die Auslegung auch bei ihnen unter Berücksichtigung der Grundsätze von Treu und Glauben und unter Beachtung der Verkehrssitte zu erfolgen habe, daß es aber dabei nach der rechtlichen Natur der Wechselverbindlichkeit nicht auf den Parteiwillen, sondern nur darauf ankommen könne, wie ein außerhalb stehender Dritter die Urkunde verstehen mußte." Bedeutungsvoll ist in derselben Hinsicht RG. 106, 123 (oben Entsch. 73a), wo gesagt wird: „Demgemäß kann es für die Auslegung des Vertrages nicht sowohl auf die Feststellung ankommen, welches die Willensrichtung der bei dem Vertragschluß mitwirkenden Vertreter der Ärzte- und Krankenkassenverbände gewesen ist, als vielmehr darauf, wie die einzelnen Vertragsbestimmungen von den Personen, für deren Rechtsbeziehungen sie bestimmt und von Bedeutung sind, aufgefaßt werden müssen." — Andererseits bringt jüngst eine Entsch. RG. V HöchstRRspr. 1928 S. 2079 zum Ausdruck, daß Urkunden, die sich auf die Begründung dinglicher Rechte beziehen, streng nach dem Wortlaute auszulegen seien. „Diese Grundsätze, daß der Wille der Parteien maßgebende Bedeutung habe, können für solche Rechtsvorgänge, die auch für dritte Personen Wirkung haben sollen, nicht ebenso gelten. Wird eine Grunddienstbarkeit begründet, so muß, da eine unbestimmte Reihe späterer Sondernachfolger gebunden werden soll, der Begründungsakt streng

dies geschieht, aber nicht artverschiedene Kategorien von Erklärungen. Eine Vertragsofferte kann in demselben Sinne nicht einem anderen gegenüber abgegeben werden wie eine Auslobungserklärung, vertritt also keine andere Art von Willenserklärung wie diese. Es gibt nur bestimmte und unbestimmte Adressaten der Erklärung. Jede Erklärung will aber einem anderen etwas erklären. Im übrigen erweisen sich legale Bestimmungen, die nur für den einen Fall ausgesprochen sind, auch für den anderen als anwendbar. Die praktische Bedeutung des Willensgeschäfts erhellt neuerdings aus folgenden Entsch. des RG.: 116, 202 (Eigentumsübergang durch Kommissionär. Dazu mein Artikel Interessenjurisprudenz im Handwörterb. d. Rechtswissensch. S. 311ff.); 90, 435 (Annahme einer Abtretung gemäß § 151 BGB. und dazu meine „Willenserklärung und Willensgeschäft" S. 348ff. In der Mahnung des Zessus durch den Zessionar liegt ein Willensgeschäft). Vgl. ferner 84, 324; 83, 106; 83, 186; 83, 226. Vgl. andererseits Entsch. d. RG. VII HöchstRRspr. 1928 Nr. 2092, wo das Reichsgericht zutreffend ausführt, daß nicht anerkannt werden könne, daß es bei der Verzeihung einer besonderen Kundgabe dieses Willens bedürfte. Vgl. meine „Willenserklärung und Willensgeschäft" S. 697ff.

157) Darüber meine „Willenserklärung und Willensgeschäft" S. 456ff.

nach dem Wortlaut so ausgelegt werden, wie er von jedem dinglich Berechtigten und Verpflichteten verstanden werden muß. Da die Eintragungsbewilligung und die Eintragung hier im Rechtsstreite übereinstimmen, ist dementsprechend zu wertender Wortlaut maßgebend, ein etwaiger abweichender Wille der Parteien dagegen für die Bestimmung des buchmäßigen Inhalts des Rechts ohne Bedeutung . . ." — Die gesamte Frage bedarf noch besonderer Untersuchung, die sich auf die Voraussetzung der sogenannten Empfangsbedürftigkeit der Erklärungen zu erstrecken haben wird. Es darf nämlich andererseits nicht übersehen werden, daß im Gebiet des Sachenrechts Dritte durch das legale Prinzip der Publizität schon geschützt sind. Eigentum wird auf Grund des Inhalts des Vertrags erworben, den die beiden Kontrahenten schließen. Dieser Vertrag wird nach den zwischen diesen Parteien vereinbarten Bestimmungen wirksam. Ein betroffener Dritter, z. B. ein dinglich an der Sache Berechtigter hat über den in der Kundbarkeit der Eigentumsübertragung gewährten legalen Schutz hinaus keine in der Auslegung jenes Vertrages besonders zu achtenden Schutzrechte. Es kann sich nur um Auslegungsregeln handeln.

Die Entsch. 18 läßt auch weiterhin die Grenze zwischen Rechts- und Tatfrage richtig hervortreten. Wenn der Berufungsrichter nun durch Auslegung des Wortlautes der Urkunde den Sinn der fraglichen Abrede über die Einstellung der Unterstützungsgelder erschließt, so ist der Revisionsrichter „an diese Rechtsauffassung nicht gebunden".

Entsch. 19 formuliert einen aus der Erfahrung gewonnenen, die ganze vorliegende Rechtsfrage entscheidenden Auslegungssatz: Ruf und Name eines größeren Hotels sind ein so erheblicher Faktor, daß Verkauf und Erwerb des Grundstücks mit seinem Namen für den geforderten und bewilligten Preis als gewollt anzusehen ist.

Entsch. 20 stützt die dargelegte Auffassung über den Beweis des Willens, wenn dieser sich aus der urkundlichen Erklärung nicht ergibt. Nach der richtigen Meinung des 3. Senats ist „eine Beweisführung über die weiteren Absichten der Parteien zulässig, wenn erhebliche Tatsachen behauptet werden, welche nicht schon aus dem Inhalt der Vertragsurkunde entnommen werden". Die oben abgelehnte Theorie vermag es dagegen nicht zu begründen, daß die in der Urkunde umschlossene Erklärung dadurch eine stoffliche Erweiterung erfährt, daß der wirkliche Wille gegenüber der urkundlichen Erklärung ins Feld geführt und auf weitere Erklärungstatsachen außerhalb der Urkunde hingewiesen wird, die dartun, daß der Wille materiell auch zur zureichenden Erklärung gelangt ist. Auch hier zeigt sich besonders gegenüber Fr. Leonhard, daß der Tatbestand der Erklärung über den sogenannten Tenor hinaus erwieterungsfähig ist, und daß der Gesichtspunkt für die Erweiterung vom wirklichen Willen her gegeben wird. Die Entsch. 20 erachtet mit Recht bei dem Beweis von anderweiten Erklärungstatsachen auch die Eideszuschiebung für zulässig, „aber nicht schlechthin über die Absicht bei dem Vertragsschluß". Diese Einschränkung wird meist auch heute gemacht. Sie kann sich auf keinen rechtlichen Grund stützen und holt ihre Begründung offenbar nur aus der Beweispolitik. Dann sollte man diese Einschränkung in grundsätzlichen Erörterungen aber hinfort fallenlassen. Selbstverständlich ist da, wo Absichten und Zwecke der Parteien oder der wirkliche Wille einer Partei tatsächlich festzustellen ist, Beweis durch Eid zuzulassen und wird tatsächlich auch auferlegt[158]). Dieser Grundsatz kann hier um so rückhaltloser ausgesprochen werden, nach-

[158]) Die Entsch. RG. V, 112, 260 berichtet z. B. über ein Landgerichtsurteil, das dem Beklagten den richterlichen Eid darüber auferlegt, „daß er sich nicht mit dem Kläger über die Ansteigerung der streitigen Parzellen durch den Kläger geeinigt, vielmehr schon bei Abgabe des Gebots den

dem sich gezeigt hat, daß mit dem Beweis des behaupteten wirklichen Willens nur eine die maßgebende Auslegung der Erklärung vorbereitende Feststellung gemacht ist.

Die Entsch. 21 berührt eine für die Auslegung von Verträgen wichtige Seite. Der wirkliche Wille der Parteien ist danach so wesentlich, daß sich nach ihm auch die Auslegungsregeln zu richten haben, die den Sinn der Vertragsurkunde bestimmen. Die herrschende Lehre spricht hier zwar auch von „individueller" Auslegung, verkennt aber meist ihre alleinige Rechtfertigung aus dem wirklichen Willen. Der 3. Senat sagt: Wenn die Parteien darüber, in welchem Sinne eine bestimmte Vorschrift des schriftlichen Vertrages zu verstehen sei, mündlich eine Vereinbarung getroffen haben, so ist diese für die Auslegung des letzteren bindend, vorausgesetzt nur, daß der gewählte Ausdruck des Vertrages überhaupt noch diesen weiteren Sinn haben kann. So zutreffend diese Ansicht in ihrem ersten Teil ist, so unklar bleibt die Schlußklausel. Sofern sie sagen sollte, daß die Erheblichkeit der mündlichen Vereinbarung dort ihre Grenze finde, wo nach der generellen Deutung die Vorschrift einen anderen Sinn ergeben würde, ist sie unrichtig, weil die Vereinbarung des Sinnes jeden anderen Sinn ausschließt.

Die Entsch. 22 führt in das Gebiet der Auslegung einer letztwilligen Verfügung. Sie erachtet die Feststellung des wirklichen Willens der Testatoren hinsichtlich einer gewissen Bedingung für seine Verfügung als tatsächliche, den Revisionsrichter bindende. Es kann nicht mehr zweifelhaft sein, daß der 3. Senat trotzdem die Auslegungsfrage nachzuprüfen hatte, ob jener Wille auch Bestandteil der letztwilligen Verfügung geworden ist. Theorie und Praxis haben sich daran gewöhnt, die letztwilligen Erklärungen in der Auslegung wesentlich anders zu behandeln. Selbst die Erklärungstheoretiker machen hier ihrer Theorie widersprechende willenstheoretische Zugeständnisse. Die Ausnahmen, die hier gemacht werden, zeigen mehr die Revisionsbedürftigkeit dieser Lehren als die in der Rechtsordnung keine Stütze findende Eigenart der letztwilligen Erklärungen. Die tatsächliche Willensfeststellung kann hier keine andere Bedeutung haben wie bei allen anderen Willenserklärungen. Es fehlt die legale Grundlage, und es fehlt auch jede dogmatische Notwendigkeit für singuläres Recht. Die Eigenart der letztwilligen Verfügungen liegt in der Unbestimmtheit der Erklärungsadressaten und der damit gegebenen Unbestimmtheit der Begrenzung des Auslegungsmaterials. Dafür lassen sich indessen auch hier grundsätzliche Gesichtspunkte gewinnen[159]).

Entsch. 24 zeigt eine unhaltbare Beurteilung der vom Berufungsrichter vorgenommenen Auslegung als „tatsächliche, der Nachprüfung in der Revisionsinstanz entzogene". Ebenso Entsch. 24a, 25, 26, 27, 28.

Wo, wie in Entsch. 29, das Reichsgericht dahin erkennt, daß die vom Berufungsrichter vorgenommene Auslegung einer Willenserklärung „möglich" sei, und sie damit anerkennt, ergibt sich auch wieder der grundsätzliche Unterschied zwischen Auslegung und Beweiswürdigung. Die Auslegung hat nicht das Ziel der Feststellung von Wirklichem oder Tatsächlichem. Ihre Funktion geht vom Boden des Realen in den Wertbereich des Potentiellen. Das Rechtsempfinden des höchsten Richters hat diesen Sachverhalt in der Terminologie des „Möglichen" richtig erfaßt[160]).

Willen gehabt habe, diese Parzellen als zu dem oberen Teil gehörend mitzuersteigern". Vgl. die dortigen Gründe des Revisionsgerichts hinsichtlich der Erheblichkeit des von den Parteien wirklich Gewollten.

[159]) „Willenserklärung und Willensgeschäft" S. 156, 460ff.

[160]) Oben S. 153f. wurde an der Hand der Rechtsprechung gezeigt, daß das Reichsgericht dogmatisch sich im Regelfalle damit begnügt, daß der tatsächlich festgestellte Wille im Erklärungstatbestand noch erkennbar ist. Diese dogmatische Anforderung entspricht der obigen pro-

Entsch. 30, 31, 32, 33 erkennen zutreffend, daß auch gesetzliche Auslegungsregeln durch entgegenstehenden Vertragswillen ihre Erheblichkeit einbüßen. Hier ergibt sich ein erheblicher Unterschied zwischen Auslegungs- und Beweisregeln, der auf dem angegebenen Unterschied zwischen Auslegung und Beweiswürdigung beruht. Das Bürgerliche Gesetzbuch deutet jene Position seiner Auslegungsregeln bezeichnend durch die Worte „im Zweifel" an.

Der Satz der Entsch. 31: „Nach der freien Beweiswürdigung kann der Richter auch bei der Auslegung sein freies Ermessen walten lassen", bedarf insofern der Einschränkung, als der Richter bei der Auslegung des Erklärungstatbestandes durch gesetzliche allgemeine (§§ 133 u. 157) und besondere Auslegungsregeln sowie durch Erfahrungssätze aus Verkehr und Handel gebunden ist. Von „freiem Ermessen" kann unter solchen Verhältnissen am wenigsten in dem Sinne die Rede sein, als dadurch die Revisibilität der Auslegung in Frage gestellt werde.

In Entsch. 39a, die hinsichtlich der Beschränkung des Auslegungsmaterials auf das dem Erklärungsgegner Erkennbare schon oben (S. 191 f.) herangezogen war, findet sich die mißverständliche Ausdrucksweise: „Andererseits ist es Tatfrage, ob der Zweifelnde mit der Leistung einen Verzicht auf den Erstattungsanspruch erklärt hat"; denn gemeint ist nicht die tatsächliche Feststellung des Vorgangs der Erklärung, sondern das Ergebnis der wertenden Auslegung der Erklärung, gemäß dessen das Reichsgericht nachprüfend einen Verzicht nicht als vorliegend erachtet.

Entsch. 40 läßt die zutreffende deutliche Scheidung einerseits der tatsächlichen Feststellung, andererseits der Auslegung hervortreten. Erstere hat sowohl die Erklärungstatsachen: Wortlaut des Vertrages sowie weitere Umstände, zum Gegenstand, als auch den wirklichen Willen, daß es den Patenterwerbern nicht nur auf Sicherung, sondern auch auf Fernhaltung ankam. Die Auslegung, die der Berufungsrichter auf Grund dieser Feststellungen vorgenommen hatte, wird vom 1. Senat nachgeprüft und für richtig befunden.

In Entsch. 43 ergibt sich, daß die Auslegung, die der Berufungsrichter der Vertragsklausel hatte zuteil werden lassen, „nach ihrem Wortlaut nicht möglich" ist. Hier erweist sich also bei der entscheidenden und stets nachprüfbaren Auslegungsfrage, ob der ins Feld geführte wirkliche Wille in der Erklärung zureichenden Ausdruck gefunden habe, das Gegenteil.

Die Entsch. 44 geht von zwei Erfahrungs- und Auslegungssätzen aus: Ein Verzicht ist nicht zu vermuten, sondern darf nur auf Grund besonderer Umstände angenommen werden. Andererseits aber: Der kaufmännische Verkehr läßt es oft als ausgeschlossen erscheinen, ein einzelnes Geschäft, auf dessen Erledigung sich der Schuldner wirtschaftlich eingestellt hat, wieder aufzurollen. Diese den vorliegenden Anspruch auf nachträgliche Aufwertung würdigenden

---

zessualen Handhabung. Beides sind Positionen des Möglichen, nicht des Notwendigen und Zwingenden. Diese richtige Übung muß zu dem grundlegenden Satze der Lehre werden. Hier trügt indessen meist die Anschauung, daß sich der Wille aus der Erklärung mit Notwendigkeit ergeben müsse. Von diesem Irrtum hat sich Titze (Mißverständnis S. 77) frei gehalten. Er lehrt zutreffend, daß die Deutlichkeit kein allgemeines Gültigkeitserfordernis für Willenserklärungen sei, und daß auch die zweideutige Erklärung gültig sein könne. „Ohne das würden ja die Auslegungsregeln ... gänzlich überflüssig sein." Der Autor verläßt aber diesen Grundsatz in der weiteren Ausgestaltung seiner Lehre. — Auf der Zulassung mehrdeutiger Erklärungen und auf jener Anerkennung des bloß Möglichen beruht die ganze Methodik des Konsenses und andererseits Dissenses, wozu meine „Willenserklärung und Willensgeschäft" S. 500ff. und JheringsJ. 75, 127ff. Vgl. neuestens HöchstRRspr. 1928 Nr. 2081. Entsch. d. RG. VII.

Regeln werden auch hier vom Reichsgericht als „Rechtsgrundsätze" gekennzeichnet und zutreffend behandelt. Der ersterwähnte Erfahrungssatz für Auslegung von Verzichten findet sich auch in den Entsch. 62 u. 72a.

Die Entsch. 47 zeigt zutreffende Beurteilung der Voraussetzungen von Konsens und Dissens. Dissens könne hier nicht vorliegen, weil „beide Erklärungen unzweideutig und übereinstimmend" sind und auch nur in einem Sinne gedeutet werden könnten[161]). Entsprechend Entsch. 81.

Entsch. 50 zeigt wiederum die richtige Trennung der nicht nachprüfbaren tatsächlichen Feststellungen sowohl des wirklich Gewollten wie des Schlußbriefes und der Gesamtheit der Umstände des Kaufvertrages, und andererseits der vom Reichsgericht nachgeprüften Auslegung. Der Revisionsrichter stellt die entscheidende Auslegungsfrage, ob für den festgestellten Willen, Kops neuer Ernte zu kaufen, im gesamten Erklärungstatbestand „ein erkennbarer Ausdruck dieses Willens zu finden ist". Ebenso Entsch. 54. Andererseits Entsch. 55.

Entsch. 51 zeigt, daß der erkennende Richter mit legalen oder sonst feststehenden Auslegungsregeln nicht auskommt. Hier wird die Auslegung des Berufungsgerichtes getadelt, weil sie nicht den Anschauungen des Lebens entspräche, und das Reichsgericht stellt den Erfahrungssatz auf, der hier den Schlüssel zur richtigen Auslegung der vorliegenden Abmachung gebe. Die vorliegende einfach bejahende Antwort der Partei wird als eine verpflichtende Willenserklärung ausgelegt.

In Entsch. 56 bleibt zu erinnern, daß der Revisionsrichter sagt: „Daß keine derartige Vereinbarung getroffen worden ... hat das Berufungsgericht ausdrücklich festgestellt." Wenn es sich darum handelt, ob die legale Dispositivregel des § 244 II BGB. durch abweichende Vereinbarung beseitigt ist, so ist die Frage des Zustandekommens eines solchen Vertrages keine Angelegenheit der Beweiswürdigung, sondern der Auslegung. Ausdrückliche Feststellungen sind nicht das Ziel der Auslegung.

Entsch. 59 zeigt, daß die Berufungsgerichte bisweilen anscheinend die Neigung haben, gewissen Entscheidungen den Charakter von nicht nachprüfbaren tatsächlichen Feststellungen zu geben. Schon die Terminologie hat hier bisweilen Verführungskunst geübt. Der 2. Senat des Reichsgerichts erkennt indessen, daß in den fraglichen Feststellungen des Berufungsrichters revisible Auslegungsurteile vorlägen. Von Interesse ist es, zu beobachten, wie der früher Auslegungen nicht zur Revision zulassende 2. Senat sich die Brücke dazu schlägt. Er meint hier, es handle sich nicht um tatsächliche Feststellung des Willens, „sondern um die rechtlichen Folgerungen, die aus dem von den Parteien Gewollten zu ziehen sind". — Bei solcher Methodik drängt sich immer der Einwand auf, daß sich auch an tatsächliche Feststellungen der Beweiswürdigung ebenso wie an Auslegungen die rechtlichen Folgerungen schließen, die daraus zu ziehen sind. Und doch sind jene nicht revisibel. Die Sinnbestimmung einer Willenserklärung durch Auslegung und Entscheidung ihres Wertes ist durchaus noch nicht „rechtliche Folgerung aus dem von den Parteien Gewollten", weil diese Folgerungen sich immer erst aus Unter- und Obersatz ergeben, mit anderen Worten, weil auf Grund der Auslegung der Willenserklärung, die selbst doch Bestandteil des Untersatzes ist, immer erst der Obersatz gefunden werden muß. Liegt dieser in der den gesetzlichen Typus des vorliegenden Geschäftes bereit haltenden Gesetzesnorm, so erwächst durch deren Verletzung

---

[161]) Wir haben die hier angewandten dogmatischen Grundsätze des Vertragsschlusses eingehend dargelegt in „Willenserklärung und Willensgeschäft" S. 500ff. und JheringsJ. 75, 127ff.

infolge unrichtiger Subsumtion die Revisibilität in niemals angezweifelter Weise. Es zeigte sich aber, daß wir auch dann eine Rechtsverletzung anzuerkennen haben, wenn eine rechtliche Qualifizierung des zustande gekommenen Geschäftes im Gesetzessinne gar nicht möglich ist. Dann ist die Grundnorm verletzt und wiederum Revision gegeben.

So ist auch die Entsch. in 64a nicht deswegen revisibel, weil der Berufungsrichter dort anfechtbare rechtliche Folgerungen aus dem von den Parteien Gewollten gezogen hätte, sondern weil er die Vereinbarung daraufhin ausgelegt hat, ob in ihr eine Schuldumwandlung novatorischen Charakters liege. Der 2. Senat prüft zutreffend nach und stellt dabei auch den richtigen Erfahrungssatz auf, daß der Wille, zu novieren, wegen der weitgehenden Folgen nicht ohne ganz besondere Gründe angenommen werden darf. Entsprechendes in Entsch. 101.

In Entsch. 28 wird Rechts- und Tatfrage gar zu sehr vereinigt. Der 3. Senat lehnt die von einer Partei geltend gemachte Auslegung wegen ihrer Unvereinbarkeit mit einer Vertragsbestimmung ab.

Entsch. 78 gibt einen erheblichen Beitrag zur Fortentwicklung der Dogmatik der Deutlichkeit der Willenserklärung. Es ergab sich oben, daß das Reichsgericht im allgemeinen den „erkennbaren Ausdruck des Willens" für genügend erachtet. Es gibt indessen geschäftliche Situationen, die die Pflicht zu erkennbarem Ausdruck des Rechtsfolgewillens steigern. Der 4. Senat stellt den zutreffenden Grundsatz auf, daß dort, wo eine Vertragspartei auf gesetzliche Entschädigungsansprüche verzichten soll, „das Erfordernis der Deutlichkeit besonderer Beachtung bedarf". Und: „Nach Treu und Glauben im Verkehr durfte er erwarten, daß ihm eine solche Zumutung in sinnfälliger, nicht mißzuverstehender Weise zur Kenntnis gebracht werde." „Dagegen wäre es für den Konzern ein leichtes gewesen, den ... Sinn der Bedingung mit wenig Worten deutlicher auszudrücken." — Die Aufmerksamkeit lenkt sich hier auch auf die entsprechende Forderung besonderer Deutlichkeit beim Verzicht auf entstandene Rechte. Siehe oben S. 154, ferner auch Entsch. 99. Vgl. dazu auch Entsch. 79, wo „unzweideutige" Äußerung des Willens des Gläubigers verlangt wird, den befreienden Eintritt eines neuen Schuldners anzuerkennen. Hier ist sichtlich der Erfahrungssatz in Entwicklung begriffen, daß überall da, wo der Berechtigte etwas von seinen Rechten durch Willenserklärung aufgibt, unzweideutiger Ausdruck dieses Rechtsfolgewillens zu fordern ist. Der Erklärungsgegner darf sich hier nicht mit dem üblichen Maße der Konkludenz begnügen, sondern muß gegebenenfalls auf Steigerung der Deutlichkeit hinwirken. Vgl. auch Entsch. 85, wo für einen besonderen Fall am Vorliegen eines endgültigen Willens ohne urkundliche Niederlegung mit Recht gezweifelt wird.

Entsch. 82 spricht mißverständlich davon, daß „tatsächliche Vertragsauslegung" in Frage stehe, so daß das Reichsgericht nicht abschließend erkennen könne. Offenbar ist damit gemeint, daß die Erklärungstatsachen („Begleitumstände") nicht im erforderlichen Umfange faktisch festgestellt seien und daher die Auslegung des wahren Sinnes der Vereinbarung noch nicht möglich sei.

Wenn es ferner, wie auch sonst nicht selten, in Entsch. 37 heißt: „Die Auslegung der Policebedingungen, welche dem Bereich der Würdigung des Tatsächlichen angehört, läßt eine Gesetzesverletzung nicht erkennen, ist auch mit dem Wortlaut derselben nicht unvereinbar", so sollte zukünftig diese Ausdrucksweise vermieden werden. Die „Würdigung des Tatsächlichen" ist besser der Beweiswürdigung vorzubehalten. Der 7. Senat zeigt indessen in jenem Satz, daß er das Ergebnis einer Auslegung des Berufungsrichters nachprüft.

Entsch. 91 verrät unsichere Begründung der Revisibilität. „Es kann dem zweiten Revisionsangriffe . . . der Erfolg nicht versagt werden, weil diese Auslegung zum Teil auf der Verkennung von allgemeinen Rechtsbegriffen und der Verletzung von Gesetzen der Logik beruht." Es ist nicht zu ersehen, wie der 6. Senat diese Begründung der Revisibilität mit § 550 ZPO. in Einklang bringt. Die Methodik der Revisibilität muß gesetzlich fundiert sein; sie muß es um so mehr, je weiter sie ausgedehnt wird.

Auch in Entsch. 95 wird die Herausstellung der nicht nachprüfbaren tatsächlichen Feststellung des wirklich Gewollten gegenüber demjenigen Teil der Beurteilung des Tatrichters erheblich, der der Revision zugänglich ist. In ersterer Hinsicht ist es dort erheblich, das tatsächlich festzustellen, worauf es der Vertragspartei im hohen Grade ankam. Das Interesse, das sie an der Einführung des Stückes in den Spielplan möglichst vieler deutscher Bühnen hatte, ist, wie es die gegebene oder feststellbare Interessenlage so oft ist (vgl. Entsch. 75), auch hier ein Indiz für den wirklichen Willen der Parteien. Aus den sehr knappen Angaben der Gründe ist nicht mit Sicherheit zu ersehen, ob der 6. Senat mit dem Satze „Diese Feststellung ist für den Revisionsrichter bindend" den Stoff der Beweiswürdigung des Tatrichters richtig begrenzt. Es darf nicht verkannt werden, daß die schriftlichen Vertragserklärungen in den dortigen §§ 2 u. 3, 7 u. 10 die Aufführungspflicht der Bühnenleitungen als Hauptleistung bezeichnen. Es kam bei der Auslegung und Würdigung des Hauptinhalts des Vertrages, dessen Stempelsteuerbetrag den Gegenstand des Rechtsstreites bildet, also gar nicht so sehr auf konkrete Willensfeststellung durch außerhalb der Urkunde liegende Indizien an, hinsichtlich deren Beweiswürdigung dann der Revisionsrichter gebunden wäre, sondern der Berufungsrichter hat in der Hauptsache die Auslegung der deutliche Erklärungen enthaltenden Vertragsurkunde vorgenommen, und das Revisionsgericht konnte diese durchaus nachprüfen.

Die im Tatbestand der Entsch. 103 erscheinende Behauptung, die vorliegende Urkunde sei „in sich völlig klar" und einer Auslegung „nicht bedürftig", entspricht einer auch sonst sich findenden Anschauung, ist indessen unzutreffend. Eine Auslegung gemäß allen allgemeinen und unter Umständen sogar besonderen Auslegungsregeln findet auch hier statt. Sie mag in concreto bald zu einem Ergebnis gelangen. Das entscheidet nicht über ihr Stattfinden und über die Natur ihres Ergebnisses. Dieses wird daher durch jene Anschauung nicht der Revisibilität entzogen. Im übrigen zeigte sich, daß die Beurteilung einer Urkunde als „in sich völlig klar" sich alsbald ändert, wenn ihr ein anderer Wille als Gegenposition gegenübergestellt wird und es sich um die Frage handelt, ob dieser in der Urkunde auch erkennbar ist. Was zunächst nicht gesehen wurde, muß dann im Sinne der Auslegung unter Umständen als möglich anerkannt werden.

In der oben schon mehrfach herangezogenen Entsch. RG. VI JW. 1928 S. 2831 Nr. 21 (jetzt auch RG. 121, 38) handelt es sich wie sonst oft um die Auslegung von Kaufverträgen dahin, ob bei Verrechnung des Kaufgeldrestes durch Schuldübernahmen die Kaufgeldschuld noch fortbestehe. Der 6. Senat prüft die Auslegung des Berufungsgerichts zutreffend nach und kommt aus materiellen Gründen zur Aufhebung des Berufungsurteils. Der Kern der Begründung besagt: „Auch wenn diese Belastungen nicht Grundschulden, sondern Hypotheken sind, pflegt selten die Übernahme der persönlichen Schuld besonders vereinbart zu werden, sie gilt nach der Verkehrsauffassung als so selbstverständlich, daß die Übernahme von Hypotheken in Anrechnung auf den Kaufpreis in der Regel als Übernahme der persönlichen Schuld neben der dinglichen zu deuten ist." Ohne daß auf die gegenständliche Frage eingegangen werden kann, zeigt sich methodisch hier die zutreffende Nachprüfung eines Erfahrungssatzes, den der Berufungsrichter behufs Auslegung eines dem Sinne nach zweifelhaften Vertrages angewendet hatte. Die a. a. O. gegebene Anmerkung (Radloff) verkennt die methodische Seite der Entscheidung vollständig: „Hiernach bedarf es beim typischen Grundstücksvertrag nicht einer Erforschung des Parteiwillens, der sich im Einzelfall gar nicht ermitteln läßt, nicht der vom Reichsgericht geforderten unmöglichen Feststellung einer Verkehrssitte, ‚nach welcher eine Grundschuld neben einer bestehen bleibenden Restkaufgeldforderung nur zu deren Sicherung eingetragen zu werden pflegt'. Vielmehr liefert die Vertragsurkunde selbst in allen Fällen des typischen Grundstückskaufvertrages vollen Beweis dafür, daß bei Bestellung einer Grundschuld ebenso wie bei Bestellung einer Hypothek stets eine persönliche Kaufgeldforderung zur Entstehung gelangt und von Bestand bleibt." — Ein solcher Rat sollte als Methode der Auslegung unserem höchsten Gerichtshof nicht gegeben werden. Vielmehr hat sich in unserer Untersuchung gezeigt, daß alle Willenserklärungen, sie mögen typische Vereinbarungen enthalten oder nicht, gemäß § 133 mit Rücksicht auf ihren wirklichen Willen auszulegen sind. Es gibt nicht auslegungsunfähige Erklärungen. Im vorliegenden Falle wäre übrigens zu bedenken, ob ein Kaufvertrag, bei dem gemäß dem Inhalt des notariellen Vertrages drei verschiedene Modi der „Kaufpreisberichtigung" festgesetzt waren, überhaupt noch ein typischer ist. Das Reichsgericht sieht den Gesamtpreis des Vertrages zutreffend nur als eine „Rechnungsgröße" an. Wenn sich weder ein Parteiwille ermitteln ließe, dessen Erkennbarkeit im Vertrage und den sonstigen Verhandlungen sich zugleich ergäbe, noch eine Verkehrssitte als Erfahrungssatz für den erheblichen Inhalt der Erklärung, dann kann die Vertragsurkunde selbst auch nicht „vollen Beweis" für das Bestehen der Kaufgeldforderung erbringen. Dem Autor dieses Gedankens schwebt hier eine gegen alle Rechtsgrundsätze verstoßende Methode der Urkundenbehandlung vor, die nicht nur Beweiserhebung und Auslegung verwechselt, sondern die Geschäftsurkunde als eine durch ihren bloßen Text Rechtswirkungen erzeugende Tatsache behandelt, was unmöglich ist. Schon Wach (a. a. O.) hat dargelegt, daß die Auslegungsgrundsätze für Urkunden keine anderen seien wie für alle anderen Erklärungen.

Abgeschlossen: November 1928
mit Zitierung einiger bis Februar 1929 erschienenen Schriften.

Das Reichsgericht und die Konkursgläubiger

von Professor Dr. Georg Kleinfeller, Kiel

Der Versuch, hier ein Bild von der Rechtslage der Konkursgläubiger zu entwickeln, wie sie sich nach den Urteilen des Reichsgerichtes darstellt, wird in der Weise durchgeführt, daß Begriff und Arten der Konkursgläubiger, ihre Organe, ihre Rechte im Konkursverfahren und ihre Stellung im Zivilprozesse geschildert werden. Die Darstellung kann nur eine lückenhafte sein, denn der Rechtsstoff läßt sich in diesem Rahmen nur insoweit vorführen, als das Reichsgericht Gelegenheit hatte, Entscheidungen zu fällen und diese veröffentlicht worden sind. Dabei ist, um nicht ins Uferlose zu geraten, nur das Konkursrecht selbst berücksichtigt. Es wird darauf verzichtet, alle Entscheidungen darüber zusammenzustellen, ob in einzelnen Fällen eine Konkursforderung vorliegt oder nicht. Im weiten Gebiete der Anfechtung tritt als wesentlich für die Lage der Gläubiger die Frage hervor, wann sie als benachteiligt zu betrachten sind. Dagegen würde es die durch die Aufgabe gestellten Grenzen überschreiten, wollte man hier das ganze objektive Anfechtungsrecht nach der Rechtsprechung des Reichsgerichtes zur Darstellung bringen. Um das Bild möglichst rein zu geben, wird auch von Vergleichen mit den im Schrifttum vertretenen Ansichten sowie von kritischen Betrachtungen und Schlußfolgerungen Umgang genommen. Manchmal war es jedoch nötig, den Sinn der Entscheidung durch Auslegung klarzustellen.

Jede Entscheidung wird nur nach einer Quelle, zunächst nach den Entscheidungen des Reichsgerichtes, herausgegeben von den Mitgliedern des Gerichtshofes und der Reichsanwaltschaft, nur mit Band und Seitenzahl angeführt. Außerdem ist noch die Juristische Wochenschrift (JW.), die Leipziger Zeitschrift (LZ.), Gruchots Beiträge, Seufferts Archiv (SeuffA.), Bolze, Die Praxis des Reichsgerichtes, Das Recht und Holdheims Monatsschrift für Handelsrecht berücksichtigt. Die am Schlusse jeder Verweisung stehende römische Ziffer bezeichnet den Zivilsenat, St. bedeutet Strafsenat.

Die Konkursgläubiger treten nach der KO. als einzelne oder als Glieder der Organe: Gläubigerausschuß und Gläubigerversammlung auf. Die aus dem früheren gemeinen und dem preußischen Konkursrechte stammende Vorstellung von der „Gläubigerschaft" als einer besonderen Einheit tauchte notwendig in den Entscheidungen auf, soweit noch jenes ältere Recht zur Anwendung kam (1, 348 III; 6, 113 I; 7, 85 I). Wenn auch in anderen und späteren Entscheidungen noch eine Zeitlang der Ausdruck verwendet wird (2, 24 I und 25, 10 V), so erklärt sich das aus der Gewöhnung. Andererseits tritt auch schon bald die Bezeichnung: Gesamtheit der Gläubiger auf (14, 307 II; 36, 369 VI; Gruchots-Beitr. 31, 1130 III). Wenn z. B. von den gemeinsamen Interessen aller Konkursgläubiger die Rede ist, wird gelegentlich ungenau von einem Anspruche der Gläubigerschaft auf Befriedigung gesprochen (25, 10 V) oder von dem Konkursanspruche der Gläubiger (7, 35 II; St. 4, 63 u. 67 II; 12, 216 IV), von den der Gesamtheit der Konkursgläubiger etwa zustehenden Rechten und Ansprüchen

(GruchotsBeitr. 31, 1130 III) oder davon, daß die erfolgreiche Anfechtung nur den Konkursgläubigern Rechte verschaffe (20, 30 VI; 24, 96 VI; Gruchots-Beitr. 34, 895 V); dabei ist nach dem Zusammenhange mehr an das Interesse und an Vorteile gedacht (31, 43 VI). Und der Satz, daß das Vermögen des Gemeinschuldners das gemeinsame Pfand aller Gläubiger sei (3, 417 II), ist nur bildlich zu nehmen, um den Gedanken zu veranschaulichen, daß die Masse der gemeinsame Gegenstand der Haftung für alle Gläubiger sei. Mit aller Entschiedenheit wird das Generalpfandrecht abgelehnt (19, 62 I u. 46, 167 IV); ebenso wird überhaupt ein Erwerb materieller Rechte für die Konkursgläubiger als Folge der Konkurseröffnung verneint (6, 112 I; 46, 167 IV; 53, 9 VII u. 352 V; St. 39, 383 u. 385 III). Die Konkursgläubiger haben auch keinen gemeinsamen Vertreter; insbesondere werden sie nicht durch den Konkursverwalter vertreten (29, 36 V; 52, 333 VII); nur der 1. Zivilsenat hatte früher gelegentlich das Gegenteil angenommen (6, 112 I; 8, 413 I), ohne jedoch diese Frage grundsätzlich zu entscheiden. Dagegen ist über die Vertretung im Rechtssinne nichts damit ausgesagt, daß der Verwalter die Interessen der Gläubigergesamtheit wahrzunehmen hat (14, 307 II; 29, 36 V).

I. Begriff und Arten

Die Anwendung des im § 3 umschriebenen Begriffes „Konkursgläubiger" hat das Reichsgericht hauptsächlich mit Rücksicht auf den Zeitpunkt der Entstehung untersucht; nur vereinzelt kommen Entscheidungen über eine andere als die Zeitfrage vor: Wenn der stille Gesellschafter durch Vertrag von der Beteiligung am Verluste ausgeschlossen ist, so kann er seine ganze Forderung auf Rückzahlung der Einlage als Konkursforderung geltend machen (31, 36 I). Der einem Grundstückseigentümer durch Aufrechnung erwachsene Anspruch auf Löschung einer Hypothek, deren Gläubiger in Konkurs geraten ist, bildet keine Konkursforderung, sondern einen Aussonderungsanspruch, denn der Löschungsanspruch wird damit begründet, daß die Hypothek dem Gemeinschuldner nicht mehr zustehe, weil die Forderung durch Aufrechnung erloschen sei und die Hypothek nun in Wirklichkeit dem Kläger als Grundstückseigentümer zustehe (86, 240 V). Ebenso verhält es sich mit dem dinglichen Anspruche des Eigentümers auf Löschung der auf seinem Grundstücke eingetragenen Grundschuld, wenn der Grundschuldgläubiger nach Empfang der Zahlung in Konkurs verfallen ist (60, 251 V).

Der Zinsanspruch für die Zeit nach der Konkurseröffnung gilt als nach dieser entstanden und deshalb nicht als Konkursforderung (52, 52 II). Die vom Bürgen übernommene Verbindlichkeit der Zinszahlung bleibt bestehen (JW. 1887 S. 115 Nr. 16 II). Da der Zinsenlauf nicht einfach aufhört, so können die seit der Konkurseröffnung laufenden Zinsen gegenüber dem nicht zur Masse gehörigen Vermögen des Gemeinschuldners geltend gemacht werden (JW. 1902 S. 186 Nr. 24 I). Die Vertragsstrafe fällt nicht unter den Begriff der Geldstrafe (§ 63 Nr. 3). Der Gläubiger ist daher Konkursgläubiger (49, 192 VII). Steuerforderungen des Staates beruhen immer unmittelbar auf Gesetz, während Forderungen aus einer Freigebigkeit (§ 63 Nr. 4) stets aus Rechtsgeschäft entspringen; die Steuerforderung kann deshalb auch dann nicht Forderung aus einer Freigebigkeit sein, wenn in der Steuererklärung ein tatsächlich nicht vorhandenes Einkommen angegeben wurde (14, 118 I). Der Vermächtnisnehmer ist im Konkurse des Erben Konkursgläubiger. Sein Anspruch ist nicht Anspruch aus einer Freigebigkeit des Gemeinschuldners (43, 236 IV). Die wechselrechtliche Forderung kann wegen der Natur des Wechsels als Formalobligation keine Forderung aus Freigebigkeit sein, mag auch die Hingabe des Wechsels auf einer Freigebigkeit beruhen (JW. 1886 S. 274 Nr. 23 I); § 56 Ziff. 4 bezieht sich auf unerfüllte Freigebigkeiten, also auch auf Schenkungsversprechen (ebenda).

Dem Bestehen der Forderung zur Zeit der Konkurseröffnung ist das Entstehen der Forderung durch die Konkurseröffnung gleichzustellen. Dazu genügt allerdings nicht, daß vor diesem Zeitpunkte ein Rechtsverhältnis bestand, aus dem später eine Forderung sich entwickeln konnte (GruchotsBeitr. 50, 1121 IV). Ein Fall des Entstehens der Forderung durch die Konkurseröffnung wird jedoch hier nicht mitgeteilt; Oetker, Konkursrechtliche Grundbegriffe 1, 160 (1891) erwähnt einen Fall aus dem römischen Dotalrechte.

Der vor der Konkurseröffnung auf Grund eines vorläufig vollstreckbaren Urteiles befriedigte Gläubiger hört auf, Gläubiger zu sein, denn er hat zur Zeit der Konkurseröffnung keinen Anspruch mehr, obgleich die Beitreibung und Befriedigung nur eine vorläufige war (39, 105 I). Die Mietzinsforderung für die nach der Konkurseröffnung laufende Mietzeit entsteht erst nach der Konkurseröffnung, wenn auch der Mietvertrag aus der Zeit vorher stammt; der Vermieter ist also Massegläubiger, nicht Konkursgläubiger (1, 348 III). Wenn der Scheinschuldner die Schuldurkunde vor der Konkurseröffnung ausgegeben hat, wirkt der Schutz des § 405 BGB. auch gegenüber der Masse; dem gutgläubigen Erwerber kann dann der Einwand des Scheingeschäftes nicht entgegengehalten werden (JW. 1916, S. 396ff. III).

Eine Forderung auf das Erfüllungsinteresse oder auf eine Vertragsstrafe, die an die Stelle von Schadenersatz wegen Nichterfüllung tritt (§§ 17 u. 26), kann als Konkursforderung geltend gemacht werden, selbst wenn die Nichterfüllung nach der Konkurseröffnung eintritt; § 67 mit § 154, 2 schließt Zweifel darüber aus, daß ein aufschiebend bedingtes vor der Konkurseröffnung begründetes Schuldverhältnis ausreicht (21, 5 u. 6 VI; 26, 92 I; 59, 55 II). Dieser Satz erleidet eine Einschränkung, wenn das ein Erfüllungsinteresse oder die Vertragsstrafe begründende Verhalten (die Vertragsverletzung) oder das sonstige als aufschiebende Bedingung gesetzte Ereignis eine nach der Konkurseröffnung vorgenommene Rechtshandlung des Gemeinschuldners ist; weil den Konkursgläubigern gegenüber unwirksam (§ 7), kann sie keine Konkursforderung begründen (59, 56 II); als Rechtshandlung ist aber jede rechtlich erhebliche Handlung des Gemeinschuldners anzusehen (59, 57 II). Es genügt, daß zur Zeit der Konkurseröffnung ein Anspruch gegen den Gemeinschuldner, z. B. auf Schadenersatz, erwachsen ist, wenn er auch der Art nach (z. B. aus unerlaubter Handlung oder Vertragsverletzung) noch nicht bestimmt war (GruchotsBeitr. 50, 1121 IV). Die nach §§ 21ff. an die Stelle des Erfüllungsanspruches tretende Entschädigungsforderung des Gläubigers ist als eine aufschiebend bedingte schon vor der Konkurseröffnung erworben (58, 11 VII; 79, 132 II). Der Anspruch auf die Rübenlieferung jeden Jahres ist als ein betagter schon mit dem Beginne des Kampagnejahres begründet, wenn auch die Erfüllung erst im Laufe dieses Jahres zu bewirken ist; tritt die Konkurseröffnung erst während des Jahres ein, so ist der Anspruch eine Konkursforderung (26, 92 I).

Die Regreßforderung des Bürgen und anderer Mitverpflichteter, ebenso eine Schadenersatzforderung, deren Umfang sich bei der Konkurseröffnung noch nicht übersehen läßt, sind bedingte Konkursforderungen (7, 82 I; GruchotsBeitr. 50, 1121 IV). Der Anspruch aus dem Versicherungsvertrage ist als bedingter vor der Konkurseröffnung entstanden, wenn nicht nur der Vertrag vorher geschlossen, sondern auch, falls der Anspruch auf die Versicherungssumme durch Zahlung der Prämie bedingt ist, die Prämie vorher bezahlt wurde (52, 52 II). Die Beitragsforderung der Berufsgenossenschaft entsteht nicht erst mit der Feststellung der Höhe der Beiträge oder mit dem Abschlusse des Umlageverfahrens, sondern mit der Leistung jedes einzelnen Vorschusses (22, 139 u. 141 VI; 102, 75 VII).

Die Ausfüllung des Blankoakzeptes nach der Konkurseröffnung steht der Geltendmachung im Konkursverfahren nicht entgegen (58, 172 V; 84, 124 II). Der Anspruch aus dem Wechsel entsteht nicht erst mit dem Fortfallen der etwa entgegenstehenden Einrede. Das Bestehen einer Einrede gegenüber einem einzelnen Wechselinhaber beeinträchtigt die Gültigkeit des Wechselskripturaktes nicht; die von diesem ausgehende Rechtswirkung tritt sofort wieder in Kraft, wenn das Papier in andere Hände gelangt; die für den Anspruch des neuen Inhabers entscheidenden Tatsachen gehören doch der Zeit vor der Konkurseröffnung an, wenn auch dieses Ereignis erst zwischen dem Wechselbesitze dessen, dem die Einrede entgegenstand, und dem späteren Wechselbesitze dessen, dem die Einrede nicht entgegensteht, eingetreten ist. Der neue Inhaber kann deshalb den Anspruch als Konkursgläubiger im Konkursverfahren geltend machen (84, 124 II).

Der Anspruch auf Erstattung der Prozeßkosten im Zivilprozesse entsteht mit dem Beginne der Rechtsverfolgung (JW. 1895 S. 504 Nr. 2 VI). Der Kostenanspruch des Staates im Strafprozesse erwächst in dem Zeitpunkte, in dem staatliche Organe zwecks Strafverfolgung in Tätigkeit treten (20, 260 III; St. 13, 142 II).

Unter den Arten der Konkursgläubiger tritt besonders der Gegensatz zwischen bevorrechtigten und nichtbevorrechtigten Gläubigern, Absonderungsberechtigten und Nichtabsonderungsberechtigten, Aufrechnungsberechtigten und nicht zur Aufrechnung Berechtigten hervor, während die ausländischen und die Nachlaßgläubiger das Reichsgericht nur in wenigen Entscheidungen beschäftigt haben. Der Gegensatz von Teilnahmeberechtigten und teilnehmenden Konkursgläubigern tritt überhaupt nicht hervor.

Der Rang (Priorität) des ausländischen Gläubigers und seiner Forderung ist nach deutschem Konkursrechte zu beurteilen (1, 322 I; 8, 114 III; JW. 1891 S. 10 Nr. 26 III). Zur Begründung genügt die Beobachtung der rechtsgeschäftlichen Form desjenigen Rechtsgebietes, in dem das Geschäft wirksam werden soll, sowohl die Form des ausländischen Entstehungsortes als die Form, die am Orte des Konkursgerichtes gilt (1, 322 I). Die Staatsverträge der einzelnen deutschen Länder mit dem Auslande sind durch § 4 EGKO. nicht aufgehoben (24, 13 VI).

Der Begriff der Nachlaßverbindlichkeit und der Kreis der Nachlaßgläubiger wird auch für das Konkursverfahren durch § 1967 BGB. mit §§ 1978 u. 1979 BGB. bestimmt; den aus der Verwaltung des Erben erwachsenen Verbindlichkeiten kommt die Eigenschaft von Nachlaßverbindlichkeiten zu (90, 93 u. 94 IV). Nach § 225 geht die Forderung vom befriedigten Gläubiger, damit auch die Hypothek (§ 1153 BGB.) und das entsprechende Absonderungsrecht auf den leistenden Erben über. Die dem Antragsteller bekannten Nachlaßgläubiger werden durch das Ausschlußurteil betroffen, wenn sie ihre Forderung nicht anmelden (LZ. 1910 S. 864 IV).

Die für die Befriedigung der Konkursgläubiger wichtige Unterscheidung in Bevorrechtigte und Nichtbevorrechtigte hat zahlreiche Zweifel über die Einordnung in die Rangklassen (§ 61) veranlaßt. Das Vorrecht der Nr. 1 bezieht sich nur auf die Dienstmiete und nicht auf den Werkvertrag. Es gilt auch für solche Personen, die sich als Gehilfen eines Meisters durch dessen Vermittelung verdungen haben. Weil die Lohnforderung sachlich, d. h. aus sachlichen Gründen bevorzugt wird, kommt es auf die Person des Gläubigers nicht an (4, 424 III). Ein Botmäßigkeitsverhältnis ist nicht Voraussetzung, es ist nur erforderlich, daß der sich Verdingende seine Dienste ausschließlich dem anderen Teile zur Verfügung stellt (4, 424 III; 27, 226 V; 62, 231 III). Aus diesen Gründen und weil die Arbeitstätigkeit an sich Gegenstand des Vertrages ist, der Erfolg aber von der Mitwirkung anderer, besonders technischer Kräfte abhängt, ist auch der Vertrag zwischen Filmgesellschaft und Schauspieler wegen Darstellung einer Rolle ein Dienstvertrag und es steht dem Schauspieler im Konkurse der Filmgesellschaft das Vorrecht der Nr. 1 zu (JW. 1927 S. 848 Nr. 14 III). Für unerheblich wird erklärt, daß der Fuhrmann, der seine Dienste einer Zuckerfabrik vermietet hat, außerhalb der Zuckerkampagne einzelne Fuhren für andere Arbeitgeber leisten konnte (38, 113 III). Ein Handlungsagent steht zu seinen Auftraggebern nicht in einem solchen Dienstverhältnisse, wie es § 61 Nr. 1 voraussetzt (§ 62, 231 III). Das Vorrecht der Berufsgenossenschaft § 28 Nr. 3 (RVO.) gilt nur für das letzte Jahr vor der Konkurseröffnung. Es kommt dabei auf den Zeitpunkt der Entstehung, nicht der Fälligkeit, an. Die Forderung der Berufsgenossenschaft entsteht aber mit der Leistung des Vorschusses durch die Postverwaltung (102, 72ff. VII).

Die Forderung auf Bezahlung der Steuerzeichen, die einem Tabaksteuerpflichtigen geliefert wurden, ist eine Forderung aus öffentlicher Abgabe (§ 61 Nr. 2); die Steuerzeichen werden nicht wegen ihres inneren Wertes gekauft, sondern zum Zwecke der Versteuerung und werden daher auch nur an Tabaksteuerpflichtige abgegeben. Die Tabaksteuer wird durch Verwendung der Steuerzeichen entrichtet (TabStG. § 11, 1); aber durch Verwendung ungezahlter Steuerzeichen kann die Steuerschuld nicht getilgt werden, folglich ist der Anspruch auf Zahlung für die verwendeten Steuerzeichen ein Anspruch auf Zahlung der Steuer und auf Tilgung einer Steuerschuld (114, 372 VI). Unter Berufung auf die Motive und das Schweigen der bei den Gesetzgebungsverhandlungen beteiligten Personen wird angenommen, daß zu den Abgaben im Sinne von § 61 Nr. 2 die Gerichtskosten und die Gebühren der freiwilligen Gerichtsbarkeit nicht gehören (21, 49 II). Die Nr. 2 umfaßt nach 28, 87 VI und 83, 206 VI die Gebühren überhaupt nicht, wie sich aus der preußischen Konkursordnung als der geschichtlichen Wurzel und daraus ergibt, daß die Klausel, „es macht keinen Unterschied" usw. auf die Gebühren nicht paßt. Für die Entscheidung darüber, ob einer Steuerforderung das Vorrecht zukommt, ist der ordentliche Rechtsweg zulässig. Denn der Streit über das Vorrecht ist keine „Steuersache" im Sinne von § 227 RAbgO. Die Ranganspruche aus § 61 Nr. 2 sind keine Ansprüche aus materiellem Steuerrecht oder aus dem steuerrechtlichen Verfahren. Das Vorrecht hat seine Grundlage nicht im Steuerrechte, sondern im privaten Konkursrechte (114, 372 VI; 116, 368ff. VI; JW. 1927 S. 1751 Nr. 1 VI). Für das Steuervorrecht ist auch bei Stundung der Tag der ersten Fälligkeit, nicht der Zeitpunkt des Wiederfälligwerdens maßgebend (116, 375 VI).

§ 61 Nr. 2 u. 3 beschränken das Vorrecht auf die während des letzten Jahres fällig gewordenen Beträge oder Ansprüche (22, 139 VI; Bolze Pr. 12 Nr. 776 III). Knappschaftsvereine sind nach preußischem Bergrecht öffentliche Verbände; das Vorrecht des § 61 Nr. 3 gilt auch für die Beiträge der Arbeiter, für die der Bergwerksbesitzer haftet (GruchotsBeitr. 30, 1010 V).

Nachdem das väterliche Verwaltungsrecht durch die Konkurseröffnung über das Vermögen des Vaters untergegangen ist und mit der Beendigung des Konkursverfahrens nicht wieder auflebt, steht das Vorrecht der Nr. 5 dem Kinde nicht mehr zu (Bolze Pr. 3 Nr. 864 V; 10 Nr. 597 I); daran ändert auch der Umstand nichts, daß die Tochter trotzdem, solange sie in väterlicher Gewalt stand, dem Vater die Verwaltung überlassen hatte; dieser war nicht gesetzlicher Verwalter (Bolze Pr. 18 Nr. 583 IV). Dagegen wird das Vorrecht nicht dadurch ausgeschlossen, daß das gesetzliche Verwaltungsrecht auch noch durch Testament eingeräumt ist (42, 21 III; Bolze Pr. 2 Nr. 1991 I; a. M.: JW. 1892 S. 274 Nr. 18 IV).

Wenn die Teilung des Nachlasses der Mutter noch nicht stattgefunden hat, geht doch das Erbteil des Sohnes sofort in dessen Vermögen über und gelangt so in das Verwaltungsrecht des Vaters (GruchotsBeitr. 46, 1118 IV). Das Vorrecht steht auch der Erbteilungsforderung zu, die bei der Auseinandersetzung mit der als Vormünderin bestellten Mutter ermittelt, aber nicht sofort ausgezahlt worden ist; diese Forderung ist ein Anspruch aus der gesetzlichen Vermögensverwaltung, über die bei der Auseinandersetzung Rechenschaft abgelegt wird (3, 294 V). Auch die Ersatzansprüche des Mündels gegen den Gemeinschuldner sind Vermögen des Mündels und unterliegen deshalb kraft Gesetzes der Verwaltung des Gemeinschuldners (17, 42 II; 39, 78 VI; 45, 156 IV; GruchotsBeitr. 49, 1098 IV; LZ. 1909 S. 691 IV). Wenn Vater und Mutter in Gütergemeinschaft leben und über das Vermögen des Vaters Konkurs eröffnet wird, so gilt das Vorrecht nur gegenüber dem Anteile des Vaters am gemeinschaftlichen Vermögen, nicht gegenüber dem gemäß § 14 (jetzt 16) zu ermittelnden Anteile der Mutter (11, 63 IV). Das Vorrecht findet auch dann Anwendung, wenn mehrere Forderungen zusammengerechnet angemeldet werden und nur einzelne dieser Forderungen bevorrechtigt sind (Bolze Pr. 21 Nr. 869 II). Dagegen geht das Vorrecht, das einem in die laufende Rechnung (Kontokorrent) aufgenommenen Posten anhaftet, nicht auf den Saldo über, weil die Saldoforderung an die Stelle der einzelnen Posten tritt, die einzelnen Forderungen hierbei nur als Rechnungsposten in Betracht kommen und nicht mehr als individuelle Forderungen fortbestehen (3, 17 II; gilt auch nach § 356 des jetzigen HGB.). Weder das Anerkenntnis eines Vorrechtes durch den Konkursverwalter noch eine Vereinbarung verpflichtet die Masse (soll heißen: die Konkursgläubiger; Bolze Pr. 21 Nr. 869 II).

Nicht minder wichtig und häufig ist der Gegensatz zwischen dem einfachen und dem absonderungsberechtigten Konkursgläubiger. Daß die beiden Eigenschaften in einer Person vereinigt sein können, ergibt sich aus § 64 (16, 36 II; St. 16, 404 u. 405, 407 III). Wie die Konkurseröffnung die Möglichkeit abschneidet, eine Konkursforderung zu erwerben, so hemmt sie auch den weiteren Erwerb eines Rechtes auf abgesonderte Befriedigung durch Vollstreckung oder einstweilige Verfügung (§ 14). Aber nur die Vollstreckung im Inlande wird durch das deutsche Gesetz ausgeschlossen. Ob das Konkursverfahren auf das im Auslande liegende Vermögen erstreckt werden kann, hängt vom ausländischen Rechte ab, und wenn dieses die Einzelvollstreckung zuläßt, kann das inländische Recht sie nicht hindern. Da auch eine Vorschrift über die Erstattung an die Masse in der Konkursordnung fehlt, so ist ein Gläubiger, der sich durch eine im Auslande bewirkte Vollstreckung Befriedigung verschafft hat, nicht verpflichtet, das Beigetriebene an die Masse herauszugeben (54, 193ff. I). Trotz vorausgegangener Privatpfändung (§ 845 ZPO.) kann nach Veröffentlichung des allgemeinen Veräußerungsverbotes (§ 106) durch gerichtliche Pfändung ein gegen die Konkursgläubiger wirksames Pfandrecht nicht entstehen (26, 426 VI).

Die im Anfange vertretene Auffassung, daß schon bei drohendem Konkurse kein Arrest erlassen werden dürfe (3, 417 II), ist später aufgegeben worden, indem entschieden wurde, sowenig der Arrestbeklagte die Anordnung des Arrestes durch Hinweisung auf die Interessen seiner eventuellen Konkursgläubiger bekämpfen kann, sowenig kann nach Konkurseröffnung der Konkursverwalter diese Interessen zum Stützpunkte für seinen Widerspruch gegen den Arrest machen, der gegen Sicherheitsleistung angeordnet worden war (20,

362 III). Die gleiche Ansicht kommt in zwei Entscheidungen zum Ausdrucke, wonach die Bestätigung des Arrestes durch die inzwischen erfolgte Konkurseröffnung nicht ausgeschlossen wird; der Arrestgrund besteht weiter, denn die Konkurseröffnung hat nur zur Folge, daß die Konkursdividende des Gläubigers nicht gefährdet ist. Im übrigen bleibt seine Forderung gefährdet (JW. 1900, S. 182 Nr. 9 VI), und mag auch durch vorläufig vollstreckbar erklärtes Urteil der Arrestbefehl aufgehoben worden sein, so kommt die Bestätigung doch nicht einer neuen Arrestanlage gleich, denn die Arrestpfändung bleibt in Kraft, weil die Vollstreckung zum Zwecke der Aufhebung nur eine vorläufige ist (56, 147ff. VII).

Die Eintragung einer Vormerkung in das Grundbuch ist Zwangsvollstreckung im Sinne des § 11 (jetzt § 14). Es kommt daher auf den Zeitpunkt der Eintragung, nicht des Antrages, an; wenn die Eintragung nach der Konkurseröffnung erfolgt, ist sie den Konkursgläubigern gegenüber unwirksam, mag auch der Antrag schon vor der Konkurseröffnung gestellt sein (14, 291 V; 26, 395 III; 28, 286 V). Die Unwirksamkeit nach § 15 reicht so weit, als das Interesse der Konkursgläubiger es fordert. Die Wirksamkeit einer Forderung zur Übertragung kann auch vom Drittschuldner geltend gemacht werden (83, 189 II). Nach Vorpfändung gegenüber dem Schuldner selbst kann zwecks Pfändung der Beschluß wegen Todes des Gemeinschuldners dem Nachlaßpfleger wirksam zugestellt werden. Aber das so entstandene Pfändungspfandrecht gewährt dem Gläubiger im Nachlaßkonkurse kein Absonderungsrecht, weil die Vollstreckung erst nach Eintritt des Erbfalles erfolgt ist. Es soll zugunsten aller Gläubiger die Lage wiederhergestellt werden, die zur Zeit des Eintrittes des Erbfalles bestanden hat; in diesem Zeitpunkte jedoch hatte der Gläubiger noch kein Pfändungspfandrecht. Die Sachlage ist die gleiche wie nach §§ 14, 15 bei Konkurseröffnung überhaupt (LZ. 1908 S. 392 VII).

Durch eine aus Versehen des Grundbuchamtes vollzogene Löschung einer Hypothek wird nicht das Hypothekenrecht selbst aufgehoben; dieses wird durch die Wiedereintragung nicht neu begründet, sondern nur wieder erkennbar gemacht (19, 296 V). Die Übertragung eines vor Konkurseröffnung begründeten Absonderungsrechtes ist auch nach der Konkurseröffnung zulässig (34, 60 II; Bolze Pr. 11 Nr. 69 V). Hypotheken, die gemäß § 878 BGB. nach der Konkurseröffnung mit Wirksamkeit gegen die Konkursgläubiger eingetragen sind, unterliegen der Anfechtung nach § 42, denn es liegt kein Grund vor, den Erwerb im guten Glauben an das Grundbuch (§§ 892ff. BGB.) anders zu behandeln wie den nach § 878 BGB., ebensowenig dafür, daß eine unmittelbar vor Konkurseröffnung geschehene Eintragung anfechtbar sein soll, die spätere aber nicht (51, 284 VII; 81, 424 VII).

Auf die Voraussetzungen für den Erwerb eines Absonderungsrechtes ist hier nicht einzugehen; sie liegen außerhalb des Konkursrechtes. Es genügt der Hinweis, daß nur die im Gesetze (§§ 48ff. u. VersVertrG. § 77) ausdrücklich berücksichtigten Tatbestände ein Absonderungsrecht begründen. Deshalb kann ein vertragsmäßig eingeräumtes Zurückbehaltungsrecht im Konkurse nicht geltend gemacht werden (20, 136 VI; 29, 302 II; 77, 438 II; Recht 1917 Nr. 1502 V).

Wenn dem Konkursgläubiger ein nicht dem Gemeinschuldner gehöriges Vermögensstück zur Deckung dient, so kann er für den vollen Betrag seiner Forderung Befriedigung aus der Masse verlangen und sich für den Ausfall an sein Pfand halten (7, 90 I; 59, 368 VI; Bolze Pr. 4 Nr. 1585 III). Das einmal begründete Recht auf anteilmäßige Befriedigung für die ganze Forderung kann auch nicht dadurch beeinträchtigt werden, daß der Verwalter nachträglich das Eigentum an der dem Konkursgläubiger verpfändeten Sache erwirbt. Die Forderung wird damit nicht zur Ausfallsforderung; für die Rechtsstellung des Konkursgläubigers bleibt die Lage zur Zeit der Konkurseröffnung maßgebend (59, 368 VI). Es kommt aber jeweils auf die Zugehörigkeit oder Nichtzugehörigkeit der verpfändeten Sache zur Masse, nicht auf den guten Glauben des Konkursgläubigers, daß die Sache einem Dritten gehöre, an (59, 367 VI; 91, 15 V; JW. 1901 S. 82 Nr. 12 II). Wenn dagegen die als Deckung dienende Sache zur Masse gehört, so kann der Konkursgläubiger aus der Masse Befriedigung nur für den Betrag verlangen, für den er auf abgesonderte Befriedigung verzichtet oder mit dem er bei der abgesonderten Befriedigung ausgefallen ist (78, 75 V). Das gleiche gilt auch, wenn dem Konkursgläubiger durch den Schuldner zu dessen Vermögen gehörige Sachen oder Rechte zur Sicherstellung übereignet sind (24, 46 I; 91, 15 V; JW. 1910 S. 30 VII; Recht 1915 Nr. 2588 VII). Daran wird auch durch Abmachungen zwischen Gläubiger und Schuldner nichts geändert, weil die Schranken des § 64 öffentlichen Rechtes sind (6, 67 V; 24, 47 I). Ein Ausfall ist aber nicht vorhanden, wenn das Pfand gar nicht veräußert wurde (64, 427 VII). Bei der abgesonderten Befriedigung kann auch der Anspruch auf Zinsen, die seit der Konkurseröffnung laufen, geltend gemacht werden (JW. 1902 S. 186 Nr. 24 I). Bei der Sicherungsübereignung ist § 64 entsprechend anzuwenden, gleichviel, ob nach Tilgung der Forderung ohne Verwertung des Sicherungsgegenstandes dieser unmittelbar in das Vermögen des Schuldners zurückfallen oder ob nur eine Pflicht zur Rückübertragung bestehen soll (24, 45 I; LZ. 1910 S. 157 VII).

Einen Rechtssatz, wonach Konkursgläubiger, die sich vorbehaltlos auf das Konkursverfahren einlassen, dadurch auf ihr Absonderungsrecht verzichten, hat die Konkurseröffnung nicht aufgestellt (16, 70 V), sondern der Konkursgläubiger kann seine ganze Forderung anmelden, ohne auf die Deckung zu verzichten oder das Pfand verwerten zu müssen (26, 112 I; 37, 16 V; 78, 75 V). Aus der Anmeldung einer Konkursforderung ohne Geltendmachung des Absonderungsrechtes kann auf einen Verzicht auf dieses geschlossen werden, wenn der Verzichtswille festzustellen ist; ein solcher liegt aber nicht notwendig vor (LZ. 1908 S. 606 VI; 1914 S. 1046 VI). Der Gläubiger ist befugt, selbst darüber zu bestimmen, zu welchem Teile seiner Forderung er aus dem Gegenstande des Absonderungsrechtes und zu welchem Teile er als Konkursgläubiger Befriedigung suchen will (64, 427 VII). Durch Verzicht auf die Zwangsvergleichsrate kann der Konkursgläubiger die Haftung des Pfandes für die volle Forderung wiederherstellen. Dagegen kann er nicht trotz Annahme der Vergleichsrate Befriedigung aus dem Pfande sowohl für den durch die Vergleichsrate nicht gedeckten Teil der Forderung als auch für den Teil erhalten, den er ursprünglich allein auf das Pfand angewiesen hatte (64, 429 VII). Die Meinung, nach Abschluß des Zwangsvergleiches könne der Absonderungsberechtigte die Vergleichsquote aus der ganzen Forderung verlangen und wegen des Restes Befriedigung aus dem Absonderungsgegenstande suchen, wird auch in 5, 395 II u. 78, 75ff. V zurückgewiesen. Der Zwangsvergleich schließt das Recht der Konkursgläubiger, den Absonderungsberechtigten zunächst auf sein Pfand zu verweisen, nicht aus (6, 97 V). Diese Ansicht verdient wohl den Vorzug vor 1, 183ff., bes. 186 I, wo angenommen wurde, durch den Zwangsvergleich gehe die ganze Forderung unter, so daß das Pfandrecht nicht mehr bestehen könne (vgl. noch unten beim Zwangsvergleich).

Ob im Mitstimmen beim Zwangsvergleich oder in der Annahme der Vergleichsquote ein Verzicht auf das Absonderungsrecht liege, ist eine Frage der Auslegung des Willens nach den Umständen des Einzelfalles; die Beweislast trifft denjenigen, der den Verzicht behauptet (16, 71 V; 37, 16 V; JW. 1896 S. 35

Nr. 26 I; 1900 S. 344 Nr. 13 V; 1906 S. 205 Nr. 27 V; LZ. 1908 S. 606 VI; Bolze Pr. 11 Nr. 933 V). Der Konkursgläubiger, der an einem zur Masse gehörigen Gegenstand ein Pfandrecht hat, muß entweder das Absonderungsrecht ausüben und darf dann die Masse nur für den Ausfall in Anspruch nehmen oder er muß auf das Absonderungsrecht verzichten. Daraus folgt, daß er gar nicht in die Lage kommen kann, im Zwangsvergleich unter Fortbestand seines Pfandrechtes oder fiduziarischen Eigentumes auf einen Teil seiner Forderung zu verzichten. Es ist nicht zulässig, daß ein Konkursgläubiger unter Verschweigung des Absonderungsrechtes sich mit seiner ganzen Forderung an der Abstimmung beteiligt und den Zwangsvergleich vielleicht durch seine Stimme zur Annahme bringt, während er bei Geltendmachung des Absonderungsrechtes überhaupt nicht stimmberechtigt gewesen wäre; den Gegenstand des Verzichtes bildet nur die Befriedigung für einen prozentualen Teil der bei der abgesonderten Befriedigung übriggebliebenen Ausfallforderung oder das Pfandrecht und die Befriedigung für einen prozentualen Teil der ganzen Forderung (GruchotsBeitr. 54, 1174 VII). Hat der Konkursgläubiger bei der Anmeldung ausdrücklich erklärt, daß er sich sein Absonderungsrecht vorbehalte, so hat er sich damit gegen die Annahme eines Verzichtes geschützt, auch wenn er sich später im Verfahren nicht mehr auf das Absonderungsrecht berufen hat (37, 17 V). Ein solcher Verzicht wurde dagegen in dem Falle angenommen, daß der Konkursgläubiger unter Verschweigen des Absonderungsrechtes seine Forderung angemeldet und sich an der Abstimmung über den Zwangsvergleich beteiligt hatte (JW. 1910 S. 31 Nr. 53 VII; Bolze Pr. 17 Nr. 852 II) sowie bei vorbehaltloser Annahme der Vergleichsrate (16, 71 V; Bolze Pr. 11 Nr. 933 V). Ein Verzicht liegt aber nicht in der Anmeldung der Forderung an sich, nicht notwendig in der Teilnahme an der Abfindung über den Zwangsvergleich und in der vorbehaltlosen Annahme der Vergleichsquote (LZ. 1908 S. 606 VI).

Wenn der Gegenstand der abgesonderten Befriedigung untergegangen oder sonst abhanden gekommen ist, so nimmt der bisher absonderungsberechtigte Gläubiger für seine ganze Forderung an der gemeinsamen Befriedigung teil (23, 45 IV). Auf die Fälligkeit der betagten Forderung (§ 65) kann sich auch der absonderungsberechtigte Konkursgläubiger berufen (86, 248 V). Die Geltendmachung des Absonderungsrechtes darf nicht zur Bereicherung führen, sofern der Erlös aus dem Pfande mehr beträgt, als der Konkursgläubiger zu fordern hat (85, 57 II). Der Konkursgläubiger, der eine dem Gemeinschuldner fremde Sache zum Pfand erhalten hat, ist, wenn diese Sache auch zur Zeit der Konkurseröffnung nicht dem Schuldner gehört, nicht absonderungsberechtigt, weil die Sache nicht Bestandteil der Masse ist. Der Gläubiger kann daher für den vollen Betrag seiner Forderung verhältnismäßige Befriedigung aus der Masse verlangen und sich für den Ausfall an sein Pfand halten. Selbst wenn der Konkursverwalter während des Verfahrens das Eigentum für die Masse erworben hat, kann der Konkursgläubiger nicht auf die Anmeldung des Ausfalles beschränkt werden, weil für seine Rechtsstellung der Zeitpunkt der Konkurseröffnung maßgebend ist (59, 368 ff. VI; 2, 181 I).

Konkursgläubiger mit mehr als einem Schuldner müssen die vor der Konkurseröffnung von einem Mitverpflichteten des Gemeinschuldners geleisteten Zahlungen an der anzumeldenden Forderung abrechnen; dagegen die im Laufe des Verfahrens geschehenen Zahlungen Mitverpflichteter sind bei der Berechnung der Konkursdividende von der angemeldeten Forderung nicht abzuziehen (2, 181 I), bis der Konkursgläubiger volle Befriedigung erhalten hat (JW. 1890 S. 411 Nr. 9 I). Der Grundsatz des § 68 findet auch auf Wechselschulden Anwendung (11, 18 I; JW. 1890 S. 411 Nr. 9 I). Ebenso ist § 68 anwendbar, wenn der Konkursgläubiger aus einem anderen Vermögen als dem des Gemeinschuldners durch Verwertung eines Pfandes Teilbefriedigung erhalten hat (74, 233 VI). Wenn zwei Schuldner der nämlichen Forderung in Konkurs geraten und der Konkursgläubiger im Konkurse des einen Schuldners ein Absonderungsrecht genießt, kann er im anderen Konkurse die volle Forderung geltend machen; § 64 gilt nur für den Konkurs, in dem das Absonderungsrecht verfolgt wird (52, 171 II.)

Im Konkurse dürfen nicht zwei Ansprüche nebeneinander berücksichtigt werden, die außerhalb des Konkurses vom Gemeinschuldner nur einmal zu befriedigen sind. Deshalb kann weder derjenige, der den Konkursgläubiger teilweise befriedigt hat, insoweit den kraft cessio legis übergegangenen Anspruch im Konkursverfahren geltend machen, noch einen selbständigen Regreßanspruch aus einer vertragsmäßigen Verpflichtung anmelden (14, 172 VZS.; 32, 87 II; 42, 35 I; JW. 1900 S. 184 Nr. 11 III; 1903 S. 245 Nr. 28 II; LZ. 1917 S. 473 V). Der Bürge kann seine zukünftige Ersatzforderung nicht neben dem Konkursgläubiger anmelden, auch wenn die Bürgschaft nur für einen Teil der Forderung gilt, denn der Konkursgläubiger kann trotz der Teilzahlung des Bürgen im Konkurse die ursprüngliche Forderung bis zu seiner vollen Befriegung geltend machen; die Masse hat also von der Teilzahlung keinen Vorteil, sie müßte aber die doppelte Dividende leisten, wenn auch die Ersatzforderung des Bürgen zu berücksichtigen wäre (8, 290 II; 9, 77 II).

Der Konkursgläubiger kann aufrechnungsberechtigt oder nicht aufrechnungsberechtigt sein. Die Zulässigkeit der Aufrechnung ist nach dem Rechte zu beurteilen, unter dessen Herrschaft die Schuld steht, deren Erlöschen durch Aufrechnung behauptet wird (26, 67 II). § 14 steht der Aufrechnung nicht entgegen; es kann nicht angenommen werden, daß die nach bürgerlichem Rechte kraft Gesetzes eintretende Erlöschung gegenüberstehender Forderungen durch § 14 hat beseitigt werden sollen (JW. 1890 S. 278 Nr. 14 II). Es ist überhaupt nicht einzusehen, wie § 14 die Aufrechnung soll beeinflussen können. Vertragsmäßige Einräumung der Aufrechnungsbefugnis ist gegenüber der Konkurseröffnung unwirksam, weil diese öffentliches Recht ist (33, 48 III; 40, 125 VI; LZ. 1909 S. 71 VII; JW. 1911 S. 770 Nr. 36 VII). Die Geltung eines Verzichtes auf die Aufrechnung im Konkurse des Aufrechnungsgegners ist Auslegungsfrage; der ohne Beschränkung vereinbarte Verzicht wirkt auch unbeschränkt (60, 358 I). Eine vor der Konkurseröffnung mangels Fälligkeit unwirksam vorgenommene Aufrechnung kann und muß nach der Konkurseröffnung wiederholt werden, da nun die Aufrechnung sowohl mit einer betagten als gegen eine betagte Forderung zulässig geworden ist (LZ. 1918, S. 1066 Nr. 14 VI).

Die Aufrechnung kann in Verbindung mit der Anmeldung erklärt werden, weil der Konkursverwalter von der Anmeldung Kenntnis nehmen muß (56, 364 VII). Der Konkursgläubiger kann sich auch ohne Anmeldung durch Aufrechnung befriedigen (JW. 1892 S. 363 Nr. 8 VI; 1907 S. 275 Nr. 39 II). Aber die Aufrechnungsbefugnis geht nicht durch die Anmeldung der Forderung ohne Aufrechnungserklärung verloren (JW. 1890, S. 278 Nr. 12). Die gemäß § 69 kapitalisierte Leibrente stellt nicht eine Vielheit aufschiebend bedingter Ansprüche dar. Sie ist eine einheitliche Forderung und mit dem ganzen Betrage zur Aufrechnung geeignet (68, 342 II). Auch Forderungen, die nach Konkursrecht von der Anmeldung ausgeschlossen sind, können gegen Forderungen des Gemeinschuldners aufgerechnet werden (JW. 1907 S. 275 Nr. 39 II).

Wenn die nach Konkursrecht zulässige Aufrechnung auch erst nach dem Inkrafttreten des Zwangsvergleiches vollzogen wird, bleibt sie doch zulässig. Der Aufrechnungsberechtigte kann sich aus der zur Masse gehörigen Forderung befriedigen wie der absonderungsberechtigte Gläubiger (80, 409 II; LZ. 1913 S. 861 II; für den zweiten Satz auch JW. 1892, S. 363 Nr. 8 VI). Die Aufrechnung vollzieht sich außerhalb des Konkursverfahrens und ist seinen Einwirkungen entzogen. Der Zwangsvergleich kann nicht für die Höhe der Forderung im Bereiche der Aufrechnung bestimmend sein. Der aufrechnungsberechtigte Konkursgläubiger hat ein stärkeres Recht wie der nicht aufrechnungsberechtigte; eine Minderung dieses Rechtes durch den Zwangsvergleich wäre eine Verletzung des § 181. Anders verhält es sich, wenn die Forderung, gegen die aufgerechnet werden soll, erst nach dem Abschlusse des Zwangsvergleiches entstanden ist, weil sich dann die beiden Forderungen gegenübergetreten sind, nachdem die Herabminderung der einen durch den Zwangsvergleich begründet worden war (80, 410ff. II).

Eine Deckung durch Aufrechnung, die sich der Konkursgläubiger dadurch verschafft, daß er gegen seine Forderung eine Schuld aufrechnet, die er eingegangen ist, als er schon Gläubiger war, kann nur durch Anfechtung des Rechtsgeschäftes verhindert werden, durch das die sonst aufrechenbare Schuld begründet worden ist (26, 82 I). Anfechtbar ist aber nicht die Aufrechnung für sich, sondern nur das Rechtsgeschäft, aus dem die aufzurechnende Gegenforderung erwachsen ist (Bolze Pr. 20 Nr. 204 II).

Die Konkurseröffnung über das Vermögen des Gläubigers bildet kein Hindernis dafür, daß der Bürge mit seiner Konkursforderung gegen die Bürgschaftsschuld aufrechnet (53, 403 I). Der Kommanditist kann gegen die Forderung auf Zahlung seiner Einlage mit einer Forderung an die Gesellschaft aufrechnen (37, 87 I; GruchotsBeitr. 49, 978 I). Dies gilt auch soweit die Aktiven den Passiven bei Gründung der Gesellschaft mindestens gleichkamen; wenn die Aktiven geringer waren als die Passiven, wäre die Aufrechnung unzulässig (63, 265ff. I). Die §§ 53ff. sind nicht anwendbar auf die Aufrechnungsbefugnis des Gemeinschuldners (JW. 1915 S. 1031 Nr. 32 III). Die Aufrechnung gegen eine Konkursforderung ist nach deren Feststellung zur Tabelle wegen § 145 und ZPO. § 767 nicht mehr zulässig; die Erklärung der Aufrechnung gehört nicht zu den Gründen, auf denen sie beruht (64, 228 III; LZ. 1907 S. 836 III; 1901 S. 231 II). Eine im Konkurse des Gesellschafters erklärte Aufrechnung mit einer Forderung des Gesellschafters gegen die Gesellschaft hat wegen § 212 solange keine Wirkung, als nicht feststeht, daß die Forderung im Gesellschaftskonkurse nicht zur Befriedigung gelangt. Ein Ausfall liegt aber auch dann vor, wenn im Gesellschaftskonkurse ein Zwangsvergleich geschlossen wird (56, 365 VII).

Ist der Gemeinschuldner vor der Konkurseröffnung zur Zahlung verurteilt worden und klagt der siegreiche Gläubiger gegen den Konkursverwalter, der die rechtskräftig zuerkannte Forderung bestritten hat, auf Feststellung, so kann der Konkursverwalter beim Fehlen der Voraussetzungen des § 767 ZPO. nur aufrechnen, wenn die Forderung des Gemeinschuldners, mit der er aufrechnen will, nach Eintritt der Rechtskraft entstanden ist. Die Forderung des Konkursgläubigers hat ihre Judikatsnatur nicht dadurch verloren, daß der Gläubiger genötigt war, zur Beseitigung des Widerspruches zu klagen (GruchotsBeitr. 38, 1172 II).

Jeder Anfechtungstatbestand kann mit Ausnahme der Fälle des § 42 gegenüber einer Konkursforderung geltend gemacht werden; aber die Rechtsprechung des Reichsgerichtes auf diesem Gebiete ist nicht nur so umfangreich, daß ihre Berücksichtigung im Rahmen dieser Darstellung zur Unmöglichkeit wird, die reichsgerichtlichen Entscheidungen über die Anfechtungsfragen berühren auch nicht die Stellung der Konkursgläubiger als solcher. Nur der Zweck der Anfechtung, die Befriedigungsmittel zu vermehren und die allgemeine Voraussetzung: Benachteiligung der Konkursgläubiger, weist eine Beziehung auf die besondere Stellung der Konkursgläubiger auf. Als Grundlage des Anfechtungsrechtes wird der Konkursanspruch der Konkursgläubiger bezeichnet (7, 35 II). Deshalb wird dem Rechtsgeschäfte durch die Anfechtung die Wirkung nur gegenüber den Konkursgläubigern entzogen. Die Anfechtungsklage ist nicht Bestandteil der Masse. Der Gemeinschuldner wird dadurch, daß er die Masse wiedererlangt, nicht Rechtsnachfolger der Konkursgläubiger und kann nicht in dieser Eigenschaft den Anfechtungsprozeß nach Beendigung des Verfahrens fortsetzen (7, 35ff. II). Mit dieser Auffassung, die ein Anfechtungsrecht der Konkursgläubiger voraussetzt, hängt offenbar der Satz zusammen: Die erfolgreiche Anfechtung verschafft nur den Konkursgläubigern Rechte (20, 30 VI; 24, 96 VI; GruchotsBeitr. 34, 895 V); während spätere Entscheidungen sich vorsichtiger ausdrücken: Das Anfechtungsrecht wird nur zugunsten der Konkursgläubiger ausgeübt (31, 43 VI; 47, 219 a. E. VII).

Benachteiligung der Konkursgläubiger und des Gemeinschuldners decken sich nicht. Jene können benachteiligt sein, ohne daß der Gemeinschuldner es ist. Die Konkursgläubiger sind benachteiligt, sobald durch die Rechtshandlung eine Lage geschaffen ist, wodurch die Befriedigung der Konkursgläubiger beeinträchtigt wird, indem ein Vermögensgegenstand veräußert wurde, der Entgelt aber nicht im Vermögen des Gemeinschuldners vorhanden ist (10, 8 I). Benachteiligung der Konkursgläubiger liegt dagegen nicht vor, wenn das Veräußerte auch nur dem Werte nach vor Erhebung des Anfechtungsanspruches in das Vermögen des Schuldners zurückgebracht worden ist (14, 313 II; JW. 1896 S. 338 Nr. 30 VI). Benachteiligung ist gegeben, wenn der Gegenwert nicht in die Konkursmasse gekommen ist, mag auch der Kaufpreis dem wirklichen Werte entsprochen haben (LZ. 1925 S. 870 Nr. 17 VI.) Die Konkursgläubiger werden schon durch die Vermehrung der Passivmasse benachteiligt (27, 133 III; 36, 166 VI). Die volle Befriedigung einzelner Gläubiger vor der Konkurseröffnung entzieht den übrigen Gläubigern einen Teil ihrer Befriedigung, weil die Masse um das verringert ist, was zur Befriedigung einzelner verwendet wurde (53, 235 VII). Bei der Antwort auf die Benachteiligungsfrage darf nur auf den unmittelbaren Gegenstand des angefochtenen Geschäftes gesehen werden. Die Möglichkeit, sich aus künftigen Erträgnissen dieses Gegenstandes (z. B. Mietzinsen) eine Einnahme zu verschaffen, muß außer Betracht bleiben; die Vereitelung dieser Möglichkeit ist keine Benachteiligung im Sinne des Anfechtungsrechtes (BlfRA. 72, 480 VII). Die Veräußerung eines bis zu seinem ganzen Werte mit Hypotheken belasteten Grundstückes enthält keine Benachteiligung, weil die Annahme begründet ist, daß beim Zwangsverkaufe ein die eingetragenen Schulden übersteigender Erlös nicht erzielt worden wäre (LZ. 1911 S. 863 VII).

II. Die Organe

Der Gläubigerausschuß ist ein gesetzliches Aufsichtsorgan gegenüber dem Konkursverwalter, ohne daß diesem die Verwaltung entzogen wäre (St. 39, 383 III); er ist ein Hilfsorgan des Konkursverwalters (36, 368 VI; JW. 1895 S. 329 Nr. 20 I; GruchotsBeitr. 43, 509 VI). Der Ausschuß leitet seine Befugnisse und Pflichten unmittelbar aus dem Gesetze, nicht aus einem Auftrage der Konkursgläubiger ab; auch die Mitglieder des Ausschusses sind weder Bevollmächtigte des Gemeinschuldners noch der Konkursgläubiger (20, 109 I; 31, 122 I). Das einzelne Mitglied ist nicht berechtigt, die Funktionen des Ausschusses selbst auszuüben, sondern ist nur an der Beratung und Abstimmung des Kollegiums beteiligt (36, 368 VI; JW. 1901 S. 132 Nr. 10 VII). Ersatzansprüche gegen die Mitglieder des Ausschusses kann während des Konkurses nur der Konkursverwalter, nach Beendigung des Konkurses der frühere Gemeinschuldner als Subjekt des geschädigten Vermögens erheben (20, 109 I; 31, 122 I).

Wenn vereinbart wurde, daß einem bestimmten Vertrage der Gläubigerausschuß zustimmen soll, so haben die Vertragschließenden darüber zu befinden, ob die Bedingung erfüllt wurde. Die Willensübereinstimmung des Konkursverwalters und des anderen Teiles, daß jene Vertragsbedingung durch Zustimmung der Gläubigerversammlung erfüllt sei, ist eine Auslegung des Vertrages, die nicht der schriftlichen Form bedarf (JW. 1893 S. 487 Nr. 10 V). Die Quittungsvorschrift des § 137 ist zwingendes Recht und kann nicht durch Vereinbarung des Konkursverwalters und der Hinterlegungsstelle außer Kraft gesetzt werden (54, 212 III; 80, 38 III). Die Hinterlegungsstelle muß sich erkundigen, ob ein Gläubigerausschuß bestellt ist oder ein Beschluß der Gläubigerversammlung über die Mitzeichnung eines Mitgliedes des Gläubigerausschusses vorliegt, denn der Zahlende hat grundsätzlich die Befugnis des Empfängers zum Empfange zu prüfen, und die Bestimmung der Hinterlegungsstelle durch die Gläubigerversammlung ist die Regel, von der die Hinterlegungsstelle auszugehen hat (80, 40 III). Voraussetzung für die Anwendung des § 137 ist weder eine ausdrückliche oder stillschweigende Vereinbarung über die Anwendbarkeit noch der Abschluß eines Verwahrungsvertrages besonderen Inhaltes (80, 38 III). Nicht erforderlich ist ferner die Mitteilung des Beschlusses der Gläubigerversammlung durch den Verwalter an die Hinterlegungsstelle; es genügt jede bei dieser vorhandene Kenntnis von dem Beschlusse, gleichviel, ob die Kenntnis vor oder nach Einzahlung der Gelder erlangt ist (80, 39 III).

III. Rechte der einzelnen Konkursgläubiger

Diese Rechte sind im Verfahren auf die in der Konkursordnung ausdrücklich genannten beschränkt. Der einzelne Konkursgläubiger hat weder die Befugnis, die Ausführung von Verwaltungsmaßregeln im Prozeßwege vom Konkursverwalter zu erzwingen, noch während des Verfahrens Schadenersatzansprüche namens der Masse gegen den Verwalter zu verfolgen (GruchotsBeitr. 31, 1130 III). Andererseits ist auch der Verwalter nicht berechtigt, den nur einem einzelnen Gläubiger zustehenden Schadenersatzanspruch geltend zu machen (Recht 1920 Nr. 180 VII). Die Störung des Geschäftsbetriebes des Schuldners durch einen unberechtigten Gläubigerantrag auf Konkurseröffnung ist kein Eingriff in ein „sonstiges Recht" des Schuldners im Sinne von § 823 BGB (Recht 13 Nr. 2800 VI). Ein Beschluß der Gesellschaftsgläubiger darf die Liquidatoren nicht von der Erfüllung ihrer Pflicht zur Stellung des Eröffnungsantrages abhalten, weil diese Pflicht gegenüber der Gesellschaft besteht (72, 289 II). Das Reichsgericht hat eine Entscheidung darüber abgelehnt, ob die Liquidatoren entschuldigt wären, wenn sämtliche Konkursgläubiger einer Aufschiebung der Konkursanmeldung zustimmen würden. Berücksichtigt man, daß die Pflicht eine solche des öffentlichen Rechtes ist, wie das Reichsgericht hinsichtlich anderer Verfahrensvorschriften anerkennt (oben S. 218, 220), so muß man die Frage verneinen; eine Gewißheit darüber, daß alle Konkursgläubiger zugestimmt haben, ist kaum zu beschaffen (vgl. § 202).

Die Anmeldung einer Konkursforderung muß das beanspruchte Vorrecht bestimmt bezeichnen (JW. 1890 S. 256 Nr. 5 II). Nachdem eine ohne Vorrecht angemeldete Forderung in der Tabelle festgestellt ist, kann die Anmeldung eines Vorrechtes nicht mehr nachgeholt werden, weil die Rechtskraft auch gegen den Anmeldenden wirkt (20, 412 II; 38, 419 VI). § 142, 3 erlaubt nur die Anmeldung neuer Forderungen nach Abhaltung des allgemeinen Prüfungstermins; die Unterscheidung zwischen Vorrecht und neuer Forderung hat ihren Grund darin, daß nach Anmeldung einer Forderung ohne Vorrecht der Anmeldende sich bis zum Prüfungstermin entscheiden kann, ob er ein Vorrecht beanspruchen will, die spätere Anmeldung neuer Forderungen dagegen in der bisherigen Unkenntnis ihren Grund haben kann (38, 419 VI). Der Grund der Forderung darf in der Anmeldung mittelbar durch den Hinweis auf einen Arrestbefehl zugunsten der Forderung bezeichnet werden, auch ohne daß der Arrestbefehl selbst vorgelegt wird (54, 314 VI). Das vor der Konkurseröffnung begründete Forderungsrecht auf Rückgabe der durch Leihvertrag zum Gebrauche hingegebenen Wertpapiere ist nach § 69 zum Schätzungswert anzumelden (JW. 1898 S. 160 Nr. 24 III). Auch die Beitragsforderung der Berufsgenossenschaft kann nach dem Schätzungswert angemeldet werden (102, 75 VII). Bei Anmeldung mehrerer Forderungen muß jede einzeln nach Grund und Betrag bezeichnet werden. Die Anmeldung der Gesamtsumme und die Bezeichnung der Forderungen als Wechselforderungen genügt nicht, um die Verjährung zu unterbrechen. Die Ergänzung der Anmeldung nach der Prüfung der ersten Anmeldung würde eine neue Prüfung notwendig machen; die Ergänzung nach Ablauf der Verjährungsfrist kann nicht bewirken, daß die abgelaufene Verjährung wieder beseitigt wird (39, 38 VI). Zur Legitimation des Vertreters bei der Anmeldung genügt eine Prozeßvollmacht, die ausdrücklich auf die Vertretung im Konkurse des Schuldners ausgedehnt ist (JW. 1894 S. 193 Nr. 4 III). Die Anmeldung kann eine Kündigung in sich schließen, enthält sie aber nicht notwendig; regelmäßig liegt in ihr nur eine Erklärung an das Gericht, daß der Anmeldende sich am Verfahren beteiligen wolle. Die Mitteilung der Abschrift der Tabelle an den Konkursverwalter enthält nicht ein Zugehen der in der Anmeldung etwa begriffenen Willenserklärung (LZ. 1916 S. 243 VI).

Wenn der Absonderungsberechtigte seine Forderung anmeldet, so ist sie nicht nur für den Ausfall, sondern im ganzen dem Feststellungsverfahren unterworfen (22, 154 I). Auch der absonderungsberechtigte Konkursgläubiger ist in Ansehung seiner ganzen festgestellten Forderung stimmberechtigt, wenn nicht auf den Widerspruch eines Gläubigers oder des Verwalters das Gericht sein Stimmrecht ausschließt oder auf einen niedrigeren Betrag beschränkt; gleichgültig ist, aus welchem Grunde der Widerspruch unterlassen wurde (37, 16 V). Aus der Zurücknahme der Anmeldung folgt zunächst nur, daß der Gläubiger nicht mehr am Konkursverfahren beteiligt ist; ob darin ein endgültiger Verzicht auf die Befriedigung aus der Masse liegt, kann nicht allgemein gesagt werden (29, 76 III).

Die Verhandlung im Prüfungstermine muß alle angemeldeten Forderungen umfassen; eine angemeldete, aber aus Versehen nicht in die Tabelle eingetragene Forderung muß der Prüfung unterworfen und nachträglich in die Tabelle eingetragen werden (SeuffA. 41 Nr. 272 IV). Der Streit über die Natur einer Forderung als Ausfallforderung gehört in das Feststellungsverfahren (26, 112 I). Gegenstand der Feststellung ist sowohl das Recht der Teilnahme am Konkurse als das Forderungsrecht selbst, gleichviel, ob die Feststellung auf Grund eines Anerkenntnisses oder im Prozesse erfolgt. Die Feststellung wirkt vermöge der Rechtskraft als Grundlage für die Entscheidung späterer Rechtsstreitigkeiten (24, 61 ff. I; 55, 160 V). Die Feststellung zur Tabelle muß bestimmen, ob und zu welchem Betrage die Forderung an der Konkursdividende teilzunehmen hat und darf weder den Betrag noch die Eigenschaft der Forderung als einer Konkursforderung dahingestellt sein lassen (24, 61 ff. I).

Wenn zwei Konkursgläubiger die nämliche Forderung für sich in Anspruch nehmen, so kann jeder der beiden der Forderung des anderen widersprechen, trotzdem der Konkursverwalter dessen Forderung anerkannt hat. Der Nichtausübung dieses Widerspruchsrechtes kommt keine andere Bedeutung zu als die einer Zustimmung zur Teilnahme der unbestritten gelassenen Forderung an den Verteilungen. Dementsprechend ist auch die urteilsmäßige Bedeutung der Eintragung einer festgestellten Forderung in die Tabelle dahin zu verstehen, daß den übrigen Konkursgläubigern gegenüber die Berücksichtigung der eingetragenen Forderung bei der Verteilung festgestellt ist. Es darf nicht gefolgert werden, daß der Nichtwidersprechende mit seiner eigenen Forderung bei der Verteilung ausgeschlossen sei, weil diese Forderung mit der unwidersprochen gebliebenen des anderen Gläubigers identisch sei (58, 375 VI). Dies ist die Rechtslage, wenn die beiden Konkursgläubiger sich im nämlichen Prüfungstermine gegenüberstehen. Wenn dagegen der eine die Forderung als ihm zustehend erst anmeldet, nachdem ein anderer für die nämliche Forderung die Feststellung zur Tabelle schon erreicht hat, dann wirkt diese Feststellung auch gegenüber demjenigen, der die gleiche Forderung später für sich anmeldet; dieser hat nur die Möglichkeit, gegen den anderen, zu dessen Gunsten festgestellt wurde, auf Aussonderung oder auf Abtretung der Rechte zu klagen. Wenn aber der erste Gläubiger eine Wechselforderung ohne Vorlegung angemeldet und zur Feststellung gebracht hat, so kann das angesichts des Art. 39 WO., wonach nur gegen Aushändigung des Wechsels gezahlt wird, nicht die Bedeutung haben, daß die Dividende ohne Aushändigung des Wechsels verlangt werden kann. Deshalb wird durch die Feststellung der Wechselinhaber nicht von der Anmeldung und Feststellung ausgeschlossen, obwohl er die gleiche Forderung wie der erste Konkursgläubiger selbst geltend macht (37, 1 I).

Die Spalten der Tabelle bilden ein einheitliches Ganzes. Wenn der Konkursverwalter die Forderung zuerst bestritten und dann im angemeldeten Betrage anerkannt hat, ist die Forderung nach Grund und Höhe anerkannt (Gruchots-Beitr. 46, 1117 IV). Im Falle der Feststellung zur Tabelle bleiben die gemäß §§ 65, 69 u. 70 vorgenommenen Umrechnungen auch für die Zukunft bindend (93, 213 VII); ebenso mit dem Zusatze, daß der Konkursgläubiger nicht auf einen früheren Titel zurückgreifen kann (112, 300 II).

Nachträgliches Bestreiten einer einmal festgestellten Forderung ist mit der Rechtskraft nicht vereinbar. Die Konkursgläubiger können deshalb auch nicht beschließen, daß die festgestellte Forderung als bestritten gelten solle; der Vermerk eines solchen Beschlusses ist ebenso nichtig wie der Beschluß selbst (57, 274 I). Materielle Einwendungen gegen eine Konkursforderung, die erst nach deren Feststellung zur Tabelle entstanden sind, können nur im Wege der Klage (§ 767 ZPO.) geltend gemacht werden. Der Konkursverwalter ist insbesondere nicht berechtigt, eine festgestellte Forderung im Verteilungsverzeichnis unberücksichtigt zu lassen, weil sie seiner Meinung nach durch spätere Ereignisse getilgt sei. Gegen die Nichtberücksichtigung kann der Gläubiger gemäß § 158 Einwendungen vorbringen. Diese finden aber schon durch die Feststellung zur Tabelle ihre Begründung. Über die materiellen Einwendungen des Konkursverwalters wegen nachträglicher Tilgung kann auch das Konkursgericht nicht entscheiden. Die Einwendungen gemäß § 158 betreffen nur das Verteilungsverfahren und können deshalb materielle Tilgungsgründe nicht mitumfassen. Hat der Konkursverwalter Klage nach § 767 ZPO. erhoben, so ist er berechtigt, die Auszahlung bis zur Entscheidung über das Erlöschen der Forderung zu verweigern (21, 336 u. 339 III).

Die ohne Widerspruch des Gemeinschuldners erfolgte Feststellung zur Tabelle schafft sofort, nicht erst nach Aufhebung des Konkursverfahrens, einen vollstreckbaren Titel für die Anfechtung aus § 13, 5 AnfG. (35, 80 III). Zur Zeit des Erlasses der Konkursordnung war die Frage, ob schon während des Konkursverfahrens die Feststellung in der Tabelle einen vollstreckbaren Titel gewähre, ohne Bedeutung. Erst durch das mehr als zwei Jahre später erlassene AnfG. § 13 ist sie praktisch geworden. § 13 aber verlangt nur einen vollstreckbaren Titel, nicht daß die Vollstreckung sofort zulässig sein soll; das gleiche Ergebnis folgt aus den §§ 144 u. 145. Gegen den Gemeinschuldner kann das Verfahren nur aufgenommen werden, wenn er die Forderung bestritten hat. Also muß der ohne diesen Widerspruch stattfindenden Feststellung die Wirkung eines rechtskräftigen Urteiles beigelegt werden, sonst wäre dem Konkursgläubiger überhaupt die Möglichkeit entzogen, sich den für die Anwendung des § 13 a. a. O. erforderlichen vollstreckbaren Titel zu verschaffen. Die Verwendbarkeit der Feststellung während des Konkursverfahrens wurde in 16, 35 II. nur aus dem Grunde nicht ausdrücklich bejaht, weil damals die Frage der Entscheidung nicht bedurfte. § 133 spricht zwar nicht vom Gemeinschuldner, aber diese Vorschrift läßt mit Sicherheit erkennen, welche rechtliche Natur die Feststellung haben soll. Es liegt nahe, daß die an den Nichtwiderspruch der übrigen Beteiligten geknüpften Wirkungen auch dem Gemeinschuldner gegenüber eintreten sollen, wenn dieser nicht widerspricht (35, 80 III). Ist bei Nichteintragung der angemeldeten Forderung auch keine Feststellung eingetragen, so hat der Konkursgläubiger kein Recht auf Berücksichtigung bei den Verteilungen. Das Ergebnis des Konkursverfahrens muß ein endgültiges sein, der Gläubiger einer solchen Forderung hat keinen Rechtstitel, um von den berücksichtigten Gläubigern eine Zurückzahlung des bei den Verteilungen Empfangenen zu verlangen (SeuffA. 41 Nr. 272 IV). Auf die Rechtskraftwirkung der Eintragung kann sich der Konkursgläubiger auch zur Erfüllung der Erfordernisse im AnfG. §§ 2 u. 5 berufen (16, 35 II). Als Absonderungsberechtigter darf sich der Konkursgläubiger auf die Tabelle stützen, ohne dadurch beide Eigenschaften zu vermengen (16, 36 II). Der Konkursverwalter ist berechtigt und verpflichtet, die Feststellungsklage auf Aberkennung eines von ihm bestrittenen Vorrechtes zu erheben, wenn nur für die angemeldete Forderung selbst ein Titel vorliegt; er hat nicht die Klage des Gläubigers abzuwarten (116, 372 ff. VI).

IV. Die Sammlung, Verwertung und Verteilung der Aktivmasse

Der Absonderungsberechtigte ist gegen die Beeinträchtigung seiner Befriedigung aus dem Pfande durch die Verwertungsbefugnis des Konkursverwalters nur dann wirksam geschützt, wenn dieser Befugnis die Auskunfts- und Rechenschaftspflicht des Konkursverwalters nach Art des Verhältnisses zwischen Auftraggeber und Beauftragtem gegenübersteht. Der Verwalter hat über die Höhe des Erlöses nötigenfalls im Prozesse Auskunft zu geben (98, 306 II).

Bei der Haftpflichtversicherung hat der Konkursverwalter im Falle des Konkurses des Versicherungsnehmers die ganze Versicherungssumme zu fordern, nicht nur den der Konkursdividende entsprechenden Betrag; nur so werden die Interessen der Konkursgläubiger gewahrt. Der Anspruch aus der Haftpflichtversicherung geht zwar auf Befreiung von der Schuld gegenüber dem Geschädigten, aber der Konkursverwalter ist berechtigt, auf die Zahlung an die Masse zu klagen zum Zwecke der Verteilung unter die Gläubiger; der Versicherer hat nur an die Masse zu leisten, nicht an den Geschädigten (71, 364 VII).

Die Abschlagszahlung kann bei Wechselforderungen nur gegen Abschreibung des Betrages auf dem Wechsel geschehen (37, 5 I). Ein Konkursgläubiger, der bei der Abschlagszahlung zu Unrecht übergangen worden ist, kann nicht auf nachträgliche Zahlung der Abschlagsquote aus der Masse klagen; dem stehen die §§ 12 und 14 entgegen. Er hat keine anderen Rechte als ein Konkursgläubiger, der innerhalb der gesetzlichen Frist seiner Nichtberücksichtigung widersprochen hat. Auch wenn der Verwalter die erforderliche Bekanntmachung

(§ 151) unterlassen hat, wäre die Abschlagsverteilung nur rechtswidrig (nicht nichtig). Daraus würden dem übergangenen Gläubiger höchstens Schadenersatzansprüche gegen den Verwalter oder Rückforderungsansprüche gegen die bevorzugten Gläubiger erwachsen. Die Konkursforderung aber wird nicht zu einer Masseforderung, weil sie nicht durch eine Handlung des Verwalters entstanden ist, sondern nur ihre Nichtbefriedigung durch schuldhaftes Verhalten des Verwalters verursacht wurde (GruchotsBeitr. 34, 1201 VI; JW. 1894 S. 114 Nr. 2 IV). Erhält ein Gläubiger durch die Verteilung mehr, als er zu beanspruchen hat, so steht der Masse ein Rückforderungsrecht zu (23, 61 V). Wird ein irrtümlicherweise nicht veräußerter Massebestandteil nach der Aufhebung des Konkursverfahrens und, nachdem der Gemeinschuldner darüber verfügt hat oder ein Konkursgläubiger ihn zu seiner Befriedigung hat pfänden lassen, entdeckt, so ist die Verfügung gültig. Die Möglichkeit, den Gegenstand nachträglich als zur Masse gehörig zu ermitteln, hat aufgehört. Aber indem das Gesetz den freien Verkehr wiedereröffnet, kann es nur den gutgläubigen Verkehr schützen wollen. Der Gläubiger, der weiß, daß der Gegenstand zur Masse gehörte und der Befriedigung aller Konkursgläubiger dienen sollte, handelt arglistig, indem er den Irrtum des Konkursverwalters und der Konkursgläubiger zu seinem Vorteile benutzt; deshalb darf er den Konkursgläubigern gegenüber von seinem im übrigen gültig erworbenen Rechte keinen Gebrauch machen (25, 9 V).

V. Der Zwangsvergleich

ist ein vom Konkursgerichte genehmigter Vertrag des Gemeinschuldners mit den nichtbevorrechtigten Konkursgläubigern über eine bestimmte Befriedigung dieser Gläubiger (77, 404 V; LZ. 1914, S. 493 III). Trotzdem bindet er auch diejenigen Konkursgläubiger, die Forderungen nicht angemeldet haben und sogar solche, die nicht anmelden konnten, weil sie ihre Forderung noch nicht gekannt haben (GruchotsBeitr. 50, 1122 IV). Ein Zwangsvergleich unter der Bedingung, daß sich jemand für die Erfüllung selbstschuldnerisch verbürgt, ist zulässig (56, 72 VII). Die Bürgschaft für den Zwangsvergleich kann im Vergleichstermine mündlich zu Protokoll erklärt werden. Wie im Zivilprozeß ein Rechtsgeschäft, das nach bürgerlichem Rechte gerichtlicher oder notarieller Form bedarf, in der prozessualen Form des gerichtlichen Vergleiches, Verzichtes oder Anerkenntnisses vorgenommen werden kann und wie dann die Protokollierung die gesetzliche Schriftform ersetzt, so wird auch der gesetzlichen Form für die Bürgschaft durch die Beurkundung im Protokoll über den Zwangsvergleich genügt (64, 85 VI). Ein freiwilliger außergerichtlicher Vergleich zur Abwendung des Konkurses setzt nicht die Gleichheit der Befriedigung aller Gläubiger als selbstverständlich voraus (GruchotsBeitr. 31, 1133 III; 50, 903 VI). Die Unzulässigkeit der Bevorzugung einzelner Konkursgläubiger (§ 181; § 5 VerglO. v. 5. Juli 1927) bildet das Gegengewicht zu dem Zwange, der im Konkurse beim Zwangsvergleiche gegen die Minderheit geübt wird. Im Falle eines privaten Abkommens liegt in der Bevorzugung einzelner Gläubiger weder der Tatbestand des Betruges noch der einer unerlaubten Handlung oder einer die Ehrbarkeit beleidigenden Handlung im Sinne des allgemeinen Landrechtes, anders verhält es sich nur, wenn sich ein solches Abkommen mit sonstigen Momenten, z. B. Verschweigen der wahren Sachlage, so verbindet, daß ein arglistiges, auf die rechtswidrige Schädigung anderer Gläubiger gerichtetes Verhalten darin liegt (6, 227 I; JW. 1886 S. 21 Nr. 45 I; GruchotsBeitr. 38, 879 V). Auch dann würden nur die arglistig geschädigten Gläubiger das geschlossene Abkommen „unter Umständen" anfechten oder Schadenersatz beanspruchen dürfen und der Schuldner höchstens die Erfüllung solcher Verpflichtungen verweigern können, die dem einzelnen Gläubiger als Lohn für sein, den anderen Gläubigern gegenüber, arglistiges Verhalten übernommen worden waren.

Das Abkommen, das wegen der Bevorzugung eines Konkursgläubigers nichtig sein soll, muß in Verbindung mit dem Zwangsvergleiche oder in Beziehung zu ihm stehen; der Zwangsvergleich braucht aber nicht Bedingung dieses Abkommens zu sein. Darauf, ob das Abkommen auch für den Fall der Beendigung des Konkurses ohne Zwangsvergleich geschlossen wurde, kann es nicht ankommen, weil sonst der Umgehung Tür und Tor geöffnet wären (28, 99 I; 78, 184 VI). Auch das Motiv des Vergleiches ist unerheblich. Die Nichtigkeit kann durch nachträgliche Einwilligung der nichtbevorzugten Gläubiger, aber nicht durch den Nachweis beseitigt werden, daß der Vergleich nicht durch die Begünstigung zustande gebracht wurde, insbesondere auch nicht durch den Beweis, daß der begünstigte Gläubiger gegen den Vergleich gestimmt hat. Das Abkommen ist selbst dann nichtig, wenn der Vergleich ohne die Zustimmung des Bevorzugten zustande gekommen wäre, selbst wenn der Bevorzugte gar nicht mitgestimmt hat. Geheimabkommen sollen überhaupt verhindert werden (26, 96 I). Die Nichtigkeit ist absolut gedroht und wird auch nicht dadurch beseitigt, daß der Zwangsvergleich nicht zustande kommt (28, 96 I; 30, 24 I); aber entgegen der früheren Entscheidung des Senates ist erforderlich, daß das Abkommen nicht auch für den Fall der Beendigung des Konkurses auf anderem Wege als durch Zwangsvergleich geschlossen wurde (30, 24 I). An diesem Widerspruche wird dadurch nichts geändert, daß in 30, 24 auf 28, 96 verwiesen wird. Die Einkleidung des Abkommens in die Form eines Kaufvertrages steht der Anwendung des Verbotes nicht entgegen; auch die Form der Eigentumsübertragung darf nicht dazu benutzt werden, um die Bevorzugung zu verschleiern. Es ist gleichgültig, ob die Zurücksetzung der übrigen Gläubiger unmittelbar durch Zahlung der Schuld oder durch Zahlung eines Kaufpreises der Zessionsvaluta für die Übertragung der Forderung erreicht wird (30, 23 I).

Ein vor der Konkurseröffnung getroffenes Abkommen zwischen Gläubiger und Schuldner, wonach jener besser als andere Konkursgläubiger gestellt wird, unterliegt dem Verbote des § 181, wenn ein Zwangsvergleich zustande kommt (GruchotsBeitr. 43, 1196 I). Der § 181 soll jedes Abkommen verhüten, wodurch ein Gläubiger bewogen werden k a n n, im Hinblick auf den gewährten besonderen Vorteil für den Zwangsvergleich zu stimmen. Diese Möglichkeit ist ausgeschlossen, wenn der Schuldner nach Abschluß und Bestätigung des Zwangsvergleiches — sei es auch vor Eintritt der Rechtskraft des Bestätigungsbeschlusses — einem Konkursgläubiger in lauterer Absicht, z. B. um ihn zur Fortsetzung der bisherigen Geschäftsverbindung zu bestimmen, besondere Versprechungen mit Beziehung auf den durch den Zwangsvergleich verursachten Ausfall macht. Anders verhält es sich, wenn das nach dem Abschlusse getroffene Abkommen zur Umgehung des § 181 dienen soll, indem eine vor dem Zwangsvergleiche stattgefundene Übereinkunft, weil man sich seiner Unwirksamkeit bewußt war, nach dem Abschlusse bestätigt wird (61, 298ff. II). Dagegen hat das Reichsgericht ein nach Abschluß des Zwangsvergleiches getroffenes Übereinkommen für gültig erklärt, obwohl eine Vereinbarung gleichen Inhaltes schon vor dem Zwangsvergleiche stattgefunden hatte und man diese Vereinbarung deshalb hatte fallenlassen, weil ein Zeuge auf die Nichtigkeit hingewiesen hatte (HoldheimsMSchr. 13, 128 II).

Das Verbot des § 181 richtet sich gegen die beiden den Vertrag schließenden Teile (JW. 1890 S. 13 Nr. 13 IV). Die objektive Bevorzugung genügt nicht. Es ist erforderlich, daß bei dem Abkommen ein Zwangsvergleich tatsächlich in Betracht gezogen worden ist (LZ. 1909 S. 391 VI) und, wie aus den Worten „bevorzugt werden soll" hervorgeht, dem Gemeinschuldner und dem bevorzugten Gläubiger die Bevorzugung bewußt geworden ist (41, 42 III; 72, 47 I; LZ. 1908 S. 942 VI). Es wird jedoch nicht vorausgesetzt, daß die Beteiligten wissen, sie verstoßen gegen § 181; dieser enthält ein Verbot im Sinne des § 817 BGB., der verwerfliche Gesinnung oder subjektives Verschulden nicht voraussetzt (72, 48 I). Der Abschluß des Zwangsvergleiches braucht aber nicht Bedingung des Abkommens zu sein; es genügt, wenn das Abkommen mit Rücksicht auf die Gestaltung des Zwangsvergleiches geschlossen wurde, indem sich z. B. der eine Teil in Höhe dessen verpflichtet, was der andere Teil durch den Zwangsvergleich nicht erhalten würde (JW. 1891 S. 555 Nr. 13 I).

Die Erlaubtheit des Zwangsvergleiches steht nicht der Anwendung des § 181 entgegen; der Zweck der verbotenen Bevorzugung ist es nicht, den Abschluß des Zwangsvergleiches zu ermöglichen, sondern ist die gesetzwidrige Beeinflussung stimmberechtigter Konkursgläubiger (JW. 1890 S. 13 Nr. 13 IV). Dieser Grund des Verbotes findet keine Anwendung auf die Hingabe eines Darlehens zur Ermöglichung des Zwangsvergleiches. Die Hingabe des Darlehens folgte dem nichtigen Abkommen erst nach; der zeitliche Zusammenhang des Darlehensvertrages mit dem nichtigen Abkommen ist nicht gleichbedeutend mit der rechtlichen Zugehörigkeit zu dem nichtigen Vertrage (JW. 1888 S. 17 Nr. 26 I). Das Wechselakzept ist nicht klagbar, wenn es auf Grund eines im Laufe des Konkursverfahrens und vor Abschluß des Zwangsvergleiches mit dem Gemeinschuldner getroffenen Abkommens gegeben oder wenn verabredet ist, daß der Empfänger gegen die Hingabe des Akzeptes für den Zwangsvergleich stimmen soll. Wann das Akzept selbst gegeben wurde, ist dann gleichgültig. Das Versprechen, ein Wechselakzept zu geben, ist selbst dann nichtig, wenn der Empfänger des Versprechens die Verpflichtung, für den Zwangsvergleich zu stimmen, nicht übernommen hat (JW. 1893 S. 427 Nr. 16 I). Bevorzugt ist ein Konkursgläubiger, der eine Deckung oder Befriedigung erlangte, die andere Konkursgläubiger nicht erhalten; ob der Gläubiger auch seinerseits Leistungen versprochen hat, ist gleichgültig (LZ. 1907 S. 344 I). Die Gleichheit darf auch nicht mittelbar durch dritte Personen durchbrochen werden; besondere Vorteile, die ein Dritter, der nicht Konkursgläubiger ist, sich versprechen läßt, fallen unter das Verbot (GruchotsBeitr. 29, 1038 IV). Keine Bevorzugung liegt in dem Versprechen voller Bezahlung, wenn diese von Zufälligkeiten wie Erbschaft, sonstige ganz ungewisse Ereignisse abhängig gemacht wird (SeuffA. 44 Nr. 298 I). Die Nichtigkeit trifft nach § 181 nicht den Vergleich, sondern das Nebenabkommen (JW. 1893 S. 269 Nr. 16 III).

Die Wirkungen des bestätigten Zwangsvergleiches stehen allen Gläubigern entgegen, auch denjenigen, die sich deshalb nicht am Konkursverfahren beteiligt haben, weil sie ihre Forderung nicht kannten (GruchotsBeitr. 50, 1122 IV). Die Wirkungen treten auch ein, wenn der Vergleich wegen § 182 Nr. 2 nicht hätte bestätigt werden sollen (57, 275 I). Durch die Bestätigung des Zwangsvergleiches werden auch die Nebenforderungen auf den Hundertsatz des Vergleiches herabgesetzt (1, 187 I). Für den nicht durch die Vergleichsquote gedeckten Rest der Forderung bleibt eine klaglose Verbindlichkeit bestehen (42, 118 VI; 78, 77 V; JW. 1909 S. 361 Nr. 6 IV). Wenn der Gläubiger im Zwangsvergleiche auf den Rest seiner Forderung verzichtet hat, so kann er sich auch nicht mehr auf eine Hypothekenvormerkung berufen, denn für eine nicht mehr bestehende Forderung kann auch eine Vormerkung nicht in Kraft bleiben. §§ 648, 883 BGB. (77, 403 V; LZ. 1914 S. 493 III). Der Zwangsvergleich wird einer Abrechnung gleichgestellt, bei welcher der eine Teil Forderungen, deren Grundlage ihm bekannt war, außer Ansatz gelassen und nicht vorbehalten hat. Wenn der

Gemeinschuldner sich einer Gegenforderung gegenüber der Forderung des Konkursgläubigers bewußt war, so mußte er diese bestreiten. Hat er das nicht getan und auf dieser Grundlage einen Zwangsvergleich abgeschlossen, so handelt er arglistig, wenn er nachträglich eine Gegenforderung geltend macht (37, 142 I).

Zu den Mitverpflichteten (§ 193) gehört auch der Dritte, der für eine Schuld des Gemeinschuldners ein Pfand bestellt hat. Er haftet zwar nicht persönlich, sondern nur mit dem Pfande, aber es läßt sich kein Grund einsehen, warum für eine akzessorische dingliche Mitverpflichtung andere Grundsätze gelten sollen wie für eine akzessorische persönliche Mitverpflichtung (22, 331 V). Wenn der Zwangsvergleich, was zulässig ist, unter der Bedingung der Übernahme einer Bürgschaft abgeschlossen wird und die Bürgschaft wird geleistet, der Vergleich bestätigt, so sind alle Tatbestandmerkmale eines gültigen Zwangsvergleiches erfüllt. Man darf nicht behaupten, die Bürgschaft sei nicht im Zwangsvergleiche übernommen, denn sie bildet einen Bestandteil des Zwangsvergleiches, der erst mit ihrer Übernahme perfekt geworden ist (56, 72 ff. VII). Der Zwangsvergleichsbürge verliert durch die Bürgschaft nicht seinen Anspruch auf die Vergleichsquote, die ihm als einem nicht bevorrechtigten Konkursgläubiger zusteht. Er ist nur dem Einwande ausgesetzt, daß er durch die Hauptschuldner Befriedigung in Höhe der Zwangsvergleichsquote erhalten hat (JW. 1896 S. 5 Nr. 18 V). Der ausländische Zwangsvergleich hat nicht den Untergang der Forderung des inländischen Gläubigers zur Folge (24, 388 I; 52, 155 II); auch dann nicht, wenn der Gläubiger dem Zwangsvergleiche ohne Vorbehalt zugestimmt hat (52, 157 II).

Die Vollstreckung des Zwangsvergleiches ist durch Feststellung der Forderung im Konkurse oder im Zivilprozesse bedingt. Die Feststellung zur Tabelle kann nicht dadurch ersetzt werden, daß der Konkursrichter die Eintragung versäumt hat, obwohl alle Voraussetzungen der Feststellung vorlagen und die Feststellung zu Unrecht unterblieben ist. Die konkursmäßige Feststellung kann auch nach Beendigung des Konkurses nicht nachgeholt werden (22, 155 I).

Die Anfechtung des rechtskräftig bestätigten Zwangsvergleiches wegen eines Irrtumes, der nicht durch Betrug verursacht wurde, ist ausgeschlossen (57, 271 I). Bei dem heimlichen Abschlusse begünstigender Verträge mit Gläubigern ist es Tatfrage, ob angenommen werden kann, daß die zurückgesetzten Gläubiger in Irrtum versetzt und daß dieser Irrtum ursächlich für ihre Zustimmung zum Zwangsvergleiche war. Es ist hierbei grundsätzlich nicht erforderlich, daß die begünstigten Gläubiger den Vorteil für ihre Zustimmung zum Vergleiche zugesagt erhielten, oder daß sie nur durch diesen Vorteil zur Abgabe ihrer Stimme für den Vergleich bestimmt worden sind, auch nicht, daß sie für den Vergleich gestimmt haben (29, 23 ff. VI). Geltendmachen im Sinne von § 196, 2 ist gleich Behaupten. Aus § 188, 2 darf nicht geschlossen werden, daß es ein Vorbringen unter gleichzeitiger Glaubhaftmachung bedeute; zur Begründung wird auch auf § 582 ZPO. Bezug genommen (SeuffA. 59 Nr. 49 VII).

Nachdem durch Zwangsvergleich über das Gesellschaftsvermögen die über das Privatvermögen der Gesellschafter eröffneten Konkurse erledigt sind, besteht die Forderung des Gesellschaftsgläubigers, wie sie sich durch jenen Zwangsvergleich gestaltet hat, auch gegenüber dem Privatvermögen (7, 92 I). Durch die Geltendmachung eines Pfandes an einem Gegenstande des Privatvermögens wird dem Gesellschaftsvermögen, somit den Gesellschaftsgläubigern hinsichtlich ihrer Rechte auf dieses Vermögen, nichts entzogen. Deshalb kann der Gläubiger im Gesellschaftskonkurse die ganze Forderung ohne Rücksicht auf den Ausfall geltend machen (7, 91 ff. I).

Der ausgeschiedene Gesellschafter kann sich auf einen im Gesellschaftskonkurse abgeschlossenen Zwangsvergleich zur Beschränkung seiner Haftung nicht berufen; der Ausdruck „persönlich haftender Gesellschafter" kann in den zwei Absätzen des § 211 nicht in verschiedenem Sinne gebraucht sein; im Abs. 1 aber kann mit diesen Worten nicht ein ausgeschiedener Gesellschafter bezeichnet werden. Folglich bildet bei Anwendung des § 193 die Zusage des ausgeschiedenen Gesellschafters an einen Konkursgläubiger, er werde ihm den im Gesellschaftskonkurse eingetretenen Ausfall ersetzen, kein nach § 181 nichtiges Abkommen, sondern nur die Zusage dessen, was der ausgeschiedene Gesellschafter ohnedies gesetzlich schuldig war (29, 38 II). Die gesetzliche Beschränkung des Rechtes der Gesellschaftsgläubiger nach § 212 gilt auch gegenüber dem ausgeschiedenen Gesellschafter, der nicht in Konkurs geraten ist. Das Forderungsrecht des Gesellschaftsgläubigers gegen den einzelnen Gesellschafter erleidet durch dessen Ausscheiden aus der Gesellschaft keine Veränderung (35, 11 I; JW. 1902 S. 186 Nr. 26 VI; 1903 S. 270 Nr. 5 II).

VI. Rechtsverfolgung bei Konkurseröffnung im Auslande

Das Universalprinzip, wonach der Konkurs das ganze Vermögen des Gemeinschuldners erfaßt, kann nur so weit wirken, als die Staatsgewalt reicht oder Staatsverträge es ermöglichen. Die Staatsverträge der einzelnen Länder aus früherer Zeit sind durch § 4 EG.KO. nicht aufgehoben (24, 13 VI). Außerhalb der Gesetzgebungsmacht eines Staates liegt es zu bestimmen, daß während der Dauer eines im eigenen Lande eröffneten Konkursverfahrens auch im Auslande Arreste und Zwangsvollstreckungen in das Vermögen des Gemeinschuldners nicht stattfinden dürfen. Das inländische Recht kann zwar bestimmen, daß auch das ausländische Vermögen in die Masse fallen soll; ob jedoch der Konkurs wirklich auf das im Auslande befindliche Vermögen erstreckt werden kann, hängt von der Gesetzgebung des Staates ab, in dessen Gebiet das Vermögen liegt (54, 193 I). Nach der preußischen Ministerialerklärung vom 16. Juni 1844, betr. Übereinkunft zwischen Preußen und Österreich zur Beförderung der Rechtspflege, ist das in Preußen befindliche Vermögen des Schuldners an das österreichische Gericht auszuliefern, woraus folgt, daß die Wirkungen der Konkurseröffnung in beiden Staaten gegenseitig anerkannt werden und die von einem in Österreich in Konkurs geratenen Schuldner nach der Konkurseröffnung getroffenen Verfügungen auch in Preußen unwirksam sind sowie umgekehrt (3, 327 I. Hilfs-S).

Diejenigen Einschränkungen der Rechtsverfolgung, die von einer ausländischen Gesetzgebung an die unter ihrer Herrschaft eröffneten Konkurse geknüpft sind, können als prozeßrechtliche vor den inländischen Gerichten keine Anerkennung finden. Demnach sind auf den inländischen Prozeß ausländische Bestimmungen nicht anwendbar, welche die Rechtsverfolgung gegen den Gemeinschuldner nur auf dem Wege des Konkurses erlauben (14, 409 I). Das im Inlande befindliche Vermögen wird durch die Konkurseröffnung im Auslande dem Zwangszugriffe inländischer Gläubiger nicht entzogen; das im Auslande befindliche Vermögen unterliegt den dortigen Wirkungen der Konkurseröffnung durch das ausländische Gericht. Wird solches Vermögen nachträglich vom Konkursverwalter in das Inland gebracht, so muß der inländische Gläubiger doch die Wirkungen des ausländischen Konkursverfahrens sich gegenüber gelten lassen (LZ. 1915 S. 1588 VII).

Aus § 237 folgt, daß das im Auslande eröffnete Konkursverfahren nur das ausländische Vermögen ergreifen kann, daß also die Wirkungen des ausländischen Konkurses nicht auf das inländische Vermögen übergreifen. Danach kann auch einem Satze wie Art. 265 des Schweiz. Konk.-G., der eine neue Betreibung gegen den Gemeinschuldner erst nach dem Erwerbe neuen Vermögens zuläßt, nicht im Deutschen Reiche wirken. Daß das Rechtsverhältnis nach Schweizer Recht zu beurteilen ist, ändert daran nichts. Wenn nach dem Parteiwillen das Recht eines ausländischen Erfüllungsortes maßgebend sein soll, so ist daraus nur zu folgern, daß ausländisches Recht insoweit zur Anwendung kommen soll, als es sich um die aus dem Schuldverhältnisse entspringenden materiellen Rechtsfolgen handelt, nicht aber, daß auch ausländische Konkursvorschriften gelten sollen. Der weitere Satz: „Wollte man aber auch diese letzteren als mitumfaßt ansehen, so könnte ihre Geltung doch nur insoweit gewollt sein, als ihnen eine solche überhaupt zukommt" soll vielleicht darauf hinweisen, daß die Parteien durch Vertrag dem ausländischen Konkursrechte keine Geltung beilegen können, soweit inländisches öffentliches Recht entgegensteht. Endlich können die Wirkungen des Art. 265 erst dann eintreten, wenn das zuständige Gericht das Konkursverfahren geprüft und für geschlossen erklärt hat; einem solchen Rechtsakte des ausländischen Gerichtes kann aber ebensowenig wie einem ausländischen Urteile für das Inland Rechtswirkung beigelegt werden (100, 241 VI).

Der ausländische Zwangsvergleich wirkt nicht zum Nachteile des inländischen Gläubigers, auch wenn er dem Vergleiche zugestimmt hat. Das deutsche Recht beruht auf der Annahme einer bloß territorialen Wirkung der Konkurseröffnung. Ein Verzicht auf den Rest der Forderung ergibt sich nicht aus der Zustimmung zum Zwangsvergleiche. Der Gläubiger tritt damit nur für das Zustandekommen der Auseinandersetzung ein und unterwirft sich nur den Wirkungen, die der ausländische Vergleich für ihn als inländischen Gläubiger hat (52, 156 II; vgl. 21, 7 II).

VII. Die Konkursgläubiger im Zivilprozesse

Die Prozeßführung durch Konkursgläubiger berührten drei Gruppen von Entscheidungen: solche über die Zulässigkeit der Leistungsklage während des Konkursverfahrens, über die Aufnahme unterbrochener Zivilprozesse im allgemeinen und über die Aufnahme zur Beseitigung eines Widerspruches (§ 146).

1. Der Konkursgläubiger kann seine Forderung während des Konkurses einklagen; nur die gleichzeitige Verfolgung durch Anmeldung im Konkurse und durch Klage gegen den Gemeinschuldner ist unzulässig (29, 74 III; JW. 1886 S. 229 Nr. 15 I). Insbesondere kann der Konkursgläubiger auch gegen den im Auslande in Konkurs geratenen Schuldner bei deutschen Gerichten klagen (§ 23 ZPO.), denn im § 237 weist nichts darauf hin, daß sein Schutz nur solchen Gläubigern zugute kommen soll, die schon vor der Konkurseröffnung einen vollstreckbaren Titel erlangt haben (6, 405 III). In dieser Entscheidung wird zwar die Zulässigkeit der Klage auf die Zeit beschränkt, „solange noch zur Zwangsvollstreckung dienliches Vermögen des ausländischen Gemeinschuldners im Gebiete des Deutschen Reiches sich befindet"; da aber § 23 diese Beschränkung nicht enthält, sondern sich damit begnügt, daß irgendwelches Vermögen sich im Gerichtsbezirke befindet (a. a. O. 403), muß doch auch die Möglichkeit berücksichtigt werden, daß erst während des Prozesses sich die Aussicht auf Vollstreckung eröffnet. Spätere Entscheidungen enthalten jene Beschränkungen nicht (14, 414 I; 89, 183 VII). Das Reichsgericht hat keine Veranlassung gehabt, sich über die Frage auszusprechen, ob die Klage im Inlande nicht auch neben der Anmeldung im ausländischen Konkurse zulässig sei; beim Fehlen jeder Unterscheidung im § 237 kann die Antwort nur bejahend ausfallen.

Wenn der Konkurs im Inlande schwebt, ist in der während des Konkurses erhobenen Klage eine Beschränkung des Antrages auf Zahlung nach Beendigung des Konkursverfahrens nicht erforderlich, weil angenommen werden muß, daß der Konkursgläubiger nur den Gemeinschuldner persönlich belangen wolle. Das Gericht muß jedoch diese Beschränkung in das Urteil aufnehmen, weil die Vollstreckung während des Konkursverfahrens unzulässig ist. Mangels eines ausdrücklich hierauf gerichteten Antrages wird eine solche Beschränkung schon durch den Antrag des Beklagten auf Abweisung der Klage ermöglicht, insofern das Gericht durch die Beschränkung des Urteiles dem Antrage des Beklagten teilweise stattgibt (29, 74ff. III). Wenn dagegen der Konkursgläubiger die Forderung durch Aufnahme eines Prozesses gegen den Gemeinschuldner verfolgen will, so muß er die Beschränkung zum Ausdrucke bringen, daß er nicht aus der Masse, sondern aus dem nicht zur Masse gehörigen Vermögen Befriedigung suche (JW. 1886 S. 229 Nr. 15 I; 1894 S. 172 Nr. 7 III).

2. Gegen den Konkursgläubiger kann im Falle des § 10 der Konkursverwalter den unterbrochenen Prozeß auch dann aufnehmen, wenn jener den Forderungsbetrag auf Grund eines vorläufig vollstreckbaren Urteiles beigetrieben hat und es sich also bei der Fortführung des Prozesses darum handelt, ob dem Schuldner ein Anspruch auf Rückzahlung zusteht; dann ist der Prozeß im Sinne des § 10 für den Gemeinschuldner anhängig, und zwar kann die Aufnahme auch noch in der Revisionsinstanz bewirkt werden (11, 398 IV).

Hat der Gemeinschuldner die Forderung im Prüfungstermine bestritten, so kann nach § 144, 2 nur der Gläubiger den Prozeß aufnehmen (13, 316 III; 16, 360 VI; 70, 371 V). Die Aufnahme gegen den Gemeinschuldner ist nicht durch ein besonderes Interesse bedingt; das Interesse an der Aufnahme ist in dem Interesse gegeben, das jede Partei an der Beschleunigung der Beendigung des Prozesses hat (13, 317 III). Die Aufnahme des Prozesses gegen den bestreitenden Gemeinschuldner ist auch dann zulässig, wenn der Prozeß vorher schon durch einen bestreitenden Konkursgläubiger gegen den anmeldenden Gläubiger aufgenommen worden war. Die Eintragung in die Tabelle, die auf Grund dieses Streites zwischen den beiden Gläubigern stattfindet, wäre für den Gemeinschuldner nicht bindend; deshalb muß auch ihm gegenüber aufgenommen werden (13, 318 III).

Trotz Anmeldung der Forderung im Konkurse kann der Gläubiger diese in einem beim Vertragsschlusse vereinbarten Schiedsverfahren gegen den Widerspruch des Gemeinschuldners verfolgen, um nach der Aufhebung des Konkurses Befriedigung zu erlangen (Gruchots Beitr. 41, 1200 I). Ebenso ist die Klage gegen den Gemeinschuldner, der die angemeldete Forderung bestritten hat, wegen § 164 zuzulassen; das Feststellungsinteresse bedarf keiner besonderen Begründung, weil es sich aus § 164 ergibt (24, 407 I). Auch nach Durchführung des Feststellungsverfahrens kann der Konkursgläubiger klagen, wenn Streit über den Betrag entstand, den er aus der Feststellung zur Tabelle zu fordern hat (JW. 1890 S. 411 Nr. 8 I) oder wenn behauptet wird, daß die festgestellte Forderung durch späteren Verzicht aufgehoben sei (JW. 1897 S. 110 Nr. 20 III). Ebenso muß jeder Streit zwischen dem Konkursverwalter und einem bei der Verteilung zu berücksichtigenden Konkursgläubiger im Prozeßwege ausgetragen werden (JW. 1896 S. 34 Nr. 20 IV). Gegen die Eintragung in die Tabelle ist Restitutionsklage zulässig (37, 388 III; 57, 271 I).

3. Die Anwendung des § 146 setzt voraus, daß der Rechtsstreit eine im Konkursverfahren angemeldete Forderung betrifft; daß der Konkursverwalter den Prozeß aufnimmt und der Gegner der Aufnahme nicht widerspricht, kann an der Voraussetzung nichts ändern, den Mangel der Anmeldung nicht ersetzen (11, 398 IV; 39, 48 VI; 86, 396 VI). Der Verwalter kann das Verfahren nach § 146 nicht aufnehmen, weil die möglichen Wege durch Abs. 2 u. 3 vorgeschrie-

ben sind und nachdem Abs. 1 es dem Gläubiger überläßt, die Feststellung zu betreiben, eine nochmalige Erwähnung des Gläubigers in Abs. 2 u. 3 überflüssig war (16, 362 VI; 63, 366 II). „Nun berechtigt zwar die angeführte Bestimmung der Reichskonkursordnung, nämlich § 134, 3 (jetzt § 146, 3) nicht den Konkursverwalter, sondern nur den Gläubiger zur Aufnahme des Rechtsstreites, der zur Zeit der Konkurseröffnung über die Forderung anhängig war (RGE. 16 Nr. 88). Da aber hier die Aufnahmeerklärung des Konkursverwalters die tatsächliche Folge gehabt hat, daß zwischen ihm und der Klägerin (d. i. der Gläubigerin) das Prozeßverfahren fortgesetzt wurde, so kann unbedenklich der Rechtsstreit als von der Klägerin aufgenommen angesehen und demnach davon ausgegangen werden, daß es sich in dem Rechtsstreite nur noch um die Feststellung der Klageforderung im Sinne der §§ 132ff. (jetzt §§ 144ff.) KO. handelt." (JW. 1896 S. 602 Nr. 22 I). Daran schließt sich eine Entscheidung über den Wert (§ 136, jetzt § 148). Vermutlich will das Reichsgericht sagen, wenn der fehlerhaft aufgenommene Prozeß durchgeführt worden ist und der Fehler auch in der Revisionsinstanz nicht gerügt wurde, kann der Wert nur nach der Vorschrift berechnet werden, die bei richtiger Aufnahme durch den anmeldenden Konkursgläubiger gilt, als ob der Prozeß von diesem aufgenommen wäre.

Erzwingung der Aufnahme gemäß § 239 ZPO. ist in den Fällen der §§ 144 u. 146, wie aus der Geschichte der Konkursordnung abgeleitet wird, nicht statthaft (16, 362 VI). Aber im Falle des § 146,6 ist der Gläubiger der bestrittenen Forderung nicht gehindert, seinerseits aufzunehmen; Abs. 6 will ihm nur die Last, nicht das Recht abnehmen; das Gegenteil wäre befremdlich, weil der Anmeldende in den Fällen des Abs. 6 eine viel günstigere Stellung hat als in den Fällen des Abs. 3 (34, 411 III u. VI; 51, 97 IV; 86, 237 V; JW. 1901 S. 162 Nr. 12 I). Wenn der anmeldende Gläubiger im Falle des § 146, 6 den Prozeß aufnimmt, muß er ihn nicht gegen alle Bestreitenden aufnehmen, weil seine Forderung ohne weiteres berücksichtigt wird (51, 97 IV).

Der Feststellungsantrag darf wie der Widerspruch gegen eine Forderung nur auf den Grund gestützt und auf den Betrag gerichtet werden, der in der Anmeldung oder im Prüfungstermin angegeben ist (39, 48 VI; 86, 396 VI; JW. 1902 S. 397 Nr. 30 I). Dieser Grundsatz gilt auch für das Vorrecht (Recht 1921 Nr. 2012 VII). Die Einwilligung des Beklagten würde eine Änderung des Rechtsgrundes nicht rechtfertigen (LZ. 1917 S. 474 Nr. 6 V); zwei frühere Entscheidungen (LZ. 1911 S. 231 III und 1912 S. 235 III) haben zwar wegen § 72 die Vorschriften der Zivilprozeßordnung über Klageänderung für anwendbar erklärt, aber Klage und Aufnahme fallen nicht in das Konkursverfahren. Nur die Anwendung des § 268 ZPO. ist mit § 146, 4 wohl vereinbar. Durch die Anmeldung, die Verhandlung im Prüfungstermin und durch den Eintrag in die Tabelle wird das Streitverhältnis sowohl in Beziehung auf die Parteien als hinsichtlich seines Inhaltes festgelegt (JW. 1894 S. 16 Nr. 35 III). Widerklage ist im Rahmen des § 33 ZPO. zulässig (16, 118 I). Mehrere Gläubiger, die nach § 146 zusammen beklagt werden, sind notwendige Streitgenossen (5, 414 I); ob der Widerspruch der beklagten Konkursgläubiger sich auf den nämlichen Punkt bezogen hat, erhellt jedoch nicht.

Durch § 146 Abs. 2 ist der Urkundenprozeß ausgeschlossen (32, 231 VI). Wenn im Wechselprozesse vor der Konkurseröffnung Versäumnisurteil zugunsten des anmeldenden Gläubigers ergangen ist, so muß der Bestreitende seinen Widerspruch verfolgen. Der Kläger kann nicht genötigt werden, den Antrag auf Überleitung in das ordentliche Verfahren zu stellen. Der Bestreitende aber kann ihn nicht stellen. Daher muß das aufgenommene Verfahren im Wechselprozesse weitergehen; endigt aber dieser mit einem Urteile zugunsten des anmeldenden

Gläubigers, so kann eine endgültige Entscheidung durch das Nachverfahren herbeigeführt werden (50, 415 I).

Zum Ausgangspunkte führt eine Entscheidung zurück, wonach die Mitglieder des Gläubigerausschusses nicht berechtigt sind, dem Konkursverwalter im Anfechtungsprozesse als Nebenintervenienten beizutreten. Indem der Konkursverwalter zur Wahrnehmung des Interesses der Gesamtheit der Konkursgläubiger ermächtigt ist, wird die Annahme eines rechtlichen Interesses von Mitgliedern des Gläubigerausschusses ausgeschlossen (36, 369 VI). Man muß hiernach annehmen, daß nach der Auffassung des Reichsgerichtes das vom Konkursverwalter wahrzunehmende Interesse der Gläubigergesamtheit nicht nur ein wirtschaftliches Interesse sein kann, sondern rechtliche Interessen mit umfaßt. Wie es sich damit verträgt, daß die Gläubigergesamtheit kein Rechtssubjekt ist und Rechte nicht haben kann, während doch das rechtliche Interesse in rechtlichen Beziehungen der Person begründet sein muß (35, 393 VI; 111, 238 I), darüber gewinnt man aus der Rechtsprechung des Gerichtshofes keine Aufklärung.

Man muß sich an der Feststellung genügen lassen, daß der hier betrachtete Querschnitt durch das Konkursrecht zeigt, wie das Reichsgericht bei jeder Gelegenheit bemüht ist, die Entscheidung von Einzelfragen in Zusammenhang mit allgemeinen Grundsätzen zu bringen. Trotzdem darf man behaupten, daß es auch dem Reichsgerichte nicht gelungen ist, den alten Satz: Dogmata concursus adhuc fluctuantur (Göbel) in jeder Beziehung zu beseitigen.

Abgeschlossen: November 1927.

Reichsgericht und Eidesbeweis

von Professor Dr. Hans Walsmann, Rostock[1])

Eine der wichtigsten und umstrittensten Fragen unseres Zivilprozeßrechtes ist es, soll man den durch eine vielhundertjährige Tradition geheiligten Parteieid beibehalten oder soll man ihn durch die, eventuell eidliche, Zeugenvernehmung der Partei ersetzen. Das englische, das amerikanische, das österreichische und im wesentlichen auch das dänische Recht haben die Zeugenvernehmung der Partei vorgezogen. Dagegen halten das deutsche, französische, italienische, schwedische und finnische Recht am Parteieide fest. Unter den deutschen Prozessualisten herrschte über diese Frage von jeher größte Meinungsverschiedenheit. Um nur einzelne Namen zu nennen, sind v. Bar, Kohler, Hellwig, Neukamp, Kleinfeller und Baumbach für die Vernehmung eingetreten, Wach, Richard Schmidt und W. Kisch halten am Parteieide fest. Nun ist die Frage keineswegs so einfach zu lösen, daß man ohne weiteres an die Stelle des Parteieides die Zeugenvernehmung setzen kann. Die Regelung des Parteieides erstreckt ihre Wurzeln weit über den Rahmen des eigentlichen Prozeßrechtes hinaus. Die Grundlage ist eine scharfe Betonung der Beweislast. Der Beweispflichtige hat dem Gegner den Eid zuzuschieben. Der Gegner ist stets näher zum Eide. Der Eid ist die ultima ratio. Wenn andere Mittel versagen, ist die Eideszuschiebung, die Möglichkeit, durch Eidesleistung und Eidesverweigerung die bestrittene Tatsache festzustellen, das letzte Mittel. Unser bürgerliches Recht wird durch diesen Umstand im weitesten Maße beeinflußt. Es regelt die Tatbestände, die gegeben sein müssen, damit eine Rechtsfolge eintritt. Aber gerade welche Tatsachen zu rechtsbegründenden zu machen sind, und welchen demgegenüber die Bedeutung des Einwendungstatbestandes zukommt, das kann nicht schlechterdings durch die Gesichtspunkte der materiell-rechtlichen Lage bestimmt werden, sondern steht vielfach unter dem Zwange der prozessualen Beweisregelung. Hier gerade spielt der Parteieid die allergrößte Rolle. Man denke nur an die inneren Tatsachen. Ob die Partei einen bestimmten Umstand gekannt hat, läßt sich, wenn Zeugen nichts bekunden, nur durch den Eid feststellen, aber nicht durch den Eid einer Partei, sondern nur durch den Eid derjenigen Partei, auf deren Kenntnis bzw. Nichtkenntnis es ankommt. Macht man nun hier die Kenntnis zur klagebegründenden Tatsache, so wird gegenüber dem Beweisrecht unserer Zivilprozeßordnung die beweispflichtige Partei wohl in den meisten Fällen den Prozeß verlieren. Denn wenn sie nicht irgendwelchen Beweis sonst für die Nichtkenntnis oder eine gewisse Wahrscheinlichkeit dafür zu erbringen vermag, daß ihr der richterliche Eid auferlegt wird, so wird sie, da der Gegner nicht schwören kann, im Prozesse mangels Beweises unterliegen. Das führt indessen oft dazu, daß die materiell-rechtliche Regelung geradezu auf den

[1]) Die vorstehende Arbeit beabsichtigt nicht eine erschöpfende Wiedergabe aller bezüglich des Eidesbeweises veröffentlichten Reichsgerichtsentscheidungen, deren Zahl außerordentlich groß ist. Ihr Zweck ist eine Darstellung, wie sich die Judikatur des Reichsgerichtes zum Eidesbeweis gestellt hat, und sie will dort, wo strittige Probleme in Frage kommen, Stellung nehmen. Über die Frage, welche Einzelheiten wichtig sind, läßt sich streiten. Der beschränkte Raum zwang zu großer Bescheidenheit.

Kopf gestellt wird. Man denke z. B. an den gutgläubigen Eigentumserwerb. Die Grundlage des Erwerbes besteht hier in dem Umstande, daß der gutgläubige Erwerber, der von der Tatsache, daß sein Rechtsvorgänger kein Eigentum hat, nichts weiß, geschützt werden soll. Der gute Glaube des Erwerbers ist dafür der entscheidende Faktor, der die Ausnahme von dem Grundsatze Nemo plus iuris in alium transferre potest quam ipse habet, schafft. Und wie sieht nun die Regelung im Gesetze aus? „Durch eine nach § 929 erfolgte Veräußerung wird der Erwerber auch dann Eigentümer, wenn die Sache nicht dem Veräußerer gehört." In den klagebegründenden Tatsachen ist keine Rede von dem wichtigsten Moment, dem guten Glauben. Es ist nicht einmal eine Behauptung desselben gefordert, so daß man etwa mit einer gesetzlichen Vermutung und dergleichen die wirkliche materielle Lage stützen könnte. Vielmehr findet sich eine völlige Verdrehung der Rechtslage! Wer mir eine Sache übereignet, verschafft mir das Eigentum, wenn wir einig sind und die Besitzübertragung erfolgt. Und dann die Ausnahme: das soll aber nicht der Fall sein, wenn der Gegner behauptet und eventuell beweist, daß der Erwerber „zu der Zeit, zu der er nach diesen Vorschriften das Eigentum erwerben würde, nicht in gutem Glauben ist". Weshalb nun diese eigentümliche Tatbestandsregelung, wo doch der gute Glaube wirklich die eigentliche rechtsbegründende Tatsache ist? Etwa weil eine allgemeine Vermutung dafür spricht, daß jeder ein anständiger Mensch ist und sich hütet, vom Nichteigentümer zu erwerben und sich womöglich eines Vergehens schuldig zu machen und weiter, weil in dubio die Menschen nicht grobfahrlässig handeln? Das wird oft behauptet, und ist doch ein recht zweifelhaftes Argument; es würde auch eher zu einer gesetzlichen Vermutung führen, von der gegenüber dem geltenden Rechte jedoch keine Rede sein kann, da nach der gesetzlichen Regelung kein Zweifel besteht, daß der gute Glaube gar nicht klagebegründende Tatsache ist. Der entscheidende Grund liegt vielmehr in der Beweisnot. Müßte der Erwerber beweisen, er habe nicht gewußt, daß der Gegner kein Eigentum hat — von der grobfahrlässigen Unkenntnis sei abgesehen —, so würde er in den meisten Fällen im Prozesse daran scheitern, daß er die bestrittene Unkenntnis nicht zu beweisen vermag, da er selbst nicht zum Eide kommt.

Der Eid ist die durch das feierliche Anrufen Gottes als Zeugen der Wahrheit erfolgende Bekräftigung einer Parteibehauptung. Der Schwörende ist sich bewußt, daß er mit einem Meineide die Gottheit erzürnt, eine Sünde begeht und die Folgen derselben auf sich zieht. Da ihn die Furcht davor von dem Meineide zurückhält, so glaubt die Allgemeinheit seinem Worte. Die Rechtsgemeinschaft hat von jeher die Sicherheit der eidlichen Aussagen noch dadurch verstärkt, daß sie den Meineid auch im irdischen Dasein mit schwerer Strafe belegte, so daß der, der sich vor dem Gewissenszwange nicht scheute, durch die Furcht vor der schweren weltlichen Strafe zu richtiger Aussage getrieben und somit für die Wahrheit der beschworenen Behauptung die stärkste Garantie geleistet wird. Auch das Reichsgericht hat die Heiligkeit des Eides stets aufs schärfste betont. Es hat sich übrigens keineswegs mit der idealen Bekräftigung dieses Charakters des Eides begnügt, sondern auch praktische Konsequenzen daraus gezogen. So hat das Reichsgericht u. a. die wiederholte Ableistung desselben Eides als mit der Heiligkeit des Eides unverträglich abgelehnt.

Vgl. Entsch. v. 27. April 1883 (RG. 9, 346): Der Eid war zu Unrecht durch Beweisbeschluß auferlegt; dies wurde gerügt, der Eid jedoch trotzdem abgenommen. Neue Beweisaufnahme in zweiter Instanz gab kein Resultat, und es kam auf Ableistung des zugeschobenen Eides an. Hier erklärt das Reichsgericht: „Darf der Berufungsrichter nicht unberücksichtigt lassen, daß das Eidesverfahren — wenn auch in einem unrichtigen Stadium des Prozesses — stattgefunden hat.

Der Eid ist geschworen, und es würde der Heiligkeit des Eides nicht entsprechen, wenn der Richter aus formalen Gründen den Akt der Eidesleistung als nicht geschehen behandeln wollte." Dann wird freilich noch ein zweiter Grund angeführt, der aber mit der Heiligkeit des Eides im engsten Zusammenhange steht. „Die mehrfach ausgesprochene Tendenz der Zivilprozeßordnung, überflüssige Eide zu vermeiden, rechtfertigt es, daß der Richter in einem solchen Falle nicht die wiederholte Ableistung des schon geschworenen Eides anordnet." Klarer noch in der Formulierung drückt sich derselbe 2. Zivilsenat im Urteile vom 30. Nov. 1909 (SeuffA. 65, 377) aus. „Es entspricht aber der Heiligkeit des Eides nicht, wenn lediglich aus formalen Gründen eine bereits erfolgte Eidesleistung als nicht geschehen und die nochmalige Leistung desselben Eides angeordnet wird. Auf RG. 9, 343ff. wird später oft vom Reichsgericht verwiesen. Vgl. die Entsch. v. 3. März 1893 (JW. 1893 S. 347), v. 23. Nov. 1894, (JW. 1895, S. 8), v. 29. Juni 1899, JW. 1899 S. 536), v. 24. April 1902 (JW. 1902 S. 313) und v. 17. Okt. 1905. (Recht 9, 621).

Der Eid ist im Zivilprozeßverfahren in doppelter Weise benutzt. Er wurde gebraucht als Mittel zur Schaffung der Urteilsgrundlage und zur Erledigung des Prozesses durch Schiedseid überhaupt. Ganz besonders in jenem Stadium der Rechtsentwicklung, in welchem alles Zivilprozeßverfahren noch auf der gütlichen Vereinbarung der Parteien beruhte, finden wir Schiedsrichterbestellung und Schiedseidvertrag vielfach nebeneinander. Die Parteien vereinbaren, daß der Prozeß durch den gekorenen Schiedsrichter entschieden wird, oder sie machen die Lösung des Rechtsstreites von einem Eide, den eine der Parteien zu schwören hat, abhängig. Von dem Augenblicke ab, wo alles Gericht Staatsaufgabe ist und der Rechtsschutzgedanke dominiert, ist für diesen Schiedseid im Gesetze nicht mehr Raum als für den Schiedsrichtervertrag überhaupt. Die zweite Möglichkeit, den Eid zur Feststellung der Urteilsgrundlage zu benutzen, ist auch schon in jenem Stadium vertraglicher Rechtspflege möglich und tatsächlich benutzt. Im modernen Rechtsleben steht sie im Vordergrunde. Charakterisieren wir die beiden Möglichkeiten mit dem Gegensatze Schiedseid und Feststellungseid — der Ausdruck Schiedseid wird hier somit in anderem Sinne gebraucht als herkömmlich (Schiedseid — Parteieid, Noteid — richterlicher Eid), — so weist schon die Natur dieser beiden Eide darauf hin, daß nur der Schiedseid seinem Wesen nach auch als Rechtseid denkbar ist, während der Feststellungseid folgerichtig von vornherein auf Tatsachen, welche die Urteilsgrundlage bilden, und, damit sie das sein können, prozessual feststehen müssen, beschränkt ist. Der Schiedseid gehört heute ins schiedsrichterliche Verfahren. Er hat in der Zivilprozeßordnung eine Regelung nicht gefunden. Mit Recht sagt Kleinfeller (Lehrbuch, 3. Aufl., § 101 I 4) „Die geschichtliche Entwicklung lehrt, daß der Tatsacheneid nicht mehr als Schiedseid bezeichnet werden darf." Die §§ 450 u. 461 ZPO. haben mit dem Schiedseid absolut gar nichts zu tun (A. M. Planck, Lehrbuch 2, 291, der § 450 als Rest des alten Vergleichseides auffaßt). Sie betreffen lediglich einzelne besondere Seiten des Feststellungseides und man kann sie nicht als Reste des alten Schiedseides bezeichnen. Von einem Feststellungseide kann nur da die Rede sein, wo etwas festgestellt werden oder, mit den Worten der Zivilprozeßordnung, bewiesen werden muß. Der Rahmen des Feststellungseides ist daher enger als der der Beweislast. Erst wenn sich aus den Regeln der Beweislast ergibt, daß etwas bewiesen werden muß, weil die Tatsache sonst nach jenen Regeln vom Richter nicht berücksichtigt werden darf, kann von einem Feststellungseide die Rede sein, und dann auch erst können die §§ 450, 461 ZPO. in Frage kommen. Somit ist die Rechtsprechung des Reichsgerichtes — vgl. die Entsch. v. 13. Nov. 1902 (RG. 53, 38f.) und vom 21. Okt. 1910 (WarnRspr. 1910 Nr. 480, LZ. 1911 S. 145) — nicht zutreffend, wenn sie sich in bezug auf diese Vorschriften über die Beweislast hinwegsetzt (wie das Reichsgericht auch Rosenberg, Beweislast (2) S. 112 mit der Begründung, daß die Parteien die Beweislast durch Verträge regeln und damit auch diese Frage vertragsmäßig ordnen können; aber wenn man einen Beweislastvertrag zuläßt, ist damit noch nicht die Zulässigkeit des Vertrages über ein einzelnes Beweismittel erwiesen. Wie Rosenberg auch Skonietzki-Gelpcke § 447, ferner Weismann, Lehrbuch § 45 XIII jedoch ohne Begründung).

Der Feststellungseid unserer Zivilprozeßordnung umfaßt den zugeschobenen Eid und den richterlichen Eid. Da der Gegensatz Schiedseid und Feststellungseid fürderhin keine Rolle mehr spielt, sei fortab statt Feststellungseid der übliche Ausdruck Parteieid gebraucht. Ist der Parteieid unserer Zivilprozeßordnung Beweismittel? Nach der Überschrift vor § 445 „Beweis durch Eid" ohne Zweifel. Im übrigen kommt es darauf an, was man unter Beweis versteht. Überwiegend sieht man im Beweise die Tätigkeit, welche dem Richter die Überzeugung von der Wahrheit oder Unwahrheit einer tatsächlichen Behauptung verschafft. Von einem Beweise in diesem Sinne kann man da nicht sprechen, wo das Gesetz unbeschadet der richterlichen Überzeugung dem Richter vorschreibt, eine bestimmte Behauptung unter gewissen Voraussetzungen für wahr oder nicht wahr anzunehmen.

Vgl. Wach, Vorträge S. 220, Weismann, Lehrb. § 45, XIII, auch Kleinfeller, Geschichtliche Entwicklung des Tatsacheneides S. 280, Hellwigs Einwendungen dagegen (System S. 720) sind rein formalistisch: „Obwohl doch die Eidesformel die höchste Wahrheitsbeteuerung ist, die es gibt, und obwohl das Gesetz durch ihn (den Eid) vollen Beweis erbringen läßt." Im übrigen kann man seiner Opposition nur Berechtigung zusprechen, soweit sie sich gegen Wachs „prozessuales Rechtsgeschäft" im Eide wendet. Aber die Charakteristik des Parteieides ist unabhängig davon.

Im weiteren Sinne spricht man auch bei dieser formalen Feststellung von Beweis. Da dies im gemeinen Prozesse ganz allgemein üblich war, folgte die Zivilprozeßordnung diesem Sprachgebrauche und spricht auch in Fällen dieser „gesetzlichen Beweisregel" vom Beweise. Dem schließt sich das Reichsgericht an. In der Sache handelt es sich hier bei den gesetzlichen Beweisregeln um Normen, die vorschreiben, daß der Richter, wenn bestimmte, in ihnen vorgeschriebene Voraussetzungen gegeben sind, eine tatsächliche Behauptung als wahr oder nicht wahr entweder schlechthin oder bis zum Gegenbeweis annehmen muß, ohne daß die charakteristische Tätigkeit des Richters beim Beweise, die freie Beweiswürdigung, Platz greifen darf. Die Regelung unserer Zivilprozeßordnung ist in der Verwertung des Parteieides keine einheitliche. Es sind nämlich an sich drei Möglichkeiten gegeben: 1. Der Parteieid ist formales Feststellungsmittel, ohne Rücksicht auf die richterliche Überzeugung. 2. Der Parteieid ist Beweismittel im engeren Sinne. 3. Der Parteieid ist beides. Alle drei Möglichkeiten sind in unserer Zivilprozeßordnung benutzt. Der zugeschobene und desgleichen der zurückgeschobene Eid sind formale Feststellungsmittel im ersten Sinne (ebenso Kleinfeller, Lehrbuch, 3. Aufl., § 101 S. 376). Das ändert sich bei Streitgenossen. Ist der von allen oder von einigen Streitgenossen zu leistende Eid von einem oder mehreren derselben, oder ist der von einem Teile der Streitgenossen zu leistende Eid von allen Schwurpflichtigen verweigert oder als von ihnen verweigert anzusehen, so entscheidet das Gericht nach freier Überzeugung, ob die Behauptung, deren Beweis durch Eideszuschiebung angetreten ist, für wahr zu erachten sei (§ 472 Abs. 2 S. 1). Hier ist der Eid Beweismittel im wirklichen Sinne. Eine Mittelstellung nimmt der richterliche Eid ein. Er soll nur auferlegt werden, wenn das Gericht durch die Leistung des Eides die Überzeugung von der Wahrheit oder Unwahrheit der zu erweisenden Tatsache gewinnen wird. Diese Voraussetzung liegt ganz im Rahmen des echten Beweises. Wenn aber der Eid geleistet oder verweigert wird, findet nicht mehr freie richterliche Beweiswürdigung, sondern formale Feststellungswirkung im Sinne der ersten Möglichkeit statt. Neben diesen drei vom Gesetz geregelten Fällen ergibt sich dann noch eine weitere Möglichkeit, bei welcher der Parteieid im zweiten Sinne wirkt. Die formale Feststellungswirkung beschränkt sich auf den Prozeß, in dem der Eid geleistet wird, aber es steht nichts im Wege, daß der Richter im Prozesse den in einem anderen Prozesse geleisteten Parteieid als Beweismittel benutzt, um für eine bestrittene Behauptung die Überzeugung von der Wahrheit derselben zu gewinnen.

Das Reichsgericht hat im Urteil v. 19. Febr. 1900 (RG. 46, 333) ausdrücklich betont, daß die Vergleichsnatur des Partei- oder Schiedseides, wie sie sich im § 298 der AGO. 1, 10 finde, für die Zivilprozeßordnung nicht mehr in Betracht käme. Damit wird die Natur des Parteieides als Feststellungseid anerkannt. Oft betont das Reichsgericht, daß der Eid Beweismittel sei. So wirft das Reichsgericht in dem eben zitierten Urteile dem Berufungsrichter vor, seine Ansicht beruhe „auf einer Verkennung der den Vorschriften der Zivilprozeßordnung zugrunde liegenden rechtlichen Natur des Eides als Beweismittel", nachdem es schon vorher mit den Worten (S. 330) „bei der Natur des Eides als eines auf die Gewissenhaftigkeit der Schwurpflichtigen berechneten Beweismittels" die gleiche Charakteristik gegeben hatte. Der zugeschobene Eid wird subsidiäres Beweismittel genannt, so Entsch. v. 24. Nov. 1900 (JW. 1900 S. 873). An anderer Stelle sagt das Reichsgericht (RG. 76, 316): „Die deutsche Zivilprozeßordnung kennt keine zeugenschaftliche Vernehmung der Parteien zur Sache überhaupt; das Beweismittel des Eides, des zugeschobenen wie des richterlichen ist seinem Wesen nach zwar auch ein Zeugnis der Partei, aber lediglich und ausschließlich ein Zeugnis in eigener Sache". Wiederholt stellt das Reichsgericht die „formale Beweiskraft" der sonstigen Beweiswirkung gegenüber. Der 6. Senat betont im Urteile v. 5. Dez. 1892 (JW. 1893 S. 75): „Die gemäß § 428/463[2]) begründete formale Beweiskraft beschränkt sich auf den Prozeß, in welchem der Eid geleistet wurde (RG. 11, 421; 18, 380), die Tatsache der Eidesleistung wäre somit für den Richter nur als Anzeige für die Richtigkeit der beschworenen Tatsachen in Betracht gekommen und in freier Würdigung des Sachverhaltes verwertbar gewesen." Derselbe Senat stellt (RG. 46, 412) die formale Beweiskraft des im Vorprozesse geleisteten Eides der Wirkung als „Anzeige für die Richtigkeit und Wahrheit im Sinne des § 286" gegenüber. Auch sonst hat das Reichsgericht die doppelte Bedeutung des geschworenen Parteieides in seiner formalen Feststellungswirkung für den Prozeß und in seiner Beweiswirkung für andere Prozesse stets klar erkannt. Sehr interessant ist in dieser Beziehung das Urteil v. 17. Sept. 1894 (RG. 34, 351): Über Tatsachen, welche „behufs Aufrechterhaltung der Ehe geltend gemacht werden", ist „die, Eideszuschiebung zuzulassen". Wenn aber „die unter Eideszuschiebung aufgestellte Behauptung dem doppelten Zwecke dienen soll, einerseits die Klage zu stützen und andererseits die Widerklage zu Falle zu bringen, muß jener leitende Gesichtspunkt zu dem Ergebnisse führen, daß die Eideszuschiebung nur so weit bedeutungslos bleibt, als sie unzulässig war, während dieselbe vom Berufungsrichter mit Recht so weit zugelassen worden ist, als sie zur Abwendung der Widerklage dienen soll" (vgl. unten S. 274). Ebenso wirkt die Eidesverweigerung nur für die Widerklage (S. 353). Freilich kann sie für die freie Überzeugung des

[2]) Die Schreibweise § 428/463 bedeutet § 428 der alten ZPO. und § 463 der ZPO. von 1898, so fernerhin stets.

Richters von Bedeutung sein. „Denn wenn der Berufungsrichter der künftigen Eidesverweigerung ein seine Überzeugung beeinflussendes Gewicht beilegte, so mußte er dies bei dem Erlasse des Urteiles berücksichtigen und sich also auch bezüglich der Klage vermöge des Grundsatzes der freien Beweiswürdigung, unbeschadet der Unzulässigkeit der Eideszuschiebung als Beweismittels über behauptete Ehescheidungsgründe, darüber schlüssig machen, ob und wieweit die Klagebehauptung im Falle der Eidesverweigerung als wahr anzunehmen sei." Bezüglich der Eidesverweigerung und ihrer Wirkung steht die Regelung unserer Zivilprozeßordnung in völligem Einklange mit der Eidesleistung. So haben wir in der zitierten Entscheidung für ein und dieselbe Eidesverweigerung die doppelte Wirkung: formale Feststellungswirkung, oder wie das Reichsgericht sagt, formale Beweiskraft und, soweit die Schranken des Eheprozesses der gesetzlichen Beweisregel Einhalt gebieten, materielle Beweiskraft als Folge freier richterlicher Beweiswürdigung. Von seinem Standpunkt aus durchaus folgerichtig und auch dem Sinne der Zivilprozeßordnung entsprechend, sieht das Reichsgericht in der Eidesleistung ebenso wie in der Eidesverweigerung eine Beweisaufnahme, vgl. die Entsch. vom 1. April 1885 (RG. 13, 426), vom 7. Juni 1887 (RG. 18, 403) und vom 7. März 1911 (RG. 76, 101).

Kann man somit im wesentlichen der prinzipiellen Stellungnahme des Reichsgerichtes zu den Normen der Zivilprozeßordnung über den zugeschobenen Eid beipflichten, so ist die Charakteristik des richterlichen Eides nicht überall unbedenklich. Der richterliche Eid soll dazu dienen, die richterliche Überzeugung herbeizuführen. Er ist also in seiner Voraussetzung in der Tat ganz anderer Art als der zugeschobene Eid. Aber in seiner Wirkung ist er doch wiederum diesem wesensgleich. Denn mit dem geschworenen oder verweigerten richterlichen Eide verbindet sich die gleiche formale Feststellungswirkung wie beim zugeschobenen Eide. In dieser formalen Beweiskraft hat die richterliche Überzeugung keinen Platz. Es ist ja in der Tat auch völlig gleichgültig, ob der Richter, wenn der Eid geschworen ist, die Überzeugung von der Wahrheit der beschworenen Aussage hat. Wenn er infolge des Verhaltens des Schwörenden insbesondere bei der Eidesleistung fest davon überzeugt ist, daß dieser falsch geschworen hat, muß er doch die Tatsache als wahr hinnehmen, und wenn der Schwurpflichtige den Eid verweigert aus prinzipiellen Gründen und der Richter nunmehr nach dem Verhalten der Parteien trotzdem von der Wahrheit der zu beschwörenden Tatsache überzeugt ist, muß er infolge der Eidesverweigerung das Gegenteil der zu beschwörenden Tatsache als wahr hinnehmen. Andererseits ist auch da, wo infolge der Eidesleistung auf den richterlichen Eid hin die richterliche Überzeugung vorhanden und somit echter Beweis erbracht ist, diese Tatsache völlig belanglos. Wenn nun aber der richterliche Eid in seiner Wirkung die gleichen Folgen wie der zugeschobene Eid hat, kann man beide nicht in der Weise in Gegensatz stellen, wie es der 4. Zivilsenat in zwei Urteilen vom Jahre 1888 tat. Er führte in seiner Entsch. v. 7. Juni 1888 (RG. 21, 371) aus): „Der richterliche Eid ist nicht, wie der zugeschobene Eid, ein Mittel zur Herstellung formeller Gewißheit, sondern ein Mittel zur Herstellung der richterlichen Überzeugung". Wörtlich der gleiche Satz findet sich im Urteile v. 8. Nov. 1888 des gleichen Senates (GruchotsBeitr. 33, 1174). Im übrigen dürfte es zu beanstanden sein, wenn der 4. Senat des Reichsgerichtes im Urteile v. 4. März 1895 (RG. 35, 371) den § 423/458 ZPO. „auf die Vertragsnatur des zugeschobenen Eides" zurückführen will. Trotz des Wortlautes Annahme des Eides kann hier von einem Vertrage keine Rede sein.

Tatsachen sind die „Elemente des konkreten Tatbestandes" (Hellwig), „Die konkreten Geschehnisse und Zustände der Außenwelt wie des menschlichen

Seelenlebens" (Stein). Sie stehen im Gegensatze zu den Rechts- und Erfahrungssätzen, den technischen und juristischen Urteilen sowie den reinen Schlußfolgerungen. Darüber besteht in Wissenschaft und Praxis Einigkeit, und dem folgt das Reichsgericht. „Der Eid darf nicht bloße Urteile oder bloße Schlußfolgerungen der Schwurpflichtigen zum Gegenstande haben", so Urteil v. 28. Juni 1904 (JW. 1904 S. 475); vgl. Entsch. v. 11. Juli 1904 (Recht 8, 504). „Die Notwendigkeit oder Richtigkeit einer Schlußfolgerung ist daher kein zulässiger Eidesgegenstand, sondern nach Feststellung der angeblichen Prämissen der letzteren lediglich vom Richter zu beurteilen", Urteil v. 20. Sept. 1888 (RG. 21, 402). Aber der Gegensatz ist kein begrifflicher. Auch bei der Aussage über eine Tatsache handelt es sich um ein Urteil, das ist längst erkannt (vgl. Stein-Jonas, Komm. § 445, 1; Förster-Kann § 445, 1a; Kisch, RheinZ. 12, 389 (1923); Schmidt, Richterlicher Eid S. 1). Beides, Tatsache und Urteil, geht ineinander über, und das gilt namentlich für die sog. Tatsachenurteile. Das Reichsgericht hat hier von jeher den Standpunkt vertreten, daß schwierige Tatsachenurteile zum Eide nicht verstellt werden dürfen; wenn aber die Beurteilung als solche der Partei keine Schwierigkeiten macht und es sich nicht gerade um ein reines Urteil handelt, hat das Reichsgericht den Eid zugelassen. Das Prinzip ist scharf im Urteile des 1. Zivilsenates v. 20. Okt. 1881 (RG. 7, 1) formuliert: „Die Vorschrift des § 410/445 ZPO. darf zwar nicht in dem Sinne eines unbedingten Verbotes, Rechtsbegriffe oder Urteile in die Eidesnorm aufzunehmen, verstanden werden, sondern es ist bei der Schwierigkeit einer scharfen Trennung der Tatsachen von Rechtsbegriffen und Urteilen sowie mit Rücksicht darauf, daß gewisse Rechtsbegriffe und die Befähigung zu gewissen Urteilen bei einem jeden oder doch bei den konkreten Parteien vorausgesetzt werden dürfen, nicht ausgeschlossen, solche Begriffe und Urteile im Sinne des Gesetzes als etwas Tatsächliches aufzufassen und mithin die Eideszuschiebung darüber zu gestatten." Der 6. Zivilsenat erklärt im Urteile v. 3. Dez. 1891 (GruchotsBeitr. 37, 387), das Reichsgericht habe öfter ausgesprochen, „daß sich bezüglich des Eides eine scharfe Grenze zwischen reinen und rechtlich qualifizierten Tatsachen nicht ziehen läßt und daß einfache und aus dem täglichen Leben jedem erwachsenen Menschen geläufige Rechtsbegriffe unbedenklich in Eidessätze aufgenommen werden dürfen". So hat das Reichsgericht z. B. den Eid über „Vereinbarung" (GruchotsBeitr. 37, 387), „Dienstverhältnis" (JW. 1903 S. 124), „Vertragsschluß" (JW. 1893 S. 136), „Auftrag" (JW. 1895 S. 295) für zulässig erklärt (vgl. auch die Entsch. v. 23. März 1922, Recht 23, 355). Dagegen hat es sehr oft die Eideszuschiebung abgelehnt, wenn sie dem Schwurpflichtigen Schlußfolgerungen zumutete, deren Grundlagen nicht nachgeprüft werden konnten. Auch der Eid über eine Behauptung, deren Beurteilung besondere fachwissenschaftliche Kenntnisse erforderte, ist durchweg vom Reichsgericht abgelehnt worden. Das Reichsgericht hat überaus oft Gelegenheit gehabt, über diese Fragen in concreto zu entscheiden. Aber es ist zwecklos, die Urteile zu registrieren, weil das Reichsgericht nirgends allgemeingültige Entscheidungen trifft, sondern stets die näheren Umstände, wie insbesondere die persönlichen Fähigkeiten der Parteien und die mehr oder weniger komplizierte Situation prüft. So ist z. B. in einem Falle der Eid über das Eigentum zugelassen, im anderen Falle abgelehnt worden; dafür die Entsch. v. 20. Sept. 1888 (RG. 21, 402) und v. 31. Jan. 1905 (JW. 1905 S. 179), dagegen v. 16. Dez. 1884 (JW. 1885 S. 26) und 27. Mai 1898 (JW. 1898 S. 415). „Ob eine Erscheinung oder ein Ergebnis überwiegend tatsächlich oder überwiegend nur durch besondere Anwendung eines Urteilsvermögens erschließbar ist, läßt sich nur in jedem einzelnen Falle nach Maßgabe der Kenntnisse und Erfahrungen, welche für Wahrnehmung der Erscheinung oder des Ergebnisses erforderlich waren, und des Besitzes solcher Kenntnisse und Erfahrungen auf seiten desjenigen, welcher über die Wahrnehmung den Eid leisten soll, feststellen", so im Urteile v. 12. Nov. 1884 (RG. 15, S. 336). Die kritische Würdigung muß hier die Methode der reichsgerichtlichen Judikatur im allgemeinen als richtig anerkennen. Nur gegen die Entscheidungen im einzelnen Falle mag hier und da Kritik geübt werden können, aber das ist nicht von Erheblichkeit.

Ob die Tatsachen Vorgänge und Zustände in der Außenwelt oder innere Seelenvorgänge sind, ist für den Begriff gleichgültig. „Das Wissen oder die Kenntnis, der Glaube, der Zweck und die Absicht jemandes sind Tatsachen, welche zwar nicht den Gegenstand seiner äußeren (sinnlichen), aber seiner inneren Wahrnehmung bilden, Entsch. v. 20. Sept. 1888 (RG. 21, 402). Eideszuschiebung darüber ist statthaft. Das ist „anerkannten Rechtens", wie der 7. Zivilsenat im Urteile v. 17. März 1908 (RG. 68, 131) hervorhebt. Nun ist gemäß § 445 ZPO. die Eideszuschiebung nur über Tatsachen zulässig, welche in Handlungen des Gegners, seiner Rechtsvorgänger oder Vertreter bestehen, oder welche Gegenstand der Wahrnehmung dieser Personen gewesen sind. Damit ergibt sich, wie für Handlungen im allgemeinen, so namentlich für die inneren Tatsachen die Schranke, daß der Eid nur über Seelenvorgänge in der Person des Gegners, des Vertreters oder des Rechtsvorgängers zugeschoben werden kann. Eine besondere Rolle spielen hier in den Entscheidungen die Beweggründe, durch welche der Schwurpflichtige zu einem Verhalten bestimmt ist. Es kann aber der Eid stets nur über das Vorhandensein eines ganz bestimmten Willens in einem bestimmten Zeitpunkt in Frage kommen. Das tritt bei der kurzen Fassung, in der die Reichsgerichtsentscheidungen vielfach publiziert sind, nicht immer klar hervor, ist aber doch hier und da nicht zu verkennen, z. B. im Urteile v. 27. Okt. 1892 (JW. 1892 S. 506): „Gegenstand ist sonach nur der Wille, den die Beklagte hatte, als sie unterschrieb." Auch die Absicht, die Gläubiger zu benachteiligen, ist ein Seelenvorgang, der öfters Gegenstand des Eides in den vom Reichsgerichte geprüften Urteilen ist, vgl. z. B. Urteil v. 26. Juni 1893 (JW. 1893 S. 427). Das Urteil v. 13. April 1904 (RG. 57, 390) duldet den Eid über die Kenntnis der Widerrechtlichkeit, d. h. das Bewußtsein des Klägers von einer vorhandenen Widerrechtlichkeit. In zahllosen Entscheidungen hat das Reichsgericht den Eid über die Kenntnis oder die Nichtkenntnis einer Tatsache für zulässig erklärt. Freilich wird hier in konstanter Praxis verlangt, daß die Tatsache, um deren Kenntnis es sich handelt, feststeht. Solange die Tatsache selbst nicht feststeht, kann der Eid über ihre Kenntnis dem Gegner nicht zugeschoben werden. An sich wäre es ja denkbar, daß der Gegner solchenfalls die Nichtkenntnis beschwört, denn wenn die Tatsache nicht wahr ist, ist auch von einer Kenntnis nicht die Rede. Eine Kenntnis ist hier gar nicht möglich. Streng logisch könnte man vielleicht sogar auch eine Nichtkenntnis für unmöglich halten. Denn beim Nichtkennen muß etwas da sein, was man nicht kennen soll. Freilich steht dem schon entgegen, daß die Tatsache nicht feststehen im strengsten Sinne des Wortes muß, daß vielmehr das Nichtbestrittensein wie sonst im Zivilprozesse genügt. Andererseits wäre es denkbar, daß der Schwurpflichtige von vertrauenswürdigen Personen Nachricht bekommen hat, so daß er tatsächlich nach seiner Überzeugung die Kenntnis nicht eidlich zu bestreiten vermag. Allen diesen Erwägungen ist das Reichsgericht von vornherein mit der Ablehnung einer solchen Eideszuschiebung entgegengetreten: „Der Gesetzgeber kann bei seiner Tendenz, die Eideszuschiebung im Verhältnisse zu dem früheren Prozeßrechte tunlichst einzuschränken, füglich einer Partei nicht haben zumuten wollen, ihre Unkenntnis von einer seitens des Gegners behaupteten

Tatsache zu beschwören, deren Existenz noch nicht einmal feststeht und die sich vielleicht später als unwahr erweist, so daß eine Kenntnis derselben überhaupt unmöglich war. Eine solche Eideszuschiebung setzt daher voraus, daß die betreffende Tatsache objektiv bereits feststeht und mithin auch die Möglichkeit einer Wahrnehmung derselben seitens des Gegners vorliegt, so Urteil v. 7. Dez. 1891 (JW. 1893 S. 96). Im gleichen Sinne hatte das Reichsgericht schon im Urteile v. 7. Dez. 1880 (RG. 3, 395) entschieden, indem es den Eid über die Zahlungseinstellung des Th. und die Kenntnis des Beklagten davon ablehnte, weil die Zahlungseinstellung streitig war und die Eideszuschiebung über facta aliena nur in dem beschränkten Rahmen des § 445 ZPO. zulässig sei. Steht die Zahlungseinstellung fest, so ist der Eid über die Kenntnis zulässig, so Urteil v. 8. Juli 1889 (JW. 1889 S. 324;vgl. JW. 1898 S. 483; 1899 S. 488; Gruchots Beitr. 45, 1010). Die Kenntnis, dieser innere Seelenvorgang, kann sich selbst wieder auf einen inneren Seelenvorgang in der Person eines anderen beziehen, so auf die Absicht eines anderen, seine Gläubiger zu benachteiligen. Auch über solche Kenntnis erklärt das Reichsgericht den Eid für zulässig, vorausgesetzt, daß die fraudulöse Absicht des anderen feststeht, Urteil v. 4. Febr. 1881 (RG. 3, 430).

Die Kenntnis selbst ist die Tatsache, welche Gegenstand der Wahrnehmung ist. Daher kann der Beweispflichtige über die Kenntnis schlechthin den Eid zuschieben, ohne daß er über die Art, wie und wann der Gegner die Kenntnis erlangt hat, irgendwelche Angaben macht. Das hat das Reichsgericht wiederholt anerkannt, so in den Entsch. v. 4. März 1885 (GruchotsBeitr. 29, 1109) und v. 27. Mai 1908 (SeuffA. 64, 164). Gemäß Urteil v. 10. April 1889 (SeuffA. 44, 366) soll Beklagter „allgemein schwören, daß er etwas nicht gewußt habe; für diesen Eid kommt es auf die Quellen des Wissens nicht an". „Daß aber dem Gerichte die Befugnis zustände, diese Angabe [der Quellen] zu fordern, um beurteilen zu können, ob der Eid werde geleistet werden, dafür bieten die Gesetze keinen Anhalt."

Auch bei diesen inneren Seelenvorgängen besteht die Gefahr, daß an die Stelle der Tatsache das Urteil und die Schlußfolgerung tritt. Das Reichsgericht hat das nie verkannt. Es kommt das besonders deutlich zum Ausdruck im Urteile v. 13. Jan. 1894 (SeuffA. 49, 368); „Da freilich das Wissen nicht bloß durch sinnliche Wahrnehmungen, sondern auch durch Schlußfolgerungen mehr oder weniger verwickelter Art vermittelt sein kann, mögen sich Umstände denken lassen, unter denen die Eideszuschiebung über das Wissen einen ungerechtfertigten Gewissenszwang für den Delaten herbeiführen würde."

Eine in der Wissenschaft bestrittene Frage ist, ob der Eid über hypothetisch innere Tatsachen, d. h. darüber, daß der Schwurpflichtige, wenn gewisse Voraussetzungen gegeben oder nicht gegeben gewesen wären, anders gehandelt hätte. Das Reichsgericht hat bereits im Urteile des 1. Zivilsenates v. 1. Nov. 1893 (RG. 32, 375), in welchem in erster Linie die Zulässigkeit eines Zeugenbeweises über solche Tatsachen in Frage stand, das Problem in verneinendem Sinne entschieden. „Man könnte nämlich gegen eine etwaige Eideszuschiebung an die Beklagten darüber, ob sie selbst dem Kläger ihre Stimmen gegeben hätten, das Bedenken erheben, daß sie nicht vor die Alternative der Bejahung oder Verneinung gestellt werden können und ihnen die Möglichkeit nicht abgeschnitten werden dürfe, zu erklären, sie wüßten jetzt nicht mehr, wie sie damals gestimmt hätten." Im Urteile v. 22. Febr. 1906 hatte sich der 6. Zivilsenat sodann ex professo mit der Frage zu beschäftigen (RG. 62, 416). Er hat dort die Zulässigkeit eines Eides über hypothetisch innere Tatsachen mit aller Entschiedenheit verneint. „Das Berufungsgericht unterstellt die Möglichkeit, daß diese Eideszuschiebung gemeint gewesen sei als direkt über die Behauptung geschehen, daß, wenn auch der Beklagte der Klägerin die Verwaltung früher übertragen hätte, sie das Konto bei Go. nicht aufgelöst haben würde, und erklärt für diesen Fall die Eideszuschiebung für nach § 445 ZPO. unzulässig, da der Entschluß, den die Klägerin nur in einem nicht eingetretenen Falle gefaßt haben würde, weder eine Handlung derselben noch Gegenstand ihrer Wahrnehmung gewesen sei." Das Reichsgericht schließt sich unter ausdrücklicher Ablehnung der im Gaupp-Steinschen Kommentar vertretenen abweichenden Meinung dem Oberlandesgericht Hamburg an. „Eine Entschließung, die die Partei eventuell gefaßt haben würde, ist doch nun einmal keine Tatsache, welche in einer Handlung (nämlich einer wirklichen Handlung) derselben besteht oder Gegenstand ihrer Wahrnehmung gewesen ist. Damit steht nicht im Widerspruche, daß hypothetische Tatsachen, wie nicht bezweifelt werden kann, überhaupt Gegenstand eines Beweises, jedenfalls mittels Indizien, sein können, ja wie der 1. Zivilsenat angenommen hat, auch Gegenstand eines Zeugenbeweises." Bei der Eideszuschiebung aber muß „der Eid geeignetenfalls über das Indizium selbst zugeschoben werden", ebenso Entsch. v. 14. Nov. 1914 (Recht 1915 Nr. 606). Das Reichsgericht steht damit im Einklange mit der herrschenden Meinung. Freilich wird die entgegengesetzte Ansicht von mehreren unserer besten Prozessualisten vertreten. Stein (§ 445 I), Rudolf Schmidt (Richterlicher Eid S. 25) und Rosenberg (Lehrbuch § 124 I) geben für ihre abweichenden Ansichten besondere Gründe nicht an. Dagegen finden wir bei Kisch (Festschrift f. Laband S. 237ff.) eine eingehende Begründung. Kisch wendet gegen die Reichsgerichtsentscheidung unmittelbar ein: „Eidesthema können nicht nur wirkliche Geschehnisse, insbesondere wirkliche Handlungen, sondern auch vorgestellte Ereignisse und Handlungen sein." Schon dieser Satz trifft nicht zu. Ja, vorgestellte Ereignisse können wohl Gegenstand des Eides sein, dann handelt es sich jedoch um die Vorstellung, das ist die Tatsache, nicht um die Ereignisse, die nicht vorhanden sind und insofern, als sie gedacht werden können, in dieser Abstraktion nichts Konkretes, nichts „Tatsächliches" an sich haben. Kisch behauptet, „Tatsache im Sinne des Prozeßrechtes ist alles, was nach dem Gesetze behauptet werden kann und muß, um eine bestimmte Rechtsfolge daraus abzuleiten. Das wird in der Regel natürlich ein angebliches Geschehen sein. Es kann aber ebensogut ein Nichtgeschehen sein". Richtig, aber auch bei dem Nichtgeschehensein handelt es sich um einen konkreten Zustand, sei es in der Außenwelt oder im Seelenleben. Wenn aber Kisch gerade aus der Möglichkeit des Eides über das Nichtvorhandensein einer Tatsache, den „negativen Tatbestand" folgert: „Es kann endlich ebensogut eine Tatsache sein, die (zwar nicht eingetreten ist, aber) unter gewissen Voraussetzungen sich ereignet — oder nicht ereignet — haben würde, also eben eine hypothetische Tatsache", so kann dieser Schlußfolgerung nicht beigestimmt werden. Denn gerade bei der hypothetischen Tatsache handelt es sich nicht um etwas Konkretes, weder um ein Sein noch um ein Nichtsein. Als Beispiel gibt Kisch: „Daß die Partei den Vertrag, über dessen Inhalt sie sich geirrt hat, bei Kenntnis der wahren Sachlage nicht abgeschlossen haben würde, ist Voraussetzung des Anfechtungsrechtes, in diesem Sinne also eine Tatsache, ebensogut wie der Umstand, daß sie infolge der Täuschung kontrahiert hat." Freilich im Sinne der von Kisch aufgestellten Definition „Tatsache im Sinne des Prozeßrechtes ist alles, was nach dem Gesetze behauptet werden kann und muß, um eine bestimmte Rechtsfolge daraus abzuleiten", mag eine Tatsache vorliegen. Aber die Definition kann nicht für richtig anerkannt werden, weil sie etwas Nichttatsächliches hineinnimmt. Tatsache ist das Bestimmtwordensein durch gewisse Motive. Freilich setzt diese Tatsache für die menschliche Erkenntnis ein Urteil voraus, hier kann man denn auch getrost von Sachurteilen sprechen. Aber die Negative, was der durch den Irrtum Bestimmte andernfalls getan hätte, ist reines Urteil. Zu diesem Urteile, daß der Irrende bei Kenntnis der Sachlage die Erklärung nicht abgegeben hätte, kann der Richter nur auf Grund der Würdigung besonderer tatsächlicher Umstände gelangen. Gerade die Würdigung dieser Tatumstände ist es auch, die den Irrenden zu dem Urteile bringt. Für das Urteil des Richters kommt dann auch noch die Würdigung der persönlichen Eigenschaften des Irrenden hinzu. Nur in einem ganz besonderen Falle wird das Urteil in der Person des Irrenden zur Tatsache. Wenn er nämlich zur Zeit der irrtümlichen Entschlußfassung sich genau klargemacht hat, wäre diese oder jene angenommene Voraussetzung nicht vorhanden, so würde ich anders handeln, liegt eine Tatsache vor. Aber diese Tatsache ist der Seelenvorgang, den die geistige Tätigkeit, die in ihrem Erfolge das Urteil produziert, darstellt, nicht etwa das abstrakte Urteil selbst. Über diesen Seelenvorgang könnte als eine Tatsache ein Eid zugeschoben oder auferlegt werden. Mit dem Eide würde jedoch nur die Tatsache, daß der Irrende sich damals schon gesagt hat, wäre dies oder jenes nicht der Fall, würde ich anders handeln, bewiesen sein. Das ist dann nicht das Urteil selbst, sondern in bezug auf dasselbe charakterisiert nur ein Indiz. Freilich ist dieses Indiz ein starker Beweis dafür, daß der Irrende bei Kenntnis der Sachlage anders gehandelt hätte. Aber das Indiz kann nur dazu führen, daß der Richter in freier Beweiswürdigung auf Grund dieses Indizes annimmt, daß der Irrende bei Kenntnis des Irrtums anders gehandelt hätte, keineswegs besteht für diese Annahme der formale Feststellungszwang eines unmittelbar auf diese Schlußfolgerung gerichteten Eides. Liegt der Schlußfolgerung jener Tatbestand zugrunde, dann könnte man vielleicht von einem Tatsachenurteile sprechen. Aber auch das ist nicht einmal zutreffend, denn der Seelenvorgang selbst enthält zwar als Resultat jenes Urteil, ist aber an sich etwas ganz anderes und selbst gegenüber diesem Erfolge keineswegs ein Tatsachenurteil. Immerhin ist in diesem Falle, wo der Schwurpflichtige jene Schlußfolgerung tatsächlich im Momente des Entschlusses gezogen hat, ein Seelenvorgang, also eine Tatsache vorhanden, so daß ein Eid, der nicht schlechthin ein reines Urteil betrifft, in Diskussion gezogen werden kann. Das ist aber ganz ausgeschlossen, wo jene Schlußfolgerung tatsächlich nicht gezogen worden ist, und diese Fälle sind in der Tat die Mehrzahl, da man bei einem Entschlusse nicht jedesmal die Voraussetzungen, die man für gegeben hält, hinwegdenkt und sich darüber schlüssig wird, was man solchenfalls täte. Wenn Kisch weiter damit argumentiert, daß es sich in diesen Fällen um ein Tatsachenurteil handelt und ein solches zum Gegenstande des Eides gemacht werden könne, wenn das nach der Überzeugung des Richters so einfacher Natur ist, daß der Partei eine Äußerung hierüber unter eidlicher Vernehmung zugemutet werden darf, so ist hiergegen an sich nichts einzuwenden, aber nur unter der Voraussetzung, daß es sich hier um ein Tatsachenurteil handelt, was verneint werden muß, weil im entscheidenden Punkte, nämlich für die Frage, daß der Schwurpflichtige anders gehandelt haben würde, nichts Tatsächliches, sondern nur eine reine Schlußfolgerung, ein reines Urteil vorhanden ist. Auf die praktischen Konsequenzen einzugehen, hat wenig Zweck. Kisch weiß (S. 241) Fälle zu bringen, bei denen man vielleicht in bezug auf die Eidesleistung, wenn man sie ohne Rücksicht auf die Gesetzesvorschrift vom rein praktischen Standpunkte würdigt, nicht allzu große Bedenken zu haben braucht. Aber andererseits ist doch nicht zu verkennen, daß eine Partei gar zu leicht geneigt sein wird, einen ihr günstigen Eid dahin zu leisten, wenn dies oder jenes nicht gewesen wäre, hätte ich anders gehandelt. Ein solcher Eid stellt eine starke Gewissensbelastung dar, oder — und das wohl in den meisten Fällen — er wird unbedenklich geschworen, weil der Nachweis eines Meineides hier so gut wie völlig ausgeschlossen ist. Die praktischen Konsequenzen der Zulassung eines solchen Eides würden auch ganz andere sein als bei der Zeugenvernehmung. Hier entscheidet der Richter nach freier Überzeugung, dort bindet ihn die formale Feststellungswirkung.

Auch Baumbach (§ 445, 2 ZPO.) hat sich dieser abweichenden Meinung angeschlossen. Seine Begründung lautet: „Denn dabei handelt es sich nicht um Schlüsse, die der Richter ziehen kann, vielmehr um eine Verbindung der gegebenen Tatsachen des Seelenlebens der Partei mit einem nur von dieser Partei einigermaßen sicher zu ziehenden Schlusse." Baumbach tritt dem Moment des Tatsächlichen insofern näher, als er die gegebenen Tatsachen des Seelenlebens zugrunde legt. Aber dieses Heranziehen jener Tatsachen ist Fiktion. Sie sind hier bei diesem Urteil ebensowenig zum Gegenstande des Eides gemacht wie bei anderen reinen Urteilen, bei denen ja ebenfalls stets eine tatsächliche Grundlage im Hintergrunde steht. Sobald aber jene Tatsachen bestimmter in den Rahmen der Eideszuschiebung hineingezogen werden, sind sie selbst die Tatsachen, über die gemäß § 445 der Eid zulässig ist, und dann handelt es sich nicht mehr um die Frage, ob der Eid über hypothetisch innere Tatsachen zugeschoben werden darf.

Eine Eideszuschiebung über strafbare Handlungen der Partei hält das Reichsgericht nicht für unzulässig, weil „das Gesetz auch strafbare Handlungen von der Eideszuschiebung nicht ausschließt", so im Urteile des 5. Zivilsenates v. 6. April 1889 (JW. 1889 S. 206; ebenso Stein-Jonas § 445 I, Neukamp § 445 I, Hellwig, System S. 725 u. a.). Da das Gesetz für die Vernehmung der Zeugen solchenfalls besondere Einschränkungen enthält, spricht der Mangel jeglicher gesetzlicher Bestimmungen in diesem Falle für die Richtigkeit der reichsgerichtlichen Judikatur.

Nicht jede Tatsache kann Gegenstand des zugeschobenen Eides sein, sondern nur eine solche, welche in einer Handlung des Gegners, seines Rechtsvorgängers oder Vertreters besteht, oder welche Gegenstand der Wahrnehmung dieser Personen gewesen ist. Diese Einschränkung ist bereits berührt, bedarf nun jedoch bezüglich der Begriffe Rechtsvorgänger und Vertreter einer näheren Betrachtung. Die Wendung „Rechtsvorgänger oder Vertreter" ist typisch für das Beweisrecht der Zivilprozeßordnung. Sie kehrt außer im § 445 im § 385 Ziff. 4 beim Zeugenbeweise wieder. Dort wird dem Zeugen das Zeugnisverweigerungsrecht versagt in bezug auf diejenigen auf das streitige Verhältnis sich beziehenden Handlungen, welche von ihm selbst als Rechtsvorgänger oder Vertreter einer Partei vorgenommen sein sollen. Der Begriff Rechtsvorgänger ist in der Zivilprozeßordnung nicht definiert. Man kann ihn auch nicht ohne weiteres als Korrelat zu dem sonst gebrauchten Rechtsnachfolger auffassen, weil man damit zu Einschränkungen kommen würde, die für das Beweisrecht der Zivilprozeßordnung zum mindesten höchst fraglich erscheinen und denn auch tatsächlich vom Reichsgerichte nicht gemacht sind. Da der Rechtsvorgänger in § 445 ZPO. sich der prozessualen Lage entsprechend nicht nur auf zivilrechtliche Tatbestände, sondern auf alle denkbaren Rechtslagen, die für die Position der Partei in Frage kommen, bezieht, muß der Begriff sehr weit ausgedehnt werden. Man wird von einem Rechtsvorgänger überall da sprechen können, wo sich die Rechtsposition der Partei aus der Rechtsposition eines anderen in irgendeiner Weise herleitet. In diesem weiten Sinne hat auch das Reichsgericht durchweg den Begriff genommen. Freilich finden wir hier keineswegs einen klaren und konstant festgehaltenen Standpunkt von Anfang an vor. Bereits im Urteile v. 24. Okt. 1885 (RG. 15, 368) gibt der 5. Zivilsenat gewisse Richtlinien, die als Ausgangspunkt für die weitere Entwicklung ausschlaggebend geworden sind. „Was das Gesetz unter dem im § 410/445 gebrauchten Ausdruck ‚Rechtsvorgänger' verstanden haben will, muß, weil nähere Bestimmungen fehlen, nach dem Begriffe des Überganges von Rechten im allgemeinen und für das besondere Gebiet des betreffenden Anspruches sowie nach seiner Bedeutung für den Eidesbeweis beurteilt werden." Gerade die Betonung des letzten Gesichtspunktes ist beachtlich. Im übrigen hält sich die Entscheidung noch an den engen Begriff der Rechtsnachfolge. Es wird hervorgehoben, daß „auch" eine Singularsukzession unter § 445 fällt, wobei als normaler Fall und regelmäßige Rechtsnachfolge wohl die Universalsukzession gedacht ist. Doch wird bemerkt, daß nicht nur bei translativer, sondern auch bei konstitutiver Übertragung § 445 ZPO. Platz greift. Gerade bezüglich des konstitutiven Erwerbes hielt das Reichsgericht damals noch eine eingehende Begründung für nötig. „In der Tat läßt sich auch ein anderer Grund für die in Rede stehende Ausdehnung des Eidesbeweises nicht finden, als auf der einen Seite die Notwendigkeit eines Schutzes gegen den Verlust des Beweismittels durch die Willkür dessen, an welchen die Partei sich ohne die durch ihn bewirkte Veränderung hätte halten können, auf der anderen Seite die Vermutung, daß der Delat in der Lage gewesen sei, sich eine Überzeugung von der Wahrheit oder Unwahrheit der betreffenden Tatsache zu verschaffen." Diese Gründe für die Bestimmung des Rechtsvorgängers liegen nicht mehr im materiellen Rechte, sondern ausschließlich auf dem Gebiete des prozessualen Beweisrechtes. In concreto handelt es sich schon in diesem Urteile um die Frage, ob der Schuldner bei Anfechtung von Rechtshandlungen außerhalb des Konkurses in bezug auf den Beweis für das Vorhandensein einer fraudulösen Absicht desselben Rechtsvorgänger des Anfechtungsbeklagten sei, was das Reichsgericht bejaht. In der Entsch. v. 23. Nov. 1899 (RG. 45, 369) hielt das Reichsgericht daran fest, daß konstitutive Rechtsübertragung unter § 445 ZPO. fällt, und es wurde in preußischrechtlicher Sache der Anweisende für den Rechtsvorgänger des Anweisungsempfängers erklärt. Im Sinne des prozessualen Beweisrechtes und der Grundauffassung des Reichsgerichtes war die Entscheidung folgerichtig. Im Gegensatze dazu ist das Urteil des 1. Zivilsenates v. 12. Mai 1900 (SeuffA. 55, 446, GruchotsBeitr. 44, 1089) nicht konsequent. Es handelte sich um die Frage, ob der Indossant Rechtsvorgänger des Indossatars sei. Das Reichsgericht hielt sich in diesem Urteile völlig an die materiell-rechtlichen Begriffe. Das war zwar früher im wesentlichen auch geschehen, aber bis dahin deckte sich das Ergebnis mit dem, das aus der prozessualen Beweissituation gewonnen wurde. Hier ergab sich ein Zwiespalt. „Im Sinne des Prozeßrechtes und insbesondere des § 445 ZPO. wird unter einem Rechtsnachfolger nur derjenige verstanden, der sein eigenes Recht aus dem Rechte eines anderen ableitet, weil lediglich in solchem Falle die tatsächlichen Grundlagen des früheren Rechtes für sein Recht von Belang sind. Der Indossatar hat aber ein selbständiges Recht, das von dem Rechte seiner Vormänner nicht abhängig ist." Vom Standpunkte des Beweisrechtes aus mußte das Reichsgericht anders entscheiden. Mit den Leitsätzen des Urteils v. 24. Okt. 1885 (RG. 15, 368) ließ sich diese Entscheidung nicht vereinbaren. Dessen ist sich das Reichsgericht wohl selber sehr schnell bewußt geworden. Schon im Urteile v. 5. Nov. 1900 (RG. 47, 66) entschied derselbe 1. Senat anders, obwohl er erklären mußte „es muß zugegeben werden, daß die vom Berufungsgerichte befolgte Ansicht" — es war die noch im Urteile v. 12. Mai 1900 vertretene — „in der prozeßrechtlichen Literatur fast allgemein vertreten wird". Jetzt wurde der entscheidende Schritt getan und die materiellrechtliche Basis in der Hauptsache aufgegeben. „Mit Planck (Lehrbuch des deutschen Zivilprozeßrechtes 2, 307, 308) ist vielmehr anzunehmen, daß für die

Anwendung dieser Prozeßvorschrift (§ 445 ZPO.) die zivilistischen Begriffe von Rechtsvorgänger und Vertreter nicht schlechthin maßgebend sind." Zaghaft verwies das Reichsgericht noch auf Regelsberger: „Vgl. auch Regelsberger, Pandekten § 119 letzter Absatz", um damit sich gewissermaßen zu entschuldigen, daß die Situation auch im Zivilrechte selbst nicht so ganz sicher sei. Hatte doch Regelsberger für den Erwerb aus der Eigentumsersitzung, Indossament und ähnliche Fälle erklärt: „Man muß sich hüten, praktische Sätze aus der selbstgeschaffenen Zuteilung zum abgeleiteten oder ursprünglichen Erwerbe zu erschließen." Dann aber kehrte der Senat mit aller Entschiedenheit zu dem Ausgangspunkte des prozessualen Beweisrechtes zurück und erklärte in vollem Einklange mit den Sätzen in RG. 15, 368: „Die Prozeßvorschrift beruht insoweit, als sie die Eideszuschiebung über Handlungen und Wahrnehmungen der Rechtsvorgänger und der Vertreter des Gegners zuläßt, auf dem Gedanken, daß es der Partei häufig unmöglich ist, sich über die Handlungen und Wahrnehmungen jener Personen andere Beweismittel zu verschaffen, und daß der Gegner regelmäßig in der Lage ist und deshalb auch ohne Unbilligkeit für verpflichtet erachtet werden darf, Erkundigungen über die betreffenden Tatsachen einzuziehen. Schutz soll namentlich auch gewährt werden gegen eine willkürliche Entziehung des Beweismittels der Eideszuschiebung." „Bei der Anwendung der hier in Betracht kommenden Bestimmung des § 445 ZPO. ist deshalb das entscheidende Gewicht nicht darauf zu legen, ob das Recht, welches der Gegner der den Eid zuschiebenden Partei im Prozesse geltend macht, von dem Rechte eines bisher Berechtigten abgeleitet ist; es genügt, wenn es sich als ein auf Grund der Verfügung eines anderen erworbenes darstellt." Und somit entschied denn der 1. Senat die zur Entscheidung stehende Frage dahin, „daß der Indossant eines Wechsels und nicht minder ein früherer Wechselinhaber, der auf Grund eines von einem Vorinhaber herrührenden Blankoindossamentes den Wechsel weiterbegibt, im Sinne des § 445 ZPO. Rechtsvorgänger des Wechselerwerbers und der ihm folgenden weiteren Erwerber ist". Daran hat das Reichsgericht festgehalten. Noch neuerdings hat der 2. Zivilsenat im Urteile vom 7. Mai 1926 (RG. 113, 335) das Urteil in RG. 47, 66 bestätigt. „Für den Begriff der Rechtsnachfolge im Sinne des § 445 ZPO. ist es bedeutungslos, ob dem Rechtsnachfolger gegenüber, namentlich bei gutgläubigem Erwerb, einzelne oder alle Einwendungen ausgeschlossen sind, die sich der Vorgänger entgegensetzen lassen muß. Wird ein Recht von einem Nichtberechtigten hergeleitet, so bleibt der Verfügende gleichwohl insofern Rechtsvorgänger des anderen, als seine Verfügung den Grund für die Rechtsnachfolge bildet." Am weitesten ist das Reichsgericht wohl in Konsequemz seines prozessualen, beweisrechtlichen Standpunktes in der Entsch. v. 13. Juli 1908 (RG. 69, 186) gegangen. Der Zimmermann Br. hatte, als er nachts aus einer Schankwirtschaft heimgehen wollte, in der Dunkelheit den Zugang zu einer Grabenbrücke, die von der Wirtschaft aus nach der öffentlichen Straße führte, verfehlt, war in das Wasser gestürzt und ertrunken. Seine Witwe forderte Schadenersatz von dem Eigentümer des Wirtschaftsgrundstückes, weil das Grabenufer unmittelbar neben der Brücke nicht verwahrt, auch der Zugang zu dieser nicht beleuchtet gewesen war. Der Beklagte schützte die Einrede eigenen Verschuldens des Getöteten, das die Klägerin nach § 846 BGB. vertreten muß, vor, indem er unter Eideszuschiebung behauptete, Br. habe gewußt, daß unmittelbar neben der Brücke das Ufergeländer, das früher vorhanden gewesen war, schon seit einiger Zeit gefehlt habe. Vom rein materiell-rechtlichen Standpunkte kann man hier den Ehemann unmöglich als Rechtsvorgänger der Klägerin auffassen. Das war auch der Standpunkt des Oberlandesgerichtes Dresden, das diese Eideszuschiebung für unzulässig ansah: „Bei der behaupteten Tatsache komme Br. nicht als Rechtsvorgänger der Klägerin in Betracht, da diese das von ihr verfolgte Recht auf Schadenersatz nicht von ihrem verstorbenen Manne ableite, sondern als ein unmittelbar ihr selbst erworbenes geltend macht." Das Reichsgericht entscheidet anders. Für die Frage, ob und in welchem Umfange der Schadenersatzanspruch entstehe, sei das Verhalten des Getöteten von tiefgreifendem Einflusse, „der mittelbar Geschädigte muß dieses Verhalten des Getöteten in weitgehendem Maße vertreten. Dies ist im § 846 bezüglich des eigenen schuldhaften Verhaltens des Getöteten ausdrücklich vorgeschrieben, und diese Bestimmung ist als Ausfluß eines allgemeinen Rechtsgrundsatzes anzusehen, nach welchem der mittelbar Geschädigte auch andere, nicht unter die Vorschrift des § 846 fallende Handlungen des Getöteten gegen sich gelten lassen muß." „Es darf aber als eine zulässige und im Sinne des Gesetzes liegende Folgerung angesehen werden, daß, soweit nach der materiell-rechtlichen Regelung der mittelbar Geschädigte das Verhalten des Getöteten in gleicher Weise wie dasjenige eines Rechtsvorgängers vertreten muß, ihm gegenüber auch die Eideszuschiebung statthaft ist." Diese Begründung steht so, wie sie gegeben ist, völlig in der Luft. Vom materiellen Rechte aus kommt man nun und nimmer dazu, daß der Ehemann hier Rechtsvorgänger der Klägerin ist. Das Gesetz läßt durch ein Verschulden des Getöteten den Anspruch der Hinterbliebenen beeinflußt werden, soweit der Anspruch des Getöteten selbst, wenn er nicht gestorben wäre, durch solche Umstände modifiziert wäre. Das Verhalten des Getöteten ist insofern auch für den Anspruch der Witwe maßgebend. Aber das hat nur darin seinen Grund, daß die Verpflichtung des Ersatzpflichtigen aus dem Unglücksfalle und dem dabei relevanten Verhalten des Getöteten erwächst. Von einer Rechtsnachfolge ist hier keine Rede. Nicht weil die Ehefrau Rechtsnachfolgerin des Mannes ist, muß sie dessen Verschulden gegen sich gelten lassen, sondern deshalb, weil im Falle eigenen Verschuldens des Mannes ein Schadenersatzanspruch überhaupt nicht oder doch nur in gemindertem Maße zur Entstehung gelangt. Wenn diese besondere Lage dazu führt, daß man in einzelnen Fragen die Rechtslage ähnlich wie bei einer Rechtsnachfolge beurteilt, so wird damit die Witwe noch keineswegs zu einer wirklichen Rechtsnachfolgerin, so daß man den getöteten Mann als Rechtsvorgänger im zivilrechtlichen Sinne und damit auch vom Standpunkte einer materiell-rechtlichen Auffassung des Rechtsvorgängers in § 445 für das Zivilprozeßrecht und speziell für § 445 bezeichnen könnte. Von einer prozeßrechtlichen Begründung findet sich in der Entscheidung nichts. Trotzdem ist sie, von dem Standpunkte des prozessualen Beweisrechtes aus, von dem das Reichsgericht sonst diese Frage löst, durchaus folgerichtig. Hier ist nur erforderlich, daß sich die Rechtsposition des Schwurpflichtigen aus der Rechtsposition des Rechtsvorgängers herleitet. Und das kann man für das Recht der klagenden Witwe gegenüber ihrem beim Unglücksfalle ums Leben gekommenen Ehemanne wohl allenfalls bejahen. Allenfalls! Gewisse Bedenken bleiben immer noch, da die Rechtsposition des Ehemannes insofern nicht mehr vorhanden sein kann, als diese gerade mit seinem Tode erst entstand und man einen Toten nicht mehr als Subjekt einer Rechtsposition ansehen kann.

Ob diese ganze, in sich durchaus konsequente Entwicklung bezüglich des Rechtsvorgängers im § 445 gegenüber dem ziemlich farblosen Begriff in § 445 noch Gesetzesauslegung und nicht schon mehr Rechtsfindung ist, mag dahingestellt bleiben. Inzwischen haben die ersten Entscheidungen hier wohl schon das Gewohnheitsrecht geschaffen, daß der in § 445 ZPO. aufgestellte Begriff des Rechtsvorgängers ein rein zivilprozessualer und aus der Situation des Zivilprozesses heraus zu erklärender ist, sofern man solches nicht unmittelbar dem § 445 entnehmen will.

Die beiden wichtigsten Fälle, in denen das Reichsgericht den Rechtsvorgänger bejaht hat, sind bei der Entwicklung schon berührt. Der Indossant ist Rechtsvorgänger des Indossatars, vgl. Entsch. v. 5. Nov. 1900 (RG. 47, 66), v. 18. Dez. 1901 (JW. 1902, S. 76), v. 7. Mai 1926 (RG. 113. 335). Der Schuldner ist Rechtsvorgänger des Anfechtungsbeklagten, Urteil v. 24. Okt. 1885 (RG. 15, 368), v. 26. Juni 1893 (JW. 1893, S. 927), v. 30. Juni 1903 (SeuffA. 59, 175). Das ist für den Anfechtungsbeklagten insofern von besonderer Bedeutung, als ihm hier der Eid über die Kenntnis einer fraudulösen Absicht auch dann zugeschoben werden kann, wenn diese Absicht noch nicht feststeht. Freilich muß solchenfalls zunächst der Eid über die fraudulöse Absicht des Schuldners selbst als Rechtsvorgängers dem Gegner zugeschoben werden. Erst wenn durch Eid die fraudulöse Absicht selbst festgestellt ist, kann der Eid über die Kenntnis in Frage kommen. Im Urteile v. 4. Nov. 1902 (RG. 53, 8) erklärt das Reichsgericht den Gemeinschuldner bezüglich des Verwaltungs- und Verfügungsrechtes für den Rechtsvorgänger des Konkursverwalters. Dort wird noch hervorgehoben: „Auch der Erwerber eines Pfändungspfandrechtes, der Ersteher eines Grundstückes in der Zwangsversteigerung, der Ehemann als Nießbraucher des eingebrachten Gutes der Ehefrau ist Rechtsnachfolger im Sinne des § 445 ZPO.", freilich Fälle, bei denen nach der grundsätzlichen Auffassung des Reichsgerichtes kein Zweifel bestehen dürfte.

Vertreter ist, wer nach materiellem Rechte befugt ist, im Namen eines anderen so zu handeln, daß die Rechtswirkungen in der Person dieses anderen eintreten. Die Befugnis zur Vertretung kann durch Gesetz oder Rechtsgeschäft erteilt sein. Handelt jemand für einen anderen ohne Vollmacht, so ist er nur dann Vertreter des anderen, wenn dieser nachträglich seine Genehmigung erteilt. Vielfach ist die Frage, ob jemand Vertreter ist, in streitigen Fällen für den § 445 ZPO. insofern von geringer Bedeutung, als der Betreffende, wenn er nicht als Vertreter anzusehen ist, doch wiederum als Rechtsvorgänger qualifiziert werden muß. Beides führt indessen zur Anwendung des § 445 ZPO. Die reichsgerichtliche Judikatur bietet hier wenig Besonderes. Schon im Urteile v. 10. März 1885 (RG. 13, 357) hatte das Reichsgericht Gelegenheit, seine grundsätzliche Stellung darzulegen. „Unter einem Vertreter im Sinne des § 410/445 sind vielmehr nur, aber auch alle die Personen zu verstehen, welche im Namen der Partei oder für die Partei gehandelt haben, so daß dieselbe deren Handlungen als die ihrige gelten läßt oder gelten lassen muß." Die weitergehende Auffassung der Motive, „unter Vertreter ist derjenige zu verstehen, für dessen Handlung die Partei haftet", wird dort vom Reichsgerichte mit Recht als unzutreffend zurückgewiesen, doch ist zweifelhaft, ob die Motive nicht dasselbe meinten und ihre Ansicht nur nicht ganz zutreffend zum Ausdrucke gebracht haben (vgl. Planck, Lehrbuch 2, 307 Anm. 79).

Das Reichsgericht hat auch den Vertreter des Rechtsvorgängers zu den „Rechtsvorgängern oder Vertretern" des § 445 ZPO. gezählt. Hierüber könnte man Zweifel hegen. Denn der Vertreter des Rechtsvorgängers ist weder selbst Rechtsvorgänger noch Vertreter der Partei. Das Reichsgericht freilich erklärt ihn im Urteile v. 1. Nov. 1882 (RG. 8, 343) für einen „Vertreter des Gegners". „Im Sinne des § 410/445 ZPO. müssen auch solche Personen als ‚Vertreter des Gegners' gelten. Der Beweisführer soll eben darunter nicht leiden, daß er genötigt ist, mit einem Rechtsnachfolger des eigentlichen Gegners zu streiten." Das mag in gewissen Fällen berechtigt sein; ob der Satz jedoch Allgemeingültigkeit beanspruchen kann, erscheint recht fraglich. Indessen hat diese Entscheidung von keiner Seite Widerspruch erfahren. Beachtenswert dürfte sein, daß das Reichsgericht sich im Grunde genommen auch hier von der materiell-rechtlichen Basis trennt und die Entscheidung lediglich unter Würdigung der prozeßrechtlichen Beweissituation trifft, wie das später in der Entsch. RG. 47, 66 ausdrücklich betont wird.

Schon das kanonische Recht schloß den Gegenbeweis durch Eideszuschiebung aus, cum aliquis intentionem suam fundaverit instrumentis aut testibus, c 2 X de probat. 2, 19. Im Anschlusse daran entwickelte sich der gemeinrechtliche Satz, daß der direkte Gegenbeweis gegen eine bewiesene Tatsache nicht durch Eideszuschiebung geführt werden darf, und dem folgend bestimmt die ZPO. § 446: „Die Eideszuschiebung über eine Tatsache, deren Gegenteil das Gericht für erwiesen erachtet, ist unzulässig." Es soll nicht ein ungerechtfertigter Gewissensdruck auf den Beweisführer, der für eine Tatsache den Beweis erbracht hat, dadurch ausgeübt werden, daß nun der Gegner noch obendrein von ihm einen Eid darüber verlangen darf. Wie das Reichsgericht im Urteile v. 18. April 1896 (JW. 1896 S. 301) hervorhebt, hat die Partei „einen gesetzlichen Anspruch darauf, daß von ihr für die Fälle der Eid nicht mehr gefordert wird, für die das Vorbringen des Gegners widerlegt ist". Aber das Reichsgericht hat im Anschluß an die Tradition und im Einklange mit Wissenschaft und Praxis dem § 446 enge Grenzen gezogen: Es ist „unter den Tatsachen, über welche der Eid zugeschoben wird, im Sinne des § 411/446 immer nur diejenige zu verstehen, welche den unmittelbaren Gegenstand der Eideszuschiebung bildet", so Urteil v. 16. Mai 1885 (SeuffA. 41, 226). Dagegen, sagt das Reichsgericht dort, bezieht sich § 446 nicht „auf solche Tatsachen, die nur als Gegenbeweisgründe oder Gegenanzeigen gegen die Wirklichkeit jener anderen Tatsache dienen sollen", und an anderer Stelle: „nicht auf solche Tatsachen, durch die ein indirekter Gegenbeweis erbracht werden soll", so Entsch. v. 19. Juni 1889 (JW. 1889 S. 306), vgl. die Entsch. v. 30. Juni 1892 (JW. 1892 S. 393), v. 6. Dez. 1894 (JW. 1895 S. 42), v. 30. März 1898 (JW. 1898 S. 259) und sonst vielfach. Einen besonders gearteten Tatbestand hatte das Reichsgericht im Urteile v. 2. Mai 1883 (RG. 12, 14) vor sich. Dort handelte es sich um zwei Streitgenossen, ohne daß ein nur einheitlich festzustellendes Rechtsverhältnis in Frage kam. Das Oberlandesgericht Hamburg hatte den einen Streitgenossen Ab. von der Eidespflicht entbunden und dies damit motiviert, daß es, „wenn nur I. G. B. den fraglichen Eid leiste, bereits vom Gegenteile der Behauptung des Beklagten überzeugt sein und dadurch die Eideszuschiebung an A. B. nach § 411/446 unzulässig werden würde". Mit Recht hob das Reichsgericht die Entscheidung des Oberlandesgerichtes auf. „Die Eideszuschiebung an mehrere Streitgenossen kann nicht nach Maßgabe des § 411/446 ZPO. nur dem einen gegenüber unter der Voraussetzung, daß der andere den Eid leisten werde, unzulässig sein; sondern ob das Gegenteil bereits erwiesen sei, ist nach der gegenwärtigen Sachlage mit gleichmäßiger Wirkung in Ansehung aller Streitgenossen zu bestimmen." Wie das Gericht zu dem Urteile, daß es das Gegenteil der Tatsache, über welche der Beweis durch Eideszuschiebung geführt werden soll, für erwiesen erachtet, gelangt ist, ist gleichgültig. Es kann ihm die Überzeugung durch einen Indizienbeweis erbracht sein, so Urteil v. 11. Juni 1896 (JW. 1896 S. 433) und v. 23. Juni 1916 (Recht 1916, Nr. 1753); ja, die Bestimmung des § 446 setzt nicht einmal voraus, daß überhaupt eine Beweisaufnahme stattgefunden hat, so Entsch. v. 19. Juni 1886 (RG. 18, 163) und v. 22. Febr. 1910 (Soergel 1901, § 446, 2).

Weil nun die Zivilprozeßordnung im § 446 formuliert: „deren Gegenteil das Gericht für erwiesen erachtet", ist hier ein Streit entbrannt. Man hat behauptet,

„Davon, daß das Gericht das Gegenteil für erwiesen ‚erachtet', kann dagegen nicht die Rede sein, wenn es gemäß einer gesetzlichen Beweisregel die Wahrheit oder Unwahrheit einer Tatsache zugrunde zu legen hat, ohne daß es sich gleichzeitig eine der Beweisregel entsprechende Überzeugung gebildet hat. Die Zuschiebung des Eides über das Gegenteil einer nur kraft Beweisregel als festgestellt anzusehenden Tatsache ist daher durch § 446 nicht verboten", so Foerster-Kann § 446, 2b. Schon früher hatten die Kommentare von Wilmowski-Levy und Reincke-Wienstein, ursprünglich auch von Petersen, Seuffert und Struckmann, ferner Planck (Lehrbuch. 2, 303) und Pagenstecher (Rechtskraft S. 185 Anm. 453) diese Ansicht vertreten. Bei Planck ist die Darstellung wenig klar. Er erklärt die Eideszuschiebung für unzulässig, „wenn und soweit die gesetzliche Beweisregel eine schlechthin zwingende und somit den Gegenbeweis auch durch Eideszuschiebung ausschließende ist." Dafür gibt er als Beispiel § 150/164 ZPO.: „Soweit sie aber den Gegenbeweis ausdrücklich oder stillschweigend durch die gewählte Form einer einfachen Vermutung zuläßt", gibt er der Eideszuschiebung statt, wobei er auf § 405 Abs. 2, § 440 Abs. 2 hinweist. Auch das ist richtig. Der § 292 ZPO. bestimmt ausdrücklich, daß der Beweis des Gegenteiles bei Vermutungen durch Eideszuschiebung geführt werden kann (vgl. auch RG. 49, 9). Eine weitere Gruppe stellt Planck gar nicht auf. Freilich spricht er nachher allgemein von gesetzlichen Beweisregeln schlechthin. Für sie gibt er dann eine nähere Begründung nicht. Entweder hat nun Planck überhaupt nur an die Fälle der Beweisregeln gedacht, wo wie in §§ 437 u. 440 nur eine Vermutung begründet ist — dafür spricht die Gruppierung —, dann ist durch seine Ausführungen gar nicht erwiesen, daß er zu den Anhängern jener Theorie gehört. Oder er wirft die Fälle mit der Vermutung und die übrigen, bei denen die Qualifikation der ersten Gruppe fehlt, zusammen; dann fehlt für das Thema probandum der Beweis.

Eine eingehendere Begründung dieser Ansicht versucht Pagenstecher: „Der zugeschobene Eid soll nach dem Gesetz in Fällen, wo der Richter sich eine Überzeugung nicht bilden konnte, ein letztes Mittel für die Parteien sein, die infolge der Verteilung der Beweislast ihnen ungünstige Entscheidung abzuwenden. Deshalb soll er da nicht zur Anwendung kommen, wo — ohne den Eid — die Entscheidung nicht auf Grund von Beweisregeln (im weiteren), sondern auf Grund der Wahrheitsüberzeugung des Richters erfolgen würde. Es soll vermieden werden, daß der Richter gezwungen sei, auf einen Eid zu erkennen, obwohl er schon der Überzeugung ist, daß die Tatsache, über welche geschworen werden soll, wahr ist." „Wo auf Grund gesetzlicher Beweismittel eine Tatsache für erwiesen anzusehen ist, fallen diese Rücksichten weg. Hier will und soll sich das Gericht erst eine Überzeugung bilden. Gelingt ihm das nicht, und der Eid wird zugeschoben, so kann von einem ‚Mißbrauche' hier nicht die Rede sein. Es liegt im Gegenteile dann einer der Fälle vor, für welche die Institution der Eideszuschiebung gerade geschaffen ist." „Es dürfte daher hier § 292 ZPO., wenn nicht direkt, so doch jedenfalls analog anwendbar sein."

Das Reichsgericht hat sich mit der herrschenden Meinung auf den entgegengesetzten Standpunkt gestellt. Im Urteile v. 30. Okt. 1885 (RG. 15, 373) wird zunächst festgestellt, daß das schriftliche Empfangsbekenntnis des Anwaltes in betreff einer angeblich von Anwalt zu Anwalt erfolgten Zustellung (§ 198 ZPO.) eine Zeugnisurkunde ist, welche hinsichtlich ihrer Beweiskraft durch § 198 Abs. 2 ZPO. einer öffentlichen Urkunde gleichgestellt und nach den Vorschriften des § 418 zu beurteilen sei. Sodann erklärt das Reichsgericht die zum Zwecke des Gegenbeweises unternommene Eideszuschiebung für unzulässig. „Denn nach der Vorschrift des § 411/446 ZPO. ist die Eideszuschiebung über eine Tatsache, deren Gegenteil das Gericht für erwiesen erachtet, unzulässig, und bei dieser Vorschrift kann es keinen Unterschied machen, ob das Erachten des Gerichtes sich auf freie Beweiswürdigung oder auf die Anwendung einer gesetzlichen Beweisregel gründet." In gleichem Sinne hat das Reichsgericht im Urteile v. 8. Febr. 1896 (GruchotsBeitr. 40, 921) entschieden. Beklagte hatte dem Kläger den Eid zugeschoben, daß sie die Hypothekenforderung für fernere Schulden ihres Ehemannes nicht verpfändet und daß sie dem Kläger den Hypothekenbrief nicht übergeben habe. „Dieser Eid ist gesetzlich unzulässig, da das ausgefüllte Formular das Gegenteil dieser Behauptung besagt, also nach § 381/416 ZPO. die Angaben des Klägers für bewiesen zu erachten sind." Die herrschende Meinung, zu der sich nach der Reichsgerichtsentscheidung von 1889 auch noch die Kommentare von Seuffert, Petersen und Struckmann bekehrt haben, dürfte die richtige und auch durch Pagenstechers Gründe nicht erschüttert sein. Zunächst spricht für die herrschende Meinung schon die historische Entwickelung. Bereits das kanonische und das gemeine Recht lehnten den Eid ab, wenn der Beweis der Tatsache, deren Gegenbeweis durch Eideszuschiebung geführt werden sollte, durch Zeugen und Urkunden bewiesen worden war. Dabei ist von einem Beweis auf Grund freier Beweiswürdigung nie die Rede gewesen. Im Gegenteile kommen damals auch für den Zeugenbeweis noch die formalen Beweisregeln in Betracht. Die Zivilprozeßordnung schloß sich der Tradition an. Jetzt in § 446 eine andere Auffassung hineinzuinterpretieren, dafür liegt nicht der geringste Grund vor und das muß schon von vornherein als bedenklich erscheinen. Sodann sind die Fälle der Beweisregeln, auch wo nicht ausdrücklich wie in §§ 164 u. 463 ZPO. der Gegenbeweis eingeschränkt ist, derartig, daß schon nach allgemeiner Erfahrung hier ein äußerst starker Grad von Wahrscheinlichkeit Platz greift, so daß in den allermeisten Fällen die richterliche Überzeugung begründet sein wird. In den seltenen Fällen, wo das nicht der Fall ist, soll dann nach der gegnerischen Ansicht die eine formale Feststellungswirkung durch die andere aufgehoben werden. Warum soll nun hier die formale Feststellungswirkung des Parteieides stärker sein als diejenige der öffentlichen Urkunde oder in den anderen durch die gesetzliche Normierung gegebenen Fällen? Gerade über die formale Feststellungswirkung des Eides sind so manche Bedenken erhoben, ganz besonders da gewissenlose Menschen, wenn der Meineid nicht nachweisbar ist, leicht mit dem Schwure bei der Hand sind. Man braucht nur auf alle die Momente hinzuweisen, die gegen den zugeschobenen Eid und für die eidliche Zeugenvernehmung der Partei vorgebracht sind. Und da soll die Beweiswirkung der öffentlichen Urkunde, die eine viel stärkere Gewähr für die Richtigkeit der Tatsache gibt als der Eid, vor dem Eide zurücktreten? Pagenstecher selbst erkennt an, daß der Eid ultimum refugium gegenüber der Verteilung der Beweislast sei. Wenn nichts anderes an Beweismitteln da ist, soll noch die Eideszuschiebung helfen. Aber damit ist doch keineswegs gesagt, daß der Eid stärkere Kraft hat als die anderen Beweismittel, daß er gegenüber der Urkunde der bessere Beweis ist. Schon wenn wir keinerlei Bestimmungen im Gesetze hätten, würde man der autorisierten Urkunde mehr glauben als dem Eid, und bei der Privaturkunde ist die Beweiskraft in so engen Grenzen gehalten, daß man, soweit sie Platz greift, schwerlich Zweifel haben wird. Es kommt hinzu, daß doch gerade der Beweisführer, der den Beweis geführt hat, selbst noch einmal die Tatsache beschwören soll, so daß schon erfahrungsgemäß in den allermeisten Fällen der Eid geschworen wird und sich damit als überflüssig erweist. Mit Recht sagt Wach: „Man darf denjenigen, welcher bewiesen hat, nicht noch unter den Eideszwang stellen. Er braucht weder das Bewiesene zu beweisen, noch sich durch die Delation zum Geständnisse drängen zu lassen"

(Vorträge S. 225f.). Eideszuschiebung ist immer nur zulässig über Tatsachen, die bewiesen werden sollen. Wenn die Tatsachen aber bereits bewiesen sind, kommt nach dem Sinne des Gesetzes eine Eideszuschiebung nicht mehr in Frage. Bewiesen sind die Tatsachen zwar nach der strengeren Auffassung nur, wenn dem Richter die Überzeugung von ihrer Wahrheit beigebracht ist. Aber unsere Zivilprozeßordnung steht auf dem Standpunkte, daß auch bei der formalen Feststellungswirkung Beweis erbracht wird. Daß gerade für § 446 ZPO. das Prozeßgesetz für die siebziger Jahre eine andere grundsätzliche Auffassung für den Beweis gehabt haben sollte als sonst, ist gänzlich ausgeschlossen. Schließlich würde die gegnerische Ansicht nur zur Prozeßverschleppung dienen, indem der beklagte Gegner noch den Eid zwecks Gegenbeweises zuschiebt, mag auch wohl das Gericht dann in den allermeisten Fällen das Gegenteil im Sinne des § 446 für erwiesen erachten. Die richterliche Überzeugung von der Wahrheit ist das Äußerste, was im § 446 gefordert wird. Unwiderleglichkeit wird im § 446 nicht vorausgesetzt. Mit Recht erhebt daher Wach (Vorträge 2 S. 226 Anm.) Bedenken gegen das Urteil des Reichsgerichtes vom 2. Dez. 1881 (RG. 5, 429). Dort erklärt der 2. Zivilsenat: „Sogar die äußerste Unwahrscheinlichkeit berechtigt den Richter nicht, die Eideszuschiebung für unstatthaft zu erklären.“ Bei der äußersten Unwahrscheinlichkeit der behaupteten Tatsache muß jedoch der Richter die Überzeugung von ihrer Unwahrheit gewinnen. Oder soll das, wie Wach mit voller Berechtigung die Frage aufwirft, nur bei direkter Unmöglichkeit der Fall sein? Richterliche Überzeugung ist doch regelmäßig nur mehr und minder starker Wahrscheinlichkeitsbeweis, und wenn der Richter konstatiert: „Ich bin von der äußersten Unwahrscheinlichkeit der Tatsache überzeugt“, so ist das im Sinne der Zivilprozeßordnung gleichbedeutend mit dem Satze: „Ich bin von der Nichtwahrheit überzeugt.“ Darin muß dem Altmeister unserer Zivilprozeßrechtswissenschaft recht gegeben werden (vgl. auch das Urteil des Reichsgerichtes v. 14. Jan. 1885; RG. 15, 338).

Der Eid kann nur von der beweispflichtigen Partei zugeschoben werden. Eine nicht beweispflichtige Partei übernimmt durch Eideszuschiebung nicht die Beweispflicht. Hat das Gericht den unzulässigerweise zugeschobenen Eid durch Beweißbeschluß angeordnet und abgenommen, so ist die Leistung des Eides gleichwohl ohne prozessuale Bedeutung. Das hat das Reichsgericht mehrfach ausgesprochen. So hatte im Urteile v. 14. Dez. 1886 (RG. 17, 335) der Berufungsrichter richtig erkannt, daß die Beweislast in bezug auf die beschworene Tatsache die Kläger und nicht die Beklagte treffe. Im Hinblick auf § 447 ZPO. erklärte das Reichsgericht: „Der Eid war also in der Tat mit Rücksicht hierauf bedeutungslos, weil es lediglich auf den von den Klägern zu führenden Beweis ankommen konnte.“ Vgl. Urteil v. 14. März 1892 (RG. 29, 118). Eine Heilung nach § 295 ist hier ausgeschlossen. Das Reichsgericht hat freilich diesbezüglich in der Entsch. vom 13. Nov. 1902 (RG. 53, 30) den entgegengesetzten Standpunkt vertreten, insofern als es die Beweiskraft für unerheblich erklärte, nachdem auf Grund des Einverständnisses der Parteien über Norm und Erheblichkeit des zu leistenden Eides vom Landgerichte dieser Eid durch Beweisbeschluß normiert und abgeleistet war. Dazu ist bereits oben S. 238f. Stellung genommen.

Die Eideszuschiebung ist grundsätzlich nur zwischen den Parteien und an den streitgenössischen Nebenintervenienten zulässig. Ist die Partei nicht prozeßfähig, so kann die Zuschiebung regelmäßig nur an den gesetzlichen Vertreter erfolgen. Hier ist dann § 473 maßgeblich. „Nach letzterem ist die Eideszuschiebung an den gesetzlichen Vertreter einer nichtprozeßfähigen Partei in zweifacher Richtung zulässig, einmal soweit die vertretene Partei, wenn sie selbst den Prozeß führte, dieselbe zulassen müßte, sodann aber auch, insofern das gleiche der Fall sein würde, wenn der Vertreter selbst Partei wäre, Urteil v. 15. Dez. 1885 (RG. 15, 303). Damit sei ausgesprochen, „daß in bezug auf die Eidesleistung der Vertreter einer nicht prozeßfähigen Partei selbst als Partei gelte". Bei juristischen Personen und offenen Handelsgesellschaften besteht nur die Möglichkeit der Eideszuschiebung über eigene Handlungen und Wahrnehmungen des Vertreters. Das hat das Reichsgericht im Urteile v. 12. März 1901 (JW. 1901 S. 305) anerkannt. „Im gegebenen Fall aber kommen Tatsachen, welche in Handlungen der beklagten Firma selbst bestehen oder welche Gegenstand der Wahrnehmung dieser Firma gewesen sind, überhaupt nicht in Frage, weil die beklagte Firma als solche nicht imstande ist, selbst Handlungen vorzunehmen oder selbst Wahrnehmungen zu machen. Vielmehr können hierbei nur solche Handlungen in Frage kommen, welche von den Vertretern der beklagten Firma „vor- oder wahrgenommen sind". Der Eid ist in diesen Fällen demjenigen zuzuschieben, der gesetzlicher Vertreter im Zeitpunkte der Eideszuschiebung ist, vgl. Urteil v. 19. April 1900 (JW. 1900 S. 440). Im bedingten Endurteile bzw. Beweisbeschluß ist der schwurpflichtige Vertreter mit Namen zu bezeichnen (so Foerster-Kann § 473 I; Stein-Jonas § 473 II). Der 5. Zivilsenat des Reichsgerichtes hat in dieser Beziehung im Urteile v. 28. Juni 1902 (JW. 1902 S. 419; ebenso der 6. Senat im Urteile v. 23. Dez. 1889 (JW. 1890 S. 41) einen anderen Standpunkt eingenommen. „Wegen der Möglichkeit eines bis dahin eintretenden Wechsels war es deshalb schon nicht angebracht, im Urteile die Namen der schwurpflichtigen Personen festzulegen." Diese Ansicht dürfte indessen nicht zutreffend sein, da § 471 ZPO. davon ausgeht, daß die schwurpflichtigen Vertreter zu nennen sind. Würde die Eideszuschiebung an den jeweiligen Vertreter möglich sein, so müßte man eine Scheidung in bezug auf seine eigenen Handlungen und Wahrnehmungen und die der von ihm vertretenen Partei machen. Für erstere ist eine Eideszuschiebung nur an den namentlich genannten Vertreter möglich; etwas anderes ist hier gar nicht denkbar. Bei letztereu mag die Eideszuschiebung an den jeweiligen Vertreter diskutabel sein. Aber auch in diesem Falle käme man in Widerspruch mit § 471. Denn wenn der Eid dem jeweiligen gesetzlichen Vertreter auferlegt würde, käme erst im Momente der Eidesleistung zur Entscheidung, wer der gesetzliche Vertreter ist. Damit würde für diesen Fall der § 471 überhaupt ausgeschaltet sein, was offenbar nicht im Sinne des Gesetzes liegen dürfte. Außerdem findet auch diese Scheidung, je nachdem der gesetzliche Vertreter über eigene Handlungen und solche der vertretenen Partei schwören soll, keine Stütze im Gesetze. Die einzelnen Senate sind indessen wohl verschiedener Meinung. Denn die Urteile v. 12. März 1901 des 2. (JW. 1901 S. 305), v. 13. Dez. 1901 des 7. (JW. 1902 S. 74) und v. 22. Juni 1909 des 3. Senates (JW. 1909 S. 465) haben denselben Standpunkt wie hier vertreten.

Unter der Voraussetzung, daß beide Parteien in betreff der zu leistenden Eide einig sind und der Eid sich auf Tatsachen bezieht, kann das Gericht anordnen, daß die in den §§ 445, 448, 449 enthaltenen Beschränkungen unberücksichtigt bleiben. Die Einigkeit kann auf einer wirklichen Vereinbarung unter den Parteien beruhen. Notwendig ist das nicht. Es genügen auch übereinstimmende Erklärungen. Die bloße Annahme des Eides reicht jedoch nicht aus, um die Tatsache der Einigkeit zu rechtfertigen. Das wird im Urteile v. 9. Dez. 1882 (RG. 10, 324) betont. „Eine solche Einigung ist noch nicht einmal daraus allein zu folgern, daß ein pure zugeschobener Eid pure angenommen wird, da die Annahme auch dann unter der Voraussetzung, daß es nach dem Befinden des Richters auf diesen Eid entscheidend ankomme und der Eid vom Richter für gesetzlich zulässig erachtet werde, erfolgt." Entsprechend ist auch in der Zuschiebung des Eides keineswegs notwendig eine solche Einverständniserklärung zu sehen, wie das auch wohl die erwähnte Entscheidung des weiteren implicite ausspricht. Daraus, daß die Anordnung des Gerichtes gemäß § 450 ZPO. vom Willen der Parteien abhängt, insofern, als sie ja nur ihre Einverständniserklärung zu verweigern oder selbst, wenn sie sie gegeben haben, zurückzuziehen brauchen, folgert das Reichsgericht im Urteile v. 9. Juni 1899 (JW. 1899 S. 434) mit Recht, daß es sich bei Anordnung ohne das Einigsein der Parteien, wenn nur die sonstigen Voraussetzungen gewahrt sind, um eine Verletzung einer Vorschrift handelt, die nach § 295 ZPO. durch Unterlassung der Rüge geheilt werden kann.

Der Beweisantritt erfolgt beim zugeschobenen Eide durch die Erklärung, daß dem Gegner über die bestimmt bezeichnete Tatsache der Eid zugeschoben werde. In der gesetzlichen Vorschrift des § 451 ZPO. ist dasjenige Moment, welches der Wissenschaft und Praxis die meisten Schwierigkeiten gemacht hat, die „bestimmt zu bezeichnende" Tatsache. Der Eid bezieht sich stets auf eine einzelne streitig gebliebene Tatsache. Diese Tatsache muß konkret bestimmt werden. Der Zuschiebende darf sich nicht darauf beschränken, in Anpassung an den abstrakten Tatbestand des Gesetzes die Tatsache so allgemein wiederzugeben, daß sie nicht notwendig nur ein bestimmtes Geschehnis betrifft, sondern möglicherweise darunter mehrere Tatsachen verstanden werden können. Der Schwurpflichtige darf über die spezielle Tatsache, die er beschwören soll, nicht im Zweifel gelassen werden, vielmehr muß er genau erkennen können, welchen konkreten Einzelvorgang er beeidigen soll. Insbesondere muß die Eideszuschiebung erkennen lassen, daß der Zuschiebende einen ganz bestimmten faktischen Tatbestand weiß oder zu wissen glaubt und darüber zum Zwecke des Beweises den Eid verlangt und daß er nicht leere, unbestimmte Vermutungen aufstellt und vermittels des mit dem Eide verbundenen Gewissenszwanges den Gegner auszuforschen und damit erst das ihm fehlende tatsächliche Behauptungsmaterial sich zu verschaffen versucht. So kann man wohl in Übereinstimmung mit der herrschenden Meinung und im wesentlichen mit den vorzüglichen Ausführungen von Kisch (Festschrift f. Laband S. 191 ff.) die bestimmte Tatsache des § 451 ZPO. umgrenzen, und dem folgt im großen und ganzen die Judikatur des Reichsgerichtes. Das mag an einigen prägnanten Entscheidungen im einzelnen näher dargelegt werden.

Im Urteile v. 8. März 1894 (JW. 1894 S. 197) entschied das Reichsgericht, das Eidesthema müsse so fest umschrieben sein, „daß es seinem Inhalte nach die Gewähr für die Möglichkeit einer mit vollster Gewissenhaftigkeit und Überzeugungstreue abzugebenden Erklärung bietet". Dabei wird namentlich betont, daß der Schwurpflichtige genau erkennt, über welche Tatsachen er schwören soll. „Es genügt für die bestimmte Bezeichnung im Sinne des § 451 ZPO., daß der Delat über den Inhalt der Eidestatsachen nicht im Zweifel gelassen wird, daß er imstande ist, sie von anderen Tatsachen unterscheidbar sich vorzustellen und sich zu prüfen, ob er eine Erklärung in Eidesform unter voller Verantwortlichkeit darüber abzugeben vermag", so das Urteil des RG. v. 14. Dez. 1903 (GruchotsBeitr. 48, 361). Entsprechend hat das Reichsgericht im Urteile v. 16. Nov. 1918 entschieden, daß eine Behauptung, die ohne bestimmten Anhalt auf eine leere Vermutung hin aufgestellt worden ist und die beim Fehlen genügender Unterlagen dem Schwurpflichtigen es unmöglich macht, in gewissenhafter Weise Nachforschungen über die Richtigkeit des unter Eid gestellten Vorbringens vorzunehmen, nicht den Anforderungen des § 451 ZPO. genügt (Recht 1919 Nr. 298). Andererseits hat das Reichsgericht oft vor zu strengen Anforderungen gewarnt, vgl. z. B. das Urteil v. 5. Juli 1913 (Recht

1913 Nr. 2901): „Bei Vorliegen objektiver Anhaltspunkte darf an die Bestimmtheit keine übertriebene Anforderung gestellt werden." Im einzelnen verlangt das Reichsgericht völlige Klarstellung der Tatsachen: die Partei hat die betreffende Tatsache nach allen Richtungen hin klarzustellen und bestimmt zu bezeichnen, so Entsch. v. 23. April 1909 (Soergel 1909, § 451). Insbesondere muß die behauptete Tatsache nach Zeit, Inhalt, Ort und Gelegenheit näher bezeichnet werden, so Entsch. v. 19. Febr. 1907 und v. 17. Okt. 1907 (Soergel 1907, § 451, 1) und v. 14. Okt. 1916 (LZ. 1917 S. 194). Freilich ist die genaue Bezeichnung in dieser Art nicht in allen Fällen unumgängliche Voraussetzung. Kann die einen Eid zuschiebende Partei ihre Behauptung nicht entsprechend den strengsten Anforderungen hinsichtlich Zeit und Ort und Umständen substantiieren, so ist der Eid doch zulässig, wenn die Partei wenigstens eine Reihe von Umständen darlegt, die den Eidessatz wahrscheinlich machen, so Urteil v. 1. Mai 1908 (Recht 1908 Nr. 2364), ähnlich das Urteil v. 14. Okt. 1916 (LZ. 1917 S. 194). Weitere Beispiele aus der Zeit vor 1906 bei Kisch, Festschrift S. 200f.

An dem Erfordernisse der bestimmten Tatsachen fehlt es namentlich dann, wenn die Behauptung des Zuschiebenden sich lediglich auf leere Vermutungen stützt. Solchenfalls hat das Reichsgericht in zahlreichen Fällen die Eideszuschiebung für unzulässig erklärt; z. B. Urteil v. 8. Nov. 1897 (JW. 1898 S. 8): es darf sich nicht „um vage Verdachtsbehauptungen" handeln; v. 26. Juli 1898 (JW. 1898 S. 539): da „die Behauptungen des Beklagten sich als vage und leere Vermutungen kennzeichnen" (vgl. auch Kisch, Festschrift S. 223). Gerade wenn der Beweispflichtige nur leere Vermutungen ohne konkrete Behauptungen vorzubringen vermag, wird vielfach die Absicht sein, aus dem Gegner das erforderliche Tatsachenmaterial herauszuholen. Auch auf diesen Punkt wird vom Reichsgerichte großes Gewicht gelegt und in vielen Entscheidungen die Eideszuschiebung deshalb für unzulässig erklärt. Nur einige Beispiele. „Unbedingt festzuhalten ist an dem Grundsatze, daß die Eideszuschiebung unzulässig ist, wenn es sich um leere Vermutungen handelt und der Eid nur als Mittel zur Auskundschaftung der Gegenpartei und Herbeischaffung von Belastungsstoff gebraucht wird." So im Urteile v. 10. Jan. 1907 (GruchotsBeitr. 51, 1064), vgl. schon vorher das Urteil v. 18. Juni 1906 (JW. 1906 S. 475). „Die Eideszuschiebung darf nicht dazu mißbraucht werden, um von dem Gegner durch Gewissenszwang erst diejenigen Tatsachen herauszuholen, welche der Eideszuschiebende zur Begründung seines Rechtes zu behaupten hat", so Urteil v. 5. Jan. 1907 (Soergel, 1907, § 445 Nr. 10) und so noch oft. Namentlich in neuester Zeit sind solche Urteile, welche die Eideszuschiebung als „offensichtlich nur zu dem Zwecke der Ermittelung von Tatsachen dienend" — so Urteil v. 27. Juni 1919 (RG. 96 S. 184) — verwerfen, häufig: Vgl. u. a. die Urteile v. 8. Dez. 1919 (Recht 1920 Nr. 951), v. 19. Okt. 1923 (Recht 1924 Nr. 1582), v. 6. Mai 1924 (WarnRspr. 1925 S. 10), v. 24. März 1926 (WarnRspr. 1926 S. 308). Andererseits betont das Reichsgericht indessen auch wieder, daß „bestimmt gefaßten Eidessätzen gegenüber der Einwand des Ausforschungsbeweises nicht in Frage kommt".

Ob die Voraussetzung des § 451 ZPO., die Bezeichnung einer bestimmten Tatsache, vorliegt, hat das Prozeßgericht selbständig und unabhängig von der Auffassung der Parteien zu beurteilen, so RG. v. 16. Sept. 1904 (Soergel 1905, § 451b). Das Reichsgericht bemerkt dort mit Recht, daß es auch unerheblich sei, ob eine Partei einen hiernach in unzulässiger Weise zugeschobenen Eid angenommen hat.

Die vom Reichsgericht in diesen Entscheidungen ausgesprochenen Grundsätze finden ihren Prüfstein besonders in den Eideszuschiebungen über den

Ehebruch und bei der unehelichen Vaterschaft. Letztere Dinge kommen indessen kaum zum Reichsgericht, um so öfter die ersteren. Wenn auch eine solche Eideszuschiebung gemäß § 617 ZPO. nur in beschränktem Maße zulässig ist, so bieten sich doch gerade im Scheidungsprozeß oft Situationen, in denen eine Partei, etwa um zu erreichen, daß der Gegner für mitschuldig erklärt wird, diesem einen Ehebruch vorwirft und den Eid darüber zuschiebt, ohne imstande zu sein, genaue Angaben zu machen. Aus den dargelegten Grundsätzen ergibt sich, daß die Eideszuschiebung auch hier nur dann eine bestimmte Tatsache betrifft, wenn sie einen konkreten Ehebruch und nicht bloß allgemeine Vermutungen oder womöglich noch weniger zum Inhalte hat. Gerade hier liegt die Gefahr, daß der Ehegatte erst durch die Eideszuschiebung das erforderliche Material aus dem Gegner herausholen will, besonders nahe. „Andererseits verbietet wiederum die Rücksicht auf den Beweispflichtigen, an die Spezialisierung zu hohe Anforderungen zu stellen, da der festzustellende Vorgang sich seiner Natur nach der Wahrnehmung durch andere als die unmittelbar Beteiligten meist entziehen wird." (Kisch, Festschrift S. 206.) Daß der Name des Ehebrechers genannt wird, ist nicht notwendig. Man wird hier auch nicht stets Angaben über Ort und Zeit verlangen. Immerhin muß jedoch so viel an Substantiierung verlangt werden, daß die Behauptung des Ehebruches die nötige konkrete Unterlage erhält. Oft hat das Reichsgericht hier die Eideszuschiebung wegen Unbestimmtheit als unzulässig zurückgewiesen und man wird diesen Entscheidungen durchweg zustimmen; so wenn der Eid über die ganz allgemeine Behauptung, daß der Ehegatte Ehebruch begangen habe oder „Kläger habe auch seinerseits die eheliche Treue verletzt", zugeschoben wird; vgl. u. a. die Entsch. v. 16. Febr. 1894 (JW. 1894 S. 140), v. 13. Juni 1899 (JW. 1899 S. 606), v. 26. Sept. 1903 (JW. 1903 S. 386), v. 5. Juni 1905 (GruchotsBeitr. 50, 1092), oder der Eid, „Kläger habe im Jahre 1894 und 1895 auch mit anderen Frauenspersonen als der F. und der K. geschlechtlichen Umgang gepflogen", v. 26. März 1897 (JW. 1897 S. 234) oder „daß der Gegner während des Getrenntlebens bis jetzt wiederholt mit Dirnen verkehrt habe" v. 13. Jan. 1917 (JW. 1917 S. 129). Auch die Eideszuschiebung über Ehebruch mit einer Belgierin, womit eine in Belgien aufhältliche Frauensperson gemeint sein sollte, ist mit Recht vom Reichsgericht im Urteile v. 26. April 1919 (BayZ. 19, 286) abgelehnt, da sich die Zuschiebung auf angebliche Erzählungen des Beklagten stützte, deren Inhalt aber nicht näher angegeben werden konnte. Dagegen sind die Entscheidungen, in denen das Reichsgericht die Eideszuschiebung für zulässig erklärt, oftmals mit Rücksicht auf die recht weitgehende Unbestimmtheit nicht ohne Bedenken (so auch Baumbach § 451 „gelegentlich bedenklich weitgehend"). Wenn das Reichsgericht z. B. im Urteile v. 21. März 1888 (SeuffA. 43, 465) die Eideszuschiebung über einen nicht näher spezifizierten Ehebruch deshalb duldet, weil Kläger sich darüber, ob er seit dem 1. Juli 1884, das ist seit der Trennung, mit einer anderen Person geschlechtlichen Umgang gehabt habe oder nicht, vollkommen im klaren befinden müsse, so dürfe damit eine Eideszuschiebung über eine zuwenig bestimmte Tatsache schwerlich gerechtfertigt werden. Ebenso erscheint die Zulassung des Eides über einen nicht näher spezifizierten Ehebruch, wobei der Zuschiebende weder die Persönlichkeit namhaft zu machen noch nähere Umstände anzugeben vermochte, recht bedenklich, wenn dieselbe damit begründet wird, daß der Eid angenommen und nicht beanstandet wurde und daß der Tatrichter fand, „daß mit der auf Eid gestellten Behauptung eine leere Vermutung nicht geltend gemacht worden ist", Urteil v. 8. Dez. 1890 (SeuffA. 46 S. 366 = JW. 1891 S. 8), vgl. ferner die Urteile v. 8. Nov. 1897 (JW. 1898 S. 8) und v. 10. Jan. 1907 (GruchotsBeitr. 51, 1064) und Kisch, Festschr. S. 205 f. Freilich ist bei diesen

Entscheidungen zuzugeben, daß man den Tatbestand bei den kurzen Berichten über jene Entscheidungen schlecht beurteilen kann, wie denn hier überhaupt alles ganz besonders von der konkreten Sachlage abhängt. Das wird denn auch vom Reichsgericht im Urteile v. 2. Mai 1895 (GruchotsBeitr. 39, 1130 = JW. 1895 S. 325) hervorgehoben. „Ob die Tatsache des Ehebruches bestimmt bezeichnet ist", ist eine Tatfrage, die „nach konkreten Umständen des einzelnen Falles zu beantworten ist. Der 4. Senat hat wiederholt ausgesprochen, daß die Auferlegung eines zugeschobenen Eides darüber, daß der eine Ehegatte mit nicht namhaft gemachten Personen des anderen Geschlechtes den Beischlaf vollzogen habe, unzulässig sei, wenn diese Behauptung nicht auf bestimmten Anhaltspunkten, sondern nur auf einem unbestimmten Verdacht, einer leeren Vermutung beruht." Somit scheint das Reichsgericht gerade hier auf den Gegensatz, ob eine bloße Vermutung vorliegt oder ob das nicht der Fall ist, das entscheidende Gewicht zu legen, was nicht so ohne weiteres akzeptabel sein dürfte. Gegensatz zur bloßen Vermutung ist Wahrscheinlichkeit. Aber mit Recht sagt Kisch (Festschrift S. 229): „Die Wahrscheinlichkeit des Eidesthemas hat mit dessen Bestimmtheit nichts zu tun." Auch die Tatsache, daß bereits anderweitige Momente gegeben sind, welche den Verdacht des Ehebruches zu begründen geeignet sind, berechtigt keineswegs die Zuschiebung des Eides über die nur im allgemeinen bezeichnete Tatsache des Ehebruches, wie das Reichsgericht unter Zustimmung von Foerster-Kann § 451, 2a in den genannten Urteilen (SeuffA. 43, 465, GruchotsBeitr. 39, 1130; JW. 1898 S. 8; GruchotsBeitr. 51, 1064) annimmt.

Zustimmen kann man dagegen ohne Bedenken einigen weiteren Entscheidungen in Zweifelsfällen, wo doch immerhin eine gewisse konkrete Bestimmtheit aus dem Urteile selbst hervorgeht. Im Tatbestande des Urteiles v. 30. April 1901 (GruchotsBeitr. 45, 1142) war der Eid über Ehebruch des Ehemannes mit seinen Haushälterinnen in der Zeit vom 1. Jan. bis Herbst 1900 zugeschoben. Hier erklärt das Reichsgericht, „die Voraussetzungen für die Zurückweisung der Eideszuschiebung liegen hiernach dann nicht vor, wenn eine bestimmte individuell begrenzte Kategorie von Frauenspersonen, mit denen der ehebrecherische Verkehr stattgefunden haben soll, bezeichnet ist, derart, daß der Eidespflichtige über deren Identität und über seinen Verkehr mit denselben nicht im Irrtume sein kann". Auch das Urteil v. 18. Juni 1906 (JW. 1906 S. 475) verdient Beifall. Dort wurde die Eideszuschiebung, daß der Ehemann, der eine anonyme Postkarte erhalten hatte, mit der Schreiberin derselben unbekannten Namens Ehebruch getrieben habe, zugelassen, jedoch mit dem Bemerken: „Unzulässig ist sie jedoch, wenn der Inhalt der Postkarte den Schluß, daß die Schreiberin mit dem Empfänger in näherer Beziehung stand, nicht rechtfertigt, so daß es sich um leere Vermutungen handelt und der Eid nur als Mittel zur Auskundschaftung der Gegenpartei und Herbeischaffung von Belastungsstoff gebraucht wird." Der letzte Halbsatz kehrt öfter als typische Formel in den Entscheidungen wieder. Schließlich mag noch ein Urteil des Reichsgerichtes aus neuerer Zeit erwähnt werden. In der Entsch. v. 16. Febr. 1923 (LZ. 1923 S. 285) erklärte der 7. Senat den Eid darüber, daß die Gegenpartei im September 1917 mit einem Bäcker in der S.-Straße Ehebruch und im August 1918 in H. gewerbsmäßig Unzucht getrieben habe, für genügend bestimmt. Auch hier wird man beipflichten können (weitere Fälle bei Foerster-Kann § 451, 2a und Kisch a. a. O.)

Bisweilen führt die Unbestimmtheit des Eides zu einem rechtlichen Urteile, so daß die Eideszuschiebung in Wirklichkeit aus diesem Grunde abgelehnt werden muß. Im Urteile v. 5. Okt. 1924 (JW. 1894 S. 518) verlangt der Beklagte den Eid, „daß bis zum 1. März 1892 oder doch bis zum 1. Juli des Jahres der Betrag von 13500 Mk. oder wieviel weniger nicht erreicht sei". Das Reichsgericht bemerkt dazu, der Eid laufe darauf hinaus, daß der Rechnungs- oder Auskunftspflichtige die Richtigkeit seiner Rechnung oder Auskunft generell zu beeidigen hat, und lehnt den Eid ab, da es an einer bestimmten Tatsache fehlt. Im Grunde genommen ist es hier einzig und allein der Umstand, daß ein Urteil beschworen werden soll, welches die Eidesleistung verbietet. Vgl. hierzu insbesondere Kisch, Festschrift S. 175, der die Bedenken gegen JW. 1894 S. 514 bereits geltend gemacht und weitere Entscheidungen dieser Art gesammelt hat. Ebenso steht es in der Entsch. v. 20. Jan. 1896 (JW. 1896 S. 131). Dort sollte der Beklagte über das Ergebnis eines längeren Geschäftsbetriebes nach einer von ihm erst anzufertigenden Gewinnberechnung den Eid leisten. „Es handelt sich also nicht um Tatsachen, welche in Handlungen des Beklagten bestehen oder Gegenstand seiner Wahrnehmung gewesen sind, vielmehr soll der Beklagte auch durch den Eid zunächst erst zu einer Handlung genötigt werden und dann über ein Ergebnis schwören, welches vielfach auf seinen Kalkulationen und seinem Urteile beruht."

Wenn der Beweispflichtige dem Gegner den Eid über eine Tatsache, welche Gegenstand seiner Wahrnehmung gewesen sein soll, zuschiebt und dieser die Wahrnehmung bestreitet, so muß jener die Wahrnehmung beweisen. Das Reichsgericht hat freilich mit der wohl herrschenden Meinung den entgegengesetzten Standpunkt eingenommen. Im Urteile v. 13. März 1901 (JW. 1901 S. 305) wird gesagt: „Noch weniger aber hatte das Berufungsgericht im voraus festzustellen, daß die Schwurpflichtigen die von der Klägerin behaupteten Wahrnehmungen der Handlungen Dritter wirklich gemacht hätten; denn die Feststellung dieses Tatumstandes war gerade Aufgabe des weiteren Eidesverfahrens." Nach allgemeiner Regel müßte der, welcher von der Eideszuschiebung Gebrauch machen will, die Tatsachen erweisen, welche ihre Voraussetzung bilden, und das ist in diesem Falle die Wahrnehmung. Weshalb hier die bloße Behauptung der Tatsache genügen soll, ist nicht abzusehen. Ich habe meinen Standpunkt in der RheinZ. 11, 50ff. (s. dagegen Mezger, RheinZ. 13, 302 und meine Replik RheinZ. 14, 1ff. vgl. auch Kisch, RheinZ. 12, 394f. und Rosenberg, Lehrbuch § 125 I 1a) näher begründet und darf wohl darauf verweisen. Kommt eine Eideszuschiebung über Tatsachen, welche in Handlungen des Rechtsvorgängers oder Vertreters bestehen, oder Gegenstand der Wahrnehmung dieser Personen gewesen sind, in Frage und wird bestritten, daß die betreffenden Personen Rechtsvorgänger oder Vertreter waren, so muß der Beweispflichtige natürlich auch dies beweisen. Das hat auch das Reichsgericht — Urteil v. 14. Dez. 1916 (Recht 1916 Nr. 1117) — angenommen.

Die Eideszuschiebung hat eine bindende Wirkung für den Zuschiebenden nicht. Sie kann jederzeit zurückgenommen werden. Das folgt ohne weiteres aus dem Grundsatze der Verhandlungsmaxime, welche den Parteien die Herrschaft über die Beweismittel zuweist. Dieser Gesichtspunkt ist auch vom Reichsgerichte klar erkannt und im Urteile v. 19. Febr. 1900 (RG. 46, 329) ausgesprochen: „Grundsätzlich ist die Partei befugt, auf ein von ihr geltend gemachtes Beweismittel, solange der Beweis nicht erhoben ist, zu verzichten, sei es unter Abstandnahme von dem Beweis überhaupt, sei es behufs anderweiten Beweisantrittes. Diese Befugnis ergibt sich daraus, daß der Antritt des Beweises und die Auswahl der gesetzlich zulässigen Beweismittel der freien Entschließung der beweispflichtigen Partei untersteht." Man braucht eigentlich nicht mehr von einem besonderen Rechte zum Widerrufe zu sprechen. Das tut das Reichsgericht in jener Entscheidung: Es sei davon auszugehen, „daß das in den §§ 453, 454 in Verbindung mit den §§ 457 u. 458 ZPO. unzweideutig anerkannte Recht der Partei zum Widerrufe einer von ihr ausgegangenen Eideszuschiebung auch in der Berufungsinstanz bis zum Schlusse der mündlichen Verhandlung, auf welche das Urteil ergeht, selbst dann ausgeübt werden kann, wenn auf den Eid in erster Instanz durch das mit der Berufung angefochtene Urteil erkannt ist." Mit Recht wird dort hervorgehoben, daß dieser Widerruf nicht durch gleichzeitige Geltendmachung anderer Beweismittel bedingt ist. Die Eidesleistung selbst setzt dem Widerruf ein Ende, so Urteil v. 14. Dez. 1886 (RG. 17, 335). Ob diese Wirkung, wenn mehrere Schwurpflichtige vorhanden sind, schon mit der Leistung eines Eides eintritt, ist bestritten. Stein-Jonas (§ 472 I u. II) und Reincke-Wienstein (§ 472, 2) bejahen, Foerster-Kann (472, 3b), Skonietzki-Gelpcke (472, 2) und Baumbach (§§ 472, 2) verneinen es. Das Reichsgericht folgt in der Entsch. v. 15. Juni 1898 (RG. 41, 415) der letzteren Ansicht. „Wenn es die Zivilprozeßordnung nicht anders anordnet, muß bis zu dem Zeitpunkte, in welchem durch die Eidesleistung voller Beweis erbracht wird, also bis zur Vollendung der Eidesleistung, die Nachbringung anderer Beweismittel zulässig sein; denn begrifflich schließt erst die Erbringung des Beweises andere Beweismittel aus, und erbracht ist der Beweis erst mit der vollendeten Eidesleistung." Mir scheint es richtiger zu sein, diese an sich zutreffende Ansicht unmittelbar mit der Verhandlungsmaxime zu begründen. Die mehreren Eide der Streitgenossen bilden keine Einheit und jeder Eid kann, solange er noch nicht geschworen ist, durch Zurücknahme der Eideszuschiebung, welche ja stets der schwurpflichtigen Partei zugute kommt, überflüssig gemacht und zur Erledigung gebracht werden.

Ist der Eid durch bedingtes Endurteil auferlegt, so ist in der Berufungsinstanz der Widerruf unbeschränkt zulässig. Diese allgemeine Widerrufsmöglichkeit tritt, wenn der Schwurpflichtige wegen wissentlicher Verletzung der Eidespflicht rechtskräftig verurteilt oder wenn glaubhaft gemacht wird, daß der Gegner erst nach erfolgter Zuschiebung des Eides von einer solchen Verurteilung Kenntnis erlangt hat, mit der besonderen Widerrufsmöglichkeit des § 470 ZPO. in Konkurrenz, so auch RG. 46, 328. Nach Rechtskraft des bedingten Endurteiles bietet freilich nur noch § 470 ZPO. Hilfe.

Der zugeschobene Eid unserer Zivilprozeßordnung ist subsidiäres Feststellungsmittel. Das ist im § 453 ausdrücklich ausgesprochen und die Subsidiarität ist auch vom Reichsgerichte streng durchgeführt. „Der dem Parteieide gesetzlich beigelegte Charakter eines subsidiären Beweismittels hat zur Folge, daß die Eideszuschiebung auch gegenüber dem richterlichen Eide zurücktreten muß", so Urteil v. 24. Nov. 1900 (JW. 1900 S. 873), ebenso v. 12. Febr. 1909 (Soergel 1909, § 453) und v. 7. Juni 1923 (JW. 1924 S. 46; a. M. Mendelssohn Bartholdy in Anm. dazu). Die Partei kann noch andere Beweismittel geltend machen, auch „wenn der zugeschobene Eid bereits angenommen und durch Beweisbeschluß aufgegeben worden ist (RG. 17, 335). Werden die Beweismittel freilich ebenfalls nur subsidiär, d. h. für den Fall, daß der Eid nicht aufgelegt wird, angeboten, so braucht das Gericht darauf nicht einzugehen, Urteil v. 10. Jan. 1898 (JW. 1898 S. 159) und v. 19. Mai 1908 (Recht 1908 Nr. 5155). Wenn die Beweise erhoben sind und keinen Erfolg hatten, muß die Eideszuschiebung wiederholt werden, Entsch. v. 8. Nov. 1882 (GruchotsBeitr. 27, 1105). Geschieht das nicht, so hat das Gericht von seinem Fragerechte Gebrauch zu machen; vgl. die Urteile v. 10. Dez. 1891 (RG. 29, 334), v. 12. Juli 1911 (Soergel 1911 § 453 Nr. 2) und v. 21. Sept. 1918 (JW. 1919 S. 189). Meinungsverschiedenheit besteht zwischen den einzelnen Zivilsenaten offenbar über die Frage, ob ein Verstoß gegen § 453 Abs. 2 ZPO. durch Unterlassung der Rüge nach § 295 ZPO.

geheilt werden kann. Der 1. und der 4. Senat haben die Frage verneint: Urteil v. 10. Jan. 1898 (JW. 1898 S. 159): § 453 Abs. 2 „berührt das öffentliche Interesse und ist der Parteiwillkür entzogen" und v. 4. Juni 1910 (RG. 74, 24) der 6. Senat sie in zwei Entscheidungen bejaht: Urteil v. 14. Mai 1900 (JW. 1900 S. 509) und v. 27. Mai 1911 (RG. 76, 327). Die bejahende Ansicht ist die richtige. Es steht den Parteien jederzeit frei, die angetretenen Beweise fallenzulassen. Wenn aber die Parteien die Entscheidung über die Beweismittel völlig in Händen haben und sie soweit aufgeben können, daß der zugeschobene Eid übrigbleibt, so kann unmöglich ein dem entgegenstehendes öffentliches Interesse vorhanden sein. Das müßte sich notwendig in einem Verbot eines solchen Verhaltens äußern. Vom Standpunkte, daß man ein ausdrückliches Aufgeben der Beweise zuläßt, zu der weiteren Möglichkeit, daß man in der Einigung über den Eid selbst eine stillschweigende Aufgabe der Beweismittel, „einen Verzicht auf die Beweismittel" sieht, ist nur ein unbedeutender Schritt, und es ist nicht einzusehen, weshalb Stein-Jonas (§ 453 II) dies für unzulässig erklären wollen. Geht man aber so weit, dann kann man auch die Anwendung des § 295 ZPO. nicht verneinen.

Die Partei, welcher der Eid zugeschoben ist, kann den Eid annehmen. Diese Erklärung ist gemäß § 458 ZPO. nur widerruflich, wenn andere Beweise aufgenommen sind. Das Reichsgericht führt dies (RG. 35, 373) „auf die Vertragsnatur des zugeschobenen Eides" zurück. „Ist ein angetragener Eid angenommen oder zurückgeschoben, so haben sich beide Teile endgültig darüber geeinigt, daß der Streit durch den Eid entschieden werden soll." Diese angebliche Vertragsnatur stellt meines Erachtens einen Rückfall in die alte, für unser modernes Prozeßrecht nicht mehr zutreffende Lehre vom Eid als Schiedseid dar (dagegen auch Planck, Lehrbuch 2, 291). Sie steht auch mit den praktischen Konsequenzen unseres heute geltenden Rechtes in Widerspruch. Denn läge hier wirklich ein Vertrag vor, so wäre nicht einzusehen, weshalb der Zuschiebende einseitig von diesem Vertrage jederzeit und nach freiem Belieben zurücktreten kann. Die Unwiderruflichkeit ergibt sich vielmehr aus der Prozeßlage selbst. Die Partei braucht eine bindende Annahmeerklärung erst zu geben, wenn die Beweise erschöpft sind. Selbst wenn nach der Annahme noch Beweise erhoben werden, kann sie ihre Annahme widerrufen. Erfolgt aber jetzt, wo die Partei endgültig Stellung nehmen muß, in bezug auf den Eid die Annahmeerklärung, dann ist es recht und billig und zweckmäßig, wenn sie daran festgehalten wird. Ich würde hier eventuell eine Anfechtung wegen Irrtums zulassen (Walsmann, ArchZivPrax. 102, 147ff.). Aber das Reichsgericht hat solches generell abgelehnt, vgl. Entsch. v. 10. Okt. 1908 (RG. 69, 261).

Der Gegner kann schließlich den Eid zurückschieben. Die darauf abzielende Erklärung ist ebenso wie die Annahme nur widerruflich, wenn andere Beweise aufgenommen sind, sowie in dem besonderen Falle des § 457 ZPO. Darin, daß eine Partei den ihr zugeschobenen und von ihr zurückgeschobenen Eid nachträglich, nachdem eine Beweisaufnahme stattfand, angenommen hat, sieht das Reichsgericht, Urteil v. 8. Nov. 1907 (Soergel 1907, § 454) den Widerruf der Eideszuschiebung. Ob die Zurückschiebung des Eides zulässig oder unzulässig war, ist für den Widerruf gleichgültig (RG. 25, 180f.). Schiebt die Partei den Eid in unzulässiger Weise zurück, ohne ihn bedingt anzunehmen, so wird der Eid als verweigert angesehen. „Eine Belehrungspflicht des Gerichtes über die kraft Gesetzes eintretende Folge einer solchen Erklärung ist im Gesetze nicht vorgesehen. Sie ist insbesondere auch weder aus der Vorschrift des § 455 ZPO. noch aus derjenigen des § 139 ZPO. herzuleiten", so Urteil v. 25. Febr. 1908 (RG. 92, 256). Hat freilich der Delat in erster Instanz den ihm vom Gegner zugeschobenen Eid in einem Falle zurückgeschoben, wo die Zurückschiebung gesetzlich nicht statthaft war, jedoch über die bedingte Annahme sich nicht erklärt, so läßt das Reichsgericht die Nachholung der unterbliebenen Erklärung auch noch in der Berufungsinstanz zu (so RG. 17, 422 und RG. 92, 256).

Wenn die Partei, welcher der Eid zugeschoben ist, ausdrücklich erklärt, daß sie die Annahme des Eides verweigere, so wird dieser Verweigerung eine verschiedene Bedeutung in der Wissenschaft beigelegt. Richard Schmidt (Lehrbuch S. 536), Seuffert (Kommentar § 452, 3), Weismann (Lehrbuch § 45 IX 1), Neukamp (§ 452, 2c); Rosenberg (Lehrbuch § 125 II 2) u. a. stellen sie der Verweigerung des Eides gleich. Die herrschende Meinung dagegen spricht der Verweigerung der Annahme des Eides die gleiche Bedeutung wie der Verweigerung der Erklärung zu, so daß die Erklärung noch zurückgenommen und der Eid angenommen bzw. zurückgeschoben werden kann, solange dazu in der mündlichen Verhandlung Gelegenheit ist. Dem folgt auch das Reichsgericht in den Urteilen v. 14. Nov. 1893 (JW. 1894 S. 13), v. 4. März 1895 (RG. 35, 371) und 18. Dez. 1901 (JW. 1902 S. 76). Die herrschende Meinung verdient den Vorzug, und man kann sie mit den dargelegten Gründen des Reichsgerichtes (RG. 35, 371) gut stützen. § 533 Abs. 2 bestimmt, daß die in erster Instanz erfolgte Leistung, Verweigerung der Leistung oder Erlassung des Eides auch für die Berufungsinstanz Wirksamkeit behält, wenn die Entscheidung, durch welche die Leistung des Eides angeordnet ist, von dem Berufungsgerichte für gerechtfertigt erachtet wird. „Diese Vorschrift setzt ebenso wie die des § 429/464 Abs. 2, ebenda, eine die Leistung des Eides anordnende, sei es durch Beweisbeschluß oder durch bedingtes Urteil getroffene richterliche Entscheidung voraus, wie sich aus den Schlußworten ergibt. Wenn nun aber nur eine in dieser Voraussetzung in erster Instanz erfolgte Verweigerung der Leistung des Eides auch für die Berufungsinstanz Wirksamkeit behält, so rechtfertigt sich der Schluß, daß eine in erster Instanz geschehene bloße Verweigerung der Annahme des Eides eine gleiche Wirkung nicht äußern kann, und daß daher dem Delaten trotz seiner Weigerung freistehen muß, die unter den Eid gestellte Behauptung in der Berufungsinstanz zu bestreiten."

Das Gericht hat die Eidesnorm festzustellen, wobei die Regeln des § 459 ZPO. maßgebend sind. Den sachlichen Inhalt des Eides bestimmt die Eideszuschiebung der Partei, an die darin enthaltenen Tatsachen ist das Gericht gebunden. „Der Richter ist nicht befugt, an dem materiellen Inhalte der Eideszuschiebung etwas Wesentliches zu ändern", so Urteil v. 14. Juni 1887 (JW. 1887 S. 326), ebenso v. 14. Dez. 1912 (Recht 1913 Nr. 2616). Freilich braucht das Gericht nicht die Worte der zuschiebenden Partei zu wählen, so Entsch. v. 28. März 1913 (Recht 1913 Nr. 1492) und v. 25. April 1910 (Soergel 1910, § 459, 1). Es hat u. a. zu prüfen, ob nicht die kumulativ unter Eid gestellten Beweissätze alternativ zu verstellen sind (so Soergel, 1910, § 459 1). Es kann unerhebliche Teile streichen, vgl. RG. v. 17. Juni 1902 (Recht 6 Nr. 463). Bezüglich der Normierung hat der Prozeßrichter selbständig die vollständige Formel des zu schwörenden Eides festzusetzen (Entsch. v. 6. Nov. 1882, JW. 1882, S. 274). Der Überzeugungseid gemäß § 459 Abs. 2 kann nur auf Antrag der Partei angeordnet werden. Der Richter entscheidet darüber nach freiem Ermessen, Urteil v. 25. März 1899 (JW. 1899 S. 303). Das Reichsgericht hat die Voraussetzung dieser Bestimmung namentlich dann als vorliegend angesehen, wenn es sich um Handlungen und Wahrnehmungen des Schwurpflichtigen handelt, die einer entfernten Zeit angehören oder Vorgänge betreffen, deren Erheblichkeit nicht vorausgesehen werden konnte, vgl. Urteil v. 25. Sept. 1897 (JW. 1897 S. 565). Das einzige Problem, das sich in der reichsgerichtlichen Judikatur über die

Normierung des Eides und den § 459 ZPO. gezeigt hat, betrifft die Frage, ob den Parteien eine Verfügung über den § 459 ZPO. offensteht, mit anderen Worten, ob die Parteien etwas Abweichendes hier vereinbaren können und ob Verletzungen des § 459 gemäß § 295 geheilt werden. Der 6. Zivilsenat hat im Urteile v. 18. Okt. 1897 (JW. 1898 S. 8) gelegentlich geäußert, es dürfte statt des Wahrheitseides höchstens dann ein bloßer Überzeugungseid auferlegt werden, wenn der Gegner des Schwurpflichtigen sich damit zufrieden erklärt hätte. Demgegenüber hat der 1. Zivilsenat im Urteile v. 18. Dez. 1886 (GruchotsBeitr. 32, 733) die Frage mit aller Entschiedenheit verneint: „Die gesetzlichen Bestimmungen über die Formulierung des Eides können auch mit Zustimmung des Schwurpflichtigen keine Änderung erfahren." In dieser Entscheidung wurde weiter gesagt, daß über eine vom Schwurpflichtigen nicht selbst wahrgenommene Tatsache ihm auch mit seiner Zustimmung kein Wahrheitseid auferlegt werden darf (vgl. auch Urteil v. 25. April 1913 (JW. 1913 S. 751). Die Meinung des 6. Senates ist die richtige. Das Gesetz duldet im 10. Titel, „Beweis durch Eid", gewisse Anordnungen des Gerichtes, die eine Abweichung von der Hauptregel darstellen, wenn die Parteien einig sind. Soweit hier die Zustimmung einer Partei erforderlich ist und damit gekennzeichnet wird, daß die Vorschrift zu ihren Gunsten besteht, mithin ein weiteres öffentliches Interesse fehlt, ist bei Verstoß eine Heilung nach § 295 möglich. Aber die Konzessionen sind im Eidesrecht eng beschränkt. Sie konzentrieren sich auf die Vorschriften in §§ 450 u. 461 ZPO. Eine Vereinbarung der Parteien über den Inhalt des § 459, die den Beweis liefern könnte, daß auch § 459 lediglich im Interesse der Parteien aufgestellt ist, ist weder im § 450 noch sonstwo zugelassen. In §§ 450 u. 461 wird der § 459 nicht erwähnt. Mithin sind die Regeln des § 459 der Parteiwillkür entzogen, und bei Verletzung dieser Normen kommt eine Heilung nach § 295 nicht in Frage. Gegenüber der Regelung des „Beweises durch Eid" in unserer Zivilprozeßordnung mit ihren strikten Normen dürfte diese strengere Auffassung dem Geiste des Gesetzes entschieden in höherem Grade entsprechen.

Auf die Leistung des Eides ist durch bedingtes Endurteil zu erkennen. Daneben kennt das Gesetz die Möglichkeit, daß die Leistung des Eides durch Beweisbeschluß angeordnet wird. Letzteres kommt in erster Linie in Betracht, wenn die Parteien über Norm und Erheblichkeit des Eides einverstanden sind. Ist der Eid nur vorsorglich zugeschoben, in erster Linie aber der eigene richterliche Eid erbeten, so kann der zugeschobene Eid nicht durch Beweisbeschluß auferlegt werden, entscheidet das Reichsgericht im Urteile vom 1. Dez. 1919 (WarnRspr. 1920 S. 110), vgl. Entsch. v. 12. Nov. 1926 (JW. 1927 S. 374). Wenn dann freilich der Beweispflichtige sich mit der Auferlegung des Eides durch Beweisbeschluß einverstanden erklärt, so steht dem nichts im Wege, so das Urteil v. 16. Nov. 1911 (JW. 1912 S. 198). Dort wird betont, daß die Einigung über die Eidesnorm auch stillschweigend erfolgen kann. Die Einverständniserklärung des Schwurpflichtigen ist bindend und unwiderruflich, wenn die Eidesauflage durch Beschluß erfolgt. Schon vorher kann er sie nicht widerrufen, wenn nicht neuer Beweis aufgenommen wird (JW. 1912 S. 198). Diese Bindung trifft auch den Beweispflichtigen. Doch kann er derselben durch Widerruf der Eideszuschiebung den Boden entziehen (vgl. JW. 1912 S. 198). Der zugeschobene Eid bleibt auch, wenn es zur Einigung kommt, stets Beweismittel. Er wird nicht etwa „Vergleichseid" (wie hier Foerster-Kann § 461). Daraus folgt, daß der § 461 keinen Einfluß auf die Beweislast hat (darüber s. bereits S. 238f.). Dort ist schon hervorgehoben, daß das Reichsgericht hier durchgehends einen anderen Standpunkt eingenommen hat. Die Wirkung beschränkt sich auf die in § 461 normierte. „Das Einverständnis der Parteien hatte keine weitergehende prozessuale Wirkung als die, daß sich der Erlaß eines bedingten Endurteiles erübrigte und der Eid durch Beschluß auferlegt werden konnte, Urteil v. 3. Jan. 1906 (SeuffA. 61, 294 JW. 1906 S. 115). „Keineswegs dagegen wurden dadurch zugleich diejenigen weiteren Tatsachen festgestellt, von denen die Parteien bei Erklärung ihres Einverständnisses über Norm und Erheblichkeit des Eides annahmen, daß ihr Beweis von der beschworenen Tatsache abhänge" (ebendort). Mit Recht konstatiert das Reichsgericht, daß die Parteien nicht imstande sind, durch ihre Einigung das Gericht auch nur im geringsten Maße in bezug auf die Folgen der Eidesleistung festzulegen. Sodann kann der Eid durch Beschluß auferlegt werden, wenn die Entscheidung über einzelne selbständige Angriffs- und Verteidigungsmittel von der Leistung eines Eides abhängt. Angriffsmittel sind selbständig, wenn sie Tatbestände erfüllen, die für sich allein rechtsbegründend wirken, so Urteil v. 7. Dez. 1912 (Soergel 1913, § 461, 1). Einzelne Tatsachen innerhalb des Rahmens des Klagegrundes fallen nicht hierunter", so RG. 12. Nov. 1926 (JW. 1927 S. 374). Auch einer von mehreren Klagegründen stellt ein Angriffsmittel dar, vgl. Entsch. v. 26. Jan. 1911 und 12. April 1912 (Soergel 1911, § 461, 2 und 1912, § 461, 5). Einzelne Ansprüche dagegen sind keine selbständigen Angriffsmittel, so Urteile v. 9. Mai 1911 (JW. 1911 S. 657) und v. 26. März 1912 (JW. 1912 S. 679). Bezüglich der weiteren Fälle des § 461 sind beachtliche Urteile des Reichsgerichtes nicht ergangen.

Streit ist darüber entstanden, ob der Eid durch Beweißbeschluß dann zulässig ist, wenn das Gericht sich, bevor der Eid verlangt wird, über den Beweiswert anderer Beweismittel schlüssig machen muß. Der 3. Zivilsenat entschied im Urteile v. 3. März 1898 (JW. 1898 S. 347): „Wo dagegen die Eideszuschiebung nur eine eventuelle ist und wie hier der Beweis an erster Stelle durch Zeugen und eine Urkunde angetreten war, muß die Entscheidung über die prinzipale Beweisführung durch Urteil geschehen, und darf, wenn diese für völlig verfehlt erachtet wird, nur durch bedingtes Urteil, nicht durch Beweisbeschluß verfügt werden." Entsprechend erklärt der 2. Senat im Urteile v. 30. Nov. 1909 (SeuffA. 65, 377) die Eidesauflage über ein selbständiges Verteidigungsmittel nach Erledigung der übrigen Beweismittel für unzulässig, weil eine abschließende Würdigung des gesamten Streitstoffes erforderlich war. Demgegenüber stellt sich der 7. Senat im Urteile v. 26. Jan. 1900 (JW. 1900 S. 182) auf den Standpunkt, § 461 schreibe nicht vor, daß diese prozessuale Maßnahme dann unzulässig sein soll, wenn vorher ohne Ergebnis Zeugen über das Eidesthema abgehört sind. Die Ansicht des 7. Zivilsenates muß ganz allgemein in bezug auf § 461 ZPO. für die richtige erklärt werden. § 461 sagt von einer Einschränkung, wie sie die gegnerische Ansicht in ihn hineinlegt, nichts. Die Prüfung über den Beweiswert der anderen Beweismittel muß jedem Beweisbeschlusse vorangehen. Warum sie hier den Beweisbeschluß ausschließen soll, dafür fehlt jeder Grund, um so mehr, als die Anordnung des Eides durch Beweisbeschluß in der entsprechenden Situation beim Urkundenprozeß unbedenklich für zulässig erklärt ist (vgl. RG. 74, 25). Das ist bereits von Stein (Stein-Jonas § 461 III) zutreffend geltend gemacht. War die Auferlegung des Eides durch Beschluß in unzulässiger Weise erfolgt, so kann dieser Mangel durch Unterlassung der Rüge geheilt werden. So hat das Reichsgericht in zahlreichen Urteilen im Einklange mit der Wissenschaft entschieden. Ist dagegen der Verstoß rechtzeitig und ordnungsgemäß gerügt, so ist der Eid unwirksam. „Wenn jedoch die neue Beweisaufnahme kein Resultat ergibt, vielmehr die Sachlage ungeändert bleibt, und die Wahrheit der streitigen Tatsache durch Ableistung des vom Beweisführer zugeschobenen Eides festgestellt werden muß, so darf der Berufungsrichter nicht unberücksichtigt lassen, daß das Eidesverfahren —

wenn auch in einem unrichtigen Stadium des Prozesses — stattgefunden hat." Die Heiligkeit des Eides verbietet hier eine Wiederholung der Eidesleistung. So urteilte das Reichsgericht bereits am 24. April 1883 (RG. 9, 343), und den Standpunkt hat es in vielen späteren Entscheidungen beibehalten.

Als Regelfall betrachtet die Zivilprozeßordnung das bedingte Endurteil. Von der Leistung des Eides dürfen im Urteile stets nur die Teile der Entscheidung abhängig gemacht werden, die wirklich dadurch bedingt sind. Das Reichsgericht hat wiederholt ausgesprochen, daß Ansprüche, die das Gericht sowohl im Falle der Leistung als der Nichtleistung eines Eides zubilligt, auch wenn es sich um Teilbeträge handelt, nicht formell von der Eidesleistung abhängig gemacht werden dürfen, so die Urteile v. 11. Dez. 1907 und v. 24. Febr. 1909 (Soergel 1908, § 462; 1909, § 460) und v. 13. Juli 1910 (Recht 14 Nr. 3381). In dem bedingten Endurteile sind die Eidesfolgen so genau festzustellen, als die Lage es gestattet. Es kann keineswegs für sachgemäß gehalten werden, in dieser Beziehung alle denkbaren Eventualitäten partieller Eidesleistung und Eidesverweigerung im voraus durchzugehen, Entsch. v. 19. April 1882 (JW. 1882 S. 142). Der Grad der Genauigkeit der Eidesfolgen untersteht dabei dem richterlichen Ermessen (RG. v. 24. Sept. 1909 bei Soergel 1909, § 461, 3). Handelt es sich um mehrere Eide derselben Partei, so hält das Reichsgericht im Urteile v. 22. Jan. 1920 (LZ. 1920 S. 655) für ausreichend, daß das Urteil sich auf die Festsetzung der Folgen der Leistung oder Verweigerung sämtlicher Eide beschränkt (vgl. RG. 7, 433). Bei Leistung einiger von mehreren Eiden ist im Läuterungsverfahren über die Erheblichkeit der als bewiesen anzusehenen Eidestatsachen im Verhältnisse zu den widerlegten zu entscheiden, so RG. v. 29. Sept. 1921 (SeuffA. 77, 170). Unzulässig ist ein bedingtes Endurteil, das die Feststellung der Folgen auf den Fall der Leistung oder auf den Fall der Nichtleistung des Eides beschränkt. Das hat das Reichsgericht bereits in den ersten Jahren (RG. 5, 347, RG. 6, 423 u. 427, RG. 7, 421), aber auch später noch wieder (vgl. z. B. Urteil v. 20. Mai 1919, WarnRspr. 1919 S. 287) ausgesprochen. Bei jenen Urteilen der achtziger Jahre wurde unter den Zivilsenaten streitig, ob eine unrichtige Entscheidung nicht als Zwischenurteil anzusehen sei und deshalb der Anfechtung entzogen wäre. Aber die Entscheidung der vereinigten Zivilsenate hat im Urteile v. 20. Okt. 1882 (RG. 7, 421) die Zulässigkeit des Rechtsmittels mit eingehender und durchweg anerkannter Begründung bejaht. Ist der Inhalt des bedingten Endurteiles, insbesondere die Eidesnorm, zweifelhaft, so muß er durch Auslegung vom Gerichte festgestellt werden, vgl. Entsch. v. 9. Okt. 1897 (JW. 1897 S. 565).

Im Termine zur Eidesleistung kann die Partei den Eid leisten oder verweigern. Die Verweigerung braucht nicht ausdrücklich erklärt zu werden, sondern kann auch in einem schlüssigen Verhalten der schwurpflichtigen Partei wirksamen Ausdruck finden, so Urteil v. 21. März 1889 (RG. 23, 388). Insbesondere hat das Reichsgericht mit Recht entschieden — Urteil v. 24. Okt. 1911 (JW. 1912 S. 45) und v. 16. Sept. 1915 (Soergel 1915, § 464, 1) —, sind Erklärungen des Schwurpflichtigen, die unmittelbar das Gegenteil des von ihm zu Beschwörenden besagen oder offensichtlich damit unvereinbar sind, der Eidesverweigerung gleichzusetzen. Erscheint der Schwurpflichtige im Termin, ohne sich darüber auszusprechen, ob er zur Ableistung des Eides bereit sei, oder ob er sie verweigere, so können die gegebenen Umstände die Annahme der Eidesverweigerung rechtfertigen. Ist dies nicht der Fall, so behandelt das Reichsgericht (RG. 23, 388) den Schwurpflichtigen so, als ob er nicht erschienen sei. Das wird von Stein (Stein-Jonas § 464 II) beanstandet, weil § 333 ZPO. nur für die mündliche Verhandlung gelte. Aber das Reichsgericht wendet § 333 nicht unmittelbar, sondern nur analog an. In der Tat ist die Rechtslage wesensgleich, daß die analoge Anwendung des § 333 und die Behandlung des Schwurpflichtigen so, als ob er nicht erschienen sei, keinen Bedenken unterliegt. Die Eidesverweigerung ist unwiderruflich. Beruht sie auf Irrtum, so darf sie meines Erachtens wegen Irrtums angefochten werden (vgl. Walsmann (ArchZivPrax. 102, 147ff.). Das Reichsgericht verneint im Urteile v. 10. Nov. 1908 (RG. 69, 261, JW. 1908 S. 554) die Möglichkeit einer Anfechtung, kommt aber trotzdem zu gleichem Ergebnisse, wobei man zweifeln kann, wo eigentlich der Gegensatz liegt: „Wenn nachgewiesen wird, daß der Eidespflichtige über den Inhalt der erklärten Weigerung im Irrtume war oder diese Weigerung in Wirklichkeit nicht erklären wollte, so kann eine Eidesweigerung im Sinne der Zivilprozeßordnung überhaupt nicht als vorliegend angesehen werden."

Der Schwurpflichtige kann, gemäß § 469 ZPO., im Eidestermine frühere Behauptungen zurücknehmen oder früher bestrittene Tatsachen zugestehen und sich zur Leistung eines beschränkten Eides erbieten. Die Zulässigkeit des Erbietens hängt nur von dem Zugeständnis einer im Prozeßverfahren bestrittenen Tatsache ab. Es ist dagegen, wie das Reichsgericht im Urteile v. 27. April 1901 (JW. 1901 S. 401) betont, nicht erforderlich, daß der Schwurpflichtige von der Wahrheitswidrigkeit seines Bestreitens erst nach der Eidesnormierung Kenntnis erlangt hat. Das Reichsgericht verlangt für die Abänderung des Eides, daß der Gegner in eine günstigere Lage versetzt wird, wobei es jedoch die Besserung der prozessualen Lage genügen läßt und nicht etwa für erforderlich erachtet, daß er materiell-rechtlich in eine günstigere Lage versetzt wird, so die Entsch. v. 17. April 1901 (JW. 1901 S. 401) und vom 12. Dez. 1911 (Recht 1912 Nr. 463; vgl. auch Entsch. v. 25. März 1925, SeuffA. 79, 208). Für unzulässig erklärt wird, die Tatsachen in der Eidesnorm durch andere, dem bisherigen Streitmateriale nicht angehörige Tatsachen zu ersetzen, so RG. v. 19. Jan. 1885 (GruchotsBeitr. 29, 1117) oder einen Wahrheitseid auf diesem Wege in einen Überzeugungseid zu verwandeln, vgl. Urteil v. 23. März 1905 (SächsArch. 1, 244).

Sodann hat der Schwurpflichtige das Recht zu beantragen, daß unerhebliche Umstände, welche in die Eidesnorm aufgenommen sind, berichtigt werden. Diese Unerheblichkeit liegt stets dann vor, wenn sich auf Grund des geänderten Urteiles für den Fall der Eidesleistung oder Verweigerung dieselben Folgen ergeben, als in dem bedingten Endurteil ausgesprochen sind, so RG. 28. Sept. 1926 (JurRdsch. 26, 1077). Eine Berichtigung von Amts wegen erfolgt nicht (RG. 10, 169). Ein neues Urteil ist im Falle der Abänderung nicht notwendig. Sind beide Teile und das Gericht einig, so wird der Eid in abgeänderter Form abgenommen, sonst erfolgt ein Beschluß, der, wie das Reichsgericht wiederholt ausgesprochen hat, nicht selbständig anfechtbar ist; vgl. Entsch. v. 3. Aug. 1882 (RG. 83, 91,) v. 4. Okt. 1888 (GruchotsBeitr. 33, 1173), v. 26. Nov. 1900 (JW. 1900 S. 874), v. 29. Jan. 1901 (JW. 1901 S. 121) u. a. Das Reichsgericht hat anerkannt, daß diese Abänderung, solange das bedingte Endurteil nicht rechtskräftig ist, auch durch Rechtsmittel, anstatt daß der Weg des § 469 beschritten wird, erreicht werden kann, vgl. u. a. Urteil v. 5. Dez. 1901 (SeuffA. 56, 247).

Der Eid wird regelmäßig vor dem Prozeßgerichte geleistet, doch kann dieses bei Verhinderung des Schwurpflichtigen, dort zu erscheinen, sowie bei großer Entfernung die Eidesleistung vor einem seiner Mitglieder oder vor einem anderem Gericht anordnen. Zu diesem Beschlusse bedarf es, wie das Reichsgericht mit Recht in ständiger Judikatur angenommen hat, einer mündlichen Verhandlung nicht.

Im Läuterungsverfahren ist jedes neue Vorbringen von Tatsachen und Beweis zur Sache selbst ausgeschlossen. Das hat das Reichsgericht in vielen Entscheidungen, auch für den Eheprozeß, ausgesprochen. Für das Läuterungsverfahren bleibt, wie das Reichsgericht im Urteil v. 18. Dez. 1886 (RG. 17, 341) ausführt, nur die Frage: „1. Ob die Eidesleistung dem Gesetze gemäß stattgefunden hat oder ob sie aus gesetzlichen Gründen nicht stattfinden kann oder darf, 2. Was aus der Ableistung oder Verweigerung gemäß dem ergangenen bedingten Urteile für das Endurteil folgt." „Damit ist nicht ausgeschlossen, daß prozessuale Akte, durch welche die Parteien kraft der ihnen zustehenden Dispositionsbefugnis dem Richter die Befugnis zur weiteren Verhandlung und Entscheidung der Sache entziehen, z. B. die Zurücknahme eines Rechtsmittels in der gesetzlichen Form oder der Abschluß eines die Sache beendenden Vergleiches vor dem Richter, von maßgebender Bedeutung sind." Auch die Schadenersatzklage aus § 717 ZPO. kann noch in diesem Stadium erhoben werden, so Entsch. v. 18. März 1905 (GruchotsBeitr. 49, 1053).

Ist der Eid geleistet, so steht die beschworene Tatsache fest. Der 5. Zivilsenat hat jedoch in zwei Urteilen, v. 21. Okt. 1908 (RG. 69, 311) und v. 27. Nov. 1920 (RG. 100, 283), zugelassen, daß der Schwurpflichtige den geleisteten Eid widerruft und damit die ihm günstige Wirkung des Eides beseitigt. Der nächstliegende Zweck des Widerrufes wird der sein, „daß der Widerrufende hinsichtlich der Strafverfolgung die ihm günstige Wirkung des Widerrufes herbeizuführen sucht." „Da jedoch der Widerrufende durch seine Widerrufserklärung sich mit der früheren eidlichen Erklärung in Widerspruch setzt, muß er es unter allen Umständen als notwendige Folge seiner Widerrufserklärung hinnehmen, wenn nach Maßgabe der prozeßrechtlichen Vorschriften die Widerrufserklärung bei der Entscheidung zu seinen Ungunsten verwertet wird." Soweit ist dem Reichsgericht beizustimmen. Wenn es dann aber aus der Wirkung dieses gegensätzlichen Verhaltens (vgl. Walsmann, Verzicht S. 203 ff.) einen Verzicht auf die ihm günstigen Folgen seiner eidlichen Erklärung konstruiert, so ist dem zu widersprechen (a. M. Rosenberg, Lehrbuch § 124 IV 1). Unsere Zivilprozeßordnung kennt zwar den Verzicht auf Rechtsvorteile, bei denen man zweifelhaft sein kann, ob es sich um Rechte handelt. Aber man muß für den Verzicht einen Aufgabewillen fordern, der hier nicht vorhanden ist, jedenfalls nicht vorhanden zu sein braucht. Wenn der Widerrufende gar nicht an diese Wirkungen gedacht hat und nur dem Strafrichter entgehen wollte, so ist von einem Verzichtswillen keine Rede. Dieser Wille ist auch ganz gleichgültig. Der 5. Senat gerät denn auch in der zweiten Entscheidung (RG. 100, 283) in gewisse Schwierigkeiten, insofern, als der Eid dort teils günstige, teils ungünstige Folgen hatte. Hier soll der Verzicht, soweit die ungünstigen Folgen in Betracht kommen, unwirksam sein. Das ist eine Zerreißung der Eideswirkung, die gegenüber dem geleisteten Eid unmöglich ist. Man braucht indessen diese Verzichtskonstruktion überhaupt nicht. Die Zivilprozeßordnung läßt im § 463 Abs. 2 den Beweis des Gegenteils unter den Voraussetzungen zu, unter denen ein rechtskräftiges Urteil wegen Verletzung der Eidespflicht angefochten werden kann. Wenn nun der Schwurpflichtige selber erklärt, er habe unrichtig geschworen, so ist damit der Gegenbeweis erbracht. Darüber hinaus noch einen weitergehenden Widerruf zuzulassen, besteht keine Veranlassung. Ein solcher könnte höchstens durch dem Schwurpflichtigen unliebsame Folgen veranlaßt sein. In diesem Falle will indessen das Reichsgericht selbst den Verzicht auch nicht gelten lassen.

Die formale Beweiskraft beschränkt sich, wie vom Reichsgericht in zahlreichen Urteilen ausgesprochen ist, auf den Prozeß, wobei die Eidesleistung im Urkundenprozesse natürlich ihre Wirksamkeit im Nachverfahren behält. Für andere Prozesse können Eidesleistung und Eidesverweigerung nur als Indiz in Frage kommen. Auch das steht für die reichsgerichtliche Judikatur fest.

Reichsgerichtsentscheidungen über die durch die Novelle von 1898 geregelte Versäumung des Eidestermines sind nur spärlich. Die Ladung zum Schwurtermine wird an den Prozeßbevollmächtigten zugestellt, der Eidespflichtige selbst braucht nicht geladen zu werden; so Entsch. v. 13. Nov. 1917 (RG. 91,256). Der Vertreter des Schwurpflichtigen kann den Antrag zur Beseitigung der Versäumniswirkung gemäß § 466 ZPO. auch schon vor Beginn der für ihn laufenden Notfrist stellen. Dann kommt das Verfahren nach § 467 nicht mehr in Frage, vielmehr ist hier sofort der neue Termin zur Eidesleistung zu bestimmen, der nunmehr als zweiter Schwurtermin zu gelten hat (RG. 111, 288). Ist der Antrag gemäß § 466 gestellt, so ist der Verkündungstermin nach § 467 zur Eidesleistung und weiteren mündlichen Verhandlung bestimmt. Ein Urteil kann dann nur erlassen werden, wenn beim Nichterscheinen des Schwurpflichtigen der Gegner erneut beantragt, den Eid als verweigert anzusehen und wenn daraufhin nochmals zur Sache verhandelt wird (RG. 100, 194). Schließlich betont das Reichsgericht in zwei Urteilen — v. 26. März 1925 (WarnRspr. 1925 S. 192) und v. 22. Dez. 1925 (JW. 1926 S. 814), daß der nachträgliche Antrag auf Eidesabnahme formlos ist.

Wenn der Schwurpflichtige stirbt, so können die Parteien in Ansehung der betreffenden Beweisführung alle Rechte, die ihnen vor der Zuschiebung des Eides zustanden, ausüben. Handelt es sich um ein bedingtes Endurteil, so beschränkt sich die neue Verhandlung auf die Beweisführung hinsichtlich der durch den Eid zu beweisenden Tatsache, vgl. Urteil v. 15. Mai 1885 (RG. 13, 379), v. 11. April 1888 (JW. 1888 S. 208) und v. 1. Jan. 1898 (GruchotsBeitr. 42, 1206). Die Parteien sind jedoch durch die im § 471 ZPO. gewährten Rechte nicht gehindert, Berufung einzulegen, und auf diese Weise Abänderung des Urteiles zu erzielen, wenn das Urteil noch nicht rechtskräftig geworden ist, so Entsch. v. 15. Mai 1903 (RG. 55, 18) und v. 15. März 1904 (RG. 57, 235). In diesem Falle greift die vorhin erwähnte Beschränkung, welche sich bei § 471 ergibt, nicht Platz; so die Urteile vom 21. Dez. 1896 (RG. 38, 413) und v. 23. März 1901 (JW. 1901 S. 329). Für den Fall, daß der Eid durch Beweisbeschluß auferlegt ist, beschränkt sich die Wirkung des § 471 auf die Beseitigung der Wirkungen, die sich an die Annahme und Zurückschiebung des Eides knüpfen (RG. 13, 384). Nach ständiger Praxis des Reichsgerichtes findet § 471 auch Anwendung in Fällen, „in welchen schon zur Zeit der Eidesanordnung die Unmöglichkeit einer wirksamen Leistung des Eides durch den bezeichneten Schwurpflichtigen tatsächlich vorlag, aber den Parteivertretern und dem Prozeßgerichte nicht bekannt war" (RG. 57, 235 u. oft). Er gilt auch dann, wenn eine nach § 471 Abs. 1 unfähige Partei den Eid geleistet hat, Entsch. v. 20. Dez. 1904 (JW. 1905 S. 88). Das Gesetz schreibt für das bedingte Endurteil im § 471 vor, daß unter Aufhebung des Urteiles anderweit zu erkennen ist. Das Reichsgericht will jedoch diese Aufhebung nicht zu streng genommen wissen, es könne nach den Umständen bloße Abänderung genügen, Urteil v. 9. Febr. 1899 (JW. 1899 S. 179).

Die Vorschrift des § 472 ZPO. beschränkt das Reichsgericht, vgl. Urteil v. 20. Mai 1890 (JW. 1890 S. 237) mit der herrschenden Meinung auf die Fälle der notwendigen Streitgenossenschaft. Bei nicht notwendiger Streitgenossenschaft sind demgemäß die Folgen der Leistung bzw. der Verweigerung des Eides für jeden einzelnen Streitgenossen selbständig festzustellen, RG. v. 29. Mai 1908 (Soergel 1908, § 472, 2). Ist die Klage gegen einen gewöhnlichen Streitgenossen ohne Eid abweisungsreif, so darf ihm nicht gleichwohl ein Eid über eine

Handlung auferlegt werden, die nur gegenüber dem anderen Streitgenossen von Belang ist, Entsch. v. 26. Sept. 1910 (Recht 14, 4140).

Die offene Handelsgesellschaft ist parteifähig, aber nicht prozeßfähig. Die Personen, welche die Gesellschaft gerichtlich zu vertreten haben, sind als die gesetzlichen Vertreter aufzufassen. Der Eid ist daher von allen Gesellschaftern zu leisten, welche zur Zeit der Eidesleistung nicht von der Vertretungsbefugnis ausgeschlossen sind. Bei Liquidation treten die Liquidatoren an ihre Stelle. So hat das Reichsgericht konsequent im Anschluß an die Judikatur des Reichsoberhandelsgerichtes erkannt, vgl. die Urteile v. 11. Febr. 1880 (SeuffA. 35, 334), v. 9. Juni 1885 (RG. 14, 20) und v. 3. Mai 1898 (SeuffA. 53, 472). Bei der Kommanditgesellschaft richtet sich die Wahl des Schwurpflichtigen nach § 474 ZPO. Daher hat nur derjenige unter den mehreren persönlich haftenden Gesellschaftern den Eid zu leisten, dessen eigene Handlungen und Wahrnehmungen in Frage stehen, so Urteil v. 3. Mai 1912 (SeuffA. 67, 475).

Auch für den richterlichen Eid ist Voraussetzung, daß es sich um Tatsachen handelt. Doch kommen die weiteren Voraussetzungen, die der § 445 für den zugeschobenen Eid macht, für den richterlichen Eid nicht in Frage (vgl. RG. 65, 406). Insbesondere werden vom Reichsgerichte nicht die gleichen Anforderungen in bezug auf die Bestimmtheit gestellt (s. z. B. Urteil v. 5. März 1923 (Recht 1923 Nr. 1190). Die Tatsache, über welche der Eid auferlegt werden soll, muß jedoch von einer Partei behauptet sein, vgl. die Urteile v. 23. April 1884 (GruchotsBeitr. 28, 1153), v. 17. Juni 1892 (JW. 1892 S. 334), v. 21. April 1899 (JW. 1899 S. 380) und v. 24. Jan. 1921 (Recht 1921 Nr. 1941). Sieht das Gericht den Gegenbeweis für erbracht an, so kommt der richterliche Eid nicht in Frage, vgl. die Urteile v. 10. Juni 1914 (Recht 1915 Nr. 228) und v. 22. Jan. 1918 (Recht 1918 Nr. 508). Dagegen steht die Zuschiebung des Eides der Auferlegung des richterlichen Eides nicht im Wege, so Entsch. v. 9. Dez. 1897 (JW. 1898 S. 48). Die herrschende Meinung sieht eine weitere Voraussetzung für die Anwendung des § 475 ZPO. darin, daß die Verhandlungen und die etwaige Beweisaufnahme etwas für den Beweispflichtigen ergeben haben müssen. Das Reichsgericht scheint anfangs die gleiche Meinung gehabt zu haben, ohne daß freilich dieselbe irgendwo bestimmt ausgesprochen ist. Dann aber hat der 1. Zivilsenat im Urteile v. 20. April 1895 (RG. 35, 105) eine andere Ansicht über den § 475 ZPO. zugrunde gelegt. „Die von der Revision vertretene Ansicht, daß die Auferlegung eines richterlichen Eides nur zulässig sei, wenn bereits einiger Beweis oder eine gewisse Wahrscheinlichkeit vorliegt, kann nicht gebilligt werden. Der § 437/475 ZPO. setzt vielmehr lediglich voraus, daß das Ergebnis der Verhandlungen und einer etwaigen Beweisaufnahme nicht ausreichend ist, um die Überzeugung des Gerichtes von der Wahrheit oder Unwahrheit der zu erweisenden Tatsache zu begründen, und dies trifft auch dann zu, wenn überhaupt keine Beweisaufnahme stattgefunden oder eine solche kein Ergebnis geliefert hat, und auch die Verhandlungen ein ganz negatives Ergebnis geliefert haben." Diesen Standpunkt hat das Reichsgericht beibehalten, vgl. die Urteile v. 12. Febr. 1909, v. 5. Jan. 1910, v. 13. Juli 1910, v. 11. April 1913 (Soergel 1909, § 475 1; 1910, § 475 2 u. 7; 1913 § 475 3) und v. 7. Jan. 1916 (Recht 1916 Nr. 719). Freilich hat das Reichsgericht hier nur die grundsätzliche Frage, ob die Auferlegung des richterlichen Eides ein Beweisergebnis oder doch wenigstens eine gewisse Wahrscheinlichkeit voraussetzt, verneint. Alle scheinbar abweichenden späteren Entscheidungen (das gilt auch für die von Rud. Schmidt, Richterl. Eid S. 57 Anm. 1 Abs. 4 zitierten Urteile von 1895 ab) haben mit dieser Frage nichts zu tun. (Zweifelhaft erscheint mir höchstens das Urteil vom 4. Okt. 1905, bei Soergel 1906, § 475b). Der 1. Senat hat eine tiefergehende Begründung für seine Ansicht nicht gegeben. Er weist in der Hauptsache nur auf die Motive hin. Hellwig, der System I S. 738 die gleiche Ansicht wie das Reichsgericht vertritt, weiß auch nur anzuführen, daß auch im Zivilprozesse die Ermittelung des wahren Sachverhaltes und die Fällung eines richtigen Urteiles das Ziel ist. Aber mit solchen Gründen läßt sich die festfundierte Ansicht der herrschenden Meinung nicht erschüttern. Sie hat den Wortlaut des § 475 hinter sich und vor allem die Erwägung, daß die beweispflichtige Partei, wenn sie für ihre Behauptung keine Wahrscheinlichkeit, geschweige denn einen Beweis zu erbringen vermag, als beweisfällig unterliegen muß.

Mit seiner grundsätzlichen Auffassung setzt sich das Reichsgericht nicht in Widerspruch, wenn es duldet, daß die Ablehnung des richterlichen Eides damit begründet wird, es sei nichts bewiesen und auch keinerlei Wahrscheinlichkeit erbracht, vgl. die Entsch. v. 25. Sept. 1902 (JW. 1902 S. 544) und v. 11. Nov. 1902 (JW. 1903 S. 8), auch v. 24. April 1907 (Soergel 1907, § 475, 4 und v. 16. Sept. 1910 (Recht 14 Nr. 3560). „Nur wenn über eine rechtserhebliche Tatsache gar nichts bewiesen ist, kann die Frage nach der Beweispflicht von Bedeutung werden, da die beweispflichtige Partei in diesem Falle zugleich die beweisfällige ist" (JW. 1902 S. 544). Denn ob der Richter von der Befugnis, den richterlichen Eid aufzuerlegen Gebrauch machen will, das steht ganz in seinem Ermessen (RG. 95, 383). Das Reichsgericht betont im Urteile v. 17. Nov. 1910 (Recht 15 Nr. 752) mit aller Entschiedenheit, daß eine Verpflichtung des Gerichtes zur Auferlegung eines richterlichen Eides niemals besteht. Nur das verlangt das Reichsgericht mit größter Strenge, daß der Richter sich der Befugnis, den richterlichen Eid aufzuerlegen, bewußt ist und nachprüft, ob Veranlassung zum richterlichen Eid im konkreten Falle besteht. Aus diesem Grunde hat das Reichsgericht zahlreiche Urteile aufgehoben. Aber es ist darin wohl reichlich weit gegangen. Allmählich ist der Standpunkt gemildert. Die richtige Ansicht kommt schließlich im Urteile v. 25. Febr. 1919 (RG. 95, 83) zum Ausdrucke. „§ 475 gibt dem Gericht eine Befugnis, von der es nach freiem Ermessen Gebrauch machen kann. Eine Verpflichtung, sich darüber auszusprechen, daß und weshalb es von dieser Befugnis keinen Gebrauch mache, besteht für das Gericht im allgemeinen nicht. Das Schweigen der Gründe des Urteiles gewährt daher keinen Anhalt für die Annahme, das Gericht sei sich seiner Befugnis, die ihm durch § 475 gegeben, nicht bewußt gewesen oder es habe sonst die Prüfung der Anwendbarkeit des § 475 prozeßwidrig verabsäumt. Eine solche Annahme ist gegenüber Urteilen deutscher Oberlandesgerichte nach Ansicht des erkennenden Senates grundsätzlich ausgeschlossen." Es bedürfte ganz besonderer Anhaltspunkte, um einen derartigen Vorwurf zu begründen (vgl. später freilich Entsch. v. 7. Juni 1923 (JW. 1924 S. 46). In zahlreichen Entscheidungen hat das Reichsgericht ausgesprochen, daß angebotene Beweise unberücksichtigt bleiben können, wenn das Gericht der Überzeugung ist, daß ihr Resultat doch nicht ausreichen werde, um den richterlichen Eid entbehren zu können. Freilich muß das im Urteile dargelegt werden (vgl. insbesondere RG. 97, 242). Beweise, die gerade für die Entscheidung der Frage, welcher Partei der Eid anzuvertrauen ist, von Bedeutung werden, dürfen nicht abgelehnt werden; vgl. u. a. Entsch. v. 27. Okt. 1904 (JW. 1905 S. 26). Über diese Frage entscheidet das freie richterliche Ermessen. Das Reichsgericht hat hier in zahlreichen Urteilen erklärt, daß der Beweislast keine entscheidende Bedeutung zukommen darf; in erster Linie soll die persönliche Vertrauenswürdigkeit in Betracht gezogen werden. Ein Rechtssatz, der dem Gerichte vorschreibt, bei der Auflage eines richterlichen Eides auf die persönlichen Verhältnisse der einen oder der anderen Partei das entscheidende Gewicht zu legen, besteht indessen nicht, so Entsch. v. 3. Jan. 1902 (JW. 1902 S. 92). Bei gleicher Vertrauenswürdigkeit beider Parteien darf auch die Beweislast ins Gewicht fallen, Urteil v. 12. Febr. 1924 (Recht 1924 Nr. 547). Das Reichsgericht hat nach der positiven Seite hin alle möglichen Erwägungen in concreto gelten lassen. Eine Aufzählung hat hier wenig Zweck, da den leitenden Gesichtspunkt das freie richterliche Ermessen bildet. Von Bedeutung sind hier nur die Entscheidungen nach der negativen Seite, die diesen oder jenen Gesichtspunkt als mit dem Gesetz unvereinbar, wie z. B. die ausschlaggebende Berücksichtigung der Beweislast, verbieten.

Bei der Auferlegung des richterlichen Eides ist der Richter in keiner Weise an das Eideserbieten der Parteien gebunden. Der richterliche Eid kann auch über Tatsachen, die weder Handlungen noch Wahrnehmungen des Schwurpflichtigen oder seiner Rechtsvorgänger oder Vertreter gewesen sind, auferlegt werden, so die Urteile v. 14. Jan. 1885 (RG. 15, 338) und v. 26. März 1907 (RG. 65, 406). Auch § 459 ist für den richterlichen Eid nicht schlechthin maßgebend, vgl. Entsch. v. 30. Nov. 1901 (GruchotsBeitr. 47, 1170) und v. 1. Nov. 1910 (SeuffA. 66, 253). Oft hat das Reichsgericht entschieden, daß der richterliche Eid über eigene Handlungen und Wahrnehmungen auch in der Überzeugungsform auferlegt werden kann. Nur andere Formen, wie den gemeinrechtlichen Ignoranz- oder Glaubenseid zu substituieren, steht dem Richter nicht zu (RG. 22, 226). Der richterliche Eid kann nur durch bedingtes Endurteil auferlegt werden, so auch Urteil v. 12. Jan. 1903 (JW. 1903 S. 100). Gemäß § 476 kann der richterliche Eid bei Streitgenossenschaft, ohne Unterschied welcher Art, und bei Mehrheit von gesetzlichen Vertretern nach richterlichem Ermessen allen, einigen oder einem auferlegt werden. Stets muß er aber „für den Schwurpflichtigen selbst etwas zu bedeuten haben, er muß für die Entscheidung seines Rechtsstreites als Beweismittel dienen", so RG. 76, 316. Die §§ 472 u. 474 finden für den richterlichen Eid keine Anwendung, vgl. Entsch. v. 5. Febr. 1890 (JW. 1890 S. 80) und v. 12. Febr. 1927 (RG. 116, 139). Ist mehreren Streitgenossen ein richterlicher Eid auferlegt, so gilt er nur dann als geleistet, wenn er von sämtlichen geschworen ist, so Entsch. v. 8. Juli 1924 (Soergel 1924, § 476) und v. 12. Febr. 1927 (RG. 116, 139).

Der richterliche Eid kann auch in einem Beschwerdeverfahren nach Maßgabe des § 99 Abs. 3 ZPO. auferlegt werden; denn dieses Verfahren steht sachlich dem, welches durch ein Urteil abschließt, gleich. Die Auferlegung kann hier freilich nicht durch bedingtes Endurteil, sondern muß durch Beschluß erfolgen. Ob dieser Beschluß dann ein „bedingter Endbeschluß" ist, läßt das Reichsgericht dahingestellt; vgl. die Entsch. v. 28. Dez. 1901 (RG. 50, 368), ebenso v. 22. April 1903 (RG. 54, 311). Ein weiterer Fall des richterlichen Eides ist der Schätzungseid, § 287 ZPO., vgl. RG. 116, 139. Das Reichsgericht wendet dort den § 476 ZPO. unmittelbar an.

In der Berufungsinstanz behalten die Leistung, Verweigerung derselben und Erlassung eines Eides in erster Instanz ihre Wirksamkeit, wenn die Entscheidung, durch welche die Leistung des Eides angeordnet ist, vom Berufungsgerichte für gerechtfertigt erklärt wird (§ 533 Abs. 2). „Zu den Punkten, die das Berufungsgericht hier nachzuprüfen hat, gehören alle Voraussetzungen der Anordnung des Eides: die Erheblichkeit des Eides, die Beweislast, die Zulässigkeit der Eideszuschiebung, die Richtigkeit und Sachgemäßheit der Eidesnorm, an und für sich auch die Zulässigkeit der Auflage durch Beschluß — diese aber nur, wenn der Mangel gerügt war", so Entsch. v. 13. Juni 1907 (RG. 66, 214) und v. 4. Juni 1910 (RG. 74, 24).

Im Eheprozesse besteht für die Scheidungsklage in bezug auf den Beweis durch Eid insofern eine Einschränkung, als für die sogenannten ehefeindlichen Tatsachen die Eideszuschiebung ausgeschlossen ist. Tatsachen, die zur Abwehr des Klagegrundes oder nur zur Begründung des Antrages auf Schuldigerklärung geltend gemacht werden, gehören nicht hierher. Das hat das Reichsgericht öfter entschieden. Zweifelhaft ist jedoch, wie es zu halten ist, wenn dieselben Tatsachen zugleich ehefreundlich und ehefeindlich sind. Hier hat das Reichsgericht sich nach anfänglichem Schwanken (vgl. z. B. RG. 17, 326; RG. 34, 351, s. darüber oben S. 240) schließlich dahin ausgesprochen: Die Eideszuschiebung ist in Ehesachen „nur soweit zulässig, als die dadurch zu beweisenden Behauptungen ausschließlich zur Abwehr der Scheidung oder zur Begründung eines nur die Schuldfrage betreffenden Antrages vorgebracht werden, und ist die Eideszuschiebung als Beweismittel zurückzuweisen, sobald die unter Eid gestellten Behauptungen zugleich einen Scheidungsantrag begründen sollen", so Entsch. des 4. Zivilsenates v. 7. Juni 1923 (JW. 1924 S. 46). Die Einschränkung betrifft stets nur die formelle Beweiswirkung der Eideszuschiebung; für die freie Beweiswürdigung eines geleisteten Eides bestehen keinerlei Schranken, s. Entsch. v. 23. März 1899 (RG. 43, 422). Der richterliche Eid ist auch über ehefeindliche Tatsachen zulässig, vgl. die Urteile v. 21. März 1921 (Recht 1921 Nr. 2218) und v. 7. Juni 1923 (Recht 1923 Nr. 1377)

Mit großen Problemen hat das Reichsgericht auf dem Gebiete des Beweises durch Eid im Rahmen der gesetzlichen Bestimmungen wenig zu tun gehabt. Bei der Entscheidung der streitigen Fragen befindet es sich durchweg im Einklange mit der herrschenden Meinung. Eine wichtige Ausnahme bildet vielleicht seine Stellungnahme zu den Voraussetzungen des richterlichen Eides. Im einzelnen ist auch auf diesem Gebiete dem Reichsgerichte gelungen, die Praxis auf gesunde Bahnen zu lenken, die ein vernünftiges und zweckmäßiges Zivilprozeßverfahren gewährleisten. Man kann ihm mit voller Berechtigung das Zeugnis ausstellen, daß ihm Weltfremdheit auf diesem Gebiete jedenfalls nicht vorgeworfen werden darf und daß es hier überall die gesetzlichen Normen in einer die Interessen der Allgemeinheit und der beiden Parteien gerecht und gleichmäßig wahrenden Weise ohne jegliche Konstruktionsjurisprudenz im üblen Sinne angewendet hat.

Abgeschlossen: 1. Februar 1928.

Die Rechtsprechung des Reichsgerichts über die prozessuale Stellung des Konkursverwalters

von Professor Dr. Friedrich Lent, Erlangen

Einleitung

Zu den Gebieten, auf denen die Rechtsprechung des Reichsgerichtes den größten Einfluß auf die Entwicklung von Praxis und Theorie gehabt hat und bis heute ausübt, gehört das Konkursrecht und aus ihm die Frage, der die zentrale Bedeutung für dieses ganze Rechtsgebiet zukommt, das viel erörterte Problem, welche rechtliche Stellung der Konkursverwalter hat. Während ursprünglich nur darüber Streit herrschte, ob der Konkursverwalter als Vertreter des Gemeinschuldners oder der Konkursgläubiger oder beider anzusehen sei, man aber darüber einig war, daß seine Stellung jedenfalls als Vertretung aufgefaßt werden müsse, beschritt das Reichsgericht in seiner Entsch. 29, 29 einen neuen Weg und erklärte den Konkursverwalter für „ein im öffentlichen Interesse geschaffenes Organ, das seine Legitimation zur Ausübung der ihm übertragenen Funktionen unmittelbar aus dem Gesetz entnimmt". Zu dieser Auffassung ist das Reichsgericht gekommen, weil es die Vernehmung des Gemeinschuldners als Zeugen in den vom Konkursverwalter geführten Prozessen ermöglichen wollte, die Vernehmung einer Partei als Zeuge aber für ausgeschlossen hielt.

Das Reichsgericht hat mit dieser Erklärung der Befugnisse des Konkursverwalters ebensoviel Widerspruch wie Zustimmung gefunden, selber aber nicht nur ständig an seiner Auffassung festgehalten — wozu wiederholt Einzelfragen Anlaß boten, so insbesondere die Frage, ob der Konkursverwalter hinsichtlich der Eideszuschiebung als Rechtsnachfolger des Gemeinschuldners angesehen werden kann —, sondern den für den Konkursverwalter gefundenen Standpunkt auch benutzt, um die Stellung des Nachlaßverwalters und Testamentsvollstreckers zu erklären. Eine andere Ausdehnung der Organstellung ist noch bedeutsamer: Während das Reichsgericht in der ersten Entscheidung dem Konkursverwalter lediglich für den Prozeß die Parteirolle zugesprochen hatte, ohne sich für das bürgerliche Recht auf die Ablehnung der Vertreterstellung des Konkursverwalters festzulegen, hat es dann in der Entsch. 80, 418 auch für das materielle Recht den Standpunkt eingenommen, der Konkursverwalter „handle nicht als Vertreter im fremden Namen, sondern kraft eigenen Rechtes im eigenen Namen, aber durch die kraft seines Amtes von ihm abgeschlossenen Verträge würden nicht zwischen ihm persönlich und dem Vertragsgegner rechtliche Beziehungen geschaffen, die Handelnden für ihre Person erwürben weder Rechte aus den Verträgen, noch würden sie durch diese verpflichtet".

In der Literatur[1]), soweit sie sich dem Reichsgericht angeschlossen hat, ist für den Prozeß der Begriff der Partei kraft Amtes entwickelt worden unter Einbeziehung der Staatsanwaltschaft im Zivilprozeß und des Ehemannes als Verwalters des eingebrachten Gutes. Die Begründung des Handelns im eigenen

[1]) Vgl. die ausführlichen Nachweise bei Jäger.

Namen und als amtliches Organ wird darauf abgestellt[2]), daß „die Annahme einer Vertreterstellung mit den Anforderungen des praktischen Rechtslebens dann unvereinbar sei, wenn der Personenkreis, dessen Interessen ein Verwalter wahrzunehmen habe, ein objektiv unbestimmter sei oder Personen mit widerstreitenden Interessen umfasse".

Diese große Streitfrage über die Stellung des Konkursverwalters erstreckt ihre Bedeutung naturgemäß über das ganze Konkursrecht und durch die Parallele zum Nachlaßverwalter und Testamentsvollstrecker auch weit darüber hinaus. Sie ist eines der typischen Probleme, die auf der Grenze von Prozeß- und bürgerlichem Recht beiden Rechtsgebieten angehören. Eine endgültige Klärung ist noch nicht gelungen, noch stehen sich die Meinungen gegenüber. Das rechtfertigt wohl eine Behandlung der Frage bei Gelegenheit des Jubiläums des Reichsgerichtes. Wenn ich auch den Standpunkt unseres obersten Gerichtes nicht teilen kann, so ist diese Darstellung doch ein Zeichen des Dankes an dasselbe, denn selten ist ein Gebiet durch den Kampf der Auffassungen so gefördert worden als das Konkursrecht durch die neue Bahn, die das Reichsgericht beschritten hat. Es würde den Umfang, der hier zur Verfügung steht, überschreiten, wenn ich zu allen Einzelfragen, die im Verfolge der Kontroverse aufgetaucht sind, Stellung nehmen oder eine vollständige Übersicht über das Schrifttum geben wollte. Worauf es mir ankam, war eine grundsätzliche Stellungnahme zu den großen, durch das Reichsgericht aufgeworfenen Fragen. Hierbei ist allerdings eine Beschränkung auf das Prozeßrecht nicht möglich[3]).

§ 1. Die Parteistellung des Konkursverwalters im Prozesse

I. Nach der Auffassung des Reichsgerichtes ist der Konkursverwalter, weil er nicht Vertreter irgendeiner Privatperson ist, selber Partei, führt also den Prozeß im eigenen Namen. Zunächst ist auf dem Boden des Prozeßrechtes zu prüfen, ob diese Parteistellung notwendig oder wenigstens durchführbar ist. Zu seiner Meinung ist das Reichsgericht bei der Behandlung einer einzelnen praktisch wichtigen Frage gekommen, nämlich, ob die Zeugenvernehmung des Gemeinschuldners in den vom Konkursverwalter geführten Prozessen möglich ist. Das Reichsgericht hält es für ausgeschlossen, den Gemeinschuldner als Zeugen zu vernehmen, wenn er Partei ist, und um diese Vernehmung, auf die praktisch viel ankommt, zu ermöglichen, hat es ihm die Parteistellung abgesprochen und den Konkursverwalter als Partei erklärt. Aber dieser Ausgangspunkt der Lehre kann nicht als richtig anerkannt werden. Zwar besteht ein nicht zu bestreitendes praktisches Bedürfnis, den Gemeinschuldner als Zeugen zu vernehmen, um sein Wissen für die Prozesse des Konkursverwalters nutzbar zu machen, aber dieser Forderung kann Rechnung getragen werden, ohne daß man den Gemeinschuldner der Parteirolle und den Konkursverwalter der Vertreterstellung beraubt. Das Reichsgericht geht davon aus, daß die Partei niemals als Zeuge vernommen werden könne, aber mehr und mehr hat die Lehre[4]) Anhang gefunden, daß der Gegensatz nicht lautet: „Zeuge und Partei", sondern: „Zeugenvernehmung und Parteieid". Von der Zeugenvernehmung ist nicht die Partei als solche ausgeschlossen, sondern der zum Parteieid berufene, ob Partei oder gesetzlicher Vertreter. Daraus folgt, daß eine Partei als Zeuge vernommen werden kann, sobald sie für den Parteieid nicht in Frage kommt. Auf die Begründung

[2]) Stein, Grundriß S. 112, Kommentar vor § 50.

[3]) Vgl. Stein, Grundriß S. 112, Kommentar vor § 50.

[4]) Vgl. Stein, Kommentar vor § 373.

dieser Meinung kann hier nicht näher eingegangen werden. Für ihre Anwendung im Falle des Konkurses ist allerdings eine Schwierigkeit zu überwinden: Es muß feststehen, daß der Gemeinschuldner, obwohl Partei, für den Parteieid ausscheidet. Im Gesetz ist das für die prozeßunfähige Partei allerdings vorgesehen, für die dann der gesetzliche Vertreter einzutreten hat. Aber für den Gemeinschuldner fehlt es an einer Vorschrift, denn er hat nicht die Prozeßfähigkeit verloren, sondern ihm ist die Ausübung des Verwaltungs- und damit des Prozeßführungsrechtes entzogen. Man wird aber im Wege der Analogie vorgehen können, denn jeder Fall, in welchem ein Prozeß durch einen gesetzlichen Vertreter geführt wird, ist rechtsähnlich dem Sonderfalle, daß die Partei prozeßunfähig ist und aus diesem Grunde der Vertreter den Prozeß führt. Die Brücke zu dieser Analogie ist in § 53 ZPO. gefunden, wonach eine Partei, die zwar prozeßfähig ist, aber im Prozesse durch einen Pfleger vertreten wird, einer prozeßunfähigen Partei gleichgestellt wird. Was diesem einen Fall der gesetzlichen Vertretung einer prozeßfähigen Partei recht ist, muß auch für den anderen billig sein. Auch im Falle des Konkurses kann daher gelten, daß der Gemeinschuldner, obwohl er prozeßfähig ist, als prozeßunfähig gilt, soweit er im Prozesse durch den Konkursverwalter als gesetzlichen Vertreter vertreten wird. Danach ist er vom Parteieid ausgeschlossen und kann als Zeuge vernommen werden.

Diese ganze Argumentation geht allerdings davon aus — was ja erst zu beweisen ist —, daß der Konkursverwalter gesetzlicher Vertreter des Gemeinschuldners ist, zeigt aber, daß man auch vom Boden dieser Auffassung aus zu der Möglichkeit gelangt den Gemeinschuldner als Zeugen zu vernehmen. Damit ist die ursprüngliche Begründung des Reichsgerichtes mit der praktischen Notwendigkeit den Gemeinschuldner als Zeugen zu vernehmen entkräftet. Umgekehrt ist allerdings ein Beweis dafür, daß der Konkursverwalter Vertreter des Gemeinschuldners ist, damit noch nicht geführt, und die Möglichkeit, daß er Partei ist, besteht weiter, auch wenn der Ausgangspunkt der Lehre sich als unrichtig, zumindest als unnötig herausgestellt hat. Es bleibt daher immer noch notwendig, zu prüfen, ob die Parteistellung des Konkursverwalters durchführbar ist.

II. Zunächst ist es lehrreich, zum Vergleiche die anderen Fälle der Partei kraft Amtes heranzuziehen, einerseits die Staatsanwaltschaft, andererseits den Ehemann beim gesetzlichen Güterstande. Es ergeben sich nämlich wesentliche Unterschiede gegenüber dem Konkursverwalter. Dieser ist eine Person, die Staatsanwaltschaft eine Behörde. Der einzelne im Prozeß tätige Staatsanwalt ist daher gar nicht Partei für seine Person, sondern vertritt wieder die Behörde, handelt nicht im eigenen Namen, sondern im Namen der Behörde. Er wird allerdings nicht als Vertreter derselben behandelt, sondern als Organ, in Abweichung von der Stellung, die den Organen der juristischen Personen im Prozesse zuerteilt wird, denn diese gelten als gesetzliche Vertreter der juristischen Person. Der einzelne Staatsanwalt aber ist weder Partei noch Vertreter, das zeigt sich daran, daß im Falle seines Todes während des Prozesses weder § 239 noch § 241 ZPO. zur Anwendung kommt, vielmehr gar kein Stillstand des Verfahrens eintritt und ein anderer Staatsanwalt den Prozeß weiterführt, ohne daß prozessual dieser Wechsel in der Person von irgendeiner Bedeutung wäre. Er ist lediglich ein Internum der Behörde. Ebenso ist es in den anderen Fällen, in denen der bisher im Verfahren tätige Staatsanwalt ausscheidet, z. B. bei Entlassung, Versetzung, Beförderung. Auch hier kommt § 239 ZPO. so wenig in Betracht wie § 241. Die Person des Staatsanwaltes tritt völlig zurück hinter die unpersönliche Behörde.

Auch sonst tritt die Sonderstellung der Behörde hervor, sie unterliegt als einzige Partei nicht dem Anwaltszwang, weil sie unmittelbar die Staatsgewalt repräsentiert und es darum widersinnig wäre, ihr einen Vertreter privatrechtlicher Art, einen Anwalt, aufzunötigen. Bezeichnend ist, daß jede Behörde, die den Staat nur als Fiskus in privatrechtlichen Streitigkeiten, nicht aber als Organ der staatlichen Gewalt vertritt, dem Anwaltszwang unterliegt. Wie man daraus entnehmen kann, liegt der Grund der Befreiung vom Anwaltszwang nicht darin, daß die Staatsanwaltschaft als Behörde keines juristischen Beistandes bedürfte, sondern darin, daß sie auch im Zivilprozeß Vertreter der Staatsgewalt ist.

Die Parteistellung der Behörde, nicht des einzelnen Staatsanwaltes, zeigt sich weiter daran, daß eine Eideszuschiebung an die Staatsanwaltschaft ausgeschlossen ist, und zwar auch dann, wenn die betreffende Tatsache Gegenstand der Handlung oder Wahrnehmung des Staatsanwaltes gewesen ist, der für die Behörde im Prozeß tätig ist; § 473 ZPO. findet also keine Anwendung. Ferner ist die Verwandtschaft mit dem amtierenden Staatsanwalt weder ein Ausschließungsgrund für den Richter noch ein Zeugnisverweigerungsgrund, als Partei gilt eben durchweg die unpersönlich gedachte Behörde. Die einzelne Person, die für die Behörde handelt, bleibt ja auch vom Prozeß ganz unberührt.

Mit der Parteistellung der Staatsanwaltschaft als Behörde wird aber im Gesetz auch Ernst gemacht, sie wird von der Rechtskraft des Urteils getroffen; aber auch die Kostenlast bleibt ihr nicht erspart, indem sie im Falle des Unterliegens der Staatskasse aufgebürdet wird. Die Bewilligung des Armenrechtes kommt für die Staatsanwaltschaft als Behörde nicht in Frage. Eine Zwangsvollstreckung gegen sie, die nach der Art der von ihr geführten Prozesse nur wegen der Kosten möglich wäre, ist nicht vorgesehen, weil sie Behörde ist.

Diese Regelung zeigt deutlich, daß hier wirklich der Staat selbst engagiert ist und in den Zivilprozeß hineinsteigt, dafür aber auch das Risiko auf sich nimmt, welches mit dem Zivilprozeß für jede Partei verbunden ist. Es sind eben staatliche Interessen, die hier von der Staatsanwaltschaft wahrzunehmen sind, und nur darum wird hier eine Staatsbehörde zur Partei im Zivilprozeß. Die Geltung des Offizialprinzips in Ehe- und Entmündigungssachen, in denen sie tätig wird, deutet ja auch darauf hin. In diesen Prozessen ist es einfach nicht möglich, die Wahrung des öffentlichen Interesses, wenn es ein Eingreifen notwendig macht, einer Privatperson zu überlassen, etwa dem gesetzlichen Vertreter eines Beteiligten.

Diese Aufgabe, die staatlichen Interessen zu wahren, führt nun aber folgerichtig zu einer weiteren Besonderheit in der Stellung der Behörde: Die Staatsanwaltschaft kann Rechtsmittel auch dann gegen ein Urteil einlegen, wenn nach ihrem eigenen Antrag entschieden ist[5]). Weil sie staatliche Interessen wahrzunehmen hat, ist es für sie nicht entscheidend, ob sie durch die Entscheidung formell beschwert ist. Sie hat die Aufgabe, der Wahrheit zum Siege zu verhelfen, und diese Aufgabe kann es auch einmal erfordern, daß sie ihre eigene Auffassung ändert und entgegen den Anträgen, die sie selbst in der Vorinstanz gestellt hat, mit einem Rechtsmittel vorgeht. Aus denselben Gründen kann die Staatsanwaltschaft die Entmündigung durch Klage anfechten, auch wenn sie selbst den Antrag auf Entmündigung gestellt hatte.

Es wird also sowohl die Parteistellung als auch die Wahrung der staatlichen Interessen durchgeführt in der gesetzlichen Regelung,

---

[5]) Vgl. Stein, Kommentar vor § 634.

welche die Stellung der Staatsanwaltschaft im Zivilprozeß erfährt. Wir werden beim Konkursverwalter das Gegenteil sehen.

Auf der anderen Seite wird zum Vergleich mit dem Konkursverwalter herangezogen der Ehemann als Verwalter des eingebrachten Gutes der Ehefrau beim gesetzlichen Güterstande. Es ist immerhin bedeutsam, daß seine Parteistellung durch das Gesetz selbst festgestellt ist (§ 1380 BGB.). Sie entspricht auch ganz der Stellung, die er auf dem Gebiete des materiellen Rechtes einnimmt, wo er auch nicht gesetzlicher Vertreter der Frau ist, sondern ein im eigenen Namen auszuübendes Verwaltungsrecht hat. Bezeichnend ist aber weiter, daß ihm, wie er die Frau durch seine Erklärungen nicht verpflichten kann, auch die Passivlegitimation versagt ist. Seine Parteistellung ist aber wiederum durchgeführt, er trägt das volle Risiko jeder Partei, wird von der Rechtskraft des Urteils getroffen, trägt die Kostenlast im Falle des Unterliegens, und zwar mit seinem Vermögen, nicht mit dem verwalteten Frauengut, ist insoweit auch der Zwangsvollstreckung in sein Vermögen ausgesetzt. Es gilt für ihn beim Schweigen des Gesetzes keine einzige Abweichung von den für alle Parteien geltenden Vorschriften, es haben sich auch nirgends Schwierigkeiten herausgestellt, die diese Anwendung erschwerten oder verhinderten. Auch diese Lage steht in scharfem Gegensatze zu der Situation beim Konkursverwalter. Daß der Ehemann wiederum mit der Staatsanwaltschaft nicht zu vergleichen ist außer dem rein äußerlichen Punkt, daß er zur Prozeßführung über fremde Rechte befugt ist, war schon oben hervorgehoben.

III. Sollte der Vergleich der Stellung des Konkursverwalters im Prozeß mit der Staatsanwaltschaft und dem Ehemann wirklich überzeugend sein, so müßte der Nachweis erbracht werden, daß beim Konkursverwalter entweder wie beim Ehemann alle sonst für Parteien geltenden Vorschriften auch hier zur Anwendung kommen und kommen können oder umgekehrt wie bei der Staatsanwaltschaft, dem Behördencharakter Rechnung getragen und eine Reihe von daraus sich ergebenden Besonderheiten gelten würde. Die Auffassung aber, die im Konkursverwalter eine Partei von Amts wegen sieht, ist weder in der Lage, für den Konkursverwalter die gewöhnliche Parteistellung durchzuführen noch ähnliche Vorschriften wie für die Staatsanwaltschaft zu behaupten und damit dem Charakter als staatlichem Rechtspflegeorgan Rechnung zu tragen.

Ist der Konkursverwalter Partei, so müßte für Klagen gegen ihn sein Wohnsitz der allgemeine Gerichtsstand sein, diese Folgerung wird aber nicht gezogen, sondern die Person des Gemeinschuldners soll für die Zuständigkeit maßgebend sein. Für die Frage nach Erteilung des Armenrechtes müßten die Verhältnisse des Konkursverwalters entscheiden, statt dessen wird meist mit Rücksicht auf die Lage der Masse das Armenrecht bewilligt. Vereinzelte Entscheidungen ziehen allerdings diese Folgerung aus der Parteistellung des Konkursverwalters, daß sie auf seine Verhältnisse abstellen, aber sie haben mehr Gegner als Anhänger gefunden und mit Recht, denn die Erteilung des Armenrechtes setzt voraus, daß die Kosten des Verfahrens die Partei treffen können. Wird eine Partei, die um das Armenrecht nachsucht, überhaupt nicht von der Kostenlast berührt, wie das für den Konkursverwalter behauptet wird (s. unten), so ist es auch sinnlos, nach ihren Verhältnissen das Armenrecht zu erteilen. Das ergibt sich unzweideutig aus dem Wortlaute von § 114 ZPO., wonach das Armenrecht dem zu bewilligen ist, der „außerstande ist, ohne Beeinträchtigung des für ihn und seine Familie notwendigen Unterhaltes die Kosten des Prozesses zu bestreiten". Hat jemand, obwohl Partei, überhaupt nicht die Kosten zu bestreiten, so kommt für ihn das Armenrecht gar nicht in Frage. Es ist ein Widerspruch, das Armenrecht einer Partei zu erteilen, die selber gar nicht die Kosten zu tragen hat. Stellt man aber auf die Verhältnisse der Masse ab, so erteilt man das Armenrecht um der Vermögensverhältnisse einer Person willen, die gar nicht Partei ist, und verstößt gegen das Gesetz, das in §§ 114ff. die Identität der Partei und des „Armen" voraussetzt. Konstruiert man aber einen Zusammenhang des Armenrechts statt mit der Partei mit der Tragung der Kostenlast unabhängig von der Parteistellung, so gewinnt man zwar die Möglichkeit das Armenrecht auf die Verhältnisse dessen abzustellen, der die Kosten zu tragen hat, ob er nun Partei ist oder nicht, aber gerät in neue Schwierigkeiten, denn ZPO. § 93 bestimmt, daß die Kostenlast die Partei trifft. Wenn der Konkursverwalter Partei sein soll, so muß ihn auch diese Last treffen. Da diese Folge praktisch unerträglich ist, so wird sie von der Amtstheorie geleugnet. Aber sie kann sich nicht auf eine gesetzliche Vorschrift berufen und auch die Analogie versagt, denn gerade mit der Kostenlast der Partei wird es sonst sehr genau genommen. Weder der Ehemann, der über die Rechte des eingebrachten Gutes prozessiert, bleibt verschont noch der Zedent, der nach § 265 ZPO. den Prozeß im fremden Interesse weiterführt, noch die Staatsanwaltschaft, sie alle haben im Falle ihres Unterliegens die Kosten zu tragen. Nirgends ein Anhaltspunkt für eine Ausnahme. Sie wäre aber auch ungerechtfertigt, weil sie einer Person die Vorteile der Parteistellung einräumen, sie aber von den Nachteilen verschonen würde.

Ausschlaggebend erscheint mir eben diese Erwägung: Es verträgt sich nicht mit der allgemeinen Stellung der Partei im Prozesse, daß sie von diesem Risiko ihrer Stellung frei sein soll. Wer die Rechte der Partei hat, muß auch die Nachteile derselben in Kauf nehmen. Sonst liegt darin eine Begünstigung gegenüber allen anderen Parteien, die nicht gerechtfertigt ist. Auch die Tatsache, daß fremdes Vermögen verwaltet wird, vermag diese Erscheinung nicht zu rechtfertigen, denn auch der Ehemann, der fremdes Vermögen verwaltet, trägt zunächst und nach Prozeßrecht die Kostenlast und nicht die Frau. Auch das Argument versagt, die Auferlegung der Kosten auf den Gemeinschuldner (die Masse) sei gerechtfertigt, denn der Prozeß werde im Interesse des Gemeinschuldners geführt, denn sonst beruft sich diese Auffassung ja gerade darauf, daß die Verwaltung nicht im Interesse des Gemeinschuldners erfolge (vgl. unten S. 4). Wir hätten also die merkwürdige Erscheinung, daß jemand als Partei einen Prozeß führen, aber die Kosten einem anderen aufbürden könnte, der nicht einmal ein Interesse an dem Prozesse hat. Ohne gesetzliche Vorschrift und ohne jede Analogie ist das doch unhaltbar.

Die Aufbürdung der Kostenlast auf den Gemeinschuldner entspricht, wenn er nicht Partei ist, auch dem Grundsatze nicht, daß niemand verpflichtet werden kann durch die Handlung, die ein anderer im eigenen Namen vornimmt (vgl. unten § 5). Das Gesetz gestattet zwar Verfügungen, also Eingriffe in fremdes Vermögen durch Handlungen, die nicht im Namen dessen vorgenommen werden, in dessen Vermögen der Eingriff erfolgt, aber es kennt nicht eine Verpflichtung durch das Handeln eines anderen, wenn er nicht Vertreter ist. In dieses System paßt es schlecht, daß der Gemeinschuldner durch die Prozeßführung eines anderen, die nicht in seinem Namen erfolgt, zur Tragung der Prozeßkosten verpflichtet werden könnte.

IV. Erheblicher sind noch die Schwierigkeiten, in welche die Amtstheorie bei der Lehre von der Rechtskraft gerät. Schon für die Frage, wie es denn zu erklären ist, daß die Urteile in Prozessen, die der Konkursverwalter führt, Rechtskraft für und gegen den Gemeinschuldner haben, fehlt es an einer Antwort im Gesetze. ZPO. § 325 kann keine Anwendung finden, denn es setzt eine Rechtsnachfolge nach der Rechtshängigkeit voraus, trifft also nicht die Fälle, in denen der Prozeß erst nach Konkurseröffnung begonnen ist, und nicht die Zeit vor Beendigung des Konkurses (vgl. unten). Allerdings kann man aus ZPO. § 327 und aus BGB. § 1380 im Wege der Analogie den Satz ableiten, daß ein Prozeßführungsrecht im eigenen Namen auch die Erstreckung der Rechtskraft auf das Subjekt der Rechte zur Folge hat, über die prozessiert wird. Aber nicht im Umfang des Prozeßführungsrechts, sondern nach Maßgabe des materiellen Verfügungsrechts. Ob also für den Konkursverwalter anzunehmen ist, daß die in seinen Prozessen ergehenden Urteile Rechtskraft für und gegen den Konkursverwalter haben, hängt davon ab, ob er ein materiell-rechtliches Verfügungsrecht wie etwa der Ehemann hat, ist also nicht aus der bloßen prozessualen Stellung als Partei kraft Amtes abzuleiten.

Nicht einfach liegen die Dinge auch bei der anderen Frage, ob der Konkursverwalter selbst von der Rechtskraft betroffen wird. Es ist immerhin merkwürdig, jemanden an Urteile zu binden, die in seine Rechtssphäre gar nicht eingreifen, ihn nicht treffen. Beim Ehemann liegen die Verhältnisse doch insofern anders, als er ein Verwaltungsrecht im eigenen Interesse hat, also selbst berührt wird von den Urteilen, auch wenn die Rechte seiner Frau Prozeßgegenstand sind. Aber der Konkursverwalter verwaltet fremde Rechte ohne jedes eigene Interesse, hat kein Rechtsschutzinteresse, und daher hat es für ihn keine Bedeutung, daß er an die Urteile, die er als Verwalter erstreitet, gebunden ist. Der Gedanke des Rechtsschutzes, den eine Partei für sich nachsucht, verflüchtigt sich in diesem Falle, in dem jede Berührung der eigenen Rechtssphäre fehlt. Für den Konkursverwalter ist der Inhalt der von ihm erstrittenen Urteile nach Beendigung der Verwaltung völlig gleichgültig, es sei denn, daß er auch Konkursgläubiger ist. Aber in diesem Falle kümmert ihn das Urteil, das für oder gegen ihn als Verwalter ergangen ist, auch nicht. Denn faßt man die Konkursverwaltung als Amt auf, so muß man annehmen, daß die Rechtskraft den Amtsinhaber nicht persönlich trifft, sondern nur in seiner Eigenschaft als Amtsträger, wie etwa der Staatsanwalt für seine Person gar nicht von der Rechtskraft berührt wird, sondern nur die Staatsanwaltschaft als Behörde. In dieser Beziehung besteht aber keine rechte Klarheit in der Auffassung des Konkursverwalters als Inhaber eines Amtes. Denn bei Durchführung dieser Auffassung müßte man den Wechsel des Verwalters als prozessual unerheblich auffassen wie sonst den Wechsel in der persönlichen Besetzung einer Behörde. Aber das Amt des Konkursverwalters ist doch nicht so versachlicht und nicht von der Person zu trennen. Es bleibt dann aber auch bei der Erscheinung, daß er Rechtsschutz nicht für sich noch für sein Amt begehrt.

Aber die Schwierigkeiten häufen sich bei den weiteren Fragen: Wie ist es zu erklären, daß Urteile aus Prozessen, die der Gemeinschuldner vor der Konkurseröffnung geführt hat, auch für und gegen den Konkursverwalter Rechtskraft haben, und umgekehrt, daß Urteile aus Prozessen, die der Konkursverwalter geführt hat, Rechtskraft auch für und gegen den Gemeinschuldner nach Konkursende haben? In beiden Fällen soll sich ja ein Parteiwechsel vollzogen haben. Die Vertreter der reichsgerichtlichen Auffassung nehmen hier eine Rechtsnachfolge des Konkursverwalters gegenüber der Gemeinschuldner und des Gemeinschuldners gegenüber dem Konkursverwalter an und gewinnen damit die Stütze des § 325 für die Erstreckung der Rechtskraft[6]). Aber die Konstruktion einer Rechtsnachfolge ist nur möglich, wenn der Konkursverwalter ein eigenes, von der Inhaberschaft der Rechte abgezweigtes Verwaltungsrecht hat und nicht bloß die Ausübung der Rechte des Gemeinschuldners. Hierüber gehen die Auffassungen wieder auseinander, die Lehre, daß der Konkursverwalter ein staatliches Organ ist, gibt ihm ein eigenes Verwaltungsrecht an der Masse[7]), die Lehre, daß er Vertreter des Gemeinschuldners ist, sieht in seiner Tätigkeit nur die Ausübung von Rechten des Gemeinschuldners. Folgt man der Auffassung, daß der Konkursverwalter ein aus dem umfassenden Rechte des Gemeinschuldners als Inhaber aller Rechte abgezweigtes Verwaltungsrecht hat, so kann man ihn als Rechtsnachfolger des Gemeinschuldners ansehen und umgekehrt nach Beendigung des Konkurses den Gemeinschuldner auf Grund des Rückfalles des abgezweigten Rechtes an ihn als Rechtsnachfolger des Konkursverwalters.

Der Wortlaut von §6 KO. spricht für die zweite Lösung, denn dort ist ausdrücklich von Ausübung des Verwaltungsrechtes die Rede; Abs. 1 spricht dagegen zweideutig von einem Verluste der Befugnis, sein Vermögen zu verwalten, als ob der Gemeinschuldner ein Recht einbüße, das nun auf den Verwalter überginge. Die Auslegung der Konkursordnung ergibt also kein sicheres Resultat.

Um so wichtiger ist es, die Frage nach allgemeinen Gesichtspunkten zu entscheiden. Diese ergeben nun, daß es sich beim Konkursverwalter nur um Ausübung von Rechten des Gemeinschuldners handelt, nicht um ein eigenes abgezweigtes Recht; das läßt sich nachweisen, sobald man den Fall ins Auge faßt, daß der Konkursverwalter stirbt oder entlassen wird und kein neuer Konkursverwalter ernannt ist. Es ist dann ausgeschlossen, daß ein bisher dem Konkursverwalter zustehendes Recht in der Zwischenzeit bis zur Ernennung eines neuen Konkursverwalters erhalten bliebe, denn es würde bedeuten, daß dieses Verwaltungsrecht eine Zeitlang ohne Inhaber existierte, subjektlose Rechte sind aber unserem bürgerlichen Rechte fremd. Das Verwaltungsrecht des bisherigen Konkursverwalters muß also erlöschen. Wäre es aber ein aus der Inhaberschaft abgezweigtes eigenes Recht, so müßte es mit seinem Erlöschen heimfallen an das Stammrecht, aus dem es abgetrennt war, an den Inhaber des Stammrechtes zurückgelangen. Das heißt, der Gemeinschuldner würde das verlorengegangene Verwaltungsrecht mit Tod oder Entlassung des Konkursverwalters wiedererlangen, eine praktisch unmögliche Konstruktion. Sie ist aber unvermeidlich, wenn man dem Konkursverwalter ein eigenes, aus der Inhaberschaft „ausgeschiedenes" Verwaltungsrecht zuschreibt. Auch der Vergleich mit dem Ehemanne bestätigt diese Folge: Bei Tod des Ehemannes oder Scheidung oder Beseitigung seines Verwaltungsrechtes bekommt die Ehefrau sofort das abgetrennte Verwaltungsrecht wieder, der Heimfall ist die selbstverständliche Folge des Erlöschens des Verwaltungsrechtes. Nicht anders ist es ja in allen Fällen, in denen ein abgezweigtes Recht erlischt, z. B. bei Pfandrecht oder Nießbrauch. Was der Inhaber des Stammrechtes durch die Abzweigung einbüßte, gewinnt er mit dem Erlöschen des Zweigrechtes zurück. Da aber ein Heimfall des Verwaltungsrechtes an den Gemeinschuldner während des Konkurses ausgeschlossen ist, muß die Konstruktion eines eigenen, aus der Inhaberschaft abgezweigten Verwaltungsrechtes des Konkursverwalters unrichtig

[6]) Vgl. RG. 53 S. 9.

[7]) Vgl. RG. 53 S. 9; dort wird gesprochen von „Ausscheidung der Verwaltungs- und Verfügungsbefugnis" und ihrem „Übergang auf den Konkursverwalter als einem diesem vom Gesetze verliehenen Rechte".

sein. Die Schwierigkeiten lösen sich aber sehr einfach, wenn man nur die Ausübung des Verwaltungsrechtes für den Konkursverwalter übertragen ansieht. Mit seinem Wegfalle bekommt der Gemeinschuldner nicht die Ausübung zurück, denn der Grund zur Entziehung derselben bleibt ja bestehen, es entsteht nur eine Lücke, insofern niemand da ist, der das Recht ausüben könnte. Die Lage ist genau so wie auch sonst bei Wegfall eines gesetzlichen Vertreters bis zur Ernennung eines neuen, auch hier fehlt es an einer Person, die die Rechte ausüben kann. Daher verdient die Auffassung den Vorzug, daß der Konkursverwalter nur die Ausübung von Rechten des Gemeinschuldners hat, nicht ein eigenes Verwaltungsrecht. Damit ist aber die Annahme nicht vereinbar, der Konkursverwalter sei Rechtsnachfolger des Gemeinschuldners oder umgekehrt. Ohne sie kommt man aber zu unbefriedigenden Ergebnissen bezüglich der Rechtskraft, ebenso scheitert dann der Parteieid des Konkursverwalters über Handlungen und Wahrnehmungen des Gemeinschuldners als seines Rechtsvorgängers (ZPO. § 445).

V. Schwieriger gestaltet sich noch die Lage für die Amtstheorie bei der Frage, wie es zu erklären ist, daß Urteile aus Prozessen eines früheren Konkursverwalters Rechtskraft für und gegen die späteren haben, also in dem Falle, daß ein Konkursverwalter stirbt oder entlassen wird. Dieser Wechsel im Verwalter soll ja wieder einen Parteiwechsel bedeuten und die Erstreckung der Rechtskraft wird auch hier mit Rechtsnachfolge erklärt. Aber die Konstruktion einer Rechtsnachfolge scheitert sogar auf dem Boden der Auffassung, daß der Konkursverwalter ein eigenes Recht habe. Gerade wenn man dieses Problem unter dem Gesichtspunkte betrachtet, daß der Konkursverwalter ein Amt innehat, so muß man die Rechtsnachfolge verneinen. Denn mit Recht wird die Nachfolge in ein Amt von der Rechtsnachfolge unterschieden[8]; sie ist ein wesentlich verschiedener Vorgang. Rechtsnachfolge setzt doch den Übergang eines Rechtes vom bisherigen Inhaber auf einen neuen voraus. Ob dieser Vorgang durch Rechtsgeschäft, Staatsakt oder gesetzlichen Tatbestand herbeigeführt wird, ist gleich. Aber ein Amt geht im Rechtssinne nicht vom alten auf den neuen Inhaber durch eine Übertragung über, sondern es wird neu begründet und neu verliehen. Der neue Inhaber beruft sich zum Nachweise seiner Rechtsstellung nicht auf den alten, sondern auf seine eigene Einsetzung, diese ist die Quelle seiner Befugnisse. Nur weil deren Summe gleich oder ähnlich den Befugnissen ist, die der alte Inhaber hatte, bezeichnet man sie als dasselbe Amt. Der neue Inhaber leitet aber seine Stellung in keiner Weise von der seines Vorgängers ab, während der Rechtsnachfolger sich immer auf das Recht des Vorgängers stützen muß, selbst wenn sein Erwerb originär ist, also nicht auf einem Willensakte des Vorgängers beruht. Der neue Inhaber des Amtes ist in seiner Stellung unabhängig von der Existenz und dem Umfange des Rechtes seines Vorgängers. Selbst wenn dessen Bestellung nichtig war, jener also das Amt gar nicht innehaben konnte, so ist darum die Stellung des neuen Inhabers keine geringere. Für die Beurteilung der Frage, welche Rechtsstellung der neue Inhaber hat, ist es unerheblich, welche Stellung der alte innehatte. Man kann dies am Vormund, aber auch am Konkursverwalter im einzelnen nachweisen. Es genügt die eine Feststellung, daß der neue Vormund oder Konkursverwalter auch dann seine Rechtsstellung im vollen Umfange innehat, wenn die Bestellung seines Vorgängers nichtig war, dieser daher keinerlei Befugnisse hatte. Die Grundlage der

[8]) Vgl. v. Tuhr, BGB., Allg. Teil II, 44.

Rechtsstellung, die der Inhaber eines Amtes hat, ist ausschließlich seine Einsetzung und nicht die Stellung seines Vorgängers. Diese völlige Unabhängigkeit des neuen Inhabers vom alten schließt den Begriff der Rechtsnachfolge aus, für welche die Abhängigkeit des neuen Inhabers von dem alten wesentlich ist. Der neue Konkursverwalter kann daher nicht als Rechtsnachfolger des alten Konkursverwalters behandelt werden, solange man ihn als Nachfolger im Amte betrachtet.

Nicht anders aber steht es damit, selbst wenn man dem Konkursverwalter ein eigenes Verwaltungsrecht zuschreibt, denn auch dieses beruht lediglich auf seiner staatlichen Ernennung und nicht auf einem Übergange vom alten Konkursverwalter auf ihn. Es läßt sich nachweisen, wie wir gesehen haben, daß das Verwaltungsrecht des alten Konkursverwalters auf den neuen gar nicht übergehen kann, wenn der alte gestorben ist oder entlassen wird, ehe die Ernennung des neuen erfolgt ist. Es bleibt also nur die Lösung übrig, daß das Verwaltungsrecht des Konkursverwalters mit seinem Tode oder seiner Entlassung untergeht. Daraus folgt aber, daß der neue Konkursverwalter nicht in die Rechtsstellung des alten einrückt, daß nicht das Recht des alten Konkursverwalters auf den neuen übergeht, sondern daß der neue Konkursverwalter auch ein neues Verwaltungsrecht hat, welches mit dem des alten zwar gleichen Inhalt hat, aber nicht identisch ist. Es fehlt die Kontinuität, der lückenlose Bestand des übergehenden Rechtes. Bei dieser Sachlage ist die Konstruktion einer Rechtsnachfolge des neuen Konkursverwalters in das Recht seines Vorgängers unmöglich, aber auch eine Analogie ist ausgeschlossen, weil dem Vorgange, der hier in Frage steht, der Einsetzung eines neuen Konkursverwalters, gerade alle die Merkmale fehlen, die für eine Rechtsnachfolge wesentlich sind.

Ist aber eine Rechtsnachfolge ausgeschlossen, so ist auch der neue Konkursverwalter unberührt von der Rechtskraft der Urteile, die in Prozessen des alten Konkursverwalters ergangen sind. Er kann sich auf sie nicht zu seinen Gunsten berufen, ein abgewiesener Gläubiger kann von neuem auf Feststellung seiner Forderung klagen, ein Aussonderungsberechtigter erneut sein Recht geltend machen, andererseits kann der neue Verwalter den im Prozesse seines Vorgängers siegreich gebliebenen Gläubigern ihre Ansprüche bestreiten. Diese Ergebnisse sind praktisch unhaltbar, aber unvermeidlich, wenn man an der Parteistellung des Konkursverwalters festhält. Sie kommen nicht in Frage, wenn man den Konkursverwalter als gesetzlichen Vertreter des Gemeinschuldners ansieht, denn jeder Vertreter einer Partei ist genau so wie diese selbst an die Rechtskraft gebunden, ob er selbst oder ein Vorgänger den Prozeß geführt hat.

VI. Ähnliche Probleme ergeben sich bei der Vollstreckung. Auch hier kann allein die Annahme einer Rechtsnachfolge helfen, wenn es gilt, die Vollstreckung von Urteilen, die der Gemeinschuldner vor dem Konkurs erstritten hat, durch den Konkursverwalter zu ermöglichen oder umgekehrt die Vollstreckung von Urteilen, die der Konkursverwalter erstritten hat, durch den Gemeinschuldner nach Beendigung des Konkurses, sowie die Vollstreckung aus Urteilen, die auf den alten Konkursverwalter lauten, für oder gegen den neuen Verwalter. Denn da in diesen Fällen, wenn man den Verwalter als Partei ansieht, ein Parteiwechsel vorliegt, so ist die Vollstreckung gegen die neue Partei nur möglich auf Grund der Umschreibung der Vollstreckungsklausel nach ZPO. § 727. Diese Konstruktion gerät aber auch hier ins Wanken, wenn man die Rechtsnachfolge verneint, wie dies oben geschehen ist.

Daneben aber erhebt sich die grundsätzliche Frage: worauf beruht es, daß der Konkursverwalter Partei ist und doch die Vollstreckung nicht in sein Vermögen sich richtet, sondern in das Vermögen des Gemeinschuldners, also einer Person, die nicht Partei ist? Zu solcher Vollstreckung ist auch während des Konkurses befugt der Aussonderungsberechtigte und der Massegläubiger, wenn sie gegenüber dem Konkursverwalter obgesiegt haben. Das Gesetz geht davon aus, daß die eine Prozeßpartei und der Schuldner der Zwangsvollstreckung ein und dieselbe Person sind und gestattet eine Verschiedenheit im Falle von § 727. Diese Bestimmung setzt aber voraus, daß die Rechtsnachfolge sich nach der Rechtshängigkeit ereignet hat, während hier von vornherein die Partei — der Verwalter und der Schuldner, die Masse oder der Gemeinschuldner — auseinanderfallen. Während die Rechtsnachfolge auf alle Fälle ein Nacheinander erfordert, handelt es sich hier um ein Nebeneinander von Partei und Vollstreckungsschuldner. Damit ist nicht nur die direkte Anwendung von § 727 ausgeschlossen, sondern auch die Analogie, weil keine Ähnlichkeit, sondern ein grundlegender Unterschied zwischen den beiden Fällen besteht.

Formell mag ja diese Trennung von Partei und Schuldner ermöglicht werden durch die Fassung des Antrages, der den Verwalter nicht zur Leistung schlechthin, sondern zur Leistung aus der Masse verurteilt wissen will — obwohl bei einem Aussonderungsanspruch auch diese Formulierung unkorrekt ist, weil der ausgesonderte Gegenstand ja gerade nicht zur Masse gehört — aber die Erscheinung selbst bleibt in sich widerspruchsvoll. Sie hat auch kein Seitenstück in dem Falle, daß ein Schuldner nach materiellem Recht nur mit einem Teile seines Vermögens haftet, der Erbe wird ohne Einschränkung verurteilt, und selbst der Vorbehalt seiner beschränkten Haftung sichert ihm nur die Möglichkeit, gegen die Vollstreckung in sein Vermögen außerhalb des Nachlasses sich mit Klage zu wehren, bildet aber nicht eine absolute Schranke für die Vollstreckung. Im Falle eines im eigenen Namen ausgeübten Verwaltungsrechts, wie beim Ehemann im gesetzlichen Güterstand, ist die zur Leistung verurteilte Partei auch Schuldner der Vollstreckung, der Ehemann wird von vornherein nur zur Duldung der Vollstreckung verurteilt. Beim Konkursverwalter aber soll nur dieser Partei sein und dennoch von der Vollstreckung ganz unberührt bleiben, der Gemeinschuldner nicht Partei sein, dafür aber von der Vollstreckung getroffen werden.

Daß hier eine ganz andere Parteistellung angenommen wird als die vom Gesetz vorausgesetzte, erhellt auch daraus, daß ein grundlegender Unterschied zwischen den Prozessen des Konkursverwalters als solchen und denen, die er für seine Person führt, besteht, ein Unterschied, der viel wesentlicher ist als der von Prozessen, die er als gesetzlicher Vertreter führt. Was soll eigentlich der Zusatz „als Konkursverwalter" bei Klage und Verklagtwerden bedeuten? Ein Hinweis auf Vertretung soll es nicht sein, und doch soll er die Bedeutung haben, daß die Partei eine völlig andere Stellung im Prozeß einnimmt, ohne jedes Risiko den Rechtsstreit durchführt und ohne eigenes Interesse. Es gibt also zwei Arten von Parteien, die eine von der Prozeßordnung gemeinte und geregelte und die andere, auf die keine Vorschrift des Gesetzes Anwendung findet. Dabei nähert sich diese zweite Art in allen wesentlichen Punkten der gesetzlichen Vertretung so stark, daß sie mit dieser alle wichtigen Punkte gemeinsam hat, mit der normalen Partei aber keinen mehr.

Der Parteibegriff verflüchtigt sich völlig und wird inhaltlos. Von einer Partei, die am Ausgang des Rechtsstreites kein eigenes Interesse hat, für die die Rechtskraft eine reine Formalität ohne Bedeutung ist, die kein Risiko in der Kostenlast trägt, die von der Vollstreckung unberührt bleibt, kann man nicht mehr behaupten, sie suche für sich Rechtsschutz nach oder es werde gegen sie Rechtsschutz begehrt. Gerade an dieser Stelle wird die Unterscheidung dieser Art Partei von gesetzlicher Vertretung unmöglich, denn beide verlangen Rechtsschutz nicht für sich, noch wird er gegen sie in Anspruch genommen. Die formelle Unterscheidung, die Partei handele im eigenen Namen, der Vertreter im fremden, wird verwischt durch den Zusatz, den der Konkursverwalter als solcher machen muß, und durch den er zu erkennen gibt, daß er den Rechtsschutz eben nicht für sich verlangt. Es ist kaum zu hart, wenn Siber[9]) von dieser Theorie sagt, es bleibe vom Parteibegriff nur noch die Bezeichnung im Rubrum. Denn keine Vorschrift, die für die Partei und nicht auch für den gesetzlichen Vertreter gilt, wird noch angewendet; jedes Begriffsmerkmal der Partei schwindet.

Ebensowenig wird aber mit dem staatlichen Rechtspflegeorgan Ernst gemacht. Keine der Besonderheiten, die für die Staatsanwaltschaft im Zivilprozesse gelten und die Folgerungen aus dem Charakter der staatlichen Behörde ziehen, können auf den Konkursverwalter angewendet werden. Es zeigt sich beim Konkursverwalter nicht, daß es sich um ein Amt handelt unabhängig vom jeweiligen Inhaber, sondern der Wechsel im Amte soll Wechsel der Partei sein. Die Kosten der vom staatlichen Organ geführten Prozesse werden nicht der Staatskasse auferlegt, sondern dem Gemeinschuldner. Das staatliche Organ nimmt das Armenrecht in Anspruch, wenn seine persönlichen Verhältnisse oder die des Gemeinschuldners ihm die Prozeßführung nicht gestatten. Der Konkursverwalter ist ein staatliches Organ, dessen prozessuales Handeln keine rechtlichen Folgen für den Staat hat und ihn ganz unberührt läßt. Hierfür ist der Ausdruck „Organ" irreführend, da er die engste Verbundenheit mit einem Ganzen bedeutet, wie es z. B. bei den Organen der juristischen Personen der Fall ist.

Zusammenfassend läßt sich daher sagen, daß der Parteibegriff auf den Konkursverwalter nur unter den größten Schwierigkeiten anzuwenden ist. Da eine Notwendigkeit, ihn als Partei anzusehen, nicht besteht, so verdient die Auffassung, daß der Konkursverwalter gesetzlicher Vertreter ist, doch den Vorzug.

§ 2. Einheitliche Stellung im Prozeß- und Privatrechte

I. Die Entscheidung über die Stellung des Konkursverwalters im Prozeß ist erst dann zu fällen, wenn man seine Stellung auf dem Gebiete des materiellen Rechts festgestellt hat. Ergibt sich hier, daß er nicht im eigenen Namen handelt, so kann er im Prozeß nicht Partei sein. Denn eine Trennung von Prozeß und rechtsgeschäftlichem Handeln ist nicht möglich. Mögen die Schwierigkeiten auf dem materiellen Gebiete für die Auffassung des Konkursverwalters als staatlichem Organ noch so groß sein, sie berechtigen nicht dazu, deswegen dem Konkursverwalter in seinem rechtsgeschäftlichen Handeln eine andere Stellung einzuräumen als im prozessualen. Vielmehr müssen alle Bedenken, die sich auf dem Gebiete des materiellen Rechtes ergeben, die Einwände verstärken, die gegen die Parteistellung des Konkursverwalters vorzubringen sind.

[9]) Grundriß des Erbrechts S. 73.

Die Trennung beider Gebiete ist deshalb undurchführbar, weil die Parteistellung zur notwendigen Folge hat, daß auf den Namen der Partei gehandelt wird, die Partei also, wenn sie selber handelt, dies im eigenen Namen tut. Im Gegensatze zur Partei steht der Vertreter, ob er nun gesetzlicher Vertreter oder Bevollmächtigter ist. Die Zivilprozeßordnung erläutert den Begriff der Vertretung überhaupt nicht, setzt ihn also als bekannt voraus. Daher ist das Merkmal der Stellvertretung auch im Prozesse das Handeln im fremden Namen, ihr Gegensatz das Handeln der Partei selbst, die Erklärung im eigenen Namen. Daraus ergibt sich, daß im Prozeßrechte dieselbe scharfe Trennung zwischen Handeln im eigenen und im fremden Namen besteht wie im materiellen Rechte. Dadurch kommt die Parteistellung des Verwalters in einen scharfen Gegensatz zu einer Vertreterstellung im materiellen Recht. Um so unwahrscheinlicher ist es, daß der Konkursverwalter im Prozesse als Partei, also im eigenen Namen handelt, bei Rechtsgeschäften als Vertreter, also im fremden Namen. Für solches Nebeneinander von zwei wesentlich verschiedenen Stellungen, die ein und dieselbe Person im Rahmen derselben Verwaltung einnähme, findet sich sonst kein Beispiel. Denn jede umfassende Macht, die unser Gesetz kennt und welche die Befugnis zur Verwaltung eines fremden Vermögens gibt, umfaßt materielles Handeln und Prozeßführung gleichzeitig, so die elterliche Gewalt, die Vormundschaft und Pflegschaft, die Stellung der Organe der juristischen Personen, das Recht des Ehemannes. Nirgends ist das Verwaltungsrecht im materiellen und Prozeßrecht grundverschieden gestaltet, so daß es auf dem einen Gebiete als Vertretung, auf dem anderen als Handeln im eigenen Namen sich auswirkte; stets hat das Verwaltungsrecht, soweit es überhaupt reicht, einen einheitlichen Charakter.

II. Die Gegenüberstellung, daß jemand Prozeßhandlungen im eigenen Namen, Rechtsgeschäfte im fremden Namen vornimmt, bringt obendrein die größten Schwierigkeiten mit sich, wenn Handlungen im Prozesse vorgenommen werden, die zugleich prozessuale und materielle Wirkung haben, also beiden Rechtsgebieten angehören[10]). Es sei nur die Aufrechnung genannt, ferner die Anfechtung, Wandlung usw. Daß eine solche Erklärung nicht zugleich im eigenen und im fremden Namen abgegeben werden kann, ist klar, hier gibt es nur ein Entweder-Oder. Nimmt man nun an, daß diese Handlungen wegen ihrer Doppelwirkung den Normen des Prozeß- und Privatrechts unterstehen, so ist der Konflikt unlösbar, denn das Prozeßrecht schreibt Erklärung als Partei, also im eigenen Namen vor, das Privatrecht Erklärung als Vertreter, also im fremden Namen. Man kann einen Ausweg nur dann finden, wenn man die Erklärung selbst trotz ihrer Doppelnatur nur den Normen des Prozeßrechtes unterstellt und erst ihre Wirkungen auch dem Privatrechte. Dann wird die Erklärung im Prozeß einheitlich im eigenen Namen abgegeben. Aber befremdlich bleibt es doch, daß der Konkursverwalter eine Erklärung wie die Aufrechnung außerhalb des Prozesses als Vertreter abgibt, innerhalb des Prozesses aber im eigenen Namen, oder daß er sich auf eine vorher von ihm als Vertreter erklärte Aufrechnung nachher im Prozeß als Partei beruft. Bei dem angeblichen Seitenstücke zum Konkursverwalter, dem Ehemann, kann sich übrigens diese Schwierigkeit nicht ergeben, denn er hat zwar im Prozesse die Parteistellung, aber auch im materiellen Rechte die Verwaltungsbefugnis, die er ebenso im eigenen Namen ausübt. Soweit er außerhalb des Prozesses aufrechnen kann, kann er es auch im Prozeß, aber beide Male im eigenen Namen; andere Gestaltungserklärungen

---

[10]) Vgl. Oertmann, Die Aufrechnung; sowie die Kommentare zur Zivilprozeßordnung.

sind ihm im materiellen Rechte verwehrt, daher auch im Prozesse. Jener Konflikt zwischen Prozeß- und Privatrecht kann also nur beim Konkursverwalter entstehen.

III. Im Gesetze findet die Trennung der Befugnisse des Konkursverwalters in Vertreter- und Parteistellung nicht die geringste Stütze. Denn § 6 KO. überträgt dem Konkursverwalter einheitlich und ohne Abtrennung des Prozesses die Ausübung des Verwaltungs- und Verfügungsrechtes. Folgert man aus dieser Bestimmung, daß ihm auch das Prozeßführungsrecht zusteht, so kann dieses keine andere Natur haben als das Verwaltungsrecht im ganzen. Entweder ist dieses durchweg, also mit Einschluß des Prozeßführungsrechtes, Vertretungsmacht oder nirgends, aber ausgeschlossen ist es, das einheitlich angeordnete Verwaltungsrecht umfassender Natur zu teilen in ein Gebiet, wo es Vertretungsmacht ist, und ein anderes, wo es als Befugnis im eigenen Namen zu handeln erscheint. Wenn man die Befugnis, Prozesse zu führen, aus dem durch § 6 KO. verliehenen Verwaltungsrecht ableitet, als einen Teil dieses umfassenden Rechtes auffaßt, so kann sie keinen anderen rechtlichen Inhalt haben als das umfassende Recht selbst; ist dieses seinem Wesen nach Vertretungsmacht, so kann der Teil, die abgeleitete Befugnis, nicht plötzlich das Gegenteil davon sein, ein Recht im eigenen Namen zu handeln. Es wäre ja auch ein Widerspruch, wenn der Konkursverwalter seine Sachlegitimation und seine Parteistellung aus seiner Vertretungsmacht, die ihm § 6 KO. einräumt, ableiten würde! Für eine Trennung beider Gebiete fehlt es an jeglicher Andeutung im Gesetz, eine solche wäre aber notwendig, weil die Trennung unwahrscheinlich, ja kaum möglich ist.

Auch wenn man die inneren Gesichtspunkte heranzieht, unter welche das gesamte Handeln des Konkursverwalters zu bringen ist und die von den Anhängern des Reichsgerichtes angeführt werden, so ergibt sich wiederum die Untrennbarkeit des prozessualen und materiellen Gebietes, denn jeder Gesichtspunkt trifft gleichmäßig für beide zu. Wenn die Aufgabe, verschiedene und widerstreitende Interessen zu wahren, es wirklich erfordert, daß jemand im eigenen Namen und nicht als Vertreter einer einzelnen Person handelt, so muß dies doch für das materielle Gebiet ebensogut gelten wie für das prozessuale, denn das Schwergewicht der Interessenwahrung liegt beim Konkursverwalter doch auf ersterem, die Prozesse sind nur Begleit- und Folgeerscheinungen derselben. Ist es aber beim rechtsgeschäftlichen Handeln möglich, daß jemand als Vertreter einer einzelnen Person auch andere Interessen wahrt, warum sollte dasselbe im Prozeß ausgeschlossen sein? Ist es aber für den Prozeß unmöglich, daß jemand als Vertreter einen Prozeß führt und dabei die Interessen verschiedener Personen wahrnimmt, wie sollte es dann im materiellen Rechte durchführbar sein?

IV. Die damit Hand in Hand gehende Auffassung, der Konkursverwalter müsse staatliches Rechtspflegeorgan sein, weil er nicht Vertreter einer einzelnen Person sein könne, muß erst recht für beide Gebiete seines Handelns zutreffen. Denn es ist nicht einzusehen, warum ein und dieselbe Person bei rechtsgeschäftlichem Handeln Vertreter einer Privatperson, im Prozeß dagegen staatliches Organ ist. Für jene Erklärungen, die zugleich Rechtsgeschäfte und Prozeßhandlungen sind, wirkt es grotesk, daß der Konkursverwalter sie außerhalb des Prozesses als privater Vertreter, innerhalb des Prozesses als Staatsorgan abgeben soll, oder daß er sich als staatliches Organ auf eine Aufrechnung beruft, die er als Vertreter einer Privatperson erklärt hat, alles dies als Ausfluß eines und desselben Verwaltungsrechtes.

Es fehlt wieder an jeder Andeutung im Gesetze, daß dasselbe dem Konkursverwalter übertragene Verwaltungsrecht auf zwei eng miteinander zusammenhängenden Gebieten einen so grundverschiedenen Charakter hat, bald ein privates Recht, bald eine staatliche Befugnis darstellt. Da private Vertretungsmacht und Stellung als Staatsorgan ein wesentlicher Unterschied ist, so zerreißt man bei dieser Auffassung die einheitliche Stellung des Konkursverwalters in zwei völlig getrennte und wesensverschiedene Teile. Dagegen ist selbst die Auffassung, daß der Konkursverwalter bald den Gemeinschuldner, bald die Gläubiger vertrete, noch einheitlich zu nennen.

Man kann nach alledem nur zu dem Ergebnisse kommen, daß die Stellung des Konkursverwalters im materiellen und Prozeßrechte dieselbe sein muß. Entweder er ist stets Vertreter oder stets staatliches Organ. Die Mehrheit der Anhänger[11]), welche die Lehre des Reichsgerichtes von der Parteistellung des Konkursverwalters gewonnen hat, vertritt denn auch die Meinung, der Konkursverwalter sei auch auf dem Gebiete des materiellen Rechtes nicht Vertreter des Gemeinschuldners, sondern im eigenen Namen handelndes staatliches Organ, und das Reichsgericht selbst hat sich nach anfänglichem Zögern in seiner Entsch. 80, 418 auf diesen Standpunkt gestellt. Es ist dies der einzig mögliche Standpunkt, wenn man überhaupt auf dem Boden der reichsgerichtlichen Auffassung die Stellung des Konkursverwalters einheitlich erklären will. Es wird sich allerdings zeigen, daß das Reichsgericht aus guten Gründen sich ursprünglich gescheut[12]) hatte, seine Lehre von der Parteistellung auf das materielle Gebiet entsprechend auszudehnen. Jedenfalls ist es notwendig, auch zur Entscheidung über die prozessuale Stellung des Konkursverwalters das materielle Recht heranzuziehen. Denn jedes Argument, das aus ihm gegen ein Handeln im eigenen Namen sich ergibt, trifft auch die Parteistellung des Konkursverwalters im Prozeß, eben weil eine einheitliche Auffassung der gesamten Stellung notwendig ist.

§ 3. Interessenwahrung und Vertretung

I. Die für die gesamte Stellung des Konkursverwalters Geltung beanspruchende Auffassung geht nun dahin, daß er staatliches Organ der Rechtspflege ist. Auf ihre Begründung ist einzugehen, da sie ja auch für das Prozeßrecht entscheidend ist. Man kann zunächst daran denken, diese seine Stellung aus der Art seiner Einsetzung abzuleiten. Er wird vom Konkursgericht ernannt und auch, wenn die Konkursgläubiger ihn gewählt haben, hat er seine Befugnisse kraft staatlicher Einsetzung. Aber diese Tatsache genügt nicht zum Nachweise, daß er staatliches Organ ist; das lehrt ein Blick auf den Vormund, der auch vom Gericht ernannt wird, seine Vertretungsmacht aus staatlicher Einsetzung ableitet und doch das Gegenteil eines staatlichen Organs, der Vertreter einer Privatperson ist. Die gerichtliche Ernennung ist eben eine Erscheinung, die sich gerade bei gesetzlicher Vertretung findet und für viele Fälle derselben charakteristisch ist.

Nicht anders ist die Aufsicht des Gerichtes zu bewerten, welcher der Konkursverwalter untersteht. Auch diese Tatsache ist für unsere Frage belanglos, denn solcher Aufsicht untersteht auch der Vormund, ja der Vater, die beide gesetzliche Vertreter und gewiß nicht staatliche Organe sind. Bei ihnen ist die Aufsicht insofern sogar stärker ausgebildet, als eine große Anzahl von Rechts-

---

[11]) Vgl. Stein a. a. O.; Rosenberg, Lehrbuch S. 97.

[12]) RG. 29 S. 29f.

geschäften zu ihrer Wirksamkeit der gerichtlichen Genehmigung bedarf, während beim Konkursverwalter eine Genehmigung zur Gültigkeit der von ihm vorgenommenen Geschäfte nicht erforderlich, vor allem aber nicht Sache des Gerichtes, sondern der Gläubiger ist. Diese Erscheinung spricht eher gegen als für die Auffassung als staatliches Organ.

II. Zieht man nun die Tätigkeit des Konkursverwalters in den Bereich der Betrachtung, um hieraus einen Schluß auf die Art seiner Stellung zu ziehen, so muß auffallen, daß er nur private Interessen und keinerlei öffentliche zu wahren hat, was für ein staatliches Organ immerhin eine Ausnahme darstellen dürfte. Der Unterschied gegen die Staatsanwaltschaft ist bedeutsam, die auch im Zivilprozesse lediglich öffentliche Interessen wahrnimmt, wenn solche ausnahmsweise an Feststellung und Gestaltung bestimmter Privatrechtsverhältnisse bestehen. Bei der gesamten Tätigkeit des Konkursverwalters dagegen kommen nur private Interessen in Betracht, wenn auch verschiedener Personen. Es ist daher nicht ohne weiteres glaubhaft, daß zu deren Wahrung ausgerechnet ein staatliches Organ berufen wird.

Die Auffassung des Konkursverwalters als staatliches Organ stützt sich nun aber im Kern auf folgende Erwägung: Der Konkursverwalter hat nicht nur die Interessen des Gemeinschuldners, also einer einzelnen Person, zu wahren, sondern die Interessen eines ganzen Personenkreises mit widerstreitenden Interessen. Unter ihnen den von der Rechtsordnung gewollten Ausgleich herbeizuführen, kann nicht die Aufgabe des Vertreters einer einzelnen Person sein, weil er immer nur deren Interessen wahrnehmen kann, sondern die eines staatlichen Rechtspflegeorganes.

Die Stellung des Konkursverwalters wird also aus seiner Aufgabe der Interessenwahrung abgeleitet. Diese Begründung ist sowohl für den Prozeß als auch für die materiellen Rechtsgeschäfte des Konkursverwalters verwendbar. Denn die Interessen, die er zu wahren hat, sind auf beiden Gebieten dieselben. ob er nun Rechtsgeschäfte vornimmt oder Prozesse führt. Die Prozeßführung ist ja oft nur die Folge, eine Abwicklung der eingegangenen Verträge. Wenn man einmal annimmt, daß der mit der Wahrung der verschiedenen Interessen betraute Konkursverwalter ein staatliches Organ ist, so kann er das ebensogut im Prozesse wie außerhalb sein.

Diese Begründung ist aber auch für die dem Konkursverwalter verwandten Fälle zu verwenden den Nachlaßverwalter, den Testamentsvollstrecker, den Zwangsverwalter, und insoweit ist dem Reichsgericht zuzustimmen, als es eine einheitliche Auffassung für alle diese Fälle vertritt. Auch diese Verwalter fremden Vermögens haben nicht nur die Interessen einer einzelnen Person zu wahren, sondern die teilweise widerstreitenden Interessen eines größeren Personenkreises, der Nachlaßgläubiger oder der bei der Zwangsvollstrekkung Beteiligten. Daher ist auch hier dieselbe Auffassung wie beim Konkursverwalter möglich, ein staatliches Organ, nicht der Vertreter einer einzelnen Person wird mit Wahrung und Ausgleich der verschiedenen Interessen betraut. Auch bei diesen Verwaltern kommt neben den Rechtsgeschäften die Prozeßführung in Betracht, und wiederum trifft der Gesichtspunkt der Interessenwahrung für beide Gebiete ihrer Tätigkeit zu.

Dagegen versagt diese Betrachtung bei den weiteren Fällen, die man lediglich auf prozessualem Gebiet zum Vergleich heranzieht[13]), nämlich für die Staatsanwaltschaft und den Ehemann als Verwalter des eingebrachten Gutes. Man vereinigt diese Fälle mit dem Konkursverwalter und den ge-

---

[13]) Vgl. Stein, Grundriß S. 112, Kommentar vor § 50.

nannten anderen Verwaltern fremden Vermögens für das Prozeßrecht zu einer Gruppe, die man als Parteien kraft Amtes bezeichnet. Zunächst ist zu betonen, daß diese Zusammenstellung nur die prozessuale Seite der Verwaltungstätigkeit erfaßt, also keinen Vergleich der außerprozessualen Tätigkeit in sich schließt; ein solcher wäre ja auch nicht möglich, denn die Staatsanwaltschaft wird ja rechtsgeschäftlich überhaupt nicht für Privatpersonen tätig, verwaltet nicht fremde Vermögen; daher hat die Zusammenfassung all dieser Fälle zu dem Begriffe der Partei kraft Amtes nichts zu tun mit der Auffassung, daß die Wahrung verschiedener Interessen einem staatlichen Organ anvertraut werden müsse. Denn dieser Gesichtspunkt trifft ja weder für die Staatsanwaltschaft noch für den Ehemann zu.

Die Staatsanwaltschaft ist zur Mitwirkung im Zivilprozeß nicht deshalb berufen, weil verschiedene oder widerstreitende Interessen von ihr als einem staatlichen Organ zu wahren und auszugleichen wären, sondern weil ein einziges Interesse gewahrt werden soll, das aber überhaupt keiner Privatperson zusteht, das öffentliche staatliche Interesse an Aufrechterhaltung oder Feststellung der Ehe. Dieses von Privatpersonen, auch von den Beteiligten unabhängige Staatsinteresse soll nicht von dem Vertreter einer Privatperson gewahrt werden, sondern hierzu ist naturgemäß eine Staatsbehörde berufen. Die Lage ist also eine ganz andere als beim Konkursverwalter und den übrigen Verwaltern fremden Vermögens, die verschiedene, aber durchweg private Interessen zu wahren haben. Der Ehemann aber ist umgekehrt zwar der Verwalter fremden Vermögens und der Wahrer privater Interessen — wobei kaum zweifelhaft ist, daß er auch das Interesse seiner Frau zu berücksichtigen hat und nicht nur sein eigenes —, keinesfalls aber trifft auf ihn die Auffassung zu, daß er ein staatliches Rechtspflegeorgan ist.

Man ersieht hieraus, daß der Begriff der Partei kraft Amtes sehr verschiedenartige Fälle ohne innere Verwandschaft umfaßt und daß zwischen den einzelnen Fällen nur das eine Band besteht, daß über fremde Rechte prozessiert wird. Dagegen bildet dieser Parteibegriff nicht etwa eine gemeinsame Erklärung, warum in all diesen Fällen die Prozeßführung über fremde Rechte zugelassen sein soll. Erst recht nicht kann er zur Begründung für die gesamte auch außerprozessuale Stellung des Konkursverwalters herangezogen werden. Man kann den Konkursverwalter, wenn man ihn aus anderen Gründen als staatliches Organ und nicht als Vertreter betrachtet, hinsichtlich seiner Stellung im Prozeß mit den anderen Parteien kraft Amtes vergleichen, aber nie mit solchem Vergleich diese Auffassung begründen.

III. Wir müssen daher prüfen, ob die Begründung zutrifft, der Konkursverwalter könne nicht Vertreter sein, da er nicht nur die Interessen des Gesamtschuldners, sondern auch die der Konkusgläubiger zu wahren hat, und nicht Vertreter des Gemeinschuldners, da er auch gegen dessen Willen tätig wird und die Zwangsvollstreckung gegen ihn durchführt. Auf zwei Punkte ist diese Prüfung zu richten, einmal ist festzustellen, ob der Konkursverwalter wirklich in wesentlich anderem Ausmaße verschiedene Interessen zu wahren hat, als dies bei gesetzlichen Vertretern der Fall ist, sodann ob die Wahrung verschiedener Interessen grundsätzlich unvereinbar ist mit der Stellung eines gesetzlichen Vertreters einer einzelnen Person.

Es trifft zwar zu, daß der Konkursverwalter nicht allein und nicht einseitig die Interessen des Gemeinschuldners zu wahren hat, aber man soll auch[14]) den

---

[14]) Vgl. Jägers Ausführungen.

Interessengegensatz zwischen diesem und den Gläubigern nicht übertreiben und es nicht so darstellen, als ob der Konkursverwalter nur im Interesse der Gläubiger und sogar gegen das Interesse des Gemeinschuldners tätig sei. Die möglichst günstige Verwertung der Aktiva und die Abwehr unberechtigter Forderungen — zwei Hauptaufgaben des Konkursverwalters — liegen im gemeinsamen Interesse von Gemeinschuldner und Gläubigern, denn je höher die Konkursdividende wird, desto höher ist auch der Betrag der Schuldentilgung. Die Durchführung des Konkursverfahrens stellt den Schuldner nicht schlechter, als ihn das gehäufte Vorgehen der einzelnen Gläubiger stellen würde, das schließlich auch zur Verwertung aller Vermögensstücke führen müßte. Die Generalzwangsvollstreckung ist zwar in erster Linie zur Erzielung einer gleichmäßigen Befriedigung aller Gläubiger bestimmt, trägt aber auch dem Interesse des Schuldners Rechnung, denn es ermöglicht immerhin eine günstigere Liquidation als das ungeordnete Vorgehen im Wege der Singularvollstreckung und bietet obendrein dem Schuldner noch die Chance des Zwangsvergleiches. Die Ursache des Vermögensverlustes ist nicht der Konkurs, sondern die Zahlungsunfähigkeit oder Überschuldung, aus der das Konkursverfahren nur rechtstechnische Folgerungen zieht. Daher kann man ohne Übertreibung sagen, daß der Konkursverwalter in seiner gesamten Tätigkeit die gemeinsamen Interessen von Gemeinschuldner und Gläubigern wahrt.

Auf der anderen Seite trifft es nicht zu, daß der Vormund nur im Interesse des Mündels tätig wird. Die Entmündigung erfolgt nicht ausschließlich im Interesse des Entmündigten. § 6 BGB. sagt deutlich genug: „Entmündigt kann werden, wer durch Verschwendung sich oder seine Familie der Gefahr des Notstandes aussetzt, wer infolge von Trunksucht sich oder seine Familie der Gefahr des Notstandes aussetzt oder die Sicherheit anderer gefährdet." Nicht anders liegen die Dinge, wenn auch unausgesprochen, bei der Entmündigung wegen Geisteskrankheit oder -schwäche. Auch das Antragsrecht beim Entmündigungsverfahren beweist, daß auch die Interessen anderer Personen in Betracht kommen, und die Beteiligung der Staatsanwaltschaft am Verfahren spricht dafür, daß auch öffentliche Interessen berührt werden. Ist aber die Anordnung der Entmündigung nicht lediglich auf das Interesse des Entmündigten abgestellt, so ist auch bei der Durchführung, also bei der Tätigkeit des Vormundes, nicht nur das Interesse des Mündels im Auge zu behalten, sondern auch die anderen Interessen, die bei der Entmündigung zu berücksichtigen waren. Die letzteren sind sogar ausschlaggebend bei so wichtigen Maßregeln wie der Unterbringung des Geisteskranken oder des Trinkers in einer Anstalt oder der Überlassung von Vermögensteilen an den Verschwender. Der Vormund, der unzweifelhaft ein Vertreter des Entmündigten ist, hat also auch andere Interessen als die des Vertretenen zu wahren. Auch ein Widerstreit der Interessen ist durchaus denkbar und gar nicht selten. Der Personenkreis aber, dessen Interessen der Vormund zu berücksichtigen hat, ist manchmal größer und unbestimmter als im Konkurse, denn die „anderen", deren Sicherheit durch den Trunksüchtigen gefährdet wird, umfassen unter Umständen das Publikum schlechthin, das z. B. in Lokalen oder auf der Straße mit dem Trinker in Berührung kommen kann, also einen überhaupt nicht fest abgrenzbaren Kreis. Alle Merkmale, die für die Tätigkeit des Konkursverwalters charakteristisch sein sollen, finden sich also auch beim Vormund.

Vergleicht man hiermit die Tätigkeit des Nachlaßverwalters, so wird man kaum bestreiten können, daß seine Verwaltung vorwiegend im Interesse des Erben liegt, denn dieser hat durch sie den großen Vorteil, daß seine Haftung für die Nachlaßverbindlichkeiten sich auf den Nachlaß beschränkt, die Nachlaßgläubiger haben hiervon zunächst nur einen Nachteil, der allerdings dadurch z. T. ausgeglichen wird, daß der Nachlaß für sie reserviert wird. Gewiß liegt die Verwaltung auch in ihrem Interesse, aber die ordnungsmäßige Befriedigung der Gläubiger ist doch auch im Interesse des Erben, der hierdurch erst Sicherheit bekommt und den ihm ausgehändigten Aktivüberschuß frei verwenden kann. Ziehen wir nun wieder den Vormund des Verschwenders zum Vergleiche heran, so kann auch dessen Tätigkeit unter Umständen zunächst hauptsächlich in der Verwertung des Mündelvermögens zu dem Zwecke, die Gläubiger zu befriedigen, bestehen. Sie erfolgt in deren Interesse mindestens im selben Maße wie die Tätigkeit des Nachlaßverwalters im Interesse der Nachlaßgläubiger. Nicht anders steht es aber auch mit dem Testamentsvollstrecker. Daß auch er in erster Linie im Interesse des Erben tätig wird, ergibt sich aus dem Umstande, daß sein Amt auf dem Willen des Erblassers beruht, dieser aber die Einsetzung regelmäßig nicht um der Gläubiger, sondern um des Erben willen verfügt.

Diese Betrachtung ergibt, daß sich ein scharfer Gegensatz von Verwaltungen, die nur die Interessen einer Person zu wahren haben, und solchen, bei denen die Interessen verschiedener Personen zu berücksichtigen sind, nach unserer Rechtsordnung nicht durchführen läßt. Hierbei kann noch davon abgesehen werden, daß geschichtlich mancher Fall von Vermögensverwaltung, bei dem heute das Interesse des Mündels im Vordergrunde steht, ursprünglich mehr im Interesse anderer, z. B. der Familie oder Sippe, rechtlich geordnet war, was für die Vormundschaft, besonders aber für die Entmündigung wegen Verschwendung zutrifft. Der Wechsel des Interessenstandpunktes hat aber keineswegs zu einer Änderung der Rechtsform geführt, die für solche Verwaltung geschaffen ist, es war immer schon eine Art gesetzlicher Vertretung. Für den heutigen Stand läßt sich immer noch behaupten, daß sich in dem Maße von Berücksichtigung fremder Interessen der Vormund, besonders im Falle der Entmündigung, nicht wesentlich vom Nachlaß- oder Konkursverwalter unterscheidet.

Auch die Anwendung von Zwang und das Handeln wider den Willen des Vermögensinhabers begründet keinen wesentlichen Unterschied zwischen dem Konkursverwalter und dem Vormunde. Denn auch dieser kann einen Zwang gegen das Mündel ausüben, nimmt man z. B. dem Verschwender sein Vermögen weg, um ihm die Möglichkeit, es durchzubringen, zu entziehen, oder bringt den Geisteskranken in einer Anstalt unter. Dieser Zwang bedeutet wahrlich noch mehr als die Zwangsvollstreckung, die der Konkursverwalter betreibt. Die Abhängigkeit vom Willen des Vertretenen ist nur ein Kennzeichen der gewillkürten, nicht aber der gesetzlichen Vertretung. Diese umfaßt auch Zwangsgewalt des Vertreters gegenüber dem Vertretenen in mannigfaltiger Abstufung. Der Schluß ist daher verfehlt: Weil der Konkursverwalter eine Zwangsvollstreckung gegen den Gemeinschuldner betreibt, kann er nicht dessen Vertreter sein.

Es ergibt sich also bei einem Vergleich aller in Betracht kommenden Fälle von Vermögensverwaltung, daß ein scharfer Gegensatz zwischen den Aufgaben des Vormundes einerseits, des Konkursverwalters andererseits nicht besteht, was die Interessenwahrung anlangt. Damit wird der Auffassung, der Konkursverwalter könne nicht Vertreter sein, weil er verschiedene Interessen zu wahren habe, schon Abbruch getan.

Darüber hinaus ist aber zu betonen, daß dem Argument der Interessenwahrung überhaupt kein entscheidendes Gewicht für die Frage beizumessen ist, ob Vertretung vorliegt oder nicht. Vielmehr ist der Satz richtig: Selbst wenn jemand die Interessen verschiedener Personen zu wahren hat, kann er gesetzlicher Vertreter nur einer von ihnen sein. Denn Vertretung und Interessenwahrung gehen nicht in dem Sinne Hand in Hand, daß jemand nur dessen Vertreter sein könnte, wessen Interesse er zu wahren hat. Sie verhalten sich vielmehr zueinander wie Mittel und Zweck, Weg und Ziel, Form und Inhalt. Wenn die Rechtsordnung sich das Ziel setzt, die Interessen einer Person zu wahren, so ist eines der Mittel, das sie anwenden kann, die Schaffung einer Vertretung für diese Person. Aber die Vertretung ist nicht das einzige Mittel der Interessenwahrung und die Vertretung nicht nur zur Wahrung der Interessen gerade nur des Vertretenen bestimmt. Daß es auch andere Wege zur Interessenwahrung durch Dritte gibt als die Stellvertretung, beweist die stille Vertretung, die demselben Zwecke dienen kann und technisch wesentlich verschieden ist. Umgekehrt gibt es auch Vertretung, die überhaupt nicht im Interesse des Vertretenen liegt, wie die alte Figur des procurator in rem suam beweist. Vertretung ist eben eine Rechtsform, die verschiedenen Zwecken dienen kann, ein technisches Mittel der Rechtsordnung, Eingriffe in die Rechtssphäre eines Dritten zu ermöglichen, indem einer Person eine Rechtsmacht über fremdes Vermögen und die Kraft, Rechtswirkungen auf fremde Rechte auszuüben, verliehen wird. In wessen Interesse dies geschieht, ist rechtlich unerheblich, wenn es auch die Regel ist, daß diese Rechtsmacht im Interesse des Vertretenen verliehen wird. Im einzelnen Falle ist das Vorliegen einer Vertretung ganz unabhängig von der Frage, ob die Handlung dem Interesse des Vertretenen entspricht, auch davon, ob sie nach der Absicht des Handelnden im Interesse des Vertretenen liegen sollte. Es ist ins Belieben des Vollmachtgebers gestellt, ob er die Vertretungsmacht in seinem Interesse oder in dem des Vertreters oder eines anderen erteilen will. Warum sollte es dann dem Gesetzgeber bei der Ordnung der gesetzlichen Vertretungsmacht nicht freistehen, ebenfalls von dieser Möglichkeit Gebrauch zu machen und die gesetzliche Vertretung verschiedenen Zwecken dienstbar zu machen, statt genötigt zu sein, sie nur im Interesse des Vertretenen zu erteilen?

IV. Eine gewisse Vermengung von Innen- und Außenseite zeigt sich auch in der Argumentation des Reichsgerichtes. Denn es ist schief, wenn das Reichsgericht behauptet, der Konkursverwalter „übe seine Tätigkeit überhaupt nicht als Ausfluß eines ihm aus der Person des Gemeinschuldners gesetzlich übertragenen Rechtes aus, sondern als eine ihm unbekümmert um die Person des Gemeinschuldners übertragene Pflicht, nicht in stellvertretender Ausübung von rechtlichen Befugnissen, sondern in Erfüllung der ihm gesetzlich auferlegten Verpflichtungen".

Die Auffassung des Reichsgerichtes ist schon insofern nicht zutreffend, als ein Unterscheidungsmerkmal von anderen gesetzlichen Vertretern im Handeln auf Grund einer Pflicht gewiß nicht gefunden werden kann. Denn auch auf den Vormund trifft es zu, daß er auf Grund einer aus seinem Amte folgenden Pflicht handelt, daß er seine Tätigkeit als eine ihm übertragene Pflicht ausübt „in Erfüllung der ihm gesetzlich auferlegten Verpflichtungen". Es kann daher ein Argument gegen die Vertreterstellung des Konkursverwalters nicht daraus hergeleitet werden, daß er in Ausübung einer Pflicht handelt. Auch daß er amtlich verpflichtet ist, also amtlich eingesetzt und amtlichen Stellen verantwortlich ist, unterscheidet ihn nicht von gesetzlichen Vertretern, denn auch der Vormund ist durch das

Gericht ernannt und dem Gericht verantwortlich, nur ist diese amtliche Verbundenheit bei ihm viel ausgeprägter als beim Konkursverwalter.

Die Gegenüberstellung von Handeln als Ausfluß eines Rechtes und als Ausfluß einer Pflicht ist aber darum geradezu unrichtig, weil beides gar nicht ein Gegensatz ist, sondern regelmäßig Hand in Hand geht; wer eine Einwirkung auf fremdes Vermögen ausübt und hierzu ein Recht hat, ist meist auch dazu verpflichtet. Will man schon Recht und Pflicht einander gegenüberstellen, so betont man damit nur die zwei Seiten der Verwaltung, die Innenseite, die es mit der Pflicht zu tun hat, und die Außenseite, die das Recht zur Grundlage hat. Die Macht, Wirkungen auf fremde Rechte und fremdes Vermögen zu erzielen, kann gar nicht erklärt werden mit Pflichten, die der Handelnde hat, sondern nur mit einem Rechte, das ihm zusteht. Die Pflicht kann ihm das Handeln vorschreiben, aber nicht die Wirkung seines Handelns bestimmen. Niemals kann eine Wirkung nach außen auf eine Pflicht zurückgeführt werden, sondern immer nur auf eine Befugnis. Ob jemand pflichtgemäß handelt oder nicht, ist regelmäßig Sache der Innenbeziehungen, des Innenverhältnisses, aber ohne Bedeutung für die Frage der Außenwirkung seiner Handlung. So sind die Handlungen eines Bevollmächtigten, eines Vormundes, des Vorstandes einer Aktiengesellschaft, eines Vereines aber auch des Konkursverwalters genau so wirksam, als ob sie nun pflichtgemäß oder pflichtwidrig sind. Nur ob sie im Rahmen der ihnen verliehenen Vertretungsmacht vorgenommen sind, entscheidet über ihre Wirkung. Nicht ob der Verwalter so handeln durfte, sondern ob er so handeln konnte, ist zu prüfen, wenn es sich um die Einwirkung auf das verwaltete Vermögen handelt.

Die Vertretung ist eine nach außen wirkende Rechtsmacht, die nach innen verschiedene Beziehungen auslösen kann. Die Interessenwahrung ist aber gerade diese Innenseite, die von dem eigentlichen Inhalt und Wesen der Vertretung sorgfältig zu trennen ist. Die Auffassung, daß der Konkursverwalter nicht Vertreter des Gemeinschuldners sein könne, weil er nicht nur dessen Interesse zu wahren habe, beruht in letzter Linie immer noch auf der alten Gleichsetzung von Vollmacht und Auftrag, von Vertretungsmacht und Innenverhältnis des Vertreters zum Vertretenen. Ebenso wie es nicht notwendig ist, daß der Bevollmächtigte der Beauftragte oder überhaupt der Vertragsschuldner des Vollmachtgebers ist, braucht auch der gesetzliche Vertreter nicht notwendig und ausschließlich der Interessenwahrer des Vertretenen zu sein.

Bei dieser Sachlage versagt das Argument, der Konkursverwalter könne nicht Vertreter des Gemeinschuldners sein, weil er nicht ausschließlich dessen Interessen zu wahren hat. Ob jemand Vertreter eines anderen ist, läßt sich nicht danach beurteilen, ob er dessen Interesse wahrnimmt, sondern danach, ob er in dessen Namen handelt; nicht die Interessenverknüpfung ist der maßgebende Gesichtspunkt, sondern die Macht, Wirkungen für und gegen den anderen hervorzurufen. Wie einer nicht darum Vertreter ist, weil er im Interesse eines anderen handelt, so ist er auch dann noch Vertreter, wenn er nicht im Interesse des anderen tätig wird, solange er im Namen des anderen handelt.

Das Gesetz hat daher sehr wohl die Möglichkeit, sich zur Durchführung von Eingriffen in ein Vermögen, wie sie im Falle des Konkurses notwendig sind, des Mittels einer gesetzlichen Vertretung für den Inhaber des Vermögens zu bedienen, ohne daß es damit gegen das Wesen der Vertretung verstieße, denn Vertretung ist ein formaler Begriff, der verschiedenen Zwecken dienstbar gemacht werden kann. Die Vertretungsmacht ermöglicht Außenwirkung, die inneren Beziehungen zwischen Vertreter und Vertretenem werden dadurch nicht berührt. Ja man kann noch weiter gehen und sagen: Wenn das Gesetz einer Privatperson die Verpflichtung zum Handeln für einen anderen auferlegt, muß es ihn auch instand setzen mit Wirkung für ihn zu handeln und darum gewährt es ihm Vertretungsmacht.

V. Betrachtet man aber die gesetzliche Vertretungsmacht des Konkursverwalters lediglich als technisches Problem, so muß sie immer noch als die einfachste Lösung der Frage angesehen werden, wie die zum Zwecke der Generalzwangsvollstreckung notwendigen Eingriffe technisch durchzuführen sind. Der freie Wille des Gemeinschuldners kann nicht maßgebend sein, die Einräumung von Pfandrechten an die Gläubigerschaft ist nicht möglich, wenn diese nicht als juristische Person organisiert werden soll, für die einzelnen Gläubiger ist sie praktisch nicht denkbar, weil die Vollstreckung eingeleitet werden muß, bevor feststeht, wer alles als Konkursgläubiger teilnahmeberechtigt ist. Daher ist die Schaffung einer gesetzlichen Vertretungsmacht für den Gemeinschuldner der einfachste Weg, um die notwendigen Eingriffe unabhängig vom Schuldner und den einzelnen Gläubigern zu vollziehen. Ist dieser Weg möglich, so bietet er technisch auch Vorteile gegenüber der Einsetzung eines staatlichen Organs, insbesondere dadurch, daß die Selbstverwaltung der Gläubiger hierbei gewahrt bleibt.

Wie man aber auch über diese technische Seite der Frage denken mag, auf jeden Fall ist die Auffassung nicht haltbar, daß eine Vertretung ausgeschlossen ist, sobald nicht nur die Interessen des Vertretenen gewahrt werden. Damit aber verliert die Lehre, daß der Konkursverwalter nicht Vertreter sein könne, sondern als staatliches Rechtspflegeorgan zu gelten habe, ihr durchschlagendes Beweismittel.

Wir müssen uns daher auf den Boden stellen, daß unter dem Gesichtspunkt der Interessenwahrung der Konkursverwalter ebensogut Vertreter des Gemeinschuldners wie staatliches Organ sein kann. Will man einen Beweis erbringen, daß der Konkursverwalter ein staatliches Organ sein muß, so muß dieser Beweis unter anderem Gesichtspunkte geführt werden.

§ 4. Staatsorgan und rechtsgeschäftliches Handeln

Aus der Interessenwahrung läßt sich also kein Beweis für die Auffassung des Konkursverwalters als staatlichen Organes erbringen. Freilich auch nicht der Gegenbeweis, daß er das nicht sein könne. Eher gibt schon eine Betrachtung der Wirkungen Aufschluß, die das Handeln des Konkursverwalters erzielt. Hier ist nun festzustellen, daß die gesamte Tätigkeit des Konkursverwalters nur privatrechtliche Wirkungen auslöst, oder auf dem Gebiete des Prozesses solche, die jede private Partei auch erzielen kann. Ob er nun Rechtsgeschäfte oder rein tatsächliche Verwaltungsakte vornimmt oder Prozesse führt, immer ist seine Tätigkeit ganz dieselbe, wie sie jede Privatperson auch ausübt, insbesondere von der Tätigkeit des Vormundes in der rechtlichen Struktur nicht verschieden. Nirgends in der Tätigkeit und ihrer Wirkung eine Spur, die auf ein staatliches Organ hinwiese. Die gesetzliche Vertretungsmacht reicht genau so aus, um alles zu erklären, keine Handlung und keine Wirkung, die aus der Vertretung nicht abzuleiten wäre, sondern der Erklärung mit staatlicher Organstellung bedürfte.

Selbst die Besitzergreifung der Masse, die der Konkursverwalter gegen den Willen des Gemeinschuldners ausführen kann, die sachlich eine Maßregel der Zwangsvollstreckung ist, braucht durchaus kein Staatsakt zu sein, sondern läßt sich rein privatrechtlich erklären. Sie ist die Ausführung der Beschlagnahme, diese ist allerdings ein staatlicher Akt, sie wird aber auch durch das Konkursgericht ausgesprochen und ist wirksam, auch wenn kein Konkursverwalter ernannt wird. Sie ist Staatsakt und muß es ein, weil sie durch eine Privatperson nicht vorgenommen werden kann, Ausdruck staatlicher Gewalt ist; darum wird sie von einem staatlichen Organ vorgenommen. Die Besitzergreifung aber durch den Konkursverwalter hat ihr Seitenstück in der Besitzergreifung des Mündelvermögens durch den Vormund eines Entmündigten, kann also auch aus der privatrechtlichen Vertretungsmacht erklärt werden, die auch Zwangsgewalt in sich schließt.

In der Regel wird aber ein staatlicher Akt daran zu erkennen sein, daß er Wirkungen hervorbringt, die eine Privatperson nicht zu erzielen vermag oder die nicht auf privatrechtlichem Gebiete liegen. Denn die Rechtsordnung wird sich der staatlichen Organe in der Regel nur dann bedienen, wenn es darauf ankommt, solche Wirkungen zu erzielen, die Privatpersonen verschlossen sind. Sonst ist die Betrauung gerade eines staatlichen Organs durch das Gesetz ohne rechten Sinn. Denn darum handelt es sich nicht, daß im Einzelfall ein öffentliches Organ, etwa ein Beamter, mit privatrechtlichen Aufgaben betraut wird, weil man von ihm größeren Pflichteifer oder vermehrte Sorgfalt oder bessere Ausbildung erwartet, wie etwa ein Berufsvormund ernannt wird. Er mag Beamter sein, aber in seiner vormundschaftlichen Tätigkeit und in seinem Verhältnisse zum Vormundschaftsgerichte steht er nicht anders da als jede Privatperson, etwa der Großvater eines Mündels. Er ist auch nichts anderes als gesetzlicher Vertreter und Vormund, nicht staatliches Organ. Beim Konkursverfahren aber soll die gesetzlich geregelte Tätigkeit so geartet sein, daß sie nur die eines staatlichen Organs sein kann und nicht die eines gesetzlichen Vertreters. Soll dieser Gegensatz zutreffen, dann muß er sich auch in der Art der Tätigkeit zeigen. Das ist z. B. beim Richter offenbar; er erläßt Urteile, denen Wirkungen beikommen, wie sie Privatakte nicht haben können, Rechtskraft und Konstitutivwirkung. Lehrreicher noch ist der Vergleich mit dem Vollstreckungsrichter und Gerichtsvollzieher. Sie sind zu Eingriffen befugt, zu denen keine Privatperson befugt ist, denn Pfändung im Wege der Selbsthilfe ist dem Gläubiger verwehrt, Beschlagnahme eines Grundstückes nur einem staatlichen Organ möglich. Daher ist die Auffassung[15]) durchaus zu billigen, daß nicht nur der Vollstreckungsrichter, sondern auch der Gerichtsvollzieher als staatliche Organe und nicht als Vertreter einer Privatperson anzusehen sind. Es ist auch bezeichnend, daß die vom Gerichtsvollzieher vorgenommene Pfändung neben der privatrechtlichen Wirkung der Entstehung des Pfandrechtes auch eine öffentlich-rechtliche hat, die Pfandverstrickung mit ihrem besonderen strafrechtlichen Schutz, der ihr als Staatsakt zuteil wird.

Um so auffallender ist es, daß der Konkursverwalter als staatliches Organ nur Handlungen vornimmt mit Wirkungen, die jede Privatperson auch erzielen kann, also auf dem Gebiete des materiellen Rechtes nur einfache rechtsgeschäftliche Wirkungen, im Prozesse nur solche, wie sie das Handeln jeder Partei auch hat. Irgendeine öffentlich-rechtliche Wirkung seines Handelns läßt sich nicht finden. In dieser

---

[15]) Vgl. Kommentare und Lehrbücher zur Zivilprozeßordnung.

Richtung besteht kein Anhaltspunkt dafür, daß der Konkursverwalter staatliches Organ ist.

Allerdings ist damit auch noch kein strikter Gegenbeweis dahin geführt, daß er nicht staatliches Organ sein könne. Denn es gibt immerhin Beispiele dafür, daß auch staatliche Organe privatrechtliche Wirkungen hervorbringen, die ihrer Art nach sich von denen nicht unterscheiden, welche von Privatpersonen erzielt werden. Der Gerichtsvollzieher überträgt durch den Zuschlag bei der Versteigerung ebenso wie der Versteigerungsrichter bei der Zwangsversteigerung des Grundstückes das Eigentum an der versteigerten Sache, das ist eine privatrechtliche Wirkung, die an sich nicht verschieden ist von der Eigentumsübertragung im Wege privater Vorgänge. Und doch sind es staatliche Organe, die diese Akte vornehmen.

Mithin ist der Schluß unmöglich, daß die Handlung eines staatlichen Organs da nicht vorliegen kann, wo privatrechtliche Wirkungen eintreten. Es ist daher, wenn man die Frage unter dem Gesichtspunkte der Wirkungen prüft, nicht ausgeschlossen, daß der Konkursverwalter staatliches Organ ist. Unwahrscheinlich bleibt es immerhin, und zwar deshalb, weil er lediglich privatrechtliche Wirkungen erzielt, während Vollstreckungsrichter wie Gerichtsvollzieher in erster Linie öffentlich-rechtliche Wirkungen auslösen und darum staatliche Organe sein müssen, auch wenn sie in einem Teil ihrer Tätigkeit privatrechtliche Wirkungen verursachen.

II. Die entscheidende Frage aber, die den Beweis für oder gegen die Auffassung vom Konkursverwalter als staatlichem Organ zu liefern vermag, ist die, ob seine Handlungen von der Rechtsordnung als staatliche Akte oder als privatrechtliche Geschäfte behandelt werden. Ein Unterschied in der rechtlichen Behandlung muß sich zeigen, denn Staatsakt und Privatrechtsgeschäft sind unvereinbare Gegensätze. Es handelt sich nicht etwa um die Fälle, in denen der Staat (oder sonst eine öffentliche Körperschaft) private Rechtsgeschäfte rein privatrechtlicher Natur abschließt, also nur als Fiskus handelt, sondern der Konkursverwalter soll als staatliches Organ zur Wahrung verschiedener Interessen handeln und daher seine Tätigkeit Ausfluß staatlicher Hoheitsgewalt sein. Würde er als staatliches Organ nur fiskalische Interessen wahren, so müßte er ja im Namen des Staates handeln und den Staat privatrechtlich verpflichten und berechtigen aus seinen Rechtsgeschäften, was ausgeschlossen ist und von niemand behauptet wird. Soll er aber tätig werden als Staatsorgan und doch nicht mit privatrechtlicher Wirkung für und gegen ihn, so kann er nur in Ausübung staatlicher Gewalt handeln.

Ein Organ aber, das in Ausübung staatlicher Hoheit tätig wird, kann als solches, d.h. im Rahmen dieser Tätigkeit, keine Privatrechtsgeschäfte abschließen, denn jeder Staatsakt auf Grund staatlicher Hoheitsgewalt ist notwendig wesensverschieden vom privaten Rechtsgeschäft. Auch wenn er in die Privatrechtssphäre eingreift, privatrechtliche Wirkungen zeitigt, so ist sein Handeln niemals ein Rechtsgeschäft im Sinne des bürgerlichen Rechtes. Als Beispiele mögen das konstitutive Urteil und der Zuschlag in der Zwangsversteigerung dienen, beide mit Einwirkung auf die private Rechtslage, und doch keine Rechtsgeschäfte.

Ein solcher Staatsakt kann nicht den Normen des Privatrechtes unterstehen, denn dieses regelt nur private Willenserklärungen. Denkbar ist nur, daß durch besondere Vorschrift des öffentlichen Rechtes einzelne Normen des Privatrechtes für anwendbar erklärt werden, oder daß allgemeine Begriffe, die nicht nur privatrechtliche Bedeutung haben, mit Bezug auf die Staatsakte verwendet werden können und müssen, so etwa der Begriff der Nichtigkeit, der Erklärung, des Vertrages. Aber alle speziell privatrechtlichen Bestimmungen sind nicht ohne weiteres anwendbar, sondern meist durch die innere Verschiedenheit zwischen einem Staatsakt und einem Rechtsgeschäfte des Privatrechtes ausgeschlossen, ohne daß ein Hinweis darauf in einem Gesetze nötig wäre. Aus diesem Grunde hat auch die herrschende Lehre[16]), nachdem sie nicht nur in dem Zuschlage bei der Zwangsversteigerung, sondern auch im Zuschlage bei der Versteigerung gepfändeter Sachen durch den Gerichtsvollzieher einen Staatsakt erkannt hat, die Normen des Bürgerlichen Gesetzbuches ausgeschaltet. Das erweist sich auch als praktisch bedeutsam, besonders was die Nichtigkeit und Anfechtbarkeit des Zuschlages anlangt und die Voraussetzungen für den Eigentumserwerb des Erstehers.

III. Von den Unterschieden, die sich zwischen einem Staatsakt und einem Rechtsgeschäft des Privatrechts ergeben, auch wenn jener eine privatrechtliche Wirkung hat, seien nur einige angeführt, die sich praktisch besonders bemerkbar machen und für die Auffassung vom Amte des Konkursverwalters bedeutsam sind, die abweichende Behandlung der Nichtigkeit und Anfechtung, die andersartigen Grundlagen für die Rechtsstellung eines Erwerbers privater Rechte durch Staatsakt, und die verschiedene Regelung der privatrechtlichen Beziehungen zwischen Staatsorgan und Geschäftsgegner.

Staatsakte sind durchaus nicht aus denselben Gründen nichtig wie private Willenserklärungen. Es sei beispielsweise nur angeführt, daß Handlungen, insbesondere Urteile eines geschäftsunfähigen Richters nicht ohne weiteres nichtig sind, sondern unter dem Gesichtspunkte der unrichtigen Besetzung des Gerichts nur anfechtbar mit Rechtsmitteln. Die Natur des Staatsaktes erfordert auch eine große Zurückhaltung bei Anordnung von Nichtigkeitsgründen, denn die Sicherheit des Rechtsverkehrs verlangt, daß Staatsakte trotz Fehlerhaftigkeit gültig bleiben, weil der Verkehr auf ihre Gültigkeit vertraut und die Fehler meist dem privaten Gegner, der mit dem Staatsorgan in Verbindung tritt, verborgen bleiben.

Aus ähnlichen Gründen ist auch die Anfechtung von Staatsakten völlig abweichend geregelt vom Privatrecht. Die Anfechtungsgründe sind zum Teil andere; die Form der Anfechtung ist niemals die einer einfachen Willenserklärung, und das Staatsorgan selbst ist regelmäßig nicht zur Anfechtung berechtigt, auch wenn Willensmängel in seiner Person vorliegen. Als Beispiele seien nur Urteile und Verfügungen im Prozeß und in der Freiwilligen Gerichtsbarkeit genannt, darunter auch der Zuschlag in der Zwangsvollstreckung. Vollzieht sich durch einen Staatsakt, durch die Handlung eines Staatsorgans ein privater Rechtserwerb, so ist die Grundlage desselben eine andere als beim Erwerb durch privates Rechtsgeschäft. Bei diesem ist die Rechtsstellung des Vorgängers, von dem der Erwerber seine eigene ableitet, entscheidend, nur durch guten Glauben können Mängel derselben ausgeglichen werden. Da aber hinter einem Staatsakt die Autorität des Staates steht, so ist hier die Grundlage des Erwerbs nicht das Recht des Vorgängers, sondern der Staatsakt. Daher wird der Ersteher bei Versteigerung einer gepfändeten Sache durch den Gerichtsvollzieher oder bei Zwangsversteigerung eines Grundstücks Eigentümer auch dann, wenn die Sache nicht dem Vollstreckungsschuldner gehörte, und unabhängig von seinem guten Glauben, wenn nur der

[16]) Vgl. Kommentare und Lehrbücher zur Zivilprozeßordnung.

Staatsakt formell in Ordnung war. Der Ersteher leitet sein Recht aus dem Staatsakt ab und nicht von dem Vorgänger im Recht. In den Augen des Verkehrs übernimmt der Staat die Gewähr dafür, daß die Übertragung in Ordnung ist.

Das Handeln eines Staatsorganes schafft kein privatrechtliches Vertrags- oder vertragsähnliches Rechtsverhältnis zwischen dem Staat oder Staatsorgan einer- und dem Gegner andererseits. Denn das Staatsorgan steht nicht in privatrechtlichen vertraglichen Beziehungen zu der Privatperson, für die es tätig wird. Gegen ihn richten sich keine Vertragsansprüche. So besteht zwischen dem Gerichtsvollzieher, der die Zwangsvollstreckung betreibt, und dem Gläubiger kein Auftrag oder ähnliches Vertragsverhältnis; der Gläubiger kann den Gerichtsvollzieher nicht verklagen auf Vornahme einer Vollstreckungshandlung. Hat der Gerichtsvollzieher in der Versteigerung einem Bieter den Zuschlag erteilt, kann der Bieter ihn nicht auf Übergabe oder Übereignung verklagen. Vollends das Vollstreckungsgericht steht nicht in privatrechtlichen Beziehungen vertragsähnlicher Art zum Gläubiger oder Ersteher. Auch der Staat bleibt unberührt, er kann ja nur als Fiskus in privatrechtliche Beziehungen treten, und in diesen Fällen kommt die fiskalische Seite nicht in Betracht. Nur deliktische Ansprüche können gegen einen Beamten geltend gemacht werden oder gegen den Staat, gegen diesen auf Grund von Normen, die als öffentlich-rechtliche anzusprechen sind.

In allen diesen Beziehungen tritt der grundlegende Unterschied zwischen dem Staatsakt und dem privaten Rechtsgeschäft deutlich in Erscheinung, ausgeschlossen ist es, einfach in Bausch und Bogen privatrechtliche Normen auf das Handeln eines Staatsorganes anzuwenden. Liegt wirklich das Handeln eines staatlichen Organes vor, so ist das Privatrecht ausgeschaltet und kann nur kraft besonderer Vorschrift in einzelnen Punkten übertragen zur Anwendung kommen; wenn das Privatrecht unmittelbar gilt, so kann es sich nicht um das Handeln eines staatlichen Organes handeln. Denn unmöglich ist es, das Handeln eines staatlichen Organes dem Privatrecht in allen Beziehungen zu unterstellen, staatliches Organ und Privatperson gleichzusetzen.

IV. Betrachten wir daraufhin die Tätigkeit des Konkursverwalters, so ergibt sich sogleich, daß sie nicht nur rein privatrechtliche Wirkungen hat, sondern ausschließlich privatrechtlichen Normen unterstellt ist. Nirgends im Gesetz eine Andeutung, daß abweichende Regeln gelten, daß sein Handeln andere Voraussetzungen oder Folgen habe als das einer Privatperson. Die Praxis hat nie auch nur den Gedanken erwogen, andere als Privatrechtsnormen anzuwenden. Sie behandelt den Konkursverwalter nicht anders wie jede Privatperson.

Wir können das beobachten bei der Frage der Nichtigkeit oder Anfechtbarkeit seiner Willenserklärungen; alle Vorschriften des Bürgerlichen Gesetzbuches werden mit Selbstverständlichkeit angewendet, dem Konkursverwalter das Recht seine Erklärungen wegen Willensmängel anzufechten gegeben. Überträgt er ein Recht, so ist die Rechtsstellung des Erwerbers wie bei jedem Geschäft des Privatrechtes abhängig von dem Rechte des Vorgängers oder dem guten Glauben des Erwerbers, auf die Autorität des Staates beruft sich niemand. Daß die Übereignung von Sachen, die zur Masse gehören, durch den Konkursverwalter ein Staatsakt sei, darauf verfällt niemand. Der Konkursverwalter schließt zahlreiche Verträge privatrechtlichen Inhalts, tritt dadurch in Rechtsbeziehungen rein privatrechtlichen Wesens, in keinem Punkte besteht ein Unterschied gegenüber den von Privatpersonen abgeschlossenen Verträgen. Nur daß nicht der Verwalter haftet, sondern die Masse, als ob aus einem Staatsakt weder der Staat noch das handelnde Staatsorgan, sondern eine Privatperson haften könnte, die auf das Handeln gar keinen Einfluß auszuüben vermag. Der Konkursverwalter selber aber haftet allen Beteiligten, ist ihnen „verantwortlich" (KO. 82) wie eine im Auftrags- oder Dienstvertragsverhältnis stehende Privatperson, was die herrschende Meinung beim Gerichtsvollzieher gerade als unvereinbar mit dem Charakter als Staatsorgan bezeichnet. Mit Recht, denn solche Anwendung privatrechtlicher Normen über Vertragsverhältnisse ist ein Zeichen dafür, daß die betreffende Person eben nicht staatliches Organ, sondern in privatrechtlicher Stellung ist. Verantwortlich ist ein Staatsorgan nicht den privaten Beteiligten, sondern dem Staat.

In der gesamten Behandlung aller Rechtsgeschäfte des Konkursverwalters zeigt sich also nirgends der leiseste Hinweis darauf, daß es sich gar nicht um private Rechtsgeschäfte handelt, daß vielmehr ein staatliches Organ hier in Ausübung staatlicher Gewalt tätig wird. Das bürgerliche und Handelsrecht wird bedenkenlos angewendet, als wenn es selbstverständlich wäre. Das ist mit der Auffassung, der Konkursverwalter sei staatliches Organ, nicht vereinbar. Entweder muß mit jener bisher unbestrittenen Praxis gründlich gebrochen und mit dem Staatsorgan Ernst gemacht werden oder man entnimmt dieser selbstverständlichen Anwendung der Privatrechtsnormen, daß die Handlungen des Konkursverwalters eben Privatrechtsgeschäfte sind und nicht Staatsakte. Stellt man sich aber einmal auf diesen Standpunkt, so kann man nicht mehr behaupten, der Konkursverwalter sei ein staatliches Organ, denn ein solches kann nicht Privatrechtsgeschäfte vornehmen, außer bei Vertretung des Fiskus, die hier gar nicht in Frage steht. Es bleibt als Anhaltspunkt für die Stellung als staatliches Organ nur die Tatsache bestehen, daß der Konkursverwalter staatlich eingesetzt ist, aber das bedeutet, wie schon dargelegt ist, eben durchaus nicht, daß er ein staatliches Organ ist, denn auch der Vormund ist staatlich eingesetzt. Beruft der Staat eine Person, die lediglich privatrechtliche Rechtsgeschäfte vorzunehmen hat, so ist sie in Ausübung ihres Amtes nicht staatliches Organ, sondern staatlich eingesetzter Vertreter im Sinne des Privatrechtes. Die Konstruktion eines staatlichen Organs, das keine staatlichen Akte in Ausübung staatlicher Hoheitsgewalt vornimmt, sondern lediglich privatrechtliche Handlungen, ist ein innerer Widerspruch.

An diesem Punkte stehen wir also vor der entscheidenden Frage: Kann ein staatliches Organ, welches nicht den Staat als Fiskus vertritt, sondern in Ausübung staatlicher Hoheitsgewalt handelt, im Rahmen dieser Tätigkeit rein privatrechtliche Rechtsgeschäfte vornehmen und in jeder Beziehung dem Privatrecht unterstehen? Oder anders angewendet: Kann eine Person als staatliches Organ aufgefaßt werden, die — vom Prozeß abgesehen — lediglich Privatrechtsgeschäfte vornimmt und deren Tätigkeit in jeder Beziehung den Normen des Privatrechtes unterworfen wird? Ich verneine beide Fragen und muß mich daher gegen die Auffassung wenden, daß der Konkursverwalter in seiner gesamten Tätigkeit als staatliches Organ zu gelten habe.

§ 5. Die Notwendigkeit der Vertretung im Privatrechte

I. Unterwirft man die Rechtsgeschäfte des Konkursverwalters den Regeln des Privatrechtes, so ist es ausgeschlossen, von einem Handeln im eigenen Namen zu sprechen, der Konkursverwalter muß Vertreter sein, und zwar des Gemeinschuldners. Denn für die Rechtsgeschäfte, die vom Konkursverwalter oder ihm gegenüber vorgenommen werden, soll ja zweierlei gelten: Sie treffen in ihren Wirkungen den Gemeinschuldner, und zwar den Teil seines Vermögens, der die Masse bildet, und treffen nicht den Konkursverwalter, der die Rechtsgeschäfte vornimmt. Beides ist mit den Regeln unseres bürgerlichen Rechtes, wenn Handeln im eigenen Namen vorliegt, nicht vereinbar. Es gibt zwar bei den Verfügungen verschiedene Möglichkeiten, daß die Rechtsgeschäfte, die jemand im eigenen Namen vornimmt, ein fremdes Vermögen treffen, aber keine derselben ist, wie wir sehen werden, auch bei Verpflichtungen anwendbar.

Verfügungen über fremdes Vermögen kann nicht nur ein Vertreter treffen (mit Vertretungsmacht oder Genehmigung des Vertretenen), sondern auch ein im eigenen Namen Handelnder, und zwar nach § 185 BGB., also mit Zustimmung des Berechtigten, dann gemäß den Vorschriften über den gutgläubigen Erwerb und schließlich auf Grund eines Verwaltungsrechtes am fremden Vermögen, wie es der Ehemann hat. Von diesen Fällen scheiden die beiden ersten als Vergleich mit dem Konkursverwalter aus, denn die Verfügungen nach § 185 sind von der Zustimmung des Berechtigten abhängig, der Konkursverwalter handelt aber unabhängig vom Willen des Gemeinschuldners, ein Unterschied, der jeden Vergleich ausschließt. Der gutgläubige Erwerb ist auf das Gebiet des Sachenrechtes und einiger Spezialfälle beschränkt, daher mit der allgemeinen Stellung des Konkursverwalters nicht in Parallele zu setzen, vor allem aber ist die Gültigkeit der Verfügungen nicht bestimmt um des Veräußerers und seiner Stellung willen, sondern wegen des Erwerbers, ein Gesichtspunkt, der naturgemäß für das Handeln des Konkursverwalters im allgemeinen nicht in Frage kommen kann. Es bleibt nur das Verwaltungsrecht des Ehemannes als Seitenstück übrig, weil auch bei ihm das Verwaltungsrecht am fremden Vermögen die Grundlage der gültigen Verfügungen ist. Daß dieses Recht des Mannes in erster Linie in seinem Interesse gegeben ist, der Konkursverwalter überhaupt nicht im eigenen Interesse handelt, kann die Parallele nicht beseitigen, denn die Interessenlage ist, wie an anderer Stelle ausgeführt (S. 6f.), nicht maßgebend für die rechtliche Stellung. So gut jemand Vertreter eines anderen sein kann, ohne daß er dessen Interessen ausschließlich wahrnehmen müßte, ebenso ist es denkbar, daß jemand ein eigenes Recht an fremdem Vermögen bekommt, ohne lediglich eigene Interessen dabei zu verfolgen. Für das Gebiet der Verfügungen könnte also die Stellung des Ehemannes als Seitenstück verwertet und ein Handeln des Konkursverwalters im eigenen Namen angenommen werden, allerdings ohne daß damit der Konkursverwalter zum staatlichen Organ würde.

II. Schwierigkeiten ergeben sich dagegen bei der Frage, ob der Konkursverwalter durch Geschäfte, die er im eigenen Namen abschließt, unmittelbar für die Masse erwerben kann. Für dingliche Rechte wird diese Möglichkeit bejaht[17]) in Analogie zu § 185, weil die Interessen des Veräußerers durch diese „Ablenkung der Erwerbswirkung“ nicht beeinträchtigt werden, für die Begründung von Forderungen verneint. Es braucht hier nicht

[17]) Vgl. v. Tuhr, Allgem. Teil III S. 350.

näher darauf eingegangen zu werden, denn mit dieser Beschränkung ist das Handeln des Konkursverwalters in eigenem Namen doch nicht ausreichend gesichert, der Erwerb dinglicher Rechte für die Masse ist nicht so wichtig wie die Begründung von Forderungen für dieselbe. Verkauft z. B. der Verwalter Gegenstände der Masse im eigenen Namen, so wird er Gläubiger der Forderung aus dem Kaufvertrag und nicht die Masse. Diese Folge ist praktisch unerträglich, die Masse muß Gläubiger werden. Ein Erwerb der Forderung durch die Masse ist aber ausgeschlossen, denn der Gegner kann nicht einen anderen Gläubiger sich gegenüber haben als den, den er als Gläubiger haben wollte und haben zu wollen erklärt hat. Sonst wird jede Verkehrssicherheit untergraben. Handelt aber der Verwalter erkennbar als solcher, so bedeutet die Erklärung „ich verpflichte mich der Masse 1000 zu zahlen" oder etwas „zu liefern", wenn dem Verwalter gegenüber abgegeben, nichts anderes als die Erklärung gegenüber dem Vertreter der Masse (des Gemeinschuldners). Keinem Laien wäre es möglich eine Unterscheidung zwischen der Erklärung gegenüber einem Vertreter und gegenüber einem Ermächtigten zu machen.

III. Aber das Bild ändert sich noch weiter zuungunsten des Handelns im eigenen Namen, sobald wir das Gebiet der Verpflichtungen ins Auge fassen. Es fallen alle Möglichkeiten im eigenen Namen mit Wirkung auf fremdes Vermögen zu handeln fort. Es gibt für Verpflichtungsgeschäfte kein Seitenstück zu § 185 in dem Sinne, daß man mit Zustimmung eines anderen diesen verpflichten oder berechtigen könnte durch Rechtsgeschäfte, die man im eigenen Namen vornimmt. Es gibt keinen gutgläubigen Erwerb von Forderungen, so daß ein anderer verpflichtet würde als der, welcher sich im eigenen Namen verpflichtet hat. Das Verwaltungsrecht des Ehemannes umfaßt nicht die Befugnis, die Frau durch Rechtsgeschäfte zu verpflichten.

Es wird zwar die Auffassung vertreten[18]), der Ehemann könne auf Grund der Zustimmung des Vormundschaftsgerichtes seine Frau durch Rechtsgeschäfte, die er im eigenen Namen vornimmt, verpflichten, und abgesehen von diesem Sonderfall soll allgemein die Möglichkeit bestehen, einem anderen eine Ermächtigung zu erteilen, auf Grund deren der Ermächtigte durch Erklärungen im eigenen Namen den Ermächtigenden verpflichten kann. Ich halte diese rechtliche Konstruktion für undurchführbar.

Die Zustimmung des Vormundschaftsgerichtes ersetzt nur die der Frau (BGB. § 1379). Liegt diese aber vor, so handelt der Mann entweder im Namen der Frau, also als ihr Vertreter, oder im eigenen Namen, dann aber trotz der Zustimmung ohne unmittelbare Wirkung gegen sie, soweit er sich verpflichtet. Dies ergibt auch die Sonderregelung der Miet- und Pachtverträge, die der Mann als Nutznießer des eingebrachten Gutes im eigenen Namen schließt; in diese tritt nach Beendigung der Nutznießung die Frau kraft Gesetzes ein (§ 1056), gerade das beweist aber, daß sie nicht von vornherein verpflichtet ist; sein Verwaltungsrecht bewirkt auch hier nicht die Verpflichtung der Frau. Nirgends findet sich im § 1375 oder § 1379 eine Andeutung, daß die Grundsätze unseres Rechtes eine Abänderung erleiden, nach denen Schuldner aus Vertrag nur werden kann, wer als Schuldner im Vertrag genannt ist. Ist nun die Zustimmung der Frau ersetzt, so kann die Lage nicht anders sein; geht der Mann eine Verpflichtung ein und will er, daß sie die Frau als Inhaberin des eingebrachten Gutes treffen soll, so muß er im Namen der Frau handeln.

---

[18]) Vgl. neuerdings v. Spreckelsen, Der Begriff des privatrechtlichen Amtes.

Auch abgesehen von diesem Sonderfall ist die Ermächtigung zur Eingehung von Verpflichtungen im eigenen Namen, aber mit Wirkung gegen den Ermächtigenden eine unmögliche Konstruktion. Denn wenn der Erklärende die ihm erteilte Ermächtigung dem Gegner offenbart, wie soll dann der Verkehr dieses Handeln als Ermächtigter von der Vertretung unterscheiden? Wer sich auf die „Ermächtigung" beruft und Wirkung für und gegen den Ermächtigenden zu wollen erklärt, wird als Vertreter behandelt werden und gelten. Und wie soll die Erklärung eigentlich lauten, die er abgibt? „Ich verpflichte mich" kann sie doch nicht lauten, „ich verpflichte Herrn X" ist aber eine Erklärung als Vertreter. Es ist auch nicht einzusehen, welchen praktischen Bedürfnissen diese Rechtsfigur neben der Vertretung dienen soll, wenn sie keine anderen Wirkungen hat und dieselben Voraussetzungen, der Laie sie überhaupt nicht von der Vertretung zu unterscheiden vermag?

Läßt aber der Ermächtigte bei seinem Handeln die Ermächtigung unerwähnt, so daß der Gegner nichts davon ahnt, so bedeutet es doch eine unerträgliche Erschütterung der Verkehrssicherheit, wenn statt des im eigenen Namen Handelnden, den der Gegner für den Schuldner halten muß und zum Schuldner haben will, ein anderer, der Ermächtigende, Schuldner werden sollte. Damit wäre die Wirkung des Rechtsgeschäftes eine andere, als der objektive Sinn der Erklärung ergibt, die doch lautete „ich verpflichte mich"; die Rechtsordnung würde hier eine einseitige Differenz zwischen erklärtem und gewolltem selber sanktionieren und damit den Grundsatz des allgemeinen Teiles aufheben. Die nicht ernstlich gemeinte Willenserklärung „ich verpflichte mich" würde nichtig sein, obwohl § 118 nicht gegeben ist, und dafür die Verpflichtung eines anderen eintreten, der in der Erklärung gar nicht erwähnt ist.

Was bei Verfügungen möglich ist, kann bei Verpflichtungen nicht durchgeführt werden. Dort hat die Erklärung „ich will dich zum Eigentümer machen", ihren guten Sinn, auch wenn der Erklärende gar nicht Eigentümer ist, Gewolltes und Erklärtes stimmen überein. Auch praktisch hat es Bedeutung, daß das wahre dingliche Verhältnis verborgen bleiben kann und eine stille Vertretung möglich ist. Gibt es aber keine rechtliche Möglichkeit durch eine Erklärung im eigenen Namen einen anderen zu verpflichten, so ist es auch für den Konkursverwalter ausgeschlossen, daß er im eigenen Namen handelt, die Verpflichtung aber nicht ihn trifft, sondern die Masse, also den Gemeinschuldner. Wenn er sich als Verkäufer oder Darlehnsnehmer verpflichtet, kann nicht der Gemeinschuldner Schuldner werden, erklärt er, nicht er wolle Schuldner werden, sondern die Masse solle Schuldner werden, so handelt er eben als Vertreter. Auch hier wird die Verkehrssicherheit bedroht, wenn er verschweigt, daß er als Konkursverwalter handelt, aber rechtlich kann es, wenn man überhaupt ein Handeln im eigenen Namen mit Verpflichtung eines anderen für möglich hält, nichts ausmachen, ob er die Ermächtigung, d. h. hier seine Stellung, erwähnt oder nicht. Wenn man schon ein Seitenstück zu § 185 auf dem Gebiete der Verpflichtungen für möglich hält, muß auch hier wie bei § 185 für die Wirkung lediglich entscheiden, daß die Ermächtigung gegeben ist, ohne Unterschied, ob sie dem Gegner mitgeteilt ist; das Handeln nach § 185 erfolgt in aller Regel, ohne daß der Gegner von der Zustimmung etwas weiß.

Da aber die Tätigkeit des Konkursverwalters ohne Verpflichtung der Masse nicht denkbar ist, so scheitert an diesem Punkte jede Auffassung, die den Konkursverwalter nicht als Vertreter des Gemeinschuldners ansieht und ein Handeln im eigenen Namen behauptet. Deshalb mußte auf diesen Punkt so genau eingegangen werden.

Das bürgerliche Recht kennt also die Möglichkeit nicht, daß A. sich verpflichtet und doch B. verpflichtet wird. Es ist ausnahmsloser Grundsatz: Man kann nur den verpflichten, in dessen Namen man handelt, sich selbst also, wenn man im eigenen Namen handelt, einen anderen, wenn man in dessen Namen handelt. Und dem entspricht der ergänzende Satz: Wer in gültiger Weise ein Verpflichtungsgeschäft im eigenen Namen abschließt, sich verpflichtet, wird selbst verpflichtet und kann nicht unberührt bleiben.

IV. Wenn der Konkursverwalter wirklich im eigenen Namen handeln würde, so könnte es obendrein doch keinen Unterschied machen, ob er als Konkursverwalter handelte oder für seine Person. Dabei ist doch das eine sicher, daß der Konkursverwalter, wenn er als solcher handelt, seine Eigenschaft als Konkursverwalter immer betonen und erwähnen wird, um zum Ausdruck zu bringen, daß er eben nicht für seine Person handelt. Würde er seine Stellung nicht hervortreten lassen, sondern einfach unter seinem Namen handeln, so würde er unzweifelhaft selber verpflichtet und berechtigt werden aus den abgeschlossenen Rechtsgeschäften. Welche rechtliche Bedeutung hat nun der Hinweis des Konkursverwalters auf seine Stellung? Es ist doch mit dem Handeln im eigenen Namen schlechterdings nicht vereinbar, daß man Zusätze macht, um die eigene Beteiligung am Geschäft auszuschließen, um einen wesentlichen Unterschied vom gewöhnlichen Handeln im eigenen Namen zu bewirken. Sobald ein Beamter, also ein wahres staatliches Organ, als Beamter, also nicht für seine Person, auf privatrechtlichem Gebiete handelt, bedeutet die Hervorhebung, daß er als Beamter handelt, ja auch nichts anderes als die Feststellung, daß er als Vertreter handelt, und zwar der Behörde, für die er tätig ist. Er ist bei seinem privatrechtlichen Handeln nichts anderes als ein Vertreter im Sinne des Bürgerlichen Gesetzbuches. Wird er als Staatsorgan mit staatlicher Gewalt tätig, so tritt ja ohnehin hervor, daß er nicht für seine Person als Privater handelt; denn das ergibt sich deutlich aus der Art der vorgenommenen Handlung, die kein Rechtsgeschäft des Privatrechtes ist, wie z. B. wenn der Gerichtsvollzieher oder der Vollstreckungsrichter einen Zuschlag erteilt oder eine Pfändung vornimmt. Im übertragenen Sinne aber kann man auch hier noch von einer Vertreterstellung sprechen, der einzelne Beamte handelt für den Staat.

Wie soll aber der Konkursverwalter, der nur rein privatrechtliche Geschäfte vornimmt, die ebensogut jeder Private abschließen kann, andeuten, daß er die Geschäfte nicht als Privatmann vornimmt? Er muß erklären, daß er als Konkursverwalter handelt; das kann aber nur den Sinn haben, daß er eben nicht im eigenen Namen handelt, sondern als Vertreter. Unser bürgerliches Recht kennt nur zwei Möglichkeiten, Handeln im eigenen Namen oder als Vertreter im fremden Namen, aber nicht etwa ein Drittes, ein Handeln im eigenen Namen und doch mit Unterscheidung vom Handeln für sich selber. Nicht der geringste Hinweis ist in den Gesetzen zu finden, insbesondere auch im Bürgerlichen Gesetzbuche nicht, daß diese dritte Form des rechtsgeschäftlichen Handelns der Rechtsordnung bekannt ist. Es ist eine unmögliche Konstruktion.

Aus diesen Gründen vermag ich die Auffassung, der Konkursverwalter handle im materiellen Recht als staatliches Organ im eigenen Namen, nicht für durchführbar anzusehen, sondern kann nur der Lehre mich anschließen, daß der Konkursverwalter Vertreter ist. Das Reichsgericht selbst hatte daher mit guten Gründen seine Lehre von der Parteistellung des Konkursverwalters nicht auf das materielle Recht übertragen.

Ist aber die Stellung des Konkursverwalters bei seinem rechtsgeschäftlichen Handeln Vertretung, so kann er, wie oben dargelegt, im Prozesse nicht Partei sein.

V. Schließlich ist noch kurz auf Bedenken einzugehen, die gegen die Vertreterstellung des Konkursverwalters vorgebracht sind. Ein Argument ist der Hinweis darauf, daß der Vertreter nicht mehr Rechte haben könne als der Vertretene und daher der Konkursverwalter nicht ein Verwaltungs- und Verfügungsrecht an der Masse haben könne, das dem Gemeinschuldner entzogen sei. Aber diese Argumentation geht insofern fehl, als, wie schon oben ausgeführt ist, der Konkursverwalter kein eigenes Recht an der Masse hat und nicht dem Ehemann gleichzustellen ist, dem ein solches eigenes Recht am eingebrachten Gut in der Tat zusteht. Er übt vielmehr nur die Rechte des Gemeinschuldners aus. Dieser ist nach wie vor Inhaber seiner sämtlichen Rechte, nur ist ihm die Befugnis entzogen, sie zu verwalten und über sie zu verfügen. Diese Befugnis wird ausgeübt durch den Konkursverwalter. Die Rechtsstellung des Konkursverwalters ist nicht anders wie die eines gesetzlichen Vertreters, nur der Grund, warum ihm die Ausübung fremder Rechte übertragen ist, ist ein anderer, beim Vormund ist es die mangelnde Fähigkeit zu eigener Ausübung durch den Inhaber, beim Gemeinschuldner ist es die Entziehung der Ausübung.

Damit dürften die Bedenken gegen die Vertreterstellung des Konkursverwalters beseitigt sein, soweit sie den Gesichtspunkt verwerten, daß ein Vertreter nicht mehr Rechte haben könne als der Vertretene; der Gemeinschuldner hat noch alle Rechte, die ihm vor Konkurseröffnung zustanden, nur die Ausübung ist ihm entzogen und auf den Konkursverwalter übertragen.

VI. Nicht ganz glatt zu lösen ist die Frage nach dem Anfechtungsrechte, denn dieses steht vor Konkurseröffnung nicht dem Gemeinschuldner, sondern einzelnen Gläubigern zu. Es wäre an sich der naheliegende Weg, es während des Konkurses der Gesamtheit der Gläubiger zu übertragen und durch den Konkursverwalter als ihren Vertreter ausüben zu lassen. Aber diese Konstruktion scheitert technisch daran, daß die Gläubigerschaft zwar organisiert ist, aber doch nicht in einer Rechtsform, daß der Konkursverwalter in ihrem Namen handeln könnte, wie etwa wenn sie juristische Person wäre, z. B. ein Verein. Im Namen sämtlicher einzelnen Gläubiger aber kann der Konkursverwalter deshalb nicht handeln, weil nicht gleich feststeht, wer alles Gläubiger ist, mit der Anfechtung aber nicht gewartet werden kann, bis diese Feststellung erfolgt ist. Darum ist das Gesetz gezwungen, einen Ausweg zu wählen, der dem Konkursverwalter die jederzeitige Anfechtung ohne Rücksicht auf die Gläubiger gestattet.

Gewiß erscheint es zuerst gekünstelt, nun eine Übertragung des Anfechtungsrechtes auf den Gemeinschuldner anzunehmen, der es außerhalb des Konkurses nicht hat und in dessen Person zum Teil gerade die Anfechtungsgründe liegen. Aber die andere Konstruktion, daß der Konkursverwalter selber dieses Recht bekäme, um es in eigenem Namen im Interesse der Gläubiger auszuüben, ist nicht minder künstlich, denn da es sich hierbei nur um private Interessen, nicht um öffentliche handelt, so ist die Annahme eines staatlichen Organs, wie wir gesehen haben, auch nicht überzeugend, und anders läßt sich ein Handeln im eigenen Namen nicht erklären. Auch der eine Umstand spricht eher für ein Recht des Gemeinschuldners als des Staates, daß die Rückgewähr an die Masse erfolgt, so daß die Wirkung der Anfechtung das Vermögen des Gemeinschuldners berührt. Es handelt sich um eine nachträgliche Verstärkung der Masse im Interesse der Konkursgläubiger mit Rücksicht auf den Konkurs und wie diese am einfachsten zu ermöglichen ist, ist eine technische Frage. Der Weg, das Anfechtungsrecht materiell zum Massebestandteil zu machen, erfordert formell, da ja die Masse Vermögen des Gemeinschuldners bleibt, daß es dem Gemeinschuldner zusteht, also vom Konkursverwalter als seinem Vertreter ausgeübt wird.

Schlußbetrachtung

Wenn ich nach alledem mich der Auffassung des Reichsgerichtes nicht anzuschließen vermag, sondern Jägers Meinung folge, so ist damit nicht gesagt, daß die Lehre des Reichsgerichtes für die Entwicklung des Konkursrechtes ohne Bedeutung und Nutzen gewesen sei, im Gegenteil, nur durch diese Auseinandersetzung zwischen zwei Auffassungen und das hieraus folgende geistige Ringen ist die rege Anteilnahme der Praxis und Wissenschaft an der Lehre von der Stellung der Konkursverwalters gefördert, ja geweckt worden und hat diese Frage sich zu dem Zentralproblem des Konkursrechtes entwickelt. Darum gehören die Entscheidungen des Reichsgerichtes, die zu dieser Frage Stellung nehmen, wie man sich auch zu ihnen stellen mag, zu den wichtigsten und förderlichsten aus der gesamten Rechtsprechung.

Sie geben aber auch Anlaß zu zwei grundsätzlichen Betrachtungen, die hier zum Schluß angedeutet seien: Einmal ist aus dieser Lehre des Reichsgerichtes ersichtlich, wie die Rechtsprechung zur Aufwerfung theoretisch-konstruktiver Fragen kommt. Es ist auch hier eine praktische Einzelfrage gewesen, die Zeugenvernehmung des Gemeinschuldners in den vom Konkursverwalter geführten Prozessen, welche dazu genötigt hat, den ganzen Fragenkomplex zu behandeln. Um eines praktischen Ergebnisses willen, nämlich um diese Zeugenvernehmung zu ermöglichen, griff das Reichsgericht nach dem Auswege, den Konkursverwalter als Partei zu erklären und damit für ein staatliches Organ. Erst durch die Wissenschaft ist dann diese Auffassung verallgemeinert worden und auf das Gebiet des materiellen Rechtes ausgedehnt. Hierin liegt Stärke und Schwäche der Rechtsprechung, der Vorzug, unter dem Drucke praktischer Notwendigkeiten nach einem technisch einwandfreien Auswege zu suchen, statt ins Blaue hinein zu konstruieren aus bloßer Vorliebe für die Aufrichtung von Gedankengebäuden ohne Bedeutung für das Rechtsleben, der Nachteil aber auch, daß man zur Lösung der drängenden Einzelfrage einen Weg beschreitet, der sich bei zusammenfassender Betrachtung der gesamten Frage als nicht gangbar erweist, weil die Folgen nicht abgewogen werden konnten, die auf anderen Gebieten als den gerade bei der Entscheidung in Betracht kommenden eintreten müssen. So wird die Rechtsprechung öfters einen Schritt vorwärts in Neuland machen, der nachher wieder zurückgetan werden muß. Aber töricht wäre es darum, geringer von ihr oder diesem Schritte zu denken, statt ihr dafür zu danken, daß sie vorangegangen ist. Segensreich ist es auch, daß durch Ablehnung des Präjudizienkultes der Schritt niemals unwiderruflich ist, sondern die Freiheit gewährleistet ist, auch wieder einen Schritt zurück zu machen, wenn überzeugende Gründe dafür sprechen.

Eine zweite Erwägung führt zum Nachdenken darüber, welchen Wert es überhaupt hat, rechtliche Konstruktionen zu versuchen. Hier muß ich mich mit voller Überzeugung an die Seite des Reichsgerichtes stellen, insofern ich es für unumgänglich halte, daß auch die Rechtsprechung über die Entscheidung eines einzelnen Prozesses, aber auch über die Entscheidung der unmittelbar praktischen Frage hinaus Stellung nimmt zu der rechtlichen Konstruktion. Ich bejahe damit die Notwendigkeit einer Konstruktion innerhalb der

Rechtsordnung. Es genügt nicht, einfach die rechtliche Tatsache festzustellen, daß die Handlungen des Konkursverwalters auf die Masse wirken, auch nicht den Zweck, den die Rechtsordnung mit dieser Wirkung verfolgt, zu schildern, sondern man muß auch erklären, wie diese Wirkung zustande kommt, welcher technischen Mittel sich die Rechtsordnung bedient, um die gewünschte Wirkung zu erzielen. Die Gesetze sind keine bloße Zusammenfassung von Zwecken, sondern von Mitteln zur Erreichung von Zwecken, beides zusammen macht erst den Inhalt des Rechtes aus. Die Aufzeigung der technischen Seite, der juristischen Mittel, mit denen das Recht die ihm gestellte Aufgabe erfüllt, gehört zur Unterweisung in der Rechtslehre, setzt den Juristen allein in den Stand, seinem Amte gerecht zu werden. Niemals wird ein Gesetzgeber den richtigen Weg finden, wenn er nicht sorgfältig die Interessen abwägt, selten nur ist der Richter durch die Gestaltung der Gesetzesnorm der Aufgabe überhoben, auch seinerseits im Einzelfalle die Interessenlage nachzuprüfen. Aber Gesetz und Richter haben eben zur Erreichung einer gerechten Interessenwahrung bestimmte technische Mittel zur Verfügung, und auf diese kann nicht verzichtet werden. Sie können aber nur gehandhabt werden, wenn man ihre Tragweite kennt, und das erfordert nun einmal die begriffliche Erfassung, wie sie nur die Konstruktion gestattet.

Besonders wichtig aber ist die Begriffsbildung und Konstruktion für den Unterricht. Denn auf keinem anderen Wege kann die Rechtsordnung erklärt werden, ohne daß man alle Einzelheiten zu wissen braucht, nur dadurch, daß man lehrt, wie aus einem übergeordneten Begriff alle Einzelheiten abzuleiten sind. Gerade der Anfänger bedarf, um eine Übersicht zu bekommen, einer Unterweisung, die von möglichst wenigen Grundbegriffen ausgeht, sonst verwirrt ihn die Fülle der Einzelheiten. Darum ist es auch für eine Erfassung der Stellung des Konkursverwalters notwendig, die ganze Fülle seiner Befugnisse und Aufgaben aus einem beherrschenden Gesichtspunkte zu erklären, auf eine einheitliche Grundlage zurückzuführen und dadurch auch die Vergleichsmöglichkeit mit anderen ähnlichen Erscheinungen zu gewinnen. Ich halte daher den Kampf um die richtige Auffassung von der Stellung des Konkursverwalters für notwendig und fruchtbar und würde nur wünschen, daß der vorliegende kleine Beitrag den Zweck erfüllt, auch weiter anzuregen zur Durchdenkung der Probleme, die uns hier entgegentreten.

Abgeschlossen: Juni 1928.

Zur Lehre vom Tatbestand im Zivilurteil

von Professor Dr. Karl Blomeyer, Jena

In der deutschen Juristenwelt unserer Tage begegnet man häufig einer gewissen Geringschätzung des Verfahrensrechts: dem materiellen Recht wird ein höherer Wert, eine größere Bedeutung beigemessen. Diese Anschauung wird kaum jemals verstandesmäßig zu begründen versucht. Man vermag nicht einmal zu sagen, in welcher Beziehung dem materiellen Recht ein höherer Wert zukomme: ob in dogmatischer Hinsicht, in Ansehung der Praxis oder von welchem Gesichtspunkte aus sonst. Aus der Erwägung heraus, daß, wie Stammler[1]) sagt, das materielle Recht sich darüber äußert, was in seinem Sinne unverletzter bestehen soll, das materielle Recht aber angibt, wie diese Unverletzlichkeit bewahrt und durchgeführt werden soll, läßt sich die Anschauung nicht begründen. Sie hat auch nicht immer unsere Juristenwelt beherrscht, noch herrscht sie heute in anderen Ländern. Sie hängt, wie es scheint, damit zusammen, daß bei uns heute die Form gering geschätzt, das Verfahrensrecht aber als etwas rein Formales angesehen wird.

Von den verfahrensrechtlichen Vorschriften scheinen wiederum die von untergeordneter Bedeutung zu sein, die sich auf die Form der gerichtlichen Entscheidungen beziehen. Man fragt sich, ob sie überhaupt wissenschaftlicher Behandlung zugänglich und würdig sind. Die heutige deutsche Prozeßrechtswissenschaft behandelt sie offensichtlich stiefmütterlich.

Indessen bilden die Vorschriften über die Form gerichtlicher Entscheidungen nicht selten geradezu Ecksteine in dem Gebäude, das das Verfahrensrecht darstellt. Man kann sie nicht, ohne das ganze Gebäude zu gefährden, herausnehmen und durch beliebige andere ersetzen. Erweisen sich solche Vorschriften als abänderungsbedürftig, so muß man sich bewußt werden, welche Funktionen sie im Verfahrensrecht bisher erfüllt haben. Läßt man die Zusammenhänge außer Betracht, in denen sie mit anderen, beizubehaltenden Vorschriften stehen, berücksichtigt man nicht, wie der eine Stein die anderen trägt, und setzt man etwas an ihre Stelle, was nicht dieselbe Tragfähigkeit hat, so setzt man das Rechtsleben schweren Erschütterungen aus, die viel verhängnisvoller sein können als die zuvor empfundenen Mängel.

Auch die Vorschriften unserer Zivilprozeßordnung über den Tatbestand im Zivilurteil sind, so unscheinbar sie aussehen, Ecksteine unseres Prozeßrechts. Man hat an ihnen wiederholt herumgehauen und dann wieder Löcher, die dadurch entstanden sind, verschmiert. Unserer Zivilrechtspflege ist das nicht förderlich gewesen. Seit Jahrzehnten wird immer wieder und immer lauter die völlige Beseitigung des Tatbestandes gefordert. Die Frage, ob man auf den Tatbestand ganz verzichten kann oder wie sich die Vorschriften über den Tatbestand zweckmäßiger gestalten lassen, wird bei der Neugestal-

---

[1]) Lehrbuch der Rechtsphilosophie § 133, 4.

tung unseres Zivilrechts eingehend geprüft werden müssen. Die Praxis aber wird inzwischen zu versuchen haben, ob sie nicht aus sich heraus zu einer Handhabung der Vorschriften über den Tatbestand zu gelangen vermag, die besser, als es bisher geschieht, dem Zweck dieser Vorschriften gerecht wird und die Nachteile vermeidet, die bei der Handhabung der Vorschriften bisher hervorgetreten sind.

I.

Kein moderner Zivilprozeß kann ohne Beurkundung auskommen. Mindestens das Urteil muß beurkundet werden. Aber es wird sich meist als zweckmäßig, ja in vielen Fällen als notwendig erweisen, auch die Aussagen von Zeugen und Sachverständigen zu beurkunden. Schließlich macht sich auch das Bedürfnis bemerkbar, das, was die Parteien in einem Prozesse vorgebracht haben, in einer Urkunde festzuhalten. Dieses Bedürfnis wird nicht immer und nicht überall mit derselben Stärke empfunden. Aber die meisten Zivilprozeßgesetzgebungen schreiben, soweit das Mündlichkeitsprinzip herrscht, allgemein die Beurkundung des Parteivorbringens vor.

Diese Beurkundung des Parteivorbringens kann auf verschiedene Weise erfolgen.

Wo nur das, was in der mündlichen Verhandlung vorgetragen worden ist, zur Entscheidungsgrundlage zu machen ist, liegt es am nächsten, das Sitzungsprotokoll dem Bedürfnis nach Beurkundung des Parteivorbringens dienstbar zu machen: vorzuschreiben, daß in dem Sitzungsprotokoll das, was die Parteien in tatsächlicher Beziehung vorgetragen haben, wiederzugeben ist und dem Protokoll eine besondere Beweiskraft beizulegen, etwa so, daß es nur durch den Nachweis der Fälschung entkräftet werden kann. Dabei kann eine Bezugnahme auf den Inhalt der vorbereitenden Schriftsätze und anderer Urkunden allgemein oder in bestimmtem Umfange zugelassen oder sogar vorgeschrieben werden. Nicht weit davon entfernt liegt die Möglichkeit, dem Gericht zur Pflicht zu machen, alle wesentlichen Abweichungen des mündlichen Vorbringens von dem Inhalt der vorbereitenden Schriftsätze im Sitzungsprotokoll festzulegen, und zu bestimmen, daß das als vorgetragen zu gelten hat, was aus den Schriftsätzen und diesen Protokollvermerken zu entnehmen ist.

In Österreich dient heute das Sitzungsprotokoll grundsätzlich der maßgeblichen Feststellung dessen, was die Parteien mündlich vorgetragen haben (ÖZPO. §§ 207—217, 443—445, 457). Einen Tatbestand kann das Gericht, wenn es ihm zweckmäßig erscheint, in das Urteil aufnehmen (ÖZPO. § 417 Abs. 2), notwendig ist das aber seit 1922 nicht mehr, und es geschieht nur selten. Die österreichische Zivilprozeßordnung von 1895 schrieb sowohl die Beurkundung des Tatsachenvorbringens der Parteien im Sitzungsprotokoll als auch die Aufnahme eines besonderen Tatbestandes in das Urteil vor. Wie Sperl berichtet, artete in der Praxis der Tatbestand „in eine langatmige Wiederholung des ganzen Parteivorbringens und in eine oft wörtlich aus dem Verhandlungsprotokolle abgeschriebene Wiedergabe der Beweisaufnahme aus und machte die Urteile zu unverdaulichen, dem Laien kaum verständlichen Aktenstücken[2])“. So sah man sich vor die Wahl zwischen den beiden Beurkundungsarten gestellt. Man entschied sich dafür, grundsätzlich an der Beurkundung des Parteivorbringens im Sitzungsprotokoll festzuhalten und auf den Tatbestand im Urteil zu verzichten. Ausnahmen

---

[2]) Lehrbuch der bürgerlichen Rechtspflege Bd. 1 (1928) § 135 II 3 (S. 486).

gelten im Verfahren in Bagatellsachen (bis 100 Sch. = ca. 60 RM) und vor den Bezirksgerichten. In Bagatellsachen wird, weil eine Überprüfung des Tatbestandes und der Beweise durch ein höheres Gericht ausgeschlossen ist, das Tatsachenvorbringen der Parteien überhaupt nicht beurkundet (ÖZPO. § 45), im Verfahren vor dem Bezirksgerichte kann, wenn die mündliche Verhandlung bei einer Tagsatzung durchgeführt und zum Abschlusse gebracht wird, „von der Protokollierung des auf den Sachverhalt sich beziehenden Parteivorbringens abgesehen und dessen Darstellung dem Urteilstatbestande vorbehalten werden" (ÖZPO. § 445 Abs. 1 Satz 1).

Wenn man sich dafür entschied, an der Beurkundung des Tatsachenvorbringens der Parteien im Sitzungsprotokoll festzuhalten, so spielte dabei eine Rolle, daß nach österreichischem Zivilprozeßrechte im Berufungsrechtsgang neues Vorbringen der Parteien grundsätzlich ausgeschlossen ist. Um so notwendiger schien es, in der Verhandlung selbst den ganzen Prozeßstoff unter der Kontrolle der Parteien festzulegen. Daß man das „Begleitprotokoll" der Allgemeinen Gerichtsordnung (§ 22), das einen Parteivortrag nach dem andern protokollierte, aufgeben mußte und nur die Protokollierung des sich aus den Parteivorträgen ergebenden Niederschlags[3]) protokolliert werden konnte, war, als die neue Zivilprozeßordnung geschaffen wurde, von vornherein klar[4]). Franz Kleins Entwurf sah die Aufnahme „des gesamten tatsächlichen Vorbringens der Parteien in gedrängt zusammenfassender, aber vollständiger Darstellung" in das Sitzungsprotokoll vor. Nach der heutigen Fassung des Gesetzes ist in das Protokoll der „Inhalt des auf den Sachverhalt sich beziehenden beiderseitigen Vorbringens in gedrängt zusammenfassender Darstellung aufzunehmen", auch sind „die von den Parteien für streitig gebliebene Anführungen angebotenen Beweismittel zu bezeichnen" (ÖZPO. § 209 Abs. 1 u. 2). Dabei ist „nach Tunlichkeit auf die vorbereitenden Schriftsätze, auf die Akten eines vorbereitenden Verfahrens sowie auf die Darstellung des Sachverhaltes in einer Ausfertigung des Beweisbeschlusses Bezug zu nehmen; soweit vorbereitende Schriftsätze oder Akten eines vorbereitenden Verfahrens vorliegen, genügt es, wenn alle erheblichen Abweichungen des mündlichen Vorbringens protokolliert werden" (ÖZPO. § 210 Abs. 1). Im letzteren Falle bezeichnet man das Protokoll als Flickprotokoll. Die Protokollierung kann aber auch in der Art geschehen, „daß der Vorsitzende oder der die Verhandlung leitende Einzelrichter unverzüglich nach Beendigung der Parteiverhandlung in Gegenwart der Parteien den aus ihrem Vorbringen sich ergebenden Sachverhalt in übersichtlicher Zusammenfassung darlegt und diese Darstellung, soweit tunlich, unter Bezugnahme auf den Inhalt der Prozeßakten zu Protokoll gebracht wird" (sog. Resümeeprotokoll; ÖZPO. § 211 Abs. 1). Im Verfahren vor den Bezirksgerichten bildet diese Art der Protokollierung, wenn nicht vorbereitende Schriftsätze vorliegen und die Protokollierung des Tatsachenvorbringens der Parteien auch nicht durch einen Urteilstatbestand ersetzt wird (s. oben), die Regel (ÖZPO. § 443). Das Protokoll „ist den Parteien zur Durchsicht vorzulegen oder vorzulesen und von ihnen zu unterschreiben". Sie können Richtigstellungen anregen und, wenn den Anregungen nicht entsprochen wird, Widerspruch einlegen (Näheres § 212). „Soweit nicht ein ausdrücklicher Widerspruch einer Partei vorliegt, liefert das . . . Protokoll

---

[3]) Schrutka von Rechtenstamm, Grundriß des Zivilprozeßrechts (2. Aufl., 1917) § 175 (S. 189).

[4]) ÖZPO. § 210 Abs. 2 Satz 1: „Eine Protokollierung der einzelnen Parteivorträge ist unstatthaft."

über den Verlauf und Inhalt der Verhandlung vollen Beweis" (ÖZPO. § 215), der Gegenbeweis der Unrichtigkeit des Protokolls ist aber allgemein zulässig.

Über die Auswirkungen der Vorschriften über das Sitzungsprotokoll wird aus Österreich vielfach Ungünstiges berichtet. So führt Sperl[5]) aus: „Wer heute nach 28 Jahren der Geltung unserer Zivilprozeßordnung die Einwirkung der Protokollierung auf die Gestaltung der mündlichen Streitverhandlung betrachtet, wird finden, daß die Zustandebringung des Protokolls in der Praxis der Gerichte lähmend und versteinernd wirkt. Nur wo es ... gelingt, das Protokoll dank der selbständigen Arbeit eines leistungsfähigen Schriftführers, die mündliche Verhandlung in aller Stille begleitend, gleichsam getreue Momentaufnahmen erzielend, fertig auf den Gerichtstisch zu legen, da die Verhandlung abgebrochen oder geschlossen wird, nur dort wird das Protokoll nicht der Todfeind der mündlichen Verhandlung sein. Auch dann könnte die Verhandlung in ungestörter Lebendigkeit und Plastik vor sich gehen, wenn man sich entschließen wollte, zu gestatten, daß das Verhandlungsprotokoll überhaupt erst später, etwa am Tage nach der Verhandlung vom Schriftführer, allenfalls unter Mitarbeit des leitenden Richters angefertigt und sodann behufs Kontrolle durch die Parteien in einem besonderen gerichtlichen Vorgang verifiziert würde. — Wie die Praxis heute ist, bringt tatsächlich, wie es einst die Kritiker des Entwurfes besorgt haben, der in die Verhandlung selbst hineingelegte Vorgang der Protokollaufnahme die Mündlichkeit und die Unmittelbarkeit um ihre Wirkung, die Verhandlung um alle Frische und Lebendigkeit, dabei die Arbeitszeit der Senatsmitglieder und der Anwälte ungebührend aufzehrend." Sperl schildert in diesem Zusammenhang, wie der „Verhandlungsschlaf zugunsten des Diktierens" sich nicht selten in derselben Verhandlung mehrmals wiederhole, weil der Vorsitzende nicht „zuviel zusammenkommen lassen", vielmehr alles Gesprochene ins Protokoll einfangen und sichern wolle, und wie dieses Protokollierungsunwesen mehr als ein Drittel, wenn nicht die Hälfte der Sitzungszeit aufzehre und die Verhandlung ungenießbar mache. Nun kann freilich das Gericht anordnen, daß das Protokoll oder Teile davon vom Schriftführer nach den Angaben des Vorsitzenden (Diktat) in Kurzschrift aufgenommen werden (§ 209 Abs. 5), und da das Vorbringen in der mündlichen Verhandlung häufig im wesentlichen mit dem Inhalt der Schriftsätze übereinstimmen wird, werden die von Sperl geschilderten Übelstände sich in vielen Sachen nicht so schlimm bemerkbar machen. Aber die mündliche Verhandlung wird durch die Protokollierung doch stets in unerwünschter Weise belastet, und man kann sich denken, daß die Fälle durchaus nicht selten sind, wo die von Sperl beklagten Mißstände voll in die Erscheinung treten.

Eine ähnliche Regelung, wie die österreichische Zivilprozeßordnung sie in den 90er Jahren durchgeführt hat, schwebte offenbar schon Otto Bähr vor, als er in den 80er Jahren im Kampfe gegen den von der Reichszivilprozeßordnung vorgeschriebenen Tatbestand ausführte[6]), das Natürlichste sei, die Schriftsätze als Grundlage des Tatbestandes zu benutzen, und vorzuschreiben, daß neues Vorbringen durch das Protokoll oder eine von der Partei sofort zum Protokoll eingereichte schriftliche Aufzeichnung fixiert werde.

Einen anderen Weg zur Festlegung dessen, was die Parteien in der münd-

---

[5]) Zeitschrift für deutschen Zivilprozeß Bd. 51 S. 419f.

[6]) Jherings Jahrbücher Bd. 23 S. 422.

lichen Verhandlung vorgebracht haben, hat das französische Zivilprozeßrecht und, ihm folgend, die bayrische Zivilprozeßordnung von 1869 (Art. 285, 289) eingeschlagen. Es wird behauptet, man habe in Frankreich mit der durch die Prozeßordnung von 1790 geschaffenen Regelung, nach der das ganze Urteil, auch der Tatbestand, vom Gerichte abzusetzen war, schlechte Erfahrungen gemacht gehabt, namentlich habe der Tatbestand sich häufig als unzuverlässig erwiesen[7]). Das sei der Grund gewesen, weshalb der Code de procédure civile wieder auf die Regelung der Ordonnanz von 1667 zurückgegriffen und die Feststellung des Tatbestandes, der „Qualitäten", den Parteien überlassen habe. Die Partei, die ein Urteil ausgefertigt haben will, hat dem Anwalt eine Darstellung dessen, was die Parteien in der mündlichen Verhandlung vorgebracht und beantragt haben, zu übersenden (Art. 142). Erhebt der Anwalt Widerspruch gegen den Entwurf, so entscheidet der Richter, der in der Verhandlung den Vorsitz gehabt hat, und bei dessen Verhinderung der nächst Dienstälteste (Art. 144 u. 145). Wird Widerspruch nicht erhoben, so reicht die Partei die „Qualitäten" bei dem Gericht ein, das dann das Urteil mit dem vom Gericht schon vorher abgesetzten Teil — den ganz kurzen Gründen (motifs) und der Entscheidung (dispositif) — ausfertigt. Im Verfahren vor dem Friedensrichter wird das Urteil vollständig von dem Schriftführer niedergeschrieben. Schlink hat in den 50er Jahren behauptet[8]), nicht wenige Klienten beklagten sich bitter darüber, „daß ihre Einreden und Rechtsmittel entweder gar nicht oder irrig niedergeschrieben worden seien, und man ihnen unrichtige Geständnisse in den Mund gelegt habe". Ob auch heute noch solche Klagen häufig zu hören sind, steht dahin. Aber das System der Qualitäten hat sich als durchaus unzweckmäßig erwiesen. Schon Schlink[9]) hat auf Grund vieljähriger Erfahrung versichert, daß die Qualitäten häufig auf die liederlichste Weise ausgestellt würden; daß darin oft gesagt werde, das Faktum erhelle aus den Anträgen, während diese kein Faktum enthielten; daß die Schreiber, denen diese als mechanisch erachtete Arbeit überlassen zu sein pflege, die Anträge entstellten usw. Seitdem sind die Klagen über die Mangelhaftigkeit der Qualitäten nicht verstummt. Schlink wollte zwar trotz der von ihm selbst so sehr empfundenen Mängel das System der Qualitäten beibehalten, empfahl aber eine Vorschrift, daß sie schon bei dem Plädoyer zu überreichen seien und das Gericht die Anwälte dann zur Verbesserung etwaiger Mängel anhalten könne[10]). Das würde bei uns, da in aller Regel die Parteien das, was sie in der mündlichen Verhandlung vorbringen wollen, im wesentlichen in vorbereitenden Schriftsätzen niederlegen, fast auf die österreichische Regelung hinauskommen.

Man hat dem französischen Zivilprozeßrecht nachgerühmt, daß es den Richter auf die eigentliche Entscheidungstätigkeit beschränke. Das tut der Code de procédure civile also auch da, wo es sich um die Festlegung dessen handelt, was die Parteien in der mündlichen Verhandlung vorgebracht haben; nur wo die Parteien darüber streiten, was vorgebracht worden ist, wird der Richter tätig. Ob aber der Umstand, daß er sonst nicht mit der Feststellung des Vorbringens der Parteien befaßt wird, seiner Entscheidungstätigkeit zugute kommt und nicht vielmehr ihr nachteilig ist? Jedenfalls

[7]) Schlink, Kommentar über die französische Zivilprozeßordnung (2. Aufl., 1856) Bd. 2 S. 530ff.

[8]) A. a. O.

[9]) A. a. O.

[10]) A. a. O.

ist, wo vorbereitende Schriftsätze gewechselt werden, das österreichische System trotz aller seiner Mängel doch immer noch dem System der Qualitäten vorzuziehen.

Die Begründung des Entwurfs der Reichszivilprozeßordnung[11]) verwarf das französische System mit dem Hinweis, daß es in Frankreich selbst wegen seiner offensichtlichen Mängel lebhaft angefochten und in anderen Ländern, in die es mit dem Code de procédure civile gekommen war, von späteren Gesetzgebungsarbeiten aufgegeben worden sei. Dieses System werde doch schwerlich deutsches Prozeßrecht werden können. Freilich nehme es den Richtern ein gutes Stück nicht gerade angenehmer Arbeit ab, aber es ständen ihm prinzipielle Bedenken erheblichster Art entgegen und es widerspräche deutschen Rechtsanschauungen, daß ein Urteil teilweise von Anwälten bearbeitet werde[12]). Nach der Reichszivilprozeßordnung ist das, was die Parteien zur Begründung ihrer Anträge in der mündlichen Verhandlung vorgetragen haben, von dem Richter in dem Tatbestande des Urteils festzustellen, und grundsätzlich erfolgt eine Beurkundung des Parteivorbringens nur auf diese Weise: im Sitzungsprotokoll wird das Tatsachenvorbringen der Parteien grundsätzlich nicht beurkundet (vgl. §§ 159ff.). „Der Tatbestand des Urteils liefert rücksichtlich des mündlichen Parteivorbringens Beweis. Dieser Beweis kann nur durch das Sitzungsprotokoll entkräftet werden" (§ 314). Da das Sitzungsprotokoll nur in Ausnahmefällen über das tatsächliche Vorbringen der Parteien etwas enthält, spielt die Möglichkeit des Gegenbeweises praktisch keine erhebliche Rolle. Die Beurkundung des Parteivorbringens im Tatbestand erfolgt ohne Mitwirkung der Parteien. Doch kann jede Partei binnen einer Woche seit der Zustellung des in vollständiger Form abgefaßten Urteils die Berichtigung des Tatbestandes beantragen. Freilich hat eine solche Berichtigung, wenn sie wirklich erfolgt, eine Änderung des übrigen Teils des Urteils nicht zur Folge (§ 320).

Auch diese Regelung ist, seitdem sie geltendes Recht ist, immer wieder und mitunter sehr heftig angegriffen worden. Dabei hört man verhältnismäßig selten die Behauptung, ein Bedürfnis nach der Beurkundung dessen, was die Parteien in tatsächlicher Beziehung vorgebracht haben, bestehe nicht oder der Tatbestand vermöge diese Beurkundungsaufgabe nicht zu erfüllen. Immerhin sind auch solche Gründe gegen den Tatbestand ins Feld geführt worden und häufiger noch liegt im Unterbewußtsein die Ansicht, daß eine derartige Beurkundung gar nicht erforderlich sei oder der Tatbestand sie nicht in der erforderlichen Weise bringen könne, der Abneigung gegen den Tatbestand zugrunde.

Wer der Meinung ist, daß die Verhandlungsmaxime sich als ein Grundprinzip des Zivilprozeßrechts überlebt habe, und wer de lege ferenda für ihre Beseitigung eintritt, wird folgerichtig auch in ein künftiges Gesetz keine Vorschriften aufnehmen wollen, nach denen das Urteil einen Tatbestand im Sinne unserer heutigen Zivilprozeßordnung zu enthalten hat. Wer die heute so häufig hervortretende Neigung teilt, schon unter dem geltenden Recht die Verhandlungsmaxime mehr oder weniger offen einzuschränken, oder wer, bewußt oder unbewußt, „die Entwicklung zur Untersuchungsmaxime" — etwa mit Hilfe einer Vermutung des Einverständnisses der Parteien — fördert, wird auch die Bekundung dessen, was die Parteien im

---

[11]) Reichstagsvorlage S. 23f.

[12]) Gegen diese Begründung (nicht mit Unrecht!) Otto Bähr, Jherings Jahrbücher Bd. 23 S. 421.

einzelnen vorgebracht und als Beweismittel angeführt haben, für überflüssig oder doch für minder wichtig halten. So finden wir naturgemäß gerade bei denen, die von der Verhandlungsmaxime nichts halten, und bei energischen Richternaturen, die zwar den Wert dieser Maxime theoretisch anerkennen, sie aber in der Praxis doch häufig unbeachtet lassen, wenig Verständnis für den Tatbestand. Auch dort steht der Tatbestand niedrig im Kurse, wo das Mündlichkeitsprinzip niedrig eingeschätzt wird oder wo in der Praxis die mündliche Verhandlung eine Ausnahme bildet oder sich doch jedenfalls nicht so gestaltet, wie sie nach dem Gesetz gestaltet werden sollte. Auch die Mündlichkeitsmaxime erscheint ja heute vielen als nicht mehr zeitgemäß. Sie legen auf die mündliche Verhandlung keinen Wert mehr und schränken sie immer mehr ein. Aber auch mancher, der diesen Standpunkt nicht teilt, sondern der Mündlichkeitsmaxime aus voller Überzeugung anhängt, sieht sich als Einzelrichter oder als Vorsitzender eines Kollegiums oft außerstande, sie völlig oder auch nur in der Mehrzahl der Sachen durchzuführen, weil das Gericht zu stark belastet ist. Das ist namentlich in den großen Städten der Fall. Schließlich gibt es Gerichte, die wohl die Zeit dazu hätten, eine den Prozeßstoff nach allen Seiten erörternde mündliche Verhandlung in den meisten Sachen durchzuführen, bei denen aber die mündliche Verhandlung eine leere Form bleibt. Wie vielen Gerichten ist immer noch nicht aufgegangen, was der Zweck der mündlichen Verhandlung ist und wie eine wirkliche mündliche Verhandlung aussieht! Da werden — mitunter stundenlang — von Anwälten trotz des ausdrücklichen Verbots der Zivilprozeßordnung (§ 137 Abs. 2) Schriftsätze vorgelesen, die, für den Leser gechrieben, vom Hörer gar nicht ohne weiteres aufgenommen werden können, oder die Anwälte tragen zwar in freier Rede, aber sich Satz für Satz dabei an den Schriftsatz anlehnend und in solcher Abhängigkeit von ihren Schriftwerken vor, daß das Wesentliche nicht hervortritt und der Vortrag den Zweck, den er nach der Zivilprozeßordnung hat, verfehlt: der Richter, der die Akten nicht kennt, weiß, wenn er das Beratungszimmer betritt, von der Sache kaum mehr als vor der „Verhandlung". Das Herüber und Hinüber einer wirklichen Verhandlung, bei dem man sich über diesen oder jenen Punkt einigt, der vorher umstritten war, bei dem insbesondere auch mancher Prozeßstoff als unerheblich für die Entscheidung ausgeschieden wird und bei dem durch die gemeinsame Arbeit aller Prozeßbeteiligten die entscheidenden Fragen herausgearbeitet werden, ist zu vermissen. Man nimmt zwar nicht auf die Schriftsätze Bezug, aber man liest sie vor oder man trägt sie in — mehr oder weniger — freier Rede vor und läßt es dabei bewenden. Kein Wunder, wenn dann die Frage aufgeworfen wird, wozu denn eigentlich der Tatbestand dient[13]). Gar oft wird die mündliche Verhandlung auch nur als Mittel betrachtet, eine Zweifelsfrage oder einzelne Zweifelsfragen hinsichtlich des Parteivorbringens zu klären, die dem Berichterstatter oder dem Vorsitzenden bei dem Studium der Akten entgegengetreten sind. Warum soll der Tatbestand dann mehr enthalten als die Erklärungen, die die Parteien auf diese Fragen abgegeben haben?

In der Tat ist das Bedürfnis nach maßgeblicher Beurkundung des Parteivorbringens im Bereich der Verhandlungsmaxime sehr viel stärker als dort, wo die Untersuchungsmaxime herrscht. So werden prinzipielle Bedenken kaum zu erheben sein, wenn der Gesetzgeber das Erfordernis des Tatbestandes im Zivilurteil dort fallen läßt, wo die Verhandlungsmaxime ganz

---

[13]) Vgl. vor allem **Weinmanns** Aufsatz in der JW. 1920 S. 887.

ausgeschaltet ist. In der geltenden Zivilprozeßordnung ist das indessen in so wenigen und in der Praxis verhältnismäßig so selten vorkommenden Streitsachen der Fall, daß der Gesetzgeber es auch für diese Fälle bei der Regel bewenden lassen konnte.

Wo ausschließlich auf Grund der Akten entschieden wird, ist eine besondere Beurkundung des Parteivorbringens entbehrlich. Nun war ja bis zu der in der Kriegszeit einsetzenden Novellengesetzgebung das Wesen des Urteils, daß es auf Grund einer mündlichen Verhandlung zu erlassen war. Durch die neuere Gesetzgebung hat sich das aber geändert. Das Gesetz kennt heute eine Reihe von Fällen, in denen ein Urteil auf Grund der Akten ergehen kann, und es werden, nunmehr prozeßordnungsgemäß, in der Praxis sehr viele Urteile ausschließlich auf Grund der Akten erlassen. Zwar als „Entscheidungen nach Lage der Akten" im Sinne der §§ 251a u. 331a ZPO. ergehen Urteile in der Praxis selten, und diese Fälle gehören streng genommen auch nicht hierher. Denn bei diesen Entscheidungen ist auch das zugrunde zu legen, was in einer früheren Verhandlung vorgetragen worden ist, sofern sich das Gericht noch an dieses Vorbringen erinnert. Hierher gehören aber die Fälle, daß in Bagatellsachen gemäß § 20 und in anderen Sachen auf den übereinstimmenden Antrag beider Parteien hin gemäß § 18 der Entlastungsverordnung von 1915 ein Schiedsurteil ergeht, dem eine mündliche Verhandlung nicht zugrunde liegt. Indessen sind auch diese Fälle nicht häufig. Das schriftliche Verfahren nach § 7 der Entlastungsverordnung ist, wie es scheint, in allen Teilen des Reiches eine Seltenheit. Ungeheuer häufig ist aber, daß die Parteien sich darauf beschränken, auf ihre Schriftsätze Bezug zu nehmen, und das Gericht dann das Urteil fällt (§ 137 Abs. 3 ZPO.). Hier findet zwar eine mündliche Verhandlung statt, das Urteil ergeht auch in gewissem Sinne auf Grund einer mündlichen Verhandlung, aber Urteilsgrundlage ist ausschließlich der Inhalt der Schriftsätze, und zwar ihr ganzer Inhalt. Zur Beurkundung bedarf es hier eines besonderen Tatbestandes eigentlich nicht, ja für eine die einzelnen Schriftsätze anführende Beurkundung ist strenggenommen gar kein Raum: die Parteien haben ja nur allgemein auf ihre Schriftsätze, die in den Gerichtsakten liegen, verwiesen. Nun hatte die Entlastungsverordnung von 1915 bestimmt:

> „Die Darstellung des Tatbestandes kann durch eine Bezugnahme auf den Inhalt der vorbereitenden Schriftsätze und auf die zum Sitzungsprotokoll erfolgten Feststellungen ersetzt werden, soweit sie den Sach- und Streitstand richtig und vollständig wiedergeben."

Diese Bestimmung war nicht etwa, wie Wach[14]) meinte, eine authentische Interpretation des § 313 Abs. 2 ZPO., sondern enthielt etwas ganz Neues. Denn der § 313 Abs. 2 bestimmte nur, daß „bei der Darstellung des Tatbestandes" eine solche Bezugnahme „nicht ausgeschlossen" sein sollte. Die neue Bestimmung hatte zur Folge, daß bei den meisten Gerichten die Darstellung des Tatbestandes durch einen Satz ersetzt wurde, in dem allgemein auf die Akten Bezug genommen wurde. Das ist vielfach verteidigt, aber auch heftig bekämpft worden. Die Bedenken gegen die neue Bestimmung und gegen die durch sie hervorgerufene Praxis waren aus Gesichtspunkten, die später noch zu behandeln sind, begründet, und die Novellengesetzgebung von 1924 hat ihnen wenigstens bis zu einem gewissen Grade denn auch Rechnung getragen. (Sie hat vor allem bestimmt, daß in jedem Falle „die

[14]) JW. 1915 S. 1102.

erhobenen Ansprüche genügend zu kennzeichnen und die dazu vorgebrachten Angriffs- und Verteidigungsmittel ihrem Wesen nach hervorzuheben" sind.) Wenn man aber die Bestimmung der Entlastungsverordnung nur vom Gesichtspunkte der Beurkundung aus betrachtet, war sie jedenfalls für den Fall nicht zu beanstanden, in dem die Parteien lediglich auf die Akten verwiesen — ein Fall, der damals freilich noch nicht zulässig, aber doch schon sehr häufig war. Wo die Entscheidung ausschließlich auf Grund des Akteninhalts, aber auch auf Grund des gesamten Akteninhalts ergeht, bedarf es einer besonderen Beurkundung des Parteivorbringens nicht, und die durch die Novelle von 1924 vorgeschriebene genügende Kennzeichnung der erhobenen Ansprüche und Hervorhebung der Angriffs- und Verteidigungsmittel dient jedenfalls in diesen Fällen nicht der Beurkundung des Parteivorbringens, sondern anderen Zwecken.

Das Ergebnis ist also: ein Bedürfnis nach besonderer maßgeblicher Beurkundung des Parteivorbringens besteht im Zivilprozeß überall dort, wo die Verhandlungsmaxime gilt und die Entscheidung nicht ausschließlich auf Grund des gesamten Inhalts der Akten zu erlassen ist. Eine solche Beurkundung ist nicht erforderlich, wenn das Verfahren ohne mündliche Verhandlung durchgeführt oder wenn in der mündlichen Verhandlung lediglich auf die Schriftsätze Bezug genommen wird.

Soweit hiernach ein Bedürfnis nach maßgeblicher Beurkundung des Parteivorbringens besteht, ist die Frage aufzuwerfen, ob, wenn in mehreren Terminen verhandelt wird, eine Terminsbeurkundung erforderlich ist oder eine Gesamtbeurkundung vom Standpunkt der Schlußverhandlung aus genügt. Wird der Zivilprozeß von der Eventualmaxime beherrscht, so ist die Beurkundung des einzelnen Termins kaum zu entbehren. Aber auch wo der Grundsatz der Einheit der mündlichen Verhandlung herrscht, kann sich aus einzelnen Gesetzesvorschriften ein mehr oder weniger starkes Bedürfnis danach ergeben, daß einzelne in einem Termine abgegebene Erklärungen alsbald besonders beurkundet werden, oder daß alles, was in einem die mündliche Verhandlung nicht zum Abschluß bringenden Termin vorgebracht worden ist, durch eine sogleich aufzunehmende maßgebliche Urkunde festgehalten wird. Ein solches Bedürfnis ergibt sich beispielsweise, wenn eine Partei den gegen sie geltend gemachten Anspruch anerkennt, daraus, daß sie auch in einem späteren Termin noch auf Antrag dem Anerkenntnisse gemäß zu verurteilen ist (§ 307 ZPO.). Es ergibt sich aber auch — und zwar hinsichtlich alles dessen, was in einem bestimmten Termin vorgebracht worden ist — aus Vorschriften wie denen, daß Angriffs- und Verteidigungsmittel wie auch Beweismittel und Beweiseinreden, die von einer Partei nachträglich vorgebracht werden, unter Umständen zurückgewiesen werden können (§§ 279, 283, 529, 626 ZPO.), daß nachträgliches Vorbringen unter bestimmten Voraussetzungen die Auferlegung von Prozeßkosten nach sich ziehen soll (§ 278 Abs. 2 ZPO.), daß, wenn der Berufungskläger gegen den ausgebliebenen Berufungsbeklagten das Versäumnisurteil beantragt, das tatsächliche mündliche Vorbringen des Berufungsklägers nur insoweit für zugestanden zu erachten ist, als das festgestellte Sachverhältnis nicht entgegensteht (§ 542 ZPO.). Das Bedürfnis nach maßgeblicher Beurkundung dessen, was in einem die Verhandlung nicht zum Abschluß bringenden Termin vorgebracht worden ist, ergibt sich aber auch im Hinblick auf die Möglichkeit, daß im weiteren Verlauf des Verfahrens eine Entscheidung nach Lage der Akten ergeht. Denn bei einer solchen ist auch das zu berücksichtigen, was nicht in den Akten steht, aber in einem früheren mündlichen Verfahren vorgetragen worden ist[15]). Ja, schließlich kann man sagen, daß ein solches Bedürfnis aus dem Grundsatz der Einheit der mündlichen Verhandlung hervorgeht. Denn dieser Grundsatz besteht nicht nur darin, daß Angriffs- und Verteidigungsmittel bis zum Schlusse derjenigen mündlichen Verhandlung geltend gemacht werden können, auf die das Urteil ergeht, sondern auch dahin, daß, was in einem Termin vorgetragen ist, seine Gültigkeit auch für spätere Termine behält. Danach müßte strenggenommen das, was die Parteien in einem Termin vorgebracht haben, alsbald maßgeblich beurkundet werden, wenn der Termin nicht zur Beendigung der mündlichen Verhandlung geführt hat.

Gleichwohl hat der deutsche Gesetzgeber bisher darauf verzichtet, vorzuschreiben, daß alles das, was die Parteien in einem Termin vorgebracht haben, alsbald maßgeblich zu beurkunden ist, wenn die mündliche Verhandlung in dem Termin nicht zum Abschluß gelangt. Er hat sich vielmehr damit begnügt, für einzelne prozessuale Vorfälle vorzuschreiben, daß sie alsbald, und zwar im Sitzungsprotokoll zu beurkunden sind, während hinsichtlich anderer prozessualer Vorfälle die Möglichkeit solcher Beurkundung gegeben ist. Anerkenntnisse, Verzichtleistungen und Vergleiche, durch die der geltend gemachte Anspruch ganz oder teilweise erledigt wird, sind durch Aufnahme in das Protokoll festzustellen (§ 160 Abs. 2 Ziff. 1). Das gilt grundsätzlich auch von den Aussagen der Zeugen und Sachverständigen (§ 160 Abs. 2 Ziff. 3). Von der durch § 161 gewährten Befugnis, ausnahmsweise von der Protokollierung der Aussagen der Zeugen und Sachverständigen abzusehen, wird ein verständiger Richter nur Gebrauch machen, wenn die Verhandlung in dem Termin zum Abschluß gelangt. Die Sachanträge sind zu protokollieren (§ 160 Abs. 2 Ziff. 2). „Soweit es sich nicht um Anträge handelt, sind wesentliche Erklärungen, welche in vorbereitenden Schriftsätzen nicht enthalten sind, oder wesentliche Abweichungen von dem Inhalt solcher Schriftsätze, mögen die Abweichungen in Zusätzen, Weglassungen oder sonstigen Abänderungen bestehen, auf Antrag durch Schriftsätze, welche dem Protokoll als Anlagen beizufügen sind, festzustellen" (§ 298 Abs. 1 u. 2).

Aber solche Anträge werden in der Praxis selten gestellt. Das Gericht könnte solche Feststellungen auch ohne Antrag in das Protokoll aufnehmen. Davon wird jedoch noch weniger Gebrauch gemacht. Der Richter verläßt sich darauf, daß er sich an das, was ihm vorgetragen worden ist, in der künftigen Verhandlung erinnert, und auch die Parteien verlassen sich auf das Gedächtnis des Richters. Zur Unterstützung seines Gedächtnisses macht sich der Einzelrichter, der Vorsitzende oder der Berichterstatter oft während der Verhandlung Notizen[16]) über das, was ihm wesentlich erscheint, insbesondere wenn eine Partei in ihrem Vortrag von dem Inhalt der vorbereitenden Schriftsätze abweicht, angekündigten Prozeßstoff nicht vorträgt oder nicht angekündigte Behauptungen aufstellt. Diese Aufzeichnungen, meist nur in Stichworten bestehend und oft im Drange der Verhandlung kaum leserlich zu Papier gebracht, sind rein privater Natur, kommen ohne Mitwirkung der Parteien zustande und unterliegen nicht ihrer

---

[15]) Vgl. meine Abhandlung: „Die Neuerungen im Zivilprozeß", Archiv f. Rechtspflege in Sachsen, Thüringen und Anhalt, Jahrg. 1 (1924) S. 132f.

[16]) Vgl. darüber auch Wach, Die Zivilprozeßordnung und die Praxis (1886) S. 44ff. und Zivilprozessualische Enquete S. 142ff.; Richard Schmidt, Lehrbuch des deutschen Zivilprozeßrechts (2. Aufl., 1906) § 73 III 2 (S. 447); Hellwig, System des deutschen Zivilprozeßrechts I. Teil (1912) § 161 I 1b (S. 498).

Kontrolle. Gegen die Verwendung dieser Notizen bestehen keine Bedenken, wenn sie lediglich dazu dienen, in der späteren Verhandlung dem Einzelrichter oder dem Kollegium das, was sich in dem früheren Termin ereignet hat, in das Gedächtnis zurückzurufen. Dagegen ist es nicht zulässig, daß das Aufgezeichnete der Urteilsfällung und der Anfertigung des Tatbestandes zugrunde gelegt wird, wenn der Richter, nachdem er versucht hat, sein Gedächtnis durch die Aufzeichnungen zu schärfen, sich des Vorfalls selbst nicht erinnert. Er wird dann die Parteien befragen, ob das, was er aufgezeichnet hat, richtig ist. Wird das aber von einer Partei bestritten, so darf es nicht verwertet werden. Kommt für die Entscheidung etwas darauf an, so sind etwa angebotene Beweise über das, was sich in dem früheren Termin ereignet hat, zu erheben. Findet eine Schlußverhandlung, in der der ganze Prozeßstoff noch einmal vorgetragen wird, nicht statt, ergeht etwa — weil beide Parteien ausgeblieben sind oder auf Antrag einer Partei beim Ausbleiben der anderen — ein Urteil nach Lage der Akten, so kommt es leicht dazu, daß ohne Befragung der Parteien bei der Urteilsfällung etwas verwertet wird, was der Richter in einem früheren Termin aufgezeichnet hat, dessen er sich aber nicht mehr erinnert.

Im Kollegium wird, wenn ein Mitglied sich, vielleicht auf Grund solcher Notizen, eines Vorbringens aus früherer Verhandlung erinnert, das Vorbringen häufig auch in das Gedächtnis der anderen Mitglieder zurückkehren. Ist das aber auch bei nur einem Mitgliede nicht der Fall, so darf das Vorbringen nicht ohne weiteres der Entscheidung zugrunde gelegt und in den Tatbestand aufgenommen werden. Unter Umständen bedarf es auch hier der Beweisaufnahme nach allgemeinen Grundsätzen; der Richter ist auf Antrag der Partei als Zeuge zu vernehmen und muß dazu aus dem Richterkollegium ausscheiden. Liegen Richternotizen vor, so kommt auch der Urkundenbeweis in Frage. Aber er wird kaum je ausreichend sein.

Wenn ein Richterwechsel eintritt, verliert das, was in bereits stattgefundenen Terminen sich ereignet hat, nicht seine Bedeutung. Aber es muß, soweit es sich nicht aus dem Sitzungsprotokoll ergibt, im Streitfalle erwiesen werden. Die Richternotizen können nur zu Fragen an die Parteien Anlaß geben.

Wenn es nun auch in der Praxis mitunter vorkommt, daß Aufzeichnungen eines Richters in einer Weise, die Bedenken erregen muß, verwertet werden, und wenn nicht selten das Kollegium sich auf das Gedächtnis seiner Mitglieder, insbesondere des Berichterstatters oder des Vorsitzenden, verläßt, hat der Zustand, der gegenwärtig in Deutschland in bezug auf die Verwertung dessen, was sich in einem früheren Termin ereignet hat, herrscht, nur selten Anlaß zu Klagen gegeben. Man ist bisher ganz gut ausgekommen, ohne daß das, was in einem die Verhandlung nicht zum Abschluß bringenden Termin vorgebracht worden ist, maßgeblich beurkundet wurde. Durch die Novellengesetzgebung von 1924 ist freilich das Bedürfnis nach solcher Terminsbeurkundung — insbesondere durch die Einführung der Entscheidung nach Lage der Akten und durch die Erweiterung der Befugnis des Gerichts, Angriffs- und Verteidigungsmittel wie Beweismittel und Beweiseinreden zurückzuweisen — verstärkt worden. Aber die Praxis hilft sich. Sie erläßt eben in Zweifelsfällen kein Aktenurteil — im Falle des § 331a mit der Begründung, daß der Sachverhalt für eine derartige Entscheidung nicht hinreichend geklärt sei — und greift in Zweifelsfällen nicht zu dem an sich schon nicht beliebten Mittel der Zurückweisung. Weitere Gesetzesänderungen in der angedeuteten Richtung könnten eine solche Terminsbeurkundung aber zum dringenden Bedürfnis machen. So ist das österreichische Versäumnisverfahren ohne allgemeine Terminsbeurkundung kaum denkbar. Bei den Erwägungen über die künftige Gestaltung des Versäumnisverfahrens darf das nicht als nebensächlich betrachtet werden.

Solange ohne eine Beurkundung alles dessen, was die Parteien in einem nicht den Abschluß der mündlichen Verhandlung bildenden Termin vorgebracht haben, auszukommen ist, kann die Beurkundungsaufgabe in befriedigender Weise durch den Tatbestand gelöst werden. Die Vertreter der Gegenansicht gehen zum Teil von falschen Voraussetzungen aus. So meinen einige, es gelte im Tatbestand den Verlauf der mündlichen Verhandlung möglichst getreu wiederzugeben. Als Beispiel seien Otto Bährs Ausführungen[17]) hierhergesetzt:

> „Daß der vom Richter aufgestellte Tatbestand die leibhaftige mündliche Verhandlung wirklich wiedergäbe, ist ja eine gänzlich unhaltbare Fiktion. Der Richter besitzt in seinem Gehirn keinen photographischen Apparat, der die flüchtig vorübereilenden Worte der mündlichen Verhandlung auffinge und naturgetreu auf das Papier würfe."

Auch Kohler[18]) scheint von solchen Voraussetzungen auszugehen, wenn er prophezeit, daß man in nicht allzu ferner Zeit dazu kommen werde, die Vorträge durch Phonogramme festzuhalten und auf diese Weise das Bedürfnis der Feststellung besser zu erfüllen, als es bisher durch den Tatbestand geschehe. Aber auch Anhänger des Tatbestandes[19]) gehen zuweilen davon aus, daß es Aufgabe des Tatbestands sei, den Verlauf der mündlichen Verhandlung zu beurkunden. Das ist beinahe ebenso verkehrt wie die Ansicht, daß im Tatbestand der Sachverhalt (das, was das Gericht in tatsächlicher Beziehung festgestellt hat) anzugeben sei. Die Verkehrtheit beider Ansichten ergibt sich unmittelbar aus dem Gesetz. Der Tatbestand ist nach § 313 Abs. 1 Ziff. 3 ZPO. eine Darstellung, die „auf Grundlage der mündlichen Vorträge der Parteien" zu geben ist, und er liefert nach § 314 ZPO. auch nur „rücksichtlich des mündlichen Parteivorbringens Beweis". „Tatsächliches mündliches Vorbringen" (§ 542 Abs. 2 ZPO.) der Parteien ist hier also darzustellen, nicht was das Gericht in tatsächlicher Hinsicht festgestellt hat. Daß nicht darzustellen ist, wie sich dieses Vorbringen im Laufe des Prozesses entwickelt hat — wie oft werden während des Rechtsstreits Behauptungen ausdrücklich oder stillschweigend zurückgenommen! — sondern daß das Parteivorbringen nach dem Stande zu dem für das Urteil entscheidenden Zeitpunkt festzustellen ist, ist in der Vorschrift des § 313 Abs. 2 Ziff. 3 genügend zum Ausdruck gekommen, nach der der Sach- und Streitstand festzustellen ist. Wie könnte es auch anders sein! Es gilt doch im Tatbestand die Urteilsgrundlage festzulegen. Grundlage der Entscheidung ist aber das Parteivorbringen, wie es sich beim Verfahren mit mündlicher Schlußverhandlung beim Schlusse dieser Verhandlung (§ 278 Abs. 2 Satz 2 ZPO.), beim schriftlichen Verfahren in dem Augenblick der Absendung der die Entscheidung enthaltenden Mitteilung (§ 7 Satz 2 EntlVO.) darstellt. Nur soweit früheres Vorbringen ohne Rücksicht auf das neuere Vorbringen noch von irgendeinem rechtlichen Standpunkt aus für die Entscheidung von Bedeutung sein kann, gehört es zum Sach- und Streitstand und in den Tatbestand.

Das Verhandlungsergebnis in diesem Sinne ist vollständig darzustellen.

---

17) Jherings Jahrbücher Bd. 23 S. 388.

18) Rheinische Zeitschrift Bd. 3 S. 11.

19) Lunglmayr (Rheinische Zeitschrift Bd. 7 S. 11) u. a.

Für den vielfach[20]) vertretenen Standpunkt, in den Tatbestand gehöre nur das, was von dem Standpunkt der vorliegenden Entscheidung von Bedeutung sei, ergibt sich kein Anhaltspunkt aus dem Gesetz. Daraus daß eine solche Einschränkung im Gesetz nicht gemacht ist, ist vielmehr zu entnehmen, daß der gesamte Sach- und Streitstand darzustellen ist. Eine andere Regelung wäre auch höchst unzweckmäßig. Das höhere Gericht soll wissen, was in der unteren Instanz vorgetragen ist: es betrachtet die Sache vielleicht von einem anderen Rechtsstandpunkt aus als das untere Gericht. Die Partei soll wissen, was ihr Anwalt vorgetragen hat. Auch in späteren Prozessen wird oft bedeutsam, was in einem früheren Rechtsstreit von den Parteien als Angriffs- und Verteidigungsmittel, wenn auch ohne Erfolg, verwendet worden ist. „Nicht was dem Richter wesentlich scheint und ihm als Stütze des Urteils dient, sondern was bei irgendeiner denkbaren Betrachtungsweise wesentlich sein könnte, der ganze Sach- und Streitstand" ist aufzunehmen[21]). Die Gefahr der Aufblähung des Tatbestands ergibt sich daraus nicht, wenn der Richter in der Verhandlung und bei der Abfassung des Tatbestandes richtig verfährt. Es ist ja nur das darzustellen, was zuletzt noch von den Parteien aufrechterhalten wird. Hält ein Angriffs- oder Verteidigungsmittel einer vernünftigen juristischen Betrachtungsweise gar nicht stand, so wird ein tüchtiger Richter davon meist den Anwalt, ja oft auch die Partei überzeugen können und, wenn auch durchaus nicht immer, so wird doch wohl in der Mehrzahl der Fälle das Angriffs- oder Verteidigungsmittel dann nicht mehr aufrechterhalten werden. Auch wird ja die Vollständigkeit nicht dadurch beeinträchtigt, daß der Urteilsfasser sich gerade bei der Darstellung solcher Angriffs- oder Verteidigungsmittel, über die es vom Standpunkt des Urteils aus einer Entscheidung gar nicht bedurfte oder die offenbar unbegründet waren, ganz kurz faßt und dieses Vorbringen nur in großen Zügen darstellt oder einfach auf bestimmte Stellen der Schriftsätze verweist.

Für die Richtigkeit der Beurkundung sind Garantien vor allem dadurch gegeben, daß die Beurkundung dem Richter übertragen ist. Im Verfahren vor dem Einzelrichter — dem Amtsrichter wie dem Einzelrichter des Kollegialgerichts — liegt sie dem Einzelrichter, sonst dem Kollegium ob. Im Kollegium entwirft gemeinhin der Berichterstatter den Tatbestand, aber die Beurkundung erfolgt durch das Kollegium, nicht durch den Berichterstatter, nicht durch den Vorsitzenden, nicht durch die einzelnen, dem Kollegium angehörigen Richter. In Zweifelsfällen muß der Tatbestand zum Gegenstand besonderer Beratung gemacht werden, und dabei entscheidet Stimmenmehrheit[22]). Auch der überstimmte Richter hat dann zu unterschreiben. Er macht sich dadurch nicht einer „intellektuellen Fälschung" schuldig[23]). Durch seine Unterschrift bezeugt er nicht, daß er das wahrgenommen habe, was in dem Tatbestand festgestellt ist. Freilich sollte man in der Praxis möglichst vermeiden, über die Fassung des Tatbestandes durch Stimmenmehrheit entscheiden zu lassen. Das Urteil sollte nicht verkündet werden, wenn nicht wenigstens der Tatbestand festliegt. Dann wird in den meisten Fällen durch eine Wiedereröffnung der mündlichen Verhandlung die Abstimmung

---

[20]) Aus der Literatur sei nur Pfizer, Zeitschrift für deutschen Zivilprozeß Bd. 17 S. 75—88, genannt. In der Praxis ist die Ansicht außerordentlich verbreitet.

[21]) Wach, Vorträge (2. Aufl.) S. 41.

[22]) So auch Bülow, Zeitschrift für deutschen Zivilprozes Bd. 4 S. 334f. Vgl. auch Wach, Zivilprozessualische Enquete S. 148. A. M. Pfizer, Zeitschrift für deutschen Zivilprozeß Bd. 17 S. 92f.

[23]) Pfizer a. a. O. S. 93.

vermieden werden können. Der Richter hat, ehe er das Urteil unterschreibt, auch den Tatbestand wie die übrigen Teile des Urteils auf seine Richtigkeit hin zu prüfen. Pfizer[24]) berichtet von einem Vorsitzenden, der die Tatbestände der Urteile, die er unterschrieb, grundsätzlich nicht las. Ein solches Verhalten widerspricht dem geltenden Recht.

Wenn wir von den Urteilen der Kammern für Handelssachen und den mit Laienbeisitzern erlassenen Schiedsurteilen (§ 18 EntlVO.) absehen, liegt also die Beurkundungstätigkeit immer rechtsgelehrten Richtern ob. Sie sind schon auf der Universität und dann im Vorbereitungsdienst zu objektiver Betrachtungsweise angehalten worden, ihre Fähigkeit zur Objektivität wird durch ihren Beruf immer mehr entfaltet und sie vermögen kraft ihrer juristischen Schulung auch zu übersehen, was aus dem ganzen Parteivorbringen von irgendeinem Rechtsstandpunkt aus von Bedeutung sein kann. Der rechtsgelehrte Richter ist deshalb besonders geeignet, die Beurkundung vorzunehmen. Gewiß ist nicht ganz von der Hand zu weisen, was Schlink[25]) ausführt:

> „Ist dem Richter die Aufstellung des Tatbestandes überlassen, so wird er unwillkürlich in Versuchung gebracht, denselben mit seiner Meinung in Übereinstimmung zu bringen, und den Parteien Erklärungen in den Mund zu legen, die nicht von ihnen ausgegangen sind, sondern die er sich aus einseitigen Schlüssen konstruiert hat."

Aber daß ein Richter das Parteivorbringen ganz vom Standpunkte der Entscheidung sieht und darstellt und dabei unwillkürlich die Erklärungen der Parteien entstellt, ist doch wohl ein in der Praxis recht seltener Fall.

Eine weitere Garantie für die Richtigkeit der Beurkundung liegt darin, daß die Parteien die Berichtigung des Tatbestands beantragen können, wenn er Unrichtigkeiten, Auslassungen, Dunkelheiten oder Widersprüche enthält (§ 320 ZPO.). Daß diese Prozeßrechtsvorschrift allein für sich schon den Richter zu besonderer Sorgfalt bei der Ausarbeitung des Tatbestandes zu veranlassen geeignet sei, wird man kaum sagen können. Ihre Bedeutung liegt darin, daß den Parteien hier immerhin ein Einfluß auf das Zustandekommen des Tatbestands eingeräumt wird. Wenn auch der Tatbestand zunächst ohne ihre Mitwirkung abgefaßt wird, so ist ihnen doch ein Mittel in die Hand gegeben, eine Änderung herbeizuführen. Freilich entscheidet über den Abänderungsantrag das Gericht, das das Urteil mit dem Tatbestand erlassen hat. Aber es muß den Parteien in mündlicher Verhandlung Gelegenheit geben, ihren Standpunkt zu vertreten.

Bähr führt aus, jedermann wisse, daß diese Berichtigung nur auf dem Papier stehe[26]) und der Antrag auf Berichtigung „ein in der Regel illusorisches Rechtsmittel" sei[27]). Das ist nicht richtig, wenn auch aus Gründen, die noch zu erörtern sind, solche Anträge selten sind und in vielen Fällen nicht den gewünschten Erfolg haben. Freilich sehr wirksam ist die Waffe gegen unrichtige Beurkundung, die den Parteien hier in die Hand gegeben ist, nicht. Ob sie wirksamer gestaltet, ob insbesondere die Frist ohne Schaden verlängert werden könnte, ist sehr zweifelhaft.

Es ist nicht zu verkennen, daß die Garantien für die Richtigkeit der Beurkundung des Parteivorbringens bei dem österreichischen System größer sind. Dort ist ausgeschlossen, daß die Beurkundung längere Zeit nach der

---

[24]) A. a. O. S. 93.

[25]) Kommentar über die französische Zivilprozeßordnung (2. Aufl., 1856) Bd. 2 S. 531.

[26]) Jherings Jahrbücher Bd. 23 S. 389.

[27]) Ebenda S. 420.

Verhandlung erfolgt; sie erfolgt im Termin, und zwar in Anwesenheit der Parteien, und es wird dann sofort mit den Parteien über das Protokoll verhandelt. Nach der Reichsprozeßordnung dagegen kommt der Tatbestand, wie Bähr[28]) es ausgedrückt hat, „hinter dem Rücken der Parteien" zustande. Indessen kann eine vernünftige Praxis diesen Nachteil ausgleichen. So kann der Einzelrichter, wenn er die Sache zur Verhandlung vor dem Kollegium abgibt, das Parteivorbringen nach dem Stande der letzten Einzelrichterverhandlung tatbestandsmäßig festhalten und diesen Tatbestandsentwurf den Parteivertretern einige Zeit vor der Sitzung des Kollegiums zugänglich machen. Wenn eine Einzelrichterverhandlung nicht stattgefunden hat, kann der Berichterstatter auf Grund der Akten entsprechend verfahren. Die Parteien haben dann in der Verhandlung die Möglichkeit, geltend zu machen, daß ihr Vorbringen nicht richtig dargestellt sei. Eine Mehrarbeit entsteht durch dieses Verfahren, das der Verfasser dieser Abhandlung in der Praxis jahrelang geübt hat, kaum. Gewiß kann auch durch ein Referat des Vorsitzenden oder des Berichterstatters oder den Vortrag eines Tatbestandsentwurfs in der mündlichen Verhandlung[29]) Ähnliches erreicht werden. Aber das andere Verfahren ermöglicht den Anwälten eine gründlichere Prüfung.

Im allgemeinen ist die Beurkundungsaufgabe in der Praxis der deutschen Gerichte durch den Tatbestand befriedigend erfüllt worden. Freilich bietet die Zahl der Anträge auf Tatbestandsberichtigung keinen Anhaltspunkt in dieser Beziehung[30]). Weil vor dem Berufungsgericht Angriffs- und Verteidigungsmittel, die in erster Instanz nicht geltend gemacht worden sind, insbesondere neue Tatsachen und Beweismittel vorgebracht werden können (§ 529 Abs. 1 ZPO.) und die Berufungsgerichte von ihrer Zurückweisungsbefugnis (§ 529 Abs. 2) nur in sehr krassen Fällen Gebrauch zu machen pflegen, wird die Berichtigung eines Tatbestands in einem Urteil der ersten Instanz nur sehr selten beantragt. In einem landgerichtlichen Berufungsurteil den Tatbestand berichtigen zu lassen, hat nur in besonders gelagerten Ausnahmefällen einen praktischen Wert. So spielen die Berichtigungsanträge nur bei Urteilen der Oberlandesgerichte eine Rolle. Die Anträge, die bei den Oberlandesgerichten gestellt werden, sind häufig unbegründet. Andererseits werden häufig Anträge dort, wo sie begründet wären, nicht gestellt, weil die Frist sehr kurz ist. Indessen lassen sich andere Anhaltspunkte dafür, ob der Tatbestand meist die Beurkundungsaufgabe erfüllt, gewinnen. Es ist leider sehr häufig, daß vor dem Oberlandesgericht wichtiger Prozeßstoff vorgetragen wird, der nach dem Landgerichtsurteil bisher noch nicht vorgebracht worden ist, und häufig stellt eine Partei tatsächliche Vorgänge, die für die Entscheidung von Bedeutung sind, im zweiten Rechtsgang anders dar, als sie von ihr nach dem Urteil des Landgerichts im ersten Rechtsgang dargestellt worden sind. Versucht man in solchen Fällen durch Befragung der Anwälte festzustellen, worauf die Abweichung beruht, so werden diese und jene Gründe angegeben, kaum jemals aber hört man die Behauptung, daß sich der Vortrag mit dem in der vorhergehenden Instanz decke und eine unrichtige Beurkundung im Tatbestand vorliege.

Die Angriffe, die immer wieder gegen den Tatbestand gerichtet werden, gründen sich fast stets in der Hauptsache darauf, daß der Richter durch dieses Erfordernis allzusehr mit Arbeit belastet werde, und zwar mit einer

---

[28]) Ebenda S. 393.

[29]) Dies schlägt Richard Schmidt, Lehrbuch des deutschen Zivilprozeßrechts (2. Aufl.) S. 484 vor.

[30]) Vgl. auch Wach, Zivilprozessualische Enquete S. 157.

Arbeit, die seiner nicht würdig, eine bloße Schreib- oder Registrierarbeit, eine ungeistige Arbeit sei, die auch der Entscheidung nicht zugute komme, ja den Richter seiner eigentlichen Aufgabe, der Entscheidungstätigkeit, entziehe. Bähr[31]) hat 1885 ausgeführt:

„Endlich ist es gewiß auch nicht gleichgültig, daß mit der Anfertigung des Tatbestandes den Gerichten eine Last auferlegt wird, welche ihre Zeit und Kraft in hohem Maße, und zwar in der Regel ganz nutzloser Weise, in Anspruch nimmt. Natürlich mindert sich dadurch die Arbeitskraft des Richters für das Übrige. Man kann, wenn man heute richterliche Urteile sieht, sehr oft die Bemerkung machen: ein fetter Tatbestand, magere Entscheidungsgründe. Vielleicht könnte sogar eine nicht unerhebliche Anzahl von Richtern erspart werden, wenn man das Richterpersonal von der nutzlosen Arbeit der Tatbestandsanfertigung freigäbe."

Und Kohler[32]) schreibt 25 Jahre später (1910):

„Den Richter selber, der zu entscheiden hat, mit einer derartigen niedrigen Registrierarbeit, wie den Tatbestand, überlasten, ist eine Vergeudung geistiger Arbeit. Man sieht es auch vielen Urteilen, deren Tatbestand mit besonderer Sorgfalt ausgearbeitet ist, an: die richterliche Kraft ist im Tatbestand erschöpft, und die Entscheidungsgründe fallen häufig völlig ab [33])."

Adickes rühmt gegenüber dem bei uns herrschenden Zustand, „daß der englische Richter seine Urteile überhaupt nicht nachträglich schriftlich ausarbeitet, sondern nach mündlicher Verkündigung seines Urteils und der Entscheidungsgründe dem ersten Bureaubeamten und den Anwälten überläßt[34])", und Niedner[35]) will diese Regelung grundsätzlich übernehmen. Vor allem aber fordert Niedner wie Adickes die Abschaffung des Tatbestandes:

„Daß diese dem Richter aufgebürdete oft ganz ungeheuerliche Schreibarbeit mehr zum Schaden als zum Nutzen gereicht, ist schon vor Adickes von anderer Seite wiederholt dargetan, und neuerdings mehren sich in erfreulicher Weise die Stimmen auch von hervorragender Seite, welche seiner Beseitigung mit Nachdruck das Wort reden[36])."

In England liegen, wie jeder weiß, der englischen Gerichtsverhandlungen beigewohnt hat, die Verhältnisse gerade in den hier in Betracht kommenden Beziehungen doch wesentlich anders als bei uns. Das Bedürfnis nach einer gerichtlichen Beurkundung des Parteivorbringens wird nicht als so stark empfunden, daß eine solche Beurkundung vorgesehen wäre. Man überläßt es den Parteien, sich Aufzeichnungen zu machen und etwa einen Stenographen beizuziehen. Der erste Bureaubeamte aber, der die Urteilsbegründung aufnimmt, ist juristisch geschult: wenn wir dem Richter für die Verhandlung juristisch geschultes Personal beigeben würden, würden sich mancherlei Möglichkeiten der Gestaltung ergeben, die für uns sonst nicht in Betracht kommen. Außerdem ist das englische Verfahren in einem Lande, wo so viel prozessiert wird wie bei uns, ohne eine gründliche Änderung der Gerichtsorganisation nicht durchführbar.

---

[31]) Jherings Jahrbücher Bd. 23 S. 425ff.

[32]) Rheinische Zeitschrift Bd. 3 S. 11.

[33]) Weinmann, Recht 1915 S. 535 spricht von der „ungeistigen Arbeit der Niederschrift des Tatbestandes".

[34]) Grundlinien durchgreifender Justizreform 1906 S. 121.

[35]) Zur Frage einer durchgreifenden Justizreform (1906) S. 15.

[36]) Niedner a. a. O. S. 19.

Als Bähr, Adickes, Niedner und Kohler den Tatbestand in dieser Weise bekämpften, waren die Tatbestände der Gerichte sehr häufig übermäßig lang. Von der Möglichkeit der Bezugnahme wurde nur ganz beschränkt Gebrauch gemacht[37]). Die vielfach verbreitete irrige Anschauung, daß der Tatbestand die ganze Prozeßgeschichte oder doch alles, was in der mündlichen Verhandlung vorgebracht worden war, wiederzugeben habe, führte zu öder Vielschreiberei. Daß man sich dagegen wendete, war ganz berechtigt. Auch heute sind die Tatbestände, wenn man nicht, was allerdings heute sehr häufig geschieht, einfach auf die Schriftsätze verweist, noch mitunter sehr lang. Diese unnütze — und schädliche! — Vielschreiberei muß überwunden werden. Sie wird vom Gesetz nicht gefordert und ist auch nicht erforderlich, um dem Beurkundungsbedürfnis zu genügen. Diesem Bedürfnis und dem Gesetz wird ausreichend entsprochen, wenn die Angriffs- und Verteidigungsmittel, die Beweismittel und die Beweiseinreden, die in dem für die Entscheidung maßgebenden Zeitpunkt noch aufrechterhalten worden sind, bezeichnet werden und durch Verweisung auf bestimmte Stellen der Schriftsätze oder anderer Teile der Akten kenntlich gemacht wird, was die Parteien zu den einzelnen Angriffs- und Verteidigungsmitteln ausgeführt haben. Die Beweisbeschlüsse und die Ergebnisse der Beweisaufnahme gehören nicht in den Tatbestand[38]). Es muß nur beurkundet werden, was die Parteien aus den Ergebnissen der Beweisaufnahme verwertet haben. Das kann in aller Regel ganz kurz geschehen, ja in den meisten Fällen ist hier die Verweisung sogar geboten. Ein solcher Tatbestand wird fast immer ganz kurz sein. Er erfordert nicht viel Schreib-, freilich, wenn es ein brauchbarer Tatbestand sein soll, aus Gründen, die noch zu besprechen sind, häufig energische Denkarbeit[39]). Diese Arbeit kommt — auch davon ist noch zu reden — im eminentesten Maße der Entscheidung zugute, ja ohne sie ist kaum eine ausreichende Gewähr für eine richtige Entscheidung gegeben. Ein guter kurzer Tatbestand, der sich nicht einer allgemeinen Verweisung auf die Schriftsätze bedient, sondern nur, soweit es erforderlich ist, auf einzelne bestimmte Stellen der Schriftsätze und anderer Teile der Akten verweist, um Ausführungen der Parteien zu einzelnen Angriffs- und Verteidigungsmitteln anzuführen, kann aber auch den Richtern und Anwälten der höheren Instanz viel Arbeit ersparen. Sie brauchen in einem solchen Falle durchaus nicht, wie Weinmann[40]) meint, gleichwohl immer den gesamten Inhalt der Akten zu studieren, und auf einen solchen Tatbestand kann, soweit nichts Abweichendes vorgetragen wird, in dem Urteil des höheren Gerichts unbedenklich Bezug genommen werden[41]). Solche Tatbestände aber können nur von gut geschulten Juristen abgefaßt werden; dem nicht juristisch vorgebildeten Beamten der Geschäftsstelle kann diese Arbeit nicht überlassen werden[42]), so sehr die Entlastung des Richters durch diesen Beamten anzustreben ist. Dieser Beamte ist für die besondere Beurkundungsaufgabe, die hier zu erfüllen ist, nicht ausreichend vorgebildet; er besitzt aber noch weniger die Vorbildung für die zweite Aufgabe, die der Verfasser des Tatbestandes zu erfüllen hat und die wir nunmehr zu erörtern haben.

---

[37]) Vgl. auch Wach, Zivilprozessualische Enquete S. 155.

[38]) A. M. Rosenberg, Lehrbuch des deutschen Zivilprozeßrechts (2. Aufl., 1929) § 55 II 2c S. 158, u. a.

[39]) Vgl. dazu auch Pfizer, Zeitschrift für deutschen Zivilprozeß Bd. 17 S. 92.

[40]) JW. 1920 S. 887.

[41]) So auch Wach, Zivilprozessualische Enquete S. 154 Anm. 204.

[42]) Vgl. auch die Ausführungen oben S. 324.

II.

In der Literatur und in der Praxis sind über die Aufgaben des Tatbestandes viele falsche Ansichten verbreitet.

Einige dieser falschen Ansichten haben wir bereits gestreift. Der Tatbestand soll nicht die tatsächlichen Feststellungen des Gerichts wiedergeben[43]): das hat in den Entscheidungsgründen zu geschehen. Er soll nicht die Prozeßgeschichte darstellen[44]): einer solchen Darstellung bedarf es nicht. Seine Anfertigung ist auch nicht vorgeschrieben worden, um eine Grundlage für das Verständnis der Entscheidungsgründe zu schaffen[45]): gewiß gibt ein guter Tatbestand auch eine gute Grundlage für den Teil des Urteils, der als Entscheidungsgründe bezeichnet wird; aber das Urteil ließe sich auch ohne Tatbestand so gestalten, daß es aus sich heraus verständlich wäre. Der Tatbestand ist nach unserem Zivilprozeßrecht das Hauptmittel der Beurkundung des Parteivorbringens, und zwar nicht wie es im Laufe des Verfahrens, insbesondere der mündlichen Verhandlung, in den Prozeß eingeführt ist, sondern wie es sich zu dem Zeitpunkt darstellt, der für die Entscheidung maßgebend ist. Von diesem Beurkundungsgesichtspunkte aus haben wir den Tatbestand bisher betrachtet.

Aber er hat noch eine andere, nicht minder wichtige prozessuale Funktion. Sie ist es vor allem, die in der Rechtslehre und der Rechtspraxis verkannt wird. Darauf, daß diese prozessuale Funktion und ihre Bedeutung nicht erkannt wird, beruhen so viele irrige Anschauungen, so manche Unklarheiten und so manche falsche Urteile über den Wert des Tatbestandes, denen wir in der Literatur begegnen. Darauf sind aber auch zumeist die Mängel der Tatbestände zurückzuführen, die sich in der Praxis zeigen. Selten ist der Tatbestand von dem Beurkundungsgesichtspunkte aus ungenügend; selten genügt er dagegen dieser zweiten Aufgabe.

Die Schriftsteller, die die Beurkundungsfunktion des Tatbestandes betonen, heben auch hervor, daß der Prozeßstoff in geordneter Weise zu beurkunden ist, daß die Parteibehauptungen geordnet in den Tatbestand aufzunehmen sind. Dabei wird in der Regel auch bemerkt, daß eine Ordnung nach der zeitlichen Reihenfolge des Vorbringens nicht genügt, sondern daß der Prozeßstoff nach logischen Gesichtspunkten geordnet darzustellen sei. Daß in der Tat die Befolgung der zeitlichen Reihenfolge nicht dem Gesetz entspricht, ergibt sich daraus, daß das Gesetz nicht einfach eine kurze inhaltliche Wiedergabe der Parteivorträge, sondern eine „gedrängte Darstellung des Sach- und Streitstandes" fordert und seit der Novelle von 1924 ausdrücklich vorschreibt, daß „die erhobenen Ansprüche genügend zu kennzeichnen und die dazu vorgebrachten Angriffs- und Verteidigungsmittel ihrem Wesen nach hervorzuheben" sind (§ 313 ZPO.). Aber diese Regelung

---

[43]) Richtig betont das insbesondere Lunglmayr, Rheinische Zeitschrift Bd. 7 S. 17, während z. B. Pfizer, Zeitschrift für deutschen Zivilprozeß Bd. 17 S. 75—82 von der Gegenansicht ausgeht. Aber auch ein Gelehrter von dem Range Bierlings verkennt völlig den Unterschied zwischen dem Tatbestande des Zivilurteils und dem Tatbestand, den der Richter unter die Rechtsnormen zu subsumieren hat. Er meint, in dem Tatbestande des Zivilurteils sei der Tatbestand, den der Richter zu subsumieren habe, festzustellen. Freilich enthalte jener Tatbestand nicht die ganze Tatbestandsfeststellung, weil sie nicht die erst aus der Beweiswürdigung sich ergebenden Beweisresultate feststelle (Juristische Prinzipienlehre Bd. 4 S. 59f., insbes. Anm. 9).

[44]) Auch das wird richtig von Lunglmayr (a. a. O. S. 1ff) betont, der aber gelegentlich selbst davon spricht, der Tatbestand habe in der Regel das wiederzugeben, was in der letzten mündlichen Verhandlung „vorgekommen" sei (S. 11).

[45]) Deinhardt, Sinn und Nichtsinn im Zivilurteil (1928) S. 103: „Das Gesetz will das Urteil klar und übersichtlich begründet haben; dazu verlangt es den Tatbestand." Vgl auch Levin, JW. 1920 S. 888.

der Art und Weise der Beurkundung trifft das Gesetz nicht etwa nur, damit „ein klares, in sich verständliches Bild" gegeben wird[46]), und um die Verwertung der Urkunde für die Zukunft, namentlich in der höheren Instanz zu erleichtern. Der Zweck der Vorschrift geht darüber hinaus. Sie soll vor allen Dingen darauf hinwirken, daß eine Sichtung und Ordnung des Prozeßstoffs nach bestimmten für die Entscheidung maßgebenden Gesichtspunkten vorgenommen wird. Der Gesetzgeber erwartet dabei offenbar von dem Richter, daß er diese Arbeit nicht erst nach der Verhandlung oder gar erst, nachdem das Urteil beschlossen ist, in Angriff nimmt. Die Sichtung und Ordnung des Prozeßstoffs, die die Vorschriften über den Tatbestand fordern, soll der Entscheidung zugute kommen. Sie herbeizuführen, muß als das Ziel des ganzen Verfahrens, insbesondere der mündlichen Verhandlung betrachtet werden.

Lange Zeit sind die deutschen Juristen von der Vorstellung beherrscht worden, die eigentliche Richtertätigkeit sei die Anwendung von Rechtsnormen auf einen bestimmten Sachverhalt. Erst verhältnismäßig spät hat man — es sei nur an die Bewegung „Recht und Wirtschaft" und an Wildhagens Schriften erinnert — die Feststellung des Sachverhalts als eine ebenbürtige, nicht minder wichtige und des Richters nicht weniger würdige Tätigkeit anerkannt. Aber auch in der Feststellung des Sachverhalts und der Anwendung von Rechtsnormen auf den festgestellten Sachverhalt erschöpft sich die Arbeit des Richters nicht. Völlig ebenbürtig steht im Zivilprozeß neben diesen beiden Tätigkeiten die Sichtung und Ordnung des Prozeßstoffs, die der Richter im Verein mit den Parteien vorzunehmen hat.

„Der Prozeßstoff ist ein unveräußerliches Eigentum der Parteien, und der Richter kann ihn nur etwa beurkunden" ruft Otto Bähr[47]) aus. Dem ist zu entgegnen: der Richter hat den Prozeßstoff nicht nur zu beurkunden, sondern hat durch Verhandlung mit den Parteien aktiv auf seine Gestaltung einzuwirken. Er hat dafür zu sorgen, daß gleich zu Beginn des Prozesses alles vorgebracht wird, was für die Entscheidung von Bedeutung sein kann. Er hat darauf hinzuwirken, daß nicht etwas in den Prozeß hineingetragen wird, was nicht zur Sache gehört, und daß Prozeßstoff ausgeschieden wird, der von vornherein dem Rechtsstreit fremd war oder durch die Entwicklung, die der Prozeß genommen hat, überflüssig geworden ist. Vollständigkeit und möglichste Vereinfachung des Prozeßstoffs muß das Ziel des Verfahrens sein. Gewiß ist dieses Ziel ohne verständnisvolle Mitwirkung der Parteien nicht vollständig zu erreichen. Darin vor allem liegt die Rechtfertigung des Anwaltszwanges. Aber einem Richter, der juristisch den Prozeß beherrscht und eine starke Persönlichkeit ist, wird die Lösung der Aufgabe, die freilich oft nicht leicht ist, doch fast immer gelingen. Wir müssen dazu kommen, daß diese verhandlungs- und verfahrensleitende Tätigkeit des Richters in ihrer vollen Bedeutung erkannt wird. Der Wille und die Fähigkeit zu solcher Arbeit muß geweckt und gepflegt werden.

Der Hauptwert eines guten Prozeßrechtes liegt darin, daß es auf die Vornahme der richterlichen Handlungen hinwirkt, die in der Regel erforderlich sind, um zu einer befriedigenden Beendigung des Rechtsstreits, insbesondere zu einer richtigen Entscheidung zu gelangen. So ist von einem Prozeßgesetz auch zu fordern, daß es den Richter dazu anhält, in dem Verfahren, vor allem durch die Verhandlung mit den Parteien, den Prozeßstoff zu sichten und zu ordnen. Prozeßgesetze früherer Zeiten haben darauf besonderen

[46]) Marwitz, Der Urteilstatbestand, Zeitschrift für deutschen Zivilprozeß Bd. 52 S. 178.
[47]) Jherings Jahrbücher Bd. 23 S. 422.

Wert gelegt. Dieses Bestreben hat, um nur ein Beispiel anzuführen, mit anderen Zwecken zusammen zu der mit der Eventualmaxime verbundenen Teilung des Verfahrens in einzelne Abschnitte geführt. Es ist zuzugeben, daß in Zeiten, als die Richter noch weniger geschult waren, solche Maßnahmen besonders notwendig waren. Aber die Schulung der Richter macht Maßnahmen dieser Art nicht völlig überflüssig. Auch läßt die Schulung wie im Verfahrensrecht so auch in der Verfahrens- und Verhandlungsleitung heute manches zu wünschen übrig. Die Mängel unserer Zivilrechtspflege sind heute geradezu auf eine Geringschätzung des Verfahrensrechts und der Kunst zweckmäßiger Verfahrensgestaltung zurückzuführen. In solchen Zeiten hat der Gesetzgeber besondere Veranlassung, darauf bedacht zu sein, durch die Vorschriften des Verfahrensrechts den Richter zu einer zweckentsprechenden Gestaltung des Verfahrens anzuhalten. Unser Prozeßrecht aber tut nicht viel, um auf eine Sichtung und Ordnung des Prozeßstoffs hinzuwirken. Zu den wenigen Vorschriften, die diesem Zwecke dienen, gehört die Bestimmung, daß im Urteil den Entscheidungsgründen eine gedrängte Darstellung des Sach- und Streitstandes voranzustellen ist. Das Parteivorbringen ist danach vollständig, aber gedrängt darzustellen. Wie ist die Vollständigkeit und zugleich die Gedrängtheit auch bei einem umfangreichen Prozeßstoff zu erreichen?

Bähr berichtete schon vor mehr als 40 Jahren[48]), daß man in Württemberg die gesamten Schriftsätze als Tatbestand in das Urteil hineinschriebe, und das scheint wenn nicht in Württemberg, so doch in anderen Teilen des Reiches auch heute noch vorzukommen[49]). Vor allem aber findet man heute häufig, daß sämtliche Schriftsätze, mögen sie auch noch so zahlreich sein, noch soviel Überflüssiges enthalten und noch so großen Umfang haben, in dem Tatbestand in Bezug genommen werden. Von einer „gedrängten Darstellung" kann da nicht mehr die Rede sein. Die Beurkundungsaufgabe ist erfüllt, nicht aber die Sichtungsaufgabe. Der Tatbestand ist mißlungen. Das ist aber in der Regel nur die Folge davon, daß das Verfahren nicht zweckmäßig gestaltet worden ist. Das Gericht hat versäumt, im Verfahren den Prozeßstoff zu ordnen, das Wesentliche für alle Prozeßbeteiligten erkennbar herauszuarbeiten, Überflüssiges auszuscheiden.

Ein wissenschaftliches System ist ein einheitliches, nach Prinzipien geordnetes Ganze von Erkenntnissen. Um das System darzustellen, bedarf es nicht der Darstellung aller Einzelerkenntnisse. Die Darstellung braucht nicht bis in die letzten Einzelheiten zu gehen, um vollständig zu sein. Selbst weite Wissensgebiete umfassende Systeme können kurz und vollständig dargestellt werden. Ähnlich ist es hier. Der Prozeßstoff, der darzustellen ist, umfaßt die Behauptungen der Parteien, die von irgendeinem rechtlichen Standpunkte aus für die Entscheidung von Bedeutung sein können. Diese Behauptungen stehen in bestimmten Beziehungen zu dem Anspruch, den der Kläger geltend macht. Die Beziehungen sind entweder direkte oder indirekte: die Behauptungen beziehen sich entweder auf den mit der Klage geltend gemachten Anspruch oder sie beziehen sich auf einen Gegenanspruch, den der Beklagte gegen den Kläger oder der Kläger einem Gegenanspruch des Beklagten gegenüber erhebt. Hieraus ergibt sich schon eine gewisse Gliederung des Prozeßstoffs. Aber auch die Behauptungen, die sich auf einen Anspruch beziehen, lassen sich nach juristischen Gesichtspunkten ordnen. Die Behauptungen, die zur Begründung des Anspruchs aufgestellt werden, sind zu scheiden von

[48]) A. a. O. Bd. 23 S. 423.

[49]) Gegen dieses Verfahren kämpft besonders auch Deinhardt, Sinn und Nichtsinn im Zivilurteil (1928).

denen, durch die diese Behauptungen bestritten werden, wie von denen, die nicht auf ein solches Bestreiten abzielen, aber darlegen sollen, daß der Anspruch, auch wenn die zu seiner Begründung angeführten Behauptungen richtig sind, doch nicht besteht oder nicht geltend gemacht werden kann. Von diesen Behauptungen wiederum sind die vom Gegner dagegen vorgebrachten Bestreitungen und Gegenbehauptungen zu trennen usw. Unter demselben Gesichtspunkt — der Beziehung zu dem Anspruch — lassen sich auch die zur Begründung eines Anspruchs angeführten Behauptungen (und entsprechend auch die Bestreitungen und die Gegenbehauptungen) ordnen. Die Behauptung, die allein für sich den Anspruch begründen soll, ist ein selbständiges Angriffsmittel. Ein solches wird aber auch durch den Komplex von Behauptungen gebildet, die nur in dieser Vereinigung, nicht einzeln für sich, den Anspruch begründen sollen. Dazu treten häufig Behauptungen, die andere, unmittelbar zur Begründung des Anspruchs verwendete nur unterstützen sollen, gewissermaßen also in zweiter Reihe stehen. Dazu kommt, daß sich häufig eine Behauptung wieder in einzelne Behauptungen auflösen läßt. Die Verästelung kann sehr weit gehen. So kann der ganze Prozeßstoff gleichsam in ein System von Angriffs- und Verteidigungsmitteln gebracht werden. Dieses System läßt sich ausführlich oder kürzer darstellen. Wenn man zu einer kurzen Darstellung gelangen will, sieht man von der Auflösung in Einzelbehauptungen ab, läßt bloß unterstützende Behauptungen beiseite, faßt Behauptungen, die nur in ihrer Vereinigung den Anspruch begründen sollen, nach Möglichkeit in einer Behauptung zusammen usw. Die selbständigen Angriffs- und Verteidigungsmittel müssen dabei aber bezeichnet werden: sonst kann von einer vollständigen Darstellung nicht die Rede sein.

Der Richter hat also aus der Fülle der Behauptungen, die ihm regelmäßig in dem Verfahren entgegentreten, die einzelnen Angriffs- und Verteidigungsmittel herauszuarbeiten, in der Verhandlung mit den Parteien auf Vervollständigung (§ 139 ZPO.), aber ebenso auch auf Ausscheidung alles überflüssigen Parteivorbringens hinzuwirken und das Ergebnis in einer Übersicht der Angriffs- und Verteidigungsmittel darzustellen. Dadurch soll er und sollen die Parteien zur Erkenntnis des Verhältnisses, in dem die einzelnen Behauptungen zueinander stehen, geführt werden. Gleichzeitig soll dadurch aber auch das Ergebnis dieser Sichtungsarbeit festgehalten werden, insbesondere um das Verfahren in der höheren Instanz zu vereinfachen. So dient der Tatbestand neben dem Beurkundungszweck auch dem Sichtungszweck. Darin ist er der formula des römischen Prozesses zu vergleichen. Sie diente ebenfalls der Beurkundung und — freilich in viel wirksamerer Weise als heute — der Sichtung des Prozeßstoffs. Nur wurde dort der Prozeßstoff durch den praetor für die Verhandlung und Entscheidung des index geordnet. Dabei stand eine höhere Instanz nicht in Aussicht.

Es versteht sich nach dem Gesagten von selbst, daß für die Darstellung des Parteivorbringens nicht maßgebend sein kann, in welcher Reihenfolge die einzelnen Behauptungen in der mündlichen Verhandlung vorgetragen oder durch die Schriftsätze angekündigt worden sind[50]). Ob etwas in der Klage, in der Klagbeantwortung, in dem replizierenden Schriftsatz des Klägers, im nächsten Schriftsatz des Beklagten oder wo sonst zuerst erwähnt worden ist, bleibt außer Betracht. Es kommt darauf an, ob die Behauptungen von irgendeinem rechtlichen Standpunkt aus zur Begründung der Klage, zur Klag-

---

[50]) So auch Rosenberg, Lehrbuch des deutschen Zivilprozeßrechts (2. Aufl., 1929) § 55 II 2c S. 158.

entgegnung, als Replik usw. verwertet werden können. Eine vom Kläger in der Klage vorausgenommene Einwendung, die der Beklagte im weiteren Verlauf des Prozesses tatsächlich vorgetragen hat, ist nicht als Vorbringen des Klägers darzustellen. Ja es brauchen auch nicht die Umstände angegeben zu werden, die eine Zurückweisungsbefugnis des Gerichts nach den §§ 279, 283 Abs. 2, 529 ZPO. begründeten[51]), es sei denn, daß das Gericht — was ja in der Praxis sehr selten vorkommt — von seiner Befugnis Gebrauch gemacht hat.

Es ist eine weitverbreitete Ansicht, daß der Tatbestand abhängig sei von der gefällten Entscheidung und deshalb erst angefertigt werden könne, wenn das Urteil gefunden sei. Erst dann könne entschieden werden, was in den Tatbestand gehöre. Diese schon früher[52]) von uns gestreifte und widerlegte Ansicht kann nicht scharf genug bekämpft werden. Sie verkennt nicht nur die Beurkundungsaufgabe des Tatbestandes oder doch wieweit diese Aufgabe reicht; sie beruht auch auf einer völligen Verkennung der Sichtungsaufgabe. Nicht das Parteivorbringen, auf das unter Berücksichtigung eines etwa vorliegenden Beweisergebnisses die Entscheidung sich stützt, ist im Tatbestand festzustellen. Es sind vielmehr im Tatbestand alle Parteibehauptungen zu beurkunden, die zu dem in der Klage geltend gemachten Anspruch insofern in Beziehung stehen, als sie zu seiner Begründung oder zur Abwehr gegen ihn vorgebracht sind, und nach diesem Gesichtspunkte — nicht danach, ob die Entscheidung auf sie zu stützen ist oder nicht — sind sie in der geschilderten Weise zu sichten und zu ordnen. Auch wenn die Anfertigung eines besonderen Tatbestandes nicht vorgeschrieben wäre, würde diese Sichtungsarbeit vor der Entscheidung vorzunehmen sein. Um den Richter zu dieser Arbeit zu zwingen, hat der Gesetzgeber der 70er Jahre vorgeschrieben, daß den Entscheidungsgründen ein Tatbestand vorauszuschicken sei. „Gerade die Pflicht, einen erschöpfenden Tatbestand festzustellen und in ihm den Streitstoff in logischer Ordnung zu gruppieren, verbürgt uns die peinliche Aufmerksamkeit des Gerichts auf den Gesamtinhalt der mündlichen Verhandlung und seine volle Vergegenwärtigung und Bewältigung im Augenblick des Urteils[53])." Erst wenn der Tatbestand festliegt, kann das Urteil gefunden werden. Dabei ist es, wenn der Prozeßstoff nicht ganz einfach liegt, angebracht, den Tatbestand auch schriftlich abzusetzen, ehe das Urteil beschlossen wird. Wie oft zeigt sich bei der schriftlichen Ausarbeitung, daß doch noch Unklarheiten bestehen, die bisher übersehen worden sind, oder daß sich etwas anders verhält, als man es im Kopfe hatte!

Je besser die Sichtungsarbeit durchgeführt ist, desto kürzer wird der Tatbestand sein. Der Aufwand an Schreibarbeit ist bei einem guten Tatbestand, wie bereits ausgeführt wurde[54]), in der Regel gering. Um so größer ist aber die Denkarbeit, die erforderlich ist, um zu einem guten Tatbestand zu gelangen. Diese Denkarbeit ist nicht erst bei der Abfassung des Urteils, sondern von vornherein, während des ganzen Verfahrens, aufzuwenden. Die Energie des Richters darf darin nicht nachlassen. Ein schwacher Augenblick kann sein ganzes Werk gefährden.

Während dort, wo eine mündliche Verhandlung nicht stattfindet oder man sich in der mündlichen Verhandlung damit begnügt, auf sämtliche Schriftsätze Bezug zu nehmen, der Beurkundungsaufgabe durch die Feststellung dieser Tatsache genügt wird, erfordert die Sichtungsaufgabe auch in diesen

[51]) A. A. offenbar **Rosenberg** a. a. O.

[52]) S. oben S. 321.

[53]) **Wach**, Zivilprozessualische Enquete S. 155.

[54]) S. oben S. 325.

Fällen eine nähere Darlegung des Parteivorbringens. Auch da muß der ganze Prozeßstoff durchdacht und nach den Beziehungen geordnet werden, in denen die einzelnen Behauptungen zu dem in der Klage geltend gemachten Anspruch stehen. Auch da gilt es Wesentliches und Unwesentliches zu trennen, zu voller Beherrschung des Prozeßstoffs zu gelangen. Auch da ist es zweckmäßig, das Ergebnis dieser Arbeit urkundlich festzuhalten, damit insbesondere der höheren Instanz die Arbeit erleichtert wird.

Es ist zuzugeben, daß die Vorschriften über den Tatbestand kein sehr wirksames Mittel darstellen, den Richter zur Sichtung des Prozeßstoffs im Verfahren und bei der Abfassung des Urteils anzuhalten. Nach der Fassung der Reichszivilprozeßordnung von 1877 war diese Wirksamkeit immerhin noch größer als heute. Das Reichsgericht hat sie nach Inkrafttreten der Reichsjustizgesetze durch die Jahrzehnte hindurch gegenüber dem hier und dort in der Praxis einreißenden Schlendrian zu wahren versucht. Durch die Entlastungsverordnung von 1915 wurden dann aber die Vorschriften über den Tatbestand ihres Sichtungszweckes geradezu entkleidet. Indem man bestimmte, die Darstellung des Tatbestandes könne „durch eine Bezugnahme auf den Inhalt der vorbereitenden Schriftsätze und auf die zum Sitzungsprotokoll erfolgten Feststellungen ersetzt werden, soweit sie den Sach- und Streitstand wiedergeben", verzichtete man auf die Sichtung des Prozeßstoffs im Tatbestand. Das Reichsgericht versuchte noch, der Bezugnahme Grenzen zu ziehen und sprach gelegentlich[55]) aus, daß ein Tatbestand ungenügend sei, wenn auf sehr umfangreiche Schriftsätze verwiesen werde, „in denen die Parteien ihre Ausführungen entsprechend der jeweiligen Prozeßlage machen und die nicht dazu bestimmt und geeignet sind, den Sach- und Streitstand in der letzten, dem Urteil zugrunde liegenden mündlichen Verhandlung richtig und vollständig wiederzugeben". Aber die Dämme waren gebrochen: die Praxis erkannte diese Schranke zumeist nicht an. Die Novelle von 1924 hat dann wieder einen Schritt zurück getan[56]), indem sie vorschrieb, daß immer „die erhobenen Ansprüche genügend zu kennzeichnen und die dazu angeführten Angriffs- und Verteidigungsmittel ihrem Wesen nach hervorzuheben" seien (§ 313 Abs. 2 Satz 2). Aber die Bezugnahme auf die Schriftsätze und das Sitzungsprotokoll hat die Novelle von 1924 gegenüber der Entlastungsverordnung von 1915 nicht eingeschränkt, ja man sah in ihrer Fassung „soweit sich aus ihnen der Sach- und Streitstand richtig und vollständig ergibt", die Bestätigung, daß auch auf Schriftsätze Bezug genommen werden dürfe, die nicht dem Stand des Parteivorbringens in dem für die Entscheidung maßgebenden Zeitpunkt entsprechen[57]). Von der Möglichkeit, auf alle Schriftsätze zu verweisen, wird in der Praxis sehr ausgiebig Gebrauch gemacht. Die Kennzeichnung der Ansprüche und insbesondere die Hervorhebung der Angriffs- und Verteidigungsmittel fällt daneben häufig sehr dürftig aus. Man verwendet darauf nicht allzuviel Sorgfalt, indem man sich dabei beruhigt, daß alle Schwächen und Lücken dieser Darstellung durch die Verweisung auf die Schriftsätze unschädlich gemacht werden. Tatbestände, die, das Ergebnis energischer Denkarbeit und zielbewußter Verfahrensgestaltung, den Prozeßstoff wirklich geordnet darstellen, gehören heute zu den Seltenheiten.

Bei der bevorstehenden Reform des Zivilprozeßrechts wird auch zu er-

---

[55]) Urt. v. 22. Juni 1916, JW. 1916 S. 294.

[56]) Goldschmidt, Die neue Zivilprozeßordnung (1924) Anm. zu 313: „Das Ergebnis der ZPVO. im Verhältnis zu dem seit 1915 geltenden Rechtszustande ist ... tatsächlich ein Schritt zurück zum Tatbestande."

[57]) Weinmann, Gutachten und Urteilsentwurf (4. Aufl.) S. 205.

wägen sein, ob und durch welche Mittel versucht werden soll, auf eine rechtzeitige Sichtung und Ordnung des Prozeßstoffs hinzuwirken. Dabei wird auch zu prüfen sein, ob der Tatbestand in wirksamerer Weise als bisher diesem Zweck dienstbar gemacht werden kann.

Die Rückkehr zu den Bestimmungen, die vor der Entlastungsverordnung von 1915 galten, wird dabei nicht in Frage kommen. Diese Bestimmungen waren zwar wirksam, aber es ist sehr zweifelhaft, ob sie, wenn sie wieder in Kraft gesetzt würden, die frühere Wirksamkeit wieder entfalten würden, nachdem in der Praxis auf Grund der Entlastungsverordnung von 1915 und der Novelle von 1924 eine allgemeine Bezugnahme auf Schriftsätze und andere Aktenteile gebräuchlich geworden ist. Um erfolgreicher auf eine wirkliche Durcharbeitung des ganzen Prozeßstoffs durch den Richter hinzuwirken, könnte man vorschreiben, daß das Urteil eine gedrängte Darstellung des Parteivorbringens nach dem Stande der letzten mündlichen Verhandlung oder dem sonst für die Entscheidung maßgebenden Zeitpunkt zu enthalten hat, daß diese Darstellung nach den von den Parteien vorgebrachten Angriffs- und Verteidigungsmitteln zu ordnen ist und daß die Darstellung der Ausführungen, die die Parteien zu einzelnen Angriffs- und Verteidigungsmitteln gemacht haben, durch eine Bezugnahme auf bestimmte Stellen der vorbereitenden Schriftsätze oder anderer Aktenteile ersetzt werden kann. Damit würde die allgemeine Bezugnahme unzulässig werden und der Richter würde dazu angehalten werden, den Prozeßstoff juristisch durchzuarbeiten. Aber zweierlei würde dadurch nicht erreicht werden. Einmal würde der Richter nicht gezwungen werden, diese Arbeit rechtzeitig in Angriff zu nehmen. Gewiß wird der gute Richter immer, wie auch die Vorschriften über den Tatbestand sein mögen, von vornherein auf die Sichtung des Prozeßstoffs bedacht sein, und wenn einmal eine Ordnung des Prozeßstoffs im Tatbestand vorgeschrieben ist, wird auch mancher minder gute Richter dadurch bestimmt werden, die gründliche Sichtung und Ordnung v o r der Entscheidung durchzuführen. Aber in vielen Fällen würde diese Arbeit doch erst nach der Verhandlung, ja vielleicht erst nachdem das Urteil beschlossen oder gar verkündet ist, mit dem nötigen Ernst in Angriff genommen werden[58]). Das andere aber ist, daß keine Gewähr für eine Beteiligung der Parteien an der Sichtung und Ordnung des Prozeßstoffs besteht. Gewiß wird der gute Richter die Parteien dazu heranziehen und vor allem die mündliche Verhandlung diesem Zwecke dienstbar machen, deshalb auch auf eine mündliche Verhandlung nicht verzichten, wenn der Prozeßstoff nicht ganz übersichtlich ist oder die Möglichkeit besteht, einen Teil des Prozeßstoffs als überflüssig auszuscheiden. Aber das Prozeßgesetz muß auch mit anderen als den guten Richtern rechnen.

Aber sollte die Praxis nicht die Kraft haben, aus sich heraus, unabhängig vom Gesetz, zu brauchbaren Tatbeständen, insbesondere aber dazu zu gelangen, im Verein mit den Parteien den Prozeßstoff rechtzeitig und gründlich zu ordnen und zu sichten? Wie das etwa geschehen könnte, ist bereits[59]) angedeutet worden. Erhalten die Parteivertreter vor der Verhandlung Einsicht in den Entwurf eines Tatbestandes, der das bisher vorliegende Material berücksichtigt, so ist eine vorzügliche Grundlage für die Verhandlung gegeben: die Parteivertreter können Mißverständnisse aufklären, können abweichende Auffassungen über die Bedeutung einzelner Behauptungen vor-

[58]) Welches Mitglied eines Kollegialgerichts hat nicht solche Fälle schaudernd miterlebt? Sollten sie nicht auch bei den Amtsgerichten vorkommen?

[59]) S. oben S. 323.

tragen, werden aber auch dadurch, daß ihnen die Auffassung des Richters über das Verhältnis der einzelnen Parteibehauptungen zu dem geltend gemachten Anspruch und zueinander mitgeteilt wird, zur Ergänzung ihrer Behauptungen oder dazu angeregt werden, gewisse Bestreitungen nicht weiter aufrechtzuerhalten. Ein solches Verfahren dient sowohl dem Beurkundungs- wie dem Sichtungszweck. Freilich wird man es nur anwenden, wenn der Prozeßstoff nicht ganz einfach liegt. Geradezu geboten ist es aber bei der Beendigung des Einzelrichterverfahrens. Wenn man überhaupt an den bei den Kammern und Senaten unserer Kollegialgerichte in so verschiedenem Umfange gehandhabten und von den Beteiligten so verschieden beurteilten Institut des Einzelrichterverfahrens festhalten will, muß der Einzelrichter mit den Akten einen Tatbestandsentwurf vorlegen, in den die Parteivertreter dann Einsicht nehmen können. Das Einzelrichterverfahren würde dadurch erheblich an Wert gewinnen. Hier könnte übrigens auch der Gesetzgeber mit einer ausdrücklichen Vorschrift eingreifen. Er brauchte nur in § 349 Abs. 2 Satz 3 zu bestimmen, daß wenn die Sache zur Verhandlung vor dem Prozeßrichter reif ist, der Einzelrichter die Akten mit einem das Parteivorbringen nach dem gegenwärtigen Stande kurz darstellenden Tatbestande dem Vorsitzenden zuzuleiten hat, der von Amts wegen Termin zur Verhandlung vor dem Prozeßgerichte bestimmt. Eine solche Regelung auch für andere Fälle durch das Gesetz zu treffen, empfiehlt sich nicht. Wohl aber könnten die Vorsitzenden der Kammern und Senate auch dort, wo es noch nicht gebräuchlich ist, daß der Berichterstatter, wenn er die Akten dem Vorsitzenden zurückgibt, ein Gutachten beifügt, in den Fällen, in denen der Entwurf eines Tatbestandes vor der Verhandlung und Beratung zweckmäßig erscheint, den Berichterstatter ersuchen, einen Tatbestandsentwurf zu den Akten zu bringen. Auch könnten die Vorsitzenden darauf hinwirken, daß nicht in so unsinniger Weise, wie es jetzt häufig geschieht, von der Möglichkeit der Bezugnahme Gebrauch gemacht wird. Es wäre schon sehr viel gewonnen, wenn sie wenigstens erreichen würden, daß dort, wo ein durchaus ausreichender Tatbestand ausgearbeitet ist, nicht das höhere Gericht durch eine allgemeine Verweisungsklausel gezwungen wird, den gesamten Inhalt der Akten durchzuarbeiten. Am meisten aber können sie durch ihr Vorbild erreichen. Ein Vorsitzender, der ein guter Verfahrens- und Verhandlungsleiter ist, der ein starkes Streben, das Parteivorbringen nicht zu entstellen, sondern, ihm zum klarsten Ausdruck verhelfend, es zu ergänzen, zu läutern und zu ordnen, in sich hat, wird auch von seinen Beisitzern gute Tatbestände bekommen. Wo, einerlei ob der Prozeßstoff genügend geklärt ist oder nicht, die Bezugnahme auf die Akten, wenn keine Partei widerspricht, zugelassen wird, werden auch die Tatbestände zu wünschen übriglassen. Versagt der Vorsitzende der Aufgabe gegenüber, die ihm in bezug auf den Prozeßstoff obliegt, so muß der Berichterstatter sich doppelt tüchtig erweisen. Die Justizverwaltungen aber sollten ganz besondere Sorgfalt darauf verwenden, die Stellen der Präsidenten und Direktoren nur mit Persönlichkeiten zu besetzen, die nicht nur Rechtsfragen zu entscheiden, sondern auch ein Verfahren und in ihm die mündliche Verhandlung zweckentsprechend zu leiten verstehen.

Im französischen Prozeßrecht findet eine gerichtliche Beurkundung des Parteivorbringens vor den Kollegialgerichten nicht statt: weder durch das Sitzungsprotokoll noch durch einen vom Gericht abzufassenden Tatbestand. Für das Urteil wird das Parteivorbringen, wie oben erwähnt[60]), durch die

[60]) S. oben S. 313.

Anwälte festgelegt, und wenn sie sich nicht einigen können, entscheidet der Richter, was in die „Qualitäten" aufzunehmen ist. So wird der Richter auch nicht zu einer Ordnung des Prozeßstoffs angehalten. Freilich wird die Notwendigkeit, den Prozeßstoff vor der Entscheidung zu sichten, auch vom französischen Gesetzgeber anerkannt. Er überträgt, getreu seinen Grundsätzen, auch diese Sichtungsarbeit den Anwälten. Jeder avoué fertigt vor der Verhandlung einen Schriftsatz an, die seine Anträge und eine Zusammenfassung des wesentlichen Inhalts seiner bisherigen, nur dem anderen avoué, nicht dem Gericht zugegangenen Schriftsätze enthält. Diese „conclusions motivées" werden von den avoués in der mündlichen Verhandlung dem Gericht überreicht. Eine Regelung, die den Richter dazu zwingt, selbst diese Sichtung vorzunehmen und den Prozeßstoff nach rechtlichem Gesichtspunkt zu ordnen, ist dem vorzuziehen.

Auch Franz Klein war in seinem Entwurf der österreichischen Zivilprozeßordnung bestrebt, auf eine Ordnung des Prozeßstoffs hinzuwirken, und zwar nicht allein durch die Vorschriften über den Tatbestand, sondern auch durch die über das Sitzungsprotokoll. Aber die Vorschriften, die darauf hinzielten, sind in wesentlichen Teilen beseitigt worden. Vom Beurkundungs- wie vom Sichtungsgesichtspunkte aus hat das österreichische Resümee-Protokoll starke Vorzüge. Wie reizvoll muß es für den Vorsitzenden sein, die Verhandlung bis zu dem Punkte durchzuführen, wo er in Gegenwart und unter der Kontrolle der Parteien deren Vorbringen als Ergebnis der Verhandlung nach rechtlichen Gesichtspunkten geordnet, wie der reichsdeutsche Richter das Parteivorbringen im Tatbestand zu ordnen hat, dem stenographierenden Schriftführer diktiert! Aber, wie bereits gesagt: österreichische Stimmen warnen! An den Richter werden durch eine solche Regelung sehr hohe, vielleicht allzu hohe Anforderungen gestellt. Es wird schnell dazu kommen, daß nicht am Schluß ein die ganze Verhandlung umfassendes Resümee-Protokoll aufgenommen wird, sondern daß die Verhandlung von Zeit zu Zeit unterbrochen wird, um zunächst einmal einen Teil zu protokollieren. Man kann sich vorstellen, daß das zutrifft, was Sperl[61]) darüber berichtet:

> „Durch dieses ruckweise Protokollieren . . . leidet der Eindruck der Verhandlung schwere Einbuße. Die Mündlichkeit und Öffentlichkeit verlieren den größten Teil ihres Wertes, die Verhandlung wird eindruckslos."

Das aber muß unter allen Umständen vermieden werden. In Österreich scheint denn auch nicht das Resümee-, sondern das Flickprotokoll vorzuherrschen, das dem Sichtungszweck nicht dient. Ihm ist, wenn man alle Vorteile und Nachteile gegeneinander abwägt, der Tatbestand des deutschen Prozeßrechts, namentlich wenn die Möglichkeit der allgemeinen Bezugnahme beseitigt wird, vorzuziehen.

Man muß hoffen, daß es der Zusammenarbeit der reichsdeutschen und österreichischen Theorie und Praxis gelingen wird, ein gemeinsames Zivilprozeßrecht der Zukunft zu schaffen, das dem Beurkundungsbedürfnis, soweit ein solches anzuerkennen ist, auf die zweckmäßigste Weise Rechnung trägt und zugleich darauf hinwirkt, daß der Prozeßstoff rechtzeitig vervollständigt, geläutert und nach rechtlichen Gesichtspunkten geordnet wird.

Abgeschlossen: Januar 1929.

---

[61]) Lehrbuch der bürgerlichen Rechtspflege 1. Bd. 2. Teil (1928) § 113 I 2b S. 383. Richard Schmidt, Lehrbuch des deutschen Zivilprozeßrechts (2. Aufl., 1906) § 73 III 2, sagt von der österreichischen Regelung: eine Neuerung, die an vielbeschäftigten Kollegialgerichten kaum mit der sinngemäßen Handhabung der Mündlichkeit vereinbar ist.

I.

Namenregister zu den Bänden I—VI

I

J

K

L

Z

II.

Sachregister zu den Bänden I—VI

A

B

F

G

H

I

J

K

N

O

S

U

V

W

Z

FSC
www.fsc.org
MIX
Papier | Fördert gute Waldnutzung
FSC® C083411

Kolibri 360 GmbH
Ferdinand-Jühlke-Straße 7
99095 Erfurt, Deutschland
produktsicherheit@kolibri360.de